KB119237

서양과학의 기원들

나남
nanam

한국연구재단 학술명저번역총서
서양편 243

서양과학의 기원들

철학 · 종교 · 제도적 맥락에서 본
유럽의 과학전통, BC 600~AD 1450

2009년 10월 25일 발행
2009년 10월 25일 1쇄

지은이_ 데이비드 C. 린드버그
옮긴이_ 이종흡
펴낸이_ 趙相浩
펴낸곳_ (주) 나남
주소_ 413-756 경기도 파주시 교하읍
출판도시 518-4
전화_ (031) 955-4600 (代)
FAX_ (031) 955-4555
등록_ 제 1-71호(79.5.12)
홈페이지_ http://www.nanam.net
전자우편_ post@nanam.net
인쇄인_ 유성근 (삼화인쇄주식회사)

ISBN 978-89-300-8362-1
ISBN 978-89-300-8215-0 (세트)
책값은 뒤표지에 있습니다.

'한국연구재단 학술명저번역총서'는 우리 시대 기초학문의 부흥을 위해
한국연구재단과 (주)나남이 공동으로 펼치는 서양명저 번역간행사업입니다.

서양과학의 기원들

철학 · 종교 · 제도적 맥락에서 본 유럽의 과학전통, BC 600~AD 1450

데이비드 C. 린드버그 지음 | 이종흡 옮김

나남
nanam

옮긴이 머리말

각주, 외래어 표기, 풀어쓰기에는 *Oxford English Dictionary*, Wikipedia, Goggle Book Search, *Brockhaus*, *The Dictionary of Arts*, *Great Soviet Encyclopedia*, *Routledge Encyclopedia of Philosophy* 등이 이용되었다. 바른 외래어 표기를 위한 우리 역사학계의 노력이 한창 진행 중이다. 그 결과에 비추어 추후에 바로잡아야 할 외래어 표기가 많이 있을 것이다.

무엇보다 린드버그 교수와의 약속을 지키게 되어 기쁘다. 번역과정에서 그의 학문과 인격을 새삼 떠올릴 수 있어 즐거웠다. 한국연구재단의 번역지원 프로그램과 나남출판 관계자 여러분께 감사드린다.

머리말

고대 및 중세과학사 연구는 2차 세계대전 이후 수십 년에 걸쳐 폭발적으로 증가했다. 연구는 질적으로도 감탄할 만한 것이었고 서양의 옛 과학에 대한 우리 이해의 폭을 크게 넓혀주었다. 이렇듯 풍요로운 결실을 더 많은 독자층에게 전하기 위해서는 거시적 종합과 해석이 필요하건만 그런 노력은 빈약하기만 하다. 연구 출판물의 양은 꾸준히 증가하는 추세이지만 일반독자들과 타 분야 전문학자들을 겨냥한 개설서의 출판은 오히려 감소하고 있는 것으로 보인다.

고대와 중세의 과학에 관해 널리 이용된 연구서들을 간단히 개관해보면 나의 논지를 뒷받침하는 데 도움이 될 것 같다. 고대와 중세의 과학에 관한 해설로서 2차 대전 후 최초의 비중 있고 박식한 책은 딕스터하우스(E. J. Dijksterhuis)의 것이었다. 1950년에 네덜란드어로 처음 출판된 그의 책역주〔1〕은 《세계상의 기계화》(*The Mechanization of the World Picture*, 1961)로 영역되었다. 딕스터하우스의 영역본이 이용가능해진 시점에 앨리스테어 크롬비(Alistair Crombie)의 《아우구스티누스로부터 갈릴레오까지》(*Augustine to Galileo*, 1952)는 이미 10년 가까이 유통된 터였다. 이 책은 중세과학사가들 사이에서 방향감각과 열정을 일깨우는 데 도움이 되었다. 크롬비의 성공에 기가 죽은 탓일까, 이유야 어찌되었든 간에 중세과학에 관해 다른 한 권의 종합적 작품이 등장한 것은 20년이나 지난 뒤였다. 우선 에드워드 그랜트(Edward Grant)의 간결한 《중세의 물리과학》(*Physical Science in the Middle Ages*, 1971)이 출판되었으며, 3년 후에는 올라프 페더슨(Olaf Pedersen)과 모겐스 필(Mogens Phil)의 공저 《초기 물리학과 천문학: 역사학적 입문》(*Early Physics and Astronomy: A Historical Introduction*, 1974)이 뒤따랐다. 이들 두 책은 제목이 전하듯이 물리과학만을 다루었다. 페더슨과 필의 공저 이후로는 내가 편집한 논문집 《중세의 과학》(*Science in the Middle Ages*, 1978) 밖에는 출판된 것이 없다. 이 논문집은 걸출한 중세과학사가 16명의 재능을 조직적으로 동원해서 중세과학사의 현 수준을 대변토록 한 것으로, 비교적 높은 수준의 독자를 겨냥한 책이었다. 여기에 포함된 다수의 논문들은 지금도 그 권위를 유지하고 있다. 그러나 전체적으로 볼 때 이 논문집은 통일성을 결여했을 뿐만 아니라 미처 다루지 못한 내용도 많으며 시간이 흐를수록 점점 더 시대에 뒤떨어진 것이 되어가고 있다.

지금까지 내가 언급한 책들 중 고대과학을 본격적으로 다룬 것은 딕스터하우스의 책, 그리고 페더슨과 필의 공저밖에 없다. 좋은 의미에서든 나쁜 의미에서든, 고대과학사와 중세과학사는 서로 별개의 정체성을 키웠고 서로 독립적인 연구성과를 발전시켰다. 벤저민 패링턴(Benjamin Farrington)의 《그리스 과학》(*Greek Science*, part 1, 1944, part 2, 1949)은 그리스 과학사를 선구한 저서였다. 곧이어 마셜 클라겟(Marshall Clagett)의 권위 있는 저서 《고대의 그리스 과학》(*Greek Science in Antiquity*, 1957)이 이를 보완했다. 1961년에는 조지오 데 상틸라나(Giorgio de Santillana)의 《과학적 사고의 기원》(*The Origins of Scientific Thought*)이 뒤를 이었다. 로마의 과학은 윌리엄 스탈(William H. Stahl)의 《로마 과학》(*Roman Science*, 1962)에서 별도로 취급되었다. 1970년대초에는 로

이드(G. E. R. Lloyd)가 두 권의 저서를 출판해서 높은 칭송을 받았다. 그의 《초기 그리스 과학: 탈레스부터 아리스토텔레스까지》(*Early Greek Science: Thales to Aristotle*, 1970)와 《아리스토텔레스 이후의 그리스 과학》(*Greek Science after Aristotle*, 1973)은 지난 20년 동안 거의 도전을 받지 않은 채 아성을 굳게 지켰다.

로이드 이후로 20년, 중세과학을 포괄적으로 다룬 크롬비 이후로 40년이라는 세월이 흘렀다. 새로운 시도를 하기에 너무 빠르다고 말할 수는 없을 것이다. 이 책은 이러한 확신의 산물이다. 이 책이 모든 선구업적들, 특히 로이드의 탁월한 2부작을 대신할 수 있으리라고 기대하지 않는다. 내가 달성하고자 하는 목표는 다른 곳에 있다. 첫째, 나는 선배들로서는 이용할 수 없었던 방대한 연구성과를 참고하고자 했다. 이 책의 말미에 수록된 참고문헌 목록 중 3분의 2 정도가 1970년대 초에 작업한 로이드와 그랜트로서는 이용할 수 없었던 것들이다. 둘째, 나는 고대과학과 중세과학을 한 권으로 엮으면서, 고대과학과 중세과학 사이의 연속성 문제를 검토할 기회를 가졌다. 비록 두 과학을 별도로 다룰 수밖에 없어 실망스럽기는 했지만, 그 기회가 없었더라면 두 과학의 틈새 사이로 증발해버릴 수도 있었던 계승의 문제를 제기할 수 있었다.

셋째로 이 책의 부제에서 암시하려 했듯이, 나는 앞에서 거명한 저자들보다 훨씬 일관되게 고대와 중세의 과학을 철학 · 종교 · 제도(특히 교육제도) 등의 넓은 맥락 안에 자리 매김하고자 노력했다. 철학의 맥락에 주목한 저자로는 내가 처음이 아니다. 그러나 종교의 맥락을 신중하게 고려하되, 모멸감을 느끼게 한다든지 특정 종교를 편들거나 비난하지 않으면서 검토한 또 다른 연구가 존재한다고는 믿지 않는다. 내가 독창적으로 기여한 점이 있다면 바로 이 대목일 것이다.

이 책에서 나는 백과사전식 나열보다는 종합을 목표로 삼았다. 내 능력이 미치는 한 고대와 중세의 과학사에서 중요한 주제들을 빠짐없이 다루면서도, 이 분야에 관해 전혀 알지 못하는 독자의 요구조차 충족시킬 만큼 믿을 만한 사실적 자료를 충분히 제공하기 위해 노력했다. 내가 과거에 축적된 학문적 성과를 바탕으로 구성한 것은 분명하지만, 나는 해묵은 역사학적 논쟁거리들에 대해 새로운 해석과 신선한 판단을 제공하는 데 주저하지 않았다. 내 홈그라운드인 중세과학을 다룰 때보다는 (정직하게 말해 구경 나온 이방인에 지나지 않는 분야인) 고대과학을 다룰 때, 기존의 해석전통에 더 크게 의존했음은 두말할 필요도 없다. 물론 나는 고대에 대해서든 중세에 대해서든, 기존의 모든 것을 "옳게" 이해했다고 주장하지 않는다. 올바른 질문을 제기했다고도 주장하지 않겠다. 나로서는 이 책에서 다루어진 주제들에 관한 지속적 대화에서 이 책도 또 하나의 기여로 받아들여질 것을 희망할 따름이다.

나는 다양한 독자를 염두에 두고 책을 썼다. 어떤 대목에서는 역사학을 연구하는 바른 길에 관해 독자를 가르치기도 했고, 어떤 대목에서는 다양한 위험을 경고하기도 했다. 이 책의 원고를 검토한 어떤 평자는 내가 "반(反) 휘그적 입장의 주입"을 너무 자주 시도했다고 나무랐을 정도이다. 역주〔2〕 금방 알아채겠지만 이런 구절들은 나의 오랜 교직경험의 산물이다. 사실 나는 이 책이 교실에서 사용하기 적합한 것으로 입증되면 좋겠다는 희망을 가지고 있다. 아울러 이 책이 고대나 중세의 과학사를 전공하지 않은 일반교양 독자들과 역사가들에게도 도움을 줄 수 있으면 좋겠다.

끝으로 각주와 참고문헌 목록에 관해 두 가지를 언급하고자 한다. 첫째, 내가 각주를 사용한 것은 인용을 고증하고 다른 학자에게 진 빚을 인정하려는 목적에서만이 아니다. 각주는 일종의 참고문헌 해제 같은 것을 제공하는 기회로도 이용되었다. 말하자면 각주를 통해 나는 논의중인 주제가 더욱 알찬 결실을 기약하면서 추진될 수 있도록 (한층 고급 수준의) 읽을거리들을 제시했다. 둘째로 내가 각주와 참고문헌 목록에서 영어문헌들을 크게 강조한 것은 학생들 및 일반독자들을 염두에 두었기 때문이다. 외국어 자료들은 영어로 비견될 만한 것이 전혀 없다고 판단된 경우에만 포함되었다.

이 책에서 논의된 주제들은 너무 방대하여 주변의 커다란 도움 없이는 감당하기 힘들었을 것이다. 많은 친구들과 동료들에게 참으로 큰 빚을 졌다. 그들은 다양한 전공분야의 복잡한 지식들을 동원해서 나를 가르쳐 주었고, 나를 착각과 오류로부터 구제해 주었다. 하지만 내가 늘 말귀 밝은 학생인 것만은 아니었기 때문에 어떤 친구들은 이 책에서 여전히 그들이 좋아하지 않는 해석을 발견하게 될 것이다.

이 책의 각 장마다 해당 주제에 정통한 동료들이 읽고 조언을 주셨다. 내가 가장 큰 은혜를 입은 것은 마이클 생크(Michael H. Shank), 브루스 이스트우드(Bruce S. Eastwood), 로버트 리처드즈(Robert J. Richards), 알베르트 반 헬덴(Albert Van Helden) 등 네 분이다. 이들은 원고를 처음부터 끝까지 읽어주었으며, 내가 두드러진 결점을 파악하는 데 결정적 도움을 주셨다. 아래에 거명된 분들은 각자의 전공영역에 따라 한 장 또는 여러 장을 읽어주셨다. 토마스 브로먼(Thomas Broman), 프랭크 클로버(Frank Clover), 해롤드 쿡(Harold Cook), 윌리엄 커트니(William Courtenay), 페이 게츠(Faye Getz), 오언 진저리치(Owen Gingerich), 에드워드 그랜트, R. 스티븐 험프리스(Stephen Humphreys), 제임스 래티스(James Lattis), 패니 르모인(Fannie LeMoine), 제임스 롱그리그(James Longrigg), 피터 로진(Peter Losin), A. M. 몰랜드(Molland), 윌리엄 뉴먼(William Newmann), 프랜츠 로젠탈(Franz Rosenthal), A. I. 새브러(Sabra), 조지 샐리바(George Saliba), 존 스카브로(John Scarborough), 마거리트 스캐버스(Margaret Schabas), 낸시 사이러시(Nancy Siraisi), 피터 소볼(Peter Sobil), 에디스 실라(Edith Sylla), 고

(故) 빅터 토렌(Victor Thoren), 새버타이 운구루(Sabetai Unguru), 하인리히 폰 스타덴(Heinlich von Staden), 데이비드 우드워드(David Woodward). 또한 여러 학자들이 이 책의 원고가 교재로서 적합한지를 평가해 주셨으며, 심지어는 학생들로부터 직접 점수를 받아준 분도 있었다. 에드워드 데이비스(Edward Davis), 프레드릭 그레고리(Frederick Gregory), 에드워드 라슨(Edward Larson), 앨런 로크(Allan Rocke), 피터 램버그(Peter Ramberg) 등 여러분의 피드백에 감사드린다. 이 책에 수록된 삽화들을 확인하고 얻는 데에는, 브루스 이스트우드, 오언 진저리치, 에드워드 그랜트, 존 머독(John Murdoch), 데이비드 우드워드로부터 도움을 받았다. 지도에 관해서는 위스콘신대학의 지도제작 실험실에 감사드린다. 지금까지 내가 나열한 목록이 무척 길기는 하지만, 이 목록을 빌려 나는 이 분들로부터 얻을 수 있었던 모든 도움이 내게는 꼭 필요한 것이었음을 밝혀두고 싶다.

이 책에 대한 구상은 1986년 봄 플로리다대학에서 열린 토론회로부터 나왔다. 바람직한 과학사 교과서 프로젝트에 관한 토론회였다. 프레드릭 그레고리를 비롯하여 윌리엄 애쉬워스(William Ashworth), 리처드 버카르트(Richard Burkhardt), 토마스 핸킨스(Thomas Hankins), 프레드릭 홈즈(Frederic Holmes) 등 토론자 여러분으로부터 받은 영감과 격려에 감사드린다. 이 책은 내가 위스콘신대학의 인문학 연구소(Institute of Research in the Humanities) 소장으로 재직하는 동안 집필되었다. 행정비서 로레타 프레일링(Loretta Freiling)의 빈틈없는 일 처리가 없었더라면, 그리고 인문학 연구소 및 과학사학과 동료들의 꾸준한 격려와 지원이 없었더라면, 집필계획은 순조롭게 실현되기 힘들었을 것이다. 이 책은 록펠러 재단의 벨라지오 연구센터(Bellagio Study and Conference Center)에 한 달간 체류하면서 완성되었다. 사색과 집필을 위해 더할 나위 없이 좋은 환경을 제공해주신 재단과 연구소의 공동소장, 서튼 부부

(Francis and Jackie Sutton)께 큰 은혜를 입었다. 마지막으로 아내 그레타와 아들 에릭의 인내에 깊은 감사를 표한다. 아내와 아들은 산문체 교정을 위해 무보수 상담역으로 나를 도왔지만, 지금까지도 이 책이 특정한 주제를 일관되게 논의한 작품이 아니라 별개의 단편들로 구성된 시리즈물로 알고 있다.

데이비드 C. 린드버그

역 주

역주〔1〕 딕스터하우스(E. J. Dijksterhuis, 1892~1965)의 *De mechanisering van het wereldbeeld*(1950).

역주〔2〕 휘그적(*Whiggish*) 입장이란 오직 승자의 편에서 과거나 현재를 해석하는 역사학의 자세를 말한다.

서양과학의 기원들

철학 · 종교 · 제도적 맥락에서 본
유럽의 과학전통, BC 600~AD 1450

차 례

제 1 장

과학과 그 기원들

1. 과학이란 무엇인가?

과학의 본성이라는 주제는 여러 세기에 걸쳐 늘 뜨거운 논쟁거리였다. 논쟁에는 과학자, 철학자, 역사가만이 아니라 다양한 이해 당사자들이 참여했다. 비록 만장일치의 합의가 이루어진 적은 없지만 과학에 대한 아래의 여러 개념이 강력한 지지를 받았다.

(1) 과학이란 특정한 행동패턴이며 이 행동패턴에 의해 인류는 환경에 대한 통제력을 키워왔다는 견해가 있다. 이런 견해에서는 과학이 수공전통(*craft tradition*) 및 기술과 연결된다. 선사시대인도 금속을 다루고 성공적인 농경에 참여했다는 점에서 과학의 성장에 기여한 것으로 평가된다.

(2) 이에 대한 대안으로 과학과 기술을 〈구분하는〉 견해가 있다. 과학은 이론지식의 체계임에 반해, 기술은 현실문제를 해결하기 위해 이론지식을 응용하는 것이라는 견해이다. 이런 관점에 따르면 자동차 설계 및 조립을 위한 기술은 이론역학이라든지 공기역학같이 그 기술을 이끄는 여러 이론분과들로부터 당연히 구분된다. 오로지 이와 같은 이론분과들만이 "과학들"로 평가된다. 두 번째 접근법을 채택한 사람들 가운데는, 과학을 이론지식으로 간주하되 그 특징이나 내용에 따라 과학적이지 못

한 이론도 있다고 생각하는 부류가 있다. 정의(定義)의 문제가 제기되는 것은 바로 이런 부류를 위해서이다. 특정 이론을 배제할 수 있으려면 어떤 이론은 과학적이고 어떤 이론은 비과학적인지를 판단할 수 있는 기준이 제시되어야 하기 때문이다.

(3) 과학을 그 진술형식에 의해 정의하는 방식이 유행하게 된 것은 이런 맥락에서이다. 여기서 과학은 주로 수학의 언어로 표현되는, 보편적이고 법칙적인 진술로 정의된다. 로버트 보일이 17세기에 정립한 법칙을 예로 들어보자. 어떤 기체의 압력은 다른 모든 조건이 동일하다면 그 기체의 부피에 반비례한다는 것이 그런 진술에 해당한다. 역주〔1〕

(4) 이와 같은 기준이 너무 편협해 보인다면, 과학은 그것의 진술이 아닌 그것의 방법론에 의해 정의될 수도 있다. 여기서 과학은 주로 실험적인 일련의 절차들과 관련된다. 자연의 비밀을 탐사하기 위한, 그리고 자연의 진행에 비추어 어떤 이론을 긍정하거나 부정하기 위한 절차들과 관련된다는 말이다. 그리하여 어떤 주장은 그것이 실험적 토대를 가질 경우에만 과학적인 것이 된다.

(5) 다시 이러한 정의는 어떤 과학을 그것의 인식론적 위상에 의해(즉, 그 과학의 주장들은 든든한 인식론적 담보를 가지고 있다는 식으로) 정의하려는 시도에 포섭되기도 한다. 해당 과학의 전문가들은 자체의 이론들을 수미일관하게 유지했다는 것이다. 이런 맥락에서 버트런드 러셀은 다음과 같이 주장한다. "과학자를 구별해주는 것은 그가 〈무엇〉을 믿느냐는 데 있는 것이 아니라 그가 그것을 〈어떻게〉 그리고 〈왜〉 믿느냐는 데 있다. 과학자의 믿음은 독단적이 아니라 시험적이다. 그의 믿음은 권위나 직관에 기초하는 것이 아니라 증거에 기초한다."[1] 여기서 과학은 누군가가 인식을 수행하고 자신의 지식을 정당화하는 특권적 방식이다.

(6) 과학은 그것의 방법론이나 인식론적 위상에 의해서가 아니라 그것의 내용에 의해 정의될 때도 많다. 이런 경우에 과학은 자연에 대한 믿음

1) Bertrand Russell, *A History of Western Philosophy*, 2nd ed., p. 514.

들의 특수한 집합이다. 물리학, 화학, 지질학 등 여러 분과에서 현재 교육되고 있는 내용들이 여기에 해당한다. 이 기준에 의하면 연금술이나 점성술이나 심령술 같은 것들에 대한 믿음은 비과학적인 것이 된다.

(7) "과학"이나 "과학적"과 같은 용어는 엄격성·엄밀성·객관성 같은 특징을 갖춘 어떤 절차나 믿음에 적용되기도 한다. 이러한 용법에 따르면 셜록 홈즈는 범죄수사에 과학적 접근법을 채택한 인물이 된다.

(8) 마지막으로 "과학"이나 "과학적"과 같은 용어는 평퍼짐한 승인의 용어로 채택되기도 한다. 우리가 받아들이고 싶어하는 모든 것에 그런 용어를 붙일 때도 있다는 말이다.

간단하고 불완전한 것이기는 하지만 이러한 개관을 통해 우리는 시작부터 무엇을 분명히 해두어야 할 것인지를 알게 된다. 일상생활에서 자주 사용되는 대다수의 어휘가 그렇듯이, 어휘는 복수의미들〔多義性〕을 가지고 문맥에 따라 다르게 사용되기 마련이다. 복수의미들은 서로 조화롭고 서로를 도울 때도 있고 그렇지 못할 때도 있지만, 그렇지 못한다고 해서 용법의 다양성을 제거하려 하는 것은 헛수고에 지나지 않는다. 언어란 결국 삼라만상 각각의 본성에 뿌리를 둔 규칙들의 집합이 아니라 사회집단이 채택한 규약들의 집합이기 때문이다. 위에서 나열한 "과학"이라는 용어의 다양한 의미들은 그 하나하나가 제법 큰 전문가 공동체에 의해 인정된 규약이다. 따라서 각 공동체는 싸움에서 패하지 않는 한, 각자가 선호하는 용법을 단념하지 않을 것이다. 요점을 조금 다르게 표현하자면, 어휘해설은 규범적(*prescriptive*) 방식보다는 기술적(*descriptive*) 방식으로 추구될 필요가 있다. 이런 관점에서 우리는 "과학"이라는 용어가 다양한 의미들을 갖는다는 것, 그리고 각각의 의미가 모두 정당하다는 것을 인정해야만 한다.

설령 오늘날 과학에 대해 모든 사람이 만족할 만한 정의를 발견한다 하더라도, 역사가는 또 다른 문제에 봉착할 수밖에 없다. 어떤 과학사가가 옛 관행이나 믿음 중에서 근대과학과 비슷한 것만 골라서 연구한다고 가정해 보자. 결과는 심각하게 일그러진 그림이 될 것이다. 그림이 왜곡되지 않을 수 없는 것은 과학이 내용, 형식, 기능 면에서 현저히 변화해왔기 때문이다. 이런 부류의 과학사가는 존재했던 그대로의 과거에 대응하려 하기보다는, 과거와는 전혀 맞지 않는 격자(格子)에 과거를 끼워 맞추려 하게 될 것이다. 우리가 역사학이 하는 일에 정당성을 부여하고자 한다면, 우리는 과거를 과거 그 자체로 대우해야 한다. 과거를 오늘날 과학의 귀감이나 선구자로 멋지게 채색하려는 유혹에 저항해야 한다는 뜻이다. 우리는 옛 세대가 자연에 접근하였던 방식을 그 자체로 존중해야 한다. 그것은 비록 오늘날의 방식과 다를 수 있지만, 우리의 지적 족보의 일부이기에 관심을 가져야만 한다는 것을 인정할 필요가 있다. 이것이야말로 우리가 어떻게 현재의 우리로 되었는지를 이해하고자 할 때 유일하게 적합한 방식이다. 역사가에게는 "과학"에 대한 폭넓은 정의가 요구된다. 우리에게 멀리 배후에 놓여 있는 관행과 믿음을 광범위하게 탐사하도록 허용해줄 정의, 그리하여 오늘날 과학의 과제를 이해하는 데 도움을 줄 수 있을 정의가 필요하다. 우리에게 필요한 것은 편협과 배타가 아니라 아량과 포용이다. 우리가 뒷시대로 향하면 향할수록 우리의 아량과 포용도 그만큼 넓어질 필요가 있음을 예상한다는 것은 너무도 당연한 일이다.[2)]

이와 같은 권고는 고대세계와 중세세계에 입문하고자 하는 사람에게 각별한 중요성을 갖는다. 우리의 관심이 온통 근현대 과학을 예비한 측면에만 쏠려 있다고 가정해보자. 우리는 아주 좁은 범위의 활동에만 초점을 맞출 것이며, 그 과정에서 그 활동 자체를 왜곡함은 물론 고대와 중세의 많은 관행과 믿음을 간과하는 우를 범하게 될 것이다. 그 간과되기 쉬운 관행과 믿음이야말로 오히려 우리의 연구대상이 되어야 한다. 그것들은 한참 뒤에 진행된 근현대 과학의 발전을 이해하는 데 실질적 도움을 주기 때문이다.

---

2) 이러한 논점은 David Pingree, "Hellenophilia versus the History of Science"(하버드대학 강연문, 1990년 11월)에서 멋지게 표현되었다.

나는 이 책의 모든 페이지에서 나 자신의 충고를 스스로 지키기 위해 최선을 다하려고 한다. 과학에 대한 정의에서도 이 책에 소개된 옛 연구자들이 정의했던 것만큼이나 펑퍼짐한 정의가 채택될 것이다. 그렇다고 해서 모든 구분을 금기시하지는 않겠다. 나는 과학의 이론적 측면과 기술적 측면을 구분할 것이다. 이것은 고대와 중세의 많은 학자들도 필요로 했을 것으로 보이는 구분으로, 내 관심은 주로 이론적 측면에 할애될 것이다.[3] 내가 여기서 기술을 논외로 하겠다는 것은 그 주제의 상대적 중요성에 관해 별도의 주석을 시도하겠다는 뜻이 아니라, 기술사에 산적한 난점을 인정하고 기술사가 그 자체의 전문성을 갖춘 역사학의 독립분과임을 인정하겠다는 뜻이다. 나는 주로 과학적 〈사고〉의 기원들에 관심을 집중하려고 하는데, 이것만으로도 충분한 도전이 될 수 있을 것이라고 믿는다.

용어문제를 마지막으로 한 번 더 언급하겠다. 이 글의 서두에서부터 나는 일관되게 "과학"이라는 용어를 사용하고 있다. 이제 그 용어의 대안이 될 만한 두 용어를 소개할 때가 되었다. "자연철학"(*natural philosophy*)과 "자연에 대한 철학"(*philosophy of nature*) 역시 이 책에서 자주 등장하게 될 것이다. 이 표현들은 왜 새로 소개될 필요가 있으며 어떤 의미를 전달하게 될 것인가? 옛날이든 지금이든, "과학"이라는 용어는 우리가 주로 연구하고자 하는 주제들과는 문맥상 다소 구별되는 뜻을 가지고 있다. 앞서 개관했듯이 오늘날의 용법에서 "과학"은 매우 애매한 용어이다. 옛날에 "과학"(라틴어로는 *scientia*, 그리스어로는 *episteme*)은 그 어떠한 신조체계에 대해서도 적용될 수 있었다. 어떤 신조체계든 엄격하고 확실하기만 하다면 "과학"이라 불릴 수 있었다. 자연과 관련된 것이든 그렇지 않은 것이든 상관없었다. 그래서 중세에는 신학이 과학(*scientia*)이라 불리기도 했다. 그렇지만 이 책이 다루고자 하는 것은 〈자연〉을 겨냥한 고대와

---

3) 기술에 대한 고대와 중세의 태도에 관해서는 Elspeth Whitney, *Paradise Restored* 참조.

중세의 지적 노력들이다. 고대에든 현대에든, 이러한 노력들을 가장 애매하지 않게 표현할 수 있는 용어가 바로 "자연철학"이나 "자연에 대한 철학"이다.

그러나 오해하지 말아야 할 중요한 것이 있다. 이 두 용어를 새로 사용한다고 해서 중세의 자연연구를 "과학"이라는 표현보다 낮은 위상으로 격하시키는 일은 없을 것이다. 자연철학이란 17세기 말에 아이작 뉴턴(Issac Newton) 같은 과학 권위자조차도 지적 모험을 자처하면서 사용한 용어였음을 기억할 필요가 있다. 그는 역학 및 중력이론에 관한 자신의 저서를 《자연철학의 수학적 원리》라고 명명하지 않았던가. 고대와 중세의 선배들이 그랬던 것처럼, 뉴턴은 자연에 대한 탐구, 즉 자연철학이란 인류가 대면한 실재 전체에 포괄적으로 접근하는 철학연구의 중요한 일부라고 생각했던 것이다.

이 책에서 나는 일상어법의 이질성이나 다양성을 현실적으로 인정하면서 다양한 어휘를 사용하고자 한다. 과학활동 전체를 표현하거나 그 활동의 보다 철학적인 측면을 표현할 때에는 "자연철학"이라는 용어가 규칙적으로 사용될 것이다. "과학"이라는 용어도 사용된다. 이 용어는 대체로 "자연철학"의 동의어로 사용되겠지만, 때로는 자연철학의 보다 전문적인 측면을 지시하기 위해 사용되기도 할 것이다. 가끔은 우리의 표현관행이 어떤 문맥에서는 "과학"이라는 용어를 요구하기 때문에 사용되기도 할 것이다. 간단히 "철학"이라 표현된 용례는 매우 빈번하게 등장할 것이다. 그도 그럴 것이 자연철학이 소속된 더욱 광범위한 사업을 우리가 알지 못한다면 자연철학에 대한 이해도 공염불에 그칠 것이기 때문이다. 자연철학의 하위분과들, 이를테면 수학, 천문학, 광학, 의학, 자연사 같은 전문과학들도 자주 언급될 것이다. 이 모든 용례들에서 각각의 의미를 명료하게 이해하려면 문맥에 세심한 주의를 기울여야 할 것이다.

2. 선사시대인의 자연에 대한 태도

인류의 생존은 그 시작부터 자연환경을 극복하는 능력에 의존했다. 선사시대 사람들은 생활필수품을 얻기 위해 매우 인상적인 기술을 개발했다. 그들은 연장 만드는 법, 불 피우는 법, 오두막 짓는 법, 수렵과 어로, 과일과 채소를 채집하는 법 등을 배웠다. 사냥이나 식량채집에 성공할 수 있으려면 동물의 행동이나 식물의 특징을 잘 알아야 했다. 그들은 고도로 숙련된 수준에서 독초와 약초를 구분할 줄도 알았다. 그들은 도예, 직조, 금속가공 같은 다양한 수공기술도 개발했다. 기원전 3500년경에는 수레바퀴가 발명되었다. 그들은 계절의 변화는 물론 계절과 천체현상 사이의 상관관계도 지각하고 있었다. 한마디로 그들은 환경에 대해 상당한 지식을 갖추고 있었다.

그러나 "지식"은 간단명료한 것처럼 보여도 실제로는 "과학"만큼이나 다루기 힘든 용어이다. 실제로 그것은 기술과 이론과학 사이를 구분하는 (앞서 논의된) 문제로 우리를 되돌려놓는다. 무언가를 어떻게 행하느냐를 안다는 것은 그것을 왜 행하느냐를 안다는 것과 전혀 차원이 다르지 않은가. 예를 들어 목수는 자신이 사용하는 목재의 탄성력에 대한 이론적 지식이 없어도 복잡한 목공작업을 성공적으로 마칠 수 있다. 전기기술자는 전기이론에 대한 지극히 초보적인 지식만을 가지고도 건물에 전기를 제대로 가설할 수 있다. 독성분이나 약성분을 생화학이론으로 설명할 수 없더라도 약초와 독초를 구분하는 것은 충분히 가능하다. 여기에 요점이 있다. 오로지 경험에서 나온 지침은 그 지침의 배후에 놓여 있는 이론적 원리를 전혀 몰라도 효과적으로 사용될 수 있다는 것이다. 이론지식이 없어도 "노하우"는 갖출 수 있다는 말이다.

이렇듯 실용이나 기술이라는 견지에서 보면 선사인류의 지식은 방대하고도 누적적인 것이었음이 분명하다. 그렇다면 이론지식은 어떠했던가? 그들은 세상의 기원에 관해, 세상의 본성에 관해, 세상의 무수하고 다양한 현상들의 원인들에 관해 그 무슨 "지식"이나 믿음을 가지고 있었던가? 과연 그들이 어떤 특수한 사례를 지배하는 보편법칙이나 원리를 의식하고 있었을까? 이런 질문을 제기하기나 했을까? 이 주제에 관한 증거는 거의 없다. 선사문화는 본성상 구전문화이다. 구전문화가 오로지 구전에만 의존하는 동안에는 기록유산은 전혀 남지 않는다. 그렇지만 19세기와 20세기에 문자 없는 현생 원시부족을 연구한 인류학의 연구성과를 면밀하게 검토하고, 아울러 인류 최초의 기록들에 어렴풋이 남아 있는 선사인류의 사고의 흔적을 주의 깊게 읽으면, 우리는 잠정적으로나마 몇 가지 일반적 결론에 도달하게 된다.

기록발생 이전 사회의 지적 문화를 연구하고자 할 때 결정적인 것은 의사소통 과정을 이해하는 일이다. 문자 없는 상황에서 유일한 의사소통 형식은 구전이며 지식의 유일한 창고는 공동체 구성원 개개인의 기억이다. 이러한 문화에서는 관념과 믿음을 전달하려면 서로의 얼굴을 맞댈 수밖에 없다. 이런 의사소통 과정은 공동체 구성원들 사이의 "맞물려 돌아가는 대화들의 긴 사슬"이라는 특징을 갖는 것으로 간주된다. 그 맞물려 돌아가는 대화들 중에서 일정 분량은 다음 세대도 기억하고 계승해야 할 중요한 것으로 간주되며, 바로 그 분량이 구전의 토대를 이루게 된다. 이 점에서 구전은 공동체의 집단경험을 담은, 그리고 그 공동체가 공유하는 믿음, 태도, 가치를 담은 가장 소중한 그릇이라고 할 수 있다.[4)]

구전에는 우리가 특히 유의해야 할 중요한 특징이 있다. 변화무쌍함이 그것이다. 구전의 전형은 지속적 진화에서 찾을 수 있다. 구전은 새로운 경험을 계속 흡수해가면서 공동체 내에 새로운 조건과 새로운 필요가 발생할 때마다 이에 적응해가는 것이다. 혹자는 구전의 기능이 정선된 역사자료나 과학 데이터를 전달하는 것이고, 그래서 구전이 문헌사료(史

---

4) 이 절에서 구전에 대한 논의는 Jack Goody and Ian Watt, "The Consequences of Literacy," Jack Goody, *The Domestication of the Savage Mind*, 그리고 Jan Vansina, *Oral Tradition as History* 등에 크게 의존하였다(인용된 구절은 첫 번째 논문의 p. 306을 참조). Bronislaw Malinowski, *Myth in Primitive Psychology* 역시 참조할 것.

料)나 과학 리포트에 필적하는 것이라고 생각할지도 모른다. 이런 사람에게는 구전의 변화무쌍함이 당혹스러울 수밖에 없을 것이다. 그러나 구전문화는 기록의 능력을 결핍한 탓에 그 같은 문헌사료나 리포트를 생산할 수 없다. 아니, 기록의 〈관념〉 자체가 없기 때문에 사료나 과학 리포트의 〈관념〉도 결핍될 수밖에 없다.[5] 구전의 일차적 기능은 어떤 공동체의 현 상태와 구조를 설명하고 정당화하면서 그 공동체에게 무시로 변화하는 "사회의 승인"을 제공하는 극히 실질적인 것이다.[역주〔2〕] 예컨대 과거 사건들에 대한 이야기는 현재의 정치 지도력이나 재산권, 혹은 특권과 의무의 현 상태를 정당화하기 위해 사용될 수 있다. 이러한 기능을 효과적으로 수행하려면 구전은 사회구조상의 변화에 발 빠르게 적응할 수 있어야만 한다.[6]

그러나 지금 우리의 관심사는 구전의 〈내용〉이며, 그 중에서도 우주의 본성을 다룬 내용이다. 여기에는 세계관이나 우주론의 성분들이 남아 있기 때문이다. 이런 성분들은 어떠한 구전에든 들어 있지만 심층에 숨어 표현되지 않을 때가 많다. 그것들을 엮어 정합적 전체로 재구성한다는 것은 아예 불가능하다. 우리가 선사인류의 세계관을 그들의 입장에서 대변하겠다고 흔쾌히 나서지 못하는 까닭은 바로 여기에 있다. 이런 작업을 수행하는 과정에서 〈우리〉 자신의 정합적 요소나 체계적 요소가 투사되어 그 선사시대인의 관점을 왜곡하지 않을 수 없기 때문이다. 이런 한계에도 불구하고, 우리는 선사시대의 구전문화 내에서 세계관을 구성한 성분들이나 요소들에 관해 몇 가지 결론에 도달할 수 있을 것으로 보인다(우리의 결론은 선사문화로부터의 증거와 현생 원시사회로부터의 증거

5) 이러한 특징은 선사인류의 문화에 대해서는 확실하게 참이다. 오늘날의 문자 없는 공동체들은 문자를 사용하는 외부세계와의 접촉을 통해 기록을 보았거나 기록에 관해 들었을 수도 있다. 그러나 그들이 기록하는 법을 배우기도 전에 이미 기록의 〈관념〉을 파악하였다고는 말하기 힘들 것 같다.

6) Goody and Watt, "Consequences of Literacy," pp. 307~311. "사회적 인정"으로서의 구전에 관해서는 Malinowski, *Myth in Primitive Psychology*, pp. 42~44.

를 혼합해서 도출되었다. 따라서 그것은 두 사회의 차이점이 특별히 환기되지 않는 한, 두 사회에 모두 적용될 수 있는 결론으로 간주되어야 한다). 역주[3]

오늘날 과학문화를 향유하는 우리가 그렇듯이, 선사인류에게도 어떤 설명원리가 필요했음이 분명하다. 자의적이고 뒤죽박죽인 듯이 보이는 사건의 흐름에 질서와 통일성, 특히 어떤 의미를 부여해줄 설명원리가 필요했을 것이라는 뜻이다. 그렇지만 선사인류가 수용한 설명원리가 우리의 설명원리를 닮았을 것이라고는 기대하지 말아야 한다. 그들의 인과관념은 "자연법칙", 즉 결정론적인 인과관계의 개념을 결핍한 것이었기 때문에 근현대 과학이 승인하는 역학의 범위나 물리적 작용의 범위를 크게 벗어난다. 원시인류가 그들 자신의 경험에 비추어 의미를 추구한 것은 자연스러운 일이었다. 오늘날 우리의 눈에는 인간의 속성이나 생명이 없는 것으로 보이는 사물이나 사건에 대해, 그들은 인간이나 생물의 특성을 투사했다. 우주의 기원을 생명의 탄생이라는 견지에서 서술한 원시문화의 관행은 그 좋은 사례이다. 우주에서 일어나는 모든 사건은 대립적인 두 힘, 즉 선한 세력과 악한 세력이 싸운 결과로 해석되기도 한다. 문자 이전 문화는 원인의 의인화에 머물지 않았으며 더 나아가 원인을 개인화하는 경향이 있었다. 어떤 일이 발생하면 그 일 자체가 스스로 발생하려는 의지를 갖고 있기 때문에 발생했다는 식으로 가정하는 것이다. 이런 경향을 프랭크포트 부부는 다음과 같이 묘사한 바 있다.

> 인과성에 대한 우리의 견해는 … 그 설명방식이 비인격적 특징을 갖는 탓에 원시인을 만족시킬 수 없을 것이다. 그것의 보편성은 더더욱 원시인을 만족시키지 못할 것이다. 우리는 현상들을 이해하기 위해 무엇이 하나하나의 현상을 특별한 것으로 만드는가를 묻지 않고, 무엇이 그것들을 보편법칙의 표현들로 만드느냐를 묻는다. 그러나 보편법칙은 각 사건의 개별적 특성을 정당화할 수 없다. 그 사건의 개별적 특성이야말로 원시인이 가장 강렬하게 체험하는 것이다. 우리는 특정한 생리과정들이 어떤 사람이 죽은 원인이라고 설명할 수

> 있다. 원시인은 이렇게 묻는다. 왜 〈이〉 사람이 하필이면 〈이〉 순간에 〈그러한 모습으로〉 죽어야 하는가? 우리는 그 같은 생리조건들이 주어질 때 죽음은 늘 발생할 것이라고 말할 수 있을 뿐이다. 그러나 원시인은 특수하고 개별적인 원인을 추구한다. 그가 발견하고자 하는 원인은 그것이 설명해야 하는 사건과 똑같이 특수하고 개별적이다. 그 사건은 … 그것의 복잡성과 특수성 속에서 경험되며 모든 경험들은 같은 수의 개별적 원인들에 의해 설명된다.[7]

대체로 구전에서는 우주가 하늘과 땅으로 구성된다고 말한다. 어떤 때는 지하세계가 포함되기도 한다. 아프리카의 어떤 신화는 땅이 매트처럼 평평하지만 기울어져 있다고 묘사하며 그 기울어짐에 의해 상·하행 운동을 설명한다. 이것은 우주를 친숙한 대상 내지 과정이라는 견지에서 묘사하는 일반적 경향의 좋은 실례이다. 뿐만 아니라 구전의 세계에서 신격은 어디에나 존재하는 실체이다. 비록 자연적인 것, 초자연적인 것, 인간적인 것 사이에 명석한 경계가 그어진 것은 아니지만 말이다. 신들은 우주를 초월하지 않는다. 우주 안에 뿌리를 두며 우주의 원리에 종속된다. 정령과 죽은 자의 혼령을 비롯하여 보이지 않게 작용하는 다양한 권능들(*powers*)이 실재함을 믿는 것도 구전세계의 보편적 특징이다. 마술제례는 이러한 권능들의 통제를 허용해 준다.[역주〔4〕] 사후에 영혼이 사람의 몸이든 동물의 몸이든, 다른 몸으로 되돌려진다는 윤회의 관념도 널리 신봉된다. 공간개념과 시간개념은 현대물리학에서처럼 추상적이고 수학적인 것이 아니라 공동체의 경험에서 나온 의미와 가치를 부여받는다. 강가에서 살아가는 공동체를 예로 들어보자. 그 공동체가 설정한 기본방위(方位)는 동서남북이 아니라 강줄기를 기준으로 하는 〈위쪽〉과 〈아래쪽〉이다. 일부 구전문화는 아주 최근의 과거밖에는 인식하지 못한다. "티오"라는 이름의 한 아프리카 종족에게는 모셔야 할 조상이 두 세

---

7) "Myth and Reality," in H. Frankfort, H. A. Frankfort, John A. Wilson, and Thorkild Jacobsen, *Before Philosophy*, pp. 24~25.

대를 넘어서지 않는다.[8)]

구전문화에서의 또 하나의 강력한 성향은 원인과 싹을 동일시하는 것이다. 어떤 원인을 설명한다는 것은 그것의 기원을 확인한다는 뜻으로 환원된다. 이런 개념틀에서는 우리가 과학적인 설명과 역사학적인 이해 사이에 긋는 경계가 예리하게 그어질 수 없거니와 존재할 수도 없을 것이다.[역주〔5〕] 그렇기 때문에 우리가 세계관이나 우주론을 염두에 두고 구전문화의 특징들을 검토하면, 그 특징들 속에는 기원에 대한 다양한 해설이 포함되어 있을 수밖에 없는 것이다. 세계의 태초, 첫 인류의 등장, 동식물을 비롯한 주요 대상물의 유래, 끝으로 공동체의 형성이 해설된다. 기원에 대한 해설은 그 공동체에서 과거에 살았던 신들이나 왕들, 혹은 영웅들의 계보와 연결된다. 여기에는 그들의 영웅행적을 담은 이야기들이 뒤따른다. 여기서 주목할 것은 과거를 묘사하는 방식이다. 과거는 원인과 결과가 사슬을 이루면서 점진적 변화를 야기하는 방식으로 묘사되는 것이 아니라, 일련의 결정적이고 서로 고립된 사건들이 어떻게 현재의 질서를 출현시켰는가에 주안을 두고 묘사된다.[9)]

이러한 성향들은 선사 구전문화의 사례와 현생 구전문화의 실례를 함께 검토해보면 잘 예시될 수 있을 것이다. 오늘날 적도 아프리카에 사는 쿠바(Kuba) 부족에 따르면,

> 태초의 물인 음붐에게는 아홉 자식이 있었다. 모두 우트라고 불린 아홉 자식은 세상을 창조했다. 그들을 태어난 순서대로 나열하면 이런 것 같다. 바다의 우트. 강바닥과 강둑을 파고 언덕을 쌓아올린 준설자 우트. 강물을 흐르게 만든 우트. 숲과 초원을 만든 우트. 나뭇잎을 만든 우트. 돌을 창조한 우트. 목각으로부터 인간을 창조한 조각가 우트. 물고기나 가시덤불이나 노처럼 가시 많은 것을 창조한

---

8) Jan Vasina, *The Children of Woot*, pp. 30~31; Vasina, *Oral Tradition*, pp. 117, 125~129.

9) Vansina, *Oral Tradition*, pp. 130~133.

> 우트. 뾰족한 사물에 예각의 끝을 부여해서 날카롭게 만든 우트. 죽음이 세상에 찾아온 것은, 여덟 번째 우트와 아홉 번째 우트가 싸움을 벌이던 중에 날카롭고 뾰족한 끝을 사용하여 한 우트가 죽은 다음부터였다.[10]

이 이야기는 인류의 기원에 곁들여 쿠바 부족을 둘러싼 세상의 주요 지형적 특징을 해설하고 있을 뿐만 아니라, 쿠바 부족이 가장 중요하게 여기는 예리한 연장의 발명에 관해서도 해설하고 있다.

이집트와 바빌로니아의 창조신화에도 비슷한 주제가 풍부하게 등장한다. 한 이집트 신화의 해설에 따르면 태초에 태양신 아툼(Atum)은 공기의 신 슈(Shu)와 습기의 신 테프누트(Tefnut)를 토해냈다. 이후로,

> 공기와 습기인 슈와 테프누트는 땅의 신 게브(Geb)와 하늘의 여신 누트(Nut)를 낳았다. … 다시 땅과 하늘인 게브와 누트는 짝을 이루어 두 쌍을 낳았으니, 한 쌍은 오시리스(Osiris) 신과 그의 배우자 이시스(Isis)였고, 다른 한 쌍은 세스(Seth) 신과 그의 배우자 네프티스(Nephthys)였다. 이들 두 쌍은 이 세상의 모든 피조물, 인간적인 것이든 신적인 것이든 우주적인 것이든, 모든 피조물을 표상한다.[11]

바빌로니아의 한 신화는 세상의 기원을 물의 신 엔키(Enki)의 성행위에 돌린다. 엔키는 대지의 여신 닌후르사그(Ninhursag)를 임신시킨다. 물

---

10) Vansina, *The Children of Woot*, pp. 30~31. 기원의 신화, 그리고 신화와 세계관과의 관련성에 대해서는 Vansina, *Oral Tradition*, pp. 133~137도 참조할 것.

11) John A. Wilson, "The Nature of the Universe," in Frankfort et al., *Before Philosophy*, p. 63. 이집트의 우주론과 우주발생론에 대한 최근의 상세한 논의는 Marshall Clagett, *Ancient Egyptian Science*, vol. 1, pt. 1, pp. 263~372를 참조할 것. 이집트의 종교에 관해서는 James H. Breasted, *Development of Religion and Thought in Ancient Egypt*를 참조할 것.

과 땅의 결합은 식물을 낳는데, 이는 초목의 여신 닌사르(Ninsar)의 탄생에 의해 표현된다. 뒤이어 엔키는 먼저 이 딸과 짝을 이루며, 다음에는 자신의 손녀와 짝을 이룬다. 그리하여 다양한 초목들과 작물들을 낳게 된다. 그렇지만 새로 태어난 여덟 종의 식물을 닌후르사그가 이름을 채 붙이기도 전에 엔키가 먹어버리자, 닌후르사그는 분노하여 그에 대한 저주를 선언한다. 그러자 다른 신들은 엔키가 제거된 결과(아마도 물이 말라버리는 것)를 두려워하여, 닌후르사그에게 엔키에 대한 저주를 풀고 그 저주로 인해 야기된 엔키의 질병들을 치료해 달라고 설득한다. 결국 닌후르사그는 여덟 명의 약신(藥神)을 낳아 엔키를 치료해준다. 각각의 약신은 인체의 각 부위와 연결되며 이로부터 의술의 기원이 해설된다.[12)]

의술에서 잠시 머무는 것이 좋겠다. 의술은 구전문화의 몇몇 특징을 예시하는 데 큰 도움이 된다. 옛 구전문화에서 치료관행이 매우 중요했다는 것은 두말할 필요도 없다. 원시 조건에서는 질병과 부상이 일상화된 현실이었던 탓이다.[13)] 경상이나 작은 상처같이 경미한 의학적 문제들은 가정에서 치료되었음이 분명하다. 그러나 깊은 상처를 입거나 뼈가 부러지거나 예기치 못한 심각한 질환에 걸렸을 때에는, 한층 전문적인 지식과 기술을 갖춘 누군가의 도움이 필요했을 것이다. 이런 필요에서 여러 갈래의 의학 전문화가 진행되었다. 부족이나 마을의 구성원 중에서 약초채집 능력, 접골이나 상처치료의 능력, 혹은 출산을 보조한 경험으로 명성을 얻은 자가 등장하게 되었다.

이렇게 말하면, 문자 없는 사회에서 실천된 원시의학이 마치 현대의학의 초보단계인 것처럼 들릴지도 모르겠다. 하지만 주의 깊게 검토해보

---

12) 바빌로니아의 창조신화에 관해서는 Thorkild Jacobsen, "Mesopotamia: The Cosmos as State," in Franfort et al., *Before Philosophy*, 5장, 그리고 C. F. Brandon, *Creation Legends of the Ancient Near East*, 3장을 참조할 것.

13) 원시의술에 관해서는 Henry E. Sigerist, *A History of Medicine*, vol. 1: *Primitive and Archaic Medicine*, 그리고 John Scarborough, ed., *Folklore and Folk Medicine* 등을 참조할 것.

면, 구전문화 내의 의술은 종교 및 마술과 불가분의 관계에 있음을 알게 된다. 산파나 "의료인"(*medicine man*)이 높이 평가된 것은 약물치료 능력이나 수술능력 때문만이 아니라, 질병의 신적 혹은 악마적 원인을 알았고 나아가서는 이를 치료할 수 있는 마술·종교제례에 정통한 덕택이기도 했다. 가시 박힘이나 얕은 상처나 흔한 종기나 소화불량이나 탈골 같은 것이 문제인 경우에는 치료자는 눈에 띄게 명료한 방식으로 처리했을 것이다. 박힌 가시를 제거하거나, 상처를 싸매거나, 두드러기를 없애줄 어떤 물질을 (만일 그 물질을 알고 있다면) 바르거나, 접골과 부목을 시도했을 것이다. 그러나 가족의 누군가가 원인불명의 심각한 질병에 걸렸을 때에는 낯선 정령이 신체에 침투하거나 신체가 마술에 걸린 것은 아닌지를 의심할 수 있었다. 이런 경우에 더욱 효과적인 치료제는 굿, 점, 정화, 노래, 주문 같은 제식(祭式) 활동을 요구했을 것이다.

고대의 것이든 현대의 것이든, 구전문화에서 우리가 유의해야 할 공통적 특징이 하나 더 남아 있다. 이 마지막 특징은 우리에게는 서로 양립할 수 없는 양자택일적 대안들로 보이는 것들이 구전문화에서는 아무 갈등 없이 동시적으로 함께 수용된다는 점이다. 이러한 수용이 어떤 난점이나 모순을 야기할 수 있다는 데 대한 뚜렷한 의식은 없다. 많은 사례가 제시될 수 있겠지만 앞서 인용된 몇몇 사실에 주목하는 것만으로도 충분하리라고 생각된다. 아홉 우트의 이야기는 쿠바 부족 사이에서 유통되고 있는 적어도 일곱 개 이상의 기원신화 가운데 하나에 불과하다는 사실이 그것이요, 이집트에는 아툼·슈·네프누트와 그들의 자손에 관한 이야기에 필적할 만한 여러 이야기들이 있었다는 사실이 그것이요, 옛날 사람이든 지금 사람이든, 이런 이야기들이 전부 참일 수 없다는 데 신경 쓰거나 걱정하는 사람은 없다는 사실이 그것이다. 이런 사실에다가 우리가 논의해온 다양한 믿음의 "환상적"으로 보이는 성격을 덧붙여보자. 그러면 우리는 "원시심성"의 문제를 제기하지 않을 수 없게 된다. 과연 문자 없는 사회의 성원은 비논리적이거나 신비한 심성, 혹은 우리 것과는 전혀 다른 심성을 가지고 있는가? 그렇다면 그 같은 심성은 어떻게 묘사되고 설명되어야 옳은가?[14]

이것은 매우 복잡하고 까다로운 문제요, 인류학자를 위시한 여러 분야의 전문가들이 20세기 내내 뜨겁게 논쟁을 벌여온 문제이다. 나로서는 이 문제를 완전히 해결할 능력이 없다. 그러나 나는 적어도 방법론상의 조언을 제공할 수는 있을 것이라고 믿는다. 문자 없는 사회의 주민들이 그들로서는 전혀 알지 못한 지식개념이나 지식기준을 사용했을 것이라고 가정하면서 시간을 보낸다면, 이는 헛수고요, 우리 이해력의 증진에 전혀 기여하지 못할 것이다. 선사인류의 경우에도 지식개념은 여러 세기를 거친 뒤에야 형성되지 않았던가. 문자 없는 사회의 주민들이 우리의 지식개념과 진리개념에 맞추어 살려 노력했으나 실패로 끝났다는 식으로 가정하는 것은 우리에게 아무 도움도 되지 않는다. 그들이 우리와는 전혀 다른 언어·개념 조건에서 전혀 다른 목적을 추구했다는 것을 깨닫는 데는 그리 오랜 반성의 시간이 필요하지 않다. 그리고 그들의 업적은 바로 이러한 견지에서 판단되어야만 한다.

구전으로 표현되는 이야기는 공동체의 가치와 태도를 전달하고 강화하는 것, 그 공동체가 경험한 세상의 주요특징에 대해 만족할 만한 설명을 제공하는 것, 그리고 현재 사회구조를 정당화하는 것을 의도한다. 이런 목적을 달성하기에 효과적인 이야기들이 구전과 집단기억에 침투한다. 그 이야기들은 이런 효력을 발휘하고 있는 한, 의문시되거나 의심받을 이유가 없다. 이런 사회조건에서는 회의론이 아무 보상도 받지 못하며, 도전을 촉진할 만한 인적·물적 자원도 거의 없다. 오늘날 우리는 고도로 발전된 진리개념을 가지고 있다. 우리에게는 어떤 주장이 참이 되기 위해서는 반드시 충족시켜야 할 엄격한 기준(예컨대 어떤 외부실재와의 내부적 정합성이나 상응성)이 있다. 이런 기준은 구전문화에는 존재하

---

14) "원시심성"(*primitive mentality*)의 개념은 Lucien Lévy-Bruhl, *How Natives Think*에서 발전되었다. 이에 대한 비판은 Goody, *Domestication of the Savage Mind*, 1장, 그리고 G. E. R. Lloyd, *Demystifying Mentalities*, 서문을 참조할 것.

지 않거니와, 설령 구전문화의 구성원에게 설명한다 하더라도 알아듣지 못할 것이다. 오히려 문자 없이 살아가는 주민들 사이에서 작용하는 것은 공동체의 암묵적 합의로부터 나오는 "묵계된 믿음"(*sanctioned belief*) 의 원리이다.[15)]

마지막으로 우리는 선사인류의 믿음의 패턴들이 어떻게 지식과 진리에 대한 새로운 개념(아리스토텔레스의 논리학과 이로부터 파생된 철학전통이 신봉한 원리들에 의해 가장 분명하게 표현된 개념)에 굴복하거나 그 새로운 개념에 의해 보충되었는지를 물어야 한다. 이러한 물음은 고대와 중세의 과학의 발전상을 이해하기 위해 꼭 필요한 것이다. 발전의 결정적 계기는 문자의 발명이었던 것 같다. 문자는 일련의 단계를 거쳐 발명되었는데, 그 첫 단계는 그림문자였다. 이 문자체계에서는 기록된 기호가 대상물 그 자체를 의미했다. 그러다가 기원전 3천 년경에 어표(語標, *logograms*) 체계가 출현했다.[역주〔6〕] 이 체계에서 기호들은 중요한 단어들을 지시하기 위해 만들어졌다. 이집트의 상형문자 체계가 그러했다. 그러나 상형문자에서는 기호들이 음가(音價)나 음절을 나타낼 수도 있었으며, 이 점에서 음절문자의 효시가 되었다. 음절체계가 완전하게 발전한 것은 기원전 1500년경의 일이었다. 음절체계의 출현과 함께 모든 비음절적 기호들이 폐기되었으며, 이로써 사람들은 자기들이 말하는 모든 것을 손쉽게 기록할 수 있게 되었다. 마지막으로 그리스에서 기원전 8백 년경에 완전한 알파벳 문자가 등장했다. 각각의 기호가 각각의 음가(자음이나 모음)를 갖는 이러한 문자체계는 기원전 6세기와 5세기를 거치면서 그리스 문화에 널리 침투했다.[16)]

문자, 특히 알파벳 문자의 중요한 공헌은 구전을 기록화하는 수단을

15) "진리", 특히 "역사적 진리"에 관해서는 Vansina, *Oral Tradition*, pp. 21~24, 129~133을 참조.

16) Goody and Watt, "Consequences of Literacy," pp. 311~319. 그리스어 알파벳 기록체계의 발명을 재구성한 Barry Powell, *Homer and the Origin of the Greek Alphabet* 역시 참조할 것.

제공했다는 점에 있다. 이제까지 끊임없이 유동하던 것들을 고정시켜, 순간적으로 들렸다가 사라지던 신호음을 어느 때나 볼 수 있는 고정물로 바꾸었다는 말이다.[17] 이전에는 기억이 지식의 가장 중요한 창고였다면 이제부터는 기록이 기억을 대신해서 저장의 기능을 수행하게 되었다. 이것은 가히 혁명적 결과를 낳았다. 모든 지식주장을 검토하고 비교하고 비판할 수 있는 가능성을 열어주었던 것이다. 어떤 사건을 기록한 어떤 해설이 주어질 때, 우리는 동일한 사건을 기록한 다른 해설들과 그 해설을 비교할 수 있게 된다. 구전에만 의존하는 문화에서는 상상조차 할 수 없었던 일이다. 이러한 비교는 회의론을 자극한다. 그 덕택에 이미 고대에서부터 진리는 신화나 전설과 구별될 수 있었다. 이러한 구분은 다시 진리임을 확인할 수 있는 기준들의 정립을 요구했다. 적절한 기준들을 정립하려고 노력하는 가운데 추론의 규칙들이 출현했으며, 이 규칙들은 진지한 철학활동의 발판을 마련해주었다.[18]

구전에 항구적 형식을 부과한다는 것은 검토와 비판을 자극할 뿐만 아니라, 구전문화에서는 필적할 만한 것이 없는 (혹은 빈약한 형태로 존재할 뿐인) 새로운 종류의 지적 활동도 가능하게 한다. 잭 구디의 설득력 있는 주장을 들어보자. 초기의 기록문화는 구전문화에서는 감히 상상할 수도 없었을 만큼 방대한 양의 기록물 일람표들과 (주로 행정적 목적에서) 다양한 종류의 기록물 목록들을, 그것도 훨씬 더 정교한 형태로 생산한다. 이 목록들은 새로운 종류의 검토를 가능하게 해주며, 새로운 사고과정, 즉 사고의 체계화를 향한 새로운 길을 열어준다. 이 새로운 길을 따르다 보니, 한 목록 안에 들어 있는 항목들은 구전세계에서 그것들이 이해되었던 맥락으로부터 멀어지게 된다. 바로 이러한 의미에서 그 항목들은 추상적인 것들로 변한다. 이 추상적인 형식 안에서 그 항목들은 다양한 기준에 따라 분리될 수도, 걸러질 수도, 분류될 수도 있게 된다. 그리하여

---

17) Goody, *Domestication of the Savage Mind*, p. 76.

18) 같은 책, 3장.

구전문화에서는 제기되지 않았을 무수한 물음들이 제기된다. 고대 바빌로니아인들에 의해 수집된 정확한 천체관찰의 목록들을 예로 들어보자. 그 목록들은 구전형식으로는 수집될 수도 전달될 수도 없었을 것이다. 그 관찰결과들은 기록으로 남게 되었을 때 비로소 꼼꼼하게 비교 검토될 수 있었으며, 그리하여 오늘날 우리가 수학적 천문학과 점성술의 효시로 간주하는 천체운동의 복잡한 패턴들이 발견될 수 있었던 것이다.[19]

이러한 논증으로부터 두 가지 결론을 이끌어낼 수 있다. 첫째로 문자의 발명은 고대세계에서 철학과 과학의 발전을 위한 필수조건이었다. 둘째로 철학과 과학이 고대세계에서 번창하였던 정도는 문자체계가 얼마나 효율적으로 기능했느냐(알파벳 문자체계는 다른 문자체계들에 비해 매우 큰 장점을 가지고 있었다), 그리고 주민 사이에 얼마나 널리 확산되었느냐에 달려 있었다. 우리는 이집트와 메소포타미아에서 기원전 3천 년경에 어표체계, 즉 말 기호(*word signs*) 체계가 사용된 것이 최초의 선물임을 잘 안다. 그러나 어표문자는 사용하기 어렵고 비능률적이었기 때문에 극히 제한적으로 유통되었으며 소수의 학자 엘리트층의 전유물이 되었다. 기원전 6세기와 5세기의 그리스는 이와 대조적인 양상을 보여주었다. 알파벳 문자의 광범위한 유포는 철학과 과학의 괄목할 만한 발전에 기여했던 것이다. 물론 문자사용 능력만으로 6세기와 5세기에 걸친 "그리스의 기적"이 일어날 수 있었다고 상상해서는 안 된다. 물질적 번영, 사회조직 및 정치조직의 새로운 원리, 동방문화와의 접촉, 그리스인의 지적 활동에 일종의 경쟁체제가 도입된 것 등 여러 요인이 작용하였음은 의심의 여지가 없다. 이 모든 요인들이 상호작용했음에도 가장 중요한 요인은 그리스가 세계 최초로 광범위한 식자문화를 형성했다는 것임이 분명하다.[20]

---

19) 같은 책, 5장.

20) Goody and Watt, "Consequences of Literacy," pp. 319~343, 그리고 Lloyd, *Demystifying Mentalities*, 1장.

3. 이집트와 메소포타미아에서 형성된 과학의 기원

그리스 세계로는 다음 장에서 되돌아가기로 하겠다. 되돌아가기 전에 나는 그리스에 선행하여 이집트와 메소포타미아에서 진행된 발전과정을 간단히 다루어야 할 것 같다. 〔지도 2〕(128쪽 참조)에서 볼 수 있듯이 메소포타미아는 티그리스 강과 유프라테스 강 사이에 위치한 지역으로 고대에는 바빌로니아와 아시리아가 자리잡았으며, 오늘날엔 이라크가 차지하고 있다. 나는 이미 앞절에서 이집트와 메소포타미아의 우주론적·우주창조론적 사색을 보여주기 위해 창조신화를 길게 언급한 바 있다. 이 절에서는 수학, 천문학, 의학 등 여러 과목들 내지 분과들에서 이집트인과 메소포타미아인이 기여한 점만을 논의하기로 하겠다. 그들의 기여는 훗날 그리스 과학과 중세유럽의 과학에서 한 자리를 차지하게 되는데, 그 증거는 빈약해도 전체적 그림을 전하기에는 충분할 것이다.

그리스인들은 수학이 이집트와 메소포타미아에서 유래한 것이라고 믿었다. 헤로도토스(기원전 5세기)에 따르면 피타고라스는 이집트를 여행하던 도중에 그곳 사제들의 권유로 이집트 수학의 비결에 입문했다고 한다. 역주〔7〕 피타고라스가 이집트에서 바빌로니아에 포로로 잡혀갔다가 바빌로니아 수학과 접촉하게 되었으며, 고향 사모스 섬으로 돌아와 그리스인들에게 이집트와 바빌로니아의 진귀한 수학을 전했다는 이야기도 있다. 과연 이런 이야기들, 혹은 다른 수학자에 관한 비슷한 이야기들이 역사적으로 정확한 것이냐 전설에 지나지 않느냐는 문제는 그리 중요한 것이 아니다. 중요한 것은 그 이야기들에 담긴 진리, 즉 그리스인들은 이집트와 메소포타미아로부터 수학적 지식을 수용했으며 그들 자신도 그렇게 알고 있었다는 점이다.

기원전 3천 년경에 이집트인들은 10진법의 성격을 지닌 숫자체계를 발전시켰으며, 10의 제곱이 거듭될 때마다(1, 10, 100 등) 상이한 상징을 사용했다. 로마 숫자가 그러하듯이 이러한 상징들을 나열하면 원하는 숫자를 표시할 수 있었다. 예컨대 1을 표시하는 것이 ㅣ이고, 10을 표시하는 것이 ∩이면, 34는 ❘❘❘❘∩∩∩로 표현될 수 있었다. 기원전 1800년경에는 다른 숫자들을 표시할 수 있는 상징들이 더 고안되었다. 그리하여 7은 일곱 개의 수직선분에 의해서가 아니라 한 개의 낫 모양(?)에 의해 표시될 수 있었다. 이집트 대수학에서 덧셈과 뺄셈은 로마 숫자의 경우처럼 쉽게 계산될 수 있었던 반면에 곱셈과 나눗셈은 계산하기 무척 거북했다. 보편화된 분수개념은 없었지만 1을 분자로 하는 분수(*unit fraction*) 만은 일반규칙에 맞는 것으로 허용되었다. 그 결과 다음과 같이 초보적 문제가 해결될 수 있었다. 만일 어떤 양의 1/7이 그 양에 더해져서 합계 16이 된다면, 원래의 양은 얼마인가?[21)]

이집트의 기하학 지식은 측량과 건축 같은 실용적 문제들에 초점을 맞추었던 것 같다. 이집트인들은 삼각형이나 사각형 같은 간단한 평면도형의 넓이를 계산할 수 있었고, 각뿔처럼 단순한 입체의 부피를 계산할 수 있었다. 삼각형의 넓이를 구하려면 밑변 길이의 1/2에 높이를 곱하면 되었고 각뿔의 부피를 구하려면 밑면 넓이의 1/3에 높이를 곱하면 되었다. 이집트인들은 원의 넓이를 구하기 위하여 Π(파이) 대신 약 3. 17의 값이 나오는 해법을 마련했다. 마지막으로 이집트인들은 응용수학 분야에서 공식달력을 고안했다. 이 달력은 일 년을 열두 달, 한 달을 30일로 계산하지만 마지막 달에 5일을 더해주는 방식을 취했다. 동시대의 바빌로니아 달력이나 초기 그리스 도시국가의 달력은 태양의 주기만이 아니라 달의 주기도 계산에 넣고 있었음을 감안할 때, 이집트의 달력은 고정된 특징을 갖는다는 점에서 다른 달력에 비해 매우 단순한 것이었다.[22)]

---

21) 정답은 14이다. 이집트 수학에 관해서는 Otto Neugebauer, *The Exact Sciences in Antiquity*, 4장, B. L. van der Waerden, *Science Awakening*: *Egyptian, Babylonian, and Greek Mathematics*, 1장, G. J. Toomer, "Mathematics and Astronomy," in J. R. Harris, ed., *The Legacy of Egyp*t, pp. 27~54, R. J. Gillings, "The Mathematics of Ancient Egypt," 그리고 Boyer, *History of Mathematics*, 3장 등을 참조할 것.

22) Richard Parker, "Egyptian Astronomy, Astrology, and Calendrical Reckoning".

동시대에 메소포타미아인들이 이룩한 수학의 업적은 이집트인들의 그것에 비해 월등한 것이었다. 거의 원형에 가깝게 복원된 점토서판(書板, [그림 1. 1])은 기원전 2천 년경에 완성된 바빌로니아의 숫자체계를 보여준다. 이 체계는 10을 기초로 한 십진법과 60을 기초로 한 육십진법을 병용하였다. 오늘날 우리의 체계 내에서도 시간을 계산하거나(1시간 = 60분) 각도를 계산할 때(1도 = 60분, 원 = 360도)에는 육십진법이 그대로 유지되고 있다. 또한 바빌로니아인들은 1을 표시하는 상징(▼)과 10을 표시하는 상징(◀)을 구분했다. 로마 숫자처럼, 이 두 상징을 결합하면 59까지의 숫자들을 표시할 수 있었다. 예를 들어 32는 10 표시(◀) 세 개와 1 표시(▼) 두 개를 합치면 표시된다(◀◀◀▼▼: [표 1. 1]을 참조할 것).

[그림 1.1] 바빌로니아의 점토서판(기원전 1900~1600년경). 벽돌과 벽돌의 부피, 벽돌의 적용범위 등을 다루는 수학적 문제에 대한 원문을 포함하고 있음. 예일대학 바빌로니아 컬렉션. 이 원문에 대한 번역과 논의는 O. Neugebauer and A. Sachs, eds., *Mathematical Cuneiform Texts*, pp.91~97.

	60^3	60^2	60	1	1/60	$1/60^2$	현대 힌두–아라비아 숫자로 환원한 값
(1)				◀◀◀▼▼			32
(2)			▼▼	◀▼▼▼▼▼▼			2×60 + 16 = 136
(3)		▼	◀▼▼	◀◀▼▼▼			1×3600 + 12×60 + 23 = 4,343
(4)	▼▼	◀◀▼▼					2×216000 + 22×3600 = 511,200
(5)					◀◀	◀▼▼	2×1/60 + 12×1/3600 = 1/30 + 1/300 = 11/300

▼=1 ◀=10

[표 1.1] 바빌로니아 60진법 체계에서의 다섯 숫자. 그리고 그 다섯 숫자를 현대의 힌두–아라비아 숫자로 환원한 값.

그러나 59를 넘어서면 중요한 차이가 발생한다. 바빌로니아인들은 숫자 60을 표시할 때 10 표시 6개를 나열했던 것이 아니라, 오늘날 우리와 비슷하게 자릿수 체계를 사용했다. 오늘날의 숫자로 234에서, 1자리에 위치한 "4"는 단순히 숫자 4를 나타내지만, 10자리에 위치한 "3"은 30, 100자리에 위치한 "2"는 200을 표시한다. 그러므로 234는 200 + 30 + 4가 되는 것이다. 바빌로니아의 자릿수 체계도 이와 유사했다. 다만 자릿수의 순서가 10의 제곱으로 이어지지 않고 60의 제곱으로 이어진다는 점이 달랐을 뿐이다. [표 1. 1]에서 두 번째 예를 검토해보자. 60의 세로 란에서, 두 개의 최소정수 표시(▼▼)는 2를 나타내는 것이 아니라, 2 × 60 = 120을 나타내는 것이다. 세 번째 예에서, 60^2의 세로 란에 있는 한 개의 최소정수 표시(▼)는 1이 아닌, 1 × 60^2 = 3, 600을 나타내는 것이다. 최소정수들을 세로 란에 나열하기 위해 필요한 소수점 같은 것이 없었기 때문에 이에 관한 정보는 전후맥락으로부터 추론될 수밖에 없다. 곱셈 서판, 역수(逆數) 계산표, 거듭제곱 및 루트 계산표 같은 것들이 계산을 돕기 위해 사용되기도 했다. 60진법 체계의 가장 큰 장점은 분수를 사용하여 계산을 쉽게 할 수 있다는 점이었다.[23]

---

23) 바빌로니아의 수학에 관해서는 Neugebauer, *Exact Sciences in Antiquity*, 2장

바빌로니아 수학이 이집트 수학에 비해 월등하다는 사실은 오늘날 우리가 대수학적으로 푸는 한층 까다로운 문제들을 다룰 때 분명해진다. 때로 수학사가들은 이 문제들을 아예 "대수학"이라고 부르기도 한다. 이러한 명칭은 바빌로니아의 수학활동의 한 측면을 알리는 데 유용한 편법은 될 수 있을지언정, 바빌로니아인들이 현대의 대수학을 사용하고 있었다는 뜻으로 곡해될 우려가 있다. 그들이 통일적인 대수 표기법을 사용했다든지, 오늘날 우리가 대수공식으로 간주하는 것을 이해하고 있었다는 뜻으로 받아들이면 곤란하다는 말이다. 안전하게 말하자면, 바빌로니아 수학자들은 일종의 연산법을 이용해서 오늘날 우리가 2차 방정식으로 푸는 문제를 해결할 수 있을 정도였다. 실제로 많은 바빌로니아 서판에는 교육용 텍스트가 들어 있다. 예컨대 두 숫자를 곱한 값과 함께 그 두 숫자를 더한 값이나 뺀 값을 제시하고는 원래의 두 숫자를 구하라는 문제의 풀이법을 증명하는 식이다.[24] 역주〔8〕

바빌로니아인들이 자신들의 수학기법을 응용한 분야들 가운데 하나는 천문학이었다. 태고 이래로 별은 언제나 탐구와 사색의 대상이었다. 오늘날까지 남아 있는 가장 오래된 기록물들, 기원전 4천 년을 넘는 기록물들 중에는 천문학의 특징을 지닌 것들이 많다. 이렇듯 하늘에 관심을 가진 데는 몇 가지 이유가 있다. 첫째 이유는 농사였다. 파종기와 수확기 같은 농사의 절기(節氣)들이 태양의 운동, 나아가 태양에 대한 별·별자리들의 위치와 상응관계를 갖는다는 것은 일상적 관찰만으로도 분명해 보였기 때문이다. 둘째 이유는 종교였다. 하늘, 그 중에서도 특히 태양과 달은 예외 없이 신격과 연결되었다. 셋째 이유는 점성술이요, 넷째 이

과 3장, van der Waerden, *Science Awakening*, 2장과 3장, van der Waerden, "Mathematics and Astronomy in Mesopotamia," 그리고 Boyer, *History of Mathematics*, 3장 등을 참조할 것.

24) 고대의 "대수학"과 관련된 문제를 분석한 것으로는 Sabetai Unguru, "History of Ancient Mathematics: Some Reflections on the State of the Art," 그리고 Unguru, "On the Need to Rewrite the History of Greek Mathematics" 등을 참조할 것.

유는 역법(曆法)이었다.

가장 때 이른 노력의 일부는 천체지도를 그리는 데 집중되었다. 이는 두드러진 별과 별자리를 확인하여 명명하고, 그것들 사이의 관계를 관찰하며, 그것들이 관찰된 위치에 절기를 연결하는 작업이었다. 메소포타미아에서 체계적 천문관찰을 처음 시도한 것은 사원이었다. 이것은 종교·점성술·역법 등의 목적에서 수행된 관찰이었다. 사제들은 항성들을 지도로 그렸을 뿐만 아니라 "떠돌이별", 즉 행성도 확인했다. 행성은 오늘날 수성, 금성, 화성, 목성, 토성으로 불리는 별이다. 당시에는 해와 달도 행성으로 간주되었다. 해와 달도 항성들에 대해 이동하는 별들로 간주되었기 때문이다. 이 7행성은 황도대라는 좁은 띠 안에서 항성들을 천천히 통과하는 것으로 관찰되었다. 기원전 5백 년경에 바빌로니아의 사제들은 이 띠를 엄밀하게 정의하여 오늘날 우리가 황도대의 12궁(*signs*)이라 부르는 별자리들을 확인하기에 이르렀다.역주[9] 이 12별자리는 원모양 띠인 황도대를 각각 30도씩의 영역으로 분할한다. 일단 이렇게 정의되면서부터 황도대는 태양과 달을 비롯한 7행성의 정확한 운동을 도해로 그리는 작업에서 훌륭한 기준체계로 기능할 수 있었고, 나아가서는 점성술적 예언의 원천으로도 작용하게 되었다.[25]

점성술 일반에 관해서는 이 책의 11장에서 상세하게 논의될 것이다. 여기서는 바빌로니아 천문학의 점성술적 측면만을 간단히 짚고 넘어가기로 하겠다. 바빌로니아 수학적 천문학의 발전과정에서 주요 계기가 된 것은 점성술에 대한 수요였음이 분명하다. 별, 특히 떠돌이별을 신과 연결짓는 별 숭배 관행으로부터, 뿐만 아니라 하늘의 사건이 절기 및 기후

25) 메소포타미아나 바빌로니아의 천문학에 관해서는 Neugebauer, *Exact Sciences in Antiquity*, 5장, B. L. van der Waerden and Huber, *Science Awakening*, vol. 2, *The Birth of Astronomy*, 2~8장, van der Waerden, "Mathematics and Astronomy in Mesopotamia", Asger Aaboe, "On Babylonian Planetary Theories", 그리고 Neugebauer, *Astronomy and History*에 수록된 논문들을 참조할 것. 고도로 전문적인 해설로는 Otto Neugebauer, *A History of Ancient Mathematical Astronomy*, vol. 1, pp. 347~555 참조.

와 연관된다는 명백한 사실로부터 천변 점성술(*judicial astrology*)의 체계가 발전했다. 이것은 별의 현 위치에 비추어서 국왕이나 왕국의 운명에 대해 단기적인 예언을 수행하는 점성술이었다. 바빌로니아 시대 말기에는 숙명 점성술(*horoscopic astrology*)도 가능해졌다. 이것은 탄생시의 별의 위치에 비추어서 개인의 평생을 예언하는 점성술이었다. 중요한 것은 두 부류의 점성술이 공히 태양과 달을 비롯한 모든 행성의 운동에 대해 세부적인 지식을 요구했다는 점이다. 바빌로니아 점성술은 그리스인들에게 계승되었고, 그리스인들은 이를 더욱 발전시켜 중세와 근대 초, 나아가서는 20세기로 넘겨주었다. 천문학 전통과 점성술 전통은 장구한 역사를 거치는 동안 언제나 긴밀하게 연결되어 왔다는 사실을 잊어서는 안 된다.[26)]

바빌로니아에서의 수학적 천문학의 발전과정을 세부적으로 검토하기에는 지면이 부족하다. 중요한 것은 기원전 500～300년의 기간에 바빌로니아의 천문학자이자 사제로 활동한 인물들은 방대한 분량의 천문학 자료를 능숙하게 다루어 다양한 천문예측을 수행할 수 있었다는 점이다. 그들은 수열형식의 수표시 모형을 가지고 태양과 달이 황도대를 통과하는 매일의 운동을 도표로 만들 수 있었다. 그런 자료로부터 그들은 새로운 달의 출현을 예측할 수 있었다(새로운 달의 출현은 곧 새로운 일 개월의 시작을 뜻했기 때문에 역법을 위해 중요한 것이었다). 뿐만 아니라 그들은 월식을 예측할 수 있었고, 일식이 가능한지 불가능한지도 예측할 수 있었다. 우리는 그들이 이런 작업을 수행하면서 그리스인들처럼 기하학 모형을 사용하지 않았음에 주목할 필요가 있다. 그들은 산술적 방법만을 이용했는데, 이는 과거의 관측 데이터들이 미래에도 사용될 수 있게 해 주었다.[27)] 역주〔10〕

---

26) 바빌로니아의 점성술, 그리고 그것과 천문학과의 관계에 대해서는, van der Waerden and Huber, *Science Awakening* vol. 2, 5장을 참조할 것.

27) Neugebauer, *Exact Sciences in Antiquity*, pp. 104～109, van der Waerden and Huber, *Science Awakening*, vol. 2, 6장. 더욱 대중적인 해설로는

이집트와 메소포타미아가 이룬 업적 중에서 우리가 검토할 마지막 분야는 의학이다. 기원전 2500년부터 1200년 사이에 작성된 많은 이집트의 의학 파피루스들이 오늘날까지 보존되고 있다. 이 자료들을 토대로 우리는 고대 이집트의 치료기술을 일부나마 재구성할 수 있다. 여러 파피루스들로부터 우리가 분명하게 알 수 있는 것은 사악한 기운(*force*)이나 악령이 몸에 침투하는 것을 질병의 주원인으로 간주했다는 점이다. 따라서 치료는 영을 달래거나 제압하는 의식을 통해 이루어질 수 있었다. 굿, 주문, 정화, 혹은 적절한 부적의 휴대 같은 것이 그러한 의식에 해당한다. 보호를 위해서는 신들에게 호소할 수 있었다. 라이덴 파피루스에 등장하는 한 기도문은 호루스 신에게 이렇게 간원한다. "호루스 신이시여, 당신을 찬양하나이다. 제가 지금 당신께로 가서 당신의 아름다움을 찬미하나니, 제 사지에 들어 있는 악령을 쫓아내주십시오."[28] 특정한 신들이 치료기능이나 치료의식과 연관지어졌다. 토트, 호루스, 이시스, 임호테프 등이 그런 신들이었다.[역주〔11〕] 특정한 신이 인체의 특정 부위를 지배하므로 그 부위를 치료하려면 해당 신을 불러야 한다는 견해는 널리 만연되어 있었던 것 같다. 치료의식은 당연히 전문가의 도움이 필요했다. 이 전문가는 누구나 인정하는 정화된 존재로서 필요한 주문을 외울 수 있었고 의식이 극히 세부적인 부분까지 정확하게 수행되었는지의 여부를 판단할 수 있었다. 이런 전문가에 해당하는 것이 바로 사제이자 치료자로 활동한 부류였다.

고대 이집트의 치료요법이 기도나 주문이나 의식에만 국한되었던 것은 아니다. 동물이나 식물이나 광물재료로 제조된 약물 치료제도 널리

Stephen Toulmin and June Goodfield, *The Fabric of the Heavens*, 1장을 참조할 것.

28) Sigerist, *History of Medicine*, vol. 1, p. 276. 이집트 의학에 관해서는 이외에도 Paul Ghalioungui, *The Physicians of Paraonic Egypt*; John R. Harris, "Medicine," in Harris, ed., *The Legacy of Egypt* 등을 참조할 것. 외과치료에 관해서는 Guido Majno, *The Healing Hand*, 3장을 참조할 것.

유행했다. 비록 치료제는 그것이 적절한 의식을 수행하는 가운데 조제되고 복용되는 경우에만 효험을 발휘한다고 믿어졌지만 말이다. 에버스 파피루스에는 피부, 눈, 입, 수족, 소화기관, 생식기관, 그 밖의 여러 내장에서 발생한 각종 질병을 다스리는 의학 처방전들이 들어 있다. 상처, 화상, 종양, 궤양, 부기(浮氣), 두통, 선(腺) 부종, 천식 등을 치료하기 위한 처방전들도 포함되어 있다(이 파피루스는 기원전 1600년경에 작성되었지만 훨씬 이전의 텍스트들로부터 옮겨진 내용도 수록하고 있다).[29]

에드윈 스미스 파피루스로 불리는 또다른 파피루스에서는 외과의술이 다루어지고 있다(이 파피루스는 에버스 파피루스와 거의 동시대에 작성된 것이다). 여기에는 외상, 골절, 탈구(脫臼) 등의 치료를 체계적으로 기술한 의학 매뉴얼이 포함되어 있다(〔그림 1. 2〕 참조).[30] 에버스 파피루스와 에드윈 스미스 파피루스의 주목할 특징 중 하나는 사례연구들의 세심한 배열이다. 그 순서는 문제에 대한 기술로부터 시작되며, 진단, 판단(질환이 치료될 수 있는지 없는지에 대한 판단)을 거쳐 치료로 이어진다.

메소포타미아의 의학은 이집트의 치료관행에서 나타나는 다수의 특징들을 공유한다. 바빌로니아의 점토서판들은 이집트의 파피루스들과 마찬가지로 많은 사례연구들을 포함한다. 사례연구들은 유형별로 체계화되었으며, 증상에 대한 신중한 관찰과 질환의 경과에 대한 예리한 판단을 보여준다. 외과의술과 약물조제에서도 메소포타미아의 의사들은 이집트 의사들에 필적하는 기술을 활용했다. 이집트에서처럼 의학 전문화도 상당한 수준으로 진전되었다. 다른 범주에 속하는 의사는 다른 범주의 전문성과 기능을 가지게 되었던 것이다. 메소포타미아에서도 치료는 종교와 얽혀 있었고, 오늘날 우리가 마술로 간주하는 관행과 밀접한 관련을 맺고 있었다. 질병은 (팔자나 부주의나 죄지음이나 주술로 인해) 악령이 몸에 침투한 결과로 간주되었다. 치료는 그 침투한 악령을 (점성술적

29) B. Ebbell, *The Papyrus Ebers*.

30) James Henry Breasted, *The Edwin Smith Surgical Papyrus*.

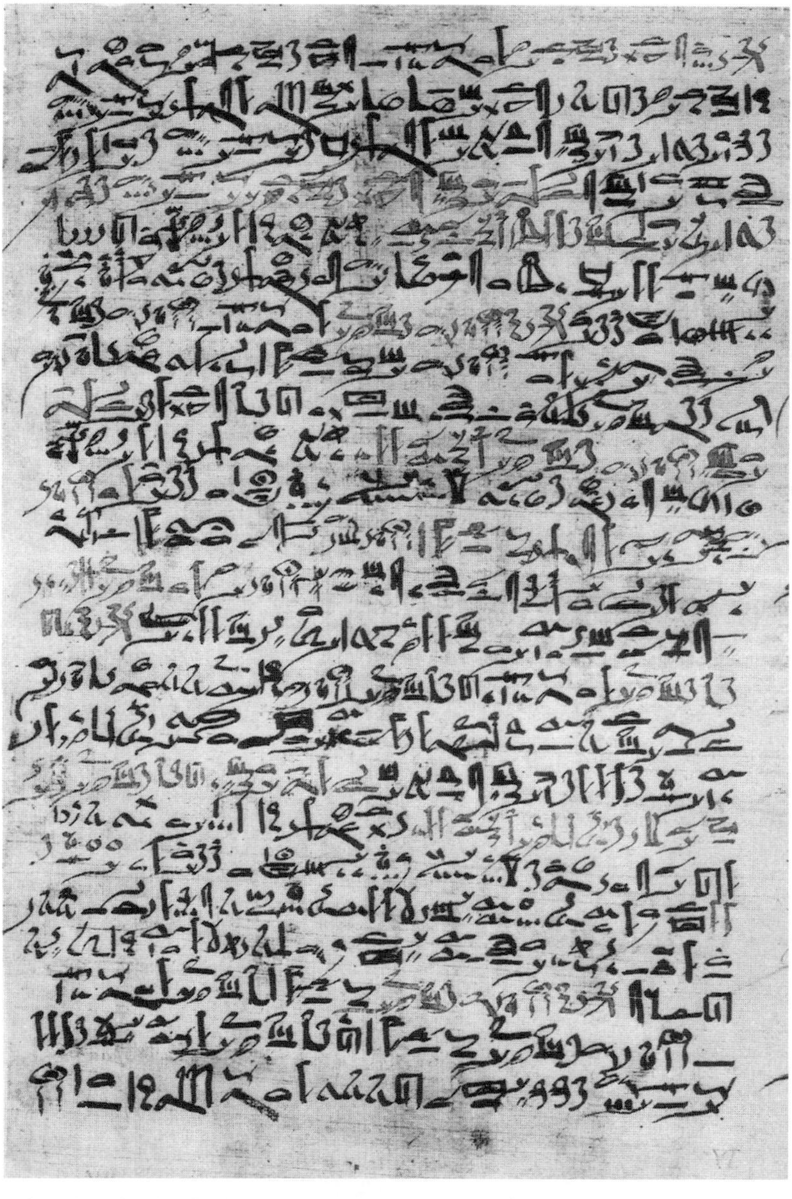

[그림 1.2] 에드윈 스미스 외과 파피루스(기원전 1600년경)의 일부. 현재 New York Academy of Medicine에 소장되어 있다.

징조에 대한 해석을 포함하는) 점치기, 제사, 기도, 마술의식 등에 의해 제거하는 쪽으로 진행되었다.[31]

지금까지 우리는 이집트인들과 메소포타미아인들이 수학, 점성술, 치료기술 등에 기여한 바를 간단히 살펴보았다. 이러한 개관은 우리에게 서양과학 전통의 기원을 일별할 기회를 제공할 뿐만 아니라 그리스인들의 업적을 전망할 배경도 제공한다.

그리스인들이 이집트와 메소포타미아의 선배들이 이룬 업적을 숙지했으며 이로부터 도움을 받았다는 것은 의심의 여지가 없다. 우리는 다음 몇 장에 걸쳐 이집트인들과 메소포타미아인들의 사색의 결실이 그리스 자연철학에 어떤 모습으로 침투했으며 어떤 도움을 주었는지를 살펴보게 될 것이다.

---

31) 메소포타미아 의학에 관해서는 Sigerist, *History of Medicine*, vol. 1, part 4; Robert Biggs, "Medicine in Ancient Mesopotamia,"; 그리고 Majno, *Healing Hand*, 2장 등을 참조할 것.

역 주

역주〔1〕 로버트 보일(Robert Boyle: 1627~1691)은 진공펌프를 발명했고, 이를 이용하여 '기체의 법칙'을 정립했다. 압력(*Pressure*)과 부피(*Volume*)만을 감안한 기체의 법칙은 PV = k(비례상수, *constant of proportionality*)로 환원되며, 여기에 절대온도(*Temperature*)라는 하나의 변수를 더하면 PV = kT가 된다.

역주〔2〕 원래 "사회의 승인"(*social charter*)은 사회 전체가 특정한 권리에 대해 선언적 형태의 법적 승인을 제공하는 문서로서, "헌장"이라는 번역어가 주로 사용된다.

역주〔3〕 선사유물에 대한 고고학적 연구와 현생 원시인에 대한 인류학적 연구를 결합하여 원시인의 심성을 추적하는 것은 18세기부터, 특히 19세기 이후로 서구 역사학계의 관행으로 자리잡았다. 다만 린드버그는 그 관행의 휘그적 색채, 특히 제국주의 편향을 경계하여 원시문화의 현대 서구문화와의 '차이'를 드러내는 데 주력하고 있다.

역주〔4〕 보이지 않는 권능들(*invisible powers*)은 훗날 기독교 세계에서는 천사로, 이교도 세계에서는 정령(*demons*)으로 개념화된다. 마술, 특히 제식마술(*ritual magic*)은 그 보이지 않는 힘들을 이용한다는 점에서는 주술(*witchcraft*)과 뚜렷이 구분되지 않는다.

역주〔5〕 원인과 싹을 동일시한다는 것은, '인과관계'에 의해 보편적 설명을 추구하는 과학과 '기원'에 의해 개성의 이해를 추구하는 역사학 사이에 경계선이 없다는 뜻이다. 과학이 보편적 '설명'의 학문이고 역사학이 개별적 '이해'의 학문이라는 구분은 19세기에 서남독일학파, 특히 빈델반트(W. Windelband: 1848~1915)로부터 시작되었다.

역주〔6〕 '어표'란 자주 사용되는 단어나 구를 지시하는 약식부호로 최초의 규약언어(*conventional language*)이며, 이 점에서 자연언어(*natural language*)인 그림문자로부터의 단절을 표시한다.

역주〔7〕 헤로도토스(Herodotus: 기원전 484년경~425년경)는 소아시아의 할리카르나소스(Halicarnassus) 출신이며 역사학의 아버지라 불리는 그리스 역사가이다. 페르시아 전쟁을 이야기체 서술로 전하는 그의 《역사》는 초기 그리스사의 가장 중요한 사료로 꼽힌다.

역주〔8〕 예를 들면 X × Y = 15와 X - Y = 3을 제시하고 X와 Y의 값을 제시하라는 문제(X = 5, Y = 3).

역주〔9〕 황도 12궁은 태양과 행성들이 지나가는 길목에 있는 12개의 별자리를 말한다. 그것은 양자리에서 시작하여 황소자리, 쌍둥이자리, 게자리, 사자자리, 처녀자리, 천칭자리, 전갈자리, 궁수자리, 염소자리, 물병자리, 물고기자리의 순으로 배열된다. '궁'(宮)은 원래 중국에서 별자리를 나타내던 용어이다.

역주〔10〕 기원전 4세기 바빌로니아 천문학의 발전은 천체의 복잡한 주기들을 단순한 주기적 효과로 분석하는 대수학 방법에서 절정을 이루었다. 태음월이 평균 29와 1/4일이라는 계산을 예로 들 수 있다. 바빌로니아인들의 대수학적 천문학은 그리스인들에 의해 기하학 형식으로 정리되었다.

역주〔11〕 토트(Thoth)는 달의 신으로 모든 학문과 지혜, 문자와 기록을 낳은 신으로 숭배되었다. 호루스(Horus)는 죽음과 부활의 신 오시리스(Osiris)와 그의 아내이자 최고의 여성신인 이시스(Isis)의 아들로 이시스의 마술을 이용해 각종 위험이나 질병을 물리치는 신으로 숭배되었다. 이시스(Isis)는 가족을 모든 위난으로부터 보호하는 최고의 아내이자 어머니의 신격으로 숭배되었다. 임호테프(Imhotep)는 이집트 제3왕조의 2대왕(조세르) 시절에 최고위 재상이자 대제사장으로 활동한 전설 속의 인물이다. 그는 피라미드의 창건자로만이 아니라 모든 학문, 특히 의술의 창시자로 전해지며 그리스에서 약신(藥神)으로 숭배된 아스클레피오스(Asclepius)와 동일시된다.

제2장

그리스인과 우주

1. 호메로스와 헤시오도스의 세계

두 편의 위대한 서사시 《일리아드》와 《오디세이》로 유명한 저자, 호메로스에 관해 우리가 아는 것은 별로 없다. 영웅 모험담을 재구성한 두 시편은 그리스와 트로이 사이에 벌어진 트로이 전쟁의 종결부와 그 이후를 다룬 것으로, 오랜 구전의 산물임이 분명하다. 이 구전의 뿌리는 미케네 시대(기원전 1200년 이전)의 그리스 역사로 소급된다. 두 시편은 그리스 아닌 근동지방의 서사시 전통으로부터 영향을 받은 것처럼 보이기도 한다. 구전이 기록으로 옮겨진 것은 8세기의 일이지만, 그 일을 한 사람(호메로스)이 했느냐 여러 사람이 했느냐는 문제는 여전히 논쟁거리로 남아 있다. 《일리아드》와 《오디세이》는 그 정확한 기원이 어디에 있든간에 그리스인의 교육과 문화에서 토대를 이루었으며, 지금까지도 태고(太古) 시대의 그리스인의 사고에 대해 그 형식과 내용을 가늠할 수 있게 하는 최상의 척도로 남아 있다.[1)]

헤시오도스의 자리도 호메로스 곁에 나란히 두어야 한다. 그는 농부의

1) 호메로스에 대한 쉬운 입문서는 Jasper Griffin, *Homer*, 혹은 M. I. Finley, *The World of Odysseus*를 참조할 것.

[그림 2.1] 피렌체의 고고학 박물관(Museo Archeologico)에 소장된 제우스의 동상.

아들로 8세기 말에 명성을 떨쳤다. 그의 작품으로 알려진 것은 두 개의 중요한 시편, 《노동과 나날》과 《신통기》이다. 전자는 농사 매뉴얼을 포함한 작품이며 후자는 신들 및 세계의 기원을 해설한 작품이다.[2] 헤시오도스는 신들에게 족보를 부여했으며, 호메로스와 마찬가지로 각 신의 성격과 각 신이 관장하는 기능을 정의했다. 올림포스 산의 12신이 지역 신의 신전들로부터 선발되어 그리스 전체를 대표하는 신들이 된 것은 호메로스의 영향과 헤시오도스의 영향이 합작된 결과였다.

올림포스의 신들 가운데는 우선 제우스가 있다. 호메로스와 헤시오도스는 제우스를 묘사하길, 신들 중 가장 위대하고 강력한 신 곧 하늘의 주군이요, 날씨의 신이요, 천둥과 번개를 다스리는 신이요, 법과 윤리를 주재하는 신이요, 모든 신들의 아버지라고 했다. 그의 누이이자 부인인 헤라는 결혼식과 결혼생활을 관장했다. 제우스의 동생인 포세이돈은 바다와 땅의 신이

2) Hesiod, *Theogony and Works and Days*, trans., with introduction and notes, by M. L. West.

요, 폭풍과 지진을 일으키는 신이었다. 역시 제우스의 동생인 하데스는 지하세계와 죽음을 관장하는 주군이었다. 제우스의 딸인 아테나는 전쟁에 참여하여 도시를 보호하는 여신인 반면에, 제우스의 아들인 아레스는 무자비한 전쟁 신이었다.

호메로스에 의하면 신들은 인간사에 밀접하게 개입하여 승리와 패배, 불행과 운명을 결정한다. 《오디세이》에는 신들이 개입한 사례가 다양하게 등장한다. 그 시편의 영웅인 오디세오스의 배는 신의 분노로 인해 난파되며 그는 요정 칼립소의 섬에 8년간 유폐되지만, 결국 제우스의 명령으로 풀려나 이타카로 항해하게 된다. 그러나 오디세오스가 풀려난 것을 몰랐던 포세이돈은 결국 그를 찾아내서 그의 항해를 방해하기로 결정한다.

> 그리하여 포세이돈은 두 손으로 삼지창을 굳게 쥐고서는 구름을 모으고 바다 깊은 곳을 휘저었다. 그는 모든 종류의 바람들로 폭풍을 일으켰으며, 땅과 바다를 모두 구름으로 뒤덮었다. 밤에는 하늘로부터 쏜살같이 내려왔다. … 지진의 신 포세이돈은 오디세오스에게 무섭고 지독한 파도를 퍼부었고, 산마루에서 뛰어내려 그를 강타했다.

오디세오스는 고향을 향하던 중 이런 식으로 신들의 방해를 받기도, 도움을 받기도 했다.[3)]

헤시오도스의 《신통기》에서는 태초의 혼돈으로부터 제우스의 질서 있는 통치에 이르는 짤막한 세계사를 읽을 수 있다. 혼돈으로부터 가이아("봉긋이 부풀어 오른 넓은 땅")를 위시한 여러 자식이 태어난다. 여기에는 에로스(사랑), 에레보스(지하세계의 일부), 그리고 가장 어두운 닉스(밤)가 포함된다. 에레보스와 닉스는 결합하여 헤메라(낮)와 아이테르(창공)를 낳는다. 가이아는 우라노스(별이 총총한 하늘)를 첫 아이로

---

3) 그리스 신화에 관해서는 Edith Hamilton, *Mythology*를 참조할 것. 인용문은 Homer, *Odyssey*, vol. 5, trans. S. H. Butcher and Andrew Lang, in *The Complete Works of Homer* (New York: Modern Library, 1935), pp. 79~82.

낳아, "그녀〔대지〕의 모든 곳을 덮고 은총받은 신들을 위해 영원히 붙박인 토대가 되도록 했다. 다시 그녀는 높은 산들을 낳았다. 산들은 여신 님프들의 매력적인 은둔처가 되어, 님프들은 숲이 울창한 산골짜기에 살 곳을 정했다. … 그 다음에 그녀는 폰토스, 즉 지칠 줄 모르고 분노하며 격동하는 바다를 낳았다."[4] 가이아(어머니인 대지)는 그녀가 낳은 우라노스(아버지인 하늘)와 짝을 짓는다. 그들의 결합으로 오케아노스(모든 강들의 아버지, 즉 세계를 둘러싼 강)가 태어나고 12명의 티타네스(Titans)를 비롯한 여러 거인이 태어난다. 결국 티타네스의 하나인 크로노스는 아버지 우라노스를 권좌에서 몰아낸다. 다시 크로노스는 그의 아들 제우스에 의해 권좌에서 밀려난다. 제우스는 키클로페스(외눈 거인)로부터

[그림 2.2] 델피 신전에 대지의 여신 가이아를 모신 사당(기원전 4세기).

---

4) *The Poems of Hesiod*, trans. R. M. Frazer, p. 32. 헤시오도스에 관해서는 Friedrich Solmsen, *Hesiod and Aeschylus* 역시 참조할 것.

천둥번개를 얻고 이를 이용하여 티타네스를 물리치며 그 스스로 올림포스의 통치권을 정립하게 된다.

이상의 짧은 묘사만으로도 호메로스와 헤시오도스의 세계를 오늘날 과학의 세계와 갈라놓는 틈새가 드러난다. 그들의 세계는 신들이 사람 모습으로 인간사에 개입하며, 자신들의 계획과 음모에 인간을 이용하는 세계였다. 그것은 어쩔 수 없이 변덕스러운 세계였다. 신들이 무시로 인간사에 개입하는 탓에 아무것도 안전하게 예측될 수 없는 세계였다. 자연현상은 인격화되고 신격화되었다. 태양과 달은 테이아와 히페리온이 결합하여 낳은 신들로 생각되었다. 폭풍, 천둥번개, 지진 같은 것은 인간과 무관한 자연력의 필연적 결과로 간주된 것이 아니라, 신들이 의도한 위력적인 무공(武功)으로 간주되었다.

우리는 이것을 어떻게 받아들여야 할까? 고대 그리스인들은 오늘날 우리가 "그리스 신화"라고 부르는 이야기가 진실이라고 생각했을까? 그들은 정말로 올림포스 산정이나 그밖의 은신처에 신들이 살면서 서로를 유혹하고, 자신들을 방해하는 인간에게 고통을 준다고 믿었을까? 폭풍이나 지진이 신의 변덕으로 발생한다는 데 대해 아무도 의심하지 않았을까? 우리는 앞장에서 문자가 결핍된 사고를 논의하는 가운데, 이런 문제가 얼마나 풀기 어려운 것인지를 살펴보았다.5) 분명한 것은 오늘날의 과학적 진리기준을 잣대로 이 같은 믿음을 평가하려는 시도는 모두 오해로 귀결될 수밖에 없다는 점이다. 오늘날 과학영역을 벗어난 활동에서 자주 표현되는 믿음으로부터 무언가 배울 것이 있지 않을까? 선거 후보자나 군대 지휘관이나 운동선수가 자신의 승리를 놓고 하나님께 감사드릴 때, 그 사람은 정말로 자신이 초자연의 힘으로 승리했다고 믿고 있을까? 명쾌한 대답은 있을 수 없다. 아마도 경우마다 다를 것이다. 다만 그 공적 인물들이 철학이나 과학의 방식으로 인과성 문제를 고려하고 있지 않다

5) 이 문제에 대한 흥미로운 분석으로는 Paul Veyne, *Did the Greeks Believe in Their Myths*?도 참조할 것.

는 점, 그들의 감사표현이 철칙이나 과학적 기준에 의해 판단되는 일도 없을 것이라는 점은 분명해 보인다. 호메로스의 작품과 헤시오도스의 작품도 비슷하게 이해될 수 있다. 비록 그들의 작품이 인과성의 문제를 제기하는 것은 사실이지만, 우리는 그들의 작품이 과학책이나 철학책으로 의도되지 않았다는 것을 이해해야만 한다. 호메로스와 헤시오도스, 그리고 그들에게 배경을 제공한 선대의 음유(吟遊) 서사시인들은 한결같이 교훈과 즐거움을 주기 위해 영웅의 행적을 기록하고 있었다. 만일 그들이 실패한 철학자들로 취급된다면, 이는 그들의 업적에 대한 오해로 귀결될 것이다.

과학이나 철학이 아니라고 해서 태고시대의 자료들을 홀대하는 일도 없어야겠다. 호메로스와 헤시오도스는 태곳적 그리스인들의 사고에 관해 〈무엇이든〉 보여줄 수 있는, 현재 이용가능한 극소수의 정보원에 속한다. 비록 원시 그리스 철학을 대표하는 인물은 아니지만 그들은 그리스인의 교육과 문화에서 여러 세기 동안 중심을 차지했다. 그들이 그리스인의 정신에 영향을 미치지 않았다면 그것이야말로 이상한 일일 것이다. 사람들이 사용하는 언어와 이미지는 그들이 지각하는 실재에 영향을 미치기 마련이다. 호메로스와 헤시오도스의 시편들이 바로 그러했다. 물론 그 시편들이 오늘날 우리가 물리학의 내용을 믿는 것과 똑같은 방식으로 〈믿어졌던〉 것은 아니다. 그럼에도 불구하고 올림포스의 신들의 신화는 지역 신들의 신화와 함께 그리스 문화의 핵심특징을 형성했으며, 그리스인들이 사고하고 말하고 행동하는 방식에 영향을 미쳤다.

2. 그리스 최초의 철학자들

그리스 철학은 기원전 6세기 초에 처음으로 출현했다. 그러나 혹자가 주장하듯이 철학이 신화를 대체한 것은 아니었다. 그리스 신화는 사라지기는커녕 그후로도 수백 년 동안 계속 번성했으니 하는 말이다. 새로운 철학적 사고방식은 신화와 함께, 때로는 신화와 뒤섞여서 출현했다고 판단하는 편이 옳을 것이다. 호메로스와 헤시오도스는 철학자가 아니었고 철학을 실천하지도 않았다. 반면에 탈레스나 피타고라스나 헤라클레이토스는 여전히 신화가 유행하는 문화 속에 살았지만, 새로운 종류의 지적 탐구를 시작했다. 이러한 지적 탐구를 이제부터 "철학"이라 부르기로 하자.

그렇다면 우리가 철학이라고 부른 그 새로운 사고방식의 실체는 무엇인가? 6세기에 일련의 사상가들은 그들이 살아가는 세계의 본성에 대해 신중하고도 비판적인 연구에 착수했다 — 이러한 연구는 그때부터 우리 시대까지 줄곧 지속되고 있다. 그들은 세계가 어떻게 구성되고 그 구성요소들은 무엇이며 어떻게 작동하는가를 물었다. 그들은 세계가 하나의 사물로 구성되는지 아니면 많은 사물들로 구성되는지를 탐구했다. 그들은 세계의 모양과 세계가 놓인 위치에 관해 물었고 세계의 기원에 관해 사색했다. 사물을 생성하고 어떤 사물이 다른 사물로 변하는 것처럼 보이게 만드는 변화의 과정을 그들은 이해하고자 노력했다. 그들은 지진과 일식 같은 예외적 자연현상에 주목했으며, 특정 지진이나 일식만이 아니라 모든 지진, 모든 일식에 적용될 수 있는 보편적 설명체계를 구축하고자 노력했다. 동시에 그들은 논증과 증명의 일반규칙을 염두에 두기 시작했다.

최초의 철학자들이 문제제기에 머물렀던 것은 아니다. 그들은 새로운 종류의 해답도 찾아나섰다. 그들의 담론에서 자연의 의인화는 더 이상 두드러진 특징이 될 수 없었다. 자연현상에 대한 그들의 설명에서는 신들도 점차 사라졌다. 우리는 호메로스와 헤시오도스의 신화적 접근을 이미 검토했다. 헤시오도스의 《신통기》에서 땅과 하늘은 신의 자식으로 간주된다. 반면에 루시포스와 데모크리토스의 경우 세계와 그 성분은 모두 태초의 소용돌이에서 원자들이 기계적으로 결합해 만들어진다.역주〔1〕 뒤늦은 5세기까지도 헤로도토스는 옛 신화의 많은 내용을 참조하여 그가 쓴 《역사》의 도처에 신들의 개입을 기록했다. 그에 의하면 포세이돈은 높은 조류를 일으켜 페르시아군이 건너고 있던 늪지를 물바다로 만든다. 또한 헤로도토스는 페르시아군이 그리스를 향해 떠났던 시점에 발생한 일식에 대해서도 초자연적 의미를 부여했다. 그러나 철학자들은 홍수나 일・월식에 대해 이와는 전혀 다른 해설을 제공했다. 그들의 해설에서는 초자연적 개입이 암시조차 되지 않는다. 아낙시만드로스에 따르면 일・월식은 고리 모양으로 된 발광체의 안쪽 창이 막히면 발생하는 것이었다.[역주〔2〕] 헤라클레이토스에 의하면 천체는 불로 채워진 둥근 주발의 모양을 하고 있기 때문에, 어떤 주발이 뒤집혀서 열린 쪽이 우리의 반대편으로 가면 일・월식이 발생한다.[역주〔3〕] 아낙시만드로스의 이론과 헤라클레이토스의 이론에 특별히 정교한 구석은 없다. 헤라클레이토스보다 50년 뒤에 엠페도클레스와 아낙사고라스는 일・월식이 우주 내의 그늘에 의해 야기된다는 것을 비로소 이해했다.[역주〔4〕] 가장 중요한 것은, 그들이 신들을 배제했다는 사실이다. 그들의 설명은 전적으로 자연주의에 의존했다.[역주〔5〕] 일・월식은 신들의 개인적 변덕이나 일시적 기분을 반영하는 것이 아니라, 고리 모양 발광체, 혹은 주발 모양 천체의 본성을 반영할 따름이었다.[6]

간단히 말해 철학자들의 세계는 만물이 각자의 본성에 따라 움직이는, 질서 있고 예측가능한 세계였다. 이렇듯 질서 있는 세계를 지칭하기 위해 그리스인들이 즐겨 사용한 용어가 바로 〈코스모스〉이다. 우주론이라는 뜻의 "코스몰로지"는 여기서 파생되었다. 이제 신들이 개입하는 변덕스러운 세계가 밀려나면서 질서와 규칙성이 들어설 여지가 들어섰다. 〈코스모스〉가 〈카오스〉를 대체하게 된 것이다. 자연적인 것과 초자연적인 것이 구별되기 시작했다. 오직 사물의 본성 안에서만 원인이 구명되어야 한다는 폭넓은 공감대가 형성되었다. 원인은 철학적 연구가 가능

---

6) 이 문제들에 대한 나의 견해는 로이드에게 특히 많은 빚을 졌다. G. E. R. Lloyd, *Early Greek Science: Thales to Aritotle*, 1장; Lloyd, *Magic, Reason, and Experience*; Lloyd, *The Revolutions of Wisdom*, 그리고 Gregory Vlastos, *Plato' Universe*, 1장 등을 참조했다.

한 것으로 국한되었지만 말이다. 이 새로운 사고방식을 소개한 철학자들에 대해 아리스토텔레스는 '피시코이'(*physikoi*) 혹은 '피시오로고이'(*physiologoi*) 라는 이름을 붙였다. 역주〔6〕 피시스(*physis*), 즉 자연에 대한 그들의 관심을 염두에 둔 이름이었다.

3. 밀레토스 학파와 근본실재의 문제

이러한 철학은 처음 이오니아에서 발전했던 것으로 보인다. 소아시아(에게 해를 축으로 그리스 본토의 반대편에 위치한 오늘날의 터키: 〔지도 1〕 참조)의 서부해안에 자리잡은 그곳에서는, 그리스의 식민지 개척자들이 세운 여러 도시가 이미 번영을 누리고 있었다. 에페소스, 밀레토스, 페르가몸, 스미르나 같은 도시의 번영은 무역과 천연자원 개발에 힘입은 것이었다. 개척사회가 대체로 그러하듯이 이오니아도 고된 노동과 자급자족을 장려했을 것이다. 번영과 기회는 그 보답이었다. 더욱이 번영 덕택에 이오니아의 그리스인들은 문화적, 상업적, 외교적, 군사적 접촉이 빈번했던 근동지방의 예술과 종교와 학문에 접할 기회를 얻기도 했다. 여기서 그리스인들이 받은 영향은 모두 중요하지만, 무엇보다 중요한 것은 알파벳 문자체계의 수용이었다. 알파벳 문자는 그리스 전역에 확산되어 서정시와 철학에서 창조성을 자극했다.

우리에게 조금이라도 알려진 최초의 철학자들은 이오니아의 남부해안 도시 밀레토스에서 배출되었다. 탈레스, 아낙시만드로스, 아낙시메네스 같은 이름은 기원전 6세기부터, 루시포스 같은 이름은 기원전 5세기부터 널리 알려졌다. 오늘날 이용가능한 단편자료들은 밀레토스 최초의 철학자인 탈레스를 기하학자이자 천문학자이자 기계기술자로 묘사한다. 그는 이미 기원전 585년에 일식을 성공적으로 예측한 인물로 알려져 있다. 하지만 이 같은 전설의 출처는 믿을 만한 것이 못된다. 탈레스 시대의 그리스인들은 아직 그 같은 수준의 예측에 도달하지는 못했던 것으로 보인다. 어떤 자료에 따르면 탈레스는 원반 모양의 지구가 물 위에 떠 있다는 이론을 제시했다고 한다. 그의 천문학 및 우주론의 정교함을 가늠하는 데에는, 오히려 이런 평판이 적절한 척도가 될 수 있을 것이다.[7]

밀레토스 학파에 대한 우리의 지식이 의심스러운 단편자료들로 인해 곤경에 처해 있는 만큼, 우리는 건전한 회의론의 견지에서 초기 그리스 철학자들에 관한 기존의 다양한 추론들을 평가해야 할 것이다. 그렇지만 그들이 근본실재, 즉 우주를 구성하거나 우주의 생성을 가능하게 하는 기초재료에 관심을 기울였다는 것은 의심의 여지가 없다. 기원전 4세기에 활동한 아리스토텔레스는 (그 나름의 계산 속에서 간접적, 단편적일 뿐

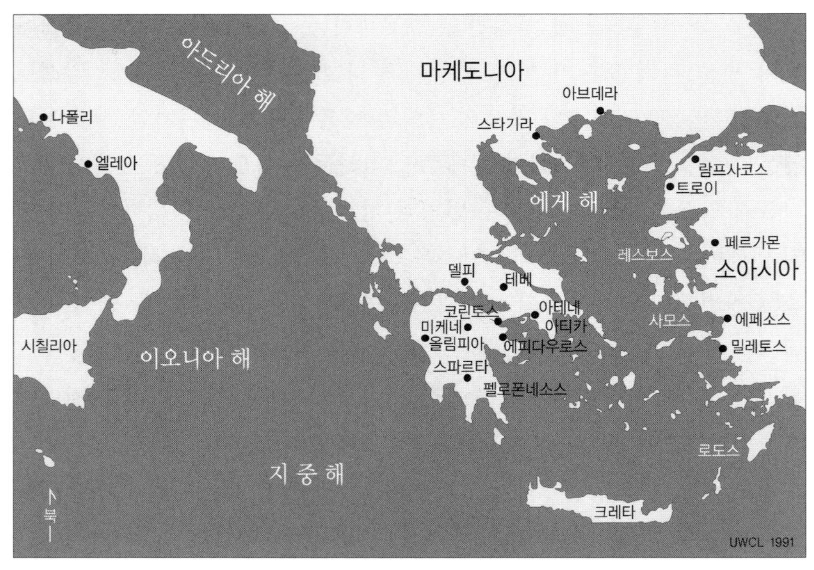

[지도 1] 기원전 450년경의 그리스 세계.

7) 밀레토스 학파에 관해서는 Lloyd, *Early Greek Science*, 2장; David Furley, *The Greek Cosmologists*, vol. 1, *The Formation of the Atomic Theory and its Earliest Critics*; G. S. Kirk and J. E. Raven, *The Presocratic Philosophers*, 2~4장; 탈레스와 천문학에 관해서는 D. R. Dicks, *Early Greek Astronomy to Aristotle*, pp. 42~44 등을 참조할 것.

인 증거를 이용해서) 다음과 같이 해설했다.

> 존재하는 모든 사물의 원초적 근원—즉, 어떤 사물이 최초에 그것으로부터 생성되었다가 최후에 그것으로 파괴되는, 따라서 그 성질은 계속 변화하지만 변화하는 가운데서도 지속되는 실체—을 가리켜, [최초의 철학자들은] 존재하는 만물의 원소이자 제 1원리라고 부른다. 이렇듯 어떤 본성은 언제나 보존되고 있다는 근거를 들어, 그들은 절대적 생성과 절대적 사멸은 있을 수 없다고 생각한다.[8)]

아리스토텔레스는 탈레스가 근본실재를 물로 간주했다고 전한다. 왜 탈레스가 물을 선택했는지에 관해서는 추측에 머물 수밖에 없었지만 말이다.

탈레스의 학생이거나 제자로 추정되는 (생애가 정확하게 알려지지 않은) 6세기의 다른 밀레토스 철학자들은 동일한 문제에 대해 서로 다른 대답을 제시했던 것 같다. 훗날의 여러 보고서에 따르면 아낙시만드로스(550년에 활동)는 만물의 기원이 '무한'(*apeiron*)에서 발견될 수 있다고 믿었다고 한다. 오늘날의 한 주석가는 그가 말하는 〈무한〉을 "전 방위로 끝없이 뻗친 거대하고 무진장한 덩어리"로 해석한다.[9)] 〈무한〉으로부터 하나의 싹이 출현하고 이 싹이 우주를 낳았다는 것이다. 그런가 하면 아낙시메네스(545년에 활동)는 근본재료를 공기라고 주장했던 것 같다. 사람들이 접하는 세계의 다양한 실물들은 모두 공기의 산만함이나 응축됨에 의해 형성되었다는 것이다. 밀레토스 철학자들이 한결같이 유물론자요, 일원론자였다는 것은 주목할 가치가 있다. 그들에게 원초적 실체는 물질재료로 이루어진 것이고 균질적인 것으로 해석되었다.

이 모든 주장은 원시적인 것처럼 보일 수 있다. 어떤 의미에서는 정말로 그렇다. 여기에는 현대의 이론에 필적하기는커녕 그 선구가 될 만한 것도 없다. 하지만 현재와 과거를 비교하는 것만큼 과거의 업적을 확실

---

8) Kirk and Raven, *Presocratic Philosophers*, p. 87.

9) Charles H. Kahn, *Anaximander and the Origins of Greek Cosmology*, p. 233.

하게 왜곡하는 비결은 없다. 오히려 밀레토스 학파를 직전의 선배들과 비교할 때 그 중요성이 뚜렷하게 드러난다. 첫째로 그들은 새로운 종류의 질문을 제기했다. 만물의 기원은 무엇인가? 우리가 지각하는 다양한 실체의 다양한 형상은 어떤 근본실재로부터 취해진 것인가? 이런 의문은 다양성의 배후에서 통일성이, 변화의 배후에서 질서가 모색되었음을 뜻한다. 둘째로 밀레토스 학파가 제시한 답변에는 호메로스나 헤시오도스에게서 흔하게 볼 수 있는 의인화와 신격화가 전혀 들어 있지 않다. 그들은 신들이 개입할 여지를 남겨두지 않았다. 그들이 올림포스의 신들을 어떻게 생각했는지에 관해서는 거의 알려진 것이 없지만, 적어도 그들이 만물의 기원과 본성을 설명하기 위해 신들을 도입하지 않았다는 것만은 분명하다. 셋째로 밀레토스 학파는 각자의 이론을 진술할 필요성만이 아니라, 비평가나 경쟁자에 맞서 자신의 이론을 옹호할 필요성도 분명하게 자각하고 있었던 것 같다. 비판적 평가의 전통은 바로 이들로부터 시작되었던 셈이다.[10]

근본재료에 관한 밀레토스 학파의 사색은 오늘날까지 꾸준히 지속되어온 한 가지 질문의 단초에 지나지 않았다. 고대에만 해도 다양한 학파들이 밀레토스 학파를 계승했다. 밀레토스로부터 멀지 않은 이오니아의 도시 에페소스에서 헤라클레이토스(500년에 활동)는 50년 뒤에 만물의 기원이 불이라고 주장했다. "세계의 질서는 신이나 사람이 만든 것이 아니다. 과거에도 늘 그러하였고 지금도 그러하며 앞으로도 그러할 그 질서는, 일부는 불붙고 일부는 꺼진 영생의 불이다."[11] 기원전 5세기 후반에는 원자론자들이 출현하여 앞 세기의 유물론을 진척시켰다. 밀레토스의 루시포스(440년에 활동)와 아브데라(Abdera)의 데모크리토스(410년

---

10) G. E. R. Lloyd, *Demystifying Mentalities*, 특히 1장; Lloyd, *Early Greek Science*, pp. 10~15.

11) Kirk and Raven, *Presocratic Philosophers*, p. 199. 이 구절에 대한 해석은 Furley, *Greek Cosmologists*, pp. 35~36과 Barnes, *Presocratic Philosophers*, 1권, pp. 60~64를 참조할 것.

에 활동)가 그들이었다. 이들에 의하면 세계는 무한공간에서 제멋대로 운동하는 무한대의 작은 원자들로 구성된 것이었다. 원자들, 즉 너무 작아 눈으로 볼 수 없는 입체형 소체(小體)들이 결합해서 무수한 형상을 낳는다. 우리가 세계에서 경험하는 엄청나게 다양한 실체들과 복잡한 현상들은 원자들의 운동이나 충돌이나 잠정적 결합에 의해 설명된다. 심지어 루시포스와 데모크리토스는 원자들의 소용돌이로부터 세계가 태어났다는 식의 설명을 시도하기도 했다.[12]

[그림 2.3] 고대 에페소스의 유적.

12) 원자론자에 관해서는 Furley, *Greek Cosmologists*, 9~11장; Kirk and Raven, *Presocratic Philosophers*, 17장; Barnes, *Presocratic Philosophers*, 2권, pp. 40~75; Cyril Bailey, *The Greek Atomists and Epicurus* 등을 참조할 것.

원자론자들은 그밖의 다양한 자연현상에 대해서도 기발한 설명을 제시했지만, 우리가 본래의 논지를 벗어나 여담으로 흐르지 않기 위해서는 무엇이 중요한 것인지를 잠시 짚고 넘어갈 필요가 있다. 중요한 것은 실재를 마치 생명 없는 기계처럼 보는 그들의 관점이다. 지상에서 발생하는 모든 것은 무생명의 물질적 원자들이 각자의 본성에 따라 운동한 필연적 결과이다. 이 세계에는 그 어떠한 정신도 그 어떠한 신격도 개입하지 못한다. 목적이나 자유가 들어설 여지는 없으며 오직 냉정한 필연만이 지배한다. 이와 같은 기계론적 세계관은 플라톤과 아리스토텔레스, 그리고 그 추종자들의 지지를 받지는 못했지만, 17세기에 (약간의 새로운 변형을 거쳐) 앙갚음이라도 하듯이 부활했으며 그 이후의 과학논의에서 강력한 영향력을 행사했다.

근본실재를 탐구한다고 해서 모두 일원론자나 유물론자가 된 것은 아니었다. 개중에는 신을 도입한 이들도 있었다. 루시포스와 동시대에 활동한 아크라가스의 엠페도클레스(450년에 활동)는 모든 물질적인 것을 구성하는 네 원소를 확인했다. 그의 표현으로는 네 "뿌리들"이었다. 그는 불(火), 공기(氣), 흙(土), 물(水)이라는 네 원소를 각기 제우스, 헤라, 아이도네오스, 네스티스에 관한 신화를 이용해서 은유적으로 소개했다. 역주〔7〕 그에 의하면 네 뿌리들은 "과거, 현재, 미래의 모든 것, 즉 초목과 남녀, 짐승과 새와 물고기를 낳았을 뿐만 아니라 그 특권에서 가장 강력한 오래 사는 신까지도 낳았다. 실재하는 것은 오직 네 뿌리들로, 이것들이 상호작용하는 가운데 다양한 형상을 띠게 된다".[13] 그러나 물질적 원소만으로는 운동과 변화를 설명할 수 없었기 때문에 엠페도클레스는 비물질적인 두 개의 원리, 즉 사랑과 싸움을 추가했다. 사랑과 싸움은 네 원소의 이합집산을 가능하게 하는 원리였다.

비물질적 원리를 근본실재에 포함시킨 고대의 철학자는 엠페도클레스

---

13) Kirk and Raven, *Presocratic Philosophers*, pp. 328~329. Furley, *Greek Cosmologists*, 7장도 참조할 것.

만이 아니었다. 우리의 이해가 옳다면 6세기와 5세기에 활동한 피타고라스 학파는 근본실재가 물질이기보다는 수(數)라고 주장했던 것 같다. 이들은 남부 이탈리아의 그리스 식민지에 집중 분포되어 있었으며, 개인들로서보다는 한 사조의 '학파'로서 알려져 있다. 아리스토텔레스는 피타고라스 학파가 수학연구의 진행과정에서 음계(音階) 같은 현상을 설명해주는 수의 위력에 사로잡혔다고 전한다. "수 이외의 모든 사물은 그 각각의 자연본성에 있어서 수를 모델로 만들어진 듯이 보였고, 수는 자연 전체에서 최초의 것으로 보였기 때문에 그들은 수의 원소가 만물의 원소요, 천체가 전체적으로 하나의 음계이자 수라고 가정하게 되었다"는 것이다.[14] 이것은 그 뜻을 정확하게 알기 힘든 애매한 진술이다. 이러한 애매함은 아리스토텔레스가 피타고라스 학파의 가르침을 충분히 이해하지 못했거나 공정하게 평가하지 않았기 때문에 증폭되었을 가능성이 높다. 피타고라스 학파는 정말로 물질적인 것이 수에 의해 구성된다고 믿었을까? 아니면 그들이 의도한 것은 물질적 사물에 근본적인 수적 속성이 들어 있고 이런 속성은 각 사물의 본성에 대한 통찰을 제공한다고 주장하는 정도에 그쳤을까? 우리가 확실하게 아는 것은 없다. 피타고라스 학파의 입장을 느낌대로 해석하면 수가 처음 나왔고 나머지 모든 사물은 수로부터 태어났다는 것이다. 이러한 의미에서라면 수는 근본실재요, 물질적 사물은 각자의 존재, 아니면 적어도 각자의 속성을 수로부터 얻는다고 할 수 있다. 하지만 우리가 좀더 신중한 자세를 취한다면, 피타고라스 학파는 최소한 수를 실재의 근본적 부분으로 간주했으며 이 실재를 연구하기 위해 수학을 기초수단으로 삼았을 것이라고 추정할 수 있다.[15]

---

14) Aristotle, *Metaphysics*, I. 5. 985b33~986a2, in *The Complete Works of Aristotle*, ed. Jonathan Barnes, vol. 2, p. 1559. 피타고라스 학파에 관해서는 Kirk and Raven, *Presocratic Philosophers*, 9장; Furley, *Greek Cosmologists*, 5장; Barnes, *Presocratic Philosophers*, vol. 2, pp. 76~94; Lloyd, *Early Greek Science*, 3장 등을 참조할 것.

15) 19세기에 윌리엄 스탠리 제본스(William Stanley Jevons)는 피타고라스 학파의 전망에서 바로 이러한 측면을 예리하게 포착했다. "피타고라스 학파는 세

4. 변화의 문제

세계의 기원과 그 근본 구성요소에 관한 문제가 6세기에 가장 눈에 띄는 쟁점이었다면, 뒤이은 5세기에는 이와 관련된 또 다른 쟁점이 철학활동을 지배했다. 우리가 세계의 근본 구성요소들을 정말로 발견했을 때, 우리는 아무런 의심 없이 그것들이 불변적이라고 여기게 될까? 그럴 것 같지는 않다. 우리가 근본실재로 간주한 어떤 요소가 무시로 형상을 바꾸고 생성 소멸을 반복한다면, 그것이 정말로 근원적이라는 것을 어떻게 판정할 수 있겠는가? 그렇다면 그 실체상의 변화를 설명하기 위해서는 더욱더 근원적인 무엇에로 소급해가야 하지 않을까? 소급해가다 보면 그 끝에는 확고하게 고정되어 변화하지 않는 어떤 것이 존재하지 않을까? 우리 모두가 근본실재란 불변적인 것이라는 명제에 동의한다면, 실재의 변화를 설명한다든지 그런 설명을 수용한다든지 하는 것이 과연 가능이나 한 일일까? 근본실재의 수준에서의 불변성은 다른 수준에서의 변화무쌍함과 양립할 수 있을까? 세계는 어떻게 불변적인 것인 동시에 변화하는 것이 될 수 있을까?

이런 물음을 제일 먼저 제기한 철학자로는 헤라클레이토스가 있다. 그는 변화하는 실재에 관해 단호한 입장을 제시했다. 오늘날 그는 동일한 강물에 발을 두 번 담글 수 없다(두 번째로 발을 담근 강물은 정확히 먼젓번 강물이 아니다)는 경구로 유명하다. 동시대인들 사이에서도 그는 만물이 변화상태에 있다는 견해의 상징이었다. 더 나아가 헤라클레이토스는 전체적 평형이나 불변의 조건은 그 밑에 변화를 감추고 있다고 주장하기도

계를 수에 의해 지배되는 것으로 표현해야 할 분명한 이유를 가지고 있었다. 수는 우리의 대부분의 사고활동에 개입하며, 수적으로 정의할 수 있는 우리의 능력에 비례하여 우리는 우주에 대해 그만큼 정확하고 유용한 지식을 가질 수 있다는 것이다." Margaret Schabas, *A World Ruled by Number*: *William Stanley Jevons and the Rise of Mathematical Economics* (Princeton: Princeton University Press, 1990) 의 권두 인용문으로 채택된 Jevons, *Principles of Science*에서.

했다. 서로를 견제하는 힘들의 형식으로, 혹은 대립적인 것들의 투쟁형식으로 진행되는 변화가 숨어 있다는 것이다. 예컨대 흙과 물과 불이라는 실체들 사이에서는 영속적 투쟁이 전개되고, 각 실체는 나머지 실체를 삼키려 노력하는데, 이러한 역동성 속에서 평형이 이루어지는 것은 전체적 균형 내지 상호관계에 의해서였다.[16]

파르메니데스(480년경에 활동, 남부 이탈리아의 엘레아에 위치한 그리스 도시국가 출신)는 헤라클레이토스의 주장을 정면으로 부정했다. 그는 오늘날까지 대부분이 전해지는 장편 철학 시(詩)를 썼다. 당시의 철학은 아직 산문을 절대적 담론형식으로 채택하지 못한 상태였기 때문이다. 여기서 파르메니데스는 변화 그 자체가 논리적으로 성립될 수 없는 것이라는 급진적 입장을 채택했다. 그는 여러 논리적 근거를 동원해서, 어떤 사물이 비존재로부터 존재로 옮겨갈 가능성을 부정했다. 어떤 사물이 무로부터 생성되는 것이라면, 왜 다른 순간이 아닌 그 순간에 생성되며, 어떤 수단에 의해 생성된단 말인가? 그는 무로부터는 아무것도 출현하지 않는다고 결론지었다. "비존재의 존재함은 결코 증명되지 못할 것이다."[17] 이와 유사한 근거를 제시하면서 그는 다른 모든 변화의 형식을 싸잡아 부정했다. 시간과 복수성 같은 것의 존재도 부정되었다. 그에게 존재하는 것은 순간과 단수성(*Oneness*: 一者) 뿐이었다.

파르메니데스의 제자 제논(450년경에 활동)은 스승의 입장을 더 확장된 형태로 고수했다. 그는 운동(위치의 변화)이라는 한 종류의 변화에 초점을 맞추어 변화의 가능성을 다양한 방식으로 반증했다. 특히 "경기장의 역설"이라는 반증은 제논의 접근법을 잘 예시한다. 그는 경기장을 가로지르는 것이 불가능함을 논증했다. 경기장 전체를 가로질러 가기 전에

---

16) Lloyd, *Early Greek Science*, pp. 36~37; Furley, *Greek Cosmologists*, pp. 33~36.

17) Kirk and Raven, *Presocratic Philosophers*, p. 271. 그밖에도 Furley, *Greek Cosmologists*, pp. 36~42; Lloyd, *Early Greek Science*, pp. 37~39; Barnes, *Presocratic Philosophers*, 1권, 10~11장 등을 참조할 것.

먼저 1/2, 1/2 전에 1/4, 1/4 전에 1/8 … 이런 식으로 계속 걸어가야 하기 때문이다. 경기장을 가로질러 간다는 것은 결국 무한히 연속된 절반들을 통과한다는 뜻이므로, 유한한 시간 안에 그 무한한 간격들을 모두 걷는다는 것은 불가능하며, (아리스토텔레스가 이 역설을 거론하면서 주장했듯이) 그 무한한 간격들과 "접촉하는 것"조차 불가능하다. 이러한 논증법은 모든 종류의 공간적 간격에 대해 똑같이 적용될 수 있었으며, 이런 근거에서 운동은 아예 불가능하다는 결론이 도출될 수 있었다.[18] 역주〔8〕

이 모든 주장은 터무니없는 것처럼 보일 수 있다. 파르메니데스와 제논도 힘들이지 않고 스스로의 눈으로 주변의 모든 변화를 관찰할 수 있었을 것이다. 그들도 아침에 일어나 아침밥을 잘 차려 먹고 나서는 철학이라는 고된 일과를 위해 아고라(Agora) 광장으로 향하지 않았던가? 이러한 생활에 운동이 필요하다는 것을 그들이 몰랐을까? 그랬을 리 없다. 파르메니데스와 제논은 경험이 가르쳐주는 것을 너무도 잘 알고 있었다. 문제는 경험이 과연 신뢰할 만한가 라는 것이었다. 논리학의 규칙에 따른 신중한 논증은 변화의 불가능성을 분명하게 가르치는 반면에 경험은 변화가 실재하다는 것을 알려줄 때, 우리는 어떻게 해야 할 것인가? 파르메니데스와 제논에게 대답은 분명하다. 이성적 추론이 지배해야 한다는 것이다. 파르메니데스는 두 과정을 엄격하게 구분했다. 하나는 관찰에 근거하는 "그럴듯함의 길"(개연성)이요, 다른 하나는 이성이 밟아가는 "진리의 길"이었다. 그는 자신의 시편에서 "거의 경험에 의존하는 관습이 그대로 하여금 이 길을 따르게 하여 그대의 갈팡질팡하는 눈이나 그대의

---

18) Kirk and Raven, *Presocratic Philosophers*, 11장; Barnes, *Presocratic Philosophers*, 1권, 12~13장. 아리스토텔레스의 주석은 그의 *Physics*, VI. 2. 233a. 22~23에 등장한다. 두 번째 역설에서는, 제논은 (빠른 발로 유명한) 아킬레스와 (느린 발로 유명한) 거북이 사이의 경주를 묘사한다. 여기서 그는, 거북이가 먼저 출발하기만 하면 아킬레스는 그를 따라잡을 수 없다고 주장한다. 거북이가 떠난 곳에 아킬레스가 도달하면, 거북이는 새 지점으로 전진할 것이고, 다시 아킬레스가 그 새 지점에 도달하면, 거북이는 또다른 새 지점으로 전진하는 운동이 무한히 계속될 것이기 때문이다.

솔깃해 하는 귀나 그대의 혀를 방황하도록 만드는 것"을 경계하면서, "내가 지금까지 이야기한 (논쟁에 휩싸인) 증명을 이성에 의해 판단할 것"을 촉구했다.[19] 그렇다. 파르메니데스와 제논은 경험이 변화의 실재함을 알려준다는 점을 인정했다. 하지만 그들은 이성적 근거에서 변화란 환상임을 깨달았다. 변화는 즐겁고 강렬한 환상이기는 하지만 결국 환상에 불과한 것이었다.

변화의 가능성에 대한 파르메니데스의 부정은 엄청난 반향을 일으켰으며, 차세대 철학자들을 자극한 큰 도전이 되었다. 엠페도클레스는 네 원소(네 가지의 물질적 "뿌리들")에다가 사랑과 싸움을 결합한 이론으로 응답했다. 그의 원소는 생성되지도 사멸하지도 않는 것이라는 점에서 파르메니데스의 근본요건을 충족시키지만, 결합되고 분리되며 다양한 비율로 혼합된다는 점에서 변화를 실재하는 것으로 만든다. 루시포스나 데모크리토스 같은 원자론자는 개별 원자가 절대불변의 것임을 인정했다. 따라서 개별 원자의 수준에서는 어떠한 종류의 발생이나 부패나 변화도 있을 수 없었다. 다만 원자들은 영속적으로 운동하고 충돌하고 결합하며, 원자들의 운동과 결합은 감각경험의 세계 내에 무한한 다양성을 야기한다. 원자론자들에 따르면 피상적 변화의 근저에는 근본적 불변성이 놓여 있다. 변화와 불변은 모두 실재한다.[20]

5. 지식의 문제

근본실재의 문제, 변화와 불변의 문제에 뒤이은 세 번째의 쟁점은 지식의 문제이다. 전문용어로 말하자면 인식론(*epistemology*)의 문제가 되겠다. 초기 그리스 철학자들은 이 문제에도 천착했다. 사실상 감각에 의

19) Kirk and Raven, *Presocratic Philosophers*, p. 271.

20) Lloyd, *Early Greek Science*, 4장.

해 지각되는 다양한 실체에 머물지 않고 그 근저에 놓인 근본실재를 추구하는 과정은 그 자체가 이미 지식의 문제를 함축한 것이다. 감각이 만물의 통일성을 드러내지 못한다면 진리를 향한 다른 안내자를 찾아야만 하지 않겠는가? 변화와 불변에 대한 5세기의 논의에서는 지식의 문제가 더욱 명료하게 부각된다. 변화에 대한 파르메니데스의 극단적 반론은 예리한 인식론적 함축을 지닌 것이었다. 감각이 아무리 변화를 드러내더라도 감각의 믿을 수 없음이 증명된다면 진리는 오직 이성의 활동에 의해서만 획득될 수 있을 터였다. 감각경험을 낮추 평가하기는 원자론자들도 마찬가지였다. 감각은 "이차적" 성질, 즉 색채, 맛, 향기, 그리고 만질 수 있는 성질을 드러낼 뿐인즉, 이성만이 원자와 공간이 유일한 실재라는 것을 가르쳐준다. 그 일부만 전해지는 한 작품에서 데모크리토스는 "지식의 두 형식"을 확인한다. "하나는 진정한 것이고 다른 하나는 애매한 것으로 시각, 청각, 후각, 미각, 촉각은 애매한 것에 속한다."[21] 그의 나머지 생각은 작품이 돌연히 끊겨버려 확실하게는 알 수 없다. 다만 데모크리토스가 진정한 지식이라고 판단한 것은 이성적 지식이었을 것이라고 추정할 수 있을 뿐이다.

초기의 철학자들은 대체로 감각보다 이성을 우선시하는 경향이 있었지만 그 경향이 보편적이거나 일방적인 것은 아니었다. 엠페도클레스는 파르메니데스의 공격에 맞서 감각을 옹호했다. 그는 감각이 완전한 것은 아니지만 분별력을 발휘해서 사용한다면 감각도 유용한 안내자가 될 수 있다고 주장했다. 그는 이렇게 썼다. "자, 그렇지만 그대의 역량을 총동원하여 각 사물이 어떻게 명료하게 드러나게 되는지를 살펴보자. 귀로 들은 것보다 눈으로 본 것을 더 신뢰한다든가, 그대의 혀가 제공하는 명백한 증거보다 큰소리로 들은 것을 우선한다든가, 신체의 다른 기관에 대해서는 그대의 신뢰를 거두어들인다거나 하지 않을 때, 그 어떤 감각

---

21) Kirk and Raven, *Presocratic Philosophers*, p. 422. Lloyd, *Early Greek Science*, 4장도 참조할 것.

에도 이해를 향한 길이 존재한다." 이오니아의 또 다른 해안도시인 클라조메네의 아낙사고라스(460년경에 활동)는 극히 일부만 전해지는 한 작품에서 감각은 "어둠에 불빛"을 제공한다고 주장하기도 했다.[22)]

그리스인들의 인식론, 특히 그들의 이성주의에서 얻을 수 있는 유익함의 하나는 그들이 추론, 논증, 이론평가 등을 위한 규칙에 주목했다는 점이다. 형식논리학은 아리스토텔레스의 발명품이지만, 6세기와 5세기의 선배들도 논증에 대해 그 견실함을 검증하고 이론에 대해 그 근거를 평가해야 할 필요성을 점차 자각해가던 추세였다. 파르메니데스와 제논이 논증에서 보여준 정교함, 이를테면 추론규칙 및 증명규준에 대한 그들의 감수성은 그리스 철학이 한 세기 반 동안 얼마나 큰 진척을 이루었는지를 잘 보여준다.

6. 플라톤과 형상의 세계

고대 그리스 달력이 아닌 오늘날 달력으로 계산하면, 소크라테스가 죽은 기원전 399년은 세기 전환기이기도 했지만 편의상 그리스 철학사의 분기점으로 간주되곤 한다. 그래서 지금까지 논의된 6~5세기의 철학자들은 "소크라테스 이전 철학자들"(*pre-Socratic philosophers*)로 불릴 때가 많다. 소크라테스의 뛰어남은 달력상의 의미를 훌쩍 넘어선다. 그는 그리스 철학사에서 강조점의 전환을 대표한 인물이었기 때문이다. 6세기와 5세기에는 우주론이 각광을 받았지만, 소크라테스부터는 정치·윤리 문제가 주요 관심사로 부상했다. 그러나 이 같은 전환이 소크라테스 이전의 철학이 중요시한 쟁점에 대한 지속적 관심을 철저히 배제할 정도로 극적인 것은 아니었다. 이제 소크라테스의 어린 친구이자 제자인 플라톤의 작품에서 무엇이 새로운 것이고 무엇이 연속적인 것인지를 검토해보

22) Kirk and Raven, *Presocratic Philosophers*, pp. 325, 394.

기로 하자.

플라톤(427~348/47)은 아테네의 유력가문에서 태어났다. 국정에 능동적으로 참여한 가문의 출신이었던 덕택에 그는 소크라테스의 처형을 초래한 정치적 사건을 곁에서 관찰할 수 있었음이 분명하다. 플라톤은 소크라테스가 죽은 후에 아테네를 떠나 이탈리아 반도와 시칠리아 섬을 방문했다. 여기서 그는 피타고라스 학파의 철학자들과 접촉했던 것 같다. 388년에 아테네로 돌아와 그는 자신의 학원(아카데미아)을 설립했다. 청년들은 이곳에서 선진 고급학문을 익힐 수 있었다(〔그림 4.2〕 참조). 플라톤은 그의 작품을 거의 모두 대화의 형식으로 남겼던 것으로 보이며 그 대부분이 현재까지 전해진다. 그 방대한 대화편들 가운데, 우리의 관심에 부합하는 일부만을 선별해서 그의 철학을 검토하기로 하겠다. 우선 플라톤이 근본실재를 어떻게 다루었는지부터 검토하기로 하자.[23]

대화편의 하나인 《국가》의 한 대목에서, 플라톤은 목수가 만들어 실생활에 사용되는 책상과 목수의 정신에 새겨진 책상관념 사이의 관계를 다루었다. 목수는 책상을 만들 때마다 자신의 정신관념에 새겨진 책상을 가능한 한 완전하게 복제하려 하지만, 그 결과는 늘 불완전하다. 그가 제작한 책상들은 그 세부에서는 서로 다르다. 못이나 널빤지 같은 재료에서라도 조금씩 다를 수밖에 없는데, 이러한 한계로 인해 그 어떤 책상도 관념 속의 책상에 꼭 들어맞을 수는 없다는 것이다.

플라톤은 이 대목에서 신성한 장인(匠人)의 존재를 도입한다. 목수와 그가 만든 책상들 사이의 관계는, 신성한 장인과 그가 만든 우주 사이의 관계로 확장된다. 신성한 장인 조물주(*Demiurge*)는 일정한 관념이나 설계에 따라 우주를 만들었으니, 우주와 그 안의 만물은 모두 영원한 관념, 즉 형상에 대한 복제물이며, 질료에서의 한계로 인해 불완전한 복제물에

---

23) 플라톤에 대한 연구성과는 너무 방대하다. 최근의 간단한 입문서로는 R. M. Hare, *Plato*와 David J. Melling, *Understanding Plato* 등을 참조할 것. 필자가 각별한 영향을 받은 것은 Vlastos, *Plato's Universe*와 플라톤의 대화편들에 대한 Francis M. Cornford의 주석-번역본들이다.

[그림 2.4] 플라톤(기원후 1세기 작품). 바티칸 박물관 소장.

머문다는 것이다. 요컨대 두 영역이 존재한다. 하나는 형상 내지 관념의 영역으로 만물에 대한 완전한 관념으로 구성된 영역이다. 다른 하나는 질료의 영역으로 형상이나 관념에 대한 불완전한 복제물로 구성된 영역이다.

뚜렷이 구별되는 두 영역이라는 플라톤의 착상을 낯설게 여기는 독자를 위해 중요한 요점 몇 가지를 정리할 필요가 있을 것 같다. 형상은 무형의 것이요, 만질 수 없고 감각할 수 없는 것이다. 형상은 조물주의 속성인 영원성을 공유하기에 영원히 존재하며 절대불변한다. 낱낱의 형상은 물질세계 내의 낱낱의 사물에 대한 형상이요, 완전한 관념이다. 형상이 거주하는 공간을 꼭 집어 말할 수는 없다. 형상은 무형이어서 공간을 차지할 수 없기 때문이다. 그렇지만 비록 무형이고 지각할 수는 없어도 형상은 객관적으로 존재한다. 아니, 오로지 형상의 영역에만 진정한 실재가 자리잡을 수 있다. 반면에 감각할 수 있는 유형의 사물은 불완전하고 일시적이다. 유형의 사물은 형상의 복제물이요, 그 존재가 늘 형상에 의존한다는 점에서 형상만큼 실재적이지 못하다. 형상이 일차적으로 존재한다면 유형의 사물은 이차적으로 존재할 따름이다.

플라톤이 실재개념을 그림 그리듯 해설한 대목은 《국가》 제 7권의 저 유명한 "동굴의 비유"에서 등장한다. 사람들은 머리를 움직일 수 없게 속박된 채 깊은 동굴에 죄수처럼 갇혀 있다. 그들 뒤에는 벽이 있고 벽 위에는 횃불이 있다. 또다른 사람들이 사람상과 동물상을 포함한 각양각색의 사물들을 벽 위로 치켜들고는 벽의 아래쪽에서 앞뒤로 걸어다닌다. 그 사물들은 동굴 벽에 그림자로 나타나며 죄수는 그 그림자를 볼 수 있을 뿐이다. 묶인 자들은 그런 상과 각양각색의 사물이 빚어낸 그림자를 볼 수 있을 뿐이다. 그들은 태어날 때부터 동굴에 갇혀 살아온 탓에 동굴 밖의 실재를 회상해낼 수 없으며, 따라서 그 그림자가 (그들로서는 볼 수 없는) 사물의 불완전한 이미지에 불과하다는 것도 알지 못한다. 그 결과 그들은 그림자를 실재하는 것으로 오인하게 된다.

플라톤은 우리 모두가 처한 상황이 이와 같다고 말한다. 우리 개개인은 육신에 갇힌 영혼일 뿐이다. 동굴의 비유에서 말하는 그림자는 감각경험의 세계를 뜻한다. 영혼이 육체의 감옥에 갇혀 있을 때에는 이렇듯 어렴풋한 그림자를 지각할 수 있을 뿐이며, 그 무식한 상태에서 실재의 그림자만이 존재하는 전부라고 주장하게 된다. 그렇지만 진정으로 존재하는 것은 어렴풋한 그림자가 아니다. 그림자를 가능하게 한 사람이나 동물의 상이 존재하는 것이요, 종국적으로는 (그런 상이 불완전하게 복제하고 있을 뿐인) 사람이나 동물의 형상이 실재하는 것이다. 이렇듯 점점 높아지는 실재의 수준에 접근하기 위해서는 우리는 감각경험의 구속을 벗어나 그 수직동굴을 기어올라 가야만 한다. 영원한 실재를 응시하고 참지식의 영역에 진입할 수 있을 때까지 말이다.[24)]

소크라테스 이전 철학자들의 관심사와 비교할 때 이러한 견해는 어떤 함축을 갖는 것일까? 첫째, 플라톤은 감각가능한 사물로 구성된 유형(有形)의 세계를 파생적·이차적인 존재로 파악했고, 무형(無形)의 형상이

---

24) Plato, *Republic*, 7권, 514a~521b.

야말로 근본실재임을 확인했다. 둘째, 플라톤은 실재의 두 수준을 분리하고 한 수준에는 변화, 다른 한 수준에는 불변을 부여함으로써 변화와 불변을 모두 설명했다. 유형의 영역에서는 불완전함과 변화가 전개되지만, 형상의 영역은 영원하고 불변적인 완전함이라는 특징을 갖는다. 변화와 불변은 서로 다른 특징을 가질 뿐 모두가 정말로 발생하는 것이다. 다만 불변은 형상에게만 부여되는 특징이라는 점에서 한층 더 완전한 실재성을 갖는다고 하겠다.

셋째, 우리가 이미 검토했듯이 플라톤은 관찰과 참지식(혹은 이해) 사이에 대립관계를 설정함으로써 인식론상의 쟁점을 제기했다. 감각은 참지식이나 이해를 향해 위쪽으로 올려주기는커녕 아래쪽에 묶어두는 사슬이다. 철학적 반성만이 지식을 향한 유일한 길이다. 이런 생각은 《파이돈》에서 명시된다. 역주〔9〕 여기서 플라톤은 감각이 진리의 획득에 전혀 도움이 되지 못한다고 주장한다. 우리 정신이 감각을 이용하려고 하면 오히려 기만에 빠질 수밖에 없다는 것이다.

플라톤의 인식론에 대한 짧은 해설은 이쯤에서 끝맺는 것이 보통이다. 그러나 성급한 결론은 금물이다. 우리가 간과해서는 안 될 중요한 유보사항이 있다. 과거에 파르메니데스가 주장했던 내용과는 달리, 그리고 《파이돈》의 관련구절에 비추어 플라톤이 주장했을 것이라고 추정되는 내용과는 달리, 플라톤은 감각을 무시하기만 하지는 않았다. 그의 견해에서 감각경험은 갖가지 유익한 기능을 수행한다. 첫째, 감각경험은 건전한 오락을 제공한다. 둘째, 어떤 감각가능한 대상, 특히 기하학적 모양의 대상에 대한 관찰은 우리의 영혼을 이끌어 형상의 영역에 속한 한층 고귀한 대상으로 향하게 한다. 이런 주장은 플라톤이 천문학 연구를 정당화하는 과정에서 제기되었다. 셋째, 플라톤의 회상이론에서 감각경험은 기억을 자극하여 영혼에게 (원래는 알고 있었던) 형상을 상기시켜줄 수 있다. 형상에 대한 참지식을 낳는 것은 철학적 반성이지만 그 반성의 과정을 자극하는 것은 감각경험이라는 말이다. 끝으로 플라톤은 비록 영원한 형상을 인식하는 것이야말로 가장 고귀하고도 유일하게 참된 지식이며 이런 지식은 이성의 활동에 의해서만 얻을 수 있다고 굳게 믿었지만, 변화로 점철된 질료의 영역도 적절한 연구대상으로 받아들였다. 이 영역의 연구는 이성을 우주에 어떻게 응용할 것인가에 대한 실례를 제공하는 데 특히 유용하다. 이성의 응용이 플라톤의 관심사였듯이 우리에게도 관심사라면, 이를 탐색하는 최상의 방법은 관찰을 통한 것임이 분명하다. 감각경험의 정당성과 효용성은 《국가》에서 비교적 명료하게 진술된다. 여기서 플라톤은 동굴을 빠져나온 죄수가 처음 사용하는 것이 시각임을 인정한다. 죄수는 시각을 사용해서 무수한 생명체와 별, 결국에는 가시적, 물질적 사물 중 가장 고귀한 태양을 파악하게 된다는 것이다. 다만 "진정한 실재"를 파악하고자 한다면, 그는 "어떠한 감각의 도움도 받지 않고 이성의 추론을 통해서만" 진행해야 할 것이다. 이 점에서 이성과 감각은 모두 소유할 만한 가치를 지닌 도구이다. 어떤 경우에 어떤 도구를 사용하느냐는 것은 어떤 대상을 연구하느냐에 달려 있을 것이다.[25]

이 모든 내용은 다른 방식으로 표현될 수 있으며, 이 또한 플라톤의 업적을 조명하는 데 도움이 될 수 있다. 플라톤이 형상에 실재성을 부여했을 때, 기실 그가 실재라고 인식한 것은 동종의 사물이 공유하는 속성이었다. 개를 예로 들어보자. 진정으로 실재하는 것은 귀가 처진 개나 무섭게 짖어대는 개가 아니라, 모든 개가 (개별적으로는 불완전하게) 공유하는 개의 이상화된 형상이다. 다양한 개가 개로 분류될 수 있는 것은 그 같은 공통속성이 있기 때문이다. 따라서 참지식을 얻으려면, 우리는 사물들이 각기 개별자로서 가지는 특징을 잠시 제쳐두고, 그것들을 동일한 부류로 정의해주는 공통의 특성을 찾아내야 한다. 이처럼 다소 누그러뜨려 표현할 때, 플라톤의 견해는 뚜렷하게 현대적인 목소리를 들려준다. 근현대 과학의 가장 현저한 특징 중 하나가 이상화라는 점에서 그러하다.[역주〔10〕] 실제로 우리 근현대인은 본질적인 것의 편에서 부수적인 것을

---

25) Lloyd, *Early Greek Science*, pp. 68~72. Plato, *Phaedo*, 65b; Plato, *Republic*, 7권, 532(Francis M. Cornford의 번역본, p. 252).

무시하는 모델이나 법칙을 발전시켜왔다. 갈릴레오의 관성원리는 저항이나 간섭이 모두 배제된 이상조건에서 수행되는 운동을 기술하려는 시도가 아닌가? 그렇지만 플라톤은 참실재가 동일한 부류의 사물들이 공유하는 공통속성에서 발견될 수 있다는 주장에 머물지 않았다. 그는 이 공통의 속성(하나의 관념이나 형상)이야말로 객관적, 독립적, 선험적으로 존재하는 것이라 주장했다.

7. 플라톤의 우주론

우리는 지금까지 《국가》와 《파이돈》을 위시한 여러 대화편에서 플라톤이 소크라테스 이전 철학자들에 대해 어떻게 반응했는지를 검토했다. 그렇지만 이것은 플라톤 철학 전체에서 극히 일부분에 지나지 않는다. 그의 대화편 가운데 특히 《티마이오스》는 자연세계에 대한 그의 관심을 잘 보여주는 작품이다.역주〔11〕 여기에는 천문학, 우주론, 빛과 색채, 원소, 인체생리학 등에 관한 그의 견해가 포함된다. 이것은 중세 전반기(12세기 이전) 동안 유일하게 체계적인 자연철학을 제공한 작품이기도 했다. 이렇듯 플라톤의 영향이 확산된 주요 통로의 하나라는 점에서도 《티마이오스》는 우리의 관심을 끌기에 충분하다.

플라톤은 《티마이오스》의 내용을 "있을 법한 이야기"라고 자평했다. 이 말에 근거해서, 일부 독자는 그 작품이 저자 자신조차 인정하지 않은 일종의 신화에 불과하다고 오해하기도 했다. 그러나 플라톤은 그 작품이 있을 법한 이야기 중에서는 최상의 것이요, 그것이 다룬 주제에서는 있을 법한 이야기보다 높은 수준의 이야기를 구성하는 것이 불가능하다는 점을 분명하게 밝혔다. 확실한 이야기는 영원불변의 형상을 다룰 때나 구성될 수 있으니, 불완전하고 변화무쌍한 세계를 기술할 때는 우리의 이야기도 주제의 불완전함과 변화무쌍함에 영향을 받을 수밖에 없다는 것이고, 따라서 "있을 법한" 수준보다 높은 수준에 도달할 수 없다는 것이었다.

그렇다면 《티마이오스》에서 무엇을 읽을 수 있는가? 가장 현저한 특징의 하나는 소크라테스 이전의 사조에 대한 격렬한 비판이다. 소크라테스 이전의 '자연학자들'(*physikoi*)은 세계로부터 신성함을 거세했으며 그 과정에서 세계로부터 그 설계와 목적을 박탈했다는 것이다. 이 철학자들에 의하면 만물은 각자의 내재적 본성에 따라 운동하는 바, 이것만으로 우주의 질서며 규칙성이 설명될 수 있다고 한다. 그렇다면 질서는 외부로부터 오는 것이 아니라 내재하는 것이 된다. 질서는 외부의 어떤 동인에 의해 부과되는 것이 아니라 내부로부터 생성된다는 뜻이다.

플라톤에 의하면 이런 견해는 어리석기도 하지만 위험한 것이기도 하다. 물론 플라톤이 올림포스 산정의 신들, 세상만사에 날마다 개입하는 신들을 되살리려는 의도를 가졌던 것은 아니다. 다만 어떤 정신적 존재가 외부에 설정되지 않으면 우주의 질서나 합리성을 설명할 수 없다는 것이 그의 확신이었다. '자연학자들'이 질서의 근거를 자연(*physis*)에서 발견했다면, 플라톤은 그것을 정신(*phychē*)에 자리 매김했던 셈이다.[26)]

플라톤은 '데미우르고스'(Demiurge)라는 신성한 장인이 손으로 빚은 작품이 바로 우주라고 묘사했다. 조물주는 자비로운 장인이요, 이성적인 신이었다. 이성의 화신인 '데미우르고스'는 그의 작업에 사용되는 질료에 내재하는 한계를 극복하여, 우주를 가능한 한 선한 것, 아름다운 것, 지적으로 만족스러운 것으로 만들려고 무진 애쓴다. 조물주는 태초의 무질서, 즉 형상 없이 질료로만 채워진 상태에 작용해서 우주를 빚어내며 자신의 이성적 설계에 따라 질서를 부여한다. 이것은 무로부터의 창조를 언급하지 않는다는 점에서 유대 기독교 전통의 창조론과는 구별되는 견해이다. 원질료는 미리 존재하며 '데미우르고스'로서도 통제할 수 없는 속성을 미리 가지고 있다. 플라톤의 조물주는 전능한 신이 아니다.

---

26) Vlastos, *Plato's Universe*, 2장. 플라톤의 우주론에 관해서는 Plato, *Plato's Cosmology: The "Timaeus" of Plato*, trans. and commentary by Francis M. Conford, 그리고 Richard D. Mohr, *The Platonic Cosmology* 등도 참조.

주어진 질료에 의해 구속되고 제한되기 때문이다. 그럼에도 불구하고 플라톤은 조물주를 초자연적 존재(자신이 조립한 우주로부터 벗어난 우주 외부의 존재)로 묘사하려는 의도를 가지고 있었음이 분명하다. 물론 플라톤은 독자가 '데미우르고스'라는 이름을 원뜻에 충실하게 받아들일 것을 의도했을 수도 있다. 역주〔12〕 데미우르고스가 초자연적 존재인지 그렇지 않은지를 따지는 것은 이미 무수한 논쟁을 거친 문제요, 어쩌면 영원히 해결되지 못할 문제일지도 모른다. 그러나 플라톤이 우주는 이성과 설계의 산물이요, 우주의 질서는 고집불통의 질료에 대해 외부로부터 부과된 이성적 질서임을 천명하려 했다는 데는 이론의 여지가 있을 수 없다.

조물주는 이성적인 장인일 뿐만 아니라 수학자이기도 하다. 그는 기하학적 원리들에 따라 우주를 조립하기 때문이다. 플라톤은 엠페도클레스가 천명한 네 원소(흙, 물, 공기, 불) 이론을 계승했지만, 피타고라스의 영향으로 네 원소를 더욱 근본적인 것, 즉 삼각형으로 환원했다. 그는 일종의 "기하학적 원자론"을 정립했던 셈이다. 물론 삼각형은 이차원 평면이기 때문에 그 하나만으로는 물체의 형태를 이룰 수 없다. 그렇지만 다수의 삼각형이 적절하게 결합되면, 여러 형태의 삼차원 소체(小體)가 구성될 수 있으며 서로 다른 모양의 소체는 각기 4원소 중 한 원소에 상응시킬 수 있다. 플라톤의 시대에는 오직 5종의 정다면체(같은 크기의 평면들로 구성된 대칭의 입체)만이 존재한다는 것이 이미 알려져 있었다. 사면체(4개의 정삼각형), 육면체(6개의 정사각형), 팔면체(8개의 정삼각형), 십이면체(12개의 오각형), 이십면체(20개의 정삼각형) 등이 그것들이었다(〔그림 2.5〕 참조). 플라톤은 이 도형 각각에 대해 하나씩의 원소를 상응시켰다. 불은 사면체(정다면체 중에서 제일 작고 날카롭고 유동적인 것)에 짝지어졌고, 공기는 팔면체, 물은 이십면체, 흙은 육면체(정다면체 중에서 가장 불변적인 것)에 짝지어졌다. 끝으로 플라톤은 우주 전체를 십이면체(천구와 가장 가까운 모양의 정다면체)로 간주함으로써 십이면체에 대해서도 하나의 기능을 부여했다.[27]

이 체계에서 주목할 것은 세 가지 특징이다. 첫째로 이 체계는 엠페도

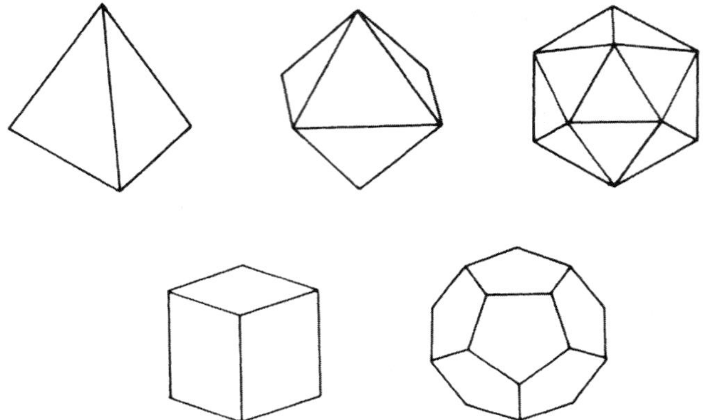

[그림 2.5] 플라톤의 다섯 정다면체: 사면체, 팔면체, 이십면체, 육면체, 십이면체. 필드(V. J. Field)의 승낙으로 전재함.

클레스의 이론과 똑같은 방식으로 변화와 다양성을 설명한다. 물질세계의 다양성은 원소들이 다양한 비율로 섞여서 빚어내는 것으로 설명된다. 둘째로 이 체계는 어떤 원소로부터 다른 원소로의 전환, 즉 원소의 변성(變成)을 허용하며 그럼으로써 변화를 설명한다. 예를 들어보자. 낱개의 물 입자(이십면체)는 그것을 구성하는 20개의 삼각형으로 분해될 수 있으며, 20개의 삼각형은 이를테면 두 개의 공기입자(팔면체)와 한 개의 불 입자(사면체)로 재조합될 수 있다. 사각형들로 구성되는 흙 원소만이 이러한 변성과정에서 제외된다(사각형을 대각선으로 분할하면 두 개의 삼각형이 되기는 하지만 정삼각형이 아니기 때문에 다른 원소로 재결합될 수 없다). 셋째로 플라톤의 기하학적 입자는 자연의 수학화를 향한 거대한 진일보에 해당한다.역주〔13〕 실제로 그 걸음이 얼마나 거대한 것이었는지를 이해할 필요가 있다. 플라톤이 말하는 원소는 정다면체로 포장된 물질이 아니라 도형 그 자체이다. 입자는 정다면체일 뿐이고, 정다면체인 입자는 다시 평면들로 분해될 수 있다. 물, 공기, 불은 삼각형과 비슷한 것이 아니라, 〈삼각형〉 그 자체이다. 이 점에서 플라톤은 삼라만상을 수학적

27) Vlastos, *Plato's Universe*, 3장.

원리로 환원시키려 한 피타고라스 학파의 프로그램을 완성한 셈이었다.

계속해서 플라톤은 우주의 다양한 특징을 묘사했다. 그 가운데 몇 가지만 추려보기로 하겠다. 그는 우주론과 천문학을 능수능란하게 펼쳐보였다. 그는 천구외피로 둘러싸인 공 모양의 지구를 상정했으며, 천구외피에 태양과 달과 여타 행성의 궤도를 그려냈다. 태양은 천구적도(*celestial equator*)에 대해 비스듬히 기울어진 궤적을 따라 천구를 일 년에 한 번 순환하며, 달은 동일한 궤적을 따라 한 달에 한 번 순환한다([그림 2.6] 참조). 수성, 금성, 화성, 목성, 토성은 서로 다른 속도로 (때로 역전을 수반하면서) 순환하며, 수성과 금성은 늘 태양을 따라다닌다. 플라톤은 심지어 행성운동이 전체적으로는 — 즉, 매일 한 번씩 회전하는 천

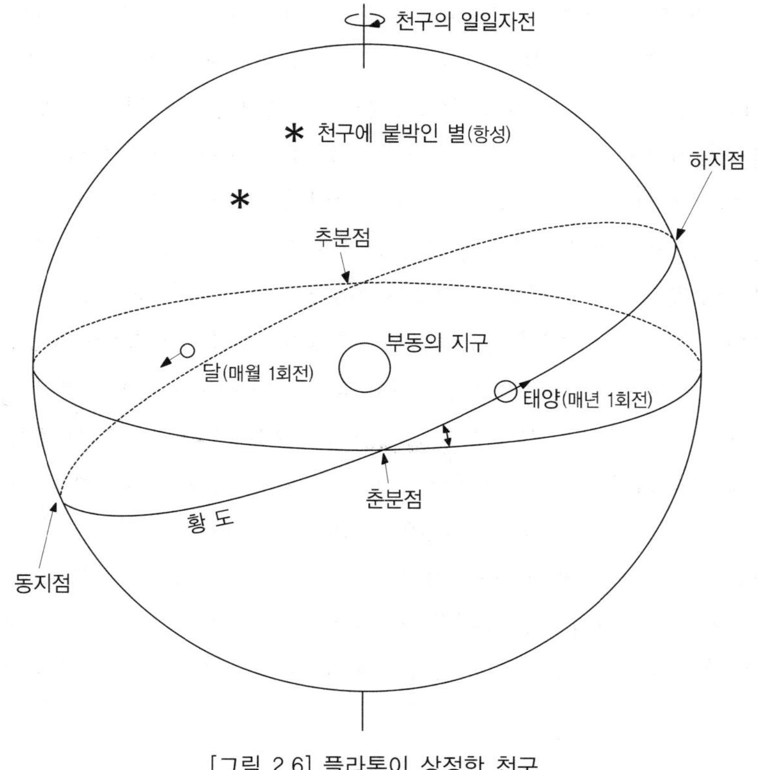

[그림 2.6] 플라톤이 상정한 천구.

구의 자전운동과 각자의 궤도를 따라 회전하는 모든 행성의 느린 운동을 결합한다면 — 나선형 모양이라는 것도 알고 있었다. 아마도 가장 중요한 것은 균일한 원 운동들의 조합으로 행성운동의 불규칙성들을 설명할 수 있음을 그가 이해한 것 같다는 점이다.[28]

플라톤은 우주문제만이 아니라 인체문제도 논의했다. 여기서 그는 호흡, 소화, 정서, 감각작용 등을 설명했다. 이를테면 그의 시각이론은 눈에서 방출되는 눈빛(*visual fire*)을 가정했다. 내부의 눈빛은 외부의 빛과 상호작용해서 어떤 가시적 대상으로부터 관찰자의 영혼까지 운동을 전달해주는 시각통로를 만들어낸다는 것이었다. 《티마이오스》는 질병의 이론도 제공했으며 건강유지를 위한 섭생법을 개관하기도 했다.

플라톤은 실로 멋진 우주를 묘사했다. 그 가장 현저한 특징은 무엇인가? 조물주는 삼각형과 정다면체를 사용해서 너무도 이성적이고 아름다운 최종작품을 빚어낸다. 이것은 우주가 하나의 생명체임을 의미한다. 《티마이오스》는 이렇게 말한다. 조물주는 "세계를 가장 멋지고 모든 면에서 완전하면서도 지적으로만 이해될 수 있는 존재에 가까운 것으로 창조하려 했으며, 그리하여 세계를 유일무이하고 가시적이고 생명을 가진 피조물로 빚어냈다". 이렇듯 생명을 가진 피조물이라면 세계는 영혼을 가지고 있어야 할 터였다. 실제로 플라톤은 세계영혼을 상정했다. 조물주는 우주의 중심에 "하나의 영혼을 장착하여 그 영혼이 전체에 고루 확산되도록 했으며, 나아가서는 그것의 육체를 영혼이 외부에서 감싸도록 했다. 이런 식으로 조물주는 홀로 하나의 세계를 만들었으니, 이 세계는 둥글고 원 궤적을 따라 순환하며, 그 출중함으로 인해 여러 친구를 거느릴 수 있지만 늘 고독하다. 자신만으로도 충분하여 다른 친지나 친구를 필요로 하지 않기 때문이다". 사람의 영혼이 육체의 모든 운동에 책임이 있듯이, 우주 내의 모든 운동을 종국적으로 책임지는 것은 바로 세계영혼이다. 우리는 이 대목에서 강력한 애니미즘의 성향을 엿볼 수 있는데,

---

28) 같은 책, 2장.

이것은 향후 플라톤주의 전통의 중요한 특징으로 남게 되었다. 원자론의 세계에 깃든 생명 없고 냉혹한 필연성에 반발해서, 플라톤은 생기를 머금고도 합리성으로 충만한, 그리고 목적과 설계로 가득 찬 우주를 묘사했다.[29)]

신은 분명히 현존한다. 물론 조물주도 있지만, 플라톤은 세계영혼이라는 신격도 추가한다. 행성과 항성도 천신(*celestial gods*)으로 간주된다. 그러나 그리스의 전통종교에서 말하던 신과는 달리, 플라톤의 신격은 자연의 운행에 간섭하지 않는다. 오히려 신의 일관됨은 자연의 규칙성을 보장해준다는 것이 플라톤의 생각이다. 태양과 달을 위시한 행성은 〈반드시〉 일관된 원 운동에 맞추어 운행되어야만 한다. 그도 그럴 것이 원 운동은 가장 완전하고 가장 이성적인 것이요, 따라서 우리가 신성한 존재에 대해 상정할 수 있는 유일한 종류의 운동이기 때문이다. 이런 측면을 감안할 때, 비록 플라톤이 신성한 존재를 재도입한 것은 사실이지만, 이것이 호메로스의 세계를 짓눌렀던 예측불가능성으로 회귀함을 뜻하지는 않는다. 오히려 플라톤이 말하는 신격은 우주의 질서와 합리성을 지탱해주고 설명해줄 수 있는 그런 것이다. '자연학자들'이 우주의 질서며 합리성을 위해 신을 추방했다면, 이제 플라톤은 똑같은 우주의 특징을 설명하기 위해 신을 되살려내고 있었던 것이다.[30)]

8. 초기 그리스 철학의 성과

초기 그리스 철학을 현대과학의 눈으로 살피다 보면, 도처에서 친숙한 내용과 만날 수 있다. 우주의 모습과 배열, 우주의 기원, 우주를 구성

---

29) 위의 인용문은 Plato, *Timaeus*, trans. Cornford, 30d, p. 40, 그리고 34b, p. 58.

30) Vlastos, *Plato's Universe*, pp. 61~65. Friedrich Solmsen, *Plato's Theology* 도 참조할 것.

하는 기초원소 등에 대한 소크라테스 이전 철학자들의 연구는, 현대 천체물리학, 우주론, 입자물리학에서 여전히 연구되고 있는 문제를 연상시킨다. 하지만 초기 그리스 철학에는 매우 낯설어 보이는 구석도 많다. 오늘날의 과학자는 변화가 논리적으로 가능한 것인지, 혹은 참실재를 어디서 발견할 수 있는지 같은 문제로 씨름하지 않는다. 이성적 주장과 경험적 주장 사이에서 어떻게 균형을 잡을 것인지를 놓고 고민하는 물리학자나 화학자를 만날 수 있다면, 그 자체만으로도 엄청난 발견이 될 것이다. 현대의 과학자는 더 이상 이런 문제로 고민하지 않는다. 그렇다면 이런 문제에 평생을 바친 초기 그리스 철학자들을 "비과학적"이요, 심지어 엉뚱하다든가 멍청하다고 해야 옳은가?

이런 질문을 다룰 때에는 세심한 주의가 필요하다. 물론 고대 '자연학자들'이 오늘날에는 관심거리가 못 되는 주제에 심혈을 기울였다는 사실만으로 그들의 사업을 비난할 사람은 없을 것이다. 무슨 지적 노력이든 세월이 흐르다 보면 어떤 문제는 해결되기도 하고, 어떤 문제는 해결되기도 전에 유행에 뒤처져버리기 일쑤이지 않은가. 그러나 우리의 의문은 이보다 깊은 수준에서 제기될 수 있다. 원래부터 부적합하거나 부당한 쟁점, 시작부터 쓸모없는 문제가 존재할 수 있을까? 플라톤과 '자연학자들'이 이런 쟁점에 헌신한 것이 시간낭비였을까? 아마 우리는 이렇게 대답할 수 있을 것이다. 근본실재가 무엇이냐, 자연적인 것과 초자연적인 것은 어떻게 구분되느냐, 우주 내 질서는 무엇에서 비롯되느냐, 변화의 본성은 무엇이냐, 지식의 토대는 무엇이냐 같은 주제들은 최근 몇 세기 동안 과학자를 사로잡은 설명방식과는 전혀 다른 것이다. 무거운 물체의 하강이나 화학반응이나 생리과정에 대한 설명같이 소규모의 관찰 데이터에 의존하는 설명방식과는 뚜렷이 구분된다는 말이다. 그렇지만 다른 것이라고 해서 무의미한 것은 아니다. 오늘날 대학 교과과정을 채운 주제들이 오늘날의 학생에게 그렇듯이, 적어도 뉴턴의 시대까지는 그 방대한 주제들이 과학도의 관심을 사로잡았다. 그 방대한 주제들이 흥미롭고도 본질적인 중요성을 가지는 이유는, 그것들이 세계를 연구하기 위한 개념틀과 어휘체계를 창조하려는 노력의 일환이었기 때문이다. 한마디로 그것들은 토대를 마련해준 질문들이었다. 그 힘겹게 마련된 토대를 당연시하는 최근의 세대에게는 그 근원적 질문들이 무의미해 보일 수 있다. 오늘날 우리는 자연적인 것과 초자연적인 것을 뚜렷하게 구분하지 않는가. 그렇지만 그 같은 구분을 세심하게 행하려는 노력이 없었다면, 자연연구는 적절한 출발점을 잡을 수 없었을 것이다.

초기 그리스 철학자들이 출발점으로 정할 만한 곳은 단 한 지점밖에 없었다. 〈기원〉이 그곳이었다. 그들이 창조한 자연개념은 지금껏 과학연구와 과학신조의 토대요, 근현대 과학이 상정한 자연개념의 토대가 되고 있다. 그 사이, 긴 세월이 흐르는 동안 그들이 제기한 많은 질문이 해답을 얻었다. 대충 얼버무린 해답도 적지 않았지만, 기원의 시점에서 가졌던 과학적 관심은 이제 무시해도 좋을 정도가 되었다. 그 방대한 질문들이 사라지자 그보다 한층 좁은 범위의 연구가 그 자리를 대신하게 되었다. 과학사업을 그 풍요롭고 복잡한 구석구석까지 이해하고자 한다면, 우리는 과학사업의 두 수준, 즉 토대와 상부구조가 상호적이요 상보적이라는 것을 깨달아야만 한다. 실험실에 의존하는 근현대의 연구풍토는 방대한 개념틀 안에서 발생한 것이며, 자연이나 근본실재에 대한 기대치가 없었다면 출발조차 할 수 없었을 것이다. 역으로 실험실의 결론은 그 가장 근본적인 개념을 되새길 기회를 제공하며 그 개념을 정제하고 때로는 수정할 수 있도록 해준다. 역사가의 과제는 과학사업을 다양성의 견지에서 평가하는 것이다. '자연학자들'의 정원이 근현대 과학으로 향하는 길의 출발점에 자리잡고 있다면, 과학사가는 긴 여행을 떠나기 전에 그 정원의 그늘진 구석을 거닐면서 큰 보람을 얻을 수 있을 것이다.

역주

역주〔1〕 루시포스(Leucippus)는 기원전 5세기의 그리스 철학자로, 아리스토텔레스는 그가 데모크리토스의 원자론에 영감을 준 것으로 기록했다. 데모크리토스(Democritus: 기원전 460년경~370년경)는 스승 루시포스의 영향으로 원자론을 최초로 정립했으며, 물리적 대상만이 아니라 우리가 성질이라 여기는 것도 원자로 구성된다고 주장했다.

역주〔2〕 아낙시만드로스(Anaximander: 기원전 611년경~547년경)는 밀레토스 학파의 창시자인 탈레스(Thales)에게 배웠지만, 물을 만물의 제 1원리로 설명했던 스승과는 달리 대립자들(열과 냉, 습과 건)로부터 흙, 물, 공기, 불 등 네 원소가 형성되며 네 원소들이 결합하여 만물을 형성한다고 주장했다. 그밖에도 그는 지구 중심의 우주체계, 습기로부터 생명의 진화 같은 오랜 영향을 미친 개념들을 정립했다.

역주〔3〕 헤라클레이토스(Heraclitus: 기원전 535년경~475년경)는 에페소스(Ephesus) 왕가 출신으로 대립자들의 투쟁이 우주만물을 형성한다고 주장했다. 이 투쟁 속에서 그는 숨은 조화를 발견하고자 했으며 그 조화의 상징을 불에서 찾았다. 불은 전화(轉化)하여 물이 되고, 물은 흙이 되며, 흙은 물이 되고, 물은 또다시 불로 환원된다는 생각을 그는 '만물은 유전한다'는 명제로 설명했다.

역주〔4〕 엠페도클레스(Empedocles: 기원전 495년경~435년경)는 시칠리아의 아크라가스(Acragas) 출신 철학자로 출생지의 민주화 운동을 주도하기도 했다. 그는 만물이 흙·공기·물·불로 구성되었으며 이 불생불멸, 불변의 4원소가 사랑과 투쟁의 힘에 의해 결합·분리되고 만물이 생멸한다고 주장했다. 그는 이런 생각을 시대구분에 적용해, 세계는 사랑이 지배하는 시대, 투쟁의 힘이 증대하는 시대, 투쟁이 지배하는 시대, 사랑의 힘이 증대하는 시대로 4분된다고 말했다. 아낙사고라스(Anaxagoras: 기원전 500년경~428년경)는 이오니아의 클라조메네(Clazomenae) 출신의 철학자로 아테네에 철학을 본격 소개하고 소크라테스를 가르친 인물로 알려져 있다. 그는 태양이 흰색의 뜨거운 돌이며 달은 태양의 광선을 반사하는 흙으로 이루어진다고 주장하여 무신론의 혐의를 받았다. 그는 4원소설을 거부하고 그 대신 '종자론'(*theory of seeds*)을 제시했다. 〈무한〉(*apeiron*)으로부터 하나의 싹이 출현하고 이 싹이 우주를 형성했다는 것이다.

역주〔5〕 철학에서 자연주의(*naturalism*)는 엄격하게 자연적인 — 초자연적이 아닌 — 범주들에 의해 모든 현상들을 설명하고 모든 가치들을 해설하는 입장이다.

역주〔6〕 'physikoi'는 자연에 관심을 가진 자, 즉 자연의 근본실체가 무엇인지를 연구했던 자라는 의미에서, 이후 '자연학자'로 번역되었다.

역주〔7〕 제우스(Zeus)는 불, 헤라(Hera)는 공기, 지하세계를 관장하는 신 아이도네오스(Aidoneus)는 흙, 모든 하천을 관장하는 신 네스티스(Nestis)는 물에 대입된다.

역주〔8〕 파르메니데스(Parmenides)는 기원전 약 515년에 엘레아(Elea)에서 태어났으며 이른바 '엘레아 학파'를 세웠다. 제논(Zeno: 기원전 490년경~430년경)은 파르메니데스의 제자로서 복수성과 변화에 대한 스승의 반론을 논리적으로 체계화했다.

역주〔9〕 《파이돈》(*Phaedo*)은 플라톤의 중기 대화편의 하나로, 아테네의 감옥에서 죽음에 직면하여 소일하던 소크라테스의 나날을 파이돈이 에케크라테스에게 이야기하는 형식을 취한다. 여기서 플라톤은 철학이 죽음의 훈련이요, 무덤으로서의 육체에 대한 초극이라는 관점에서, 항상 영원한 실재를 생각하면서 생과 사에 관한 사색을 심화할 것을 권장한다.

역주〔10〕 근대물리학을 크게 발전시킨 중요한 방법론은 이상화(*idealization*)와 환원주의(*reductionism*)이다. 예컨대 뉴턴의 만유인력의 법칙은 지구나 달과 같은 천체를 완전한 구형이라고 간주하는 이상화의 단계를 거쳐 정립된다. 완전한 구형일 경우 달에서 보면 지구의 전 질량이 지구 중심에 몰려 있는 것과 같고, 지구에서 보면 달의 전 질량이 달의 중심에 몰려 있는 것과 같은 효과가 발생한다. 그 결과 지구와 달을 두 개의 점으로 표현할 수 있게 된다.

역주〔11〕 《티마이오스》(*Timaeus*)는 플라톤이 역사가 티마이오스와의 대화형식으로 구성한 작품으로, 플라톤의 창조론과 자연관을 충실하게 보여준다. '데미우르고스'(Demiurge)로 의인화된 최고위 형상(선의 형상 내지 이데아)이 물질세계를 창조하는 과정과 그렇게 창조된 물질세계의 자연본성이 해설된다.

역주〔12〕 그리스어로 '데미우르고스'는 장인(匠人)을 뜻한다. 이 용어가 원뜻에 충실하게 해석된 사례는 그노시스주의(*Gnosticism*)에서 찾을 수 있다. 이 기독교 노선의 추종자들은 '데미우르고스'를 천사의 위계에서 가장 낮은 신분의 우두머리인 아르콘(Archon)과 동일시했다. 데미우르고스는 우주의 창조자가 아니라 우주의 '조립자'(*builder*)일 뿐이며, 그가 인간에게 줄 수 있는 것도 감각적 영혼(*psyche*)에 불과하다. 이성적 영혼(*pneuma*)은 하나님만이 부여할 수 있다.

역주〔13〕 '자연의 수학화'(*mathematization of nature*)란 자연의 근본실재는 수와 도형이라는 관점에서 자연물의 생성과 변화를 수학적으로 계산가능한 것으로 만들려는 노력을 가리킨다. 코페르니쿠스로부터 뉴턴에 이르는 근대 과학혁명의 주역들의 이러한 노력은 플라톤과 (신)플라톤주의에 힘입은 바 크다.

제3장

아리스토텔레스의 자연철학

1. 생애와 작품

아리스토텔레스는 기원전 384년 그리스 북부의 스타기로스(Stagira)라는 마을에서 태어났다. 그의 가문은 특권계층에 속했다. 부친은 마케도니아 국왕 아민타스(Amyntas 2세: 알렉산드로스 대왕의 조부)의 주치의였다. 가문의 후광으로 그는 특별교육을 받을 수 있었다. 그가 플라톤과 함께 연구하기 위해 아테네로 간 것은 약관의 17세 때였다. 그는 플라톤이 죽은 347년경까지 20년 동안 플라톤 아카데미아의 일원으로 아테네에 머물렀다. 이후 그는 에게 해를 건너 소아시아(오늘날 터키)와 그 연안 섬들을 오가면서 여행과 연구로 몇 년을 보냈다. 이 기간에 그는 전기(傳記) 연구에 착수했으며, 제자이자 평생의 지기가 된 테오프라스토스를 만났다.[역주(1)] 이어서 마케도니아로 돌아온 그는 훗날 "대왕"으로 점지된 청년 알렉산드로스의 개인교수가 되었다. 335년에 마케도니아가 아테네를 점령하자 그는 아테네로 되돌아와 교사들이 자주 드나들던 '리케이온' 공원에서 가르치기 시작했다.[역주(2)] 그는 임종(322년) 직전까지 그곳에 머물면서 그 비공식적 학교의 틀을 잡았다.[1]

1) 리케이온(Lyceum)에 관한 더 자세한 논의는 이 책 4장 참조.

[그림 3.1] 아리스토텔레스. 로마 국립박물관 소장.

학생부터 선생에 이르는 긴 경력을 거치는 동안, 아리스토텔레스는 동시대 철학의 주요쟁점에 체계적이고도 포괄적으로 천착했다. 그는 150편이 넘는 논고를 집필한 것으로 알려지며 그 중 30여 편은 지금까지 전승되고 있다. 현존작품은 주로 강의노트나 미완성 논고로 보이며, 널리 읽혀질 것을 의도하지는 않았던 것 같다. 그 정확한 출처가 무엇이든 간에 그의 작품은 높은 수준의 학생이나 철학자를 겨냥한 것이었음이 분명하다. 근현대의 번역본은 책꽂이 한 칸을 채우고도 남을 정도로 방대하다. 그 방대함에 어울리게 그의 작품에는 연구범위나 영향력에서 타의 추종을 불허하는 철학체계가 들어 있다. 아리스토텔레스 철학을 전체적으로 개관하는 것은 불가능한 일이므로, 우리는 그의 자연철학의 근간을 파고드는 정도에 머물 수밖에 없다. 소크라테스 이전 철학자들과 플라톤이 취한 입장들에 대한 그의 반응부터 살펴보기로 하자.[2]

2) 아리스토텔레스 입문서 중에는 뛰어난 것이 많다. 특히 Jonathan Barnes, *Aristotle*, Abraham Edel, *Aristotle and His Philosophy*, 그리고 G. E. R. Lloyd, *Aristotle: The Growth and Structure of His Thought* 등을 참조할 것.

2. 형이상학과 인식론

아리스토텔레스는 플라톤과의 오랜 교제를 통해 그의 형상이론을 깊이 이해하고 있었다. 플라톤은 감각에 의해 관찰되는 물질세계의 실재성을 전적으로 거부하지는 않았지만 크게 위축시킨 장본인이었다. 플라톤에 의하면 영원한 형상은 스스로의 존재 말고는 다른 어떤 것에도 의존하지 않는다는 점에서 완전한 실재성을 보유한다. 반면에 감각가능한 세계를 구성하는 사물은 그 특성과 존재를 형상으로부터 부여받는다는 점에서 파생적으로, 혹은 종속적으로 존재할 뿐이다.

아리스토텔레스는 플라톤이 감각가능한 대상물에 부여한 종속적 지위를 인정할 수 없었다. 그런 대상물이야말로 자율적 존재요, 실재세계를 구성하는 실체라는 것이 그의 생각이었다. 나아가 어떤 개별 대상물에 그 고유한 성격을 부여해주는 특징은 형상의 세계 내에 선험적으로, 따로 분리되어 존재하는 것이 아니라, 그 대상물 자체에 들어 있는 것으로 간주되었다. 개를 예로 들어보자. 이상적이고 완전한 개의 형상이 독립적으로 존재하면서 각각의 개에 의해 불완전하게 복제되는 것이 아니고, 각각의 개에게 개의 속성을 나누어주는 것도 아니라는 말이다. 존재하는 것은 하나하나의 개다. 물론 개들은 일련의 속성을 공유한다. 그렇지 않다면 어떻게 개들을 묶어서 "개"라 부를 수 있겠는가. 그렇지만 그런 공통 속성은 한 마리 한 마리의 개 안에 존재하며 각각의 개에 속한다.

아마 이런 식으로 세계를 바라보는 것이 한결 친밀한 반응을 얻을 수 있을 것이다. 내 책의 독자도 감각가능한 대상물을 일차적 실재(아리스토텔레스의 용어로는 "실체"〔*substance*〕)로 간주하는 편이 건전한 상식에 어울린다고 느낄지 모르겠다. 아리스토텔레스의 동시대인들도 그런 인상을 받았을 수 있다. 그러나 상식에 맞는 것이라고 해서 좋은 철학의 충분조건이 될 수는 없다. 과연 아리스토텔레스는 소크라테스 이전 철학자들과 플라톤이 제기한 까다로운 철학적 쟁점을, 성공적으로 아니면 적어도 설득력 있게 해결했던가? 근본실재의 본성을 위시한 인식론상의 쟁점들, 그리고 변화와 불변의 문제를 과연 그는 어떻게 다루었던가? 이 문제들을 차례로 검토해보기로 하자.[3)]

감각가능한 유형의 대상물 안에 실재를 자리 매김하겠다는 결정만으로는 아직 실재에 관해 말해준 것이 없다. 그 결정은 감각가능한 세계에서 실재를 추구해야 한다는 당위를 전할 뿐이다. 아리스토텔레스의 동시대인들로서도 더 많은 것을 알아야겠다고 느꼈을 것이다. 동시대인들이 제일 궁금하게 여겼던 것은, 유형의 대상물이란 다른 것으로 환원될 수 없는 것이냐, 아니면 그 안에 더욱 근본적인 성분을 함께 가진 합성물로 보는 것이 옳으냐는 문제였을 것이다. 아리스토텔레스는 속성과 이를 가진 주체, 이를테면 온기와 온기를 가진 대상물을 구분하는 식으로 이 문제에 접근했다. 우리 대부분도 그리 생각하겠지만, 아리스토텔레스는 하나의 속성이란 어떤 것이 〈가진〉 속성이어야만 한다고 주장했다. 우리는 그 어떤 것을 그 속성의 "주체"라고 부른다. 하나의 속성은 반드시 하나의 주체에 속해야 한다는 점에서 그 어떤 속성도 독립적으로는 존재할 수 없다.

따라서 유형의 대상물은 각자 나름의 속성들(색채, 무게, 짜임새 등)을 가지며 그 속성들의 주체로서 기능하지만, 그 속성들과는 구별되는 어떤 것을 함께 가지고 있다. 이 두 가지 역할은 각기 "형상"과 "질료"에 의해 수행된다(이 두 전문용어에 아리스토텔레스가 부여한 의미는 오늘날 우리가 부여하는 의미와 꼭 같다고는 할 수 없다). 유형의 대상물은 형상과 질료의 "합성물"이다. 형상이 어떤 사물을 그 사물로 만들어주는 속성들을 뜻한다면, 질료는 그 형상에 대한 주체 내지 토대로 기능한다. 흰 바위를 예로 들어보자. 흰색임, 단단함, 무거움 등은 형상에서 비롯된 것이다. 그렇지만 형상에 대해 주체로서 기능하는 질료 역시 존재해야 함이 분명하다. 비록 질료는 형상과 결합해도 아무 속성을 가질 수 없겠지만 말이

---

3) Barnes, *Aristotle*, pp. 32~51; Edel, *Aristotle*, 3~4장; Lloyd, *Aristotle*, 3장.

다.[4] (아리스토텔레스의 이론은 중세 동안 더욱 명료해지고 확장되었는데, 이런 중세의 노력은 이 책의 12장에서 다시 개관될 것이다.)

형상과 질료가 현실적으로 분리되지는 않는다. 양자는 하나로 결합된 상태에서만 우리에게 주어지기 때문이다. 양자를 분리하려면 속성들(어떤 것에 속하지 않은 속성들)을 한쪽에, 질료(아무 속성도 없는 질료)를 다른 한쪽에 떼어놓을 수 있어야 하겠지만, 이는 불가능한 일이다. 형상과 질료가 현실적으로 분리될 수 없다면, 양자가 사물의 〈실재적〉 성분이라는 주장에 어떤 의미를 부여할 수 있을까? 그것은 외부세계에 실재하는 두 성분이 아니라 우리의 정신이 만든 논리상의 구별에 불과한 것이 아닐까? 전혀 그렇지 않다. 아리스토텔레스도 그렇게 생각하지 않았지만, 우리도 그렇게 생각하지 않는다. 우리가 붉은색이나 푸른색 그 자체를 따로 분리해 양동이에 담을 수 없다고 해서 그 색채의 실재성을 부정할 수는 없지 않은가? 이 대목에서 아리스토텔레스는 다시 한번 경이로움을 선사한다. 여기서 다시 그는 상식적 생각을 동원해 설득력 있는 철학체계를 구성한다.

개별 사물이 근본실재라는 아리스토텔레스의 주장은 인식론의 함축을 가진 것이기도 하다. 진정한 지식은 진정한 실재에 대한 지식이기 때문이다. 바로 이런 기준을 가지고 플라톤은 이성이나 철학적 반성에 의해서만 인식될 수 있는 영원한 형상을 지향했다. 이와는 대조적인 것이 아리스토텔레스의 형이상학이다. 그의 형이상학은 감각을 통해 만나는 세계, 즉 자연의 변화하는 개별 사물에 대한 지식을 추구했다.

아리스토텔레스의 인식론은 대단히 복잡하고 정교하지만, 여기서는 한 가지 요점을 간추리는 것만으로도 충분하리라 생각된다. 지식획득 과정의 출발점은 감각경험이라는 점이 그것이다. 반복된 감각경험으로부터 기억이 형성되며, 그 경험을 가진 관찰자는 "직관"이나 통찰에 의해 자

---

4) 아리스토텔레스의 관련이론에서 사용되고 있는 전문용어는 "hylomorphism"과 morphē이다. 전자는 그리스어에서 물질을 뜻하는 hylē로부터 나온 것이며, 후자는 형상을 뜻하는 그리스어이다.

신의 기억을 되살려 사물의 보편적 특징을 식별해낼 수 있다. 다시 개를 예로 들어보자. 경험이 풍부한 개 사육자는 다양한 개에 대한 반복관찰을 통해 개가 실제로 무엇인지를 인식하게 된다. 개의 형상 내지 정의에 도달하는 것이다. 그가 파악한 결정적 특징이 결여되어 있다면, 그 어떤 동물도 개라고 할 수 없다. 아리스토텔레스도 플라톤 못지않게 보편적인 것에 도달하기 위해 심혈을 기울였음을 기억해야 한다. 그러나 스승 플라톤과는 달리, 그는 보편적인 것에 도달하려면 개별적인 것에서 출발해야 한다고 주장했다. 일단 보편적 정의에 도달하게 되면, 우리는 그 정의를 연역증명의 대전제로 이용할 수 있을 것이다.[5) 역주〔3〕]

이처럼 지식은 경험에서 출발한 과정에 의해 획득된다. (어떤 문맥에서는 경험이라는 용어가 평범한 의견이나 멀리 떨어진 관찰자의 보고를 포함할 만큼 포괄적으로 사용되기도 한다.) 이 점에서 지식은 경험적이다. 경험을 떠나서는 아무것도 인식될 수 없다. 그렇지만 경험적 "귀납"과정에 의해 얻은 지식이 곧바로 참지식의 자격을 획득하는 것은 아니다. 그것은 연역에 회부되어야 한다. 유클리드의 기하학 증명이 그렇듯이 보편적 정의를 대전제로 하는 연역증명만이 최종산물이 될 수 있다. 비록 아리스토텔레스는 지식의 획득에서 귀납의 단계와 연역의 단계를 모두 논의했지만, 전자보다는 후자를 더 깊이 논의했다. 귀납에 대한 그의 분석은 중세 방법론자들보다 크게 뒤떨어진 수준에 머물렀다.

지금까지 우리는 아리스토텔레스의 인식론을 간단히 개관했다. 그의 인식론은 그 자신이 실제 과학연구에 적용한 방법과 일치했던가? 가끔 예외는 있지만 대체로는 그렇지 못했다. 아리스토텔레스는 오늘날의 과학자처럼 어떤 방법론적 원칙에 따라 작업한 것이 아니라, 임시변통의 방법, 즉 작업현장에서 입증된 익숙한 절차에 의존했다. "아무 제한 없이 여러분이 하고 싶은 대로 해보는 것"이라고 과학을 정의한 과학자가 있

---

5) 아리스토텔레스의 인식론에 관해서는 특히 Edel, *Aristotle*, 12~15장; Lloyd, *Aristotle*, 6장; Jonathan Lear, *Aristotle: The Desire to Understand*, 4장; Marjorie Grene, *A Portrait of Aristotle*, 3장 등을 참조할 것.

다. 역주〔4〕 아리스토텔레스가 방대한 생물학 연구에서 사용한 방법이 그러했다. 그는 지식의 본성과 토대에 관해 사색하는 과정에서 비록 그 자신의 실제 과학연구와 일치하지 않는 인식론을 정립했지만, 이것은 놀라운 일도, 그의 약점도 아니다.[6)]

3. 자연과 변화

변화의 문제는 기원전 5세기에 이미 뜨거운 쟁점으로 부각된 바 있었고, 4세기에 플라톤은 불변적 형상의 세계를 모사한 물질세계에 한해서만 변화를 인정하는 방식으로 그 쟁점의 해결을 시도했다. 걸출한 자연연구자 아리스토텔레스에게도 변화의 문제는 시급한 현안이었다. 그는 감각가능한 세계의 변화무쌍한 개체야말로 진정한 실재라고 주장하면서, 물질세계의 철학적 의미에 천착하고 있었기 때문이다.[7)]

아리스토텔레스는 변화란 허상 아닌 실상이라는 상식적 가정을 출발점으로 삼았다. 하지만 이것만으로는 많은 것을 알려줄 수 없다. 그 가정은 철학의 정밀진단에 견딜 만한 것이어야 하며, 무엇보다 변화의 설명가능성을 제시할 수 있어야만 한다. 아리스토텔레스의 무기창고는 이런 목표를 달성하기에 충분할 만큼 다양한 무기를 갖추고 있었다. 가장 강력한 무기는 형상-질료 이론이었다. 만물이 형상과 질료로 구성된다면, 변화와 불변도 설명될 여지를 얻을 수 있다. 어떤 사물의 변화는 그 형상의 변화 — 즉, 신(新) 형상이 구(舊) 형상을 대체하는 과정에 의한 변화 — 일 뿐, 그 질료는 변화하지 않는다고 주장할 수 있기 때문이다. 더 나

---

6) 이 주제에 관해서는 Jonathan Barnes, "Aristotle's Theory of Demonstration"; G. E. R. Lloyd, *Magic, Reason and Experience*, pp. 200~220을 참조할 것.

7) 변화에 관해서는 특히 Edel, *Aristotle*, pp. 54~60, 그리고 Sarah Waterlow, *Nature, Change, and Agency in Aristotle's "Physics"*, 1장 및 3장을 참조할 것.

아가 아리스토텔레스는 형상에서의 변화가 한 쌍의 대립자 사이에서 발생한다고 주장했다. 실현되는 형상과 박탈되는 형상 간의 대립에서 변화가 발생한다는 것이다. 마른 것이 젖은 것으로, 찬 것이 더운 것으로 바뀔 때, 이것은 박탈되는 형상(마른 것이나 찬 것)으로부터 의도된 형상(젖은 것이나 더운 것)으로의 변화를 뜻한다. 변화는 이렇듯 끝없이 발생하지만, 대립적 성질의 쌍을 서로 연결해주는 좁은 통로 안에서만 발생한다. 그런 덕택에 우리는 변화의 와중에서도 질서를 파악할 수 있다.

파르메니데스의 철저한 신봉자라면, 지금까지의 분석이 변화에 대한 파르메니데스의 부정을 극복한 것은 못 된다고 항변할 수 있다. 파르메니데스가 변화를 부정한 것은, 변화란 무로부터 유의 발생이라는 모순을 전제하는 것이라는 이유에서였기 때문이다. 그렇지만 아리스토텔레스는 잠재태와 현실태의 이론으로 응답한다. 만일 존재와 비존재라는 두 가능성만이 존재한다면 즉, 사물은 존재하든지 존재하지 않든지 둘 중 하나일 뿐이라면, 덥지 않은 것으로부터 더운 것으로의 전환은 비존재(더움의 부재)로부터 존재(더움)로의 이동을 뜻할 것이며, 따라서 아리스토텔레스도 파르메니데스의 반론이 옳음을 인정할 수밖에 없었을 것이다. 그러나 아리스토텔레스는 존재의 범주가 세 가지라는 가정에 의해, 그런 반론을 성공적으로 물리칠 수 있을 것이라고 믿었다. 존재의 범주는 (1) 비존재, (2) 잠재적 존재, (3) 현실적 존재 등 세 가지라는 것이다. 실상이 그러하다면, 변화는 굳이 비존재를 도입하지 않아도 잠재적 존재와 현실적 존재 사이에서 발생할 수 있다. 예컨대 한 알의 씨앗은 현실적으로가 아니라 잠재적으로 한 그루의 나무이다. 한 그루의 나무가 됨으로써 씨앗은 자신에게 잠재되어 있던 것을 마침내 실현한다. 이렇듯 변화는 잠재태로부터 현실태로의 이동을 수반한다. 이것은 비존재로부터 존재로의 변화가 아니라, 존재의 한 범주로부터 존재의 다른 범주로의 변화이다. 이 같은 이론은 생물학 영역에서 가장 잘 예시될 수 있겠지만 다른 분야에도 널리 적용될 수 있다. 허공에 있던 무거운 물체가 아래로 떨어지는 것은 그것의 잠재태(우주 중심에 있는 다른 무거운 물체들에 합류하는 것) 를 실현하기 위해서이다. 한 덩어리의 대리석은 조각가가 무슨 모습으로 조각하든, 그 모든 모습에 대한 잠재태이다.

이러한 논증은 변화관념에 붙어다니던 논리적 딜레마를 극복하고 변화 가능성을 믿을 만한 것으로 만들어주지만, 아직 변화의 원인에 대해서는 말해주는 것이 없다. 왜 한 알의 씨앗은 원래 상태대로 남아 있지 않고 잠재적 나무로부터 현실적 나무로 변화하는가? 왜 어떤 대상은 검은 것으로부터 흰 것으로 변화하는가? 이러한 의문은 자연과 인과관계에 관한 아리스토텔레스의 생각으로 우리를 안내한다.

우리가 살아가는 세계는 질서정연한 것이기에 거의 모든 사물은 예측 가능한 방식으로 움직인다고 아리스토텔레스는 주장했다. 만물은 각기 "자연본성" (*nature*) 을 갖는다는 것이었다. 여기서 '자연본성'이란 어떤 극복 못할 장애물이 개입하지 않는 한, 어떤 사물을 그것의 관성대로 움직이도록 만들어주는 성질이었다. 뛰어난 동물학자이기도 했던 아리스토텔레스에게, 생물 유기체의 성장과 발전은 그 같은 내적 추진력의 작용에 의해 쉽게 설명되었다. 이를테면 한 알의 도토리가 도토리나무로 되는 것은 도토리의 자연본성이 그러하기 때문이다. 그렇지만 이 이론은 생물성장의 문제, 아니 생물학 영역 전체를 벗어나서도 적용될 수 있다. 개가 짖어대고 바위가 떨어지고 대리석이 조각가의 망치와 정에 굴복하는 것은, 개나 바위나 대리석의 자연본성이 그러하기 때문이다. 결국 우주 내의 모든 변화와 운동은 사물의 자연본성으로부터 나온다는 것이 아리스토텔레스의 입장이었다. 변화에 대한 그의 자연철학적 관심에서 핵심 연구대상은 자연본성이었던 것이다. 그의 자연본성 이론에 대한 개관을 마무리하기 전에 두 가지 중요한 요점을 덧붙일 필요가 있을 것 같다. 첫째로 그의 이론은 인공적으로 만들어진 대상물에는 적용되지 않는다. 인공 대상물은 변화의 내적 원천(내적 추진력) 을 갖추지 못한 것이고, 외부로부터의 영향을 받아들일 뿐이기 때문이다. 둘째로 어떤 복합 유기체 (*complex organism*) 의 자연본성은 그 복합 구성요소들 각각의 본성들이 합쳐지거나 뒤섞인 것이 아니라, 그 유기체를 하나의 온전한 전체로서

특징짓는 그것에 고유한 자연본성이다.[8)]

아리스토텔레스의 자연본성 이론은, 근현대 주석가들과 비평가들에게 당혹스러움과 골칫거리를 안겨준 그의 과학연구의 한 가지 특징을 이해할 수 있게 해준다. 그들은 아리스토텔레스의 작업에는 근현대의 신중한 실험을 닮은 면이 거의 없다고 비판했다. 이 같은 비판은 불행하게도 그의 진의를 간과한 것이다. 아리스토텔레스는 실험방법이 적용될 수 있는 범위를 최대한 줄이려 했다. 어떤 사물의 자연본성은 그 사물이 자연상태, 즉 아주 자유로운 상태에서 수행하는 활동에서 가장 잘 발견될 수 있기 때문에 실험처럼 인위적 제한은 불필요한 간섭에 지나지 않을 터였다. 더욱이 그렇게 간섭했음에도 불구하고 그 사물이 관성대로 움직인다면 우리는 헛수고한 셈이 아닌가. 역으로 어떤 사물의 자연본성이 드러나지 못하도록 방해하는 조건을 상정해볼 수 있다. 이 경우에도 우리가 배울 수 있는 것은 그 자연본성이 어느 수준까지 드러나지 않도록 방해될 수 있는지에 관한 것이 고작이다. 아리스토텔레스에게 실험은 자연본성에 관해 아무것도 밝혀줄 수 없었으며, 다른 방법을 채택해도 더 나을 것이 없었다. 따라서 아리스토텔레스의 과학연구를 설명할 때, 그에게 어수룩한 구석이나 결점이 있었다(예컨대 절차상의 개선을 의식하지 못했다)는 식으로 말하는 것은 바람직하지 않다. 그의 연구는 그가 인식한 세계에 어울리는 것이요, 그의 관심을 끈 문제에 적합한 방법이었다는 식으로 설명되는 것이 마땅하다. 실험과학이 출현한 것은 인공조건도 자연연구를 도울 수 있다는 것을 마침내 깨달은 현자가 출현한 덕택이고, 그 덕택에 자연철학자들이 그 인공절차에 의해 해답을 얻을 수 있을 만한 문제를 제기하기 시작한 이후의 일이었다.[9)]

---

8) 아리스토텔레스의 "자연본성" 개념에 관해서는 Waterlow, *Nature, Change, and Agency*, 1~2장, 그리고 James A. Weisheipl, "The Concept of Nature"를 참조할 것.

9) Waterlow, *Nature, Change, and Agency*, pp. 33~34; Ernan McMullin, "Medieval and Modern Science: Continuity or Discontinuity?" pp. 103~

아리스토텔레스의 변화이론에 대한 분석을 끝맺기 전에 그의 유명한 4 원인 이론을 간략하게나마 검토할 필요가 있을 것 같다. 어떤 변화를 이해한다거나 어떤 인공물의 생산을 이해한다는 것은, 그 원인을 이해한다는 뜻이다(여기서 원인은 "설명을 위한 조건 및 요인"으로 번역되는 것이 가장 적절해 보인다). 역주[5] 원인은 네 가지이다. 첫째는 어떤 사물이 받아들인 형상이요, 둘째는 형상의 근저에서 변화 없이 지속되는 질료요, 셋째는 변화를 일으키는 작인(作因)이요, 넷째는 그 변화가 추구하는 목적이다. 네 원인은 각기 형상인, 질료인, 작용인, 목적인이라 불린다. 조각품의 제작은 간단한 예가 될 수 있다. 형상인은 대리석에 새긴 모습이요, 질료인은 이 형상을 받아들인 대리석이요, 작용인은 조각가요, 목적인은 그 조각품이 제작된 목적(이를테면 아테네를 아름답게 장식하거나 아테네의 어떤 영웅을 찬양하는 것)이다. 네 원인을 모두 확인하기 어려운 경우도 있고 한두 원인이 추가되는 경우도 있지만, 아리스토텔레스는 자신의 네 원인이 무엇에든 적용가능한 분석틀을 제공한다고 확신했다.

형상과 질료에 관해서는 이미 충분히 논의되었기 때문에, 형상인과 질료인이 무엇인지를 굳이 부연할 필요는 없을 것 같다. 작용인도 오늘날의 원인개념과 유사하기 때문에 더 언급할 필요가 없다. 문제는 "목적인"이다. 그 영어표현("*final cause*")은 "목표"나 "목적"이나 "끝"을 뜻하는 라틴어 "피니스"(*finis*)에서 파생된 것이다. 그것이 아리스토텔레스의 네 원인 중 마지막으로 언급되었다는 것은 그 중요성과 아무 관련이 없다. 아리스토텔레스는 목적이나 기능을 알지 못하면 많은 사물이 이해될 수 없다고 주장했다. 당연한 주장이다. 예를 들어 입 안의 치아배열을 설명하려면 우리는 치아의 기능을 이해해야 한다. 날카로운 이빨이 앞쪽에 있는 것은 깨물기 위해서요, 어금니가 안쪽에 있는 것은 갈기 위해서라는 식으로 말이다. 비유기체 영역에 속하는 다른 예를 들어보자. 톱의 기능을 알지 못하면 톱이 왜 그런 모습으로 만들어지는지도 이해할 수 없을

129, 특히 118~119.

것이다. 이런 의미에서 아리스토텔레스는 목적인을 질료인보다 우위에 두었다. 톱의 목적은 톱을 구성하는 질료(철)를 결정하겠지만, 우리가 한 덩어리의 철을 소유한다는 사실은 그 자체만으로는 톱을 만들겠다는 결정과 아무 상관이 없기 때문이다.[10)]

목적인의 논의에서 요점은, 우리에게 아리스토텔레스의 우주관에서 목적이 수행하는 역할을 가장 분명하게 알려준다는 점이다. 목적보다 전문적인 "목적론"(*teleology*)이라는 용어를 사용해도 무방할 것이다. 아리스토텔레스가 말하는 세계는 원자론자들이 말하는 세계가 아니다. 그의 세계는 각각의 원자가 나머지 원자를 개의치 않고 각자 나름의 길을 따라 운동하는, 생명 없고 기계적인 세계가 아니고 우연과 우연의 일치가 지배하는 세계도 아니다. 그의 세계는 질서정연하게 조직화된 세계요, 목적으로 충만한 세계다. 여기서 만물은 각자의 자연본성이 미리 정해준 목적을 향해 발전한다. 아리스토텔레스의 성공을 평가하면서, 마치 그가 동시대보다는 오늘날의 문제에 해답을 제시하려 하기나 한 것처럼 근현대 과학을 예비한 측면을 잣대로 삼는 것은 불공정할 뿐만 아니라 무의미한 것이기도 하다. 그럼에도 불구하고 아리스토텔레스의 목적론이 기능적 설명을 강조한 점은 오늘날에도 충분히 주목할 가치를 지닌다. 그것은 이후 모든 과학분과의 발전에 깊은 의미를 지닌 것이지만, 특히 생물학관련 과학분과에서는 오늘날까지도 지배적 설명모델로 남아 있기 때문이다.

4. 우주론

아리스토텔레스는 세계를 탐사하고 이해하기 위한 방법과 원리를 고안했다. 형상과 질료, 자연본성, 잠재태와 현실태, 네 원인이 그런 것이

---

10) Edel, *Aristotle*, 5장.

었다. 그 과정에서 상세하고도 영향력 있는 이론이 개발되기도 했다. 그의 이론은 위로는 하늘로부터 아래로는 지구와 지상의 모든 거주자에 이르기까지 자연현상의 거대한 영역을 빠짐없이 아우른 것이었다.[11]

기원의 문제부터 검토하기로 하자. 아리스토텔레스는 우주 삼라만상의 영구회귀라는 관점에서, 태초(*beginning*)의 성립 가능성을 부정했다. 우주가 특정 시점에 갑자기 등장했다는 주장은 그에게 일고의 가치도 없는 것이요, 무로부터 유의 생성을 비판한 파르메니데스의 입장을 모독하는 것이었다. 아리스토텔레스의 이러한 입장은 중세 주석자들에게 골칫거리를 안겨주기도 했다.[역주6]

아리스토텔레스는 영원한 우주를 거대한 공 모양, 즉 천구로 상정했다. 천구의 외피는 달이 위치한 곳을 기점으로 달 위의 영역과 달 아래의 영역으로 나뉘었다. 달 위는 천체계요, 달 아래는 지상계였다. 우주공간의 중간에 있는 달은 두 영역의 자연본성을 가르는 분기점이기도 했다. 달 아래의 지상계는 탄생과 죽음 같은 온갖 종류의 변화를 특징으로 하는 반면에, 달 위의 천체계는 영원하고 불변적인 순환을 특징으로 한다. 이러한 체계는 육안관찰에 의존하는 것임이 분명하다. 아리스토텔레스는 《천체에 관하여》에서 이렇게 말했다. "우리에게 전승된 모든 기록으로부터 알 수 있는 바로는, 과거의 전 기간 동안 최외곽의 천체는 그 틀 전체에서든 일부에서든, 한 번도 변화를 경험한 적이 없는 것 같다."[12] 이어서 아리스토텔레스는 천체에서 볼 수 있는 것이 영원히 불변적으로 반복되는 순환운동뿐이라면, 천체는 지상의 원소로 구성되지 않을 것이라고 추론한다. 이것 역시 육안관찰로 알 수 있듯이 지상의 네 원소는 변화무쌍한 직선운동에 귀속되어 무시로 상승하고 하강하는 자연본성을 가지기 때문이다. 그렇다면 천체는 지상의 네 원소와 구별되는 다섯 번째의

11) 특히 Friedrich Solmsen, *Aristotle's System of the Physical World*, 그리고 Lloyd, *Aristotle*, 7~8장을 참조할 것.

12) Aristotle, *On the Heavens*, I. 4. 270b13~16. Jonathan Barnes(ed.), *The Complete Works of Aristotle*, vol. 1, p. 451로부터 인용되었음.

원소로 구성되어야 할 것이었다. 변화에 귀속되지 않는 제 5원소(*quintessence*)는 바로 에테르였다. 역주〔7〕 천체계는 에테르로 빈틈없이 채워진다. 진공은 있을 수 없다. 뒤에서 다시 검토하겠지만, 이 빈틈없는 영역은 행성을 운반하는 여러 개의 동심원 천구외피로 분할된다. 이런 식으로 아리스토텔레스는 천체계에 신성에 가까운 우월한 지위를 부여했다.[13]

지상계는 발생, 부패, 덧없음으로 점철된 세계이다. 여기서 아리스토텔레스는 지상계의 모든 실체를 하나, 혹은 복수의 원소로 환원하려 한 선배들의 노력을 계승했다. 그가 수용한 것은 원래 엠페도클레스가 제시하고 플라톤이 계승한 4원소(흙, 물, 공기, 불)였다. 그리고 네 원소가 더욱 근본적인 원소로 환원될 수 있다는 플라톤의 견해에 동조했다. 그렇지만 그는 플라톤의 수학취향을 공유하지는 않았다. 그는 만물이 정다면체와 이를 구성하는 삼각형으로 환원될 수 있다는 플라톤의 주장을 거부하는 대신, 〈감각가능한 성질〉을 초석으로 선택했다. 그의 관심사는 감각경험의 세계의 실재성이었다. 특히 중요한 것은 열(熱)-냉(冷), 습(濕)-건(乾)이라는 두 쌍의 성질이다. 〔그림 3. 2〕에서 볼 수 있듯이 그 두 쌍은 다시 네 쌍으로 재결합되며, 각 쌍은 각기 하나씩의 원소를 생성한다.

이 대립적 성질의 용도에 다시 주목해보자. 네 성질은 각기 외부의 영향을 받으면 정반대의 성질로 바뀔 수 있다. 물에 열을 가하면 물의 냉한 성질은 열에 굴복하며, 그리하여 물은 공기로 변한다. 이러한 과정은 상태의 변화(고체로부터 액체로, 액체로부터 기체로, 그리고 그 역으로의 변화)를 쉽게 설명해줄 수 있을 뿐만 아니라, 한 실체를 다른 실체로 변성(變成)시키는 더욱 일반적인 과정도 설명해줄 수 있다. 연금술사들이 이러한 이론에 의존했던 것은 놀라운 일이 아니다.[14] 역주〔8〕

---

13) Lloyd, *Aristotle*, 7장.

14) Lloyd, *Aristotle*, 8장. 연금술에 관해서는 이 책의 12장을 참조할 것.

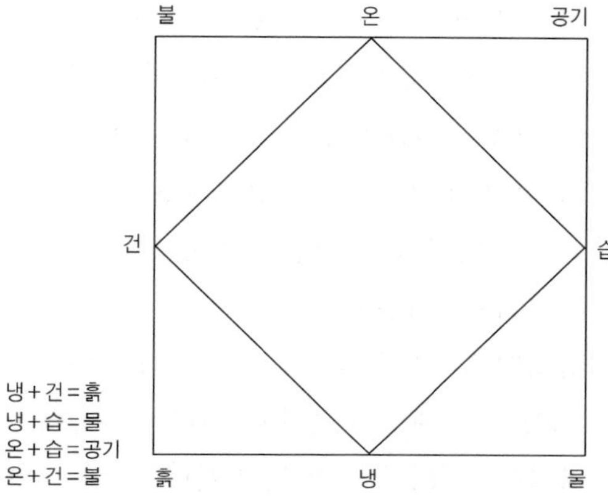

[그림 3.2] 아리스토텔레스가 상정한 원소들과 성질들의 대립성을 보여주는 사각형. 이 도표가 중세(9세기경)에 변형되는 양상은 John Murdoch, *Album of Science: Antiquity and the Middle Ages*, p.352를 참조할 것.

우주는 다양한 실체로 빈틈없이 채워져 있기 때문에 진정한 의미에서 공간(진공)은 있을 수 없다. 아리스토텔레스의 이런 견해를 제대로 평가하기 위해서는, 우리에게 거의 습관처럼 익숙해진 원자론적 관점을 잠시 제쳐두어야 한다. 사물을 미세조각의 합계로 볼 것이 아니라 빈틈없는 전체로 볼 필요가 있다는 말이다. 빵덩어리가 빵가루로 구성되고 빵가루는 작은 공간(틈)으로 분리되어 있다면, 그 공간(틈)이 공기나 물처럼 더욱 미세한 실체로 채워진다고 가정하지 못할 이유가 없지 않겠는가(물론 물이나 공기가 빈틈없는 연속적 실체라는 것도 쉽게 증명할 수 없으며 그렇게 믿어야 할 명백한 이유도 없겠지만 말이다). 이런 방식의 추론을 우주 전체에 적용함으로써, 아리스토텔레스는 우주가 충만(*plenum*)의 상태에 있으며 진공을 내포하지 않는다는 결론으로 나아갔다.

아리스토텔레스는 다양한 논증을 동원해서 이러한 결론을 뒷받침했다. 우선, 일정 공간을 운동하는 데 걸리는 시간을 기준으로 두 운동 사이에는 비례관계가 존재해야 한다는 것이다. 운동시간의 차이가 공간을 채운 두 매질의 밀도가 서로 다르기 때문에 발생하는 것이라면, 두 운동시간의 비율은 두 밀도의 비율과 동일할 것이다. 그러나 만일 한 매질이 진공이라면 그것의 밀도는 제로(0)이기 때문에 다른 매질의 밀도와 비례관계를 가질 수 없으며, 따라서 그 두 운동시간 사이에도 비율이 성립될 수 없는데, 이는 논증의 출발점에서 세운 가정을 침해하는 모순을 야기한다는 것이다. 이러한 논증을 오늘날의 표현으로 바꾸어보자. 운동 중인 물체의 속도가 오직 저항으로 인해 감소된다면, 그 물체는 저항이 없는 상태에서는 무제한 속도로 운동할 것이라는 엉뚱한 결론으로 귀결될 것이다. 이 같은 오늘날의 관점에서 비평가들은 아리스토텔레스의 논증을 해석하곤 했다. 그는 진공이 존재하지 않는다고 주장했을 뿐 아니라, 저항이 없다면 무한속도가 가능하다고까지 주장했다는 것이다. 틀린 해석은 아니다. 그러나 우리는 아리스토텔레스가 오직 이 하나의 논증에만 의존해서 진공을 부정하지는 않았다는 사실을 기억해야 한다. 그것은 원자론에 대한 그의 긴 반격에서 아주 작은 일부에 지나지 않았다. 진공(혹은 진공의 장소)의 관념에 맞서 싸우면서 아리스토텔레스가 제시한 논증은 다양했으며, 설득력 면에서도 천차만별이었다.[15]

원소는 열·냉·습·건 외에도 무거움(重)이나 가벼움(輕)의 성질을 갖는다. 흙과 물은 모두 무거운 것이지만 흙이 물보다 무겁다. 공기와 불은 모두 가볍지만 불이 공기보다 가볍다. 이처럼 두 원소에 가벼운 성질을 부여하면서 아리스토텔레스가 염두에 둔 의미는 오늘날 우리가 생각하는 것과 전혀 다르다. 그는 오늘날 우리처럼 두 원소가 상대적으로 덜 무겁다고 생각한 것이 아니라 절대적 의미에서 가볍다고 생각했다. 가벼움은 무거움에 비해 가벼움을 뜻하는 것이 아니라 무거움의 정반대를 의미했다. 흙과 물은 무겁기 때문에 흙과 물의 자연본성은 우주 중심으로 하강하는 것이 된다. 공기와 불은 가볍기 때문에 공기와 불의 자연본성은 지상계의 외곽(즉, 달을 포함한 천구외피)으로 향해 상승하는 것이 된다. 아무 장애도 없다면 흙과 물은 우주 중심으로 하강할 것인즉, 상대적으로 무거운 흙이 중심에 쌓일 것이요, 물은 그 외곽을 빙 둘러 동심(同心)의 피막을 형성할 것이었다. 공기와 불은 모두 상승하지만, 상대적으

---

15) 진공에 관련된 아리스토텔레스의 견해는 Solmsen, *Aristotle's System of the Physical World*, pp. 135~143, 그리고 David Furley, *Cosmic Problems*, pp. 77~90을 참조할 것.

로 가벼운 불이 최외곽을 차지할 것이요, 공기는 그 안쪽으로 동심의 피막을 형성할 것이었다. 따라서 이상적 조건(여러 원소로 혼합된 물체가 존재하지 않고, 각 원소가 각자의 자연본성을 실현하려는 운동이 전혀 방해받지 않는 조건)에서는, 각 원소는 일련의 동심구체로 배열될 것이었다. 불이 맨 외곽을 이루고 다음에는 공기와 물, 마지막으로 흙이 중심에 포진할 것이었다([그림 3.3] 참조). 물론 현실에서는 세계의 대부분이 혼합물체로 채워지며 물체끼리 서로에게 장애물로 작용하기 때문에 이처럼 이상적인 조건은 실현될 수 없다. 그렇지만 그 이상적 배열은 각 원소가 태어난 장소를 결정한다. 흙이 태어난 곳은 우주의 중심이요, 불은 달 천구의 바로 안쪽에서 태어난다는 식으로 말이다.[16]

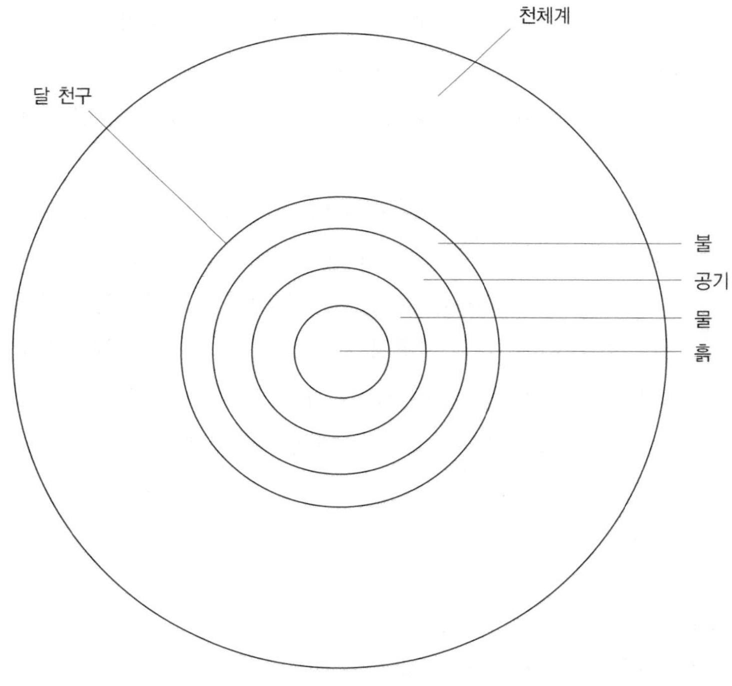

[그림 3.3] 아리스토텔레스의 우주.

16) Furley, *Cosmic Problems*, 12~13장.

특히 강조할 것은 원소의 배열이 공 모양으로 이루어진다는 점이다. 흙은 우주의 중심에 쌓여서 공 모양의 〈지구〉를 형성한다. 아리스토텔레스는 다양한 논증을 동원해서 이 같은 믿음을 뒷받침했다. 그의 자연철학에 등장하는 한 논증에 따르면, 흙의 자연본성은 우주 중심을 향해 운동하는 것이기 때문에 흙은 우주의 정중앙 주변에 대칭적으로 배열되지 않을 수 없다. 그는 관찰증거에도 관심을 기울였다. 월식에서 지구의 그림자는 둥근 모습이라는 것, 관찰자가 지평선상의 북쪽에서 남쪽으로 이동하면 눈에 보이는 별의 위치도 바뀐다는 것이 그런 관찰사례였다. 심지어 아리스토텔레스는 지구의 원주에 대한 수학자들의 추정치를 소개하기도 했다. 그가 소개한 추정치는 40만 스타드(*stades*)로, 이는 약 4만 5,000마일에 해당하며 오늘날의 계산보다 1.8배 길다. 역주〔9〕 이처럼 아리스토텔레스가 지구의 구형을 상정했다는 사실은 반드시 기억되어야 하며 의문시되어서는 안 된다. 아리스토텔레스의 영향을 받은 중세인들이 지구가 평평하다고 믿었다는 견해는 최근에 꾸며져 널리 확산된 신화에 불과하다.[17] 역주〔10〕

아리스토텔레스의 우주론은 많은 함축을 가지고 있지만, 그중 하나를 지적하는 것으로 끝맺음을 대신하고자 한다. 기하학적 공간이라는 오늘날의 개념에서 공간은 그 안에서 모든 사건이 발생하는 하나의 중립적·동질적인 배경막에 해당하지만, 아리스토텔레스가 말한 공간은 여러 속성을 갖는 것이었다. 논지를 좀더 엄밀하게 표현하자면, 오늘날 말하는 세계는 〈공간〉의 세계이지만, 아리스토텔레스의 세계는 〈장소〉의 세계였다. 무거운 물체가 우주 중심에 있는 원래의 장소로 향하는 것은 그곳에 위치한 다른 무거운 물체에 합류하려는 성향 때문이 아니라, 그 중심

---

17) 아리스토텔레스가 지구의 모양을 논의한 대목은 *On the Heavens*, II. 13이다. D. R. Dicks, *Early Greek Astronomy to Aristotle*, pp. 196~198도 참조할 것. 고대와 중세에 사람들이 지구가 평평하다고 믿었다는 신화에 관해서는 Jeffrey B. Russell, *Inventing the Flat Earth: Columbus and Modern Historians*를 참조할 것.

을 향하는 것이 그것의 자연본성이기 때문이다. 따라서 그 중심이 완전히 비어지는 기적이 일어난다 하더라도(아리스토텔레스의 우주에서는 물리적으로 불가능한 것이지만 흥미로운 가상의 조건이 아닌가!), 무거운 물체의 행선지는 변함이 없을 것이다.[18]

5. 지상계에서의 운동과 천체계에서의 운동

아리스토텔레스의 운동이론에 접근하는 최상의 길은 그 이론의 토대에 해당하는 두 원리를 거치는 것이다. 첫째는 자발적 운동이 있을 수 없다는 원리이다. 움직여주는 것이 없으면 운동도 없다. 둘째는 두 유형의 운동이 구분된다는 원리이다. 운동하는 물체가 태어난 장소로 향하는 것은 "자연운동"이며 그외의 다른 방향으로 움직이는 것은 "강제운동"이다.

자연운동의 경우에는 물체의 자연본성이 그 움직여주는 것에 해당한다. 어떤 물체가 (원소의 이상적 위계질서 내에 고정된) 자신이 태어난 장소로 향하는 성향은 그 물체의 자연본성으로부터 나오기 때문이다. 혼합된 물체가 어디를 향하느냐는 것은 그 물체를 구성하는 여러 원소의 혼합비율에 의존한다. 어떤 물체가 자연운동을 수행해서 태어난 장소에 도달하면 그것의 운동은 종결된다. 강제운동의 경우에 움직여주는 것은 외부의 힘이다. 외부의 힘은 그 물체로 하여금 그 자연본성을 어기고 자신이 태어난 장소와는 다른 방향으로 움직이도록 강제한다. 이런 운동은 외부의 힘이 사라질 때 중지하게 된다.[19]

아리스토텔레스의 해설은 이 대목까지는 적절하게 진행된 듯이 보인

---

18) Waterlow, *Nature, Change, and Agency*, pp. 103～104.

19) 세부요점들에 대한 주의 깊은 분석으로는 James A. Weisheipl, "The Principle *Omne quod movetur ab alio movetur* in Medieval Physics"를 참조할 것. 이 논문은 Weisheipl, *Nature and Motion in the Middle Ages*, pp. 75～97에 재수록되었다.

다. 그러나 이제 한 가지 난제가 뚜렷하게 제기된다. 수평으로 투척된, 따라서 강제운동 중인 물체는 그것을 움직이게 만든 것과의 접촉이 끊긴 뒤에도 왜 즉각 운동을 멈추지 않는가? 아리스토텔레스는 매질이 움직여주는 역할을 계속한다고 답했다. 어떤 물체를 투척할 때 우리는 주변의 매질(예컨대 공기)에도 작용하여, 매질에 움직여주는 힘을 나누어준다는 것이다. 이 힘은 구석구석 전달되기 때문에 투척된 물체는 일정량의 매질과 접촉하는 동안에는 운동을 계속 유지할 수 있다. 이런 해설은 신빙성이 없는 것으로 보일지 모르겠다. 그렇지만 아리스토텔레스가 보기에는 더욱 믿기 힘든 대안도 있었다. 투척된 물체는 그 자연본성으로 인해 우주의 중심 쪽으로 기울어질 것이 뻔한데, 무엇인가 그것을 수평방향이나 위 방향으로 움직이도록 강제하지 않고도 그것을 수평이나 위쪽으로 움직여줄 수 있다고 주장한다면, 이런 주장이야말로 엉터리가 아니냐는 것이었다.

힘이 운동의 유일한 결정인자는 아니다. 지상계에서의 모든 운동사례에는 저항 내지 대항력 역시 작용한다. 운동의 빠르기란 두 가지 결정요인, 즉 기동력과 저항에 의존한다는 것이 아리스토텔레스의 생각이었다. 여기서 질문이 제기된다. 힘과 저항과 속도(혹은 빠르기) 사이의 관계는 어떤 것인가? 아리스토텔레스가 보편적으로 적용가능한 어떤 계산법칙이 정립될 수 있다고 생각했던 것 같지는 않다. 그럼에도 그가 그 문제에 관심이 없었던 것은 아니다. 실제로 그는 여러 차례 계산을 시도했다. 그는 《천체에 관하여》와 《물리학》에서 자연운동을 논의하는 가운데 서로 다른 무게를 가진 두 물체의 낙하운동을 설명했다. 일정한 거리를 낙하하는 데 걸리는 시간은 물체의 무게에 반비례한다(두 배의 무게를 가진 물체는 절반의 시간에 낙하한다)는 것이었다. 《물리학》의 같은 장에서는 자연운동 분석에 저항이 도입되었다. 동일한 무게의 두 물체가 서로 다른 밀도의 두 매질을 통과할 때, 일정한 거리를 지나는 데 걸리는 시간은 각 매질의 밀도에 비례한다(저항이 크면 클수록 시간도 길어진다)는 것이었다. 끝으로 아리스토텔레스는 《물리학》에서 강제운동을 논의하면서 다음과 같이 주장했다. 만일 일정한 힘이 일정한 무게의 물체를 (그것의 자연본성을 거슬러) 일정한 시간에 일정한 거리로 이동시킨다면, 그와 동일한 힘은 절반의 무게를 가진 물체를 동일한 시간에 동일한 거리로 두 번 이동시킬 수 있다(혹은 절반의 시간에 동일한 거리로 한 번 이동시킬 수 있다)는 것이었다. 힘이 절반이면 절반의 무게를 가진 물체를 동일한 시간에 동일한 거리로 이동시킬 수 있을 것이었다.[20]

아리스토텔레스의 계승자들 중에는 이러한 명제들로부터 일반법칙을 이끌어내려 노력한 자들이 있었다. 그 법칙은 아래와 같이 압축되는 것이 관행이다.

$$v \propto F/R$$

즉, 속도(v)는 기동력(F)에 비례하고 저항(R)에 반비례한다는 것이다. 무거운 물체의 자연운동이라는 특수한 사례에서는 그 물체의 무게(W)가 기동력을 대신하게 된다. 그리하여,

$$v \propto W/R$$

즉, 속도는 무게에 비례하고 저항에 반비례한다는 것이다. 이러한 관계식은 대부분의 운동사례에 대해 아리스토텔레스가 의도했던 바를 크게 위반하지는 않는다. 그러나 이처럼 운동을 수학공식으로 환원한다는 것은, v값, F값, R값을 모두 갖추지 않은 운동은 있을 수 없음을 전제하는데, 아리스토텔레스로서는 이 같은 주장을 받아들일 수 없었을 것이다. 예를 들어보자. 아리스토텔레스는 저항이 기동력과 동일한 경우에는 운

---

20) 자연운동에 관해서는 아리스토텔레스의 *On the Heavens*, I. 6과 *Physics*, IV. 8을 참조하고, 강제운동에 관해서는 *Physics*, VIII. 5를 참조할 것. 이에 대한 논의로는 Marshall Clagett, *The Science of Mechanics in the Middle Ages*, pp. 421~433, 그리고 Clagett, *Greek Science in Antiquity*, pp. 64~68을 참조.

동이 발생할 수 없다고 분명하게 주장했지만, 위의 공식은 그런 결론을 제공할 수 없다. 더욱이 위의 두 관계식에는 모두 속도가 포함되어 있는데, 이는 아리스토텔레스의 개념틀을 크게 벗어난 것이다. 그는 거리와 시간의 견지에서만 속도를 계산했을 뿐, 속도를 운동의 계측가능한 척도로 사용한 적이 없었다. 속도가 수치로 환산될 수 있는 전문 과학용어로 정착된 것은 중세의 공헌이었다.

아리스토텔레스의 운동이론은 늘 혹독한 비판의 표적이었다. 배운 사람이라면 누구나 그의 가정에 치명적 약점이 있음을 알아챌 것이다. 그렇다고 해서 모든 비판이 정당한 것일까? 첫째로 기억할 것은 칭송이나 비난을 일차적 사명이라 여기는 역사가는 별로 없다는 점이다. 과거를 이해한다는 것은 비난하는 것보다 훨씬 유용한 사업이기 때문이다. 둘째로 비난 중에는 아리스토텔레스 자신의 이론에 적용되기보다, 그의 비판자나 추종자가 그의 것으로 떠넘긴 이론에 적용될 것도 있다. 셋째로 아리스토텔레스 자신이 실제로 제시한 이론은 나름대로는 일리 있는 것이다. 다양한 표본조사를 거쳐 입증되었듯이 오늘날 대학교육을 받은 대다수는 아리스토텔레스의 운동이론에서 여러 기본개념을 받아들일 자세를 취하고 있다. 넷째로 아리스토텔레스의 이론에서 계량화 수준이 비교적 낮은 이유는 그의 자연철학이 갖는 일반적 성격에 기인하는 것으로 쉽게 설명될 수 있다. 그의 일차적 목표는 본질적인 자연본성을 이해하는 것이었지, 시간과 공간(혹은 장소)이 운동하는 물체와 어떤 좌표관계를 갖느냐는 것 같은 부차적 문제를 수학적으로 해결하는 일이 아니었다. 그런 좌표관계는 수학적으로 완전하게 정립된다 하더라도 그의 일차적 목표(자연본성의 이해)에 유용한 정보를 제공할 수는 없다. (반면에 근현대 역학은 모든 물체를 똑같이 취급하겠다는, 즉 자연본성상의 차이를 인정하지 않겠다는 결정에서 그 중요한 특징을 보여준다. 물체가 무엇으로 구성되든 간에 동일한 법칙이 적용되면 동일한 결과가 산출된다.) 아리스토텔레스가 오늘날의 관심사를 등한시했다는 이유로 그를 비판하겠다면 굳이 말리지는 않겠다. 그렇지만 그 과정에서 우리는 그에 관해 중요한 무엇인가를 배우지 못할 수도 있다는 점을 유념할 필요가 있다.

천체계의 운동은 전혀 다른 종류의 현상이다. 하늘은 부패하지 않는 실체인 제 5원소로 구성되기 때문에 대립쌍이 존재하지 않으며 질적 변화도 겪지 않는다. 그 영역에서는 운동이 발생하지 않는다는 가설이 차라리 어울리는 것처럼 상상될 수도 있겠지만, 그런 가설은 천체에 대한 육안관측만으로도 쉽게 무너진다. 따라서 아리스토텔레스는 가장 완전한 운동, 즉 영속적이고 통일적인 순환운동을 천체계에 부여했다. 통일적 순환운동은 가장 완전한 운동이라는 것 외에도 관측된 순환주기를 설명해줄 수 있었던 것으로 보인다.

아리스토텔레스의 시대에는 순환주기들에 대한 연구가 수세기에 걸쳐 이미 진척되어온 터였다. 항성, 즉 "붙박이" 별은 완벽한 통일성을 가지고 운동하는 것으로 이해되었다. 항성은 하루 한 번의 주기로 회전하는 거대한 천구에 붙박인 별로 간주되었다. 항성보다 복잡한 운동을 보여준 것은 일곱 행성, 즉 "떠돌이" 별이었다. 태양, 달, 수성, 금성, 화성, 목성, 토성이 그런 별이었다. 태양은 황도대(黃道帶) 중심을 관통하는 황도라는 길을 따라, 서쪽에서 동쪽으로 하루에 약 1°씩 (속도에서 다소 변화가 있기는 하지만) 천천히 항성천구를 통과한다(〔그림 2.6〕 참조). 달은 태양과 동일한 궤적으로 움직이지만 그 속도는 훨씬 빠르다(하루에 약 12°). 나머지 행성도 황도를 따라 이동하지만 속도는 서로 다르며 방향에서도 가끔씩 변화한다.

이렇듯 복잡한 운동이 천체의 통일적 순환운동이라는 요건에 부합할 수 있을까? 아리스토텔레스보다 한 세대 앞서서 유독소스는 잘 부합된다는 사실을 입증했다. 역주〔11〕 이 주제는 5장에서 다시 다루어질 것이므로 여기서는 한 가지 요점만을 지적해두기로 하겠다. 유독소스는 각개로는 복잡한 행성운동들을 모두 합쳐 간단하고 통일적인 순환운동들로 계열화된 일종의 합성그림을 구성했다. 그는 일련의 동심천구를 각 행성에 부여했으며, 매 천구마다 복잡한 행성운동의 성분을 하나씩 부여했던 것이다. 아리스토텔레스는 이러한 체계를 여러 곳을 수정해서 수용했다. 작업을 마쳤을 때 아리스토텔레스는 복잡한 천체도 한 폭을 제시할 수 있었다. 그것은 항성천구 외에 55개의 행성천구로 구성된 그림이었다.

천체운동의 원인은 무엇인가? 이런 종류의 질문에 답하지 않은 채 넘어간다면 아리스토텔레스의 자연철학이 아닐 것이다. 모든 천구는 제 5원소로 구성되고 천구운동은 영원하다는 점에서 강제운동보다는 자연운동이 더 어울린다. 이 영속운동을 일으킨 원인은 그 스스로는 운동하지 않아야 한다. 이처럼 스스로는 운동하지 않으면서 운동을 일으키는 것(不動의 起動者)을 가정하지 않는다면 무한소급의 덫에 걸릴 수밖에 없기 때문이다. 역주〔12〕 운동을 야기한 것이, 그것의 운동을 야기하는 또다른 어떤 것에 의존하는 관계가 무한히 소급되는 문제에 봉착하게 된다는 말이다. 아리스토텔레스는 특히 행성천구를 움직여주는 부동의 기동자를 가리켜 "최고위 기동자"(*Prime Mover*) 라고 불렀다. 이 존재는 최고선(最高善)을 베푸는 살아 있는 신격이다. 그는 오직 자신에 대한 명상과정에서 스스로 태어나며 태어난 뒤에도 계속 명상에 몰입한다. 그는 자신이 작동시킨 천구들과 떨어져 있지만 그 어떤 공간도 차지하지 않는다. 이 점에서 그는 그리스 전통의 의인화된 신과는 완전히 구별된다. 그렇다면 부동의 기동자 내지 최고위 기동자는 어떻게 천체의 운동을 야기하는가? 그가 운동의 원인이 되는 것은 작용인으로서가 아니다. 작용인은 움직여준 것과 움직여진 것 사이의 직접접촉이 필요하기 때문이다. 그는 목적인으로서 운동의 원인이 된다. 그는 모든 천구가 닮으려 애쓰는 욕망의 대상이다. 모든 천구가 영속적 · 통일적 순환운동을 취하게 되는 것은 바로 그의 불변적 완전성을 모방하기 위해서이다. 아리스토텔레스의 논의를 지금까지 충실히 읽은 독자로서는, 이를 근거로 우주 전체에 부동의 기동자는 하나만이 존재한다고 단정할지도 모르겠다. 하지만 그런 독자는 아리스토텔레스의 최후진술에 경악을 금치 못할 것이다. 아리스토텔레스는 각각의 천구마다 부동의 기동자를 갖는다고 말한다. 각 천구는 저마다 흠모의 대상이자 운동의 목적인에 해당하는 존재를 모신 셈이다.[21]

6. 생물학자로서의 아리스토텔레스

아리스토텔레스가 언제부터, 어떤 동기에서, 생물학관련 분과들에 관심을 가지게 되었는지는 확실하지 않다. 부친이 내과의사였다는 것은 꼭 고려해야 할 요인이다.역주〔13〕 그의 생물학 연구는 장기간에 걸쳐 진행되었지만, 소아시아 연안의 레스보스 섬에서 보낸 몇 해는 그에게 해양생물을 관찰할 특별히 좋은 기회를 제공했다. 그는 생물학 데이터 수집과정에서 제자들의 도움을 받았으며, 내과의사나 어부나 농부 같은 다른 관찰자의 보고서에도 의존했던 것 같다. 이러한 연구노력의 결과로 일련의 방대한 동물학 논고들이 작성되었으며, 인체생리학 및 심리학에 관한 (오늘날의 번역으로는 총 400페이지가 조금 넘는) 단편들이 남게 되었다. 그의 저작은 향후 2천여 년에 걸쳐 체계적 동물학의 초석을 제공했으며 인체생물학(*human biology*)에 관한 사색을 풍부하게 해주었다.[22]

아리스토텔레스의 시대에 인체해부학과 생리학은 의학에서의 중요성에 힘입어 오랫동안 주목을 받아온 터였다. 따라서 더 이상의 정당화는 필요하지 않았을 것이다. 반면에 동물학은 그렇지 못한 상태였기에, 아리스토텔레스는 동물학 연구를 정당화해야 할 필요를 느꼈던 것 같다. 그는 《동물의 기관에 관하여》에서 동물은 천체에 비하면 천하기 그지없는 것이요, 따라서 동물연구가 많은 사람에게 혐오감을 줄 수 있음을 인

---

21) Lloyd, *Aristotle*, pp. 139～158.

22) 아리스토텔레스의 생물학에 대한 관심은 최근에 봇물을 이루고 있다. 특히 Lloyd, *Aristotle*, 4장; Lloyd, *Early Greek Science*, pp. 115～124; Anthony Preus, *Science and Philosophy in Aristotle's Biological Works*; Martha Craven Nussbaum, *Aristotle's "De motu animalium"*; Pierre Pellegrin, *Aristotle's Classification of Animals*; 그리고 Allan Gotthelf and James G. Lennox (eds.), *Philosophical Issues in Aristotle's Biology* 등을 참조할 것. 여전히 유용한 고전으로는 W. D. Ross, *Aristotle: A Complete Exposition of His Works and Thought*, 5판, 4장, 그리고 Thomas E. Lones, *Aristotle's Researches in Natural Science* 등이 있다.

정했다. 그러나 그는 이러한 혐오감이 유치한 것이며, 동물연구에서 풍부하게 얻을 수 있는 유익한 데이터는 연구대상의 비천함을 상쇄할 것이라고 주장했다. 더욱이 동물과 인간은 자연본성상 유사하기 때문에 동물연구는 인체구조에 대한 지식에도 기여할 수 있을 것이었다. 그는 동물계에서 원인을 발견할 때의 즐거움을 언급하면서, 동물계야말로 질서와 목적이 가장 뚜렷하게 드러나는 세계임을 지적했다. 동물연구는 "자연의 작품"이 우연의 산물이라는 관념을 물리칠 좋은 기회를 제공한다는 것이었다.[23)]

아리스토텔레스는 생물학이 기술(記述) 측면과 설명 측면을 겸비한 학문이라고 생각했다.[역주(14)] 최종목표는 생명현상을 설명하는 일이겠지만, 그는 사업 우선순위가 관련 데이터의 수집에 있음을 천명했다. 그 첫 순위 사업으로 의도된 《동물의 역사》는 실로 생물학 정보의 거대한 창고이다. 여기서 아리스토텔레스는 인체를 출발점으로 삼았으며 인체를 비교기준으로 삼아 다른 동물을 이해했다. 그는 인체를 머리, 목, 가슴, 양팔, 양다리로 세분했으며 뇌, 소화기, 생식기, 폐, 심장, 혈관을 포함한 인체 내·외부의 특징을 두루 논의했다.

그렇지만 아리스토텔레스가 가장 크게 공헌한 분과는 인체해부학이 아니라 기술(記述) 동물학이었다. 《동물의 역사》에서는 500종이 넘는 동물이 언급되었으며, 그중 많은 동물의 구조와 행태가 상세하게 기술되었다. 정교한 해부에 기초한 기술도 자주 등장한다. 아리스토텔레스는 분류와 관련된 이론적 문제도 깊이 있게 논의했지만, 실제작업에서는 "자연스럽고" 일상적인 구별, 즉 공통의 속성에 기초한 구별을 선호했다. 그는 동물을 "유혈"(붉은 피를 가진) 동물과 "무혈"동물의 두 범주로 나누었다. 전자의 범주는 태생사족수(胎生四足獸: 새끼를 낳고 네 다리를 가진 동물), 난생사족수(卵生四足獸: 알을 낳고 네 다리를 가진 동물), 해

---

23) Aristotle, *On the Parts of Animals*, I. 5. Lloyd, *Aristotle*, pp. 69~73도 참조할 것.

양 포유류, 조류, 그리고 어류로 세분되었다. 후자의 범주는 (문어나 오징어 같은) 연체류, (게나 가재 같은) 갑각류, (달팽이나 굴 같은) 유각류, 그리고 곤충류로 세분되었다. 아리스토텔레스는 이 모든 범주를 체온의 등급에 따라 위계로 배열했다.[24]

아리스토텔레스의 관심은 동물계 전체를 아우른 것이었지만, 그는 특히 해양생물에 정통했으며 이에 대해 직접적이고도 깊이 있는 지식을 제시했다. 널리 주목된 사례로 돔발상어의 태반(胎盤)에 대한 그의 묘사는 19세기에 이르러서야 확증된 것이었다. 동물계의 다른 영역에서 보여준 그의 노련함도 이에 못지않게 인상 깊은 것이었다. 새알의 부화에 관한 그의 기술은 꼼꼼한 관찰의 대표사례가 될 수 있다.

> 난생(卵生)은 조류 전체에서 동일한 방식으로 진행된다. 그러나 수정(受精)에서 부화에 이르는 전 기간은 서로 다르다. … 암탉의 경우는 3일 밤낮을 품으면 배(胚)의 조짐이 나타나기 시작한다. … 노른자는 뾰족한 돌기〔卵齒〕를 만들고 그쪽으로 솟아오른다. 이것은 달걀의 가장 중요한 요소가 자리잡은 곳이며 부화가 실제로 이루어지는 곳이기도 하다. 심장은 흰자위에 마치 피얼룩처럼 나타나는데, 이 지점은 생명을 부여받기나 한 듯이 꼼지락거리며 박동한다. 이곳으로부터 … 두 개의 미세혈관이 이리저리 엉킨 경로로 피를 운반한다. … 그 혈관들로부터 시작된 피 조직은 얇은 막〔薄膜〕을 형성하여 흰자위를 감싸게 된다. 조금 지나면 몸통이 식별되는데 그것은 처음에는 아주 작고 흰색이다. 머리는 뚜렷하게 구별되지만, 두 눈은 몹시 부어오른 상태이다.[25]

자연사는 우주에 거주하는 모든 개체를 열거하고 기술하는 분과로서,

---

24) Lloyd, *Aristotle*, pp. 76～81, 86～90; Lloyd, *Early Greek Science*, pp. 116～118; Pellegrin, *Aristotle's Classification of Animals*.

25) Aristotle, *History of Animals*, VI. 3. 561a3～19, in *Complete Works*, ed. Barnes, 1:883.

그 자체만으로도 매력적인 사업이요, 중요한 목표가 될 수 있다. 하지만 아리스토텔레스는 자연사를 더 높은 목표를 실현하기 위한 수단으로 간주했다. 자연사는 사실적 데이터의 원천으로 생리학적 이해와 인과적 설명에 이바지한다는 것이었다. 그에게 참지식은 원인에 대한 지식뿐이었다.

아리스토텔레스는 생리학의 이해를 위해서도 자연철학의 다른 분과들에 적용한 원리들을 똑같이 적용했다(이 원리들이 생물학 분야에서 처음 개발되어 형이상학, 물리학, 우주론 등에 적용되었는지, 그 역이 옳은지는 학계의 논쟁거리이다).[26] 따라서 형상과 질료, 현실태와 잠재태, 네 원인(특히 목적인과 관련된 목적이나 기능의 요소) 등은 그의 생물학에서도 중심을 차지한다. 《동물의 생식에 관하여》에는 생물학적 설명에 고유한 성분이 훌륭하게 요약되어 있다. "탄생하거나 만들어지는 모든 것은, [1] 어떤 것으로 구성되고, [2] 어떤 것의 작용에 의해 구성되며, [3] 반드시 어떤 것으로 구성되어야만 한다"는 것이다.[27] 어떤 유기체를 구성하는 것은 당연히 질료인이고, 구성해주는 작용은 형상인과 작용인이며(아리스토텔레스의 생물학에서 형상인과 작용인은 자주 혼용되곤 한다), 구성되어야만 하는 것은 그 유기체의 성장이 추구하는 목적, 즉 목적인이다.

유기체는 형상과 질료로 구성된다. 질료는 몸을 구성하는 다양한 기관이며 형상은 모든 기관을 통일된 유기적 전체로 엮어주는 원리이다. 아리스토텔레스는 형상을 영혼과 동일시했으며, 영혼이 생명체의 기본특징(섭생, 번식, 성장, 감각작용, 운동 등)을 결정한다고 믿었다. 영혼에는 여러 종류가 있고 어떤 종류의 영혼을 갖느냐에 따라 생명체의 기능이 결정된다. 아리스토텔레스는 이런 관점에서 모든 생명체를 위계질서로 배열할 수 있었다. 식물은 섭생의 영혼을 소유한 덕택에 양분을 취하고 성

---

26) Lloyd, *Aristotle*, pp. 90~93; D. M. Balme, "The Place of Biology in Aristotle's Philosophy".

27) Aristotle, *De generatione animalium*, II. 1. 733b25~27, in *Complete Works*, ed. Barnes, 1:1138.

장하며 번식할 수 있다. 동물에게는 감각의 영혼이 추가된다. 이는 동물의 감각작용을 설명해주며 (간접적으로는) 동물의 운동을 설명해준다. 마지막으로 인간에게는 이성의 영혼이 하나 더 추가되는 바, 이는 더욱 높은 수준에서 수행되는 이성기능을 설명해준다. 아리스토텔레스가 주장했듯이 영혼이 유기체의 형상에 불과하다면, 인간영혼을 포함한 모든 영혼은 불멸일 수 없게 된다. 유기체가 죽어 해체되면 그것의 형상도 비존재로 소멸할 것이기 때문이다.[28)]

그렇다면 살아 있는 유기체의 형상인 영혼은 어떻게 부모로부터 자식에게 전달될 수 있을까? 이런 질문은 유기체 생식이라는 아리스토텔레스 생리학의 핵심문제로 우리를 안내한다. 우선 아리스토텔레스는 암수 양성의 존재가 형상인과 질료 사이의 차이를 반영하는 것이라고 주장한다 (여기서 말하는 형상인은 작용인과 결합된 것이며, 질료란 형상인이 작용하는 대상을 가리킨다). 인간을 위시한 고등동물의 경우에는 암컷이 월경시의 피로 질료를 공급한다. 형상을 가진 수컷의 정자가 자기의 형상을 월경 피에 새기면 새로운 유기체가 탄생하게 된다. 고등동물은 체온이 상대적으로 높기 때문에 새끼를 완벽한 종적(種的) 개체로 발육시켜 낳을 수 있다. 체온이 낮은 동물은 체내에서 알을 부화시켜 새끼를 낳는다. 완전성의 등급에서 더 낮은 동물의 경우에는 체외에서 알을 부화시켜 새끼를 낳는다. 알은 체온의 높낮이에 따라 더 완전할 수도, 덜 완전할 수도 있다. 가장 낮은 등급에는 무혈동물이 자리잡는다. 무혈동물은 유충 내지 구더기를 낳는다. 그러므로,

> 우리는 자연이 얼마나 정확하게 규칙적인 등급에 따라 번식을 질서 짓는지에 주목해야만 한다. 완전에 가깝고 체온이 높은 동물은 질적으로 완전한 새끼를 낳는다. 이런 동물은 처음부터 체내에서 살아 있는 새끼를 발육시킨다. 두 번째 부류는 처음부터 체내에서 완전한

---

28) 영혼과 그 기능에 대한 아리스토텔레스의 입장에 관해서는 Lloyd, *Aristotle*, 9장; Ross, *Aristotle*, 5장; Ackrill, *Aristotle*, pp. 68~78을 참조할 것.

> 새끼를 발육시키지는 못한다(이 부류의 동물은 먼저 알을 낳고 나서 이로부터 새끼를 발육시킨다). … 세 번째 부류는 완전한 새끼를 낳는 것이 아니라 알을 낳는데, 이 부류의 알은 완전하다. 이보다 체온이 낮은 자연본성을 가진 동물도 알을 낳지만, 이 부류의 알은 불완전하며 체외에서 완전해진다. … 다섯 번째이자 가장 체온이 낮은 부류는 알조차도 낳지 못한다. 새끼가 알의 수준에 도달하려면, 그 때까지 모체의 외부에 머물러야 한다. … 이를테면 곤충은 먼저 유충을 낳으며 유충은 모체의 외부에서 성장하여 알과 비슷한 수준에 도달하는 것이다.[29]

아리스토텔레스의 생식이론에서 뚜렷하게 드러난 완전성 관념은 생물학적 설명의 세 번째이자 마지막 요소, 즉 목적인으로 우리를 안내한다. 위 인용문에서 아리스토텔레스가 해설하듯이 생물 유기체는 왜 생성의 과정을 겪는가? 생물학자라면 무엇보다 어떤 유기체의 완숙해진 형상, 곧 자연본성을 인식해야 한다는 것이 아리스토텔레스의 생각이었다. 그렇지 않고는 그 유기체의 구조는 물론, 각 부위의 존재와 부위들 간의 상호관계도 이해할 수 없기 때문이었다. 예컨대 아리스토텔레스는 육상동물에 허파가 존재하는 이유를, 한 전체로서의 그 유기체가 허파를 필요로 한다는 견지에서 설명했다. 유혈동물은 체온 때문에 외부로부터 냉각제를 들여와야 하는데, 물고기의 경우는 물이 냉각제이기 때문에 허파 대신 아가미가 달려 있지만, 호흡하는 동물의 경우는 공기가 냉각제이기 때문에 허파를 달고 있다는 것이다.[30] 완숙한 형상에 대한 지식은 왜 유기체가 성장하는가를 설명해주는 것이기도 하다. 유기체의 세계에 성장

---

29) Aristotle, *De generatione animalium*, II. 1. 733a34~733b14, in *Complete Works*, ed. Barnes, 1:1138. 생물의 번식에 관해서는 Ross, *Aristotle*, pp. 117~122; Preus, *Science and Philosophy in Aristotle's Biological Works*, pp. 48~107도 참조할 것.

30) Aristotle, *On the Parts of Animals*, III. 6. 668b33~669a7. 아리스토텔레스의 생물학이 가진 목적론적 특징에 관해서는 Ross, *Aristotle*, pp. 122~127; Nussbaum, *Aristotle's "De motu animalium"*, pp. 59~106도 참조할 것.

하려 애쓰는 상향운동이 늘 함께하는 것은 유기체마다 각자의 내부에 있는 잠재태를 현실화하려 분투하기 때문이라는 것이다. 일례로 도토리의 최종목적인 도토리나무를 이해하지 못한다면, 우리는 도토리 안에서 발생하는 제반 변화를 이해할 수도 없을 것이다. 끝으로 아리스토텔레스의 생물학에서 목적과 기능은 어떤 개체나 종(種)의 형상이나 성장을 설명하는 데 그치지 않았다. 목적과 기능은 우주 전체라는 보편적 수준에서는, 모든 종이 자연질서 안에서 어떻게 상호의존하며 상호관계를 맺는지를 설명해주는 것이기도 했다.

아리스토텔레스의 생물학 체계는 지금까지 논의된 것에 비해 훨씬 풍부하다. 그는 섭생, 성장, 운동, 감각작용을 두루 설명했으며 뇌, 심장, 허파, 간장, 생식기 등 주요기관을 빠짐없이 검토했다. 특히 주목할 것은 그가 심장을 몸의 중심기관으로 여겼다는 점이다. 심장은 체온의 원천일 뿐만 아니라 감정과 감각의 원천이기도 했다. 나아가 그는 생물학 영역에 위계질서의 관념을 도입했다. 형상은 질료보다 우월하며 생명체는 무생명체보다, 수컷은 암컷보다, 유혈동물은 무혈동물보다, 성숙은 미성숙보다 우월한 것이었다. 실제로 그는 모든 생명체를 단일한 위계질서 내에 배열했다. 이 질서는 꼭대기의 최고위 기동자로부터 시작하여 다음에는 인류, 태생동물류, 난생동물류, 곤충류로 하강하며 마지막에는 식물이 자리잡은 것이었다.

이 절을 끝내기 전에 아리스토텔레스의 생물학 연구에서 사용된 방법론을 잠시 분석하는 것으로 결론을 대신하겠다. 과학사업에는 관찰이 필요한 분야가 여럿이지만, 생물학(그중에서도 자연사)은 특히 그런 분야이다. 아리스토텔레스가 관찰이 아닌 다른 토대에 의존해서 동물의 구조와 습성을 기술했을 것이라고는 상상하기조차 힘들다. 관찰은 그 스스로 수행한 것이 많았다. 해부학을 위시한 경험적 방법이 적용된 사례는 그의 작품 도처에서 발견된다. 그렇지만 그의 생물학 연구가 사용한 데이터는 아무리 유능한 자연연구자라도 혼자의 작업으로는 축적할 수 없는 분량이다. 그가 탐험가나 농부나 어부의 보고서, 조수의 도움, 그리고 선배의 저술에 의존했다는 것은 의심할 여지가 없다. 그는 자신이 사용한 자료에 대해 대체로 비판적 입장을 견지했으며, 그 자신의 관찰에 대해서조차 건강한 회의(懷疑)의 자세를 취했다. 그러나 자기비판이나 회의가 부족할 때도 있었던 탓인지, 그의 생물학 작품에는 기술(記述) 오류를 범한 사례도 다수가 포함되어 있다. 생물학 이론의 경우에 아리스토텔레스는 (다른 이론가들과 마찬가지로) 관찰 데이터로부터 추론을 수행했다. 비록 그의 추론은 오늘날 수행될 수 있음직한 것과는 여러 면에서 다르지만, 역사상 가장 뛰어난 생물학자의 하나다운 통찰력을 보여준다. 그의 추론에서 우리는 그의 철학체계 전반의 강력한 영향을 발견한다. 그가 제기한 질문, 그가 주목한 세부항목, 그가 그 세부항목에 부여한 이론적 해석은 모두 그의 방대한 철학체계로부터 나온 것이었다.[31)]

7. 아리스토텔레스의 업적

어떤 철학체계를 평가하기에 적합한 척도는 그 체계가 근현대의 사고를 얼마나 예비했느냐는 것이 아니라, 그 체계가 동시대의 철학난제를 얼마나 성공적으로 해결했느냐는 것이다. 비교하려면 아리스토텔레스와 근현대를 비교할 것이 아니라, 아리스토텔레스와 그의 선배를 비교하는 것이 마땅하다. 이런 기준에서 평가하자면 아리스토텔레스의 철학은 실로 전대미문의 성공을 거둔 것이었다. 그는 자연철학에서 소크라테스 이전 철학자들과 플라톤이 제기한 중요한 난제를 섬세하고도 정교하게 해결했다. 그 가운데는 근본질료의 자연본성, 이를 인식하기에 적합한 수단, 변화와 인과관계 문제, 우주의 근본구조, 신적 존재의 본성, 신적 존재와 물질세계의 관계 같은 것이 포함된다.

---

31) 아리스토텔레스 생물학에서 사용된 방법론에 관해서는 Lloyd, *Aristotle*, pp. 76~81; Lloyd, *Magic, Reason and Experience*, pp. 211~220; Nussbaum, *Aristotle's "De motu animalium"*, pp. 107~142를 참조할 것.

더욱이 아리스토텔레스는 구체적 자연현상의 분석에서는 어떤 선배보다도 멀리 나아갔다. 그 혼자의 힘으로 완전히 새로운 여러 분과를 개척했다고 말해도 그리 과장된 평가는 아니다. 그의 《물리학》은 지상의 동역학을 상세하게 논의했다. 그의 《기상학》은 절반 이상을 대기권 현상에 할애했는데, 여기에는 혜성, 유성, 비와 무지개, 천둥과 번개 같은 현상이 포함된다. 그의 《천체에 관하여》는 몇몇 선배의 작업을 더욱 영향력 있는 행성천문학으로 발전시켰다. 그는 지진이나 광물 같은 지질현상도 다루었다. 뿐만 아니라 그는 감각작용과 감각기관을 철저하게 분석했는데, 특히 시각과 눈에 대한 분석은 시각이론과 광학이론으로 발전했으며 17세기까지도 큰 영향력을 발휘했다. 오늘날 화학의 기초과정이라 불리는 것, 이를테면 실체의 혼합과 결합도 그의 관심을 비켜가지는 않았다. 그는 영혼과 영혼의 기능들에 관한 저서를 집필하기도 했다. 조금 전에 살펴보았듯이 그는 생물학관련 분과들의 발전에도 기념비적 업적을 남겼다.

이후 몇 장에 걸쳐 아리스토텔레스의 영향이 검토될 것이기 때문에 여기서는 결론을 대신해 다음과 같은 사실만을 간단히 지적해두기로 하겠다. 그는 고대 말에 폭발적 영향력을 행사했으며, 13세기부터 르네상스 시대와 그 이후까지도 지배력을 발휘했다. 그럴 수 있었던 것은 그 시대에 교회의 간섭이 심하고 학문이 교회에 종속된 탓이었다기보다는, 그의 철학-과학체계가 압도적 설명력을 가진 덕택이었다. 아리스토텔레스가 성공을 거둔 것은 강압에 의해서가 아니라 설득력에 의해서였다.

역 주

역주〔1〕 테오프라스토스(Theophrastus: 기원전 372년경~287년경)는 아리스토텔레스의 뒤를 이어 '아리스토텔레스 학파'를 이끈 철학자이다. 그는 많은 주제에 관해 집필했지만 특히 식물류에 관한 저술로 유명하며, 인간의 다양한 도덕적 유형들을 다룬 그의 작품(*Characters*)은 당시의 위인들과 시대상을 알려주는 사료로서 높은 가치를 갖는다.

역주〔2〕 리케이온(Lykeion, 라틴어명 Lyceum)은 아리스토텔레스가 고대 아테네 근교에 설립한 비공식 교육기관으로, 아리스토텔레스 학파(*Peripatetics*)를 지칭하는 용어로 사용되기도 한다.

역주〔3〕 아리스토텔레스의 삼단논법, 특히 정언삼단논법은 대전제, 소전제, 결론으로 구성된다. 이것은 보편적 대전제('모든 사람은 죽는다')로부터 특수한 사례('소크라테스는 사람이다')에 대한 보편적 판단('소크라테스는 죽는다')을 연역하는 논법이다.

역주〔4〕 "과학의 방법은 아무 제한 없이 당신이 하고 싶은 대로 해보는 것"(*The scientific method is nothing more than doing your damnedest, no holds barred*)이라는 명제는 1946년에 노벨 물리학상을 받은 퍼시 브리지먼(Percy W. Bridgman: 1882~1961)이 말한 것이다.

역주〔5〕 아리스토텔레스가 말한 '원인'은 근대과학의 인과관계처럼 법칙화할 수 있는 것이 아니라, 발생한 결과를 설명해줄 수 있는 선행조건이나 '요인'(*factor*)에 가깝다는 뜻이다.

역주〔6〕 중세 스콜라 철학은 아리스토텔레스의 체계를 전유하는 과정에서 그 체계의 이교적(異教的) 요소들의 원만한 처리에 골몰했다. 그리스의 영구회귀의 관념을 기독교의 종말론적 개념으로 대체하기 위해 아리스토텔레스의 '목적'개념은 한층 더 부각되는 경향이 있었다.

역주〔7〕 "제 5원"이라는 번역어가 널리 알려져 있으나, 지상의 "원소들"과 용어를 통일하기 위해 "다섯 번째 원소"라는 번역어를 채택했다.

역주〔8〕 연금술에서 말하는 '변성'(*transmutation*)은 천한 금속을 금으로 바꾸는 작업을 가리킨다. 연금술은 모든 금속이 하나의 뿌리로부터 나왔음을 가정하기 때문에 원리상 어떠한 금속도 금으로 바꿀 수 있지만 연금술사들이 주재료로 삼은 것은 은이었다.

역주〔9〕 아리스토텔레스는 지구의 원주를 계산하는 "수학자들"을 소개했다. 이름을 밝히지는 않았지만 그가 언급한 '수학자' 중에는 원주의 길이를 40만 스타드로 계산한 유독소스(Eudoxus of Cnidus: 기원전 370년경에 활동)가 포함되어 있었을 것이다. 아리스토텔레스의 제자 디캐아르코스(Dicæarchus: 기원전 296년 죽음)는 그 길이를 30만 스타드로 계산했는데, 이는 오늘날의 값에 더 근접한 것이다.

역주〔10〕 중세를 '암흑시대'라고 표현하는 학자들은 중세 교회와 아리스토텔레스주의(토미즘)의 '몽매화'를 과장하는 경향이 있으며, 그 대표적인 것이 콜럼버스 이전에는 사람들이 지구를 평평하다고 믿었다는 주장이다. 그러나 지구가 공 모양이라는 것은 고대 이후 중세까지 거의 부정된 적이 없었다. 린드버그 교수는 이처럼 왜곡된 믿음을 퍼뜨린 주역으로 전문 연구성과에 별로 의존하지 않는 대중적 과학사 서술자들, 특히 대니얼 부어스틴(Daniel Boorstein) 같은 인물을 염두에 두고 있다. 부어스틴의 *Hidden History*(1987)와 우리말로 번역된 퓰리처상 수상작 *Discoverers*(1983) 등을 참조할 것.

역주〔11〕 유독소스(Eudoxus of Cnidus: 기원전 408년경~355년경)는 그리스에서 천문학자이자 수학자이자 의사로 활동한 인물이다. 그는 아테네에서 플라톤과 함께 연구했고, 이집트의 헬리오폴리스(Heliopolis)에서도 활동했으며 그리스의 시지코스(Cyzicus)에 학원을 세운 것으로 전한다. 훗날 제작된 율리우스력의 모델을 만들고, 유클리드 기하학의 원형을 정립한 인물로도 유명하다. 그는 행성의 운동을 과학적으로 설명한 최초의 그리스 천문학자이기도 했다.

역주〔12〕 '부동의 기동자'는 '부동의 동자'(*Unmoved Mover*)라는 기존의 번역어를 조금 바꾼 것이다. '동자'는 운동 중인 존재로 오해될 수 있기 때문에 운동을 일으키는 존재라는 뜻을 분명하게 전하기 위해서는 '기동자'라는 번역어가 더 바람직한 것으로 판단된다.

역주〔13〕 "physician"은 "healer"(치료사), "medical man"(의료인), "surgery"(외과의사) 등과 구별되는, 전통사회의 유일한 정식의사(정규교육을 받고 면허를 취득한 자)라는 의미에서 "내과의사"로 번역되었다.

역주〔14〕 근대의 학문방법론은 사물의 '개성'을 이해하고 기술하는(*idiosyncratic*: 개성기술적) 영역과 사물의 인과관계를 법칙적으로 정립하고 설명하는(*nomothetic*) 영역을 구분한다. 이런 구분법에 비추어볼 때 아리스토텔레스의 생물학은 두 영역에 걸쳐 있다는 뜻이다.

제4장

헬레니즘 시대의 자연철학

아리스토텔레스는 기원전 322년에 삶을 마감했다. 이해는 알렉산드로스 대왕이 10여 년에 걸친 군사원정(기원전 334~323)을 끝낸 해와 거의 일치한다. 그의 원정은 광대한 그리스제국을 건설해주었지만 그리스의 자치 도시국가에 대해서는 죽음을 알리는 조종(弔鐘) 소리였다. 알렉산드로스는 그리스 영토를 극적으로 확장했으며, 그리스어와 그리스 문화를 동쪽으로는 박트리아(Bactria: 현재 아프가니스탄의 한 지방)와 인더스강 유역, 남쪽으로는 이집트에 이르도록 멀리 전파했다([지도 2] 참조]). 역으로 알렉산드로스와 그 계승자들은 피정복민으로부터 영향을 받기도 했다. 그 과정에서 그리스 요소와 외국 요소의 종합이 진행되었다. 역사가들은 이러한 종합을 표현하기 위해 ("그리스적"이라는 뜻의) "헬레니즘적"(*Hellenistic*)이라는 형용사를 사용했다. 비록 그리스 요소가 압도적이기는 했지만, 이 형용사를 만든 역사가들은 헬레니즘 시대를 (그들이 생각하기에) 예전의 순수한 그리스 문화와는 구별하려고 했다. "헬레니즘" 시대는 "옛 그리스"(*Hellenic*) 시대와는 구분된다는 것이었다. 이런 견해에 따를 때 "헬레니즘 시대의 자연철학"이란 그리스제국 전체에서 학자와 식자층이 자연에 대해 가지고 있었던 생각을 뜻하는 것이라고 하겠다. 단기적으로는 무게중심이 여전히 옛 그리스 지역에 머물러 있었

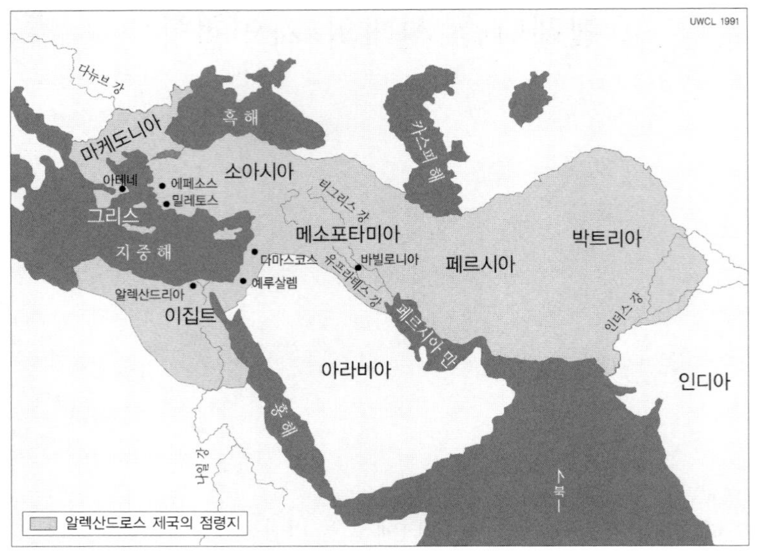

[지도 2] 알렉산드로스 대왕의 제국.

지만, 시간이 흐를수록 주도권은 다른 지역으로 옮겨갔다. 남쪽으로는 이집트의 알렉산드리아, 서쪽으로는 로마가 그 주역이었다.

1. 학교와 교육

헬레니즘 시대의 자연철학을 검토하기 전에 그 사회적 토대를 먼저 살펴보는 것이 좋겠다. 특히 살펴보아야 할 것은 넓게는 학문 전체를, 좁게는 자연철학을 전파한 사회적·제도적 메커니즘이다. 물론 지식은 개인끼리 전달되기도 한다. 부모가 자식에게, 친구가 친구에게, 주인이 도제에게 지식을 전할 수 있다. 그러나 지식이 그 복잡성과 정교함을 더해가면 더해갈수록 공식화된 집단교육 시스템에 대한 압력도 그만큼 증가하기 마련이다. 이런 현상이 옛 그리스에서도 발생했던가? 만일 발생했다면 그 교육 시스템은 어떤 성격을 지닌 것이었을까?[1]

옛 그리스 사회에는 그 같은 공식교육에 대한 요구가 없었다. 다만 초등교육 수준에서 몇 년의 학습이 옛 그리스 귀족층 사이에서 모범으로 통용되었을 따름이다. 이 교육은 청소년기 이전의 아동(파이데스: *paides*)을 겨냥한 것이었기에 "파이데이아"(*paideia*)라 불렸다. 파이데이아는 통상 두 교육과정으로 구성되었다. 육체를 위한 교육과정은 김나스티케(*gymnastikē*)였으며 정신을 위한 교육과정은 모우시케(*mousikē*)였다. 김나스티케는 육체단련과 체육을 포함했으며, 모우시케는 뮤즈 여신들이 관장하는 모든 기예, 그중에서도 특히 음악과 시를 포함했다. 역주〔1〕 그렇지만 이 교육 시스템은 사회전반의 수요를 충족시킬 수는 없는 것이었기 때문에 기원전 5세기 초에는 읽기와 쓰기를 위한 학교들도 설립되었다.

김나스티케 과정의 교육은 주로 운동장이나 레슬링 학교에서 진행되었다. 공공 체육관에서의 교육도 추정해볼 수 있다. 모우시케 교육과정이나 읽고 쓰기의 교육은 공공건물이나 선생의 개인주택 등 어느 곳에서나 진행될 수 있었다. 아직 근현대의 공공 의무교육을 닮은 것은 없었다. 선생들은 각자 자율책임을 지고 개인적으로 교육사업에 뛰어들었으며, 그런 덕택에 특히 귀족층은 각자의 필요와 성향에 맞추어 선생들의 교육 서비스를 이용할 수 있었다.

교육여건에서 큰 변화가 발생한 것은 기원전 5세기에 소피스트들이 출현하면서부터였다. 그 이전의 교육은 초등 수준으로 제한되었으며 거의 체육과 기예에 할애되었다. 그러나 5세기 중반에 이르면 소피스트들로 알려진 떠돌이 선생들이 아테네에 출현해서 새로운 교육을 시작했다. 첫째로 그들은 고등 수준의 교육을 제공했다. 둘째로 그들의 목표는 시민과 정치인의 훈련이었으며, 따라서 교육내용도 지적인 문제 특히 정치문

1) 고대의 교육에 관한 고전자료들이 주의 깊게 활용된 사례는 H. I. Marrou, *A History of Education in Antiquity*이다. 더욱 믿을 만한 것은 John Patrick Lynch, *Aristotle's School*이다. 그밖에도 Robin Barrow, *Greek and Roman Education*을 참조할 것.

제로 옮겨졌다. 오늘날의 그룹 튜터리얼(*group tutorials*)과 비슷한 방식으로 진행되었기 때문에 소피스트들의 교육에는 고정된 교과과정이나 보편적 유형이 없었다. 공통의 철학체계도 없었다. 이해 당사자간의 협상을 통해 교육기간을 정하기만 하면 되었다. (역사가들은 대체로 교육기간을 3~4년 정도로 계산하지만, 최근의 연구에 따르면 어떤 경우에는 교육기간이 "한 주, 심지어는 한 시간 정도로 짧을" 수도 있었다고 한다.)[2] 소피스트 선생은 고객의 관심을 끌려면 먼저 눈에 띄어야 했으므로 공개장소에서 가르치는 것이 관행이었다. 공공장터인 아고라(*agora*)나 공공 체육관(*gymnasium*: 당시 아테네에는 세 곳이 있었음)이 그런 장소였다. 사업이 시들해진다든지 너무 많은 방문객으로 인해 귀찮아지면, 선생은 다른 곳으로 이동했다.

이런 배경에 비추어볼 때 우리는 비로소 소크라테스와 플라톤의 교육을 이해하기 시작한다. 물론 소크라테스와 플라톤은 여러 면에서 소피스트들과 달랐다. 이들은 떠돌이가 아니라 아테네에 머물렀으며 소피스트들의 교육방법을 탈피해 있었다. 그렇지만 이 정도는 당시 아테네 시민에게 눈에 띄는 차이가 아니었을 것이다. 아테네 시민은 소크라테스와 플라톤을 소피스트 운동의 전형적 대변자로 보았을 것임이 거의 확실하다. 플라톤이 학교를 차린 것은 이탈리아 여행에서 돌아온 388년의 일이었다. 이 학교는 아테네 시 성벽의 바로 바깥쪽에 있던 '아카데미아'라는 이름의 거대한 공공 체육관 안에 세워졌는데, 이 체육관 건물은 이미 오래전부터 교육적 목적으로 이용된 것이었다.[역주(2)] 플라톤의 모험사업에 색다른 면이 있다면, 그의 학교는 그의 사후에도 오랜 세월을 견딜 만큼 큰 내구력을 지닌 것이었다는 점이다.[3]

플라톤의 학교는 다양한 학자로 구성된 일종의 철학 공동체였다. 소속

---

2) Lynch, *Aristotle's School*, pp. 65~66. 소피스트들의 교육전반에 관해서는 같은 책, pp. 38~54를 참조할 것.

3) 플라톤의 아카데미아에 관해서는 Lynch, *Aristotle's School*, pp. 54~63; Harold Cherniss, *The Riddle of the Early Academy*를 참조할 것.

학자들은 성숙도나 성취도 수준에서 각양각색이었지만 모두 대등한 입장에서 교류했다. 플라톤이 지도력을 발휘하여 몸소 시범에 의해 동료를 자극했다는 것, 그리고 자신의 탁월한 비평능력을 동원해서 상대적으로 미숙한 학자를 도왔던 것은 분명하다. 하지만 플라톤의 가르침은 비평을 넘어서지 않았으며 (오늘날 대학원 세미나를 주재하는 선생이 그렇듯이) 자신이 가르친 것 못지않게 많이 배웠던 것 같다.[4] 물론 플라톤의 교육사업에는 종교적인 저류가 흐르고 있었다. 그의 아카데미아는 뮤즈 여신들을 섬겼으며 오늘날 종교의식이라 여길 만한 의식을 거행하기도 했던 것으로 보인다. 그렇지만 정통교리가 요구된 적은 결코 없었다. 그 학교는 적어도 원칙적으로는 어떠한 신념을 가진 학생에게도 개방되어 있었다. 수업료는 부과되지 않았다. 소속 학자들은 아카데미아의 활동에 지치거나 그 활동에 기여할 수단이 고갈될 때까지 그곳을 떠나지 않았다. 플라톤은 아카데미아 인근의 작은 부지를 매입하여 아카데미아의 활동을 돕기도 했다. 플라톤이 자신의 후계자 선발조건으로 여겼을 만큼 사유재산의 소유는 그 학교가 장수할 수 있었던 비결의 하나였음이 분명하다.

아리스토텔레스는 플라톤이 죽은 해 (기원전 348년이나 347년) 까지 20년 동안 플라톤 학교의 일원으로 남아 있었다. 하지만 335년 마케도니아에 점령된 아테네로 귀환했을 때, 그는 플라톤 아카데미아의 일원으로서 활동을 재개할 수도 있었지만 그렇게 하지 않았다. 그 대신 그는 아테네의 또다른 공공 체육관인 리케이온 안에 경쟁적 학교를 설립했다.[역주〔3〕] 리케이온은 아카데미아와 마찬가지로 이미 오래전부터 교육장소로 활용된 곳이었다. 아리스토텔레스와 그의 추종자들은 리케이온에서 주랑(柱廊: 일렬 기둥들로 조성된 복도) 을 따라 산보하면서 회동했기 때문에, 오늘날까지 잘 알려진 것처럼 "소요"(逍遙) 라는 형용사를 얻게 되었다. 아리스토텔레스의 리케이온과 플라톤의 아카데미아는 닮은 점도 많았으나 방법과 강조점에서는 서로 달랐다. 우선 방법론 면에서 아리스토텔레스

4) Cherniss, *Riddle of the Early Academy*, p. 65.

[그림 4.1] 아테네의 아크로폴리스에 서 있는 파르테논(아테나 여신을 섬기는 신전). 기원전 5세기에 설립됨.

는 협동연구의 관행을 도입했다. 이는 그의 자연사 연구에서뿐만 아니라 이전의 철학연구 성과에 대한 그의 체계적 집성에서도 두드러진 특징이다. 강조점 면에서는 아리스토텔레스의 생물학적 관심이 플라톤의 수학적 관심과 좋은 대조를 이루며, 형이상학에서도 양자는 뚜렷한 견해 차이를 보여준다.[5)]

이 시기에 아테네는 그리스 세계 내에서 교육 주도권을 장악한 상태였기 때문에, 그 기회를 이용하려는 선생들이 속속 몰려들고 있었다. 제논(Zeno of Citium)이 아테네에 도착한 것은 312년이었다. 그는 곧이어 아테네 장터의 한구석에 자리잡은 '스토아 포이킬레'(*stoa poikilē*: "채색된 주랑"이라는 뜻)에서 교육을 개시했다. 이렇게 설립된 학교는 훗날 "스토아" 철학이라 불리게 된 사조의 산실이 되었다. 한편 사모스 섬 출신의 아테네 시민 에피쿠로스(Epicurus)도 307년경에 아테네로 돌아왔다. 그는 곧 저택과 정원을 구입하여, 그곳에 "에피쿠로스" 철학을 위한 학교를 세웠

5) 리케이온에 관해서는 Lynch, *Aristotle's School*, 1장과 3장 참조할 것. Felix Grayeff, *Aristotle and His School* 역시 참조할 것.

는데, 이 학교는 기독교 시대까지도 존속했다.

아카데미아, 리케이온, 스토아, 에피쿠로스 정원. 이 네 장소는 아테네의 가장 중요한 학교로 자리잡았고 저마다 제도적 정체성을 가진 기관으로 발전했다. 각 학교의 정체성은 다시 각 설립자의 명성을 오랫동안

[그림 4.2] 헬레니즘 시대의 아테네에 설립된 학교들. 저작권은 캔다스 H. 스미스(Candace H. Smith)에게 있음. 처음 수록된 책은 A. A. Long and D. N. Sedley, *The Hellenistic Philosophers*, vol. 1.

유지해주었다. 아카데미아와 리케이온은 기원전 1세기 초(아마도 로마 장군 술라가 아테네를 포위 공격한 기원전 86년)까지도 지속되었던 것 같다. 아카데미아는 동로마의 유스티니아누스 황제가 529년에 폐쇄했을 때까지 존속했다는 주장도 종종 개진된다. 실제로 신플라톤주의자들은 기원후 5세기에 아카데미아를 〈재건〉했으며, 이 기관은 그후 560년이나 존속되었다. 그렇지만 이 기관과 플라톤의 학교와는 제도적 연속성이 없다. 스토아 학교는 기원후 2세기까지 존속했으며, 에피쿠로스 학교는 다음 세기까지도 활동했다.[6)]

그 사이에 아테네의 모델은 그리스 세계의 다른 지역, 특히 이집트의 알렉산드리아로 전파되었다. 알렉산드로스 대왕이 죽고 휘하 장군들이 제국을 분할했을 때, 이집트와 팔레스타인 지역은 프톨레마이오스의 수중에 들어갔으며, 알렉산드리아는 프톨레마이오스 왕국의 수도가 되었다.[역주〔4〕] 프톨레마이오스와 그 후계자들의 후원에 힘입어 알렉산드리아는 크기와 웅장함을 더해갔으며, 곧 교육을 주도하는 위치로 발돋움했다. 예전에 아리스토텔레스 리케이온의 일원이던 팔레리오스의 데미트리오스가 아테네의 권좌를 상실했을 때(기원전 307년), 프톨레마이오스는 그를 알렉산드리아로 초청했다.[역주〔5〕] 이곳에서 데미트리오스는 박물관을 건설하겠다는 후원자(국왕)의 결정에 영향을 미쳤던 것으로 보인다. (이 박물관은 유물을 전시한 건물이 아니라, 뮤즈 여신들을 모시는 사원으로 종교적 성소이자 학문의 전당으로서의 기능을 함께 수행했다.) 이 박물관이 리케이온과 밀접한 관계가 있었다는 것은 리케이온의 제 3대 교장이었던 스트라톤이 프톨레마이오스의 궁정에 한동안 머물면서 왕실 자제들을 가르쳤다는 사실에 의해 예시된다.[역주〔6〕] 이 박물관은 궁정지역 내의 여러 건물로 구성되었고, 사원의 기능을 수행했기 때문에 사제에 의해 관장되었던 것으로 보인다. 이 박물관은 프톨레마이오스 왕조의 적극적 후원을 받았으며, (고대의 어떤 추정치에 따르면 약 50만 권의 두루마리

---

6) Lynch, *Aristotle's School*, 6장.

서적을 소장한) 거대한 부속 도서관을 구비하고 있었다. 이런 조건에 힘입어 이 박물관은 헬레니즘 시대의 중심 연구기관으로 급부상할 수 있었다. 아테네의 학교들이 급속히 쇠퇴한 것도 이 박물관이 급부상할 기회를 제공했다. 따라서 이 박물관은 그리스 사조와 로마 및 중세시대의 사조를 연결하는 주요 고리의 하나로 볼 수 있다.7)

알렉산드리아에 설립된 박물관이 중요한 것은 그곳에서 의미 있는 연구가 진행되었기 때문만이 아니라, 그 기관이 공적 후원이나 왕실의 후원을 받아 선진학문을 지원한 첫 번째 사례라는 점 때문이기도 하다. 이 선례는 로마 황제들에 의해 크게 확장되었다. 기원후 140년에서 180년까지 안토니우스 피우스와 마르쿠스 아우렐리우스 같은 로마 황제는 아테네를 비롯한 여러 지역에 수사학 및 철학교수를 황제 임명직으로 배치했다.역주〔7〕 아우렐리우스 황제는 아테네에 플라톤 전통, 아리스토텔레스 전통, 스토아 전통, 에피쿠로스 전통 등 각각의 주요 철학전통에 대해 황제 임명직 교수를 배치했다. 이 모델은 그리스 세계의 다른 곳에서도 빠른 속도로 모방되었으며, 로마 및 기독교 세계의 교육관행에 깊은 영향을 미쳤다.

2. 아리스토텔레스 이후의 리케이온

아리스토텔레스는 소아시아를 여행한 시절, 특히 레스보스 섬에 머문 340년대에 그곳 출신인 테오프라스토스(Theophrastus: 기원전 371년경~286년경)를 만났다. 두 사람은 곧 친구가 되었다. 아리스토텔레스가 335년에 아테네로 귀환했을 때, 테오프라스토스는 그를 따랐으며 이후 13년 동안 리케이온의 활동에 참여했다. 아리스토텔레스가 죽자 그는 리

7) 알렉산드리아의 박물관과 도서관을 그 사회적 맥락과 함께 가장 잘 정리한 연구는 P. M. Fraser, *Ptolemaic Alexandria*, 특히, vol. 1, pp. 305~335이다. Lynch, *Aristotle's School*, pp. 121~123, 194 역시 참조할 것.

케이온의 새 지도자에 올라 36년 동안 직위를 유지했다.

테오프라스토스는 철학적 전망에서나 방법론적 입장에서나 관심영역에서 아리스토텔레스를 거의 그대로 추종했던 것 같다. 그는 아리스토텔레스가 착수한 자연사·철학사 협동연구 프로젝트들을 계속해서 가르치고 추진했다. 그는 소크라테스 이전 철학자들의 다양한 견해를 한 권의 책으로 엮었다. 이것은 오늘날 "학설집" 전통(*doxographic tradition*: 다양한 주제에 대한 철학적 견해들을 집대성해서 보존한 일련의 책자)이라 불리는 것의 효시에 해당한다. 테오프라스토스의 저작은 대부분 유실되었으나 식물학 작품 두 편과 광물학 논고 한 편이 남아 있다. 이것들은 아리스토텔레스의 연구 프로그램에 충실한 저작들이다. 아리스토텔레스의 동물학 작품이 그러했듯이 그의 식물학 작품은 500종이 넘는 식물을 꼼꼼하게 기술했고 신중한 분류를 시도했으며 생리학적 이론화에서도 뛰어난 면을 보였다. 테오프라스토스는 아리스토텔레스의 설명원리(예컨대 생물과 체온을 연결하는 것)를 거의 그대로 수용했으며, 엄밀한 경험적 방법을 적용해야 할 필요성을 강조했다. 그는《암석에 관하여》에서도 아리스토텔레스를 본받아 광물을 둘로 나누었다. 광물은 물 원소가 지배적인 금속류와 흙 원소가 지배적인 토류(土類)로 구분되었다. 그밖에도 그는 다양한 종류의 암석과 광물에 대한 체계적 기술을 시도했다.

아리스토텔레스의 연구 프로그램을 계승하는 동안, 테오프라스토스는 아리스토텔레스 자연철학의 일부에 대해서는 의문과 반론을 제기하기도 했다. 특히 그는 아리스토텔레스의 목적론에 관해 유보적 태도를 취했다. 우주 삼라만상의 무수한 특성들이 어떤 통일적 목적에 기여할 수는 없다는 것, 세계 내에는 우연적·임의적 요소도 들어 있다는 것이었다. 나아가 그는 아리스토텔레스의 4원소 이론을 재검토하면서, 과연 불이 원소로 간주될 수 있는가 하는 의문을 제기했다. 빛과 시각에 관해서도 그는 아리스토텔레스와 견해를 달리했다. 빛이란 매질의 투명성이 현실화된 것이라는 아리스토텔레스의 견해에 의문을 제기하면서, 그는 동물의 눈에는 일종의 불〔火氣〕이 들어 있다는 견해를 피력했다. 우리가

밤에도 볼 수 있는 것은 그 같은 불의 방출로 설명될 수 있다는 것이었다.[8]

이러한 업적 외에도 테오프라스토스는 리케이온의 재산증식에서 탁월한 공을 세웠다. 그는 아테네 시민이 아니었음에도 특별 교부금을 받아 (리케이온이 자리잡은) 공공 체육관 근처의 부지를 구입했으며 그곳에 여러 건물을 세웠다. 아마도 학교 도서관이 설립되었을 것이고 연구공간이 제공되었을 것이다. 그는 유언장에서 이 부동산을 학자 동료들에게 물려주었다. "저는 정원 (*peripatos*) 과 정원에 부속된 모든 건물을 여기에 거명된 제 친구들에게 주려고 합니다. 그곳에서 함께 교육과 철학을 계속 실천할 것을 원하는 친구들에게 말입니다 …. 어느 누구도 그 재산을 양도하거나 개인용도로 쓰지 말아야 한다는 것, 그리하여 그곳이 마치 성역처럼 공동으로 유지되어야 한다는 것이 제 조건의 전부입니다."[9]

소요 학교의 도서관은 더욱 복잡한 운명을 겪었다.역주[8] 이 도서관은 아리스토텔레스의 책들과 테오프라스토스의 책들을 모두 소장하고 있었는데, 테오프라스토스는 유언장에서 그 도서관을 후계자로 점찍은 넬레오스(Neleus) 에게 넘겨줬다. 그러나 학교 선임자들이 스트라톤(Strato) 을 후임으로 결정하자, 넬레오스는 거의 모든 책들을 고향인 소아시아의 스켑시스(Skepsis) 로 가지고 돌아갔다. 리케이온의 중요자료가 탈취된 셈이었다. 그 책들은 기원전 1세기 초까지도 거의 완벽하게 보존되다가, (역사가 스트라본이 전하는 바에 따르면) 넬레오스의 후손들에게 재구입되어 아테네의 소요 학교로 되돌아갔다고 한다. 이어서 아테네를 장악한 술라는 그 책들을 로마로 옮겨갔으며, 결국은 안드로니쿠스의 수중에 들

---

8) 자연철학자로서의 테오프라스토스에 관해서는 G. E. R. Lloyd, *Greek Science after Aristotle*; J. B. McDiarmid, "Theophrastus," *Dictionary of Scientific Biography*, vol. 13, pp. 328～334를 참조할 것.

9) 테오프라스토스와 리케이온에 관해서는 Lynch, *Aristotle's School*, pp. 97～108을 참조할 것. 인용문은 이 책의 p. 101에 나오는데, 필자에 의해 약간 수정되었다.

어갔다. 그는 그 책들을 정리하고 편집해서 널리 유통시킨 인물이었다.[10) 역주〔9〕]

리케이온의 다음 지도자는 소아시아의 람프사코스(Lampsacus) 출신인 스트라톤이었다. 그는 18년 동안(286~268) 교장직을 수행했다. 그는 아리스토텔레스와 테오프라스토스 못지않게 폭넓은 관심사를 가진 인물이었던 것 같다. 그렇지만 그의 작품 중에서 원형 그대로 남은 것은 없기 때문에 그의 철학 및 과학활동은 파편적 묘사로 제한될 수밖에 없다. 후세의 여러 작품에 산재하는 인용문과 되풀이된 내용에 비추어 스트라톤을 부분이나마 재구성해보기로 하자. 스트라톤은 다양한 주제에서 아리스토텔레스와 테오프라스토스의 연구성과를 수정하는 동시에 확장하려 노력했던 것으로 보인다. 그는 주저 없이 두 선배의 견해에 이의를 제기했으며, 충분한 이유가 있을 때에는 다른 철학전통에 과감하게 의존했다.

전승된 것 중에서 스트라톤의 가장 주목할 만한 업적은 운동에 관한 것과 물리세계의 근본구조에 관한 것이다. 스트라톤은 아리스토텔레스 운동이론의 근본적 수정을 제안했다. 그는 아리스토텔레스처럼 무거운 물체와 가벼운 물체를 구분하는 대신, 모든 물체는 모두 무게를 가지며 그 정도의 차이가 있을 뿐이라고 주장했다. 공기와 불이 상승하는 것은 절대적 의미에서 가볍기 때문이 아니라, 더 무거운 물체에 의해 떠밀려지기 때문이었다. 나아가 스트라톤은 장소 및 공간에 대한 아리스토텔레스의 이론도 거부했다. 그는 관찰증거를 이용해서 무거운 물체는 하강할 때 가속도가 붙는다는 것을 증명했다(낙하물의 이런 특징은 아리스토텔레스가 다루지 못한 것이었다). 그가 지적한 것은, 물줄기가 높은 곳에서 떨어질 때 꼭짓점 부근에서는 동일한 속도를 유지하지만 바닥에 가까워질수록 속도가 빨라진다는 사실이었다. 이 사실은 속도의 꾸준한 증가에 의해 설명되었다. 이런 결론을 뒷받침하기 위해 그는 낙하물체의 충격력이 그 물체의 무게에 따르는 것이 아니라, 낙하하는 높이에 따른다는 것

10) 같은 책, pp. 101~103, 193.

을 지적했다.[11]

물질세계의 근본구조에 대한 견해에서는 스트라톤은 대체로 아리스토텔레스를 추종했음이 분명하다. 그렇지만 이에 못지않게 분명한 것은 소요 학교의 자연철학에 입자개념을 도입한 장본인이 바로 그였다는 점이다. 이것은 에피쿠로스의 영향으로 추정된다. 에피쿠로스는 스트라톤의 고향 람프사코스에서 교육활동을 전개한 바 있거니와, 아테네에서의 활동기간도 두 사람이 서로 겹친다. 스트라톤은 빛을 물질의 방출이라고 믿었으며, 물체는 빈틈없이 채워진 것이 아니라 입자간의 공백을 내포한다고 믿었다. 입자관념이 뚜렷하게 드러난 대목이다. 그는 그 공백관념을 이용해서 응축, 희박, 탄력 등 물질의 다양한 속성을 설명했다. 그렇지만 스트라톤은 물체 안에 산재한 미세공백의 존재를 인정했을 뿐, 자연공간 내에 진공이 일정한 영역을 차지한다고 생각하지는 않았다. 그는 성숙한 원자론자들과는 구분되어야 한다. 그는 물질적 실체가 무한히 분할가능하다는 믿음을 견지했다. 이런 관점에서 원자론 철학의 가장 본질적인 특징, 즉 더 이상 분해할 수 없는 원자가 존재한다는 믿음은 거부되었다.

스트라톤에 이어 기원전 2세기 말까지 리케이온 교장직을 계승한 인물 중 일부는 이름이 알려져 있다. 그 학교가 아리스토텔레스 철학을 정규과목으로 강의하는 곳이요, 그의 철학을 명료화하고 그가 남긴 자료를 체계화하기 위해 지속적으로 노력한 장소였음은 의심의 여지가 없다. 리케이온이 문을 닫을 때까지 자연철학에 얼마나 새로운 지식을 더해주었고, 전통적 아리스토텔레스주의 철학에 얼마나 예리하고 효과적인 비판을 수행했는지에 관해서는 기록이 남아 있지 않다. 어쨌든 아리스토텔레

---

11) 스트라톤에 관해서는 Lloyd, *Greek Science after Aristotle*, pp. 15~20; Marshall Clagett, *Greek Science in Antiquity*, pp. 68~71; H. B. Gottschalk, "Strato of Lampsacus," *Dictionary of Scientific Biography*, vol. 13, pp. 91~95; David Furley, *Cosmic Problems*, pp. 149~160 등을 참조할 것. 스트라톤과 리케이온의 관계는 Lynch, *Aristotle's School*, passim.

스의 저작은 끊임없이 소개되고 주석되었다. 특히 안드로니쿠스가 신판 아리스토텔레스 전집을 출간한 이후에는 더욱 그러했다. 기원전 1세기 중반에는 사이돈의 보에티우스(Boethius of Sidon: 안드로니쿠스의 제자)와 다마스커스의 니콜라스(Nicholas of Damascus: 헤롯 대왕의 궁중사가)가 각각 주석서를 출판했다. 기원 후 200년경에는 아프로디시아스의 알렉산드로스가 아테네에서 아리스토텔레스 철학을 강의했으며 그의 여러 저작에 관해 중요하고도 영향력 있는 주석을 작성했다. 역주〔10〕 마지막으로 심플리키오스와 필로포노스는 신플라톤주의적 관점에서 아리스토텔레스를 주석했는데, 이는 아리스토텔레스주의 전통이 기원후 6세기에도 지속되었다는 증거이다. 역주〔11〕 이후 그 전통은 이슬람 세계와 중세 기독교 세계에서 새로이 주목받게 되며, 이로써 다시 한번 아리스토텔레스 철학의 주도권을 회복시켜줄 것이었다.[12]

3. 에피쿠로스 학파와 스토아 학파

플라톤과 아리스토텔레스의 추종자들은 헬레니즘 시대를 거치면서 그 양대 거인의 철학을 지속적으로 논의하고 명료화하고 수정해갔다. 그 와중에서 대안 철학체계도 발전했다. 심한 경쟁관계에 있던 두 대안체계가 특히 주목할 만하다. 두 체계는 플라톤과 아리스토텔레스에 의해 이미 친숙해진 내용을 다수 포함했지만, 윤리문제에 큰 중요성을 부여한 점에서는 새로운 면모를 보여주었다. 실제로 그 두 체계의 가장 현저한 특징은 철학의 모든 측면을 윤리적 관심사에 종속시켰다는 점이다.

에피쿠로스(Epicurus: 기원전 341~270)에 의하면 철학의 목표는 행복을 얻는 것이다. 그는 메노에케오스에게 보낸 편지에서 다음과 같이 적

---

12) 아리스토텔레스에 대한 고대의 주석가들에 관해서는 Richard Sorabji(ed.), *Aristotle Transformed*에 수록된 논문들을 참조할 것.

[그림 4.3] 에피쿠로스 초상. 바티칸 박물관 소장.

었다. 역주〔12〕 "철학연구가 아직 제철을 만나지 못했다든지 철 지난 일이라고 말한다면, 행복이 아직 제철을 못 만났다고 말하는 것과 다를 바 없다." 행복을 얻기 위해서는 미지의 것이나 초자연적인 것에 대한 두려움을 떨쳐버려야 하는데, 자연철학은 바로 이런 목적에 안성맞춤이라는 것이었다. 에피쿠로스가 말한 것으로 전해지는 한 금언에 의하면, "어떤 천체현상이나 대기현상에 대한 놀라움 탓에, 죽음이 우리 사이에 조장하는 불안 탓에, 혹은 고통과 욕망을 적절히 조절하지 못한 탓에 괴로움을 겪은 적이 없다면 자연철학을 연구할 필요도 없었을 것이다." 자연철학은 행복에 도달하기 위한 수단에 불과한 것이 아니라, 행복에 도달하려면 반드시 수행해야 할 유일한 기능이었다.[13]

---

13) 인용문들은 Diogenes Laertius, *Lives of Eminent Philosophers*, trans. R. D. Hicks, vol. 2, pp. 649, 667 (필자는 번역본의 "과학"〔science〕을 "철학"〔philosophy〕으로 바꾸었다). 에피쿠로스의 철학에 관해서는 A. A. Long, *Hellenistic Philosophy*, 2판; David J. Furley, *Two Studies in the Greek Atomists*; Elizabeth Asmis, *Epicurus's Scientific Method*; Lloyd, *Greek Science after Aristotle*, 3장; Cyril Bailey, *The Greek Atomists and Epicurus* 등

에피쿠로스의 자연철학은 옛 원자론으로부터 많은 요소를 빌려왔다. 우주는 영원한 것이요, 무수한 원자들이 영속운동에 참여하는 무한공간으로 간주되었다. 원자들은 밝은 빛줄기에 드러나는 먼지 모양으로, 혹은 "마치 끊임없이 싸움을 벌이는 것처럼" 서로 뒤엉킨다. 우리가 사는 세상만이 아니라 무한히 펼쳐진 모든 외계에서도, 모든 사물과 모든 현상은 원자와 공간으로 환원된다. 신마저도 원자의 구성물임이 분명하다. 맛이나 색채나 온기 같은 사물의 감각가능한 성질(오늘날 우리가 "2차 성질"이라 부르는 것)은 개별 원자에는 존재하지 않는다. 모양, 크기, 무게만이 원자의 진정한 속성이다. 이 세계는 수동적이고 기계적인 세계로, 그 안의 만물은 기계적 인과관계의 산물이다(단 하나의 예외가 있는데, 이에 관해서는 조금 뒤에 논의할 것이다). 지배하는 정신도, 신의 섭리도, 운동도, 내세도 존재하지 않는다. 목적인 같은 것도 존재하지 않는다. 루크레티우스(기원전 약 55년에 죽음)가 에피쿠로스 철학 해설에서 진술했듯이, 역주[13] "물체의 모든 부분은 사용되기 전에 … 이미 존재했으니, 사용될 목적으로 더 성장할 필요는 없었다."[14]

그러나 에피쿠로스와 추종자들이 옛 원자론의 철학체계를 설파하는데 그쳤던 것은 아니다. 그들이 원자론 철학을 채택한 것은 그 철학이 윤리기능에 도움이 되기 때문이기도 했다. 실제로 그들은 원자론의 내용을 수정해서 난점을 해결했고 반론을 무마했으며 전반적으로 설명력을 강화했다. 이를테면 에피쿠로스는 데모크리토스의 이성주의에 반대하여, 감각은 전적으로 믿을 만한 것이라고 주장했다.[15] 감각가능한 2차적 성질이 원자 속에 존재하지 않는다는 데모크리토스의 주장은 옳지만, 육안관

을 참조할 것. 그밖에도 A. A. Long과 D. N. Sedley가 편집하고 번역한 *The Hellenistic Philosophers*(2 vols.)에 수록된 자료들을 참조할 것.

14) 인용문들(Lucretius, *De rerum natura*, II. 15와 IV. 80)은 Lond and Sedley, *Hellenistic Philosophers*, vol. 1, p. 47, 그리고 Lucretius, *De rerum natura*, trans. W. H. D. Rouse and M. F. Smith, 2판, p. 343으로부터 빌려왔다.

15) Asmis, *Epicurus' Scientific Method*, 8장.

찰의 수준에서는 그 성질도 실재성을 갖는다는 것이었다.

원자론적인 자연철학에 대한 수정에서 더욱 중요한 것은 에피쿠로스가 정립한 '휘어짐' 이론이다. 이 이론은 원자론적 우주론의 치명적 결함을 치료하기 위한 것이기도 했지만, 자신의 윤리학으로부터 결정론의 기미를 제거하기 위한 것이기도 했다. 에피쿠로스는 원자가 모양과 크기만이 아니라 무게도 갖는다는 루시포스나 데모크리토스의 주장에 동의했다. 역주〔14〕 원자의 무게는 무한공간에서 원자의 하강을 가능하게 해줌으로써 오늘날 우주 비(*cosmic rain*)라 불리는 것과 유사한 현상을 유발한다. 이 운동에서 원자들은 저항이 없기 때문에 동일한 속도로 하강하며 추월당하지 않는다. 그러나 이것은 전체적으로 불만족스러운 우주론이 될 수밖에 없다. 원자론의 설명력에서 근간을 이루는 충돌현상이 설명될 수 없기 때문이다. 에피쿠로스는 극소(極小)의 휘어짐을 가정함으로써 이러한 난점을 해결했다. 원자는 하강선을 약간 이동하여 충돌의 연쇄반응을 야기한다는 것이었다. 이 이론의 최대 난점은 그 휘어짐에 원인이 없다는 점이다. 휘어짐의 원인이 될 만한 것이 있다면 다른 원자와의 충돌밖에 없을 것인데, 이 같은 충돌이 원인이 될 수 없음은 오늘날까지도 풀리지 않은 난제로 남아 있다.16)

우리는 성급하게도 에피쿠로스를 원인 없는 사건의 첫 발명자로 여기고픈 유혹에 빠질 수 있다(원인 없음의 문제는 현대 양자역학에서 다양한 해석이 진행되고 있지만 여전히 철학의 골칫거리로 남아 있다). 그러나 우리는 휘어짐이 원자 소용돌이의 기원을 설명하고 우리가 살아가는 세계를 설명하기 위한 것만은 아니라는 데 주목할 필요가 있다. 에피쿠로스가 휘어짐 이론을 도입한 것은 자신이 결정론에 빠질 가능성을 차단하기 위해서이기도 했다. 그는 인간의 책임성을 무시함으로써 자신의 윤리체계를 스스로 무너뜨리는 우를 범하지 않으려 했던 것이다. 세계가 엄격한 기계적 인과관계에 완전히 종속된다면 인간의 행동은 결코 자유로울 수 없

---

16) Lloyd, *Greek Science after Aristotle*, pp. 23~24.

을 것이요, 인간이 자유롭게 선택하지 못한다면 책임을 질 일도 없지 않겠는가. 휘어짐은 우주 내에 미결정적인 요소를 삽입한다. 그것은 비록 자유선택이 실제로 어떻게 수행되는지를 설명할 수는 없지만(이 문제는 오늘날 우리로서도 답을 알지 못하는 것이다), 엄격한 인과적 필연성으로 엮인 고리에 균열을 야기하며, 그럼으로써 인간 자유의지의 〈가능성〉을 열어준다. 물론 이런 해결책만으로는 부족하다. 그렇지만 에피쿠로스가 기계적 우주에서 자유의지의 문제를 인식했다는 것은 그 자체만으로도 중요한 업적이다.

스토아 철학의 창시자는 제논(Zeno: 기원전 333년경~262년경)이었다. 키프로스 섬의 키티움(Citium) 출신인 그를, 파르메니데스의 제자인 제논과 혼동하는 일은 없어야겠다. 그는 아테네로 와서 10여 년 동안 아카데미아를 비롯한 아테네의 학교들을 오가며 연구로 소일했다. 그가 '스토아 포이킬레'("채색된 주랑"이라는 뜻)라는 자신의 학교를 세운 것은 300년경의 일이었다. 클레안테스(Cleanthes of Assos: 기원전 331~232)가 먼저, 다음에는 크리시포스(Chrysippus of Soli: 기원전 280년경~207년경)가 제논의 뒤를 이었다. 두 계승자도 나름대로 영향력 있는 사상가였으며, 스토아주의를 체계적 철학으로 발전시킴에 있어 제논 못지않게 기여했다. 스토아 철학이 활기찬 학문전통으로 유지된 것은 기원후 2세기까지였지만, 그 영향력은 17세기까지도 지속되었다.[17]

스토아학파와 에피쿠로스학파는 거의 모든 주제에서 반목했지만 몇몇 사안에서는 일치된 견해를 보이기도 했다. 첫째로 양자는 윤리학에 자연철학을 종속시킨 점에서 일치했다. 양자는 공히 인간존재의 목표를 행복의 추구에 두었다. 스토아학파는 자연과 자연법에 조화롭게 적응하는 것

---

17) 스토아 철학 일반에 관해서는 Lloyd, *Greek Science after Aristotle*, 3장; F. H. Sandbach, *The Stoics*; Maria L. Colish, *The Stoic Tradition from Antiquity to the Early Middle Ages* 등을 참조할 것. Ronald H. Epp(ed.), *Recovering the Stoics*에 수록된 논문들, 그리고 Long and Sedley, *The Hellenistic Philosophers*에 수록된 자료들도 참조할 것.

이 행복의 지름길이요, 자연과 조화롭게 살기 위해서는 자연철학 지식이 필요하다고 믿었다. 둘째로 두 학파의 모든 성원은 예외 없이 철저한 유물론자였다. 그들은 물질재료를 제외하고는 아무것도 존재하지 않는다고 주장했다.

유물론이라는 공통점은 중요한 공통의 기반이었다. 그래서 스토아학파와 에피쿠로스학파는 플라톤이나 플라톤주의자처럼 비유물론적 철학자들과 싸울 때마다 동맹을 맺곤 했다. 하지만 그 공통의 입장을 벗어나면 두 학파는 근본적으로 서로 다른 우주관을 유지했다. 에피쿠로스학파는 물질이 불연속적이고 수동적인 것이라고 믿었다. 물질은 독립적이고 파괴할 수 없고 생명도 없는 원자로 구성되며, 원자는 무한공간에서 제멋대로 운동한다는 것이었다. 그들의 우주는 한마디로 기계적 우주였다. 반면에 스토아학파가 창시한 모델은 연속성과 능동성으로 특징지어지는 유기체로서의 우주였다. 이제 이러한 대립각(연속-불연속, 수동-능동)을 중심으로 스토아학파의 자연철학에 접근해보기로 하자.[18]

스토아학파에 의하면 물질은 제각기 영속적 독립성을 가진 원자들의 형태로 현실화되는 것이 아니라, 무한히 분할가능한 연속체로 현실화된다. 이 연속체에는 자연적 틈새나 진공 같은 것이 전혀 들어 있지 않다. 따라서 크기와 모양은 물질의 영속적 속성이 될 수 없다. 물질이란 우리가 원하기만 하면 다양한 크기와 모양으로 무한 분할될 수 있기 때문이다. 스토아학파는 우주 내에서는 진공을 허용하지 않았지만 우주 밖에서는 진공을 인정했다. 우주는 연속적 물질이요, 무한대의 진공으로 둘러싸인 섬과도 같다는 것이었다.

스토아학파는 물질적 사물의 수동성을 인정한 점에서는 에피쿠로스학파를 추종했지만, 이것을 결론으로 삼지는 않았다. 에피쿠로스학파에게는 쉽게 반격될 수 있는 취약점이 있었기 때문이다. 만일 무생명의 작은

---

18) 스토아 학파의 자연철학에 관해서는 위에 인용된 자료들 외에도 David E. Hahm, *The Origins of Stoic Cosmology*, 그리고 S. Sambursky, *Physics of the Stoics*를 참조할 것.

물질조각들이 우연히 결합해서 개체의 속성을 형성한다면, '전체'의 속성은 어떻게 설명될 수 있는가? 전체의 속성에 대해 믿을 만한 설명은 불가능할 것이었다. 더욱이 에피쿠로스학파가 말하는 원자는 크기, 모양, 무게의 속성만을 갖는다. 그렇다면 점착성처럼 단순하고도 기본적인 속성은 어떻게 설명될 수 있는가? 가령 어떤 바위가 그것의 구성원자들로 분해됨에 저항하면서 바위인 채로 남아 있다는 사실을 어떻게 설명할 것인가? 차가움이 얼음조각의 기본속성이 아니라면 얼음조각의 차가움은 어디서 오는 것일까? 색채며 맛이며 짜임새는 어떻게 설명될 것인가? 한층 까다로운 사례도 있다. 식물의 생명주기, 곤충의 번식활동, 인간존재의 개성 같은 생명체의 특징은 어디서 오는 것일까? 애완견이 비활동적인 물질의 우연한 결합에 불과하다면 그 개가 우편배달부를 집요하게 뒤쫓는 것을 어떻게 설명할 수 있는가? 이렇게 의문을 제기하다 보면, 수동적 물질 외에도 어떤 능동적 원리가 작용한다는 것이 분명하지 않는가? 능동적 원리만이 수동적 물질을 하나의 유기체적 전체로 엮어주며 그것의 특징적 행동을 설명해줄 수 있다. 수동적인 것도 있어야 하겠지만 능동적인 것도 있어야만 한다. 그리고 유물론적 세계에서는 그 능동적인 것은 당연히 물질적인 것이어야만 한다.

스토아학파는 기(氣: *pneuma*)가 바로 그 같은 능동적 원리라고 생각했다. 이것은 가장 포착하기 힘든 실체로서 만물에 골고루 스며들어 수동적 물질을 서로 구별되는 개체들로 만들어주며, 이 개체들 하나하나에 대해 특징적 속성을 부여한다. 그렇지만 기는 만물에 은밀하게 스며드는 실체에 그치지 않는다. 그것은 능동적이고 이성적인 실체로서 우주 내의 모든 생기와 합리성의 근원이기도 하다. 스토아학파는 기를 신성한 합리성, 나아가서는 신격 그 자체와 동일시했다. 기 = 이성 = 신이라는 등식은 근현대의 관점에서는 낯선 것일 수 있고, 기독교의 관점에서는 아주 잘못된 것이다. 그러나 스토아 학파의 우주론에서는 그 등식이 토대를 이룬다. 신격은 하늘로부터 내려와 육화된 형태로 우주 내의 모든 활동과 질서를 떠맡는다는 것이다.

좀더 깊이 질문해보자. 기는 어떤 구조를 가지는가? 기의 엮는 능력은 무엇으로부터 오는가? 기는 수동적 물질과 어떤 관계를 갖는가? 스토아학파는 아리스토텔레스의 4원소를 전제하면서, 활동성의 견지에서 네 원소를 두 쌍으로 나누었다. 흙과 물은 보고 만질 수 있는 사물의 주요성분이요 수동적 원소였다. 반면에 공기와 불은 능동적 원소였다. 공기와 불은 다양한 비율로 혼합되어 다양한 형태의 기를 낳는다(스토아학파는 불과 공기의 혼합으로부터 나오는 다양한 기가 전체적으로는 동질적인 것이라고 생각했다). 이런 식으로 공기와 불은 능동적으로 작용하며, 물과 흙은 그 능동적 작용을 수동적으로 받아들인다.

기는 여러 등급으로 출현한다. 가장 낮은 수준에는, 바위나 광물처럼 비유기체로 분류되는 사물의 응집성을 설명해주는 기가 있다. 이것은 '헥시스'(*hexis*)라 불린다. 식물과 동물에게 생명의 속성을 부여하는 기는 '피시스'(*physis*)이다. 가장 높은 수준에는 인간의 기, '프시케'(*psychē*)가 자리한다. 이것은 인간의 합리성을 설명해주는 것이기도 하다. 여기서 우리는 스토아학파가 어떤 사물의 기를 그 영혼과 동일시했음을 알 수 있다. 만물에 스며들어 있는 것은 바로 영혼이요, 영혼이야말로 각 사물을 엮어준 원리였던 셈이다. 더 나아가 우주는 그 자체가 하나의 거대한 유기체로 간주된다. 우주가 전체로서 갖는 특징을 설명하기 위해서도 능동적 원리가 필요할 것인데, 우주의 기, 즉 세계영혼이 그 능동적 원리이다. 이 점에서 스토아학파의 자연철학은 생기론의 특징을 뚜렷하게 보여준다.

기는 팽창상태, 혹은 긴장상태에 있다. 팽창력은 만물의 가장 기본적인 속성인 응집성(*cohesion*)을 설명해준다. 비교적 높은 수준의 기에서는, 팽창력의 차이가 서로 다른 속성이나 개성을 낳는다. 세계 내의 다양한 속성이나 개성은 이런 식으로 설명된다. 끝으로 한 번 더 강조하고 싶은 것은 기와 기를 받아들이는 육체와의 관계이다. 기와 육체는 완벽하게 결합된다. 기는 육체에 빈틈없이 침투하기 때문에 두 실체는 완전히 동일한 공간을 차지한다.

스토아 학파의 우주론은 지구 중심적이라는 점에서 플라톤이나 아리스토텔레스의 것과 다르지 않았다. 그렇지만 스토아학파는 원자론을 추종하여 지상계와 천체계를 엄격하게 구분한 아리스토텔레스의 우주론을 거부했다. 자연의 구성이나 자연의 법칙 같은 근본문제에서 스토아학파는 우주가 전체적으로 동질적인 것이라는 관점을 취했다. 우주가 영원하다는 아리스토텔레스의 주장은 수용되었지만, 우주가 불변한다는 아리스토텔레스의 믿음은 거부되었다. 그 대신에 스토아학파는 순환이론을 도입했다. 이 이론은 소크라테스 이전 철학자들의 영향을 받은 것이었다. 스토아 학파의 여러 사상가가 주장했듯이 우주는 팽창과 수축, 파괴(대화재)와 재생이 반복되는 영구순환의 과정에 있다. 세계는 팽창의 단계에서는 불의 원소로 분해되지만, 수축의 단계에서는 불이 나머지 원소를 생성하며 그 결과 지금과 같은 세계가 부활하게 된다는 것이다. 이런 순환은 영원히 반복되며 그 과정에서 반복적으로 생성되는 일련의 세계들은 한결같은 동일성을 유지한다.[19]

마지막으로 주목할 것은 스토아학파의 목적론적인 동시에 결정론적인 우주 해설이다. 그들에게 우주는 정신과 신격이 스며든 것이요, 그런 만큼 당연히 목적과 합리성과 섭리로 충만할 수밖에 없었다. 동시에 우주의 운행은 엄격하게 결정된 경로를 따르는 것이기도 했다. 이 엄격한 인과의 사슬은 신적 합리성의 산물이었다. 그것은 파괴될 수 없는 사슬이요, 사건의 추이를 완벽하게 결정하는 사슬이었다. 키케로는 《점치기에 관하여》에서 이렇게 주장했다.[역주〔15〕] "발생하지 않았어야 할 것은 발생하지 않았듯이, 발생시킬 원인이 자연 속에 없는 것은 결코 발생하지 않을 것이다. 여기서 우리는 미신에서 말하는 '운명'이 아니라 물리학에서 말하는 운명이야말로 진짜 운명임을 깨닫게 된다."[20]

---

19) A. A. Long, "The Stoics on World-Conflagration and Everlasting Recurrence", in Epp(ed.), *Recovering the Stoics*, pp. 13~37; Hahm, *Origins of Stoic Cosmology*, 6장.

20) Cicero, *On Divination*, I. 125~126. Long and Sedley, *Hellenistic Philoso-*

지금까지 검토했듯이 스토아학파와 에피쿠로스학파는 자연철학의 여러 측면에서 대립했다. 에피쿠로스 철학이 플라톤부터 아리스토텔레스로 이어진 목적론에 저항하는 것을 주요목표로 삼았다면, 스토아 철학은 목적의 발견을 지향했으며 목적론을 옹호했다. 에피쿠로스학파가 우주를 기계라고 생각했다면, 스토아학파는 유기체 우주를 발견했다. 자칫하면 기계로서의 우주에 머물렀을 에피쿠로스가 미결정성의 요소를 도입하여 이를 극복하려 했다면, 스토아학파는 엄격한 결정성이 지배하는 유기체로서의 우주에 만족했다. 단기적으로는 스토아학파의 우주관이 에피쿠로스학파의 우주관보다 설득력을 가진 것처럼 보였으며, 그런 덕택에 고대 말에 지배적 관점으로 자리잡을 수 있었다. 그러나 장기적으로 보면 두 철학은 근대 초에 함께 부활하여, 플라톤의 세계관과 아리스토텔레스의 세계관을 대체할 만한 대안으로 부각되었다. 17세기에 새로운 철학의 형성에서 두 철학은 각자 나름의 역할을 수행했던 것이다.

---

phers, vol. 1, p. 337로부터 인용되었음.

역 주

역주〔1〕 헤시오도스는 아홉 뮤즈에게 칼리오페(서사시의 여신), 클리오(역사의 여신), 에라토(서정시의 여신), 에우테르페(음악의 여신), 멜포메네(비극의 여신), 폴리힘니아(종교의 여신), 테르프시코레(무용의 여신), 탈리아(희극의 여신), 우라니아(천문의 여신) 등의 이름을 각각 부여했다. 이런 의미에서 뮤즈 여신들은 모든 학문과 기예를 상징하며 '뮤즈의 거처'라는 의미의 '뮤세이온'(박물관)은 '연구와 학습의 장소'를 의미했다.

역주〔2〕 아테네에는 아카데미아 외에도 리케이온과 키노사르게스(Cynosarges)라는 두 개 체육관이 더 있었다. '아카데미아'는 아카데모스(Academus)라는 이름의 인사가 체육관을 아테네 시민들에게 기증하면서 붙여진 명칭이다. 플라톤이 이를 학교로 개조한 후, 플라톤 추종자들은 앞 다투어 '아카데미아'라는 이름을 사용했다. 훗날 섹스토스 엠피리코스(Sextus Empiricus: 기원전 200년경에 활동)는 다섯 갈래의 아카데미아를 확인했으며, 키케로(Cicero: 기원전 106~43)는 두 종류의 아카데미아를 구별했다.

역주〔3〕 '리케이온'(Lykeion)은 아테네의 세 공공 체육관 중 하나로, 아폴로 리케오스(Apollo Lyceus: "늑대 신 아폴로")로부터 그 명칭을 빌려왔다. 리케이온은 아리스토텔레스가 기원전 335년에 학교를 세우기 전에도 철학 토론과 논쟁의 장소였다. 소크라테스를 위시한 많은 철학자들이 그곳을 드나들었으며, 특히 플라톤의 가장 강력한 경쟁자였던 이소크라테스(Isocrates)가 4세기 초반 동안 그곳에서 가르쳤다. 그 학교는 술라(Sulla)에 의해 크게 파괴된 기원전 86년까지는 순조롭게 계승되었으며, 다시 기원후 2세기에 로마의 철학활동 중심으로 부활했다.

역주〔4〕 프톨레마이오스는 이집트 프톨레마이오스(Ptolemaeus) 왕조의 시조인 프톨레마이오스 1세(기원전 367~280)를 말한다.

역주〔5〕 팔레리오스의 데미트리오스(Demetrius Phalereus: 기원전 280년경에 죽음)는 기원전 317년부터 307년까지 아테네의 통치자였다.

역주〔6〕 스트라톤(Strato of Lampsacus: 기원전 340년경~270년경)은 아리스토텔레스의 후계자인 테오프라스토스로부터 리케이온을 물려받았으며, 287년부터 약 18년간 리케이온의 지도자로 활동했다.

역주〔7〕 안토니우스 피우스(Antoninus Pius: 재위 138~161)와 마르쿠스 아우렐리우스(Marcus Aurelius: 재위 161~180)는 선행하는 세 황제, 즉 네르바(Nerva: 재위 96~98), 트라야누스(Trajanus: 재위 98~117), 하드리아누스(Hadrianus: 재위 117~138)와 함께 로마제국의 최전성기인 '5현제 시대'를 이끌었다.

역주〔8〕 '소요 학교'(*peripatetic school*)는 리케이온의 다른 이름이다. 'peripatetic'이라는 형용사는 리케이온 교정에 있는 '정원'(*peripatos*)에서 파생된 것일 수도 있고, 아리스토텔레스가 산책(소요: 逍遙)하면서 가르친 습관에서 파생된 것일 수도 있다. 우리에게 익숙한 '소요학파'라는 번역어는 후자에 무게를 둔 것이지만, 그것은 '학파' 이전에 한 제도로서의 '학교'였음을 기억할 필요가 있다.

역주〔9〕 스트라본(Strabo: 기원전 63년경~기원후 21년경)은 소아시아를 주무대로 활동한 그리스의 역사가, 지리학자이며, 안드로니쿠스(Andronicus of Rhodes: 기원전 70년경 활동)는 소요 학교의 11대 교장으로 아리스토텔레스와 테오프라스토스의 작품들을 집성했다. 넬레오스 가문으로부터 소장도서들을 구입한 인물은 아펠리콘(Apellicon)이었으며, 따라서 술라는 아펠리콘 콜렉션을 로마로 옮긴 셈이었다.

역주〔10〕 아프로디시아스의 알렉산드로스(Alexander of Aphrodisias)는 기원후 200년경에 활동한 아리스토텔레스주의자로서, 아리스토텔레스 주석가로서의 그의 명성으로 인해 '주석가 알렉산드로스'(Alexander the Exegete)라는 별명을 얻기도 했다.

역주〔11〕 심플리키오스(Simplicius)는 아나톨리아(현재 터키)의 킬리키아(Cilicia)에서 490년경에 태어나 그리스 아테네에서 560년경에 죽었다. 그는 이집트의 알렉산드리아에서 아리스토텔레스 철학을 공부했고 아테네로 이주해서는 520년경 플라톤 아카데미아를 운영하던 다마스키오스(Damascius) 밑에서 신플라톤주의에 입문했다(이 플라톤 아카데미아는 유스티니아누스 황제의 명으로 529년에 폐쇄되었다). 아리스토텔레스의 《물리학》과 《천체에 관하여》를 표절한 인물로 알려져 있다. 필로포노스(John Philoponus)는 6세기 초에 활동한 그리스 철학자로, 아리스토텔레스의 동역학 작품들을 비판적으로 검토하면서 진공에서 물체의 운동 가능성을 피력했으며 에테르 이론을 반박하기도 했다. 그는 아모니오스(Ammonius) 밑에서 신플라톤주의에 입문한 것으로 전한다.

역주〔12〕 에피쿠로스가 메노에케오스(Menoeceus)에게 보낸 편지는 디오게네스 라에티오스(Diogenes Laertius)의 《뛰어난 철학자들의 생애와 의견》

(*The Lives and Opinions of Eminent Philosophers*)에 수록된 것으로, 에피쿠로스의 윤리적 관심사를 압축해서 보여주는 주요사료이다.

역주〔13〕 루크레티우스(Titus Lucretius Carus: 기원전 99년경~55년경)는 《사물의 본성에 관하여》(*De Rerum Natura*)라는 장편 서사시로 유명한 로마의 시인이다. 이 시는 에피쿠로스의 세계관을 전반적으로 해설한 것이다.

역주〔14〕 루시포스(Leucippus)는 기원전 5세기에 활동한 그리스 철학자로서 고대의 가장 뛰어난 원자론자인 데모크리토스(Democritus: 기원전 460년경~370년경)에게 원자론을 가르친 인물로 알려져 있다.

역주〔15〕 로마의 정치가이자 철학자인 키케로(Marcus Tullius Cicero: 기원전 106~43)는 《점치기에 관하여》(*On Divination*)에서 점치기에 대해 건강한 회의론과 넉넉한 관용의 태도를 보여주었다. 종교는 초자연적 존재의 실질적 영향력 때문에 중요한 것이 아니라 인간의 행동거지를 제어하고 공공정책을 위한 도구로 이용될 수 있기 때문에 중요한 것이듯이, 점복도 대체로는 믿을 만한 것이 못되지만 현명치 못한 정치결정을 점괘가 좋지 않다는 말로 방지하는 경우처럼 유용할 때도 있다는 것이다.

제5장

고대의 수학적 과학들

1. 자연에 수학을 적용한다는 것

서구의 과학전통에서 자연에 수학을 적용하는 문제는 오랜 논쟁거리다. 세계는 근본적으로 수학적인 것이요, 수학적 분석이야말로 깊이 있는 이해를 위한 지름길이라는 견해도 있지만, 수학으로는 근본실재에 접근하기는커녕 사물의 (계량화가 가능한) 피상적 측면에 접근할 수 있을 뿐이라는 견해도 있다. 근대 이후로 자연과학이 수학적 접근을 옹호하는 방향으로 발전했다는 것은 의문의 여지가 없지만, 그 반대입장을 고수하는 진영도 없는 것은 아니다. 사회과학자와 역사가에게 이 문제는 여전히 논쟁거리로 남아 있다.

고대의 피타고라스 학파는 자연이 철저히 수학적인 구성물이라고 주장했던 것 같다. 아리스토텔레스의 전언이 믿을 만한 것이라면, 피타고라스학파는 숫자야말로 근본실재라고 단언하는 극단까지 치달았다(상세한 논의는 2장을 참조할 것). 플라톤은 물질이론에서 피타고라스학파의 프로그램을 전폭적으로 수용했다. 네 원소는 기하학적 정다면체로, 정다면체는 다시 삼각형으로 환원될 수 있다는 것이었다. 플라톤에게 눈에 보이는 세계의 근본 구성요소는 물질적인 것이 아니라 기하학적인 것이었다. 만물을 하나의 통일적인 우주로 엮어주는 것도 물리적 · 기계적인 힘이 아니라 기하학적인 비례였다.[1)]

아리스토텔레스도 수학에 정통한 인물이었다. 그의 인식론에서 모델은 수학적 증명이었고, 그의 무지개 이론에는 기하학이 적용되었으며, 그의 운동분석에는 비례이론이 적용되었다. 그럼에도 아리스토텔레스는 수학과 자연과학(혹은 물리학) 사이에는 엄연한 차이가 존재한다고 믿었다. 물리학은 자연물을 전체적으로 고려하며 감각가능하고 변화가능한 것으로 간주하지만, 이와 대조적으로 수학자는 자연물의 감각가능한 성질을 모두 제거하고 남은 수학적 요소에만 초점을 맞춘다. 즉,

> 〔수학자는〕 그의 연구에서 무거움과 가벼움, 단단함과 무름, 뜨거움과 차가움 등 감각가능한 대립적 성질을 모두 제거하고, 오직 양과 연관관계만을 남겨놓는다 — 때로는 1차원으로, 때로는 2차원으로, 때로는 3차원으로 ….[2)]

수학자의 관심사는 사물의 기하학적 속성으로 한정되는 바, 이 속성이 실재를 대신할 수는 없다. 세계에 실재하는 무거움, 단단함, 뜨거움, 색채 등 여러 성질을 제시할 수 있으려면, 수학의 영역을 떠나 물리학의 주제로 되돌아가야 할 것이다.

아리스토텔레스는 이렇듯 자연에 수학을 적용하는 문제에서 중용을 선택했다. 수학과 물리학은 모두 유용하지만 양자가 동일한 것일 수는 없었다. 수학자와 물리학자가 연구하는 대상은 동일할 수 있지만, 동일한 대상의 서로 다른 특징에 초점을 맞춘다. 뿐만 아니라 수학과 물리학

---

1) 이 문제에 관해서는 Friedrich Solmsen, *Aristotle's System of the Physical World*, pp. 46~48, 259~262; David C. Lindberg, "On the Applicability of Mathematics to Nature"; James A. Weisheipl, *The Development of Physical Theory in the Middle Ages*, pp. 13~17, 48~62 등을 참조할 것.

2) Aristotle, *Metaphysics*, XI. 3. 1061a30~35, trans. Hugh Tredennick, vol. 2, pp. 67~69.

의 경계선상에는 천문학, 광학, 화성학 같은 일련의 분과가 배열된다. 이 분과는 훗날 "중간"과학, 혹은 "혼성"과학이라 불리게 된 것이다. 이 분과에서 수학자는 물리학자가 확인한 사실에 대해 그 원인이나 설명을 제공할 수 있을 것이었다.

플라톤과 아리스토텔레스는 수학과 자연의 관계에 대해 두 종류의 〈이론〉을 제시한 셈이었다. 그리고 그 두 이론은 고대에서 현대에 이르기까지 자연과학이 어디로 향할까를 놓고 고민하는 두 축이 되었다. 그러나 자연에 수학을 적용하기 위한 이론만이 아니라, 그 이론이 실제로 〈실천된〉 방식도 주의를 기울일 필요가 있다. 그리스인들이 실제로 자연에 수학을 적용한 현장을 답사할 목적에서, 지금부터 우리는 천문학, 광학, 저울-지레 원리 같은 여러 분과를 검토하려고 한다. 답사 준비과정에서 가장 먼저 검토되어야 할 것은 순수수학에서 그리스인들이 이룩한 업적이다.

2. 그리스의 수학

그리스 수학의 기원에 관해서는 알려진 것이 거의 없다. 초기 그리스 수학자들이 이집트와 특히 바빌로니아의 수학 성과에 접촉했음은 분명하지만(1장을 참조할 것), 그리스 수학은 그 출발점부터가 남달랐다. 그리스 기하학은 추상적 지식을 지향했고 추론과 증명에서 정형화된 방법을 사용했다는 데 차이가 있다. 그리스인들, 특히 피타고라스 학파가 기하학을 강조한 것은, 정사각형에서 한 변과 대각선 간의 비율이 정수관계로 표현될 수 없다는 것을 깨달았기 때문이었을 것이다. 전문용어로 다시 표현하면, 변과 대각선 사이에는 공약성이 없음(불가공약성: *incommensurability*)을 뜻하는 것이요, [그림 5.1]에서처럼 정사각형의 한 변이 1일 때 대각선의 길이인 $\sqrt{2}$는 나누어 떨어지지 않는 성질(무리수: *irrationality*)을 갖는다는 뜻이기도 하다. 그리스 수학자들은 이러한 성질

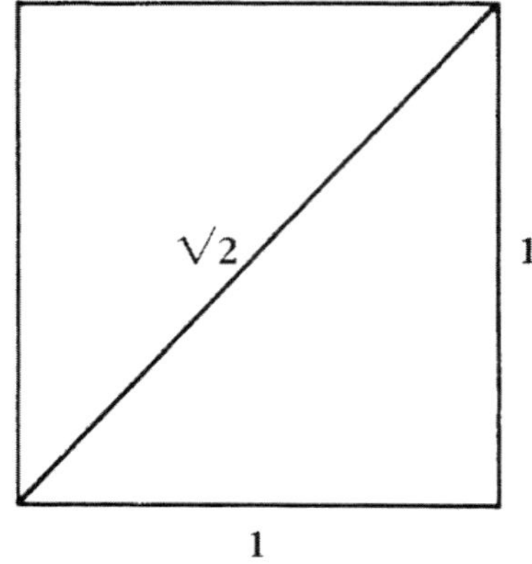

[그림 5.1] 정사각형에서 변과 대각선 사이의 불가공약성.

에 비추어, 수(그들의 관점에서는 자연수)가 실재를 표상하기에 부적절함을 깨달았으며, 그래서 기하학을 발전시켰던 것으로 볼 수 있다.[3]

기원전 300년경에 활동한 유클리드 이전의 수학적 발전에 관해서는 단편적 증거가 남아 있을 뿐이다. 그러나 널리 인정되듯이 유클리드의 수학 교과서 《기하학원론》은 그 이전의 수학적 발전을 집대성한 작품이었다.[4] 이 작품은 공리에서 출발하는 연역체계로서의 수학이 이미 큰 진척을 이루고 있었음을 보여준다. 《기하학원론》은 일련의 정의에서 시작된다. 점("부분으로 나눌 수 없는 것"), 선("넓이는 없고 길이만 있는 것"), 직선, 면, 평면, 평면각, 직각, 예각, 둔각, 다양한 도형, 평행선 등에 대한 정의가 등장한다. 정의에 이어서 다섯 공준(*postulates*)이 뒤따른다. 선은 한 점으로부터 다른 어떠한 점으로도 그어질 수 있다는 것, 선의 한쪽 끝으로부터 계속해서 직선이 그어질 수 있다는 것, 어떤 점에서든 그 둘레로 어떠한 반지름을 가진 원도 그릴 수 있다는 것, 어떠한 직각이든

3) 그리스 수학에 관해서는 B. L. van der Waerden, *Science Awakening: Egyptian, Babylonian and Greek Mathematics*, 4~8장; Carl B. Boyer, *A History of Mathematics*, 4~11장; Thomas Heath, *A History of Greek Mathematics* 등을 참조할 것. 최근의 연구성과에 대한 개관은 J. L. Berggren, "History of Greek Mathematics: A Survey of Recent Research"를 참조할 것.

4) Wilbur Knorr, *The Evolution of the Euclidean Elements*.

모두 균등하다는 것, 끝으로 직선의 교차조건에 관한 진술이 뒤따른다. 공준 다음에는 다섯 "공통관념", 즉 공리가 뒤따른다(공리란 넓게는 올바른 사고의 실행을 위해, 좁게는 수학의 실천을 위해 요구되는 자명한 진리를 말한다). 같은 것에 대해 동등한〔等價의〕 것들은 서로에 대해서도 동등하다는 것, 동일한 것들 각각에 같은 값을 더하면 그 각각의 합도 동일하다는 것, 전체는 부분보다 크다는 것 등의 공리가 소개된다. 이상의 예비적 주장은 총 13권으로 구성된 작품을 가득 채운 정리(定理)의 기초가 된다. 전형적인 예를 들어보자. 정리는 명제로부터 출발하고, 실례가 뒤따르며, 명제에 대한 추가정의나 명료화, 그리고 해설이 뒤따른다. 마지막에는 증명과 결론이 등장한다. 유클리드의 증명과정에서 주목할 것은, 결론은 반드시 정의, 공준, 공리, 그리고 앞서 증명된 정리로부터 도출된다는 점이다. 유클리드의 이런 방법은 대단히 설득력을 발휘했던 것 같다. 그 자신의 영향력은 물론 여러 면에서 유클리드를 모방한 아리스토텔레스의 영향력이 가세하여, 그의 방법은 17세기 말까지도 과학적 증명의 모범으로 간주되었다.

《기하학원론》의 내용을 상세하게 논의할 필요는 없다. 그 내용은 오늘날 중학교에서 배우는 기하학과 거의 비슷하다. 1~6권은 평면기하학의 원리를 소개하며, 10권은 무리수의 분류에 할애된다. 11~13권은 입체기하학을 취급하며, 7~9권은 정수론과 수적 비례 같은 대수학의 주제를 다룬다. 《기하학원론》의 많은 업적 가운데 하나만은 꼭 짚고 넘어갈 필요가 있다. 그것은 훗날 실진법(悉盡法: *method of exhaustion*)의 발전에서 전환점이 된 업적이다. 유클리드는 이 방법을 선배인 유독소스로부터 차용해서, 다시 아르키메데스를 위시한 많은 후배에게 전해주었던 것으로 보인다. 《기하학원론》(12권, 2)은 원의 면적을 그 안에 정다각형을 내접시켜 "빠짐없이 대체하는"(*exhaust*) 방법을 소개한다. 정다각형의 변의 개수를 계속해서 두 배로 늘려가다 보면, (계산된) 정다각형 면적과 (계산되지 못한) 원 면적 간의 차이를 계속 줄여갈 수 있으며, 결국은 우리에게 알려진 어떠한 양보다도 적은 양의 차이로 줄일 수 있게 된다는

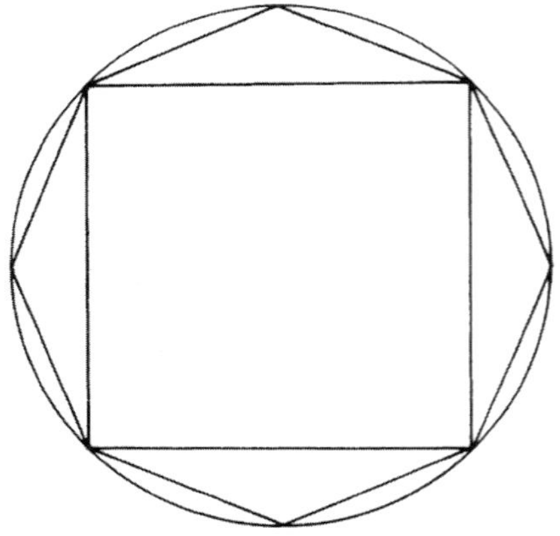

[그림 5.2] 실진법에 의해 원의 면적을 구하기.

것이다([그림 5.2] 참조). 이 방법은 원 면적을 우리가 원하는 수준만큼 정확하게 계산할 수 있도록 해준 것이었으며, 조금 더 발전시키면 다른 모양의 곡선으로 둘러싸인 면적을 계산할 때도 응용될 수 있는 것이었다. 《기하학원론》의 또다른 읽을거리 중에는 "플라톤의 입체"라 불리는 5개의 정다면체에 대한 연구가 있다. 그 책(13권, 18)은 정다면체가 다섯 개 외에는 있을 수 없음을 증명했다.[5)]

헬레니즘 시대의 뛰어난 수학자 중에는 유클리드의 추종자가 많았다. 누구보다 위대한 인물은 두말할 것도 없이 아르키메데스(Archimedes: 기원전 287년경~212년경)였다. 아르키메데스는 이론수학과 응용수학에 모두 기여했지만, 그가 높은 평판을 얻게 된 것은 세련된 수학적 증명의 덕택이었다. 중요한 몇 작품에서 아르키메데스는 실진법을 더욱 진척시켰으며, 실진법을 이용해서 다양한 면적과 부피를 계산했다. 그가 계산한 것에는 포물선 호로 둘러싸인 면적, 나선으로 구획된 면적, 구체의 표면적 및 부피 등이 포함된다. 그는 파이(Π: 원주와 원지름의 비율)에 대해 한층 개량된 근사치를 계산하여 그 값이 3 10/71과 3 1/7 사이에 있음

---

5) 유클리드에 관해서는 Heath, *Greek Mathematics*, 11장, 그리고 Boyer, *History of Mathematics*, 7장을 참조할 것. 아울러 방대하고 상세한 주석을 덧붙인 히스(Thomas Heath)의 번역본, *Elements*도 참조할 것.

을 밝혔다. 아르키메데스는 이후로 전개된 수학과 수학적 물리학의 발전에도 깊은 영향을 미쳤다. 특히 르네상스 시대에 그의 작품이 재발견되고 재발간된 이후에 그러했다. 그가 물리학에 미친 공헌은 조금 뒤에 논의하기로 하겠다.[6]

그리스인들의 수학적 업적에서 마지막으로 언급할 것은 원뿔곡선에 관한 아폴로니오스(Apollonius of Perga: 기원전 210년경에 활동)의 연구이다. 그는 원뿔을 여러 각도에서 평면 절단할 때 생기는 평면도형(타원형, 포물선형, 쌍곡선형 등)을 연구하여, 각 도형을 새롭게 정의했으며 각 도형을 만드는 새로운 방법을 소개했다. 원뿔곡선에 관한 그의 저서는 아르키메데스의 작품들에 못지않게 근대 초에 지대한 영향을 미쳤다.

3. 초기 그리스의 천문학

초기 그리스 천문학의 주된 관심사는 별을 관찰하여 지도로 표시하는 법, 역법(曆法), 태양과 달의 운동 등이었다. 만족스러운 달력이 없는 조건에서는 불가피한 일이었을 것이다. 역법에서 큰 난점은 태양력이 태음력과 일치하지 않는다는 사실로부터 발생했다. 태양이 황도대를 일주하는 동안 달은 12번의 일주를 완결하고도 조금 더 움직인다. 29일이나 30일을 한 달로 계산해서 총 12달로 구성되는 일 년은 11일 정도 짧기 때문에 태양력의 일년주기와 태음력의 절기들은 서로 맞아떨어질 수 없게 된다. 일년주기에 절기들의 보조를 맞추려면 한 달이 더 필요할 것인즉, 이 부가적인 한 달을 삽입하기 위해 여러 체계가 개발되었다. 역법상의 이런 노력은 메톤(Meton: 기원전 425년경에 활동)이 제안한 메톤 주기에서 절정에 도달했다. 메톤 주기는 19년이 235개월에 가깝다는 이해에 기

6) E. J. Dijksterhuis, *Archimedes*; T. L. Heath (ed.), *The Works of Archimedes*. 아르키메데스가 중세에 미친 영향은 Marshall Clagett (ed. and trans.), *Archimedes in the Middle Ages*를 참조할 것.

초한 것이었다. 19년을 주기로 계산하면 12년은 12개월을 가진 해요, 7년은 13개월을 가진 해가 된다는 것이었다. 메톤의 역법은 민간용보다는 천문학용으로 제안되었던 것으로 보이며, 실제로 여러 세기 동안 천문학 용도로 사용되었다.7)

그리스 천문학이 결정적 전기를 맞은 것은 플라톤(427~348/47)과 그의 어린 동시대인 유독소스(Eudoxus of Cnidus: 390년경~337년경)가 활동한 4세기였다. 이들의 연구에서 특히 주목할 것은, (1) 항성으로부터 행성으로 관심이 이동한 점, (2) 항성 및 행성현상을 표시하기 위해 "두 동심구 모델"(*two-sphere model*)이라 불리는 기하학적 모델을 정립한 점, (3) 행성관측 결과를 해설하는 이론은 어떤 규준에 따라야 하는지를 결정한 점 등이다. 이 세 업적을 상세하게 검토해보기로 하겠다.

플라톤과 유독소스가 고안한 두 동심구 모델은 천체와 지구가 동일중심을 가진 두 개의 공인 것처럼 가정한다. 천구에는 항성들이 고정되어 있으며 태양과 달을 위시한 7행성은 천구의 표면을 따라 운행한다. 천구는 하루에 한 번 회전하는데, 이는 모든 천체가 (육안관측상) 매일 떴다 지는 현상을 설명해준다. 지구를 중심으로 천구표면에 그어지는 복잡한 원들은 지구와 천구를 여러 띠[帶]들로 분할하며 떠돌이 별(행성)의 운동을 표시한다. [그림 5.3]은 플라톤과 유독소스가 의도한 바를 개략적으로 드러낸 그림이다. 지구는 중앙에 고정된 반면에 천구는 수직축을 중심으로 매일 한 번 자전한다. 지구의 적도는 천구에 투영되어 천구의 적도를 결정해준다. 태양, 달, 그밖의 행성이 천구표면에 그리는 타원이 바로 황도(黃道)이다. 황도는 적도에 대해 약 23° 기울어져 있으며 황도

---

7) 초기 그리스 천문학에 관해서는, 특히 Bernard R. Goldstein and Alan C. Bowen, "A New View of Early Greek Astronomy"; D. R. Dicks, *Early Greek Astronomy to Aristotle*; Lloyd, *Early Greek Science*, 7장; Thomas Heath, *Aristarchus of Samos, The Ancient Copernicus* 등을 참조할 것. 한층 전문적인 해설로는 Otto Neugebauer, *A History of Ancient Mathematical Astronomy*, vol. 2, pp. 571~776을 참조할 것.

대의 중앙을 통과한다. 황도는 두 지점(춘 · 추분점)에서 천구의 적도와 교차한다. 태양이 황도를 따라 일 년을 여행하는 동안, 9월 21일쯤 추분점에 도달하면 가을이 시작되며 춘분점에 도달하면 봄이 시작되는 것이다. 마찬가지로 황도는 두 지점(하지점 · 동지점)에서 적도로부터 가장 먼 거리에 도달하게 된다. 태양이 6월 21일쯤 하지점에 도달하면 여름이 시작된다. 하지점에서 적도와 평행으로 원을 그리면 북회귀선(*Tropic of Cancer*)이 되고 동지점에서 그런 원을 그리면 남회귀선(*Tropic of Capricorn*)이 된다.[8]

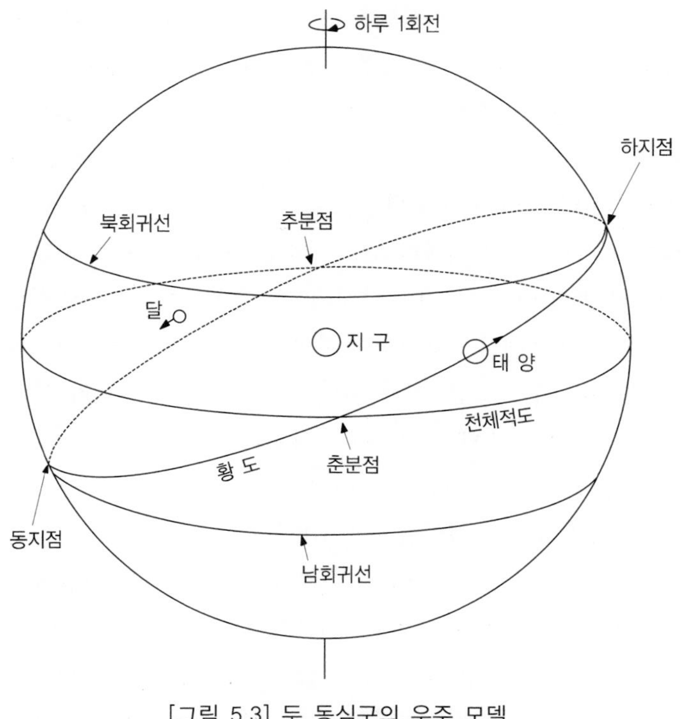

[그림 5.3] 두 동심구의 우주 모델.

8) 기초적인 행성현상들 및 지구-천구 모델에 대한 유용한 논의로는 Thomas Kuhn, *The Copernican Revolution*, 1장, 그리고 Michael J. Crowe, *Theories of the World from Antiquity to the Copernican Revolution*, 1장을 참조할 것.

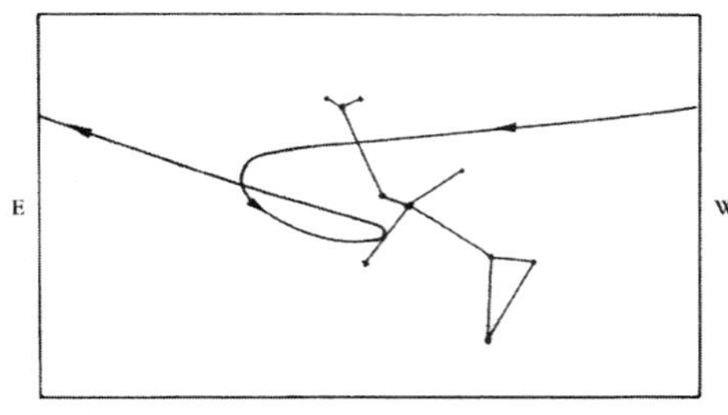

[그림 5.4] 1986년에 궁수자리(*Sagittarius*) 근처에서 관측된 화성의 역행운동. 제프리 퍼시벌(Jeffrey W. Percival)이 제공한 자료.

4세기에 이르면 이미 태양과 달을 위시한 행성의 운동은 신중한 관측을 거쳐 적절한 도해(圖解)로 작성된 상태였다. 플라톤과 유독소스의 모델에서 태양은 일 년에 한 번 황도를 따라 공전하지만, 달은 일 개월에 한 번씩 공전을 완결한다. 태양과 달은 모두 서쪽에서 동쪽으로 움직이며 거의 동일한 속도로 운동한다. 수성, 금성, 화성, 목성, 토성 등 나머지 행성도 황도를 따라 (비록 몇 도 정도는 그 궤도를 이탈할 때도 있지만) 공전하며 태양이나 달과 동일한 방향으로 이동하지만, 각자의 속도에서는 크게 다르다. 화성은 약 22개월(687일)에 한 번 황도를 따라 공전하고 26개월마다 한 번씩 멈추었다가 역행하며(즉, 동쪽에서 서쪽으로 이동하며) 다시 멈추었다가 원래의 진행방향을 회복하여 서쪽에서 동쪽으로 이동한다. 이러한 역전은 오늘날 "역행운동"(*retrograde motion*)이라 불리며 태양과 달을 제외한 다섯 행성 모두에 적용된다. [그림 5.4]는 최근에 관측된 화성의 역행운동을 나타낸 것이다.

플라톤과 유독소스가 파악한 행성운동의 특징 중에서 더욱 놀라운 것은 수성과 금성이 태양으로부터 멀리 벗어나지 않는다는 사실이었다(수성의 경우에는 최대 이탈각이 23도, 금성의 경우에는 44도였다). 한 줄로 묶인 두 마리 개처럼, 두 행성은 태양에 앞서거니 뒤서거니 하면서 진행하지만, 그 줄이 허용하는 거리보다 멀리 태양을 벗어나지는 못한다. 끝으로 두 동심구 모델에서 구현된 업적을 평가하기 위해서는, 이 모든 운동이 천구표면에서 발생하며 천구 자체는 지구를 중심축으로 하루에 한 번 자전한다는 점을 이해해야 한다. 그렇기 때문에 고정된 지구에서 관측되는 운동은, 황도를 따라 움직이는 행성의 불규칙한 운동과 천구의 규칙적인 일 일 자전운동이 결합된 형태로 나타날 것이다. 두 동심구 모델은 이렇게 관측되는 행성위치의 당혹스러운 복잡성을 포착하기 위한 것이었으며, 행성현상을 기하학적으로 인식하고 표현한 방식이었다.

행성운동을 표현하기 위해 기하학 언어를 창조한다는 것은 그 자체만으로도 훌륭한 작업이다. 황도를 따르는 행성운동을 개략적이나마 묘사한 것만 해도 상찬될 일이다. 그렇지만 우리는 그 이상의 것도 기대해볼 수 있다. 진정으로 천체의 "당혹스러운 복잡성"을 질서 있고 이해가능한 것으로 재구성하려면, 먼저 각각의 행성이 수행하는 복잡하고 가변적인 운동을 파악한 뒤에, 모든 행성들의 모든 운동들을 규칙적 운동들의 결합으로 환원하는 것이 바람직하지 않을까? 그러기 위해서는 무질서가 질서를 감추고 있다는 것, 불규칙성의 심층에는 규칙성이 놓여 있다는 것, 심층의 질서는 발견될 수 있다는 것을 가정해야만 할 것이다. 최근의 한 연구에 의하면 플라톤이야말로 이러한 가정을 하나의 연구 프로그램으로 정립하여, 천문학자나 수학자로 하여금 겉보기에 불규칙한 행성운동들을 규칙적 순환운동들의 결합으로 바꾸도록 자극한 장본인이라고 한다.[9]

이 문제를 처음 제기한 인물이 플라톤이라는 주장에는 의문의 여지가 있지만, 이에 대한 해답을 처음 제시한 인물이 유독소스라는 데는 의심의 여지가 있을 수 없다. 유독소스의 착상은 독창적이기는 해도 매우 단순한 것이었다. 각자로는 불규칙한 행성운동들을 모두 엮어서 일련의 간단하고도 통일적인 순환운동들의 결합으로 표현하는 것이 그의 목표였다. 이런 목표를 달성하기 위해, 그는 각 행성에 대해 차곡차곡 포개진 서너 개씩의 동심구를 부여했으며, 각 동심구에 대해서는 복잡한 행성운동의 구성요소를 하나씩 부여했다(〔그림 5.5〕 참조). 화성을 예로 들어

9) 플라톤의 천문학 지식에 관해서는 Dicks, *Early Greek Astronomy*, 5장을 참조할 것.

보자. 화성의 최외곽 동심구는 하루에 한 번씩 규칙적으로 회전하며, 따라서 화성이 매일 뜨고 지는 현상을 설명한다. 두 번째 동심구도 (최외곽 동심구의 축에 대해 비스듬히 기울어진) 자신의 축을 중심으로 규칙적으로 회전하지만, 687일마다 한 번씩 역방향으로 움직인다. 이것은 화성이 황도를 따라 서쪽에서 동쪽으로 천천히 이동하는 공전현상을 설명해준다. 안쪽의 나머지 두 동심구는 속도상의 변화와 역행운동을 각각 설명한다. 화성은 가장 안쪽 동심구의 적도상에 위치하면서 그 동심구에 고유한 운동을 수행할 뿐만 아니라, 그 위쪽의 세 동심구들로부터 아래쪽으로 전달되는 운동들에도 가담한다. 수성, 금성, 목성, 토성에서도 비슷한 체계가 작동한다. 태양과 달은 역행운동을 하지 않기 때문에 세 개의 동심구만이 필요하다.[10]

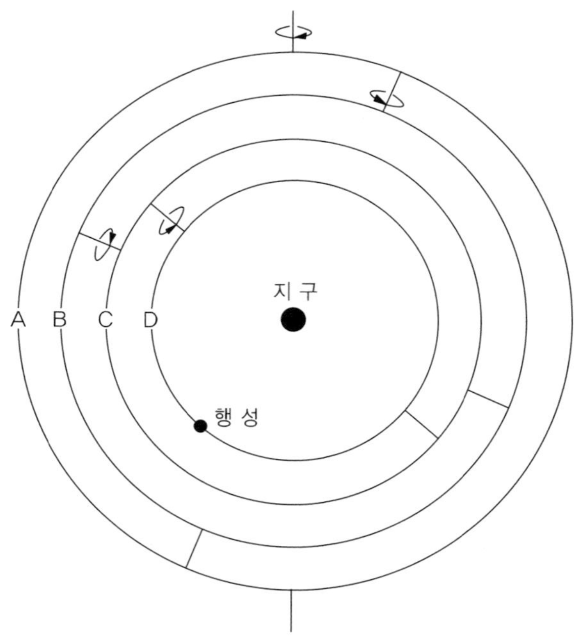

[그림 5.5] 행성 하나에 대해 유독소스가 상정한 동심구들.

10) 같은 책, 6장.

유독소스가 설정한 안쪽의 두 동심구와 역행운동

간편한 논의를 위해 [그림 5.5]에서 동심구 C와 D의 상호작용을 나머지로부터 고립시켜 검토해보기로 하자. C와 D는 서로에 대해 기울어진 축을 중심으로 균등하되 서로 반대인 방향으로 회전하는데, 이는 (동심구 D의 적도상에 있는) 행성의 운동경로가 말발굽이나 8자를 닮도록 만들어줄 것이다. 그러므로 우리는 동심구 B의 적도상에 말발굽 모양의 경로를 그려서 C와 D의 운동을 대신 표시할 수 있으며, 그렇게 함으로써 유독소스의 네 동심구 운동을 한꺼번에 도표로 나타낼 수 있다([그림 5.6] 참조). 동심구 A는 동심구 B의 축을 붙들고 하루에 한 번 규칙적으로 회전한다. 반면에 B는 각 행성의 1주기(*sidereal period*: 어떤 행성이 천구를 한 바퀴 도는 데 걸리는 시간) 동안 그 축 주위를 규칙적으로 회전하면서 황도를 따라 말발굽 경로를 운반한다. 그 사이에 해당 행성은 ([그림 5.6]의) 화살표 방향으로 말발굽을 그리면서 이동하게 된다.11)

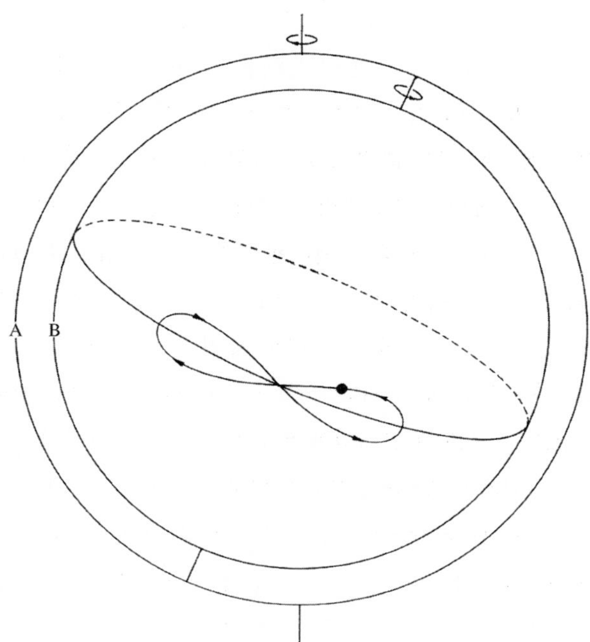

[그림 5.6] 유독소스가 상정한 동심구들과 말발굽 운동.

11) Otto Neugebauer, "On the Hippopede of Eudoxus"와 David Hargreave, "Reconstructing the Planetary Motions of the Eudoxean System".

유독소스는 행성운동의 기하학 모델을 최초로 신중하게 정립한 인물이었다. 자연스럽게 두 질문이 제기될 수 있다. 첫째, 유독소스는 자신의 기하학 모델이 물리적 실재라고 여겼던가? 그는 동심구를 물리적 객체로 보았을까? 부정적으로 답할 수밖에는 없을 것 같다. 그가 동심구를 물리적 실재로서보다 단지 수학적 모델로 의도했다고 믿을 만한 이유는 충분하다. 우리가 아는 한, 그는 독립적 동심구들이 물리적으로 실재하며 기계처럼 엮어져 우주를 구성한다고는 생각하지 않았다. 그의 기하학 모델은 행성의 복잡한 운동을 그 근본원리 면에서 간편하게 이해할 수 있도록 통일적 운동으로 제시한 것이요, 그 통일적 운동의 구성요소를 낱낱이 확인해준 것이었다고 보는 편이 옳다. 한마디로 그가 탐색하고 있었던 것은 물리적 구조가 아니라 수학적 질서였다.

둘째로 유독소스의 기하학 모델은 이용가능한 것이었을까? 유독소스의 유고가 한 편도 남아 있지 않아 그의 체계를 세밀한 구석까지 알 길은 없다. 그러나 평가될 것은 없지 않다. 그의 모델은 명백히 수학적이었지만 그에게 계량적 예측을 수행하려는 의도가 있었던 것 같지는 않다. 천문학뿐만 아니라 그리스 과학의 어떠한 분과에서도 엄밀한 계량적 예측을 기대하기에는 아직 시기상조였다. 이론과 관찰을 질적 측면에서 대략 일치시키는 것 이상을 기대하는 사람도 없었다. 그럼에도 불구하고 '언제나 최고로 가치 있는 것이 선택되기 마련'이라는 낙관적 가정을 수용한다면, 유독소스 모델은 그 잠재력에서 평가받을 만한 것이다.[역주〔1〕] 그의 체계는 (한두 예외가 있고 계량적으로 엄밀하지는 못하지만) 오늘날 우리가 알고 있는 천문학 관측결과들과 질적인 면에서 개략적으로 일치한다. 4세기의 천문학 지식이 매우 제한적이요, 천문학 이론의 목표도 그리 높지 않았다는 점을 감안하면, 이것은 놀라운 업적이었음이 분명하다.

한 세대 뒤에 유독소스의 체계는 칼리포스(Callippus of Cyzicus: 370년경 출생)에 의해 수정되었다. 그는 태양과 달에 대해서는 4번째 동심구를, 수성과 금성과 화성에 대해서는 5번째 동심구를 덧붙였다. 태양과 달에 부가된 동심구는 태양과 달이 황도를 따라 이동할 때 발생하는 속도상의 변화를 설명하는 기능을 가진 것이었다. 태양의 예를 들어보자. 태양이 하지점에서 추분점까지 이동하는 데 걸리는 시간은 추분점에서 동지점까지 이동하면서 걸리는 시간과 수일(數日)의 차이를 갖는데([그림 5.3] 참조), 태양의 4번째 동심구는 바로 그 차이를 설명하기 위한 것이었다.[12]

동심구 체계는 아리스토텔레스(384~322)를 거치면서 더욱 크게 진척되었다. 아리스토텔레스는 칼리포스가 수정한 유독소스의 모델을 받아들였지만 매우 중요한 차이점을 부각시켰다. 유독소스는 동심구 체계를 단지 기하학적 구성물로 간주한 반면에 아리스토텔레스는 그 체계가 물리실재라고 생각했던 것 같다. 이런 견지에서 아리스토텔레스는 한 동심구로부터 다음 동심구로 운동이 어떻게 전달되느냐는 문제에 천착했다. 동심구간의 연관성을 검토하는 과정에서, 그는 7행성이 각기 몇 개의 동심구를 거느린 채로 한꺼번에 하나의 거대한 동심구 체계 내에 포개질 수 있다면, 한 행성(예컨대 토성)의 가장 안쪽 동심구는 자신의 복잡한 운동을 바로 다음 행성(목성)의 가장 바깥쪽 동심구로 전달하는 모습이 되지 않겠느냐 하는 착상에 도달했다. 그러나 목성의 모든 동심구들이 받는 부가적 영향까지 포함시키면, 복잡성은 도가 지나쳐 견디기 힘들 정도가 될 것이요, 관측자료와 부합할 수도 없을 것이었다. 이런 난점을 해결하기 위해, 아리스토텔레스는 토성의 가장 안쪽 동심구와 목성의 가장 바깥쪽 동심구 사이에 중화작용하는 일련의 동심구들을 삽입했다.

이 원리는 모든 행성에 적용되었다. 인접한 두 행성 사이에는 비슷한 동심구들이 예외 없이 삽입되었다. 이처럼 중화작용하는 동심구의 개수는 각 행성의 원래 동심구 개수보다 한 개가 적었다. 아리스토텔레스에 의하면 그 보조 동심구들의 기능은 각 행성의 원래 동심구들의 운동을 "펼쳐주는"(*unroll*) 것이요, 그럼으로써 다음 행성의 가장 바깥쪽 동심구가 일주(日周) 운동을 수행할 수 있도록 해주는 것이었다([그림 5.7] 참

12) Dicks, *Early Greek Astronomy*, 7장.

조). 아리스토텔레스는 많은 세부문제에 답하지 않았다. 그의 작품에서 유독소스의 체계를 논의하고 수정한 분량은 한두 페이지에 지나지 않거니와 그나마 불확실성을 인정하는 것으로 끝맺고 있다. 중요한 것은 아리스토텔레스가 후손에게 엄청나게 복잡한 천체계, 즉 항성천구 외에도 55개의 행성천구들로 구성된 천체계를 물려주었다는 점이다.

아리스토텔레스는 다른 중요한 논쟁점도 후손에게 물려주었다. 천문

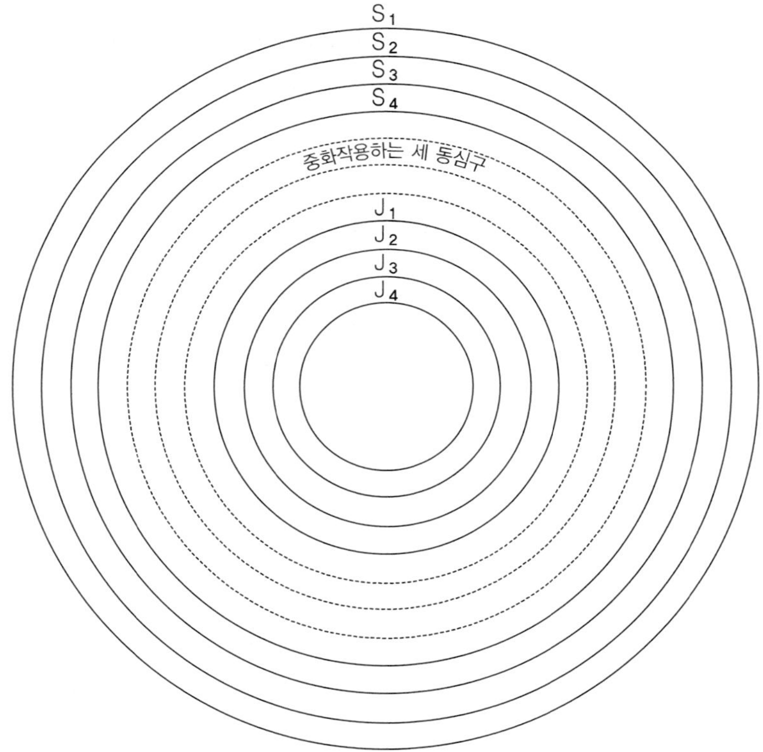

[그림 5.7] 아리스토텔레스의 포개진 동심구들. 실선으로 표시된 것은 토성과 목성에 속한 원래의 동심구들(각 4개씩)이다. 토성의 동심구들과 목성의 동심구들 사이에는 중화작용하는 세 개의 동심구들(점선)이 삽입되는데, 이것들은 토성의 네 동심구들의 운동을 중화시키거나 "펼쳐서" 목성의 가장 바깥쪽 동심구에 일주운동을 전달한다.

학에서 어떻게 수학적인 것과 물리적인 것 사이의 균형을 잡을 수 있는가? 유독소스가 생각한 것처럼 천문학은 일차적으로 수학적인 학문인가, 아니면 아리스토텔레스의 천문학 체계가 제안하듯이, 천문학자는 무엇보다 사물의 실재구조에 관심을 가져야 하는가? 2천 년이 지난 오늘날에도 천문학자들은 이 문제를 놓고 씨름하고 있다.[13]

4. 우주론의 발전

아리스토텔레스로부터 한 세기 안에 천문학자의 관심을 끌 만한 여러 종류의 우주론이 개발됐다. 하나는 헤라클리데스(Heraclides of Pontus: 390년경~339년 이후)가 제안한 것이었다. 그는 플라톤 생전에 아카데미아의 일원으로 활동하다가 플라톤의 계승자가 되었던 인물로, 지구는 24시간에 한 번씩 지구 축을 중심으로 자전한다고 주장했다.[역주〔2〕] 그의 주장은 진리로 받아들여진 적은 별로 없었지만 곧 널리 알려졌으며, 모든 천체가 매일 떴다가 지는 현상을 설명해줄 수 있었다. 헤라클리데스는 수성과 금성이 태양을 중심으로 운행한다고 주장한 것으로도 알려져 있지만, 오늘날 학계는 이런 추정을 근거 없는 것으로 간주한다.[14]

---

13) 아리스토텔레스에 관해서는 Dicks, *Early Greek Astronomy*, 7장, 그리고 G. E. R. Lloyd, *Aristotle*, pp. 147~153을 참조할 것. 아리스토텔레스는 《형이상학》(*Metaphysics*, XII. 8)에서 행성의 동심구들을 논의했다. 천문학의 목적에 관한 논쟁은 이 책의 11장에서 더 자세하게 논의될 것이다.

14) Heath, *Aristarchus of Samos*, 1부, 18장; Otto Neugebauer, "On the Allegedly Heliocentric Theory of Venus by Heraclides Ponticus"; G. J. Toomer, "Heraclides Ponticus," *Dictionary of Scientific Biography*, vol. 15, pp. 202~205 등을 참조할 것. 특히 브루스 이스트우드(Bruce S. Eastwood)는 관대하게도 곧 출판될 그의 저서, *Before Copernicus: Planetary Theory and the Circumsolar Idea from Antiquity to the Twelfth Century*에 수록될 미발표 논문 "Heraclides and Heliocentrism: An Analysis of the Text and Manuscript Diagrams"를 필자가 이용할 수 있도록 배려해주었다. 수성과 금성이

헤라클리데스보다 한두 세대 후에 사모스 섬의 아리스타르코스(Aristarchus of Samos: 기원전 310년경~230)는 태양 중심 체계를 제시했다. 우주 중심에는 태양이 있고 지구는 행성의 자격으로 태양 주위를 회전한다는 것이었다. 아리스타르코스는 나머지 모든 행성도 태양 중심의 궤도를 운행한다고 주장한 것으로 알려져 있지만, 이를 뒷받침할 만한 역사적 증거는 없다. 아리스타르코스의 견해는 피타고라스 학파의 우주론을 발전시킨 것이었음이 거의 확실하다. 피타고라스는 지구를 우주 중심으로부터 이동시켜 "중심 불" 주위를 회전하도록 자리 매김한 바 있었기 때문이다.[15] 이런 이유에서 아리스타르코스는 코페르니쿠스의 선구자로 칭송을 받는 반면에 그의 제자들은 스승의 제안을 제대로 받아들이지 못했다는 비난을 면치 못한다. 그렇지만 오늘날의 증거에 비추어 아리스타르코스의 가설을 판단한다는 것은 기원전 3세기의 상황에 대한 정당한 평가가 될 수 없다. 이것은 누구나 쉽게 깨달을 수 있는 일이다. 오늘날 〈우리〉는 태양중심설을 뒷받침할 설득력 있는 근거를 가지고 있지만, 기원전 3세기의 〈그들〉에게도 그런 근거가 있었냐고 묻는다면 그렇지 못했다는 대답이 나올 수밖에 없지 않겠는가. 지구의 운동을 상정하고 지구에게 행성의 위상을 부여한다는 것은, 오랜 권위와 상식을 침해하는 일이요, 종교적 믿음과 아리스토텔레스 물리학을 침해하는 일이기도 했다. 더욱이 그것은 관측되지 않는 별들의 시차(*stellar parallax*: 관찰자가

태양을 중심으로 운행한다는 견해의 역사에 관해서는 Eastwood, "Kepler as Historian of Science: Precursors of Copernican Heliocentrism according to *De revolutionibus*, I. 10"을 참조할 것.

15) Heath, *Aristarchus of Samos*, 2부, 그리고 G. E. R. Lloyd, *Greek Science after Aristotle*, pp. 53~61을 참조할 것. 아리스타르코스 생전에 사모스 섬은 프톨레마이오스 왕조 치하에 있었기 때문에 아리스타르코스는 알렉산드리아에서 천문학과 우주론을 연구했을 가능성이 있다. 이 점에 관해서는 P. M. Fraser, *Ptolemaic Alexandria*, vol. 1, p. 397, 그리고 William H. Stahl, "Aristarchus of Samos", *Dictionary of Scientific Biography*, vol. 1, p. 246을 참조할 것.

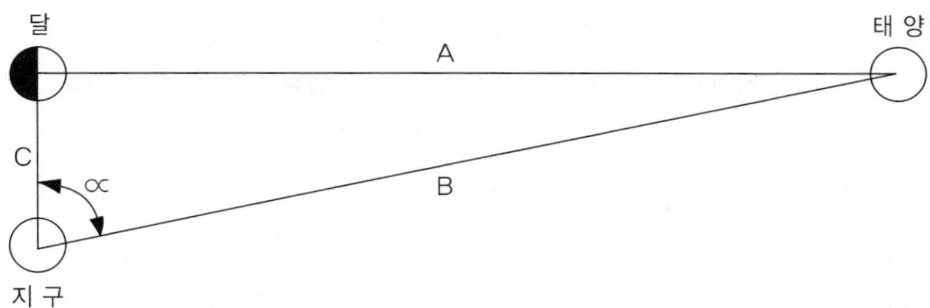

[그림 5.8] 아리스타르코스가 지구–태양의 거리 대 지구–달의 거리의 비율을 계산한 방법. 달이 반달이 될 때(그리하여 선분 A와 C가 직각이 될 때) 두 개의 시선을 나누는 각도 ∝를 계산할 수 있다. 이로부터 B와 C의 비율이 계산된다. 그러나 이 방법에는 몇 가지 단점이 있다. 첫째는 정확히 반달이 되는 시점을 결정하기 힘들다는 것이며, 둘째는 각도 ∝의 계산에서 조금만 오류가 발생해도(아리스타르코스는 이를 87°로 계산했지만, 정확한 값은 89° 52′이다) B와 C의 비율에서는 엄청난 오류로 확대된다는 것이다.

접근하든 후퇴하든, 위치를 바꿀 때 두 별 사이의 기하학적 관계에서 발생하는 변화)를 예측하는 일이기까지 했다. 태양중심설에 아무리 장점(예컨대 행성들의 광도〔光度〕상에서의 차이를 설명해준다는 장점)이 많다 하더라도, 그 모든 장점은 전통적 우주론을 침해하지 않는 다른 체계에서나 이용될 수 있었다.

헬레니즘 시대 초기부터 우주론상의 불변상수(常數)를 계산하려는 일련의 시도가 전개되었다. 아리스타르코스는 지구-태양 거리가 지구-달 거리의 20배 정도라고 계산했다(정확한 비율은 400배이다). 〔그림 5. 8〕은 아리스타르코스의 계산법을 소개한 것이다. 히파르코스(Hipparchus: 127년 이후에 죽음)는 태양의 시차가 없다는 사실,[16] 그리고 일식(日蝕) 관련 데이터에 의존해서, 지구-태양 및 지구-달 거리의 절대값을 계산했

16) 일반적으로 시차(혹은 "기하학적 시차")란, 관찰자의 위치변화에 따라 어떤 별이 그 배경에 대해 위치를 바꾸는 듯이 보이는 것을 말한다. 따라서 태양의 시차가 없다는 말은, 지구표면에서 관찰지점이 변화해도 육안으로는 태양의 위치에 아무 변화가 없다는 것을 뜻한다.

다. 태양의 시차가 육안으로 분간할 수 없을 만큼 작다는 가정하에, 그는 지구-태양 거리를 지구 반지름의 490배로 계산했다. 일식 데이터에 의해서는 지구-달 거리를 지구 반지름의 59배와 67배 사이로 계산했다. 지구의 크기를 계산한 인물은 한 세기 전의 에라토스테네스(Eratosthenes: 235년경 활동)였다. 지리학자이자 수학자이자 알렉산드리아 도서관장이기도 했던 그는 지구의 원주를 252,000스타디아로 계산했다.[역주3] 이것은 오늘날의 값에 비하면 오차범위 20% 정도의 것이었지만, 당시에는 널리 전파되었으며 긴 세월에 걸쳐 영향을 미쳤다.[17]

5. 헬레니즘 시대의 행성천문학

행성천문학은 헬레니즘 시대에 왕성하게 추진되었던 것으로 추정된다. 이런 추정에 머물 수밖에 없는 것은, 역설적이게도 클라우디오스 프톨레마이오스의 뛰어난 업적 탓이다. 프톨레마이오스가 헬레니즘 시대 말기에 활동한 선배들의 업적을 지나치리만큼 성공적으로 요약한 탓에, 선배들의 작품은 폐품이 되었고 결국 유실되어버렸던 것이다. 그럼에도 우리는 프톨레마이오스로부터 여러 사실을 확인할 수 있다. 그의 전언에 의하면 기원전 3세기에 행성운동의 새로운 수학적 모델을 처음 제시한 인물은 페르가의 아폴로니오스였다고 한다.[역주4] 다시 프톨레마이오스의 주석과 그밖의 단편적 기록에 비추어보면, 고대의 첫손 꼽는 천문학자는 히파르코스였던 것 같다.[역주5] 그는 무엇보다 관측천문학에 뚜렷한 족적을 남겼다. 뿐만 아니라 그는 새롭고 뛰어난 천체도를 작성했고 춘분점의 세차(歲差)를 발견했고 신식 천문 관측도구(디옵터)를 개발했

---

17) Heath, *Aristarchus of Samos*, 2부, 3장; G. J. Toomer, "Hipparchus," *Dictionary of Scientific Biography*, vol. 15, pp. 205~224; D. R. Dicks, "Eratosthenes," *Dictionary of Scientific Biography*, vol. 4, pp. 388~393; Albert Van Helden, *Measuring the Universe*, 2장.

으며 기존 행성이론을 비판했다. 히파르코스가 바빌로니아의 천문학 데이터를 이용했다는 기록도 남아 있는데, 그가 이용한 데이터에는 행성운동과 월식에 관한 것이 포함된다. 가장 중요한 것은 바빌로니아 천문학과의 접촉과정에서 엄밀한 계량적 예측이라는 목표를 정당하게 평가하게 되었다는 점이다. 그는 기하학 모델을 수치(數値)로 환산하는 방법을 최초로 개발한 인물이기도 했다. 이론과 관찰을 계량적으로 일치시켜야 할 필요성은 바로 그의 영향력에 힘입어 그리스 천문학에 침투했으며, 그리스 천문학의 면모를 일신했다.18) 이러한 변모의 결과를 알기 위해서는 우리는 다시 프톨레마이오스의 작품으로 돌아갈 필요가 있다.

클라우디오스 프톨레마이오스(Claudius Ptolemy: 기원후 150년경에 활동)는 알렉산드리아 박물관 및 그 부속 도서관에 소속된 인물이었다. ("프톨레마이오스"라는 이름 때문에 자주 혼란이 야기된다. 그 이름은 옛 프톨레마이오스 왕조의 후손임을 뜻하는 것이 아니라, 알렉산드리아라는 대도시의 한 지역 명칭이었다. 이 명칭을 시민들이 "부족명"으로 사용했던 것으로 보인다. 그것이 토착 부족명이라는 사실은, 클라우디오스 프톨레마이오스가 알렉산드리아의 옛 지식인들처럼 이민자였던 것이 아니라 알렉산드리아 토착 시민 출신이었다는 것을 알려준다는 점에서 중요하다.) 세월의 흐름을 멀리서 조망하다 보면 긴 세월이 짧게 느껴질 때가 있다. 이런 착각을 피하려면, 프톨레마이오스가 히파르코스보다 3백 년 늦게, 유독소스보다는 5백 년 늦게 활동한 인물이었음을 기억할 필요가 있다. 그는 그 사이에 진척된 이론적 발전의 수혜자였으며, 그리스와 바빌로니아에서 수세기 동안 축적된 천문학 관측결과를 이용할 수 있는 유리한 위치에 있었다. 미숙한 관측 데이터도 긴 세월이 흐르다 보면 엄밀한 이론적 결론으로 귀결되는 사례는 얼마든지 있다. 누구보다 히파르코스가 좋은 선례이다. 그는 기원전 2세기까지 축적된 데이터를 이용했을 뿐이지만, 오늘날로 치

---

18) Otto Neugebauer, "Apollonius' Planetary Theory"; Toomer, "Hipparchus". 헬레니즘 시대의 천문학을 보다 포괄적으로 다룬 것으로는 Neugebauer, *Ancient Mathematical Astronomy*, vol. 2, pp. 779~1058을 참조할 것.

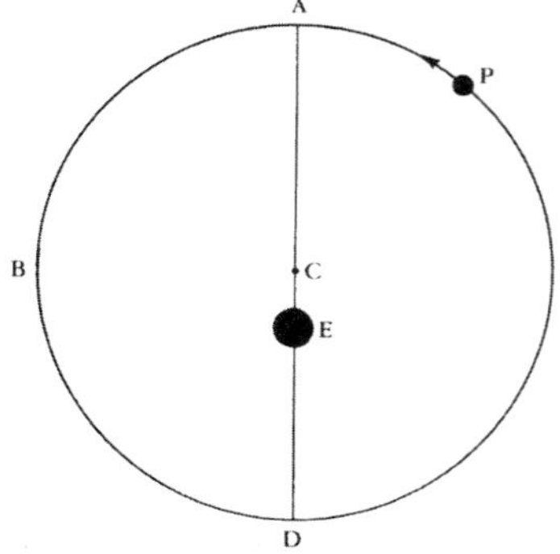

[그림 5.9] 프톨레마이오스의 이심원 모델.

면 1초 정도의 오차범위로 음력월의 평균길이를 계산하는 능력을 보여주었다.[19]

헬레니즘 시대의 수학은 세련된 수준으로 성장을 거듭했지만, 동시대의 수학적 천문학은 그 수준을 따라잡지 못한 터였다. 그러나 헬레니즘 시대 말기에 활동한 프톨레마이오스는, 5백 년 전의 유독소스로서는 상상조차 힘들었던 수준의 수학 계산능력을 행성천문학에 적용할 수 있었다. 물론 프톨레마이오스 모델은 유독소스 모델과 동일한 목표를 추구했다. 통일적인 원 운동들을 결합해서 행성들이 관측되는 위치(즉, 속도와 방향에서의 뚜렷한 변화)를 설명하는 것이 그들 공통의 목표였던 바, 프톨레마이오스 모델은 행성들의 향후 위치까지 정확하게 계산가능하다는 점에서 그 목표에 한 걸음 더 다가선 것이었다. 그렇지만 그가 사용한 수학 테크닉은 크게 달랐다.

첫째로 프톨레마이오스는 구형 대신 원을 사용했다. 그의 체계에서 어떻게 통일적인 원 운동들이 불규칙성을 드러내는 데 사용될 수 있는지를

19) 프톨레마이오스에 관한 입문서로는 Lloyd, *Greek Science after Aristotle*, 8장, 그리고 Crowe, *Theories of the World*, 3~4장을 참조할 것. 더욱 전문적인 논의로는 G. J. Toomer, "Ptolemy," *Dictionary of Scientific Biography*, vol. 11, pp. 186~206; Neugebauer, *Ancient Mathematical Astronomy*, vol. 1, pp. 21~343; Olaf Pedersen, *A Survey of the Almagest*; Ptolemy, *Almagest*, ed. and trans. G. J. Toomer 등을 참조할 것.

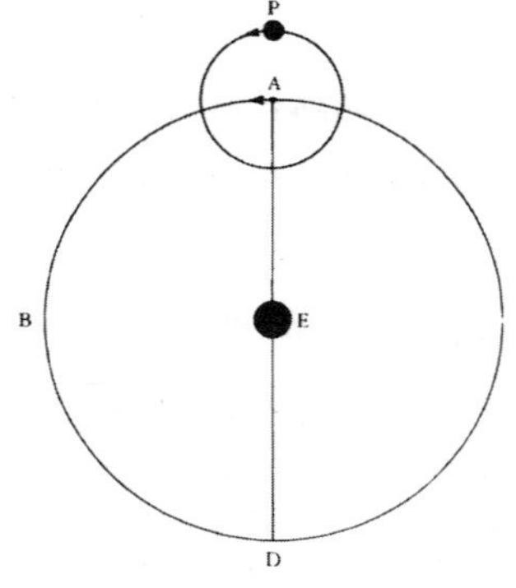

[그림 5.10] 주전원이 주축원에 부속된 프톨레마이오스의 모델(행성이 주축원의 바깥쪽에 위치한 경우).

검토해보기로 하겠다. [그림 5.9]에서 ABD로 이어지는 원주를 행성의 궤도라 보고, 행성 P가 그 궤적을 따라 규칙적으로 이동한다고 가정해보자. 행성 P의 운동이 규칙적이면, 그것이 일정한 시간을 이동할 때 중심 C와 형성하는 각도도 일정해야 할 것이다. 그리고 규칙적 회전의 중심인 C가 관측지점과 일치한다면(즉, C가 지구의 위치라면), 행성 P의 운동은 규칙적일 뿐만 아니라 규칙적인 것으로 〈관측될〉 것이다. 반면에 규칙적인 회전의 중심과 관측지점이 일치하지 않는다면(예컨대 지구의 위치가 E라면), 행성 P의 운동은 불규칙적인 것으로 관측될 것이다. 말하자면 P는 A쪽에 접근할수록 느려지는 듯이 보이고, D쪽에 접근할수록 빨라지는 듯이 보일 것이다. 바로 이것이 이심원(異心圓) 모델이다.

불규칙운동의 간단한 사례, 예컨대 황도를 도는 태양의 운동과 이로 인한 사계절의 비대칭성은 이심원 모델에 의해 쉽게 설명될 수 있다. 그렇지만 한층 복잡한 사례를 설명하기 위해서는 '주축원(主軸圓)에 부속된 주전원(周轉圓)'(*epicycle-on-deferent*) 모델을 도입할 필요가 있음을 프톨레마이오스는 알았다. [그림 5. 10]에서처럼 ABD로 이어지는 주축원(행성을 운반하는 원)을 두고, 그 원주상에 중심을 둔 작은 원, 즉 주전원을 그려보자. 행성 P는 주전원을 그리면서 규칙적으로 운동하며, 그 사이에 주전원의 중심은 주축원의 원주를 따라 규칙적으로 이동하게 될 것이다. 따라서 E지점의 관찰자는 두 종류의 규칙적 원 운동이 결합된 양상을 보게 된다. 이러한 결합운동이 정확하게 어떤 성격을 갖느냐는 것은 어떤 값을 선택하느냐에 따라(즉, 두 원의 상대적 크기를 어떻게 결정하고, 운동의 속도와 방향을 얼마로 계산하느냐에 따라) 다르겠지만, 이 모델이 큰 잠재력을 가진 것이었음은 의심의 여지가 없다. [그림 5.10]에서처럼 주전원상의 행성 P가 주축원의 바깥쪽에 위치할 때, 지구에서 관측되는 P의 운동은 두 운동의 합계(P가 주전원상에서 움직이는 거리와 주축원상에서 주전원이 움직이는 거리를 합친 것)가 될 것이며, 따라서 그 지점에서 최대속도를 갖는 듯이 보일 것이다. [그림 5.11]에서처럼 P가 주축원의 안쪽에 위치할 때에는 (지구에서 보면) 주전원 운동과 주축원의 원주를 이동하는 운동은 서로 반대를 향할 것이며, 따라서 관측되는 P의 운동은 양자의 차에 의해 결정될 것이다. P의 운동이 그 두 운동보다 크다면 P는 역행하는 듯이 보일 것이요, 실제로 주기적인 역행운동을 수행하게 될 것이다. 이 역행운동은 [그림 5.12]에서 예시되고 있다.

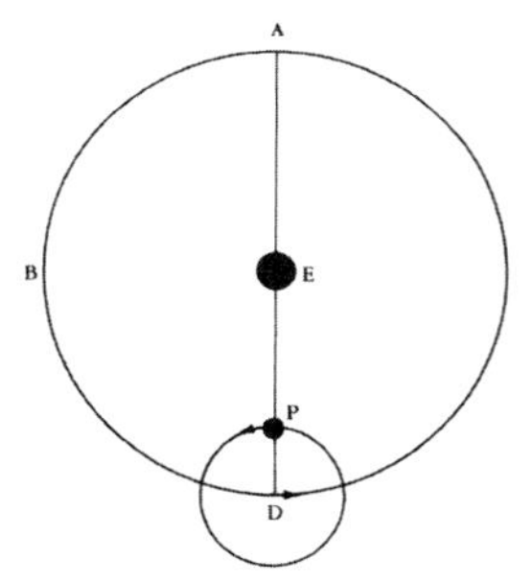

[그림 5.11] 주전원이 주축원에 부속된 프톨레마이오스의 모델(행성이 주축원의 안쪽에 위치한 경우).

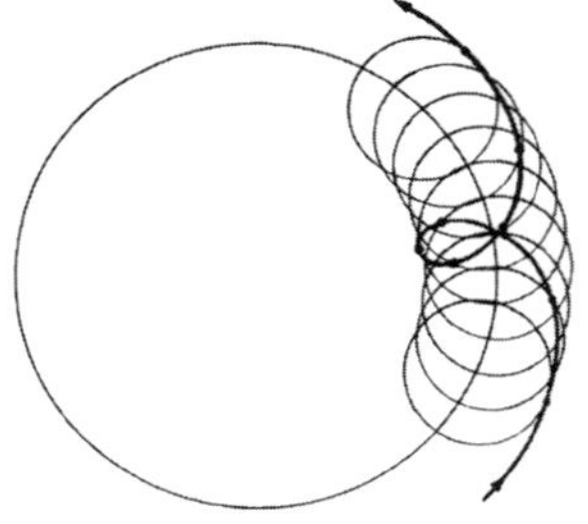

[그림 5.12] 주축원에 부속된 주전원 모델에 의해 설명되는 역행운동. 주전원이 주축원의 원주상에서 시계 반대방향으로 이동할 때, 행성은 주축원의 원주상에서 시계 반대방향으로 이동한다. 행성의 실제경로는 굵은 선으로 표시된 것이다.

위의 모델은 모든 행성의 실제운동과 그 구성요소가 균일하고 원 모양으로 이루어진다는 전제조건을 확고한 토대로 삼는다. 실제로 그리스 천문학자들은 통일적인 원 운동을 "독단론"에 가깝게 신봉했으며, 이런 이유에서 비판의 표적이 되곤 한다. '과학자'에게 이런 종류의 (다른 종류도 마찬가지겠지만) 선험적 가정은 정당하지도 어울리지도 않는다는 것이다. 이런 비판은 정당한가? 진실을 말하자면, 과학자는 옛날이든 지금이든, 〈언제나〉 우주의 본성에 대해 강력한 선입견을 갖고 연구에 착수한다. 우주의 본성을 표현하려면 어떤 모델을 사용하는 것이 좋을지에 대해서도 분명한 견해가 있기 마련이다. 프톨레마이오스의 경우에 통일적 원 운동이라는 전제조건은 무엇보다 연구의 본성에 의해 정당성을 부여받았다. 그의 목표는 관련 관측 데이터를 동원해서 행성운동을 복잡한 구석까지 기술하는 것이었을 뿐만 아니라, 복잡한 행성운동을 가장 단순한 구성요소로 분해해서 표면적 무질서의 기층에 실재하는 질서를 발견하는 것이기도 했다. 이렇듯 근본질서를 드러내는 가장 단순한 운동이 바로 통일적 원 운동이었던 것이다.

통일적 원 운동에 기초한 모델을 채택하지 않을 수 없도록 만든 다른 요인도 고려할 필요가 있다. 첫째로 고려할 것은 상식의 위력과 전통의 무게이다. 천체현상의 순환적이고 반복적인 본성에 비추어, 모든 천체의 운동이 그 밑바탕에서는 통일적이고 원으로 이루어진다는 생각은 이미 오래전부터 뿌리내린 것이었다. 둘째, 통일적 원 운동이 전제되지 않았다면 계량적 예측도 불가능했을 것이다. 프톨레마이오스가 측량에 사용한 "삼각법"은 다른 종류의 운동에는 거의 적용될 수 없는 것이었기 때문이다. 셋째로 미학적, 철학적, 종교적 요인도 고려되어야 한다. 하늘은 언제나 특별한 존중의 대상이었기 때문에 천체에 대해서도 가장 완전한 모양과 운동이 요구되었다. 끝으로 1400년 뒤에 출현한 코페르니쿠스가 프톨레마이오스와 결별한 지점을 되짚어보는 것도 유익하다. 코페르니쿠스가 분개한 것은 프톨레마이오스가 통일적 원 운동에 충실했기 때문이 아니라 불충실하다고 느꼈기 때문이었다. 역주〔6〕

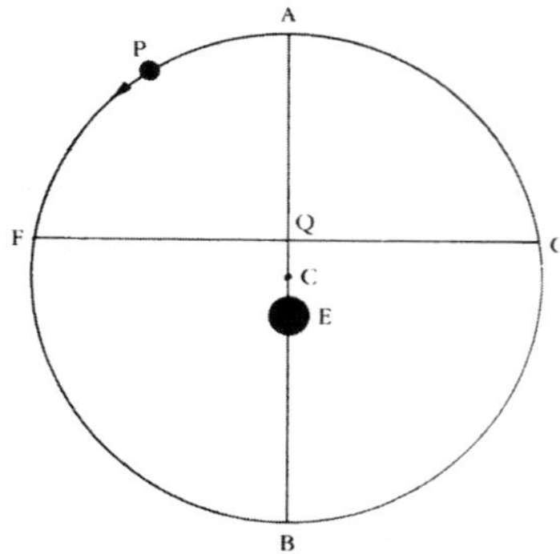

[그림 5.13] 프톨레마이오스의 이심점 모델.

어쨌든 이심원 모델과 '주축원에 부속된 주전원' 모델은 통일적 원 운동에 기초한 덕택에 큰 위력을 발휘할 수 있었다. 그러나 두 모델은 행성 운동의 일부를 설명하지 못하는 취약점도 가지고 있었다. 이를 해결하려면 또 하나의 모델이 필요했다. 이심점(*equant*) 모델이라는 이름을 얻게 된 모델이 그것이다. [그림 5. 13]에서처럼 중심을 C에 두고 AFB로 이어지는 이심원을 상정해보자. 그리고 지구의 위치를 E에 두기로 하자.

프톨레마이오스는 (통일적 원 운동에 대한 일반적 정의에 따라) 행성 P가 원 궤도로 일정한 시간을 이동할 때마다 그것이 중심과 이루는 각도도 일정하다고 주장하지 않았다. 그 대신 그는 이심점, 즉 중심을 벗어난 Q 지점에서 관측될 때 행성 P는 일정한 시간에 일정한 각도를 이루게 된다고 주장했다. (Q지점이 선택된 것은 CE와 CQ의 거리가 같기 때문이다.) 행성 P가 A부터 F까지 호선을 그리며 이동한다는 것은 곧 그것이 직각 AQF를 모두 소화했음을 뜻한다. 그 직각과 호를 소화하는 기간이 3년이라고 가정해보자. 그러면 다음 3년 동안 행성 P는 다음번 직각 FQB를 소화할 것이며, 이에 상응하는 호 FB를 따라 이동해야 할 것이다. 3년이 더 지나면 P는 직각 BQG를 소화하여 B부터 G까지 이동해 있을 것이다. 그렇다면 행성 P가 지나간 호들을 비교해보자. 행성 P는 AF보다는 FB를 더욱 빠른 속도로 지나갈 것이다. 행성 P는 A로부터 B로 나아가는 동안에는 속도를 점점 높일 것이며, B로부터 A로 진행하는 동안에는 속도를 점점 낮출 것이다. 이 같은 변속운동을 E지점(중심 C를 기준으로 이심점의 정반대 지점)에서 관측하면, 그 변속성을 더욱 두드러져 보이게 할 뿐이다. 프톨레마이오스가 이심점 모델을 채택한 것은 바로 이러한 문제점을 해결하기 위해서였다. 그렇게 함으로써 그는 원주에 따르는 운동의 통일성을 포기하는 대신, (비록 정중앙을 중심으로 회전하는 것은 아니지만) 규칙적 원 운동의 통일성을 확보할 수 있었던 것이다. 이렇듯 약화된 통일성이 과연 만족스러운 것인지의 문제는 16세기에 코페르니쿠스에 이르러서야 제기되었다. 그 이전까지는 프톨레마이오스 모델이 성공적인 행성 모델의 발전을 주도했다. 더 강력한 수준의 통일성을 확보할 필요성이 고민될 수도 있었겠지만, 프톨레마이오스 모델의 뛰어난 예측능력이 그 같은 고민을 압도한 탓이었다.

이심원 모델, 주축원에 부속된 주전원 모델, 그리고 이심점 모델. 세 모델은 똑같이 원 운동을 이용해서 (그 통일성이 철저하든 다소 철저하지 못하든 간에) 겉보기에 불규칙한 천체운동을 각자 나름대로 효과적으로 설명한 방법이었다. 하지만 세 모델은 함께 결합될 때 비로소 충분한 위력을 발휘할 수 있었다. 이심원과 '주축원에 부속된 주전원'은 모두 지구와 중심이 다른 원 궤적(*deferent*)을 상정한다는 점에서 쉽게 결합될 수 있었다. 여기에 이심점이 더해지는 것은 주전원의 중심이 이심점에서 관측될 때에만 동일한 시간에 동일한 각도를 소화할 수 있기 때문이었다. 이심원 중심이 지구 주위를 도는 것도 가능해졌는데, 실제로 프톨레마이오스는 달의 운동을 설명하기 위해 이 모델을 사용했다.[20] 금성이나 화성이나 목성이나 토성에 적용될 수 있는 가장 전형적인 모델은 [그림 5.14]에서 예시된 것이다. ABD는 중심을 C에 둔 이심원 궤적이다. 지구는 E에 위치하며 Q는 이심점이다. 행성은 주전원을 따라 규칙적으로 이동하며 주전원의 중심은 (그것이 소화한 각도를 기준으로 계산할 때) 이심점 Q의 주위를 규칙적으로 이동한다. 그리고 지구 E로부터 그 운동이

20) Toomer, "Ptolemy," pp. 192~194.

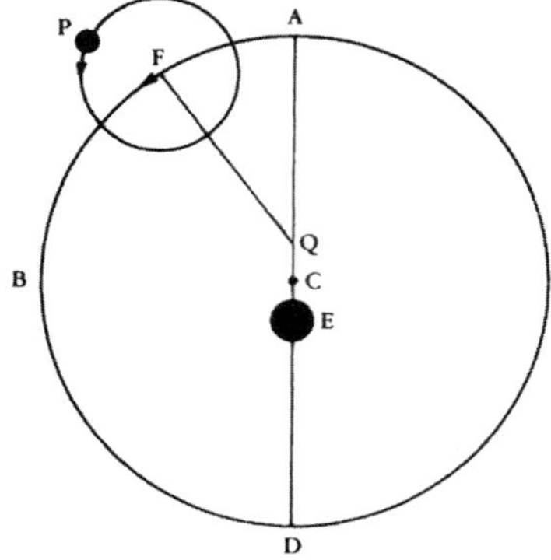

[그림 5.14] 외행성에 대한 프톨레마이오스의 모델.역주[7] 이심점 Q를 중심으로 선분 QF는 동일한 시간에 동일한 각도만큼 이동한다.

관측된다. 이런 모델은 행성마다 약간씩의 차이는 있지만 모든 행성에 적용될 수 있었으며, 특히 행성위치의 예측에서 성공적임이 입증되었다. 이 같은 성공은 그 모델이 쉽게 교체되지 않고 장수한 비결이었다.

프톨레마이오스는 수학적 활동에만 전념했던 것 같다. 실제로 자신의 수학적 모델을 담은 논고에 붙인 이름도 "수학적 집성"(*Mathematical Syntaxis*)이었다. 역주[8] 이 작품의 서문에서 그는 천체운동의 신성한 원인이나 사물의 물질적 본성에 관한 사색은 '추측'으로 귀결될 뿐임을 지적하면서, 확실한 결론에 도달하려면 수학방법이 유일한 방법임을 천명했다. 더욱이 그 작품은 도처에서 천문학 모델의 선택기준은 수학적 단순성이라고 주장하기도 했다. 이것은 그가 물리적 설득력에는 그리 관심이 없었다는 뜻으로 해석될 수 있는 대목이다.

그러나 면밀히 검토해보면 프톨레마이오스의 분석에는 수학 외적인 고려도 포함되어 있음을 알 수 있다. 프톨레마이오스는 지구 중심성과 지구의 고정성을 물리적으로 논증했다. 이런 논증은 그에게 수학적 가설이었을 뿐만 아니라 물리적 믿음이기도 했다. 그는 천체계의 본성에 관해 논증하면서, 천체계에는 지상계와 달리 운동의 장애물이 없다는 물리적 견해를 피력했다. 《행성에 관한 가설들》이라는 또다른 논고에서는, 수학적 모델을 물리적으로 구체화하려 노력하기도 했다.[21] 프톨레마이오스가 수학적 방법에 헌신한 것은 분명하지만, 그의 수학적 분석은 물리적 관심을 배제했다기보다 전통적 자연철학의 틀 안에서 수행된 것으로 볼 수 있다.

우주에 대한 물리학적 관심에도 불구하고 굳이 '균형'을 따지자면, 프톨레마이오스의 천문학 연구는 수학적 분석 쪽으로 기울어져 있었다. 그가 중세와 르네상스 시대에 심대한 영향을 미친 것도 수학이라는 수단을 사용해서 "현상의 구제"에 헌신한 수학자로서였다. 역주[9] 실제로 아리스토텔레스와 프톨레마이오스는 천문학 사업의 양극단을 상징하는 인물이 되었으니, 전자가 물리구조에 대한 의문에 천착했다면 후자는 수학적 모델의 충실한 정립에 심혈을 기울였던 것이다.

6. 광 학

고대에 수학을 성공적으로 응용한 두 번째 분과는 광학이었다. 특히 광학에 포함되는 빛과 시각에 대한 연구는 태고 시절부터 늘 연구와 사색의 대상이었다. 시각은 우리가 살아가는 세상에 관해 거의 모든 것을 배울 수 있도록 해주는 감각으로 여겨졌다. 빛 역시 세상에서 가장 요긴하고 가장 큰 즐거움을 주는 것으로 여겨졌다. 빛은 시각의 도구일 뿐만 아니라 햇빛의 형태로 열과 생명을 공급하는 것이기도 했기 때문이다.

제대로 발전한 자연철학치고 시각의 문제를 다루지 않은 것은 없다. 원자론자에 따르면 시각이 가능한 것은 관찰대상으로부터 방출된 원자들이 (이미지 형태로) 눈의 얇은 망막에 찍히기 때문이었다. 플라톤은 《티마이오스》에서 다른 견해를 제시했다. 관찰자의 눈에서 불이 방출되고 그 불이 햇빛과 결합해서 하나의 매질을 형성하는 바, 그 매질은 관찰대

21) Bernard R. Goldstein, *The Arabic Version of Ptolemy's "Planetary Hypotheses"*; G. E. R. Lloyd, "Saving the Appearances". 또한 이 책의 11장도 참조할 것.

상과 관찰자의 눈을 이어주며, 관찰대상에서 발생한 "운동"은 그 매질을 통해 눈으로, (그리고 최종적으로는) 영혼으로 전달된다는 것이었다. 또한 아리스토텔레스는 태양 같은 발광체의 조명을 받으면 잠재적 투명매질이 현실화된 투명매질로 전환된다는 견해를 피력했다. 빛이란 그 현실화된 투명매질의 상태를 일컫는 바, 그 투명매질은 유색의 물체와 접촉하면 다시 유색매질로 변화하며, 이처럼 유색으로 변화된 매질이 관찰자의 눈에 전달되면 그 유색물체에 대한 시지각(視知覺)을 유발한다는 것이었다.[22]

우리가 먼저 살펴볼 것은 아리스토텔레스 후속세대의 수학적 시각이론이다. 기원전 300년경에 유클리드는 《광학》이라는 저서를 집필했다. 여기서 그는 시각의 작용을 정의했으며 시선(*visual perspective*)의 이론을 제시했다. 그는 관찰자의 눈으로부터 원추양상으로 직선의 빛줄기들이 방출된다고 주장했다. 우리는 그 빛줄기들이 다다르는 사물만을 볼 수 있다. 따라서 그 빛줄기들로 이루어진 시각원추에서 꼭짓점은 관찰자의 눈이요 관찰대상은 밑면이 된다. 시각원추를 이렇게 정의한 뒤에, 유클리드는 원추라는 기하학적 도형을 이용해서 원근에 대한 기하학 이론을 전개했다. 《광학》의 주요원리 가운데 두 가지만 추려보자. 우선 어떤 관찰대상의 눈에 보이는 크기는 어떤 각도로 지각되느냐에 따라 다르다는 공준(公準)이 있다. 다른 하나는 관찰대상의 위치에 관한 공준이다. 어떤 대상의 위치는 눈에서 방출된 빛줄기들의 원추 안에서 그 대상이 어디에 위치하느냐에 따라 결정된다는 것이다(이를테면 그 원추 안에서 더 높은 곳의 빛줄기에 의해 관찰된 사물은 관찰자에게 더 높은 것으로 보인다). 나아가 《광학》의 명제들은 관찰대상이 관찰자와의 공간적 관계에 따라 다르게 보이게 되는 현상을 분석한다. [그림 5. 15]의 예를 살펴보자. 이 사례는 어떻게 더 멀리 있는 대상이 시각원추에서 더 높은 빛줄기를 가로

---

22) 고대의 시각이론에 관해서는 David C. Lindberg, *Theories of Vision from al-Kindi to Kepler*, 1장.

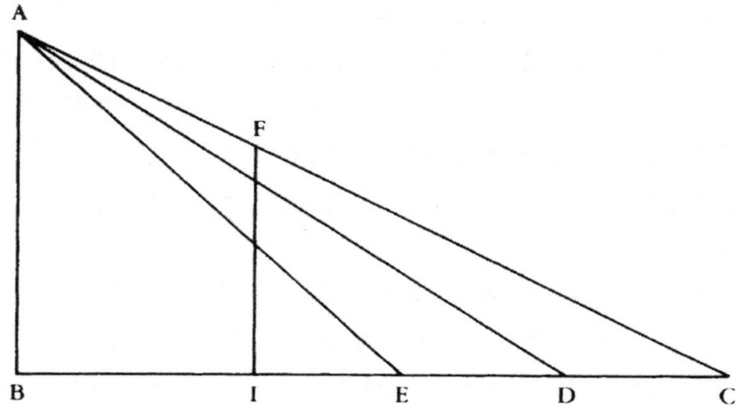

[그림 5.15] 시각에 대한 유클리드의 기하학적 접근. A는 관찰자의 눈이며 AEC는 관찰자의 눈에서 방출된 시각원추이다. 관찰된 지점 중 가장 멀리 떨어진 C는 빛줄기 AC에 의해 볼 수 있는데, 시각원추 안에서 AC는 관찰된 지점 D를 볼 수 있게 해주는 빛줄기인 AD보다 높은 위치를 차지한다(AC가 시각원추를 수직 절단한 평면 FI의 어느 지점을 통과하는지에 대해서도 주목할 필요가 있다).

채 더 높은 것으로 보이게 되는지를 설명해준다. 이것은 대단히 흥미롭고 인상적인 수학적 분석으로 후대에 큰 영향을 미친 것이었다. 그러나 수학적 성과만 추켜세우는 것은 곤란하다. 그의 이론은 아리스토텔레스 같은 선배들이 시지각 과정에 중요하다고 믿은 여러 요소(매질, 관찰대상과 눈 사이의 물리적 관계, 시지각 행위 등)를 별로 논의하지 않았다는 것도 유의할 필요가 있다. 만일 우리의 관심이 기하학적으로 분석된 내용에 국한된다면 유클리드의 이론은 매우 뛰어난 업적이라고 하겠지만, 우리의 관심이 기하학과 무관한 시각특징들로 확장되면 그의 이론은 별 도움이 되지 못할 것이다.[23]

---

23) 시각에 대한 기하학적 접근에 관해서는, 특히 A. Mark Smith, "Saving the Appearances of the Appearances"를 참조할 것. Albert Lejeune, *Euclid et Ptolémée*, 그리고 Lindberg, *Theories of Vision*, pp. 11~17도 참조할 것.

헬레니즘 시대의 기하학적 광학에서 기념비적인 작품은 유클리드보다 450년 후에 등장한 프톨레마이오스의 것이었다. 프톨레마이오스는 천문학자로서 유명하지만, 뉴턴 이전에 작성된 주요 광학작품 중 하나의 저자이기도 하다. 프톨레마이오스의 《광학》은 불완전한 판본만이 전해지지만 이것만으로도 그가 이룬 업적의 본성을 살피기에는 부족함이 없다.[24)]

프톨레마이오스는 유클리드 광학의 편협한 기하학을 따르기보다 종합이론을 정립하기 위해 노력했다. 그는 유클리드의 기하학적 시각이론에 덧붙여, 시지각 과정의 물리적·심리적 측면에 대한 철저한 분석을 접목하고자 했던 것이다. 양눈 시각과 외눈 시각에 모두 적용될 수 있는 시각원추 이론을 제시하는 동시에, 눈에서 방출되는 빛, 빛과 관찰대상 사이의 상호작용 등을 분석함으로써 유클리드의 이론을 살찌울 수 있었다. 이 같은 물리적 측면이 프톨레마이오스가 기하학에서 이룬 업적을 훼손하지는 않는다. 오히려 그의 작품에서 큰 비중을 차지하는 기하학은 시각과 빛에 대한 기하학적 접근법을 확산함에 있어 중요한 역할을 한 것으로 알려져 있다.

기하학의 관점에서 판단할 때, 프톨레마이오스의 《광학》에서 가장 인상적인 대목은 반사이론과 굴절이론이라고 생각된다. 유클리드나 헤론 같은 여러 선배학자들은 거울에 관해 상당한 연구성과를 축적해놓은 상태였는데, 프톨레마이오스는 선배들의 업적에 의존해서 자기 나름의 이론을 정립했다.[역주〔10〕] 그가 제시한 것은 반사에 대한 종합해설이었다. 〔그림 5.16〕을 참조해가면서 그 내용을 정리해보기로 하겠다. ABC를 거울의 표면, O를 관찰된 지점, E를 눈이라고 하자. (빛줄기는 관찰자의

---

24) 프톨레마이오스의 광학에 관련된 사항들은 Albert Lejeune, *Recherches sur la catoptrique grecque*; Lejeune, *Euclide et Ptolémée*; A. Mark Smith, "Ptolemy's Search for a Law of Refraction"을 참조할 것. 프톨레마이오스의 《광학》의 불어 번역본으로는 *L'Optique de Claude Ptolémée*, ed. and trans. Albert Lejeune을 참조할 것.

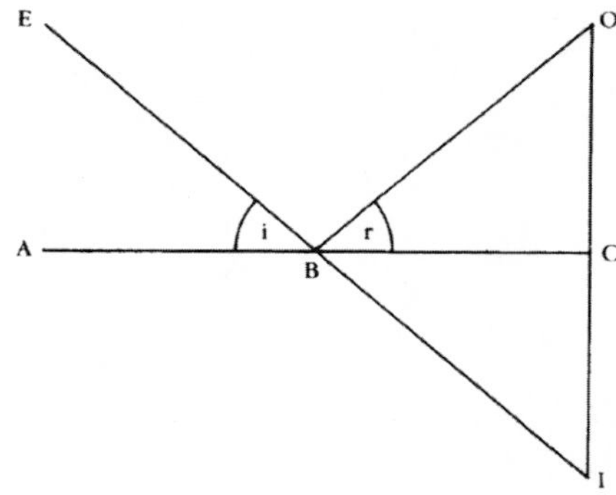

[그림 5.16] 프톨레마이오스가 정의한, 반사 빛줄기에 의한 시각.

눈으로부터 관찰된 지점으로 이동한다는 것을 기억하자.) 프톨레마이오스의 논증은 세 단계로 진행된다. 첫째, 입사 빛줄기 EB와 반사 빛줄기 BO는 거울평면과 예각을 이루는 또 하나의 평면(EBO)을 만든다. 둘째, 입사각 i는 반사각 r과 동일하다. 셋째, O의 상이 맺히는 위치는 I이다. 이 지점(I)은 눈에서 방출된 빛줄기의 연장선(EBI)이 (관찰된 지점으로부터 반사표면 쪽으로 떨어지는) 수직선(OCI)과 교차하는 지점이기도 하다. 관찰자는 자기 눈에서 방출된 빛줄기가 거울표면에서 반사에 의해 굴절됨을 '인식'하지 못하며, 따라서 대상물이 그 빛줄기의 연장선상에 위치한 것으로 판단한다. 프톨레마이오스는 비슷한 원리를 사용해서 오목거울과 볼록거울에서의 반사를 설명하기도 했다. 뿐만 아니라 그는 반사에 의해 맺히는 이미지가 어떤 위치, 어떤 크기, 어떤 모양을 갖는지를 다룬 일련의 인상 깊은 정리(定理)를 제시하기도 했다. 그렇지만 무엇보다 흥미롭고 중요한 업적은, 그가 자신의 이론을 검증하기 위해 실험에 착수했다는 점이다.

프톨레마이오스의 반사이론은 유클리드와 헤론의 연구에 기댄 것이었지만, 그의 굴절이론은 거의 새로운 것이었다. 물론 기본적 굴절현상, 이를테면 젓가락을 물에 절반만 담글 때 젓가락이 '꺾인 듯이' 보이는 현상은 오래전부터 잘 알려진 것이었다. 그러나 프톨레마이오스는 굴절에 대해 엄밀한 수학적 분석을 시도했으며, 여기에 실험검증 과정을 덧붙였

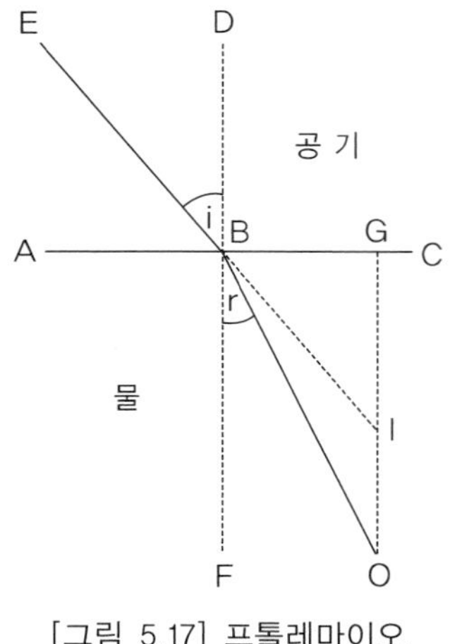

[그림 5.17] 프톨레마이오스의 굴절이론.

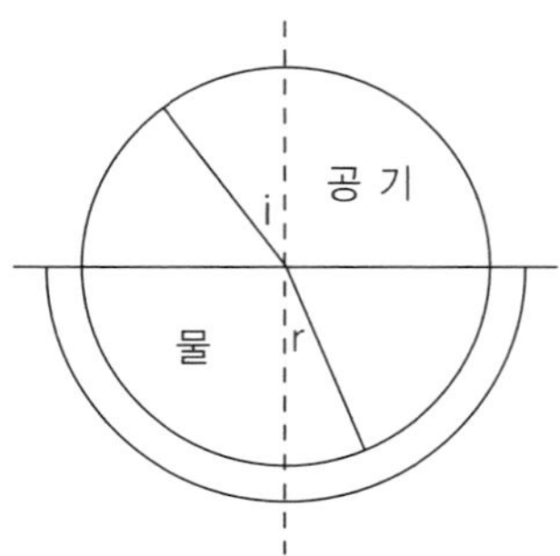

[그림 5.18] 입사각과 굴절각을 계산하기 위하여 프톨레마이오스가 고안한 장치.

다. 빛줄기는 하나의 투명매질로부터 다른 하나의 투명매질로 비스듬히 통과할 때, 두 매질이 서로 다른 광학적 밀도를 갖는다면 두 매질의 접촉면에서 꺾이게 되는데, 그 꺾임의 정도는 밀도가 더 높은 매질에서 더욱 가파르다는 것이다. [그림 5. 17]에서 ABC는 위쪽의 공기와 아래쪽의 물이 맞닿은 접촉면이고, DBF는 접촉면과 수직을 이룬 선이며, E는 관찰자의 눈이며, O는 관찰대상 지점이다. 그러면 입사각 EBD는 언제나 굴절각 OBF보다 크다. O의 이미지가 맺히는 지점은 I인데, 입사 빛줄기 EB의 연장선은 바로 이 지점(I)에서 (관찰된 지점에서부터 굴절면으로 그어진) 수직선 OG와 교차한다.

입사각과 굴절각 사이에 수학적 비례관계가 있을까? 프톨레마이오스는 그런 비례관계를 발견하려면 독창적 실험이 필요하다고 판단했다. 그가 실험도구로 사용한 것은 놋쇠원판(圓板)이었다. 그는 원판의 원주에 눈금을 표시해서 세 쌍의 매질(공기와 물, 공기와 유리, 물과 유리)에서 각각의 입사각과 이에 상응하는 굴절각을 측정했다([그림 5. 18] 참조). 그는 애초에 기대한 비례관계를 발견하지도, 오늘날의 사인에 기초한 법칙(*sine law*) 같은 관계도 발견하지 못했지만, 데이터상의 일정한 수학적 패턴을 파악했다(어쩌면 역으로, 수학적 패턴에 맞추어 데이터를 선택하거나 조정했을 수도 있다).[25] 프톨레마이오스가 후세에 물려준 유산은 그밖에도 많다. 굴절의 기초원리를 철저하게 파악한 것이 그러했고, 실험연구의 명시적이고도 설득력 있는 선례를 남긴 것이 그러했으며, 중요한 일련의 측정 데이터를 제공한 것이 그러했다.

7. 중량에 관한 과학

수학적 분석에 치중한 헬레니즘 시대의 세 번째 분과는 중량이나 균형을 다룬 과학이다. 앞의 두 분과에 비해 이 분과는 수학적 분석에 더욱 철저하게 귀속되었다. 천문학과 광학의 경우는 비록 인상 깊은 수학화가 진척되기는 했지만, 수학적으로는 답할 수 없는 중요한 물리적 문제가 여전히 남아 있었다. 이와 대조적으로 균형의 과학에서는 물리적 문제가 수학적 문제로 거의 완전하게 환원될 수 있었다.[26]

문제의 핵심은 저울대나 지렛대의 작용을 설명하는 데 있었다. 예컨대 저울대나 지렛대의 양끝에 걸린 무게가 (수평길이만을 계산하자면) 각기 받침점으로부터의 거리와 반비례할 때 균형을 이루게 된다는 사실은 어떻게 설명될 수 있는가? [그림 5. 19]에서처럼 저울대의 한쪽 끝에 10의 무게를 달고 다른 쪽 끝에 20의 무게를 달면, 전자에서 받침점까지의 길

25) 예를 들면 프톨레마이오스는 빛이 공기로부터 물을 통과하는 경우에 대해, 여러 입사각과 그 각각에 상응하는 여러 굴절각을 비교하여 다음과 같은 표를 구성했다.

입사각	10도	20도	30도	40도	50도	60도	70도	80도
굴절각	8도	15½도	22½도	29도	35도	40½도	45½도	50도

굴절각의 연속계열에서 편차를 차례로 나열하면, 7½도, 7도, 6½도, 6도, 5½도, 5도, 4½도임을 알 수 있다. 이 결과에 대한 분석은 Lejeune, *Recherches*, pp. 152~166; Smith, "Ptolemy's Search for a Law of Refraction"을 참조.

26) Marshall Clagett, *The Science of Mechanics in the Middle Ages*, 1장 참조.

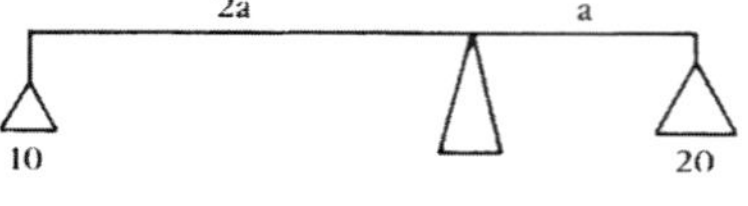

[그림 5.19] 균형상태에 있는 저울대.

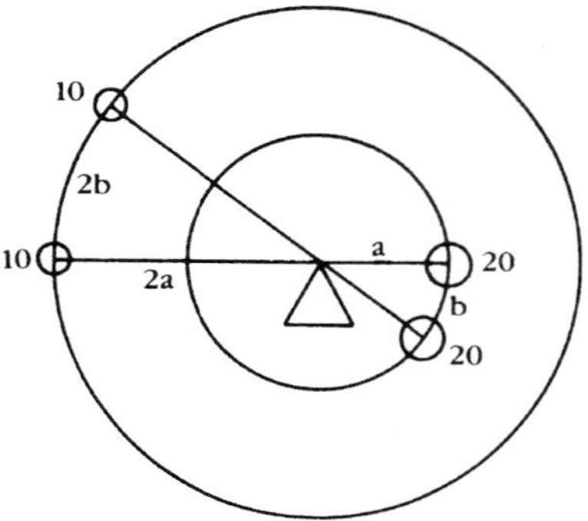

[그림 5.20] 저울대에 대한 동태적 설명.

이가 후자에서 받침점까지의 거리보다 두 배가 될 때 저울대는 균형을 이루게 된다. 이에 대한 설명으로 가장 오래된 것은 《역학의 문제》(*Mechanical Problems*) 라는 책에서 발견된다. 이 책은 아리스토텔레스의 작품으로 알려져 있지만, 실제로는 훗날 아리스토텔레스 학파에서 나온 작품이다. 여기서 우리는 정태적 주제인 균형에 대한 "동태적" 설명과 만난다. 저자의 설명은 이렇다. 균형상태의 저울대를 움직여보면, 저울에 달린 무게의 속도는 그 무게의 크기에 반비례한다는 것이다. 〔그림 5. 20〕에서 20의 무게가 거리 b만큼 이동하는 데 걸리는 시간은 10의 무게가 그 두 배의 거리 (2b) 를 이동하는 데 걸리는 시간과 같다. 이러한 설명에는, 어떤 움직이는 물체의 더 빠른 속도는 그보다 무거운 다른 물체의 무게를 상쇄한다는 관념이 작용하고 있다.

지렛대 법칙에 대한 '정태적' 증명은 유클리드의 작품으로 알려진 한 논고에서 시도되었지만, 아르키메데스의 《평면의 평형에 관하여》(*On the Equilibrium of Planes*) 는 그 완성도를 크게 높였다. 역주〔11〕 아르키메데스는 이 문제를 기하학 문제로 환원하는 데 완전하게 성공했다. 물체가 무게를 갖는다는 것 외에는 그 어떤 물리적 고려도 엿볼 수 없다. 저울대

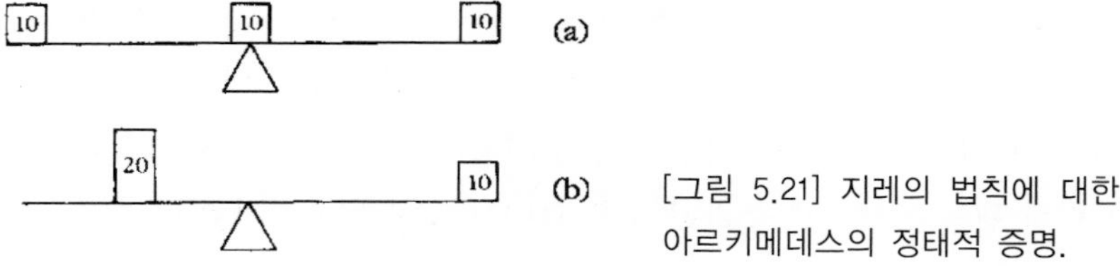

[그림 5.21] 지레의 법칙에 대한 아르키메데스의 정태적 증명.

는 무게 없는 선으로 환원되며 마찰은 무시된다. 무게들은 선상(線上)의 점으로 환원되며 그 선에 대해 수직방향으로 작용한다. 이런 가정에 기초한 증명은 그 형식면에서 유클리드의 것을 닮는다. 증명의 토대는 두 전제이다. 첫째, 받침점으로부터 (서로 반대쪽으로) 같은 거리에 있는 두 개의 무게가 같으면 평형이 이루어진다. 둘째, 동일한 두 무게를 지렛대 팔의 어디에든 놓는다면, 이는 두 무게 사이의 중간지점에 (즉, 양자의 무게중심에) 두 배의 무게를 놓는 것과 같다. 이 두 전제는 기하학적 대칭의 원리에 직관이 더해져서 정립된다. 이에 대한 증명은 간단한 그림으로 그리면 [5.21]과 같다. [그림 5.21]의 (a)에서, 동일한 10의 무게 세 개를 지탱하고 있는 막대는 대칭의 원리에 의해 균형을 이룬다. 그렇지만 [그림 5.21]의 (b)에서 볼 수 있듯이, 그중 두 개의 무게는 둘 사이의 중간지점에 20의 무게를 놓는 것으로 대체될 수 있다. 따라서 20의 무게와 10의 무게가 균형을 이루게 하려면, 전자에서 받침점까지의 거리를 후자에서 받침점까지의 거리의 절반으로 줄이면 된다. 이러한 결론은 지렛대의 법칙으로 손쉽게 일반화될 수 있다.

《평면의 평형에 관하여》에는 그외에도 많은 내용이 들어 있으며, 《뜬 물체에 관하여》(*On Floating Bodies*) 같은 다른 작품도 역학상의 난제를 해결하기 위해 심혈을 기울였다. 그렇지만 지렛대의 법칙만 보아도 그가 얼마나 철두철미하게 자연을 기하학화(幾何學化) 했는지, 그리고 이를 위해 사용한 기술이 얼마나 탁월한 것이었는지를 파악하는 데는 어려움이 없을 것이다. 수학방법으로는 풀 수 없는 과학문제들은 예나 지금이나 여전히 많지만, 아르키메데스는 수학적 분석의 위력을 보여준 상징인물로 남아 있다. 그는 세월이 흐를수록 수학의 승리도 그만큼 커질 것이라고 믿는 사람들에게 늘 영감의 원천이 되었다. 그의 작품들은 중세 동안에는 제한된 영향력만을 행사했다. 그것들이 수학적 과학이라는 강력한 전통의 토대로 부각된 것은 르네상스 시대의 일이었다.[27]

27) 아르키메데스의 작품들에 대한 분석을 보려면, 본 장의 각주 6에 인용된 논고들을 참조할 것.

역 주

역주〔1〕 '언제나 최고로 가치 있는 것이 선택되기 마련'이라는 말은 이론선택의 합리성을 뜻한다. 이러한 견지에서는 다양한 대안이론들이 상존해도 그 가운데서 지배적으로 선택된 것이 최상의 이론이라고 할 수 있다. 이 경우에 과학사는 최상의 이론들이 연속적으로 이어진 역사로 환원될 위험도 없지 않다.

역주〔2〕 최신자료는 헤라클리데스가 기원전 387년 헤라클레아 폰티카(Heraclea Pontica: 현재 터키 지역)에서 태어나 그곳에서 312년에 죽은 것으로 전한다. 또한 그는 플라톤이 시칠리아를 세 번째로 방문한 동안(기원전 360년) 잠시 아카데미아의 임시 책임자로 활동했지만 정식 계승자가 되지는 못했다. 플라톤이 죽은 뒤 아카데미아의 교장직은 스페우스포스(Speusippus)로 이어졌으며 스페우시포스가 죽자(339년) 다시 크세노크라테스(Xenocrates)로 이어졌다. 그러자 헤라클리데스는 고향으로 돌아가 여생을 마쳤다.

역주〔3〕 1스타디움(*stadium*)은 약 185m이므로 252,000스타디아(*stadia*: *stadium*의 복수)는 약 46,620km에 해당한다.

역주〔4〕 여기에서 언급된 아폴로니오스(Apollonius)는 페르가(Perga: 오늘날의 Murtina)에서 기원전 262년경에 태어나 이집트 알렉산드리아에서 190년경에 죽은 인물로서, 그리스의 아폴로니오스라는 이름을 가진 여러 인물들(이를테면 Apollonius of Rhodes)과 혼동되지 말아야 한다. 그는 원추기하학에서의 뛰어난 업적으로 '위대한 기하학자'라는 별명을 얻었다.

역주〔5〕 히파르코스(Hipparchus)는 니케아(Nicaea: 오늘날 터키의 Iznik)에서 190년경에 태어나 그리스의 로도스(Rhodes)에서 120년경에 죽은 천문학자이다.

역주〔6〕 실제로 코페르니쿠스는 프톨레마이오스와 마찬가지로 완전한 원 운동을 상정했다. 타원운동을 도입하여 '원 운동'의 계산상의 문제점을 해결한 것은 티코 브라헤, 갈릴레오, 그리고 케플러의 업적이었다.

역주〔7〕 외행성들(*superior planets*)은 태양으로부터 지구보다 멀리 떨어진 행성들(화성, 목성, 토성)을 말한다. 이에 비해 수성과 금성은 내행성들(*inferior planets*)이다.

역주〔8〕 프톨레마이오스가 집대성한 천문학 작품은 라틴어로 "Syntaxis Mathematicae"라는 이름을 갖고 있다. 흔히 이 책은 "알마게스트"(*Almagest*) 라고 불리는데, 알마게스트는 아랍어로 "가장 위대한 책"이라는 뜻이다. 'syntaxis'가 '지식의 집성'이나 '천재성'을 뜻한다는 점을 감안할 때, 천문 현상들에 대한 13권의 수학논고들로 구성된 그 작품은 "수학적 집성" 정도로 번역될 수 있을 것 같다.

역주〔9〕 '현상들을 구제하기'(*saving the phenomena*) 라는 표현은 어떤 이론이 그것의 불완전성에도 불구하고 관측 데이터들을 설명해줄 수 있는 경우를 가리킨다. 영어에서 'save'와 'solve'는 모두 라틴어 'salve'에서 파생된 것이므로, 현상들을 구제한다는 것과 설명한다는 것은 비슷한 뜻을 갖는다. 그래서 '현상들을 구제하기'는 데이터와 모순되지 않는 귀납추론으로 해석되기도 하며, '인과설명을 결핍한 예측'으로 해석되기도 한다.

역주〔10〕 헤론(Hero of Alexandria) 은 알렉산드리아에서 기원후 1세기에 활동했던 것으로 추정되는 그리스 출신의 수학자이자 발명가이다.

역주〔11〕 실제로 아르키메데스는 알렉산드리아에 있던 유클리드의 학교에서 유클리드로부터 직접 가르침을 받았다. 본문에서 '유클리드의 작품으로 알려진 한 논고'는 원래 아랍어로 작성된 《균형에 관한 책》(*A Book on the Balance*) 이다. 이 작품은 유클리드의 기하학에 의존해서 지렛대 이론을 정립하려는 시도를 담고 있지만, 유클리드의 작품은 아닌 것으로 확인되었다.

제6장

그리스와 로마의 의학

1. 그리스 초기 의학

그리스 의학에 관한 증거는 산만하다. 그리스의 치료관행을 전하는 이야기도 그 대부분은 믿을 만한 것이 못 된다. 그나마 기원전 5세기 이전에 대해서는 문학자료를 참조할 수 있을 뿐이다. 명백히 의학적이라 할 수 있는 저작들이 등장하는 것은 5세기 이후인데, 우리는 그것들을 통해 고전고대와 헬레니즘 시대 의학의 이론과 실제에 접근할 수 있다. 이 의학논고들은 정규교육을 받은 내과의사들의 시각과 견해를 대변하고 있음이 분명하다. 이런 부류의 의사들 대부분은 의학과 철학의 관계 같은 이론적 쟁점에 관심이 있었다. 그렇지만 우리는 그 논고들의 중간 중간에서 당시 민간에서 유행한 의학적 믿음과 요법이라는 방대한 하부구조를 어렴풋이나마 엿볼 기회를 얻을 수도 있다. 이제부터 정규의학과 민간요법이라는 양극단에 초점을 배분하면서 논의를 전개하기로 하겠다.

이미 이 책의 1장에서 이집트와 메소포타미아의 치료전통이 논의된 바 있다. 그리스 문명에서도 비슷한 시기, 즉 대략 기원전 3천 년부터 1천 년까지의 청동기시대에, 그와 유사한 형태의 치료관행이 있었다고 가정해도 큰 무리는 없을 것이다. 이 최초의 그리스인들은 이웃한 근동지역의 주민들과 접촉했음이 분명하다. 실제로 이집트 의학의 믿음과 관행이 큰 영향을 미쳤다는 것을 뒷받침하는 구체적 증거도 남아 있다. 이로 미루어볼 때, 외과와 내과의 기초시술로부터 종교적 주문(呪文)과 꿈 치료에 이르는 매우 다양하고 광범위한 영역에서 치료관행이 정립되어 있었던 것으로 판단된다. 다양한 약과 시술이 활용되었던 만큼, 다양한 수준의 환자가 있었을 것이요, 시술자의 수준도 각양각색이었을 것이다.[1]

초기 그리스의 두 시인 호메로스와 헤시오도스로부터 우리는 청동기 시대 말에 의학관행이 어떠했는지를 알려주는 간접정보를 모을 수 있다. 호메로스의 《일리아드》와 《오디세이》는 역병의 원인을 신에게 돌리는데, 이는 치료를 위해 신께 기도하는 관행이 있었음을 암시한다. 헤시오도스의 경우에도 질병은 신에 기인하는 것으로 고려된다.[2] 치료를 위한 주문(呪文)과 약물처방에 관한 호메로스의 언급 가운데 일부는 이집트에 뿌리를 둔 것으로 보인다. 그는 다양한 종류의 상처를 묘사하며 어떤 경우에는 치료법까지 소개한다. 치료법과 관련하여 호메로스는 치료자들이 특수한 기술이나 직업을 가진 부류로 간주되었다는 사실을 전한다. 그들은 전문기술을 갖추고 그 기술만으로 생계를 유지한다는 의미에서

1) "원시" 그리스 의학은 Fridolf Kudlien, "Early Greek Primitive Medicine"을 참조할 것. 다양한 수준의 시술자들에 관해서는 Owsei Temkin, "Greek Medicine as Science and Craft," 그리고 Lloyd, *Magic, Reason and Experience*, pp. 37~49를 참조할 것. 그리스와 로마의 의학 일반에 관해서는 존 스카보로(John Scarborough)가 작성한 최근 연구성과 목록, "Classical Antiquity: Medicine and Allied Sciences, An Update"를 참조할 것.

2) Ludwig Edelstein, "The Distinctive Hellenism of Greek Medicine"(이 논문은 Edelstein, *Ancient Medicine*, ed. Owsei Temkin and C. Lilian Temkin, pp. 367~397에 재수록되었는데, 특히 호메로스와 헤시오도스의 태도에 관해서는 pp. 376~378을 참조할 것). James Longrigg, "Presocratic Philosophy and Hippocratic Medicine" 역시 참조할 것. 그리스 의학에서 마술과 종교에 관해서는 Ludwig Edelstein, "Greek Medicine and Its Relation to Religion and Magic"; G. E. R. Lloyd, Magic, *Reason and Experience*, 1장; Lloyd, *The Revolutions of Wisdom*, 1장을 참조할 것.

당시의 전문 직업인이었다.

치료의 종교적 측면은 치료의 신 아스클레피오스 숭배에서 가장 분명하게 드러난다. 역주〔1〕 일찍이 호메로스는 아스클레피오스를 위대한 내과의사라고 언급했다. 이후로 그는 신의 반열에 올랐으며 4세기와 3세기에는 민간 치료의식(儀式)의 초점으로 자리잡았다. 그리하여 아스클레피오스 신전들이 속속 들어섰는데, 오늘날 확인된 신전터만 해도 수백여 곳에 달한다. 환자들은 그곳으로 무리지어 몰려들었을 것이다. 치료과정에서 가장 중요한 것은 환상이나 꿈이었다. 환자가 특별한 기도소(祈禱所)에서 빌다가 잠든 사이에, 꿈이나 환상을 통해 치료되는 것으로 가

[그림 6.1] 치료의 신 아스클레피오스의 부조. 아테네 국립 고고학 박물관 소장.

정되었다. 꿈꾸는 동안 치료될 수도 있었지만 꿈에서 얻은 요법을 따름으로써 치료될 수도 있었다. 아스클레피오스 신전의 방문자는 먼저 목욕재계하고 기도와 제사를 드린 뒤에 몸 안을 깨끗이 하는 약〔下劑: *purgatives*〕을 복용하고, 규정식단에 따라 식사했으며, 운동과 오락에 규칙적으로 참여했다. 적절한 제물을 봉헌하여 신께 감사드려야 했음은 물론이다. 당시 가장 유명한 아스클레피오스 신전이 자리잡고 있었던 에피다우로스(Epidaurus)의 터에는 아직도 많은 비석들이 남아 있어, 그곳에서 다양한 치료가 이루어졌음을 증언한다. 크니도스의 안티크라테스(Anticrates of Cnidos)라는 사람에 관해 적은 비석을 예로 들어보자. 그는 창에 눈을 찔려 실명했으며 이를 치료하기 위해 에피다우로스를 방문한 자였다. "그는 잠든 사이에 환상을 경험했다. 신이 창을 뽑아내고는 그의 눈꺼풀 안에 다시 '두 눈동자'를 끼워 맞춘 것 같았다. 날이 밝았을 때, 그는 건강한 모습으로 걸어나왔다."[3] 이 같은 종교의식은 고대의학의 중요한 일부로서 로마 시대까지도 변함없이 지속되었다.

2. 히포크라테스의 의학

기원전 5세기와 4세기에는 옛 치료전통 외에도 새롭고도 한층 세속적이며 더욱 전문적인 의학전통이 성장했다. 이 새로운 의학전통은 당시 철학의 발전에서 영향을 받은 것으로, 코스의 히포크라테스(Hippocrates of Cos: 기원전 460년경~370년경)에 의해 대변된다. 오늘날 "히포크라테스 저작선" 혹은 "히포크라테스 전서(全書)"로 불리고 있는 60~70여 종의 작품들 중에서 과연 어떤 것이 정말로 히포크라테스가 집필한 것인지는 분명하지 않다. 우리가 확인할 수 있는 것은 대체로 기원전 430년과 330년 사이에 작성된 의학관련 저작들이 훗날 집성되어 히포크라테스가

3) Emma J. Edelstein and Ludwig Edelstein, *Asclepius: A Collection and Interpretation of the Testimonies*, vol. 1, p. 235.

[그림 6.2] 당시 아스클레피오스 숭배의 중심지였던 에피다우로스의 원형극장(기원전 4세기). 이 극장은 1만 4천여 개의 좌석을 갖추고 있음.

[그림 6.3] 히포크라테스의 흉상(로마 시대의 모작). 오스티아 안티카 박물관(Museo di Ostia Antica) 소장.

쓴 것으로 알려지게 되었다는 정도이다. 하지만 그렇게 알려지게 된 것은 그 저작들 모두가 "히포크라테스적"으로 보인 특징을 공유하고 있었기 때문이다. 과연 무엇이 그 같은 특징이었던가?[4)]

가장 뚜렷한 특징은 히포크라테스의 것으로 알려진 저작들이 모두 학문적 의학을 대변한다는 점이다. 그것들은 '저술'되었다는 사실 자체만으로도 저자들이 모두 식자층에 속했음을 분명하게 보여준다. 그들의 작품은 이해추구 과정의 최종산물이었다. 히포크라테스의 이름을 빌린 저자들은 한결같이 의학이란 하나의 학문이요, 과학이라는 관점에 의존했다. 그들은 질병의 본성과 원인에 관해, 더 일반적으로는 인체와 우주의 관계에 대해, 나아가서는 처방과 치료의 원리에 관해 각자 나름의 관점을 가지고 있었다. 그들은 오늘날 넓은 의미에서 '자연철학'이라고 정의하는 사업에 참여했다. 즉, 그들은 건강과 질병의 근본원인에 천착하는 독창적 사상가나 철학자로서 활동하든지, 아니면 개업 내과의사로서 철학전통을 이용했다. 그들은 치료기술과 철학사업의 교차점에 서 있었던 것이다. 히포크라테스 계열의 의사들이 그 근본문제에 대해 만장일치의 목소리를 냈던 것은 아니지만, 학구적 방식으로 문제를 해결하겠다는 결정에서는 예외가 없었다. 때로 철학이 의학에 침투하는 것에 분개한 저자들도 있었지만 이들조차도 철학의 영향을 벗어날 수는 없었다.[5)]

---

4) 히포크라테스 의학에 관해서는 엄청난 분량의 연구성과가 있다. 최근의 해석으로는 Wesley D. Smith, *The Hippocratic Tradition*, 그리고 로이드(G. E. R. Lloyd)가 자신이 편집한 *Hippocratic Writings*에 붙인 "입문"(*Introduction*)을 참조할 것. 그밖에도 Lloyd, *Early Greek Science*, 5장; Lloyd, *Magic, Reason and Experience*, passim; Longrigg, "Presocratic Philosophy and Hippocratic Medicine," 그리고 Edelstein, *Ancient Medicine*에 수록된 논문들 중 첫째부터 세 번째 논문까지를 참조할 것.

5) 의학과 철학 사이의 관계에 대해서는 Longrigg, "Presocratic Philosophy and Hippocratic Medicine"; Ludwig Edelstein, "The Relation of Ancient Philosophy to Medicine"; Lloyd, *Magic, Reason and Experience*, pp. 86~98 등을 참조할 것.

히포크라테스 계열의 저작들은 직업으로서의 의학에 대해서는 어떤 견해를 표명했을까? 우선 기억해야 할 것은 당시 상황이다. 이 시대에는 의학이 전혀 규제를 받지 않았다. 다양한 부류의 치료자가 인정을 얻고 특권을 차지하기 위해 경쟁을 벌였다. 사업상의 경쟁은 더 말할 것도 없었다. 정규 의학교에서 의학을 배우기보다는 개업 내과의사의 도제로 의학을 배우는 것이 일반적이었다. 따라서 히포크라테스 계열 저작들의 관심사 중 하나는 표준을 세우고, 돌팔이를 몰아내며, 학문적 의학에 우호적 여론을 조성하는 일이었다. 히포크라테스 계열의 저작들이 예후(豫後: *prognosis*)를 강조했던 것은 바로 이런 맥락에서였다.역주〔2〕 예후는 내과의사의 완치 성공률을 높이기 위한 것이기도 했지만, 내과의사의 이미지를 개선하고 그의 경력을 보강하기 위한 것이기도 했다. 끝으로 히포크라테스 선서는 의학 실천가들의 자율정화를 위한 노력으로 보아야 할 것이다.

히포크라테스 계열의 저작들에서 수적으로 가장 눈에 띄는 것은 건강과 질병에 관한 이론이다. 또한 전체적으로 마술적·초자연적 종류의 이론이 현저히 감소했다는 데서 그 뚜렷한 변화를 읽을 수 있다(하지만 완전히 소멸했다는 주장은 잘못된 것이다). 물론 신은 여전히 존재하며 자연 자체가 신성한 존재로 간주되기도 하지만, 이제는 신의 개입이 질병이나 건강의 직접적 원인으로 채택되지 않는다. 우리는 이런 변화를 히포크라테스 계열의 다양한 작품에서 읽을 수 있다. 《신에 기인하는 질병에 관하여》라는 논고를 예로 들어보자. 오늘날 '신에 기인하는 질병'(*sacred disease*)에 꼭 들어맞는 질병을 찾을 수는 없지만, 간질, 발작증세, 뇌졸중 같은 증세가 여기에 포함된다. 저자는 아래와 같이 견해를 피력하고 있다.

> 이런 질병이 무엇보다 '신에 기인한다'고 말하는 자들은 오늘날 주술사, 신앙요법사(*faith-healer*), 떠돌이 약장수, 돌팔이 등으로 불리는 부류이다. 이 부류는 경건함과 더없이 현명함을 가장한다. 그들은

> 신적 요소를 이끌어냄으로써 적절한 치료법을 제시하지 못한 자신들의 실패를 숨길 수 있었거니와, 그 질병에 대한 그들의 무지를 감추기 위해 그것을 '신에 기인하는' 질병이라고 불렀다.[6]

저자는 계속해서 자기 나름의 자연주의적 해설을 제시한다. 그 질병은 뇌에 생긴 점액이 '핏줄'을 막아서 발생한다는 것이다. 여기서 중요한 것은 자연이 균일하게, 보편적으로 작용한다는 가정이다. 원인은 그것이 무엇이든, 변덕스럽고 우발적인 것이 아니라 통일적이고 보편적이다.

히포크라테스 계열의 논고들은 질병을 체내의 불균형에 연결 짓거나 인체의 자연상태가 깨진 것에 연결 짓는 경향이 있다. 여러 편의 논고에서 질병의 원인은 체액의 불균형에 주어진다. 이 같은 이론의 한 변형이 《인간의 자연본성에 관하여》라는 논고에서 개진되고 있다. 혈액, 점액, 황담액, 흑담액 등 네 체액(體液)이 인체의 기본성분이며 네 체액 사이의 불균형이 질병을 야기한다는 주장이다.

> 인체는 혈액, 점액, 황담액, 흑담액을 포함한다. 그 네 성분이 체질을 결정하며 질병과 건강의 원인이 된다. 건강이란 네 성분이 강도와 분량 면에서 적절한 비례를 이루면서 적절하게 배합된 상태를 말한다. 아프게 되는 것은 이 성분 중에서 하나가 부족하거나 과도할 때, 혹은 그것이 인체 내에서 홀로 떨어져 다른 성분과 배합되지 못할 때이다.[7]

---

6) 이 논고는 Lloyd(ed.), *Hippocratic Writings*에 J. Chadwick과 W. N. Mann의 번역으로 수록되었다. 인용은 이 책의 pp. 237~238. 히포크라테스 계열의 저작들에서 의학과 초자연적인 요소에 관해서는, 특히 G. E. R. Lloyd, *Revolutions of Wisdom*, 1장; Lloyd, *Magic, Reason and Experience*, 1장; Longrigg, "Presocratic Philosophy and Hippocratic Medicine" 등을 참조.

7) *The Nature of Man*, trans. J. Chadwick and W. N. Mann, in *Hippocratic Writings*, ed. Lloyd, p. 262. 사체액 이론은 갈레노스와 그 이후의 생리학에서는 지배적이 되었지만, 히포크라테스 계열의 생리학에서는 그렇지 못했다. 그 계열에는 두 체액(일반적으로 담액과 점액)만을 인정한 논고도 있었으며,

네 체액은 각기 네 개의 기본성질, 즉 온기, 냉기, 습기, 건기와 연결된다. 이 체계에서 질병은 온기와 습기의 과도함이나 부족함에 기인하는 것으로 간주된다. 각 체액은 네 계절을 거치는 동안 번갈아가면서 우세를 점한다. 이를테면 차가운 성질인 점액은 겨울에 양적으로 증가하며 따라서 겨울에는 점액관련 질환이 만연하게 된다. 혈액은 봄에, 황담액은 여름에, 흑담액은 가을에 각각 우세를 점한다. 물론 계절적 요인만이 질병의 원인은 아니다. 음식, 물, 공기, 운동 등도 건강상태에 영향을 미친다.

질병이 불균형에서 비롯된다면, 치료의 초점은 당연히 균형의 회복에 맞추어질 수밖에 없을 것이다. 음식조절과 운동은 이른바 '양생법'(*regimen*)의 핵심요소로서 가장 기본적인 요법이었다. 방혈(防血), 게우기〔催吐〕, 설사〔緩下〕, 이뇨(利尿), 관장 등에 의해 육체를 정화하는 것도 체액의 불균형을 교정하는 또 하나의 방식이었다. 계절적 요인과 기후적 요인을 따지고 환자의 체질을 신중하게 진찰하는 것도 성공적 치료법의 일부였다. 이 모든 과정에서 내과의사는 자연이 스스로의 치유능력을 가지고 있다는 것을 늘 유념했다. 의사의 가장 기본적인 임무는 자연의 치유를 보조하는 일이었다. 내과의사의 가장 중요한 책임은 예방이었다. 환자의 건강에 영향을 미칠 수 있는 여러 요인(식사조절, 운동, 목욕, 성행위 등)을 어떻게 조절할 것인지에 관해 환자에게 조언하는 활동이 바로 그런 일이었다.

그러나 전문 내과의사는 조언에 머물지 않았다. 그는 오늘날 의학에서 '임상적'이라 불릴 만한 활동에도 참여했다. 실제로 히포크라테스 계열의 다양한 논고는 진찰절차, 진단, 예후에 관한 지침을 제공했다. 여기에는 어떤 증상에 주목할 것인지, 증상을 어떻게 해석할 것인지에 관한 지침이 포함된다. 의사는 환자의 얼굴, 눈, 손, 자세, 호흡, 수면, 대변, 소변, 구토물, 가래 등을 면밀하게 검사하며, 특히 기침, 재채기, 딸꾹질,

---

체액이론을 전혀 다루지 않은 논고도 많이 있었다.

(소화기관의) 가스분출, 열, 경련, 화농, 종기, 상처 같은 증상에 유의해야 한다는 것이다. 병력(病歷) 내지 임상기록(*case histories*)도 요구된다. 이것은 특정 질병의 전형적 경과를 보여줄 수 있기 때문이다. 임상기록 중에는 대단히 엄밀하고 명료하게 기록된 사례가 많이 있다. 유행성 이하선염으로 보이는 전염병에 대한 기술을 예로 들어보자.

> 많은 이들이 귀 부위의 부기로 인해 고통을 겪는다. 한쪽 귀 부위가 붓는 경우도 있고 두 귀 부위가 모두 붓는 경우도 있다. 보통은 열이 발생하지 않기 때문에 환자가 꼼짝없이 침대에 누워 있는 일은 거의 없다. 아주 드문 사례이기는 하지만 미열이 발생할 때도 있다. 다른 이상에 의해 야기되는 부기와는 달리, 곪는 경우는 거의 없으며 큰 불편 없이 진정된다. 부은 부위는 부드럽고 넓게 분포되고, 염증이나 통증을 수반하지 않으며, 자국을 남기지 않은 채 사라진다. 한창 때의 청소년 및 성인남자가 주로 감염되며 … 특히 레슬링이나 체조에 몰두하는 사람이 걸리기 쉽다.[8)]

내과의사는 관찰된 증상에 기초하여 진단과 예후를 수행했다. 치료가 능한 질병의 경우에는 치료법을 처방했다. 앞서 간단히 살펴보았듯이 치료법은 식이요법, 혹은 운동과 수면의 조절에 치우쳐 있었고, 목욕과 마사지 요법이 포함되기도 했다. 그러나 내복약이나 외용약이 요구되는 질병도 많이 있었다. 히포크라테스 계열의 저작에서 언급된 약만 해도 수백 종이 넘는다. 그 대부분은 약초로 제조되었으며, 장을 청소해주는 이완제, 설사를 일으키는 하제(下劑), 구토제, 마취제, 기침을 진정시키는 거담제, 연성고약〔軟膏〕, 경성고약〔硬膏〕, 분말약 등이 언급되었다. 끝으로 히포크라테스 계열의 저작에는 자상(刺傷), 골절상, 탈구(脫臼) 등의 치료법도 소개되었는데, 개중에는 오늘날 의사들의 감탄을 자아낼

8) Epidemics, I. i, trans. J. Chadwick and W. N. Mann, in *Hippocratic Writings*, ed. Lloyd, pp. 87~88. 인용문은 구두점 찍기에서 번역본과 약간 다르다.

만한 기술 수준을 보여주는 것도 있다.

히포크라테스 계열의 문헌에 관해 우리가 마지막으로 언급할 것은 그 안에 실제로 적용된 연구원리이다. 일단 우리가 치료활동에 대한 평가로부터 한 걸음 물러나 설명과 치료법 면에서 자연주의적 기준을 적용하겠다고 결정하면, 그 순간 만장일치는 사라지고 만다. 그 계열의 논고에서 일부는 철학적 사변에 크게 치우쳐 있었다. 예컨대《인간의 자연본성에 관하여》에서 저자는 인간의 자연본성에 대해, 그리고 건강과 질병에 대해 사변적 이론을 제시하며, 사변적 이론으로부터 다양한 치료원리를 이끌어낸다. 반면에 히포크라테스 계열의 문헌에는 이 같은 사변적 접근을 공격한 논고도 다수 포함되어 있다.《옛 의학에 관하여》의 저자는 의학에서 가설을 사용하는 것에 회의적 시각을 표현한다. 특히 질병이 네 성질의 불균형에서 비롯된다는 가설을 표적으로 삼는다. 저자에 의하면 그 이론은 다른 의사들이 처방한 치료법과 크게 구별되는 치료법을 제시하기는커녕, 오히려 기존의 치료법을 "난해한 전문용어"의 안개로 짙게 가릴 뿐이다.[9] 이 저자처럼 회의적 태도를 견지한 히포크라테스 계열의 저자는 축적된 경험에 기초해서 신중하게 진행할 것을 내과의사에게 권고했다. 인과관계의 이론은 압도적 증거에 의해 뒷받침될 때에만 수용되어야 한다는 것이었다. 이렇듯 경험적으로 진행하라는 권고가 히포크라테스 계열의 논고에서 특히 결실을 거둔 대목은 우리가 이미 살펴보았듯이, 신중한 진단절차와 인상적인 임상기록이었다. 드물기는 하지만 이론적 결론을 확증하기 위해 관찰이 수행된 경우도 있었다. 예컨대《신에 기인하는 질병에 관하여》의 저자는 뇌에 점액이 축적되어 질병이 발생했다는 자신의 결론을 입증하기 위해, 같은 병에 걸린 염소의 해부를 제안하기도 했다.[10]

---

9) Trans. J. Chadwick and W. N. Mann, in *Hippocratic Writings*, ed. Lloyd, p. 79. 이 논고의 저자는 가설에 대한 회의적 태도에도 불구하고 자기 나름의 가설을 전개하고 있다.

10) 같은 책, p. 247.

히포크라테스 계열의 의학에 대한 논의에서, 필자는 두 가지 유의점을 환기시키는 것으로 결론을 대신하고자 한다. 첫째, 전문의학이 출현했다고 해서 그 경쟁상대가 단번에 축출되었던 것은 아니다. 전문의학은 유일한 의학도, 가장 인기 있는 의학도 아니었다. 그것은 치료에서 다양한 형태의 전통적 믿음 및 관행과 나란히 기능했다. 그리스의 고대(기원전 5세기 이후)를 통틀어, 환자는 전문 내과의사로부터뿐만 아니라 아스클레피오스 신전의 사제로 활동하는 치료사, 산파, 약초 채집자, 접골사로부터도 도움을 얻을 수 있었다. 전문의학과 그밖의 의료행위를 구분하는 경계선도 뚜렷하지 않았다. 신전에서의 치료는 전문의학과 매우 밀접한 관련이 있었다. 더욱이 환자는 이런저런 유형의 대안 치료법들을 한꺼번에, 혹은 순차적으로 채택했다는 점도 고려되어야 할 것이다.

둘째, 전통적 의학관행은 전문의학과 나란히 지속되는 과정에서 전문의학 체계 내에 깊숙이 스며들었다. 그리스의 전문의학 체계가 근현대 의학을 예비했다는 식으로 과장해서는 안 되는 이유가 바로 여기에 있다. 그리스 의학은 그저 그리스 의학일 뿐이었다. 그것은 고대 그리스인의 세계관과 철학적 전망에 맞추어진 것이었으며 오늘날 서구 의사가 보기에는 기괴하고 혐오스러운 의학적 믿음과 관행으로 점철된 것이었다. 예컨대 꿈 치료〔現夢治療〕는 고대 내내 히포크라테스 계열의 의학을 포함한 모든 의학관행에서 중요한 일부로 남아 있었다.[11] 신의 직접개입은 배제되었지만 종교의 요소마저 모두 사라진 것은 아니었다. 히포크라테스 선서의 첫 줄은 가장 간단한 실례를 보여준다. 의사는 아폴론과 아스클레피오스의 이름으로 맹세하며 그 맹세의 증인이 될 것을 여러 신과 여신에게 간청한다. 혹시 이런 사례를 오늘날 무신론자나 회의론자도 법정에서는 성경에 손을 올리고 서약한다는 사실에 비추어서, 겉치레 의식에 불과한 것으로 무시하고픈 유혹이 생길 수도 있다. 그렇다면 더 설득

11) Edelstein, "Greek Medicine and Its Relation to Religion and Magic", in *Ancient Medicine*, pp. 241~243.

력 있는 사례도 있다. 어떤 히포크라테스 계열의 저자는 섭생과 기도를 함께 수행하도록 권했다.[12] 《신에 기인하는 질병》의 저자는 종교적 요소의 지속을 더욱 미묘한 형태로 보여준다. 그는 질병이 신이 개입한 결과임을 부정하고 모든 질병은 자연적 원인을 갖는다고 주장하면서도, 이 자연적 원인이 신적 권능의 한 측면이나 표현이라는 견해에 반대하지는 않았다. 자연물이 신성을 띤다는 것, 질병은 자연에 기인하는 동시에 신에 기인한다는 것. 이 같은 믿음이 히포크라테스 계열의 의사들 사이에서 지속되었음은 의문의 여지가 없다.

3. 헬레니즘 시대의 해부학과 생리학

그리스 의학관련 자료는 기이하게도 양분되어 있다. 한쪽에는 히포크라테스 계열의 저작이 있고, 다른 한쪽에는 초기 기독교 시대의 다양한 자료가 있다. 전자는 초기 그리스 의학의 많은 부분을 우리에게 전해주며, 후자는 로마제국하에서 의학이 어떤 모습이었는지를 잘 보여준다. 그러나 두 시대 사이에 낀 4~5백 년간의 의학에 대해서는 매우 빈약한 자료만이 남아 있다. 의학논고의 생산량이 늘었다 줄었다 하는 부침이야 있었겠지만, 의학이 중단되었다든지 의학논고가 아예 집필되지 않았다든지 하는 설명은 적절한 것이 될 수 없다. 그 정확한 원인을 제시할 수는 없어도, 그 기간에 집필된 의학논고들은 오늘날까지 전해지지 못했다는 설명이 오히려 적절할 것이다. 그러므로 그 기간에 진행된 의학의 발전은 훗날의 저자들이 파편적으로 남긴 관련기록을 모아서 재구성될 수밖에 없다.[13]

---

12) *Hippocrates with an English Translation*, vol. 4, pp. 423, 437을 참조할 것.

13) 헬레니즘 시대의 의학은 앞으로 인용될 자료 이외에도 John Scarborough, *Roman Medicine*, 그리고 Ralph Jackson, *Doctors and Diseases in the Roman Empire*를 참조할 것.

히포크라테스 계열의 의사들에게 인체해부학과 생리학에 관한 지식은 지극히 제한되어 있었던 것 같다. 그 계열의 논고가 생산되던 시기나 그 이전에, 체계적인 인체해부학이 존재했다는 증거는 찾기 힘들다. 사체를 온전한 상태로 매장해야 한다는 전통적 타부가 강력한 힘을 발휘하고 있었거니와, 인체해부에 의해 유익한 지식을 얻을 수 있을 것이라고 가정할 만한 이유도 딱히 없었기 때문이다. 당시에 활용되던 해부학 지식은 수술이나 상처치료 과정에서 얻을 수 있는 것, 혹은 (아리스토텔레스 덕택에 잘 정립된) 동물해부로부터의 유추를 통해 얻을 수 있는 것이 고작이었다.

이런 맥락에서 볼 때 기원전 3세기에 알렉산드리아에서 인체해부가 시작된 것은 큰 의의를 가진 사건이었다.[14] 이처럼 비약적인 혁신이 어떻게 이루어질 수 있었는지를 정확하게는 알 수 없지만, 그것이 프톨레마이오스 왕실의 후원과 깊이 관련된 혁신이었음은 분명하다. 프톨레마이오스 왕조는 (원하기만 한다면) 전통적 매장풍습을 어길 수 있을 만큼 큰 권세를 유지했기 때문이다. 그 혁신은 해부학 지식의 중요성을 고양시킨 의학 내부의 발전과 관련된 것일 수도 있고, 그리스 의학이 새로운 사회·종교환경에 이식(移植)되는 가운데 발생한 것일 수도 있으며, 새로운 종류의 의문이 전면에 부각되어 새로운 연구방법을 자극하고 있던 철학적 상황 안에서 발생한 것일 수도 있다. 하지만 그 원인이 무엇이든 간에 고대의 모든 자료는 한 가지 증언에서만은 만장일치를 보인다. 칼케돈의 헤로필로스와 케오스의 에라시스트라토스가 인체의 체계적 해부에 최초로 착수했다는 증언이 그것이다. 우리가 로마의 백과사전 편찬자인 켈수스와 초대교회의 교부인 테툴리아누스의 증언을 신뢰한다면, 그들은 죄수들의 생체해부에 참여했다.[역주3]

그들은 무엇을 배웠던가? 소아시아 칼케돈(Chalcedon) 출신의 헤로필

14) 이런 발전에 대한 탁월한 개관은 James Longrigg, "Anatomy in Alexandria in the Third Century B. C."를 참조할 것.

로스(Herophilus: 기원전 260년이나 250년에 죽음)는 알렉산드리아로 이주하기 전에 코스의 프락사고라스 밑에서 의학을 배웠으며, 알렉산드리아에서는 프톨레마이오스 왕조의 1~2대 국왕의 후원으로 연구를 계속했다.역주[4] 그의 병리학 이론과 치료법은 그 성격상 히포크라테스 계열에 속하는 것으로 추정된다. 그가 신기원을 이룩한 것은 해부학자로서였다.15) 헤로필로스는 뇌와 신경조직을 해부하여, 뇌의 엷은 막 두 개(뇌경막과 뇌연막)를 확인했으며, 신경과 척수와 뇌 사이의 관계를 추적했다. 그는 감각신경과 운동신경을 구별했는데, 이는 그가 신경조직의 기능을 얼마나 깊이 이해했는지를 단적으로 보여준다. 또한 그는 눈을 매우 면밀하게 조사해서 안구의 주요 체액들과 피막들을 확인하고 명명했다. 그가 명명한 전문용어는 오늘날에도 사용되고 있다. 그는 눈에서 뇌로 이어지는 시신경을 추적하는 과정에서, 시신경은 미세한 기(氣: *pneuma*)로 채워져 있다고 주장했다.

복강(腹腔: 복막으로 둘러싸인 공간) 내의 기관도 그의 연구대상이었다. 그는 간, 췌장, 소장, 대장, 생식기, 심장 등을 정밀하게 묘사했다. 그는 혈관 벽의 두께에 따라 정맥과 동맥을 구별했으며 심장판막들을 조사했다. 그는 동맥의 맥박을 (비록 이것이 심장의 펌프 작용에 대한 기계적 반응임을 이해하지는 못했지만) 연구했으며 그 맥박수의 변화율을 진단과 예후의 도구로 삼았다. 그는 난소와 난관(卵管)을 정밀하게 묘사했으며 산부인과학(産婦人科學)에 관한 논고를 집필하기도 했다. 이상의 짧은 개관만으로도 헤로필로스가 인체해부학과 생리학에서 이룩한 업적을 가늠하기에는 충분할 것이다.

그의 작업을 계승한 인물은 그와 거의 동시대에 활동한 에라시스트라토스(Erasistratus of Ceos: 기원전 304년경 출생)였다. 에라시스트라토스는 케오스 섬 출신으로 아테네의 아리스토텔레스 학교와 코스(Cos)에서

15) 헤로필로스에 관해서는 하인리히 폰 스타덴(Heinrich von Staden)의 권위 있는 저서, *Herophilus*, 그리고 Longrigg, "Superlative Achievement," pp. 164~177을 참조할 것.

의학을 연구했다.[16] 그는 뇌와 심장의 구조에 대한 헤로필로스의 연구 성과를 추종한 한편 이를 개선했다. 훗날 갈레노스의 작품에 인용된 바에 따르면, 그는 심장의 이첨판(二尖瓣)과 삼첨판을, 그것들이 심장 내 혈액의 일방 순환경로에서 수행하는 기능에 비추어서 탁월하게 묘사했다고 한다.[역주5] 그는 심장이 마치 풀무처럼 작동한다고 보았다. 심장은 팽창하면 혈액과 기를 끌어들이며, 수축하면 혈액을 정맥으로, 기를 동맥으로 밀어낸다는 것이었다. 그는 심장 내부에 원래 장착되어 있는 기능이 심장의 팽창과 수축을 일으킨다고 보았으며, 이 과정을 동맥의 팽창과 수축에 올바르게 연결시켰다. 동맥에서 맥박이 뛰는 것은 심장의 팽창과 수축에 대한 수동적 반응일 뿐임을 밝혀냈던 것이다.

헤로필로스가 생리학 이론에서 중요한 업적(예컨대 맥박이론)을 남긴 것은 사실이지만, 그의 관심은 기능보다 구조에 집중되었던 것으로 보인다. 우리는 에라시스트라토스의 작업에서 한층 풍부한 내용의 생리학을 만날 수 있다. 그는 아리스토텔레스 학교, 구체적으로는 스트라톤의 영향을 받아, 물질은 작은 입자로 구성되고 입자는 미세한 공간으로 구획된다는 견해를 피력했다. 그는 이러한 형식의 입자론과 기(氣) 이론을 결합하여 다양한 생리과정을 설명했다. 예시를 위해, 소화기 시스템, 호흡기 시스템, 그리고 혈관 시스템에 대한 그의 설명을 살펴보기로 하겠다(각 시스템에 대한 그의 설명이 특히 중요한 이유는 훗날 갈레노스에게 미친 영향 때문이다).

에라시스트라토스는 체내의 모든 조직에 정맥·동맥·신경이 분포되어 있으며, 육체의 기능에 필수적인 다양한 실체는 그 세 통로를 따라 각 기관으로 전달된다고 믿었다. 음식은 위로 들어가서 기계적으로 액즙으로 환원되고, 액즙은 위(胃)와 장(腸)의 벽에 나 있는 작은 구멍을 통과

16) 에라시스트라토스에 관해서는 James Longrigg, "Erasistratus," *Dictionary of Scientific Biography*, vol. 4, pp. 382~386; Longrigg, "Superlative Achievement", pp. 177~184; G. E. R. Lloyd, *Greek Science after Aristotle*, pp. 80~85 등을 참조할 것.

해 간장으로 들어가며, 이곳에서 피로 바뀐다. 피는 다시 정맥을 통해 육체의 모든 부위로 전달되어 섭생과 성장을 촉진한다. 이와 대조적으로 동맥은 오직 기(氣) 만을 전한다. 기는 호흡 시에 대기로부터 흡입되어 "정맥과 유사한 동맥"(오늘날의 폐동맥) 을 통해 심장의 왼편에 모이게 된다. 기는 심장으로부터 동맥을 통해 육체의 모든 부위로 분배되며, 그리하여 모든 부위에 생기를 부여한다. 마지막으로 신경에는 아주 미세한 형태의 기, 즉 "혼기"(魂氣: *psychic pneuma*) 가 들어 있다. 혼기는 동맥의 기가 뇌 속에서 정련되어 만들어지는 것으로 감각기능과 운동기능을 가능하게 해준다. 에라시스트라토스는 피나 기의 체내 순환운동을 설명하면서, 자연은 공백을 싫어한다는 원리에 의존했다. 심장이 펌프질하는 것, 혹은 체내의 한 기관에서 물질이 소비되거나 소모되는 것은 새롭게 만들어지거나 새롭게 비워진 공간을 차지하기 위해 혈액이나 기가 몰려들기 때문이라는 것이었다.

이것은 대단히 인상 깊은 이론으로 그 일부는 2천 년이 지나도록 여전히 서구의 생리학 사상 속에 살아 움직이고 있다. 그러나 에라시스트라토스는 동시대에서조차 치명적으로 보이는 반격을 받았다. 동맥(기를 온몸에 전해주는 통로) 을 절단하면 피가 흘러나오는 현상을 어떻게 설명하겠느냐는 반론이었다. 이에 대한 응답으로, 정맥과 동맥은 평상시에는 서로 교통하지 않지만, 동맥이 열리면 그곳에서 빠져나온 기로 인해 새로운 공간이 만들어지거나 만들어질 조짐을 보이게 되고, 이 잠재적 공간은 정맥과 동맥 사이의 미세한 통로들(*anastomoses*) 을 열어주며, 그리하여 일시적으로 피가 정맥으로부터 동맥으로 이동해 이미 빠져나간 기를 뒤좇아 상처 밖으로 분출되는 것이라고 그는 주장했다.

섭생과 관상(管狀) 흐름에 관한 에라시스트라토스의 이론은 질병이론으로 쉽게 전환될 수 있었다. 그는 질병의 일차적 원인을 과식으로 인한 혈액과잉에서 구했다. 정맥에 피가 너무 많아지면 평소에는 닫혀 있던 (정맥 시스템과 동맥 시스템 사이의) 통로가 억지로 열리게 되며, 이로 인해 동맥으로 들어온 피는 동맥 시스템을 따라 말초까지 전달되어 말초조직에서 염증과 열을 야기한다는 것이었다. 이런 질병이론에 따를 때 치료의 지름길은 피의 양을 줄이는 것이었다. 치료가 일반적으로 음식물 섭취량을 줄이거나 (이보다는 드물지만) 피를 뽑아내는 쪽으로 치우친 까닭은 바로 여기에 있었다.

4. 헬레니즘 시대의 의학파들

헤로필로스와 에라시스트라토스는 당시 의학계의 총아였던 만큼 그들 주변에는 일급 내과의사들과 의학 이론가들이 대거 몰려들었다. 이 학인들과 추종자들은 비록 두 위인의 선례와 가르침에 자극을 받기는 했지만, 스스로 특정한 정설에 묶여 있다고 생각했던 것 같지는 않다. 그 결과 헤로필로스와 에라시스트라토스는 많은 쟁점에서 비판의 표적이 되었다. 헤로필로스의 제자인 코스의 필리노스는 스승과 스승의 추종자를 비판한 저서를 출판했는데, 그의 작품은 이후로 지속된 공방전의 신호탄이 되었다. 역주〔6〕 다음 수세기에 걸쳐 논쟁적 출판물의 대부분은 헤로필로스 추종자들과 그의 비판자들("경험의학파") 사이에서 생산되었다. 예나 지금이나 의학은 각자 나름의 의학이론과 방법론적 프로그램을 갖추고 서로 경쟁하는 의학파들의 분열에서 그 특징을 찾을 수 있다. 헬레니즘 시대의 의학은 그 같은 분열에서 기원을 이룬 셈이었다.

여러 집단이 등장했다.[17] 헤로필로스와 에라시스트라토스의 추종자들을 부분적으로 계승한 여러 학파들은 이미 "이론의학파"(*rationalists*) 나

---

17) 의학파에 관해서는 Heinrich von Staden, "Hairesis and Heresy: The Case of the *haireseis iatrikai*"를 참조할 것. 그밖에도 Michael Frede, "The Method of the So-Called Methodical School Medicine"; Ludwig Edelstein, "The Methodists"; Edelstein, "Empiricism and Skepticism in the Teaching of the Greek Empiricist School"; P. M. Fraser, *Ptolemaic Alexandria*, vol. 1, pp. 338~376 등을 참조할 것.

[그림 6.4] 그리스의 내과의사. 기원전 480년의 부조. 바젤 고고박물관 소장.

"독단론자들"이라는 이름하에 한 통속으로 분류되고 있었다. 여기서 "이론의학파"나 "독단론자들"은 실제로는 하나의 통일적이고 정합적인 운동으로 결집되어 있었던 것이 아니라, 여러 쟁점에서 서로 다른 견해를 가진 분파들로 분열되어 있었다. 이 분파들을 하나로 묶어주는 것이 있다면, 그들이 모두 사변적이고 이론적인 의학에 헌신했다는 점밖에는 없다. 그들의 주요 관심사는 주요 철학파들이 개척한 자연철학의 방법을 의학의 영역에 적용하는 작업이었다. "이론의학파" 가운데 〈일부〉는 인체해부가 가치 있는 방법론적 도구로서 질병의 숨은 원인에 대한 가설의 설정에 특히 도움이 된다는 입장을 계속 견지하기도 했다. 그러나 생리학 이론의 의학적 가치를 인정한 면에서는 그들 〈모두〉가 만장일치를 이루고 있었다.

그들의 주요 경쟁자이자 비판자는 "경험의학파"(*empiricists*)였다. 생리학 지식이나 질병의 숨은 원인을 추구하는 이론적 탐구는 시간낭비에 불과하다는 정반대의 입장을 그들은 채택했다. 특히 인체해부는 의학에 쓸모 있는 지식을 더해줄 수 없으며 금지되어야 마땅한 것이었다. "경험의학파"가 보기에, 헤로필로스와 에라시스트라토스, 그리고 이들을 추종해 이론적으로 경도된 무리가 발전시켜온 해부학 및 생리학 전통은 의학을 가서는 안 될 막다른 궁지로 몰아갔다. 내과의사로 성공을 거두려면 드러난 증상과 드러난 원인에 초점을 맞추어야 할 것이요, 다양한 치료법의 효능에 관한 (그 자신과 그의 선배들에 의해) 축적된 경험을 토대로 치료해야 마땅할 것이었다.

기원후 1세기에는 세 번째의 의사집단이 로마에서 출현했다. "방법의학파"(*methodists*)로 알려진 그 집단은 "이론의학파"와 "경험의학파"가 의학을 지나치게 복잡한 학문으로 만들었다고 주장했다. 해부학과 생리학, 그리고 (숨은 것이든 드러난 것이든) 병인(病因)의 추구는 의학에 복잡성만을 더해줄 뿐이니 오히려 하지 않는 편이 낫다는 주장이었다. "방법주의"의 가르침에서 핵심은 질병이란 육체의 긴장과 이완에서 비롯되는 바, 정규 치료법은 반드시 이런 전제에 충실해야 하며 "방법에 따라" 수행되어야 한다는 것이었다. 이러한 교시는 로마 귀족층 사이에서 큰 인기를 얻었으며, 귀족층의 지원으로 "방법주의"는 로마만이 아니라 헬레니즘 세계 전반에 걸쳐 강력한 의학세력으로 자리잡게 되었다. 네 번째 의학파는 "기의학파"(*pneumatists*: 氣醫學派)로서, 이들은 스토아 철학의 원리에 기초해서 의학을 정립했다. 끝으로 언급되어야 할 인물은 비티니아의 아스클레피아데스(Asclepiades of Bithynia: 기원전 90~75년에 활동)이다. 그는 원자론의 입장에서 체액설을 반박한 로마의 영향력 있는 내과의사였다.

5. 갈레노스와 헬레니즘 시대 의학의 절정

의학계가 이처럼 사분오열되어 있던 시절에, 갈레노스는 16세의 나이로 의학에 입문했다. 그는 기원후 129년에 페르가몸(Pergamum)에서 태어났다. 소아시아와 헬레니즘 세계 전체를 통틀어 지적 중심지의 하나였던 그곳에서 그는 철학과 수학을 연구하다가 의학으로 전향했다.[18] 고대세계의 학자들이 자주 거처를 옮겨다녔듯이, 갈레노스도 처음에는 배우기 위해, 나중에는 후원자를 찾아 이곳저곳을 여행했다. 그가 의학에 입문한 것은 소아시아의 페르가몸과 스미르나(Smyrna)에서였지만 조금 뒤에는 그리스 본토의 코린트에서, 마지막으로는 알렉산드리아에서 의학을 연구했다. 그는 알렉산드리아를 떠나 페르가몸으로 귀환하여 잠시 검투사들의 주치의로 활동했다. 이후 그는 다시 후원자를 찾아 로마로 이주했다가 페르가몸으로 돌아왔으며, 다시 이탈리아로 되돌아가 결국 로마에 정착했다. 로마에서 그는 부유층과 권력층의 친구가 되었으며, 그들의 의학적 수요에 부응했다. 그가 교분을 쌓은 인사 중에는 황제만 해도 세 명(마르쿠스 아우렐리우스, 코모두스, 그리고 세프티미우스 세베루스)이 포함되어 있었다.[역주7] 그가 죽은 것은 210년 이후였다. 갈레노스는 엄청난 분량의 저작을 남겼는데, 지금까지 전해지는 것만 해도 19세기 표준판으로 22권의 분량이나 된다. 이 방대한 저작은 전문의학에서 축적되어온 지식의 요약이자 의학계의 오랜 논쟁에 대한 최종판결로서, 갈레노스를 고대의학의 최고봉에 우뚝 설 수 있도록 해주었다. 고대를 통틀어 그와 견줄 수 있는 인물은 히포크라테스뿐이었거니와, 그가 근현대에 미친 영향도 타의 추종을 불허할 만큼 크다.

갈레노스는 다방면의 교육을 받은 철학자였다. 그는 고대의 굵직한 철학논쟁을 두루 섭렵했으며 의학과 철학의 통합에 심혈을 기울였다. 히포크라테스 계열의 저작, 플라톤, 아리스토텔레스, 스토아 철학, 헤로필로스와 에라시스트라토스의 해부학 및 생리학 작품, 헬레니즘 시대의 의학논쟁. 이 모든 것이 그에게 큰 영향을 미쳤다. 그는 '이론의학파'의 입장에서 여러 학설을 절충한 인물로 묘사되기도 한다.[19] 그는 환자보다

18) 갈레노스의 생애와 시대적 배경에 관해서는 Vivian Nutton, "The Chronology of Galen's Early Career"; Nutton, "Galen in the Eyes of Hist Contemporaries"; 그리고 John Scarborough, "The Galenic Question"을 참조할 것.

19) Fraser, *Ptolemaic Alexandria*, vol. 1, p. 339. 갈레노스의 사상에 관해서는

는 질병에 더 큰 관심을 할애했던 것으로 보인다. 환자는 질병이해를 위한 수단이었다는 말이다. 의학에서 그가 설정한 목표는 (개별 질병의 배후에 놓여 있는 보편적 원인을 찾기 위해) 질병을 분류하는 일이었으며, 질병의 숨은 원인을 찾는 일이었다. 이 같은 모험사업에서 해부학 및 생리학 지식이야말로 필수적이라는 것이 그의 굳은 믿음이었다.

히포크라테스 계열의 영향은 갈레노스의 의료철학(*medical philosophy*)의 형성에 매우 중요한 요소였다(물론 갈레노스는 히포크라테스 계열로부터 여러 요소를 임의로 취사선택했으며, 자신이 차용한 요소를 자의적으로 방만하게 해석했다). 인체골격과 의사의 임무에 대한 견해, 임상관찰 및 병상기록의 중요성에 대한 강조, 진단과 예후에 대한 관심, 그리고 치료법과 관련된 모든 개념. 이 모든 방면에서 그는 히포크라테스 계열을 계승했다. 그는 히포크라테스 계열의 논고인 《인간의 자연본성에 관하여》로부터 사체액설을 받아들여, 인체의 근본 구성요소가 혈액, 점액, 황담액, 흑담액이요, 네 체액은 각기 온기, 냉기, 습기, 건기라는 네 성질로 환원될 수 있다는 입장을 견지했다. 더 나아가 그는 네 체액이 결합해서 조직들을 형성하고, 조직들이 결합하여 기관들을 형성하며, 기관들이 엮어져서 신체를 구성한다고 주장했다.

질병은 체액이나 기본성질의 불균형에 기인하든지, 아니면 특정 기관의 고장에 기인한다. 진단기법에서 갈레노스가 이룩한 큰 혁신 가운데 하나는 특정 기관의 고장을 확인함으로써 질병을 국부현상으로 진단할 수 있게 해주었다는 점이다. 열병에 관한 갈레노스의 논의는 그의 질병이론

Owsei Temkin, *Galenism*; Luis Gracía Ballester, "Galen as a Medical Practitioner: Problems in Diagnosis"; Smith, *Hippocratic Tradition*, 2장; John Scarborough, "Galen Redivivus: An Essay Review"; Philip De Lacy, "Galen's Platonism"; Fridolf Kudlien and Richard J. Durling (eds.), *Galen's Method of Healing*에 수록된 여러 논문들; Lloyd, *Greek Science after Aristotle*, 9장 등을 참조할 것. Galen, *On the Usefulness of the Parts of the Body*, ed. and trans. Margaret T. May에 붙인 역자서문, 그리고 Peter Brain, *Galen on Bloodletting* 역시 참조할 것.

에 함축된 두 측면(기본성질의 불균형과 특정 기관의 고장)을 모두 예시한다. 일반화해서 말하면, 열병은 체액이 곪으면서 일으킨 열이 몸에 퍼지면서 발생한다. 국소화해서 말하면, 특정 기관 내의 유독한 체액이 열병을 일으키는데, 이는 경화(硬化)나 부기 같은 변화와 그로 인한 통증을 수반한다. 갈레노스는 진단에서 맥박과 소변검사를 특히 강조했지만, 히포크라테스 계열의 저작에서 강조된 다른 모든 징후도 검사할 필요가 있음을 인정했다. 그는 《치료법에 대해》에서 다음과 같이 기록했다.

> 환자와 만날 때 여러분은 가장 중요한 증상을 살피되 가장 사소한 증상도 놓쳐서는 안 된다. 가장 중요한 증상이 우리에게 알려주는 것은 다른 증상들에 의해 확증되기 때문이다. 일반적으로는 맥박과 소변으로부터 열병의 주요지표를 얻을 수 있다. 그러나 히포크라테스가 가르쳤듯이 다른 징후도 함께 살피는 것이 중요하다. 얼굴에 나타나는 징후, 환자가 침대에서 취하는 자세, 호흡, 분비물과 배설물 … 두통이 있고 없음 … 환자의 피로나 활기 … 〔그리고〕 몸의 외관 등이 그런 징후에 속한다.[20]

갈레노스에 의하면 의학의 성공적 실천을 위해 가장 중요한 것은 개별 기관의 구조와 기능을 아는 것이었다. 그는 해부학 지식의 중요성을 강조하면서도 자신의 시대에는 인체해부가 더 이상 허용되지 않는다는 것도 인정했다. 그래서 그는 독자에게 우연한 기회에라도 해부학적 관찰을 게을리 하지 않도록 촉구했다. 무덤을 이장할 때라든가 길가에서 사체를 발견할 때가 그런 기회였다. 해부학적 관찰을 수행할 능력이 있는 자에게는 알렉산드리아를 방문할 것을 권고하기도 했다. 그곳에서는 여전히 유해를 직접 관찰할 수 있기 때문이었다. 그러나 그는 인체해부가 대부분의 경우에는 (사람과 유사한) 동물해부로부터 유추될 수 있다고 생각했

---

20) Galen, *On the Art of Healing*, I. 2, García Ballester, "Galen as a Medical Practitioner"에서 인용했으나, 구두점 찍기에서 약간 바꾸었다.

다. 실제로 갈레노스는 여러 종류의 동물을 해부했다. 여기에는 바리바르 원숭이(*macaque*)로 알려진 작은 원숭이가 포함된다. 그는 해부학 지침서인 《해부절차에 관하여》를 위시한 다수의 해부학 논고들을 집필했는데, 이로부터 우리는 그가 얼마나 탁월한 기술을 갖춘 해부학자였는지를 알 수 있다. 뼈대, 근육, 신경조직, 눈, 정맥, 동맥, 심장 등에 대한 그의 묘사는 타의 추종을 불허하는 것이었다. 헤로필로스와 에라시스트라토스의 연구성과로부터 빌려온 내용도 적지 않았지만, 그는 두 선배가 오류를 범했다고 느낀 대목에서는 주저하지 않고 교정했다. 물론 갈레노스가 동물해부에 너무 의존한 나머지 실수를 범한 것은 불행한 일이 아닐 수 없다. 그는 동물에게만 발견되는 해부학적 특징을 인체에 부여하는 실수를 범했는데, 가장 악명 높은 사례는 조금 뒤에 논의할 '레테 미라빌레'이다.역주〔8〕 그러나 결국 살아남게 된 것은 헤로필로스와 에라시스트라토스의 연구성과가 아니라 갈레노스의 연구성과였다. 인체해부학에 대한 체계적 해설로서 르네상스 시대까지 유럽에 유일하게 살아남은 것은 갈레노스의 작품이었다.

갈레노스의 생리학 체계는 해부학보다 더욱 복잡한 뿌리를 가진 것이었다. 일찍이 플라톤은 영혼이 세 부분으로 구성된다는 견해를 제시한 바 있었다. 영혼은 하나의 우월한("이성적인") 부분과 열등한(감정과 욕망에 각기 연루된) 두 부분으로 구성되는데, 우월한 부분은 뇌에 거주하고 열등한 두 부분은 각기 가슴과 복강(腹腔)에 거주한다는 것이었다. 갈레노스는 이런 주장을 받아들여 플라톤이 확인한 영혼의 세 기능을, 에라시스트라토스가 정의한 세 가지 기본 생리기능에 연결했다. 그 결과 생리학에는 세 시스템으로 구성된 틀이 도입되었다. 이 틀에서 (영혼의 이성적 기능이 자리잡은) 뇌는 신경 시스템의 원천으로 인식되었다. 에라시스트라토스의 견해에 따라, 갈레노스는 신경이 '혼기'(魂氣)를 운반하며, 그리하여 감각기능과 운동기능을 일으킨다고 주장했다. (감정이 자리잡은) 심장은 동맥 시스템의 원천이요, 동맥은 생명을 주는 피(동맥혈)와 생기(生氣: *vital pneuma*)를 온몸 구석구석으로 실어나르는 것으로 간주되었다. (욕망이 자리잡은) 간장은 정맥 시스템의 원천이며, 정맥은 그것이 운반하는 피(정맥혈)로 몸에 영양을 공급하는 것으로 간주되었다.[21)]

갈레노스가 제시한 생리학의 세 시스템은 서로 독립된 것이 아니라 깊이 연관된 것이었다. 따라서 세 시스템의 전체적 연관성을 고려해가면서, 음식을 섭취하는 첫 단계부터 '혼기'가 신경망을 통해 퍼지는 마지막 단계까지 두루 검토할 필요가 있다. 음식은 위장에 도달하면 액즙(유미〔乳糜〕: 그리스어로 킬레〔chyle〕)으로 바뀐다. 에라시스트라토스는 액즙으로의 변환을 단지 기계적 작용의 결과로 보았지만, 갈레노스는 여기에 체온에 의한 삭힘 작용을 덧붙였다. 액즙은 위벽과 장벽을 통과해서 장간막(腸間膜)으로 전해지며 이 막을 통해 간장으로 전달된다.[역주〔9〕] 액즙은 간장에서 다시 한번 정제된 뒤에 정맥혈에 합류한다. 정맥혈은 정맥을 따라 서서히 이동하면서 모든 조직과 기관에 골고루 흡수되어 몸 전체에 양분을 공급하게 된다. 정맥 시스템이 간장에 근원을 두는 이유는 바로 여기에 있다. 정맥 시스템은 정맥혈을 온몸 구석구석에 전달하여 결국 자양분을 공급하는 것이다.[22)]

정맥혈은 대정맥(*vena cava*)을 통해 심장의 오른쪽에 도달한다. 정맥혈의 일부는 (갈레노스가 '동맥 비슷한 정맥'이라고 불렀고, 오늘날에는 폐

---

21) 필자는 갈레노스의 생리학 체계를 잘 다듬어진 도해로 그리려는 생각을 가지고 있었다. 그렇지만 고민 끝에 필자는 이러한 시도를 포기하기로 결정했다. 이러한 시도는 오늘날의 해부학적 · 생리학적 지식을 용인되기 힘든 수준으로 갈레노스에게 덧씌우는 우를 범할 수 있었기 때문이다. 갈레노스의 생리학을 도해로 그린 전례로는 Charles Singer, *A Short History of Anatomy and Physiology from the Greeks to Harvey*, p. 61, 그리고 Karl E. Rothschuh, *History of Physiology*, p. 19를 참조할 것.

22) (적어도) 한 대목에서, 갈레노스는 정맥혈 내에 '자연적 영' 내지 '자연적 기'가 포함되어 있을 가능성에 관해 언급하기도 했다. 이러한 제안은 추종자들에 의해 채택되어, 갈레노스 체계의 중요한 일부로 구체화되었다. 이 점에 관해서는 Owsei Temkin, "On Galen's Pneumatology"를 참조할 것.

동맥이라 불리는) 한 개의 중심혈관을 통해 폐로 전달되며, 그리하여 폐가 (다른 기관과 마찬가지로) 필요로 하는 자양분을 공급하게 된다. 나머지 정맥혈은 좌심실과 우심실을 가르는 근육조직(심실격막) 상의 미세구멍들을 통해 천천히 빠져나간다. 갈레노스는 이 구멍들이 너무 작아 관찰이 불가능함을 인정하면서도 그 구멍들의 기능을 다음과 같이 추론했다. 첫째, 피를 들여오는 대정맥은 피를 내보내는 '동맥 비슷한 정맥'보다 굵기 때문에 정맥혈의 일부는 다른 곳으로 빠져나갈 수 있어야만 할 것이다. 둘째, 그 굵기에서의 차이는 너무도 결정적인 것이어서, 심장도 다른 기관처럼 자양분을 얻으려면 일정량의 정맥혈을 필요로 한다는 사실에 의해 결코 상쇄될 수 없다. 셋째, 자연이 하는 일에는 헛된 것이 없다는 원리에 비추어보면 심실격막(心室膈膜) 표면의 미세구멍들은 어디론가 통하고 있어야만 할 것이다. 따라서,

> 정맥혈의 가장 적은 몫은 우심실과 좌심실을 가로지른 격막의 구멍들을 통해 우심실로부터 좌심실로 옮겨진다. 각 구멍은 〔통로의〕 끝까지는 볼 수 없다. 입구는 넓지만 깊이 들어갈수록 좁아지는 갱도처럼 생겼기 때문이다. 그럼에도 각 구멍이 끝나는 곳을 파악하는 것이 불가능하지만은 않다. 들어갈수록 좁아진다는 사실, 그리고 동물이 죽으면 그 모든 부위가 예외 없이 굳어지고 수축된다는 사실에 비추어보면 말이다.[23]

정맥혈이 심장 왼편에 도달하면 무슨 일이 발생하는가? 이 대목에서 우리는 생기와 호흡에 관한 갈레노스의 이론을 소개해야만 한다.[24] 태어날 때부터 주어지는 열(체온)에 생명의 본질이 있다고 생각한 점에서, 갈레노스는 플라톤과 아리스토텔레스는 물론, 《심장에 관하여》를 쓴 익

---

23) Galen, *On the Natural Faculties*, trans. A. J. Brock, III. 15, p. 321. 약간의 수정을 가한 Lloyd, *Greek Science after Aristotle*, p. 149로부터 인용했음.

24) 앞서 인용된 갈레노스 관련 논고들 외에도 Galen, *On Respiration and the Arteries*, ed. and trans. David J. Furley and J. S. Wilkie를 참조할 것.

명의 저자(히포크라테스 계열의 학자로 알려졌지만 헬레니즘 시대의 학자로 추정됨) 와도 견해를 함께했다. 뿐만 아니라 그는 생명을 주는 열의 원천이 심장이라는 그들의 견해도 공유했다. 일정한 체온을 유지하는 것이 중요했음은 더 말할 것도 없다. 이 기능은 폐와 호흡에 의해 수행된다. 폐는 두 기능을 수행한다. 첫째로 폐는 심장을 둘러싼 조건에서 심장의 열을 조절한다. 둘째로 폐는 공기를 '정맥 비슷한 동맥'(오늘날의 폐정맥)을 통해 심장에 공급함으로써 심장 내의 "불"을 꺼지지 않도록 유지해준다. 이런 메커니즘은 심장이 스스로 노폐물을 태워 제거하는 과정에도 똑같이 작용한다. 심장이 부풀면 공기는 폐로부터 빨려나와 좌심실로 이동한다. 심장이 수축하면 연소된 더러운 증기는 다른 방향으로 보내져 대기 속으로 발산된다. 심장의 팽창 시에 좌심실에 도달한 공기는 심실격막을 빠져나온 정맥혈과 혼합된다(정맥혈은 심장의 열에 의해 가열된, 그리하여 아직 생기를 머금은 상태에 있다). 이러한 혼합의 산물이 바로 동맥혈이다. 한층 정제되고 순수해지고 따뜻해진 동맥혈은 이제 '생명의 영' 내지 '기'를 떠맡아, 이를 동맥망에 의해 신체 구석구석으로 운반하게 된다. 갈레노스는 이 같은 이론을 정립하는 과정에서, 에라시스트라토스와는 달리 동맥이 실제로 피를 운반함을 입증하는 데 심혈을 기울였다. 이 대목에서 우리는 갈레노스의 두 번째 생리학 시스템, 즉 동맥 시스템을 만나게 된다. 동맥 시스템은 심장에 뿌리를 두고 동맥을 따라 동맥혈을 운반하며, 그리하여 신체의 모든 조직과 모든 기관에 생기를 나누어준다.

다른 모든 기관이 그러하듯이 뇌도 동맥혈을 받는다. 이 동맥혈의 일부는 '레테 미라빌레'로 이동한다('레테 미라빌레'는 미세동맥들로 엮인 망으로 소나 말처럼 발굽이 있는 동물류〔有蹄動物類〕 사이에서 냉각기능을 수행하는 것인데, 갈레노스는 이 혈관망을 사람에게도 적용하는 오류를 범했다). 동맥혈은 레테 미라빌레의 동맥들을 통과하는 동안 더욱 정제되어, 가장 미세한 등급의 영이나 기로 변한다. 이것이 바로 '혼기'이다. 혼기는 신경을 통해 온몸으로 전달되어 감각기능과 운동기능을 수행하게 된다. 뇌로부터 '레테 미라빌레'를 거쳐 말초신경에 이르는 시스템은 갈레노스의 세 번째 생리학 시스템에 해당한다.

갈레노스의 생리학에 대한 논의를 끝맺기 전에 한 가지 요점을 추가할 필요가 있을 것 같다. 갈레노스는 생리학의 기계화를 추구한 에라시스트라토스의 시도에 설득력이 없다고 생각했다. 특히 체액운동이 펌프질 원리에 의해, 혹은 자연은 공백을 싫어한다는 원리에 의해서 충분하게 설명될 수 있다는 주장은 믿기 힘든 것이었다. 물론 갈레노스도 심장이 풀무처럼 작동한다고 생각했다. 심장은 팽창하는 동안 공기를 빨아들이고, 수축하는 동안에는 동맥혈을 동맥으로 내보내며, 동맥은 능동적 운동능력을 발휘해서 체액을 움직이도록 만든다는 것이었다. 그러나 그는 모든 기관에 비(非) 기계적 기능도 있다는 주장을 덧붙였다. 각 기관은 나름의 비기계적 기능에 의해, 필요에 따라 체액을 끌어들이고 유지하며 방출한다는 것이었다. 이를테면 간장은 자기에게 필요한 액즙(*chyle*)을 스스로 이끌어들이는 능력을 갖는다. 정맥혈이 몸속을 관류하는 것도 비슷하게 설명된다. 정맥혈은 펌프질되었기 때문에 순환하는 것이 아니라, 각 기관이 각자의 영양섭취를 위해 정맥혈을 끌어들이고 유지하고 방출하기 때문에 순환한다는 것이다.

갈레노스의 의학체계는 엄청난 설득력을 발휘하여 중세 전체는 물론 근대 초까지도 의학사상과 의학교육을 지배했다. 설득의 비결은 우선 그 체계의 포괄성에서 찾을 수 있다. 그는 (그의 약리학에서처럼) 실천적 면모와 (그의 생리학에서처럼) 이론적 면모를 겸비하고 있었다. 그는 철학에 정통했으며 방법론 면에서는 매우 정교했다.[25] 그의 연구는 그리스의 병리학과 치료이론에서 정점에 해당하는 것으로, 인체해부학에 대한 인상 깊은 해설을 제시했으며 그리스 생리학 사조들의 걸출한 종합을 제시했다. 한마디로 갈레노스는 의료철학을 완성한 인물이었으니 그의 의료

25) 갈레노스의 방법론에 관해서는 위에 인용된 논고 외에도 Galen, *Three Treatises on the Nature of Science*를 참조할 것.

철학은 건강, 질병, 치료 등 모든 의학현상에 대한 탁월한 해설이었다.

그렇지만 갈레노스의 인기에는 또다른 비결이 있다. 갈레노스는 자신의 해부학과 생리학에 목적론을 대거 주입했다. 그가 이슬람 세계와 기독교 세계의 독자에게 사랑을 받을 수 있었던 것은 바로 그런 목적론 덕택이었다. 물론 갈레노스 자신은 기독교인이 아니었다. 그의 목적론적 접근은 기독교에 뿌리를 둔 것이 아니라, 플라톤의 《티마이오스》, 아리스토텔레스의 《동물의 부위들》, 그리고 스토아 사상으로부터 자극된 것이었다. 실제로 갈레노스는 아리스토텔레스처럼, 아니 아리스토텔레스보다 더욱더 동물이나 인체의 골격에서 신성한 설계의 증거를 발견했다. 그의 《신체부위들의 유용함에 관하여》는 플라톤의 '조물주' 개념을 빌려서 그의 지혜와 섭리를 찬양했다.

> 실제로 지금 나는 그 분〔Demiurge〕께 최대의 경의를 표하고 있다고 생각한다. 그 분께 황소와 향초로 제사 드림에 의해서가 아니라, 나 자신이 먼저 그 분의 지혜와 권능과 선하심을 깨닫고 나서 이를 다른 사람에게 알리는 행위에 의해서 말이다. 내가 생각하기에 만물을 최상의 방식으로 질서 지음으로써 모든 피조물에게 이로움을 주는 것이야말로 완전선의 증거라 아니할 수 없다. 따라서 우리는 그 분의 선하심을 찬양하여야 마땅할 것이다. 그렇지만 어떻게 만물을 최상의 방식으로 정돈하는지를 안다는 것은 지혜의 정점이며, 만물에게 자신의 의지를 실현한다는 것은 그 분의 비길 데 없는 권능의 증거라고 하겠다.[26)]

갈레노스는 자연 곧 조물주가 하는 일에는 헛된 것이 없다고 주장했다. 인체구조는 인체기능과 완벽하게 부합하는 바, 이를 개선할 여지는 상상조차 할 수 없다는 것이었다. 심지어는 자연신학(자연에서 발견되는 신적 개입의 증거에 기초해서 정립되는 유신론)의 기미마저 엿보인다. 《신체부

---

26) Galen, *On the Usefulness of the Parts of the Body*, III. 10, trans. May, 1∶189.

위들의 유용함에 관하여》의 결론에서 그는 동물해부로부터 세계영혼에 관한 가르침을 얻을 수 있다는 점에 주목했다.

> 진창, 습지, 썩은 야채나 과일같이 더러운 곳에서 동물들이 태어나며, 이것이야말로 그 동물들을 만든 지성적 존재의 경이로운 증거라고 한다면, 우리는 저 높은 곳의 존재들〔즉, 천체들〕에 대해서는 어떻게 생각해야 할 것인가? … 열린 마음으로 진리를 추구하는 자라면, 그처럼 살과 액즙으로 이루어진 진창 속에 어떤 지성적 존재가 거주함을 파악하는 데 머물지 않고, 더 나아가 (현명한 창조주의 또 다른 증거인) 동물의 구조에 비추어 하늘에 계신 지성적 존재의 위대함까지도 이해하게 될 것이다.[27]

누구나 쉽게 알아챌 수 있겠지만, 갈레노스의 목적론이 근현대 학자들의 구미에 늘 맞았던 것은 아니다. 모든 인간과 모든 질병을 하나의 완벽하고도 확고한 (더욱이 케케묵은) 세계관에 끼워 맞추려는 그의 욕심도 마찬가지였다. 갈레노스가 의학사가들 사이에서 비난의 표적이 되었다는 것은 그리 새삼스러운 일이 아니다.[28] 그러나 갈레노스는 기원후 2세기의 그레코로만 문명권에서 활동한 인물이었을 뿐이다. 오늘날의 관점에서 그의 약점을 파고든다면 그의 사상과 생애로부터 배울 기회를 놓치고 만다. 그레코로만 문명의 쇠퇴기인 2세기에 의사로 활동했다는 것이 과연 무엇을 의미했는지 같은 문제에 답할 수 없다는 말이다. 갈레노스는 고대사상의 다양한 조류를 끌어안았다. 그는 그리스・로마 의학의 6백 년이 넘는 전통을 종합했거니와, 그 거대한 의학전통을 고대의 철학・신학들에 맞추었다. 목적론이 갈레노스의 연구에 깊이 배어들어 있다는 사실은 우주의 질서나 구성과 관련된 문제가 당시의 가장 중요한 현안이었음을 알려준다. 그것은 주요 사상가치고 언급하지 않은 자가 없었

---

27) 같은 책, VII. 1, trans. May, 2:729~731.

28) 좋은 사례로는 George Sarton, *Galen of Pergamon* (1954)을 참조할 것.

던 문제요, 그렇다고 해서 속 시원한 결론을 제시할 수도 없었던 문제였다. 최종결론은 오늘날까지도 계속 유예되고 있지 않은가? 신들은 갈레노스의 세계관, 나아가서는 그의 의학체계에 깊이 침투해 있다. 이것은 아쉬운 특징이 아니라 고대의 의학 및 철학에서 전형을 보여주는 특징으로 이해되어야 마땅하다. 신들에 대한 관점에서 갈레노스는 히포크라테스 계열의 저자들과 크게 다르지 않았으며, 그를 철학으로 이끌어준 철학자 선배들과도 크게 다르지 않았다. 아스클레피오스의 치유능력을 인정한 데서 볼 수 있듯이,[29] 그는 의학영역에 신이 개입할 여지를 허용했지만, 이런 믿음이 의료철학의 체계화에까지 끼어드는 것을 허용하지는 않았다. 의료철학은 철저하게 자연적 인과관계만을 따져야 했다. 갈레노스가 생명체의 완벽한 구조에 감탄하여 그 배후에 신성한 설계자를 설정했음은 분명하지만, 이 같은 믿음이 그의 질병분석이라든가 진단 및 치료절차에 눈에 띄는 영향을 미쳤던 것은 아니다.

---

29) Temkin, *Galenism*, p. 24.

역주

역주〔1〕 아스클레피오스(Asclepius, 라틴명 Aseculapius)는 그리스 신화에서 치료의 신이자 유명한 의사로 등장한다. 아폴론과 테살리의 여왕 코로니스(Coronis) 사이에서 태어난 아스클레피오스는 켄타우르스〔半人半馬〕인 키론(Chiron)으로부터 궁술, 의술, 음악, 예언 등을 배운다. 그의 의술이 너무 뛰어나 죽은 자마저 살려내자 죽음의 신 하데스(Hades)는 제우스에게 그를 탄핵했으며, 제우스는 번개로 그를 죽인다. 아스클레피오스는 뱀이 감긴 지팡이를 지니는데, 이는 뱀이 허물을 벗듯이 회춘을 가능하게 한다는 것을 상징한다.

역주〔2〕 '예후'는 의사가 치료 후에 진행될 질병의 경과를 예측하는 행위다.

역주〔3〕 켈수스(Aulus Cornelius Celsus: 기원전 30년경~기원후 45년경)는 방대한 《백과사전전서》의 저자로 유명하며, 그가 편찬한 사전 중에는 《의학에 관하여》(*De Medicina*)가 남아 있다. 이 의서는 우선은 켈수스 이전의 의학전통 특히 알렉산드리아 의학의 상태를 전해주는 사료로서 중요하지만, 직장에 손가락을 넣어서 방광결석을 파괴하는 치료법이 오늘날 켈수스 수술이라 불린다는 사실에서 알 수 있듯이 뛰어난 의술서로서도 가치가 있다. 테툴리아누스(Quintus Septimus Florens Tertullianus: 160년경~230년경)는 카르타고 출신의 기독교 초대교부로서 청년시절의 뛰어난 교육배경에 힘입어 197년경에 기독교로 개종한 이후 당대의 가장 강력한 기독교 호교론자가 되었다. 그가 언급한 이교세계의 많은 관행들은 비록 비난을 위한 것이기는 했지만, 중요한 사료적 가치를 지닌다.

역주〔4〕 그리스의 코스(Cos) 출신인 프락사고라스(Paraxagoras)는 기원전 300년경에 활동한 의사로서 인체해부학에 관한 연구와 심장질환에서 진단의 중요성을 강조한 인물로 유명하다. 특히 뇌의 돌기(*coils*) 구조는 그가 처음 발견한 것으로 제자인 헤로필로스와 에라시스트라토스에 의해 더욱 체계적으로 연구되었다. 그는 코스(Cos) 의학파의 창시자이기도 하다.

역주〔5〕 심장은 네 개의 방으로 구성된다. 우심방은 우심실로 연결되고, 좌심방은 좌심실로 연결된다. 심방과 심실의 연결은 방실판막으로 경계가 지어진다. 우심방과 우심실 사이에는 세 조각의 판막인 삼첨판이 있고, 좌심방과 좌심실 사이에는 두 조각의 판막인 이첨판(또는 승모판)이 있다. 심방의 압력이 심실의 압력보다 높으면 방실판막들은 심실벽에 붙어 열리게 되고 혈액은 심방에서 심실로 이동한다. 심방의 압력이 심실의 압력보다 낮으면 판막이 방실 사이를 폐쇄하며 건삭과 유두근은 판막이 심방 쪽으로 뒤집어지지 않도록 해준다.

역주〔6〕 코스의 필리노스(Philinus of Cos)는 헤로필로스로부터 배웠으나 그 스승과 결별하고 '경험의학파'라 불리는 새로운 학파를 창시한 인물이다. 헤로필로스 의학파가 해부학과 생리학에 초점을 맞추었다면, 이 경험의학파는 치료법을 강조하며 모든 질병은 해부학이나 생리학 이론보다는 경험과 임상에 비추어 실험적으로 치료되어야 한다고 주장했다.

역주〔7〕 마르쿠스 아우렐리우스(Marcus Aurelius)는 기원후 161~180, 코모두스(Commodus)는 180~192, 그리고 세프티미우스 세베루스(Septimius Severus)는 193~211년에 각각 황제직을 수행했다. 192~193년의 일 년 사이에 두 인물, 즉 페르티낙스(Pertinax: 192~193)와 디디우스 율리아누스(Didius Julianus: 193)가 황제직에 오르기도 했다.

역주〔8〕 '레테 미라빌레'(*rete mirabile*)는 한국의 생물학 용어로는 괴망(怪網), 일본에서는 기망(奇網), 영어로는 원더 넷(*wonder net*)이지만 학술용어로는 레테 미라빌레로 표기되는 것이 관행이다. 직역하면 '기적의 망상조직'이라는 뜻이다.

역주〔9〕 장간막이란 한끝은 장에, 다른 끝은 복막에 연결된 반투명의 엷은 막으로 장관을 둘러싸고 이를 붙들고 있으며 신경과 핏줄이 통한다.

제7장

로마 시대와 중세 초기의 과학

1. 그리스인과 로마인

앞 장에서 검토한 갈레노스의 경력은 그리스인과 로마인 사이에 지적 교류가 활발했다는 사실을 잘 예시한다. 그는 소아시아의 페르가몸(로마제국에 편입되었지만 여전히 그리스 문화의 강력한 영향권하에 있던 지역)에서 태어나 성장했으며, 계속해서 (그리스 본토의) 코린트와 알렉산드리아에서 교육을 받았다. 그리스풍의 교육을 받았던 만큼 그의 활동무대도 그리스의 지적 전통이었다. 그러나 그가 경력을 마감한 곳은 로마였다. 그는 로마에서 여러 황제에게 봉사했고 로마의 청중을 대상으로 강연활동을 벌였다. 갈레노스의 이 같은 경력은 다음과 같은 의문을 야기한다. 그리스와 로마 사이에는 과연 어떤 정치적, 문화적, 지적, 특히 과학적 관계가 있었을까? 이 장의 전반부는 이런 의문의 해결에 할애될 것이다.

그리스 도시국가의 특징이었던 정치적 독립성과 역동성은 알렉산드로스 대왕의 정복(기원전 334~323)과 그 뒤를 이은 '그리스제국'의 건설과정에서 실종되었다. 그렇지만 지적인 면에서는 달랐다. 후속국가들은 알렉산드로스가 휘하 장군들에게 제국을 분할한 이후로도 당분간 지적 활기를 유지했다. 지적 활동은 여전히 왕성했으며, 산발적이지만 때로

[지도 3] 로마제국.

관대한 후원의 대상이 되기도 했다. 그 와중에서 기원전 7세기까지도 에트루리아의 보잘것없는 도시에 불과했던 로마는 5세기와 4세기 동안 부강한 공화국으로 발전을 거듭했다. 역주[1] 기원전 265년에 이르면 로마는 이탈리아 반도 전체를 장악하며, 200년 즈음에는 독자적 외교정책과 군사력을 바탕으로 제 2차 마케도니아 전쟁(200~197) 과정에서 그리스 내정에 간섭할 정도로 성장한다. 역주[2] 로마는 뒤이은 150년 동안 그리스 영토에 대한 영향력을 계속 확장해갔다. 결국 율리우스 케자르가 죽은 기원전 44년에 이르면, 로마는 그리스, 소아시아, 북아프리카를 포함한 지중해 전역을 실질적으로 장악하기에 이르렀다([지도 3] 참조).

로마의 지배가 그리스 문화와 학문을 단절시킨 것은 아니었다. 그 반대가 옳다. 로마 작가 호라티우스(기원전 65~8)의 유명한 말이 전하듯이, 로마는 군사와 정치 면에서는 그리스를 점령했지만 예술과 지식 면에서는 오히려 그리스인이 정복자였다.[1] 로마의 정치력과 경제력이 고조되었을 때, 로마의 유한계급은 그리스인이 문학, 철학, 정치학, 예술

1) Horace, *Epistles*, II. 1. 156.

에서 이룩한 성취를 높이 평가하기 시작했다. 이런 분야들에서 소양을 얻으려는 로마인으로서는 그리스인의 성취를 모방하는 것, 한층 우월한 문화로부터 빌려오는 것 외에 다른 대안이 없었다.

언어장벽과 지리적 장벽이 모방을 방해했다고 생각하는 사람이 있을지 모르겠으나, 문화접촉의 초기에 그런 장벽은 심각한 문제가 아니었다. 이탈리아에서 그리스어로 읽고 말하는 것은 일상화된 관행이었다. 이 관행은 이미 수세기 전에 그리스인이 이탈리아 반도에 정착한 시절로 소급된다. 엘레아 출신의 파르메니데스와 제논이 그러했으며, 플라톤이 방문한 남부 이탈리아에서는 피타고라스 학파가 그러했다. 기원전 2세기까지 로마는 그리스인의 공동체였으며, 로마의 상류층 사이에서는 두 언어의 공용이 유행했다. 자발적으로든 노예로서든, 그리스 학자가 로마에 정착하는 횟수는 꾸준히 증가했다. 그리스 출신의 선생이 그리스

[그림 7.1] 고대 로마의 광장.

문학과 철학을 설파한 사례도 쉽게 발견된다. 그리스의 각 지역으로 유학을 가는 것도 대안이 될 수 있었다. 진지한 학문적 열망을 지닌 로마 청년에게 유학은 오히려 필수에 가까웠다. 이상과 같은 여러 경로를 통해 로마와 그 근교에는 거대한 학자집단이 형성되었는데, 이들은 (그리스 출신이든 로마 출신이든) 한결같이 그리스 학문전통과 교류하고 있었다. 그러다가 결국에는 로마 학자들이 나서서 그리스의 다방면에 걸친 지적 성취를 라틴 독자층에게 전파하기 시작했다. 소수의 사례이기는 하지만 그리스어 원전이 라틴어로 번역되기도 했다.[2)]

이러한 상황의 대부분은, 최상급 교육을 받은 로마의 정치가이자 문장가인 키케로(기원전 106~43)의 경력에서 예시될 수 있다. 그는 로마에서 학문에 입문했지만 다음에는 아테네, 그 다음에는 로도스 섬에서 연구를 계속했다.[역주〔3〕] 그 과정에서 그는 그리스인 선생들로부터 배웠다. 그가 그리스어를 배운 것은 너무도 당연한 일이었거니와, 그는 그리스 철학의 대부분에 대해서도 정통했다. 실제로 그에게 가장 큰 영향을 미친 것은 기원전 3세기에 플라톤 학교에서 발전한 인식론, 그리고 스토아 학파의 학설이었다.[3)] 키케로는 다양한 주제에 관해 라틴어로 논고를 작성했으며 플라톤의 《티마이오스》를 라틴어로 번역하기도 했다(이 번역본은 유실되었다).

학문의 후원은 처음에는 사적인 수준에서 이루어졌다. 상류계급에 속한 학자라면 독서와 학문토론으로 여가시간을 보내는 데는 아무 문제가 없었다. 이런 부류는 개인적으로 도서관, 아주 방대한 규모의 도서관을 갖출 수도 있었다. 그러나 재산이 없는 학자는 후원자를 구하지 않을 수 없었다. 후원의 형태는 다양한 스펙트럼으로 이루어졌다. 뛰어난 학자가 부유층의 집사로 고용되는 사례도 있었으며, 학력이 높고 그리스어에 능통한 노예도 있었다. 그 스펙트럼에서 가장 높은 위치에 오른 학자는,

---

2) 이러한 발전에 관해서는 특히 Elizabeth Rawson, *Intellectual Life in the Late Roman Republic*을 참조할 것.

3) 키케로에 관해서는 아래의 각주들을 참조할 것.

후원자에게 조언을 제공하거나 후원자의 지적 동지가 되거나 후원자의 도서관을 관리할 수 있었다. 이보다 운이 없거나 능력이 조금 부족한 학자는 후원자의 자식을 가르치면서 집안의 궂은일을 도맡기도 했다.

조건이 이러했기에 담론의 수준도 각양각색일 수밖에 없었다. 최고 수준에 오르기를 원하는 학자라면 당연히 그리스어로 작품을 써야 했다. 학문담론에서 라틴어로 말하거나 글을 쓴다는 것은 그리스어 학풍의 최상급 수준보다 열등한 것으로 간주되었으며, 그만큼 홀대될 수밖에 없었다. 라틴어는 청중의 언어장벽을 감안할 필요가 있을 때 사용되었다. 그런 청중을 위해서는 그리스어 학풍을 한층 가볍고 대중적인 형태로 각색해서 전달할 필요성도 제기되었다. 일부 과학사가들은 이 같은 대중화 작업에 대해 냉소적 평가를 내리기도 한다. 그들은 "대단한 진척을 이룬" 연구만을 중시하는 관점에서, 대중적 수준의 학문을 발전시킨 그리스인들과 이들에 의존한 로마인들을 비판한다.[4] 그러나 이런 평가는 지극히 편협한 관점을 반영할 뿐이다. 어떠한 학문전통이든 지식 수준이나 전문성 수준은 다양한 층으로 이루어지는 것이 오히려 자연스럽지 않을까. 아리스토텔레스 같은 인물이 등장해서 철학이나 과학상의 난제를 독창적으로 해결할 때마다, 그런 인물의 주변에는 늘 수백 수천의 지식인층이 포진하지 않았던가. 그들은 아리스토텔레스의 연구성과를 이해하는 것, 아리스토텔레스의 견해를 기존의 다른 권위 있는 견해와 화해시키는 것 이상을 염원하지도 염원할 수도 없었지 않았을까. 마찬가지로 창조적 연구 프로그램에는 보존, 주석, 교육, 대중화, 계승 같은 것을 추구하는 다른 운동들이 수반되기 마련이다. 이것은 오늘날의 학교교육 체계를 보아도 쉽게 알 수 있는 일이다.

이런 조건을 감안할 때, 학자들이 로마 청중을 위해서 그리스의 지적 성취를 취사선택하고 해석한 것은 당연한 일이었다. 무엇보다 후원자의

---

4) 특히 William H. Stahl, *Roman Science*, pp. 50, 55를 참조할 것(스탈은 p. 50에서는 "대중화 작가들의 재앙"에 관해 언급하며, p. 55에서는 대중화 작가들에게 "싸구려 통속작가들"〔hacks〕이라는 이름을 붙이고 있다).

관심을 끄는 것이 중요한 그들로서는, 그리스 형이상학이나 인식론의 난해한 구석을 다룬다든지 그리스 수학이나 천문학이나 해부학을 세부까지 논의하기보다는, 그리스인의 업적 가운데 실용적 가치와 자연적 호소력을 가진 주제를 선호하는 경향을 띠게 되었다. 수학의 많은 부분은 실용적 이유에서, 혹은 사고력의 향상을 위해서 수용되었다. 의학은 정당화할 필요가 거의 없이 수용되었다(물론 로마인은 곧 그리스 의학의 여러 측면을 비판하기 시작했다). 논리학과 수사학은 법정과 정치현장에서 중시되었다. 에피쿠로스 철학과 스토아 철학은 도덕적, 종교적 관심사를 표현한 것으로 중시되었다. 반면에 자연철학(즉, 과학)은 초보 수준에서 수용되었으며, 여흥거리가 아니면 별 가치 없는 것으로 여겨졌다. 이러한 상황을 가장 잘 예시하는 것은 로마인에게 천문학의 최고 권위로 명성을 누린 인물이 솔리의 아라투스(기원전 240년 죽음)였다는 사실이다. 별자리와 기상예보에 관한 아라투스의 시집은 라틴어로 최소한 네 차례나 번역되었던 반면에, 유독소스와 히파르코스의 그리스어 전문서적은 알려진 적도, 이용된 적도 없었다.[5] 역주〔4〕

따라서 로마인이 수용한 자연철학이나 과학은 그리스인의 성취를 제한적으로 대중화한 형식의 것이었다. 로마인은 왜 그리스 학문의 난해하거나 전문적인 측면을 수용할 수 없었을까 하는 문제를 놓고 과학사가들은 여러 세대에 걸쳐 씨름했다. 지적 열등함, 도덕의 해이, 심지어는 기질상의 약점 같은 원인을 제시하면서 이 문제를 설명하려는 시도가 줄을 이었다. 로마인에게는 이론취향의 정신이 결핍되었다는 주장도 빈번하게 등장한다. 그러고 나서는 (누구에게나 그 나름의 장점은 있기 마련이라는 이유로) 로마인은 이러한 결점을 현실적 행정능력과 조정능력으로 보충했다는 언급을 재빨리 덧붙이곤 한다.[6] 실제로 로마인의 지적 수준에

---

5) 아라투스에 관해서는 Stahl, *Roman Science*, pp. 36~38을 참조할 것. 스탈의 책은 로마에서 그리스 과학이 대중화된 과정을 다룬 연구서 중에서 최상급의 것이다.

6) 예를 들면 Arnold Raymond, *History of the Sciences in Greco-Roman Antiqui-*

관해서는 더 숨길 것도 없거니와, 새삼스레 경악하거나 비판할 이유도 없다. 그러나 반드시 기억해야 할 것은 로마 귀족층이 뚜렷하게 실용적인 문제를 제외하고는 모든 학문을 여흥거리로 여겼다는 점이다. 로마인도 자기 좋은 대로 행했다는 점에서는 그리스인과 다를 바 없었다. 자신에게 흥미롭거나 유용한 것만을 그리스인으로부터 빌려왔다는 말이다. 그리스인 중에 추상적, 전문적, 비실용적 주제, (혹자에게는) 지루하기까지 한 주제들에 혼신의 힘을 기울인 부류가 있었다고 해서, 대다수의 로마인이 이와 똑같은 실수를 반복해야 할 이유가 있었을까? 로마 상류층이 그리스 자연철학의 정수에 대해 보여준 관심의 정도는 오늘날 미국의 평범한 정치인이 형이상학과 인식론에 대해 가진 관심의 정도와 비슷했다. 로마의 희곡작가 에니우스가 전하듯이 로마 상류층의 욕심은 "철학이야 적당히 알면 되는 것이 아니냐"는 수준에 머물러 있었다.7) 역주[5] 이와 반대가 되었어야만 한다고 기대하는 역사가가 있다면, 이것이야말로 이상한 일이 아닐 수 없다.

2. 대중화 작가와 백과사전 편찬자

지금까지 필자는 로마 상류층이 과학과 자연철학을 연구한 조건, 그리고 그들을 자극한 요인을 논의했다. 이제부터는 그 결과로 형성된 지적 전통을 살필 차례이다. 우선 라틴 문학에서 과학주제를 직접 다루었거나 과학활동에 지적 배경을 제공한 특수한 장르들을 검토할 것이며, 이어서 가장 큰 영향력을 발휘한 몇 작품을 개관하기로 하겠다.

초기의 대중화 작가 가운데서 가장 영향력이 크고 널리 알려진 인물을 꼽자면, 스토아 학파의 포시도니오스(Posidonius: 기원전 131년경~51)

---

ty, trans. Ruth Gheury de Bray, p. 92.

7) Cicero, *De re publica*, I. xviii. 30, trans. Clinton Walker Keyes (London: Heinemann, 1928), p. 55에서 인용되었음.

가 이에 해당할 것이다. 그는 시리아에서 태어났으며 부모는 그리스 출신이었다. 그는 아테네에서 공부를 마치고는 곧 로도스(Rhodes) 섬에 있던 스토아 학교의 교장이 되었다. 그가 로마 지성계에 영향을 미친 것은 주로 간접적 경로를 통해서, 즉 키케로를 위시한 제자들을 통해서였다. 그렇지만 그는 로마를 직접 여행하면서 로마인 사이에 개인적으로 깊은 인상을 심어주기도 했다. 기원전 1세기에 만물박사형 학자를 찾을 수 있다면, 그 전형에 가까운 인물이 바로 포시도니오스였다. 그의 관심은 역사학, 지리학, 도덕철학, 자연철학 등에 두루 걸쳐 있었으며, 관련 분야마다 방대한 양의 작품을 남겼다. 모두 그리스어로 집필된 그의 작품 가운데는 플라톤의 《티마이오스》에 대한 주석과 아리스토텔레스의 《기상학》에 대한 주석이 포함된다. 특히 후자의 주석서는 루크레티우스가 《사물의 본성에 관하여》를 쓰면서 크게 의존한 작품이었다.

포시도니오스의 작품은 모두 유실되었기 때문에 이에 대한 우리의 지식은 간접적일 수밖에 없다. 그럼에도 불구하고 그의 연구업적 중에는 훗날 심대한 영향을 미친 것이 다수 포함된다. 지구의 원주에 대한 계산이 그러했다. 그는 처음에는 그 길이를 (에라토스테네스의 추정보다 조금 짧은) 240,000스타디아로 계산했으나 나중에는 이를 180,000스타디아로 수정했다.[역주6] 이처럼 줄어든 값은 프톨레마이오스에 의해 채택되어, 그의 《지리학》을 읽은 독자층에 전파되었으며, 나아가서는 크리스토퍼 콜럼버스가 에스파냐와 동인도 제도 사이의 거리를 계산할 때 기초 자료로 이용되었다는 점에서 큰 중요성을 갖는다.[역주7]

포시도니오스는 바로(Varro: 기원전 116~27) 같은 라틴 작가에게 큰 영향을 미쳐 라틴 세계의 교육과 학문이 형식과 내용을 갖추는 데 크게 기여했다. 바로는 포시도니오스의 로마인 추종자들 사이에서 천재로 불린 학자였다. 그는 로마와 아테네에서 연구했으며 다양한 주제에 관해 라틴어로 저술한 다산(多産) 작가로 알려져 있다(제목만 따지면 약 75종의 작품을 집필했는데 그 대부분은 유실되었다). 그중 가장 중요한 것은 《학문분과를 다룬 아홉 권의 책》(*Nine Books of Disciplines*)이라는 백과사전이었다. 이것은 로마의 후속 백과사전 편찬자에게 모델이자 준거를 제공한 작품으로, 교양학문 분과의 효용을 사전편찬의 원칙으로 삼았다는 점에서 주목해야 할 특징을 갖는다. 효용이란 바로 로마 귀족층의 양성에 있었다. 그는 문법, 수사학, 논리학, 대수학, 기하학, 천문학, 음악이론, 의학, 건축학 등 9개 과목을 교양학문 분과들로 지정했으며 각 분과에 대해 기초적 해설을 제공했다. 후속세대는 바로의 학문목록에서 마지막 두 분과(의학과 건축학)를 제외했으며, 그 결과 7개 분과가 중세 학교의 고전적인 일곱 교양과목을 구성하게 되었다. 앞의 세 분과는 삼학(三學: *trivium*), 나머지 네 분과는 사학(四學: *quadrivium*)이라는 이름을 각각 부여받았다.[8)]

바로와 동시대인이자 친구였던 키케로도 그리스 철학에 두루 정통한 인물이었다. 그가 연구한 그리스 학자에는 스토아 학파의 포시도니오스, 에피쿠로스 학파의 파에드로스, 플라톤주의자인 라리사의 필론과 아스칼론의 안티오코스 등이 포함된다.[9)] [역주(8)] 키케로의 지적 방법론에 특히 영향을 미친 것은 플라톤 학파 내부에서 전개된 회의론 사조였다. 그래서 키케로는 철학문제에서는 개연적 결론에 도달할 수밖에 없으니, 진리에 도달하는 최선의 방법은 과거에 제시된 다양한 의견들을 비판적으로 걸러내는 것이라는 확신을 가지고 있었다. 이런 믿음에서 그는 일련의

---

8) 바로의 《학문분과들》로부터 과학관련 내용을 재구성하려는 시도는 Lawson, pp. 158~164; Stephen Gersh, *Middle Platonism and Neoplatonism: The Latin Tradition*, vol. 2, pp. 825~840; William H. Stahl, Richard Johnson, and E. L. Burge, *Martianus Capella and the Seven Liberal Arts*, vol. 1, pp. 44~53 등을 참조할 것.

9) 우리가 이 시기에 "플라톤주의자"를 언급할 때에는, 플라톤과 아카데미아에서 유래하는, 이런저런 철학전통에 속한 사람을 뜻한다. 이런 의미의 "플라톤주의자" 가운데에는 플라톤이라면 거부했을 학설을 옹호한 학자도 다수가 포함된다. 키케로의 철학, 그리고 키케로와 플라톤주의 전통과의 관계에 대한 유용한 분석으로는 Gersh, *Middle Platonism and Neoplatonism*, vol. 1, pp. 53~154를 참조할 것.

[그림 7.2] 키케로. 바티칸 시의 바티칸 박물관 소장품.

대화편을 작성했으며, 여기에 스승들과 친구들, 나아가 옛 작가들이 다양한 철학적 주제에 관해 제시한 갖가지 의견들을 수록했다. 그는 특히 소크라테스 이전의 선배들이 제시한 의견에 대해서는, 테오프라스토스로부터 시작된 "학설집" 전통 같은 기존의 편찬문학에 크게 의존했다.

이 점에서 키케로는 대중화 운동에 의존한 동시에 기여한 인물이었다. 그는 독자에게 주요 철학적 쟁점을 놓고 벌어진 최근의 논쟁에 대한 생생한 해설을 제공했다. 여기에는 근본실재의 본성, 우주 내 질서의 원천, 신들의 역할, 영혼의 본성, 인식의 과정 등 앞 장에서 논의된 쟁점들이 총망라되어 있었다. 키케로 자신의 세계관은 플라톤주의 요소와 스토아주의 요소가 결합하여 형성되었다. 그의 작품은 스토아주의의 철학에 관해서는 중세부터 근대 초에 이르기까지 가장 중요한 자료로 읽혀진 것이기도 했다. 그는 신과 자연, 자연과 불을 동일시했다. 신 · 자연 · 불이라는 삼자는 우주 삼라만상의 존재와 활동과 합리성을 가능케 하는 능동적 힘으로 인식되었다. 그는 스토아학파의 견지에서 우주가 대화재로 인해 소진되었다가 되살아나는 과정을 연속 반복한다는 순환론의 입장을 채택했다. 대우주(신과 우주)와 소우주(인간)가 동형구조(*parallelism*)로 이루어져 있다는 관념도 그가 선호한 것이었다. 신이 우주 내의 물질과 맺는 관계는 인간영혼이 육체와 맺는 관계와 동일하다는 것이었다. 이와 같은 대우주-소우주 유비는 중세와 르네상스 시대의 사상에서 단골메뉴로 자리를 잡았으며, 특히 점성술관련 저술에서는 핵심주제로 부상되었다. 역주[9] 키케로는 수학적 과학에 대해서는 큰 관심을 보이지 않았다. 수학적 과학은 주로 청년의 날카로운 예지를 키워주는 기능에서 가치가 있는 정도로 인정되었을 뿐이다. 그렇지만 행성운동을 논의한 대목이라든가 아라투스의 천문학 시집 《현상》을 번역한 사실에 비추어보면, 키케로가 수학에 완전히 무관심하거나 무지했던 것은 아님을 알 수 있다.

바로와 키케로의 동시대인, 루크레티우스(Lucretius: 기원전 55년 죽음)는 《사물의 본성에 관하여》라는 철학적 성격의 장편시를 썼다. 어찌 보면 이 작품은 에피쿠로스 학파의 자연철학을 옹호하는 입장에서, 원자나 공간 같은 개념의 설명력에 의존하여 죽음의 공포를 극복하려는 목적을 실현코자 한 작품으로 평가될 수도 있다. 그렇지만 《사물의 본성에 관하여》는 에피쿠로스학파의 기본틀을 유지하면서도 그 세부적 표현과 항목선택의 수준에서는 백과사전적인 작품이었다. 그는 세계의 무한성, 그리고 세계의 창조와 파멸을 논의했다. 황도대를 통과하는 태양의 운동과 이 운동에서 비롯된 일수(日數)의 편차, 그리고 달 모양 변화 같은 기초 천문학 자료도 열거되었다. 영혼의 불멸성, 감각의 지각작용과 기만작용, 수면과 꿈과 사랑, 거울과 빛의 반사, 동식물의 기원, 생물학에서 목적론적 설명의 부적합성, 인류의 기원과 역사, 천둥번개나 지진이나 무지개나 화산이나 자기력 같은 예외적인 기상학적 · 지질학적 현상도 논의되었다. 루크레티우스는 결론을 아테네의 대역병(大疫病)에 대한 해설로 끝맺었다.[10)]

바로와 키케로와 루크레티우스는 로마 공화정 후기의 지적 활기를 대

10) 루크레티우스에 관해서는 Stahl, *Roman Science*, pp. 80~83을 참조할 것.

변한다. 이러한 지적 활기에 기여한 다른 동시대인으로는 비트루비우스(Vitruvius: 기원전 25년 죽음), 로마 제정 초기에 활동한 켈수스(Celsus: 기원후 25년경에 활동)와 스토아 학파의 세네카(Seneca: 기원후 65년 죽음) 등을 꼽을 수 있다. 비트루비우스는 건축학에 관해 저술했고, 켈수스는 중요한 의학 백과사전을 집필했으며, 세네카는 기상학을 포함한 자연철학 전반에 관해 저술했다(참고로 세네카의 기상학은 포시도니오스에 크게 의존한 것이었다).[11)]

그렇지만 대중화 운동의 최고봉이 연로 플리니우스(Pliny the Elder: 기원후 23/24~79)라는 데는 누구도 이의를 제기하기 힘들다. 플리니우스는 로마 과학을 다룬 대부분의 개설서에서 중심인물로 취급되어온 만큼, 우리로서도 그의 업적을 간략하게나마 짚고 넘어가지 않을 수 없다. 그는 이탈리아 북부의 지방귀족 가문에서 태어났고 로마에서 교육을 받았다. 그 같은 사회적 신분을 가진 남성에게 출세를 위해서는 반드시 필요했던 군대경력을 성공적으로 마친 뒤에, 플리니우스는 문필활동에 전념했으며 베스파시아누스 황제와 티투스 황제의 측근으로 경력을 마감했다.[역주〔10〕] 그는 로마사와 로마 전쟁사에 관해 여러 권의 책을 썼으며 문법책도 집필했다. 그렇지만 오늘날 그의 명성은 티투스 황제에게 헌정된 《자연사》라는 작품에 기인한다.

《자연사》는 한마디로 놀라운 작품이다. 그 특징을 손쉽게 규정하기도 힘들거니와 실제로 평가하려면 반드시 읽어보아야 할 책이다.[12)] 플

---

11) 이 저자들에 관해서는 Stahl, *Roman Science*, 6장, Gersh, *Middle Platonism and Neoplatonism*, 3장, 그리고 *Dictionary of Scientific Biography*에 수록된 관련항목들을 참조할 것. 세네카에 관해서는 *Physical Science in the Time of Nero: Being a Translation of the "Quaetiones naturales" of Seneca*, trans. John Clarke, 켈수스에 관해서는 그의 *On Medicine*, trans. W. G. Spencer 등도 참조할 것.

12) Roser French and Frank Greenaway, eds., *Science in the Early Roman Empire: Pliny the Elder, His Sources and Influences*에 수록된 논문들과 Stahl, *Roman Science*, 7장을 참조할 것. 오래되었지만 더욱 충실한 분석으로는

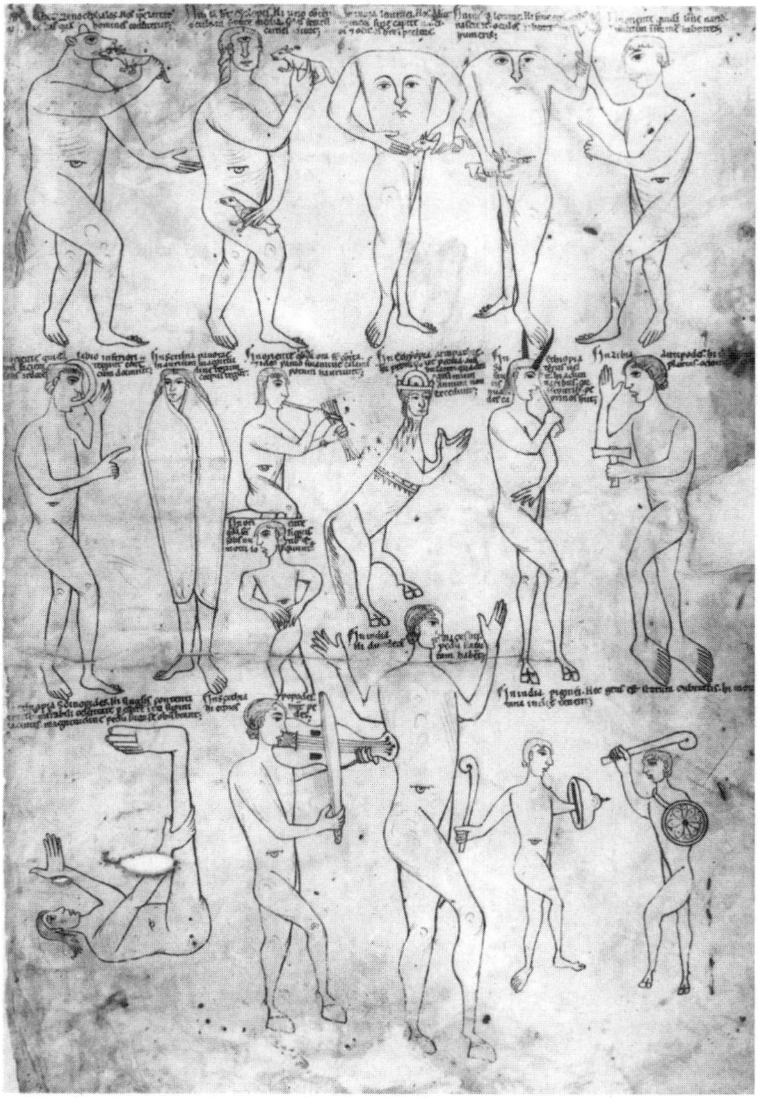

[그림 7.3] 플리니우스의 기형 종족들, 영국 국립도서관(12세기). 영국 국립도서관의 승인을 받아 전제함.

Lynn Thorndike, *A History of Magic and Experimental Science*, vol. 1, pp. 41~99를 참조할 것.

리니우스는 정보에 대해 왕성한 식욕을 가진 인물이었다. 《자연사》의 서문에서 그는 여러 조수들을 거느리고 수행한 작업을 보고하고 있다. 조수들은 백 명이 넘는 저자들이 남긴 2천여 권의 책을 꼼꼼하게 읽었으며 이로부터 2만여 개의 사실을 추출했다는 것이다. 플리니우스는 메모카드 시스템 같은 것을 개발했던 것으로 보인다. 그는 수작업으로 2만여 종의 정보를 하나씩 카드에 기록한 후에 모든 카드를 주제별로 분류해서 《자연사》로 집성했을 것이다.[13] 플리니우스가 작업에 쏟아부은 에너지 또한 경이로운 것이었다. 그의 조카가 전하는 바에 따르면, 그는 자정에 깨어나 다음날 정오까지 스스로 읽거나 조수들이 읽어주는 것을 들었으며, 스스로 노트를 작성하거나 조수들에게 구술했다고 한다.[역주〔11〕] 그런 만큼 플리니우스의 업적을 진정으로 이해하려면 그가 무엇보다 사실적 자료에 몰입했음을 이해할 필요가 있다. 《자연사》는 때로 자연현상에 대한 인과적 설명을 제시하기도 했지만, 플리니우스의 목표는 포괄적이고 조심스럽게 추론된 자연철학을 제공하는 것이 아니라 흥미롭고 유쾌한 정보의 방대한 창고를 짓는 것이었다. 그의 조카가 전하듯이 그의 책은 "자연 자체만큼이나 다양성을 갖춘 것"이었다.[14]

플리니우스는 우주 전체와 그 안에 거주하는 모든 자연물을 답사하려는 의도를 가지고 있었다. 《자연사》의 내용과 참조자료를 나열한 목록은 그 분량만 계산해도 (영어 번역본으로) 72페이지에 달할 정도이다. 그 책은 우주론, 천문학, 지리학, 인류학, 생물학, 식물학, 광물학 등 다양한 분과를 포괄한 것이었다. 플리니우스는 비상한 주목을 받을 만한 소재를 포착하는 능력에서도 탁월한 인물이었다. 그가 자연의 경이들(驚異: *marvels*)의 전도사로 묘사되곤 하는 것은 우연이 아니다. 실제로 《자연사》에는 그런 경이로운 것이 심심치 않게 등장한다. 일식과 월식을 위

13) 플리니우스의 방법에 관해서는 A. Locher, "The Structure of Pliny the Elder's Natural History"를 참조할 것.

14) Pliny the Younger, *Letters*, trans. William Melmoth(W. M. L. Hutchinson의 수정판), III. 5, 1:198.

시한 천체의 전조, 기도와 제례에 의해 불러내는 천둥번개, 아시아에서 12개 도시를 파괴한 사상 최대의 지진, 알프스 너머의 종족들이 산 사람을 제물로 바치는 풍습, 돌고래를 타고 매일 학교를 오간다는 소년의 이야기 등등. 다른 나라에 사는 기형인들, 이를테면 이마 중앙에 외눈이 박혀 있다는 외눈 종족(Arimaspi), 마안(魔眼)으로 째려보아 살인한다는 일리리아 종족(Illyrians), 외다리뿐이지만 엄청 빠르게 뛴다는 모노콜리아족(Monocoli) 등도 소개되었다.[15)]

플리니우스의 《자연사》에서 경이라는 요소를 간과하는 것이 큰 실수라면, 한층 지루하고 상식적인 요소를 무시하는 것도 이에 못지않은 실수일 것이다. 천문학과 우주론에 대한 플리니우스의 해설은 후자의 좋은 사례이다.[16)] 그는 여러 천구와 지구, 그리고 이를 도해로 그리는 데 사용되는 다양한 원을 언급했다. 그는 행성이 황도대의 띠를 따라 서쪽에서 동쪽방향으로 이동한다는 것을 알았으며, 그 운동에 걸리는 개략적 기간도 알았다. 그는 행성의 역행운동을 기술했으며, 수성은 태양에 대해 22도 이내에, 금성은 태양에 대해 46도 이내에 머문다고 보고했다. 달의 운동과 변화, 그리고 월식도 논의되었다. 일식과 월식이 달과 태양의 상대적 위치로 인해 형성되는 그림자라는 것도 이해되었다. 지구의 크기에 관해서는 에라토스테네스의 추정치(252,000스타디아)가 그대로 소개되었다. 그는 이런 식으로 우주론과 천문학에 중요한 지식을 파편적으로 전달했다. 그가 제공한 지식은 늘 믿을 만한 것은 못 되었으며, 수학적 천문학자의 기준에는 더더욱 미치지 못하는 것이었다. 그렇지만 사실상 그는 수학적 천문학의 전통에서 인용한 것이 없었으며(《자연사》의 천문학관련 절들에서는 히파르코스의 영향을 전혀 엿볼 수 없다), 천문학 전문가를 대상으로 집필한 적도 없었다. 그의 독자는 대중이었다. 천문학

---

15) Pliny, *Natural History*, II. 25~37, II. 54, II. 86, VII. 2, IX. 8.

16) Pliny, *Natural History*, II. 6~22. Olaf Pedersen, "Some Astronomical Topics in Pliny", 그리고 Bruce S. Eastwood, "Plinian Astronomy in the Middle Ages and Renaissance"도 참조할 것.

의 복잡한 관측과 수학적 계산에 관심도 없고 이를 다룰 수단도 없는 대중을 향해, 그는 사실적 핵심을 전달하는 데 주력하고 있었을 뿐이다.

플리니우스를 로마 학자의 전형으로 볼 수는 없다. 첫째로 정보수집에 바친 열성과 헌신에서 그에 필적할 학자는 없었다. 그가 다룬 학문영역도 (9개 학문분과를 소개한 바로 같은) 로마 선배들에 비해 훨씬 포괄적이었다. 《자연사》의 서문에서 플리니우스는 자신이 단 한 권의 책으로 자연세계 전체를 포괄하려 한 최초의 인물임을 자임했는데, 이것은 실제로 옳은 주장이었다. 둘째로 플리니우스는 선배나 동시대인에 비해 현저하게 가볍고 피상적인 담론을 작성했다. 그러나 이렇듯 다른 면이 많았음에도 불구하고, 플리니우스는 (그의 이전은 아닐지라도 그의 이후에) 로마 식자층의 주요 관심사가 무엇이었는지에 대한 유용한 해답을 제공한다. 더욱이 다른 대중화 작가들의 많은 작품은 유실되었지만 《자연사》만은 꾸준히 살아남아 중세 초 학문의 수준과 내용을 가늠하는 척도가 될 수 있었다.

지금까지 우리는 백과사전적 성격을 지닌 로마의 작품세계에 초점을 맞추었다. 백과사전적 편찬은 다수의 이질적 자료로부터 방대한 양의 정보를 이끌어내서 하나의 작품으로 엮는 작업이었다. 그러나 로마에서는 주석전통도 발전했다. 이 전통의 주축을 이루고 대부분의 내용을 차지한 것은 권위 있는 원전에 대한 해설이었다. 이 점에서 주석전통은 성스럽고 접근하기 힘든 특정 원전을 지식의 보물창고로 여기면서 그 원전을 읽고 해석하는 능력에 따라 학식의 수준을 판단해온 오랜 관행을 예시한다. 로마의 주석전통에서 주목할 만한 사례는 마크로비우스(Macrobius: 플리니우스보다 350년 정도 늦은 5세기 초반에 활동한 인물)의 《스키피오의 꿈에 관한 주석》이다. 이 작품은 키케로의 《스키피오의 꿈》에 대한 주석의 형식을 빌려서 신플라톤주의 철학을 해설한 것으로 중세 초에 널리 유통되었다. 이 책의 내용을 전체적으로 검토하는 대신에 한 가지 사실만을 기억해두고자 한다. 마크로비우스는 이 책에서 포괄적 자연철학에 착수했다. 그의 자연철학은 플라톤에 영감의 원천을 두고 대수학과

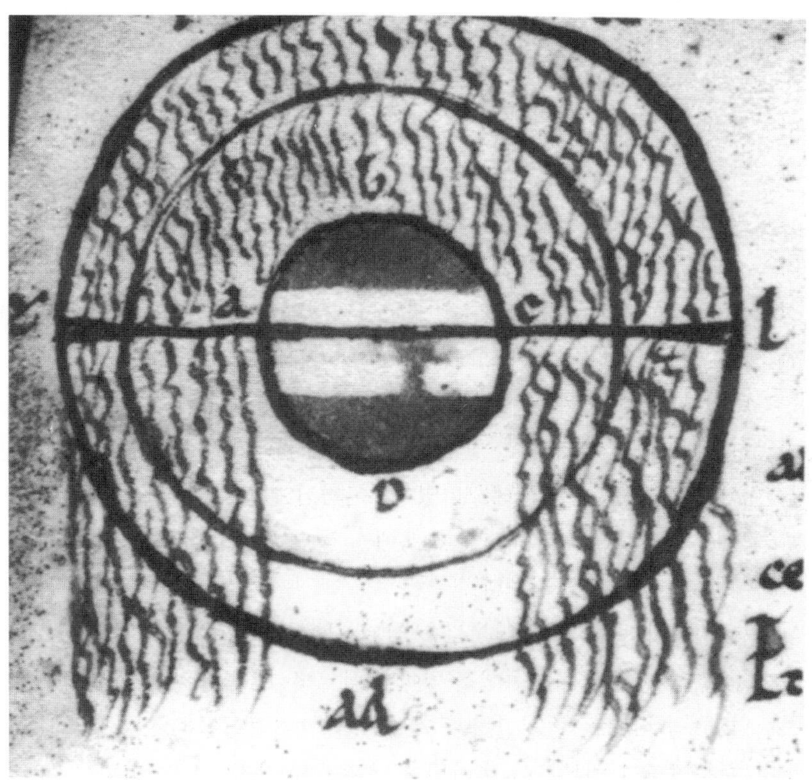

[그림 7.4] 강우에 대한 마크로비우스의 견해. 이 그림은 13세기의 한 필경사가 마크로비우스의 강우에 관한 논증을 도해로 표현한 것이다. 그의 논증은 만일 모든 비가 지구 중심을 향하지 않는다면 지구를 벗어난 비의 일부가 하늘의 나머지 반구를 향해 상승한다는 이상한 결론에 도달하게 된다는 것이었다. 영국 국립도서관(13세기). 영국 국립도서관의 승인을 얻어 전재되었음. 이 삽화와 이에 수반된 논쟁에 관해서는 John E. Murdoch, *Album of Science: Antiquity and the Middle Ages*, pp.282~283을 참조할 것.

천문학과 우주론을 비중 있게 다룬 것이었다.[17]

우리가 마지막으로 고려해야 할 로마의 편찬자는 마르티아누스 카펠라(Martianus Capella)이다. 그를 창문으로 삼으면 로마제국 말기의 학교교육에서 수학적 학문의 실태를 가장 잘 엿볼 수 있기 때문이다. 그의 책은 중세에 가장 인기를 누린 수학 교과서의 하나이기도 했다. 마르티아누스 카펠라는 북아프리카의 카르타고 출신이었던 것으로 보인다. 이 점에서 그는 로마제국 말기에 로마 속주(屬州), 특히 북아프리카 속주의 학문 수준을 가늠하는 데에도 유용한 척도가 될 수 있다. 마르티아누스는 410년부터 439년까지 살았다고 전해지지만 이를 뒷받침하는 증거는 빈약하다. 가장 큰 영향력을 발휘한 그의 저서는 《문헌학과 머큐리의 결혼》이라는 제목을 가진 알레고리였다. 여기서 일곱 명의 신부 들러리는 하늘의 신성한 결혼식에 참석한 하객에게 한 명씩 돌아가면서 일곱 교양과목에 관한 해설을 들려준다.[18]

수학적 학문 중에서 첫 번째로 해설된 것은 기하학이다. '기하학'이라는 이름을 가진 들러리의 육성을 빌어서 마르티아누스는 유클리드의 《기하학원론》의 요점들을 간단하게 개관한다. 《기하학원론》의 서두에 등장하는 정의들의 대부분이 논의되고 공준들은 빠짐없이 논의되며 다섯 공리들 가운데서는 세 개만이 논의된다(이 책 5장 참조). 그는 평면과 입체를 논의하고 분류하는데, 여기에는 플라톤의 다섯 정다면체들이 포함된다. 직각과 예각과 둔각이 정의되며, 비례와 약분과 공약성(*commensurability*)과 불가공약성이 논의된다. 그러나 기하학을 다룬 장의 대부분이 할애된 것은 플리니우스와 여러 학자로부터 인용된 지리학 담론이다.

---

17) Macrobius, *Commentary on the Dream of Scipio*, trans. with introduction and notes by William H. Stahl. Gersh, *Middle Platonism and Neoplatonism*, 7장, 그리고 Stahl, *Roman Science*, pp. 153~169를 참조할 것.

18) 마르티아누스에 관해서는 Stahl et al., *Martianus Capella*, vol. 1, pp. 9~20. 이 책에는 《문헌학과 머큐리의 결혼》(*The Marriage of Philology and Mercury*)의 전문번역이 주석과 함께 수록되어 있다.

마르티아누스는 지구가 공 모양임에 대한 증명에서 출발한다. 지구의 원주에 대한 에라토스테네스의 추정치가 소개되며 에라토스테네스의 계산법에 대한 틀린 해설이 뒤따른다. 그리고 우주 내 지구의 중심성에 관한 논증이 등장한다. 다섯 기후대가 논의되고, 서식가능한 세계는 세 대륙(유럽, 아시아, 아프리카)으로 분할되며, 익히 알려진 세계에 대한 주마간산식의 답사가 뒤를 잇는다(그의 논의는 플리니우스의 비슷한 논의를 크게 압축한 형식이다).

다음에는 '대수학'이 등장한다. 마르티아누스는 1～10의 수에 대한 해설에서 출발한다. 성격상 피타고라스 학파의 해설에 가까운 그의 해설은 각각의 수가 가진 덕과 의미, 각각의 수와 연관된 신격, 그리고 수들 사이의 상관관계 등을 설명한다. 이를테면,

> 3이라는 수는 홀수로는 첫 번째 것이며〔마르티아누스는 1을 홀수로 여기지 않는다〕, 따라서 완전한 것으로 간주되어야 한다. 그것은 시작, 중간, 끝을 모두 허용하는 첫 번째 수로서, 중간의 중용을 시작과 끝이라는 두 극단에 연결하며, 같은 거리로 분리된 간격에 연결한다. 3이라는 수는 운명이며 이와 연관된 은총을 나타낸다. 사람들이 "천당과 지옥의 통치자"라고 말하는 성모 마리아(Virgin)는 바로 이 숫자로 표시된다. 그것의 완전성을 보여주는 또다른 지표는, 그 숫자가 완전수인 6과 9를 낳는다는 점이다. 그 숫자가 경외의 대상임을 보여주는 또 하나의 증거는, 기도와 헌주(獻酒)를 모두 세 번씩 드린다는 점이다. 시간의 개념도 세 측면을 갖는다. 점괘도 모두 3으로 표현된다. 3이라는 숫자는 우주의 완전성을 나타내는 것이기도 하다 …. 19)

곧이어 마르티아누스는 수의 분류를 시도하며, 순수하게 수학적인 수의 속성으로 간주될 만한 것을 논의한다. 그는 소수(素數: 1 이외의 숫자로는 나눌 수 없는 수)와 합성수, 짝수와 홀수, 제곱수와 세제곱수, 완전수

19) Stahl et al., *Martianus Capella*, vol. 2, p. 278.

와 부족수와 과잉수 등을 정의한다. 예를 들어 완전수는 어떤 수의 약수들의 합이 그 수와 같은 경우를 말한다(1 + 2 + 3 = 6). 부족수는 어떤 수의 약수들의 합이 그 수보다 적은 경우를 말한다(1 + 2 + 7 〈 14). 역주〔12〕 더 나아가 마르티아누스는 다양한 비율과 비례를 정의하고 분류한다. 8 대 6의 비율이 초과삼분비(超過三分比: *supertertius*)라고 불리는 것은 8의 1/3이 6의 1/3보다 크기 때문이다. 6 대 8의 비율은 같은 이유에서 부족삼분비로 정의된다.

'천문학'에 대한 해설은 에라토스테네스며 히파르코스며 프톨레마이오스를 언급하는 것으로 시작된다. 마르티아누스는 이들의 명성을 익히 알고 있었지만 이들의 작품을 직접 읽은 적은 없었던 것 같다. 천문학을 다룬 장은 우주론과 천문학 분야의 기초정보를 담고 있으며, 이 정보는 바로와 플리니우스를 위시한 여러 출전들로부터 추려낸 것으로 보인다.[20]

그는 천구 및 천구의 주요 원들을 정의한다. 황도대에 대한 기술에서는 황도대의 12궁을 각 30도씩으로 쪼개고 주요 별자리를 명명하며 목록으로 작성한다. 그는 관행대로 7행성을 전제하면서 일반 안내서보다는 훨씬 정교하게 행성의 주요운동을 기술한다. 여기서 그는 행성이 황도를 따라 서쪽에서 동쪽으로 운동하는 기간의 추정치를 정확하게 알았으며, 태양으로부터 (지구보다) 멀리 떨어진 행성(외행성: *superior planets*)의 역행운동에 대해서도 제대로 파악하고 있었음을 보여준다. 이 장에서 특히 흥미롭고도 후세에 큰 영향을 미친 특징은 마르티아누스가 태양에 (지구보다) 가까운 행성(내행성: *inferior planets*)을 논의하는 대목에서 등장한다. 그는 수성과 금성이 태양 중심의 궤도를 따라 운동한다고 믿었던 것이다(〔그림 7.5〕 참조). 당연히 코페르니쿠스는 1,100년 뒤에 이와 유사한 특징을 가진 자신의 체계를 뒷받침하기 위해 마르티아누스를 인용했다.[21]

---

20) 마르티아누스의 천문학 지식의 출전들에 대해서는 많은 논의가 있었다. Stahl et al., *Martinus Capella*, vol. 1, pp. 50~53, 그리고 Eastwood, "Plinian Astronomy in the Middle Ages and Renaissance," pp. 198~199를 참조.

3. 번역활동

로마와 (로마에 곧 종속될 운명에 처해 있던) 인근 그리스 문화권 사이의 문화접촉은 적어도 그 초기에는 학문교류에서 아무 문제가 없었다. 그리스어·라틴어 공용이 널리 확산되어 있었고 여행이나 유학의 기회도 넓었으며 로마의 식자층은 그리스 출신의 선생들을 쉽게 구해서 그들로부

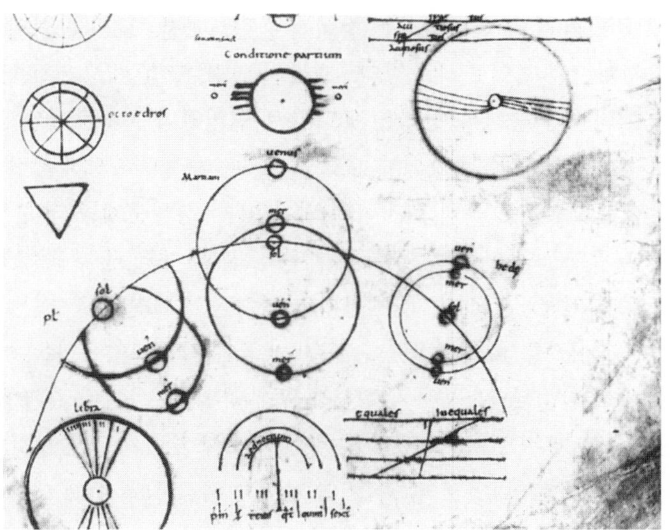

[그림 7.5] 금성과 수성의 운동에 관한 마르티아누스 카펠라의 견해. 수성-금성의 운동과 태양의 운동 사이의 관계에 대한 마르티아누스의 이론을 이해하기 위해 많은 노력이 기울여지고 있다. 이 그림에서 중앙의 오른쪽 도해는 금성과 수성을 태양 중심의 궤도에 자리 매김하고 있다. 《문헌학과 머큐리의 결혼》의 9세기 사본에서 인용되었음. 파리 국립도서관(Bibliothèque Nationale).

---

21) 지구보다 태양에 가까운 두 행성에 대한 마르티아누스의 이론, 그리고 그 이론의 발전에 관해서는 Bruce S. Eastwood, "Kepler as Historian of Science: Precursors of Copernican Heliocentrism according to *De revolutionibus* I, 10"을 참조할 것.

터 그리스 지적 전통에 합류할 수단을 얻을 수 있었다. 어학능력이 다소 뒤처지거나 지적 성취에 큰 열의가 없는 독자층을 위해서는, 라틴어로 쓴 대중화 작가의 작품이 있었고 소수이긴 하지만 라틴어 번역본도 있었다. 번역본과 관련해, 키케로가 플라톤의 《티마이오스》와 아라토스의 《현상》을 번역했다는 사실은 앞에서 언급된 바 있다.

그러나 이렇듯 학문과 연구에 우호적이던 조건은 기원후 2세기 말부터 악화되기 시작했다. 마르쿠스 아우렐리우스 황제 사후(기원후 180년)에 두 세기를 지켜온 안정과 평화는 정치적 혼란, 내전, 도시의 쇠퇴, 이로 인한 경제파탄에 자리를 내주었다. 제국의 변경(邊境)에서 250년경부터 시작된 이민족의 공격과 침입은 또다른 위협이었다. 이런 사태로 인해 정치와 경제는 활력을 잃었으며 생활수준도 전반적으로 열악해졌다. 상류계급의 생활수준은 특히 현저하게 낮아졌다. 경제문제를 더욱 악화시킨 것은 노예노동의 부적절한 공급과 역병, 전쟁, 출산율 하락에 기인하는 전반적인 인구감소였다. 경제상황의 악화는 진지한 학문연구에 절대 전제조건인 여가를 빼앗아버렸다. 로마제국의 서부지역에서는 더욱 심각한 문제가 발생했다. 서부의 학문과 동부의 학문 사이에 교류가 점차 감소했던 것이다. 그리하여 3세기 말과 4세기에 로마제국은 행정적으로 동부와 서부로 양분되었으며, 두 지역은 서로 다른 길을 가게 되었다. 서부의 라틴 세계는 더 이상 예전처럼 활기차게 동부의 그리스 세계와 교류할 수 없게 되었다.

동부와 서부의 지적 연속성이 단절된 것은 바로 이런 상황에서였다. 식자층 수가 전체적으로 감소한 터여서, 로마제국의 서부지역에서 유행하던 그리스어·라틴어 공용관행은 당연히 시들 수밖에 없었다. 이제는 그리스 학문에 접근하는 것 자체가 어려움으로 다가오기 시작했다. 완전한 단절은 아니었지만 두 지역의 관계는 점차 엷어져 피상적 관계만이 유지되었다. 로마제국 말기에 이 점증하는 위협을 자각하고, 그리스 철학의 기본문헌을 라틴어로 번역해서 이에 대처하고자 한 학자들이 등장했다. 이들 가운데 과학사에서 특히 중요한 인물로는 두 명을 꼽을 수 있

다.[22)]

첫 번째 학자는 칼키디우스(Calcidius)이다. 그에 관해 알려진 것은 거의 없으며 그의 활동기간조차 불확실하다. 여러 논거에 비추어 4세기 말에 활동한 인물로 추정될 수 있을 뿐이다.[23)] 그러나 어쨌든 그는 플라톤의 《티마이오스》의 그리스어 원전을 라틴어로 번역했다. 중세로 흘러들어가 중세 플라톤주의에 영향을 미친 것은 키케로의 번역본이 아니라 칼키디우스의 번역본이었다. 칼키디우스는 번역본에 긴 주석을 덧붙였다. 그의 주석은 학설집 전통에 의존한 것으로 고대 말의 다양한 철학자를 인용해가면서 플라톤의 우주론 개념을 설명하고 정교하게 다듬었다.

두 번째 번역가는 한 세기 후, 그러니까 로마가 이민족에 점령된 이후까지 활동한 보에티우스(Boethius: 480~534)이다. 그는 로마 귀족 출신으로 국사(國事)에 능동적으로 참여한 인사였다. 그는 동고트족 국왕 테오도릭의 치세 시에 고위직에 임명되었다가 반역죄로 기소되어 사형을 당했다.[역주〔13〕] 보에티우스가 받은 교육에 관해서는 알려진 것이 거의 없다. 그렇지만 그의 경력을 살펴보면 로마 원로원 계급은 그리스의 지적 전통을 파편적이나마 여전히 유지하고 있었음을 알 수 있다. 보에티우스가 스스로 밝혔듯이 그는 입수가능한 모든 플라톤과 아리스토텔레스의 작품을 라틴어 독자층이 읽을 수 있도록 해주는 작업, 나아가서는 플라톤 철학과 아리스토텔레스 철학 사이의 조화를 도모하는 작업에 주안을 두었다. 이런 취지에서 그는 아리스토텔레스의 여러 논리학 작품들을 번역했다(이 번역본들은 하나로 묶여 "구식 논리학"으로 알려지게 된다). 유클리드의 《기하학원론》과 포르피리오스의 《아리스토텔레스 논리학 입문》도 번역되었다.[역주〔14〕] 그밖에도 그는 그리스 원전에 의존해서 대수학과 음악 같은 교양과목을 다룬 교과서를 여러 편 집필했다.[24)]

---

22) 이들 두 명 외에도 여러 번역자들이 있었다. 이들과 이들의 번역물에 관해서는 Marshall Clagett, *Greek Science in Antiquity*, pp. 154~156을 참조할 것.

23) 이 문제에 관해서는 Gersh, *Middle Platonism and Neoplatonism*, pp. 421~434를 참조할 것. 거쉬는 칼키디우스의 철학적 입장에 대해서도 논의한다.

보에티우스가 처형된 524년 즈음에 서로마는 그리스에서 탄생한 과학이나 자연철학으로부터 거의 단절된 상태에 있었다. 그곳에는 플라톤의 《티마이오스》, 아리스토텔레스의 논리학 작품 중 일부, 그리고 잡동사니에 가까운 작품이 몇 편 남아 있는 정도였다. 그 소수의 작품들조차도 널리 유통되지는 못했다. 이제 서로마인은 주석서, 교과서, 요약집, 백과사전 같은 것을 통해 그리스인의 위업을 간접적으로 이해할 수밖에 없었다. 서로마인이 그리스의 지적 전통을 보존하고 전달한 수준도 그만큼 피상적이고 제한적이었다.

4. 기독교의 역할

이제까지 우리가 그려온 그림에는 꼭 고려되어야 할 하나의 요소가 빠져 있다. 기독교는 로마제국의 외진 구석에 머물러 있던 유대계의 작은 종파로부터 성장을 거듭해서, 3세기에는 주요 종교세력으로 부상했으며, 4세기 말에는 국교로 우뚝 섰다. 이 같은 급성장 과정을 정밀 검토할 기회는 이 책이 제공할 성질의 것이 아니다. 우리의 목적에서 중요한 것은 기독교가 로마제국 말기에 강력한 종교적 역할을 수행했다는 사실이다. 이 사실로부터 의문이 제기된다. 기독교의 지배는 자연에 대한 지식과 태도에 어떤 영향을 미쳤는가? 이것은 반드시 짚고 넘어가야 할 문제이다. 18~19세기에 개발되어서 20세기에 널리 전파된 표준답안에 따르면, 기독교는 과학의 진보에 심각한 장애가 되었고 과학사업을 침체로 이끌었으니 그 회복을 위해서는 1천 년 이상의 세월이 걸렸다는 것이다. 지금부터 검토하겠지만 진실은 이와 전혀 다르며 훨씬 복잡하다.[25]

---

24) 보에티우스에 관해서는 Lorenzo Minio-Paluello, "Boethius, Anicius Manlius Severinus," *Dictionary of Scientific Bibliography*, vol. 2, pp. 228~236; Gersh, *Middle Platonism and Neoplatonism*, 9장; Clagett, *Greek Science in Antiquity*, pp. 150~153 등을 참조할 것.

교회에 대한 비난 중에는 교회의 반(反)지성적 태도를 겨냥한 것이 있다. 교회 지도부가 이성보다는 신앙을, 교육보다는 무지를 편들었다는 것이다. 크게 왜곡된 주장이 아닐 수 없다. 기독교가 처음에는 빈민과 비특권층에게 호소력을 발휘한 것으로 보일 수도 있겠지만, 기독교는 곧 상류계층으로 확산되었고 여기에는 다수의 식자층이 포함되어 있었다. 기독교인들은 성경이 널리 읽혀지기 위해서는 문자해독 능력을 높여야 한다는 것을 금방 깨달았다. 그 결과 기독교는 유럽 내 교육의 중추적 후원자요, 고전고대의 지적 전통으로부터 가장 큰 수혜자가 되었다. 비록 기독교 교부들이 선호한 교육과 연구는 교회의 사명을 뒷받침할 만한 종류와 수준으로 제한되었겠지만 말이다.

교회가 2세기와 3세기에 그 나름의 진지한 지적 전통을 확립해가고 있었을 때, 그 원동력으로 작용한 것은 "호교론"(*apologetics*)과 기독교 교리를 개발할 필요성이었다. 교회는 이교세계의 박식한 비판자에 대항해서 기독교 신앙을 변호하는 동시에 자체의 교리를 개발할 필요가 있었다. 그리스 철학전통에서 개발된 논리학 도구는 그 두 목적에 필수불가결한 것임이 입증되었다. 특히 플라톤 철학은 여러 면에서 기독교 교리와 잘 부합하며, 기독교 교리를 뒷받침하기에 적합한 것으로 보였다. 플라톤은 이미 신의 섭리와 영혼의 불멸성을 확고하게 지지했거니와, 플라톤의 조물주는 이교(異敎)의 다신론에 등장하는 잡다한 신을 쳐부술 기독교의 유일신(唯一神)과 유사한 존재로 보였다.[역주〔15〕] 실제로 그의 조물주는 조금만 확대해석하면 기독교의 창조주 하나님으로 변신될 수 있었다. 이런 맥락에서 2세기와 3세기에 기독교 호교론자들은 그리스 철학, 특히 플라톤주의를 기독교에 활용하는 방안을 적극 모색하고 있었다.[26)]

---

25) 이 주제에 관해서는 David C. Lindberg, "Science and the Early Church"; Lindberg, "Science as Handmaiden: Roger Bacon and the Patristic Tradition"을 참조할 것(앞의 논문에는 참고문헌 목록이 첨부되어 있음). 또한 초대교회의 약사(略史)는 Henry Chadwick, *The Early Church*를 참조할 것.

26) 특히 Henry Chadwick, *Early Christian Thought and the Classical Tradition*;

그러나 이런 추세가 모두에게 만족스러운 것은 아니었다. 일부 기독교인에게 그리스 철학전통은 진리의 원천이기는커녕 오류의 원천이었다. 기독교 신학에 잘 들어맞는 철학의 저자가 플라톤이라면, 그런 플라톤이 등장할 때마다, 결정적 대목에서 기독교 교리와 정면 배치되는 세계관을 가진 아리스토텔레스나 에피쿠로스 같은 학자도 함께 등장하기 마련이었다. 이러한 이유에서 로마의 속주 카르타고에서 태어난 테툴리아누스(Tertullian: 155년경~230년경)는 철학을 이단의 원흉이라고 비난했으며, 스토아 철학이나 플라톤 철학에 기초해서 기독교 교리를 정립하려는 자에게 경고한 바 있었다. 하지만 이보다 전형적인 태도는 아우구스티누스(Augustine: 354~430)에게서 발견된다. 역시 북아프리카 출신인 그는 그리스 철학을 믿을 수는 없어도 유용하기는 한 도구로 받아들였다. 긴 영향력을 행사한 그의 관점에 따르면 철학은 종교의 하녀로 만들 수 있는 것이었다. 철학은 탄압할 대상이 아니라 교화하고 길들여서 이용해야 할 대상이었다.

자연철학은 철학의 일부이며, 그렇기 때문에 그것을 일부로 포함하는 철학 전체와 운명을 함께하기 마련이다. 철학이 전체적으로 그러했듯이 자연철학도 초대교회의 지적 주도세력으로부터 다양한 평가를 받았다. 이교학파들에 대한 평가가 그랬던 것처럼, 평가의 스펙트럼은 불신과 반감으로부터 긍정과 열광에 이르기까지 다양한 빛깔로 나뉘었다. 중세인의 태도에 결정적 영향을 미친 아우구스티누스는 지상의 일시적인 것보다는 하늘의 영원한 것에 헌신하도록 독자에게 권유했다. 그렇지만 그는 일시적인 것도 영원한 것에 기여할 수 있음을 인정했다. 성서의 올바른 해석과 기독교 교리의 발전에 도움을 준다면, 자연지식은 일시적인 것임에도 영원한 것에 기여할 수 있을 터였다. 실제로 아우구스티누스는 신학작품을 포함한 그의 모든 작품에서 그리스 자연철학에 대한 높은 수준

Charles N. Cochrane, *Christianity and Classical Culture*; A. H. Armstrong and R. A. Markus, *Christian Faith and Greek Philosophy*를 참조할 것.

의 지식을 보여주었다. 자연철학은 철학 전체가 그렇듯이 하녀 역할을 수행하기에 안성맞춤이었다.[27)]

이러한 자세는 과학사업이나 과학 방법론에 치명타를 가한 것인가, 오히려 기둥을 받쳐준 것인가? 이런 질문은 질문을 제기한 사람이 어떤 자세로, 무엇을 기대하면서 질문하느냐에 따라 대답이 달라질 수 있다. 초대교회를 오늘날의 대학이나 국립과학재단에 비교한다면, 당시 교회가 과학과 자연철학을 지원했다는 주장은 결코 성립될 수 없을 것이다. 하지만 이것은 누가 보아도 불공정한 비교이다. 초대교회가 자연연구에 제공한 지원을, 오늘날의 다른 사회기관으로부터 얻을 수 있는 지원과 다시 비교해보자. 우리는 초대교회가 과학연구의 주요 후원자 중 하나요, 어쩌면 '유일하게' 중요한 후원자였음을 분명히 깨닫게 될 것이다. 초대교회의 후원은 제한적이고 선택적인 것이었겠지만, 제한적이고 선택적인 후원조차도 후원이 전혀 없는 것보다는 낫지 않을까?

그러나 초대교회를 과학진보의 장애물로 보겠다고 마음먹은 비평가라면, 자연철학에 하녀의 위상을 부여했음을 문제로 삼을 수 있다. 하녀 지위는 진정한 과학의 위상과는 거리가 멀다는 것이다. 진정한 과학은 그 무엇의 하녀도 될 수 없고 그 스스로 완전한 자율성을 유지해야 하는데, 아우구스티누스가 추구한 "길들여진"(*disciplined*) 과학을 과학이라고 할 수 있겠느냐는 것이다. 이런 비판은 완전히 자율적인 과학을 상정한다. 이처럼 자율적 과학을 매력적 이상으로 삼을 수 있다는 것은 분명하다. 그렇지만 우리가 이상세계에 살고 있는 것은 아님을 기억할 필요가 있다. 과학사에서의 가장 중요한 발전 중에는 자율적 과학에 헌신하는 과정에서 이룩되기보다, 어떤 이데올로기나 사회개혁 프로그램이나 실용

---

27) 아우구스티누스의 은유에서 '여성'의 용법(즉, 남자 하인 대신에 하녀를 사용한 것)은 혹자에게는 흥미로운 것으로 보일 수 있다. 그렇지만 아우구스티누스의 용어선택은 여성의 열등함과는 아무 관계가 없으며, 단지 라틴어 명사 "philosophia"의 문법적 성(여성)에서 파생되었을 뿐이다. 그렇기에 신학(*theologia*)도 여주인(여성)으로 표현되고 있다.

적 목적을 위해 과학에 헌신하는 과정에서 이룩된 것도 많이 있다. 과학사에서 더 빈번하게 제기된 문제는 과학이 하녀로서 기능하느냐 않느냐는 것이 아니라, 과학이 '어떤' 주인에게 봉사하느냐는 것이었다.

5. 로마 시대와 중세 초의 교육

교회가 학문 후원자로 활동한 경로 중 하나는 학교설립 및 학교지원 사업이었다. 로마의 교육제도에 관해서는 앞서 간단히 언급한 바 있지만, 먼저 로마의 학교를 좀더 상세하게 검토한 후에 이를 대체한 중세 초의 학교를 살펴보기로 하겠다.[28]

로마에서 초등교육은 가정에서 진행되는 것이 일반적이었다. 부모나 개인교사가 주도하여 아이에게 읽고 쓰고 계산하는 법을 가르쳤다. 아이의 교육은 대체로 7세부터 시작되었다. 제도화된 교육을 요구하거나 선호하는 부류를 위한 초등학교도 설립되어 있었다. 소녀의 교육은 초등학교로 마감되었다. 더 교육을 받아야 할 소년은 대략 12세가 되는 해에 라틴어 문법과 문학(특히 시)을 배우도록 문법학자에게 위탁되었다. 문학공부는 작문기교를 익히고 여러 문학장르에 대한 지식을 얻는 데 머물기보다, 학습된 작품의 내용으로부터 한층 광범위한 문화의 이해로 나아가는 것을 지향했다. 약 15세에 시작되는 다음 단계의 공부는 수사학 학교에서 수사학자의 기량을 익히는 것이었다. 여기서 학생은 대중연설의 이론과 기교를 습득하여 향후 정치·법률분야로의 진출을 준비했다. 이 단

---

28) 로마의 교육제도에 관해서는 특히 Stanley F. Bonner, *Education in Ancient Rome*; H. I. Marrou, *A History of Education in Antiquity*; N. G. Wilson, *Scholars of Byzantium*, 특히 pp. 8~27; Robin Barrow, *Greek and Roman Education* 등을 참조할 것. 중세 초의 교육에 관해서는 Pierre Riché, *Education and Culture in the Barbarian West, Sixth through Eighth Centuries*; M. L. W. Laistner, *Thought and Letters in Western Europe, A. D. 500~900*, 개정판, 2~3장을 참조할 것.

계의 교육을 넘어서면 철학자와 함께 높은 수준의 연구를 수행할 수 있었다. 이 같은 기회는 큰 재산이나 포부를 지닌 부류에게나 주어질 수 있었으며 교육은 철저하게 그리스어로 진행되었다. 이상과 같은 교육환경에서 자연철학 및 수학적 과학에 대한 관심은 지극히 제한적이었던 것 같다. 그것들은 문법학자나 수사학자의 교육과정에는 살짝 끼어 있었을 것이며, 철학자의 교육과정에는 조금 더 눈에 띄는 정도로 포함되었을 것이다. 어쨌든 자연철학과 수학적 과학에 대한 교육은 마르티아누스 카펠라의 《문헌학과 머큐리의 결혼》의 수준을 능가하지는 못했을 것으로 보인다.

로마의 교육은 부모와 선생이 주도권을 쥔 개인사업으로 출발했다. 학교는 개인주택, 임대상점, 공공건물, 야외 등 다양한 물리환경에서 유지되었다. 세월이 흐르면서 지방 수준이나 국가 수준의 지원 시스템이 발전했으며 대부분의 주요도시에서는 유급 교사제가 도입되었다. 이탈리아 반도는 물론 에스파냐, 갈리아, 북아프리카 등지의 속주에서도 비슷한 시스템이 발전했다. 일반적으로 유급 교사직은 문법학자와 수사학자를 위한 것이었으나 철학자에게 적용될 때도 있었다. 로마의 절정기는 교육 시스템상의 절정기이기도 했다. 제국 전역에 걸쳐 상류계급에게 교육의 기회를 제공하는 대규모의 교육 시스템이 정립되었던 것이다.

제국이 쇠퇴하면서 교육 프로그램도 시들어갔다. 침입, 사회 무질서, 경제파탄으로 얼룩진 상황은 학교와 교육에 우호적인 분위기를 앗아가버렸다. 가장 중요한 요인은 도시가 활력을 상실했다는 점, 그리고 학교를 후원해온 상류계급이 그 규모에서는 물론 재산과 영향력에서도 크게 위축되었다는 점이다. 4세기와 5세기에 제국 전역을 휩쓴 게르만 부족들이 교육에 무관심하고 소홀했다는 점도 이에 못지않게 중요한 요인이었다. 그렇지만 악화과정이 빠르고 가파르게 진행되지는 않았다. 그 과정은 점진적이었으며, 특히 지중해 연안지역에서는 한층 완만하게 진행되었다. 브리튼과 북부 갈리아 같은 로마의 변경은 고전교육 전통으로부터 빠르게 멀어진 반면에, 로마, 북부 이탈리아, 남부 갈리아, 에스파냐, 북아프리카 등 지중해 연안지역에서는 학교와 지적 활기가 그럭저럭 유지되었다.

고전교육 전통의 소멸에 기독교가 어떤 관련이 있느냐는 문제는 매우 까다롭고도 복잡한 문제이다. 앞에서 살펴보았듯이 교회 지도부에는 고전교육 전통의 이교적(異敎的) 내용을 크게 우려하면서 학교를 위협으로 여긴 인사들이 포진해 있었다. 실제로 학교에서 읽는 책 가운데는 다신론의 성격을 가진 작품이 많았으니, 기독교의 기준에서는 그 모두가 비윤리적으로 보였을 수 있다. 그런 작품에는 구약성경의 《시편》이나 예수님의 《산상수훈》처럼 인성을 함양하고 교화하는 성질이 없어 보였을 수도 있다. 이런 근거에서 혹자는 교회가 재빨리 다른 대안을 제시하여 기독교식 교육 시스템으로 옮겨갔을 것이라고 예상할지 모르겠다. 아니면 적어도 기독교가 국교로 정착된 시점에서는, 이교형태의 학교가 모두 기독교 학교로 전환되었을 것이라고 예상할지 모르겠다. 그러나 두 예상은 모두 빗나간 것이다. 그런 일은 일어난 적이 없었다. 사실을 말하자면, 오히려 초대교회 교부의 대다수는 자신이 받은 고전교육에 가치를 부여했으며 그 결점과 위험을 인정하면서도 실현가능한 대안을 제시하지는 못했다. 교부들은 학교의 고전교육을 거부하기는커녕, 이를 자기 나름대로 소화해서 교육의 기초로 삼았다. 대다수의 기독교인은 자녀를 로마식 학교에 계속 보냈으며, 기독교 세계의 식자층은 로마식 학교에서 문법 선생이나 수사학 선생이나 철학 선생으로 가르쳤다(오늘날 종교인이 세속교육에 참여하는 것과 마찬가지가 아닐까). 선생의 기독교 신앙과 정서가 교육과정에 얼마간 영향을 미칠 수는 있었지만, 그렇다고 해서 고전교육 전통과의 근본적 결별이 진행되었던 것은 아니다. 성직자 선발의 경우에도 이미 문법 교육과정, 어쩌면 수사학 교육과정까지 수료한 자에게 선발자격이 주어졌다. 성직자를 위한 신학과 교리의 교육은 비공식적으로 진행되었다. 즉, 그것은 도제식 교육으로 진행되든지, 아니면 개종자나 전도유망한 성직자를 위해 주교가 운영하는 학교에서 진행되었다.

그러나 학교교육에 단순 참여한다는 것과 무조건적으로 헌신하고 전심전력으로 지원한다는 것은 서로 다른 차원의 이야기이다. 교회는 고전

교육의 가치와 적합성에 대해 늘 양면적 태도를 취했다. 의견도 분열되어 있었다. 따라서 교회는 학교를 기꺼이 활용했지만, 학교폐지를 주장하는 다양한 세력으로부터 학교를 보호할 방안을 적극적으로 모색했던 것 같지는 않다. 바람직한 대안이 제시되는 경우에는 더더욱 그러했다. 이런 대안이 등장한 것은 5세기에 수도원 제도의 부산물로서였다.

기독교의 수도원 제도는 4세기 동안 서부에 출현하여 급속도로 확산되었다. 수도원은 신앙을 추구하면서 세속을 등지려는 기독교인에게 은둔처를 제공했다. 6세기에 성 베네딕투스(Benedict: 550년경 죽음)는 몬테카시노에 수도원을 세우고 그곳에 거주하는 수도사의 생활을 통제하기 위해 일련의 규정을 마련했다. 역주〔16〕 이후 서부의 수도원 운동에서 널리 채택된 '베네딕투스 규정'은 수도사와 수녀의 생활을 구석구석 통제하여, 그들이 깨어 있는 시간의 대부분을 예배와 명상과 손노동에 바치도록 강제했다. 예배는 성경 및 신앙서적의 읽기를 포함했기 때문에 수도사에게는 읽고 쓰는 능력이 요구되었다. 더욱이 수도원은 (부모가 수도원에 위탁하는 형식으로) 어린아이도 받아들였으므로, 아이에게 읽는 법을 가르쳐야만 했다. 수도원 역사의 처음 몇 세기 동안에는 이런 교육이 정식 수도원 학교에서 진행되는 경우가 극히 드물었지만 말이다. 뿐만 아니라 수도원은 도서관과 필사실(*scriptorium*: 수도원 공동체가 필요로 하는 책을 서기〔書記〕가 생산하는 방)의 발전을 주도하기도 했다.[29]

수도원에서 출현한 교육은 처음에는 수도원 공동체 내부의 수요를 충족시키는 데 주안을 두었다. 수도원장이나 수녀원장, 교육받은 수도사나 수녀가 교육을 주관해서 종교생활에 필요한 수준으로 읽고 쓰는 능력을 배양하고자 했다. 종국적 목표야 영성의 배양에 있었겠지만 말이다. 흔히 주장되기로는, 고전학교가 사라지자 수도원은 지방 지주층과 귀족층으로부터 자식(수도사나 수녀가 될 의사가 없는 자식)에게 교육을 제공

---

29) 수도원 제도와 수도원 학교에 관해서는 Jean Leclercq, *The Love of Learning and the Desire for God: A Study of Monastic Culture*, 그리고 Riché, *Education and Culture*, 4장을 참조할 것.

하라는 점증하는 압력에 시달렸으며, 이런 수요를 충족시키기 위해 수도원은 "외부 학교"를 설립했다고 한다. 그러나 적어도 9세기 이전에 수도원이 외부 학교를 설립했다는 증거는 전혀 없으며 9세기 이후로도 그런 사례는 아주 희귀했던 것으로 보인다. 다만 수도원 교육을 받은 남성이 교회나 국가의 행정직을 담당하는 사례가 발견되곤 하는데, 이는 수도원이 외부 학교를 설립해서 평신도 대중을 교육했기 때문이라기보다는, 평신도 학생도 수도원 내부 학교에 입학이 허용되었기 때문이요, 수도원이 자체 목적에서 배양한 재능이 수도원 외부 봉사에도 필요한 것이었기 때문이다.[30)]

고전학문이 수도원에 어느 정도로 침투했느냐는 문제를 놓고 역사가들 사이에 논쟁이 한창이다. 굳이 논쟁의 근본원인을 따지자면, 수도원들 사이에 원래부터 차이가 있었다는 것, 수도원 학문이라는 주제를 다룬 중세 작가들 사이에 견해차이가 있었다는 것이 그 원인일 수 있다. 그렇지만 수도원 교육이 영성의 계발에 주안을 두었고 이에 기여할 수 있는 것이면 무엇이든 존중했다는 데는 의심의 여지가 없다. 성경은 교육 프로그램의 핵심 중 핵심이었으며, 성경에 대한 주석과 여타 신앙서적이 성경을 보좌했다. 이교세계의 고전문학은 불필요하다든지 위험하다는 판단이 널리 유포되어 있던 터여서 고전문학이 두드러진 위치를 점할 수는 없었다. 그럼에도 많은 예외가 있었다. 한편으로는 이교문학을 비난하면서도 다른 한편으로는 이를 십분 활용한 부류가 있었다. 이 부류는 이교문학으로부터 참되고 유용한 것을 빌려 쓰라는 아우구스티누스의 충고를 깊이 새겼던 것 같다.[역주〔17〕] 실제로 도처의 수도원에서 나온 역사기록을 면밀하게 검토해보면, 고대문헌에 대한 수도원의 지식은 비록 편중되어 있기는 하지만 엄청나게 방대한 것이었음을 알 수 있다. 수학적 과목인 사학(四學)은 초보 수준을 넘은 경우가 별로 없었다는 것이 일반

---

30) 이와 관련한 증거는 M. M. Hildebrant, *The External School in Carolingian Society*에서 설득력 있게 제시되고 있다.

[그림 7.6] 연구에 몰두한 수도사. 피렌체, 로렌초 메디치 도서관(Biblioteca Meicea Laurenziana) 소장품(7~8세기).

적 견해지만, 이런 일반화조차도 다수의 예외를 인정하지 않을 수 없을 정도이다.

고전학문이 수도원에 침투했음을 보여주는 좋은 사례는 6세기 이후의 아일랜드에서 발견된다(현재로서는 왜 그랬는지에 대해 적절한 역사적 설명을 제시할 능력이 없다). 이곳에서는 이교세계의 고전 저자에 관심이 집중되었다. 그리스어도 어느 정도는 알려져 있었으며, 수학적 사학도 (특히 曆法과 관련되어) 크게 발전한 상태였다.[31]

고전교육에 대한 수도원의 전반적 적대감에도 불구하고 또 하나의 인상 깊은 예외는 비바리움 수도원이다. 이것은 로마 원로원 의원 카시오도루스(Cassiodorus: 480년경~575년경)가 공직을 은퇴하면서 설립한 수도원으로, 그는 이곳에 필사실을 마련하여 그리스어 작품을 라틴어로 번역했으며 소속 수도사들이 일상의 대부분을 연구에 집중하도록 안배했다.[역주18] 그는 수도원용 연구편람을 작성하기도 했다. 여기서 그는 이교세계의 원전들을 방대하게 집성한 대규모 컬렉션을 제안했으며, 일곱 교양과목을 빠짐없이 논의했다. 현존하는 작품으로는 그가 죽기까지 매달린 것으로 보이는 역법논고가 있는데, 우리는 이로부터 이교학문에 대한 그의 관심을 분명하게 확인할 수 있다. 물론 카시오도루스는 수도원에 대한 일반통념을 공유했을 것이요, 세속적 연구는 신성한 목적에 기여하는 한에서만 추구되어야 한다고 생각했을 것이다. 그럼에도 그는 수도원 운동의 다른 지도자와는 구별되는 견해를 유지했다. 신성한 목적에 기여할 수 있는 세속적 연구의 범위를 다른 지도자에 비해 훨씬 넓게 설정하고 있었던 것이다.[32]

이상의 몇 예외는 비록 중요한 것이기는 하지만, 수도원이 영성의 추구에 헌신했다는 일반화된 결론을 뒤집지는 못한다. 학문은 종교적 목적에 이바지하는 한에서만 배양되었다. 학문활동 중에서도 특히 과학과 자

---

31) Laistner, *Thought and Letters*, 5장.

32) 카시오도루스와 비바리움에 관해서는 James J. O'Donnell, *Cassiodorus*를 참조할 것.

연철학은 근근이 명맥을 유지했을 뿐 주변으로 밀려나게 되었다. 그렇다면 수도원 제도는 과학사에 어떤 의미를 갖는 것일까? 왜 우리는 지금 이 책에서 수도원 제도에 지면을 할당하고 있는가? 이 시대는 과학사에서는 실로 "암흑시대"요, 과학적으로 중요한 사건이라곤 눈 씻고도 찾아볼 수 없는 시대가 아니었던가? 중세 초 수세기(약 400~1000년)에 걸쳐 서유럽은 그리스 자연철학 및 수학적 과학에 대한 지식 수준에서 형편 무인지경으로 떨어졌다. 독창적 기여로 내세울 만한 것도 가지고 있지 않았다. 이것은 의문의 여지가 없는 사실이다. 새로운 관찰 데이터는커녕 기존 이론에 대한 효과적 비판조차도 발견되지 않는다. 창조성이 발휘되기는

[그림 7.7] 중세의 서기(*scribe*). 옥스퍼드의 보들레이언 도서관 (13세기).

했지만 그 방향은 전혀 달랐다. 야만과 적대로 점철된 세계에서 창조성은 생존에 도움이 되는 방향, 그리고 종교적 가치를 추구하는 방향으로 집중되었다. 자연지식은 성서연구나 종교생활에 응용될 수 있는 한에서만 모색되었다. 그렇다면 중세 초 종교문화는 과학운동에 무엇을 기여했는가? 그 기여는 보존과 전달의 측면에서 찾는 것이 좋겠다. 문자해독 능력과 학문 일반이 심각한 위협에 처한 시대에, 수도원은 문자해독 능력과 일부나마 과학과 자연철학을 포함한 고전학문의 전통을 계승하고 전달하는 역할에 충실했던 것이다. 수도원이 없었다면 서유럽의 과학은 훨씬 더 열악한 조건에 놓이게 되었을 것이다.

6. 중세 초의 양대 자연철학자

중세 초에 과학과 자연철학에 기여한 두 사례, 즉 두 인물을 소개하는 것으로 결론을 대신하고자 한다. 양인은 각자의 이름이 중세 초 자연철학이나 중세 세계관과 동의어로 사용될 만큼 유명한 인물이다.

첫 번째 인물은 세비야의 이시도루스(Isidore of Seville: 560년경~636)이다. 그는 당시 서고트족의 지배하에 있던 에스파냐에서 태어났다. 그는 아마도 수도원이나 주교 학교에서 형에게 교육을 받았던 것 같으며, 600년에 형으로부터 세비야의 대주교직을 이어받았다. 그는 6세기 말과 7세기 초를 대표하는 학자로, 당시 에스파냐의 열악한 조건에서도 비교적 높은 수준의 학문과 문화가 (비록 널리 확산되지는 못했지만) 실존했음을 보여주는 사례이다. 그의 작품은 성서연구, 신학, 예배의식, 역사 등 다방면에 걸쳐 있다. 과학사 분야에서 특별한 관심을 끄는 것은 《사물의 본성에 관하여》와 《어원 연구》 등 두 작품이다. 두 작품은 모두 (루크레티우스, 마르티아누스 카펠라, 카시오도루스 등) 이교세계의 문헌과 기독교 세계의 문헌을 총망라하여 작성되었다. 그리스 자연철학도 간략하고 피상적인 형태로나마 포함되었다. 《어원 연구》는 중세를 통틀어 가장 인기를 누린 책의 하나였다. 현존하는 필사본만도 1,000종을 상회한다. 이 책은 사물의 이름에 대한 어원분석을 중심으로, 그 사물에 대한 백과사전식 해설을 제공했다. 일곱 교양과목, 의학, 법학, 시간측정과 역법, 신학, (기형인종도 다룬) 인류학, 지리학, 우주론, 광물학, 농학 등 다양한 학문분과가 두루 논의되었다. 그의 우주는 지구 중심적인 것이었다. 지구는 네 원소로 구성되며 공 모양이라고 믿어졌다. 천구를 분할하는 여러 영역, 사계절, 태양과 달의 본성과 크기, 일식과 월식의 원인 등도 해설되었다. 그의 자연철학에서 가장 주목할 특징은 점성술에 대한 가혹한 비난이었다.[33)]

이시도루스의 지적 성장과정이 거의 베일에 가려진 것이라면, 경애자(敬愛者) 베드(the Venerable Bede: 735년에 죽음)의 경력은 자세한 구석까지 잘 전해진다. 그는 7살에 노섬브리아(Northumbria: 잉글랜드 북동부, 오늘날 뉴캐슬 근교)에 있는 웨어마우스(Wearmouth) 수도원에 입문했으며 그곳에서 연구하고 가르치면서 평생을 보냈다. 수도원 학교의 학생으로 입학한 그가 마침내는 수도원 학교 교장직에 올랐던 것이다. 노섬브리아 지역의 수도원들은 아일랜드 수도원 운동의 직계후손으로, 아일랜드 수도원들이 사학(四學)과 고전학에 쏟은 관심을 이어받았지만, 당시 대륙의 최상급 학풍과도 긴밀한 관계를 맺고 있었다. 베드는 8세기를 통틀어 가장 뛰어난 성취를 이룬 학자였다. 그는 수도원의 학문 관심사를 빠짐없이 논의했으며 수도사를 위한 여러 편의 교과서를 집필했다. 그는 《잉글랜드인의 교회사》(*Ecclesiastical History of the English People*)의 저자로 가장 잘 알려져 있지만, (플리니우스와 이시도루스의 연구에 의존

33) 이시도르에 관해서는 Stahl, *Roman Science*, pp. 213~223; J. N. Hillgarth, "Isidore of Seville," *Dictionary of the Middle Ages*, vol. 6, pp. 563~566; H. Liebeschütz, "Boethius and the Legacy of Antiquity," in A. H. Armstrong, ed., *The Cambridge History of Later Greek and Early Mediaeval Philosophy*, pp. 555~564; Jacques Fontaine, *Isidore de Séville et al culture classique dans l'Espagne wisigothique*; Ernest Brehaut, *An Encyclopedist of the Dark Ages: Isidore of Seville* 등을 참조할 것.

해서) 《사물의 본성에 관하여》(*On the Nature of Things*) 라는 책을 썼으며, 시간측정과 역법에 관한 두 편의 교과서도 작성했다. 두 교과서는 수도사의 일상을 규제하고 나아가서는 종교행사를 역법에 맞게 결정하는 방법을 가르치기 위한 것이었다. 여기서 베드는 자신의 불충분한 천문학 지식과 기존의 역법 연구성과를 총동원해서 훗날 "계산표" 과학이라 불리게 된 학문의 견고한 초석을 마련했다. 역주〔19〕 그가 마련한 초석은 시간을 준수하고 역법에 맞추어 종교행사를 결정할 수 있도록 하는 원리를 수도원에 정립해주었으며, 이 원리는 결국 기독교 세계 전역에서 채택되었다.[34)]

이시도루스와 베드는 이 장에서 줄곧 추적한 대중화 및 보존전통을 대변하기에 적합한 학자이다. 그들은 고전학문의 유산을 유지하고 이를 쉽게 이용될 수 있도록 가공해서 중세 기독교 세계로 전달한 장본인이었다. 그러나 그 전통은 필자가 지금까지 할애한 관심을 받을 만한 자격을 가진 것일까? 그 전통이 옛 과학사를 다룬 내 책에서 한 장을 차지할 만큼 중요한 것일까? 과학사가 위대한 과학적 발견이나 기념비적 과학사상을 편년하는 사업이라면, 그 안에 이시도루스나 베드가 차지할 자리는 없을 것이다. 오늘날 사용되는 과학원리 가운데 이들의 이름을 빌린 것은 하나도 없지 않은가. 그렇지만 과학사는 오늘날의 과학적 조건을 형성해온 역사적 흐름들을 추적하는 사업이기도 하다. 우리가 어디에서 출발해 어떻게 지금 여기에 도달하게 되었는지를 이해하려면 반드시 알아야 할 흐름들이 있으며, 과학사는 이런 흐름들을 갈래마다 추적할 필요가 있다. 내 말이 옳다면 이시도루스와 베드가 참여한 사업은 과학사의 중요한 일부가 될 수 있다. 이시도루스와 베드가 새로운 과학지식을 창조한 학자

34) 베드에 관해서는 Stahl, *Roman Science*, pp. 223～232; Charles W. Jones, "Bede," *Dictionary of the Middle Ages*, vol. 2, pp. 153～156; Wesley M. Stevens, *Bede's Scientific Achievement*; Peter Hunter Blair, *The World of Bede*, 특히 24장; Clagett, *Greek Science in Antiquity*, pp. 160～165 등을 참조할 것.

는 아니었다. 그들은 자연연구가 주변활동으로 밀려난 시대, 위험과 곤경으로 얼룩진 시대에, 기존의 과학지식을 다른 형식으로 표현함으로써 그 연속성이 유지되도록 해주었다. 그리하여 그들은 내용에서든 방법에서든, 유럽인의 자연지식에 수세기 동안 영향력을 발휘할 수 있었다. 이러한 성취는 중력법칙이나 자연선택이론의 발견이 야기한 극적 효과와는 거리가 먼 것이었다. 그렇지만 유럽사의 미래에 지속적으로 영향을 미쳤다는 것이 하찮은 공헌이라고만은 할 수 없을 것이다.

역 주

역주〔1〕 에트루리아(Etruria)는 이탈리아의 아르노(Arno)와 티베르(Tiber) 강 사이에 위치한 옛 지역의 이름으로, 대략 오늘날의 이탈리아 서부 투스카니(Tuscany) 지방에 해당한다.

역주〔2〕 마케도니아의 필리포스 5세(재위: 기원전 221~179)는 로마를 두 차례 공격했다. 1차 마케도니아 전쟁(215~205)에서는 필리포스가 승리했으나, 2차 전쟁에서는 대패하여 막대한 보상금을 로마에 지불했으며 마케도니아의 국력도 크게 쇠퇴했다. 결국 필리포스의 후계자인 페르세오스(재위: 179~168)는 3차 전쟁(171~168)에서 패하여 왕국을 잃게 된다.

역주〔3〕 로도스(Rhodes: 그리스어 Rodhos)는 에게 해(Aegean Sea)에 있는 섬으로 그리스의 동남부에 위치한다.

역주〔4〕 아라투스는 소아시아의 킬리키아(Cilicia)에서 태어나 기원전 315년경부터 240년경까지 수학자, 천문학자, 식물학자, 기상학자 등으로 활동한 인물이다. 그의 대중용 시집(詩集)은 《현상》(*Phaenomena*)으로 별자리들과 천체현상들을 주로 논의한 작품이다.

역주〔5〕 에니우스(Quintus Ennius: 기원전 239~169년경)는 로마 시 전통의 시조로 알려진 인물이다. 그는 그리스 문명과 로마 문명의 접촉지대였던 칼라브리아(Calabria) 출신으로 양 문명에 익숙했으며 연로 카토(Cato the Elder)를 위시한 로마 귀족층에 봉사하면서 그들의 취향을 관찰할 기회를 가졌다.

역주〔6〕 에라토스테네스는 지구의 원주를 약 252,000스타디아로 계산했다(1stadium은 약 185m).

역주〔7〕 콜럼버스가 읽은 프톨레마이오스의 《지리학》은 1406~1409년에 야코포 안젤리 다 스카페리아(Jacopo Angeli da Scarperia)에 의해 번역된 라틴어판이다. 이 번역본에 기초한 지도들은 별도로 이후 20년간 꾸준히 간행되었다. 15세기 중반에 이르면 번역본과 지도들은 탐험가들과 학자들의 필수품이 되었다.

역주〔8〕 라리사의 필론(Philo of Larissa: 기원전 160년경~80년경)과 아스칼론의 안티오코스(Antiochus: 기원전 120년경~68년경)는 플라톤주의의 새로운 조류, 즉 '미들 플라톤주의'(*Middle Platonism*) 내지 신플라톤주의를 이끈 학자들로서, 플라톤 아카데미아를 모방한 '신아카데미아'(Neo-Academia)를 중심으로 활동했다. 스토아주의와 플라톤주의와 아리스토텔레스주의를 엮으려 했다는 점에서 그들의 사조는 절충주의라 불리기도 하며, 그 방법론과 인식론에서는 회의론을 채택했다.

역주〔9〕 '대우주-소우주의 유비'(*macrocosm-microcosm analogy*)는 우주와 인간이 동형구조로 이루어져 있다는 관념이다. 이 유비는 문학의 은유로 자주 사용되었지만 중세와 르네상스 시대의 점성술에서는 '축어적으로'(*literally*) 사용되는 경향이 있었다. 특히 별의 영향이 우주 내 사물에 미치는 영향과 인체 내 부위에 미치는 영향이 '동일'하다는 관점에서, 특정 사물과 특정 인체부위 사이의 '상응관계'(*correspondence*)를 따지는 경향이 있었다.

역주〔10〕 플리니우스의 공적 활동은 게르마니아 주둔군에 근무한 23세부터 시작되었다. 12년 뒤에 로마로 돌아온 그는 네로 황제(기원후 68년 사망) 치세에서는 법조인으로서 적극적 활동을 자제했으나, 베스파시아누스 황제(Vespasianus: 재위 69~79)에게 발탁되어 여러 공직에 올랐으며, 특히 베스파시아누스와 그를 계승한 티투스 황제(Titus: 79~81)의 고문관으로 활동했다.

역주〔11〕 연로 플리니우스의 조카는 로마 원로원의 영향력 있는 의원이었던 연소 플리니우스(Pliny the Younger: 62~115년경)이다.

역주〔12〕 완전수, 부족수, 과잉수는 니코마코스(Nicomachus of Gerasa)가 기원후 100년경에 체계화한 개념이다. 이미 설명된 완전수(*perfect numbers*)와 부족수(*deficient numbers*)를 제외하면, 과잉수(*superabundant num-*

bers)는 어떤 수의 약수들의 합이 그 수보다 큰 경우를 말한다(1+2+3+4+6 〉 12).

역주〔13〕 테오도릭(Theodoric: 454~526)은 이탈리아 반도에 동고트 왕국을 세운 인물로 493년부터 526년까지 통치했다.

역주〔14〕 중세의 논리학은 '구식 논리학'(*logica vetus*: *old logic*)과 '신식 논리학'(*logica nova*: *new logic*)으로 나뉜다. 전자는 보에티우스로부터 아벨라르(Abelard: 1079~1142)까지, 후자는 12세기 말부터 르네상스 시대까지 이어진 논리학 전통이다. 포르피리오스(기원후 223~309)는 신플라톤주의의 견지에서 아리스토텔레스 논리학을 재해석한 인물이다.

역주〔15〕 '이교'(異教: *paganism*)는 이슬람교나 불교처럼 기독교와 다른 종교, '이단'(異端: *heresy*)은 기독교 진영 내에서 정통교리와는 다른 신조를 견지하는 개인이나 집단, '호교론'은 이교에 대항해서 기독교를 옹호하는 논리를 말한다.

역주〔16〕 최초의 수도원이 설립된 곳으로 유명한 몬테카시노(Monte Cassino)는 이탈리아 중부 라피도 강 동편의 라티움(Latium)에 속한 작은 마을이다.

역주〔17〕 《신국》에서 이교에 대한 아우구스티누스의 가혹한 비판은 기독교 세계의 평균적 독자를 겨냥한 것으로 그의 진의가 그대로 반영되었다고 보기는 힘들다. 그 책의 2권에서 그는 우상숭배의 자연종교적 기능을 인정하기도 했으며, 기회 있을 때마다 고대 저자들로부터 배울 것은 배워야 한다는 '인문주의'의 자세를 견지했다. 예컨대 그의 자연법 개념은 키케로로부터 영감을 얻은 것이었다.

역주〔18〕 카시오도루스가 스킬라키움(Scylacium) 근교의 비바리움(Vivarium)에 설립한 수도원은 베네딕투스 교단에 속한 것으로, 알렉산드리아의 도서관을 모델로 삼았으며, 테오도릭 황제의 후원에 보답하여 게르만적 요소와 로마적 요소의 융합에 대한 황제의 관심을 학문적으로 뒷받침했다. 그 일환으로 고전적 학문의 부흥을 위한 노력이 이어졌다.

역주〔19〕 계산표(*computus*)는 천문현상들과 해마다 바뀌는 달력의 날짜들을 간편하게 계산할 수 있도록 만든 중세의 표들을 말한다. 따라서 '계산표 과학'은 중세역법의 일부로 보면 된다.

제8장

이슬람 세계의 과학

1. 비잔틴제국의 학문과 과학

서부의 라틴어 세계에서 고전전통은 침체일로에 있었으며 자연철학은 신학과 종교의 하녀로 전락하고 있었다. 그렇다면 동부의 그리스어 세계에서는 무슨 일이 일어나고 있었을까? 침입, 경제쇠퇴, 사회혼란 등 갖가지 불행을 경험한 점에서는 동부와 서부가 다를 것이 없었지만, 그 결과에서는 동부가 덜 치명적이었다. 옛 로마제국의 동부에 해당하는 절반은 서부와 분리되면서 상대적으로 높은 수준의 정치안정을 유지했으며, 그리하여 오늘날 우리가 비잔티움 내지 비잔틴제국이라 부르는 체제를 형성했다. 제국의 수도인 콘스탄티노플(오늘날 터키의 이스탄불)은 1203년 이전에 함락된 적이 없었던 반면에 로마는 일찍이 5세기에 유린되었다는 사실만 보아도, 두 지역이 안정성에서 현격한 차이가 있었음을 알 수 있다. 상대적으로 높은 수준의 사회·정치적 안정성은 학교교육에서 뚜렷한 연속성을 보장해주었다. 비잔티움에서는 고전연구의 전통이 비교적 서서히 시들어갔고, 완전히 소멸되지는 않았다. 그곳에는 언어장벽 탓에 그리스어 원전을 읽지 못하는 일도 물론 없었다.[1)]

---

1) 비잔틴제국에서의 학문에 관해서는 N. G. Wilson, *Scholars of Byzantium*,

그렇다고 해서 자연철학과 수학적 과학이 번성했다는 말은 아니다. 자연연구가 실천을 결핍한 점에서는 동부와 서부 사이에 큰 차이가 없었다. 라틴 교회의 교부들이 그러했듯이 그리스 정교회의 교부들도 자연연구에 대해 양면적 태도를 취했으며, 자연연구를 신학과 종교생활에 종속시켰다. 동부에서 학자들의 관심사는 신학이나 문학에 쏠려 있었다. 이 분야의 작가들은 고전시대의 구문과 어휘를 모방하려 무진 애썼으며 이런 모방성향은 종종 지적되듯이 창조성을 질식시켰다. 철학분야에서는 고전 저자들에 대한 주석이 주류를 형성했는데, 그 가운데는 당연히 자연철학이나 수학적 과학이나 의학에 관한 주석도 일부 포함되어 있었다.

이상 간추린 내용은 너무 일방적인 일반화로 보일 수 있다. 우리는 비잔티움의 학문적 성취가 빈약하거나 전혀 없었다는 인상을 주지 않도록 주의해야 한다. 특히 플라톤주의 전통은 걸출한 학자들을 배출했다(이 플라톤주의는 여러모로 플라톤을 벗어난 것이요, 엄밀히 말해 "신플라톤주의 전통"이다). 아리스토텔레스 학교의 활기찬 전통은 절연된 지 오래였지만 아리스토텔레스 철학과 플라톤 철학을 종합하려는 시도가 줄을 이었다. 비잔틴제국 시대에 일부 철학자는 중요한 아리스토텔레스 주석서를 집필했다. 그 과정에서 그들은 아리스토텔레스의 자연철학을 해설하거나 덧칠하거나 비판했으며, 라틴 세계의 동시대인과는 비교할 수 없을 만치 높은 수준의 정교함으로 아리스토텔레스의 원전을 소개하기도 했다.

테미스티오스(Themistius: 385년경 죽음)는 콘스탄티노플에서 철학을 가르치면서 특히 황실자손의 개인교사로 봉사한 인물이다. 그는《물리학》,《천체에 관하여》,《영혼에 관하여》같은 아리스토텔레스의 작품을 요약하고 쉽게 풀이한 일련의 주석서를 작성했다. 심플리키오스(Simplicius: 533년 이후 죽음)는 아테네 출신의 신플라톤주의자이다. 그는 플라톤주의와 아리스토텔레스주의의 종합을 도모하는 과정에서 방금 언급된 아리스토텔레스의 세 작품에 대한 뛰어난 주석서를 남겼다. 필로

그리고 F. E. Peters, *The Harvest of Hellenism*을 참조할 것.

포노스(John Philoponus: 570년경 죽음)는 기독교에 충실한 신플라톤주의자로서, 알렉산드리아에서 가르쳤으며 아리스토텔레스의 《물리학》, 《기상학》, 《발생과 부패에 관하여》, 《영혼에 관하여》 등에 관한 주석서를 집필했다. 그의 주석은 의식적으로 심플리키오스의 것과 대립각을 세웠으며, 아리스토텔레스에서 유래하는 심각한 오류를 증명했다. 천체계-지상계 이분법이나 영원한 우주라는 관념은 오류라는 것이었다. 더 나아가 그는 아리스토텔레스의 운동이론에 대해 체계적이고도 독창적인 반론을 제기했다. 투척물에 대한 아리스토텔레스의 설명, 그리고 무게를 가진 물체들이 일정한 매질을 통과할 때 각 물체의 속도는 각자의 무게에 비례한다는 아리스토텔레스의 주장은 모두 치명적인 오류라는 것이었다. 테미스티오스, 심플리키오스, 필로포노스 등 세 학자의 모든 작품은 훗날 아랍어와 라틴어로 번역되어 아리스토텔레스 자연철학의 발전과정에 크게 기여했다.[2)]

비잔틴 세계의 지적 활력은 서부와 마찬가지로 시들고 있었지만 서부처럼 가파르게 쇠퇴하지는 않았다는 것이 요점이다. 비잔틴제국의 몇몇 사례는 라틴 세계의 어느 곳에서도 이루지 못한 높은 수준의 학문을 보여준다. 그러나 수준차이가 유일한 차이는 아니었다. 동부는 서부로서는 상상할 수 없는 규모로 문화전파를 주도했다. 문화전파를 통해 그리스 학문은 아시아와 북아프리카의 오지까지 확산되었으며, 확산된 지역의 비(非)그리스계 원주민에게 순차적으로 동화되었다. 이 장의 나머지는 이러한 문화전파와 문화동화 과정을 검토할 것이다.

---

2) 아리스토텔레스에 대한 옛 그리스의 주석가들을 간단하게 정리한 것으로는 Philoponus, *Against Aristotle on the Eternity of the World*, trans. Christian Wildberg에 붙인, Richard Sorabji의 소개글(pp. 1~17)을 참조할 것. 테미스티오스와 심플리키오스에 관해서는 *Dictionary of Scientific Biography*에 수록된 G. Verbeke의 두 해설문(vol. 12, pp. 440~443, 그리고 vol. 13, pp. 307~309)과 Ilsetraut Hadot, ed., *Simplicius: sa vie, son oeuvre, sa survie*를 참조할 것. 필로포노스에 관해서는 Richard Sorabji, ed. *Philoponus and the Rejection of Aristotelian Science*를 참조할 것.

2. 그리스 과학의 동진(東進)

그리스 과학은 오래전부터 그리스 본토를 벗어나 확산되어 있었지만, 계산된 정책의 일환으로 문화전파가 시작된 것은 알렉산드로스 대왕의 원정시절부터였다.[3] 아시아와 북아프리카 정복(기원전 334~323)은 영토를 획득했다는 뜻만이 아니라 그리스 문명의 확산을 위한 교두보를 마련했다는 의미를 갖는 것이기도 했다. 알렉산드로스의 원정은 남쪽으로는 이집트, 동쪽으로는 박트리아[역주(1)]와 인더스 강을 넘어 인도의 북서부에 이른 것이었다(〔지도 2〕 참조). 알렉산드로스는 점령지마다, 수비대와 함께 적어도 11곳에 알렉산드리아라는 이름의 도시를 남겼다. 식민지 정책의 성공에 힘입어 그리스 문화도 확장되었다. 그리스풍의 식민도시는 그리스 문화의 새로운 중심지로 가꾸어졌으며 헬레니즘은 이 새로운 중심지로부터 주변지역으로 뻗어나갔다. 새로운 중심지 중에서 가장 주목할 곳은 이집트의 알렉산드리아와 중앙아시아의 박트리아 왕국이었다.

문화전파가 정복과 식민지화에 의해서만 진척되었던 것은 아니다. 종교도 그리스 학문의 확산에서 결정적 역할을 수행했다. 그 세부에서는 아직 모르는 것이 많지만, 이 장에 필요한 수준의 개설적 지식은 충분히 제시될 수 있다. 알렉산드로스의 정복 후 천여 년에 걸쳐, 아시아 내 그의 영토(특히 오늘날의 시리아와 이라크와 이란)는 주요 종교세력들이 각축을 벌이기에 비옥한 토양이 되었다. 조로아스터교와 기독교와 마니교는 저마다 개종을 외치면서 경쟁을 벌였다. 세 종교는 모두 성전(聖典)에 토대를 두었기 때문에 일정 수준의 학문을 배양할 필요성을 공유했다.[역주(2)] 특히 기독교와 마니교는 그리스 철학에 크게 의존했다는 점에서 그 지역의 그리스화(*Hellenization*)에 기여했다. 먼저 기독교의 영향에

---

3) 문화전파 과정 일반에 대한 탁월한 분석으로는 F. E. Peters, *Allah's Commonwealth*를 참조하고, 같은 저자의 *Aristotle and the Arabs: The Aristotelian Tradition in Islam*과 *Harvest of Hellenism*도 참조할 것. De Lacy O'Leary, *How Greek Science Passed to the Arabs*는 다수의 유익한 정보를 담고 있다.

초점을 맞추어보기로 하자.

시리아에는 원래부터 강력한 기독교 세력이 자리잡고 있었다. 기독교 역사의 초기 몇 세기에 걸쳐 서아시아 전역에는 선교활동의 결과로 기독교 교회가 속속 설립되었다. 5세기와 6세기에는 박해의 도피처를 찾던 기독교 종파들이 도래하여 세력을 보강했다. 이 종파들의 망명은 4세기에 진행된 비잔틴제국의 기독교화에서 비롯된 것이었다. 기독교화 과정에서 비잔틴제국은 심각한 신학논쟁에 휩싸였으며, 이는 비잔틴 교회의 균열을 초래했다. 논쟁 중에서도 우리의 논의를 위해 가장 중요한 것은 그리스도의 본성에 관한 것이었다. 인간 예수와 신 예수 간의 관계가 논쟁의 초점이었다. 431년과 451년에 개최된 교회위원회는 극단적 종파들을 파문했는데, 그 가운데는 예수의 신성보다 인간성을 강조한 네스토리우스파, 그리고 그 정반대의 노선을 취한 단일본성파가 포함되어 있었다.[4) 역주〔3〕] 그러나 갈등은 계속되었고 그 와중에서 네스토리우스파 지도부는 시리아의 에데사(Edessa: 비잔틴제국의 동쪽 변경지역)에 학교를 설립했다. 그후 다시 네스토리우스파는 페르시아 국경 바로 너머에 위치한 도시 니시비스(Nisibis)로 도피처를 옮겼다. 시리아에서 강력한 세력을 형성한 단일본성파의 거센 도전이 있었으며 489년에는 비잔틴제국 황제의 명령으로 학교가 폐쇄되었기 때문이다. 그들은 새로운 망명지에서 그 지역 주교의 후원을 받아 네스토리우스파 고등교육 센터를 설립했다. 이 교육기관의 초점은 당연히 성경연구와 신학이었지만, 아리스토텔레스 논리학이 체계적 신학의 필수조건으로 교육되었으며 그리스 철학의 다른 분과들도 교육되었다. 그곳에서는 의학교육 프로그램 역시 발전했던 것으로 보인다.

네스토리우스파는 페르시아 내의 전진기지로부터 뻗어나가, 다음 세기에는 강력한 기독교 세력을 형성했으며 페르시아의 지적 활동에 폭넓

---

4) 이러한 발전에 관해서는 W. H. C. Frend, *The Rise of the Monophysite Movement*를 참조할 것.

은 영향력을 행사했다. 다음 단계에 대해서는 어렴풋이 짐작할 수 있을 뿐이지만, 네스토리우스파는 권력층에 파고들어 결국은 페르시아 지배계급 사이에 그리스 문화취향을 전파했던 것 같다. 그 결과는 여러 방면에서 탐지된다. 페르시아 국왕 쿠슈라우(Khusraw) 1세는 531년경에, 비잔틴 황제 유스티니아누스의 포고령으로 추방된 아테네의 아카데미아 철학자들을 페르시아에 초청해서 정착할 수 있도록 조치했다.역주〔4〕 그는 플라톤과 아리스토텔레스의 철학에 높은 식견을 갖춘 인물이었으며, 자신이 읽기 위해 그리스 철학작품의 번역을 명한 국왕으로서도 명망이 높다. 이 국왕과 네스토리우스파의 관계는 그의 치료기록에 네스토리우스파 의사가 등장한다는 사실에 의해 확인된다. 왕위를 승계한 쿠슈라우 2세(590~628)도 기독교인 아내를 둘이나 거느렸으며 그의 주치의이자 고문역으로 큰 영향력을 행사한 인물도 기독교인이었다(두 부인 중 적어도 한 명은 네스토리우스파에서 단일본성파로 개종했으며, 그의 주치의도 네스토리우스파와 단일본성파를 저울질한 것으로 보인다).[5]

페르시아의 남서부 도시 운디샤푸르(Jundishapur)에서 전개된 네스토리우스파의 활동에 관해서는 전설에 가까운 이야기가 널리 퍼져 있다. 자주 반복되는 그 전설에 따르면 네스토리우스파는 6세기 즈음에 운디샤푸르를 지적 중심지로 탈바꿈시켰고, 대학이라 불릴 만한 교육기관을 설립했으며, 이 교육기관에서는 그리스의 모든 학문분과가 교육되었다는 것이다. 의학교가 있었다는 이야기도 전해진다. 의학교 교과과정은 알렉산드리아의 교과서에 기초한 것이었으며 그 부속병원은 (그리스 의학을 전공한 의사를 제국 전역에 공급한) 비잔틴제국의 병원들을 모델로 삼았다는 것이다. 뿐만 아니라 운디샤푸르는 그리스 학문을 근동지방의 여러 언어로 번역한 사업의 주역이요, 그리스 과학을 아랍인에게 전달한 유일하고도 가장 중요한 통로였던 것으로 주장된다.[6]

---

5) 최상의 자료로 꼽을 수 있는 것은 Peters, *Aristotle and the Arabs*, 2장, 그리고 Peters, *Allah's Commonwealth*, 서문 및 5장이다. Arthur Vööbus, *History of the School of Nisibis* 역시 참조할 것.

그러나 최근의 연구는 이처럼 극적인 변화는 없었음을 알려준다. 운디샤푸르에 의학교나 병원이 있었다는 믿을 만한 증거는 없으며, 신학교와 부속 진료소가 있었을 것이라는 추정이 가능할 뿐이다. 운디샤푸르에서 진지한 지적 노력이 지속되었고 높은 수준의 의술이 펼쳐졌다는 것은 분명하지만(실제로 그 도시는 8세기에 바그다드 이슬람 궁정에 여러 명의 의사를 공급했다), 그 도시가 의학교육이나 번역활동의 중심지라는 주장은 의심스러운 것이다. 운디샤푸르의 이야기는 그 세부에서는 믿을 만한 것이 못 된다. 그럼에도 불구하고 그 이야기가 전하려 한 교훈만은 충분히 되새길 만한 가치를 지닌다. 그리스 학문이 페르시아, 더 나아가 아랍 세계 전역으로 전파되는 과정에서 깊은 영향력을 행사한 것은 바로 네스토리우스파였다는 사실이 그것이다. 네스토리우스파가 당시에 가장 뛰어난 번역자들을 배출했다는 사실, 그리고 페르시아가 이슬람 군대에 함락된지 한참이 지난 9세기까지도 바그다드에서는 기독교도(아마도 네스토리우스파) 의사들이 여전히 의술을 독점하고 있었다는 사실은 의문의 여지가 없다.[7]

이 대목에서 우리는 언어상의 변화를 고려할 필요가 있다. 니시비스와 운디샤푸르 같은 네스토리우스파의 중심지에서 교육내용은 거의 그리스에서 온 것이었지만, 실제로 가르친 언어는 그리스어가 아니었다. 교육에 사용된 언어는 근동지역에서 널리 통용된 시리아어(셈어파에 속한 아람어 방언)였다.[역주5] 시리아어는 그리스어와 함께 페르시아의 문화언어를 구성했던 것이다. 특히 네스토리우스파는 시리아어로 말하고 기록했으며 기도문을 작성했다. 따라서 교육을 위해서는 그리스어 원전의 시

---

6) O'Leary, *How Greek Science Passed to the Arabs*, pp. 150~153; Peters, *Allah's Commonwealth*, pp. 318, 377~378, 383, 529; Peters, *Aristotle and the Arabs*, pp. 44~45, 53, 59; 그리고 Majid Fakhry, *A History of Islamic Philosophy*, pp. 15~16.

7) Jundishapur의 전설에 대한 재평가는 Michael W. Dols, "The Origins of the Islamic Hospital: Myth and Reality"를 참조할 것. 필자는 이 문제에 관해 토론해주신 비비안 너튼(Vivian Nutton) 씨에게 감사를 전한다.

리아어 번역이 요구되었다. 번역작업은 이르게는 450년부터 니시비스를 위시한 여러 도시에서 수행되었다. 이 주제에서도 역시 자세한 사항은 알 수 없지만, 번역작업은 아리스토텔레스와 포르피리오스의 논리학 작품을 포함했던 것으로 보인다. 시간이 흐르면서 의학문헌, 수학과 천문학관련 작품, 그밖의 다양한 철학논고도 번역되었다.

특별히 짚고 넘어가야 할 몇 가지 유의점이 있다. 첫째로 우리의 이야기는 학문의 〈전달〉에 관한 것임을 분명히 밝혀둘 필요가 있다. 이 장에서 지금까지 논의된 주제는 자연철학에 독창적으로 기여한 측면에 관한 것이 아니라, 그리스의 문화유산이 보존되고 동쪽으로 전파되어 아시아와 이슬람 문화권에 흡수된 양상에 관한 것이다. 둘째로 이 문화전파의 과정은 매우 느리게 진행되었으며 장기지속적 특징을 가진 것이었다. 즉, 그것은 알렉산드로스 대왕의 아시아 정복(기원전 325년경)으로부터 이슬람 세계의 형성(기원후 7세기)에 이르는 천여 년 동안 진행된 과정이었다. 셋째로 이 과정은 너무 단순화되지 말아야 한다는 점이다. 예컨대 그리스 학문의 전파경로가 운디샤푸르 같은 제한된 지역에서, 그나마 네스토리우스파 같은 좁디좁은 명맥에 전적으로 의존했다는 식으로 말하는 것은 곤란하다. 오히려 그 과정은 광범위한 문화전파 운동이었고 그 광범위한 운동에 의해 서아시아 귀족층은 다양한 경로로 그리스 문화의 결실을 폭넓고 깊게 섭취할 수 있었다는 식으로 이해되는 것이 마땅하다. 그러면 이제부터 그리스 문화의 결실이 이슬람 세계로 전파된 과정을 살펴보기로 하자.

3. 이슬람 세계의 탄생, 팽창, 그리고 그리스화

아라비아 반도는 북쪽과 동쪽으로 페르시아, 서쪽으로 이집트 사이에 끼어 있는 덕택인지는 몰라도, 알렉산드로스의 원정군에 정복되지 않았으며 비잔틴제국의 영토확장에도 별 영향을 받지 않았다. 반도의 남부에서는 한동안 유대교와 기독교 공동체들이 번성했으나 7세기에 이르면 그것들의 영향도 눈에 띄게 줄어들었다. 남부와 북부의 변경을 제외하면 인구의 대부분은 유목민이었다. 도시는 순례지 주변에, 중심 무역로를 따라 드문드문 형성되어 있었다. 그런 도시의 하나인 메카(Mecca)에서 6세기 말에 무하마드(Muhammad)가 태어났다. 메카는 그가 이슬람교라는 새로운 종교를 설파하기 시작한 곳이기도 했다. 무하마드는 일련의 계시를 받았으며, 그 과정에서 천사 가브리엘이 그에게 코란 혹은 큐란(Qur'ān: 이슬람교의 성전)을 구술해주었다고 전한다. 그 일련의 계시에서 주제는 전지전능한 유일신 알라(Allah)의 존재였다. "무슬림"이나 "모슬렘"으로 불리는 신자는 우주 삼라만상의 창조주이신 알라에게 복종해야 한다는 것이다. 코란은 점차 이슬람교의 신앙과 관행을 모든 구석까지 정의했으며, 이슬람 세계의 신학, 윤리학, 법학, 우주론 등 모든 학문의 원천이 되었다. 교육도 당연히 코란을 중심으로 진행되었다. 뿐만 아니라 코란은 아랍어가 기록언어로 체계화되는 데 기여했으며, 오늘날까지 아랍어 문체의 가장 중요한 모델로 남아 있다.[8)]

무하마드는 성전(聖戰)과 강제개종이 필요함을 가르쳤고 몸소 실천했다. 세상을 떠나기(632년) 전에, 이미 그는 추종자 무리와 함께 아라비아 반도를 석권했으며 북쪽으로 뻗어나가기 위한 수차례의 기습공격에 성공을 거두었다. 그의 사후에 무슬림 세력의 팽창은 더욱 가속화되었다. 그들은 본토를 넘어서 비잔틴제국 군대와 페르시아 군대를 빠른 속도로 유린했으며 곧 근동지역의 대부분을 점령했다. 군사적으로 놀라운 성공을 거둔 25년 동안 이슬람교는 알렉산드로스 대왕의 점령지였던 아시아와 북아프리카의 거의 모든 지역을 굴복시켰다. 시리아, 팔레스타

---

8) 이슬람교의 초기역사를 다룬 저서는 헤아릴 수 없을 만큼 많지만, 특히 유용한 것으로는 Peters, *Allah's Commonwealth*; G. E. von Grunebaum, *Classical Islam*; 그리고 Philip K. Hitti, *History of the Arabs from the Earliest Times to the Present* 등을 꼽을 수 있다. Bernard Lewis, ed., *Islam and the Arab*은 풍부한 삽화에 탁월한 해설을 곁들인 작품이다.

인, 페르시아, 이집트 등이 여기에 포함된다. 이후로 한 세기 안에 북아프리카의 나머지 지역과 에스파냐의 거의 전역이 무슬림 군대에 점령되었다.

무하마드는 아들 상속자나 지명 후계자를 남기지 못하고 죽었다. 이슬람제국 지도부의 유혈정쟁은 당연한 귀결이었다. 첫 단계의 칼리프들(*caliphs*: "계승자들"이라는 뜻)은 무하마드의 오랜 추종자들로부터 선발되었다. 우마이아드(Umayyad) 가문의 우트만(Uthman)이 644년에 초대 칼리프에 올랐다. 661년에는 시리아 총독으로 있던 그의 사촌 무아이아흐(Muawiyah)가 뒤를 이었다. 무아이아흐와 계승자들은 안전을 고려해서 우마이아드 가문의 세력이 집중된 시리아의 다마스커스를 통치거점으로 삼았다. 우마이아드 왕조는 한 세기 남짓(661~750) 권력을 유지하는 동안 시리아와 페르시아의 식자층을 대거 포섭해서 서기나 관료로 활용했다. 이것은 이슬람 세계의 그리스화가 소규모로나마 진척되기 시작했음을 뜻한다.

그리스화가 가속화된 것은 749년 이후의 일이었다. 이해는 무하마드의 삼촌 알아바스(al-Abbas)를 시조로 하는 아바시드 가문(Abbasids)이 권력을 탈취해 새로운 왕조를 세운 해였다. 아바시드 가문 출신의 칼리프들로서는 더 이상 다마스커스에 머물 이유가 없었다. 한 세기 전에 우마이아드 가문이 그랬듯이 그들도 자기 본거지로 수도를 이전하려 했다. 결국 762년에 칼리프 알만수르(al-Mansur: 재위 754~775)는 티그리스강 유역의 바그다드에 새로운 수도를 건설했다. 알만수르의 바드다드 궁정은 전통적 신앙으로 여론을 이끌려 하기보다 새로운 종교 분위기의 배양에 주력했다. 한층 지적, 세속적, 관용적인 종교 분위기가 무르익어갔다. 더욱 중요한 것은 이슬람제국이 전사(戰士) 귀족층이 지배하는 국가로부터 중앙집권적 국가로 바뀌고 있었다는 점이다. 이 국가체제는 무하마드나 초기 우마이아드 왕조의 계승자들로서는 상상조차 할 수 없었던 대규모의 행정관료제를 요구했다. 원정군대의 전사 귀족층으로부터 관료를 선발 충원하는 것이 쉽지 않았기 때문에, 칼리프들은 페르시아 식

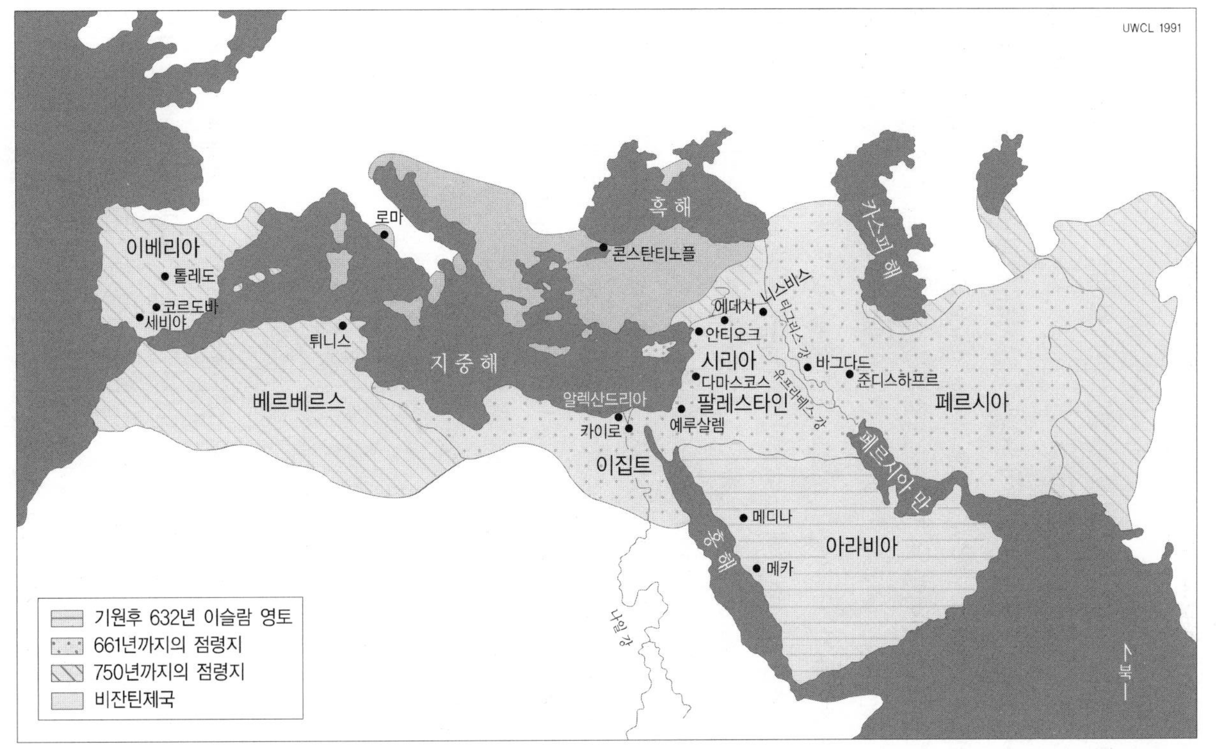
UWCL 1991
이베리아
톨레도
코르도바
세비야
로마
튀니스
지 중 해
베르베르스
흑 해
콘스탄티노플
에데사
니스비스
안티오크
시리아
다마스쿠스
팔레스타인
예루살렘
알렉산드리아
카이로
이집트
티그리스 강
유프라테스 강
바그다드
준디스하프르
카스피 해
페르시아
페르시아 만
메디나
메카
홍 해
아라비아
나일 강
북
기원후 632년 이슬람 영토
661년까지의 점령지
750년까지의 점령지
비잔틴제국

[지도 4] 이슬람교의 팽창.

자층의 활용을 바람직한 대안으로 채택하였다(관료로 충원된 페르시아 식자층에는 기독교인도 섞여 있었으나 그 대다수는 최근에 개종한 이슬람교도였다).

페르시아의 영향을 잘 엿볼 수 있는 사례는 바르마크(Barmak) 가문이다. 이 가문은 박트리아 지방의 유서 깊은 기독교 귀족가문이었지만 곧 이슬람교로 개종했으며, 얼마 지나지 않아 유력한 왕실고문을 여러 명 배출했다. 칼리드 이븐 바르마크(Khalid ibn Barmak)는 알만수르 왕을 섬겼으며, 그의 아들 야흐야(Yahya)는 알만수르 왕의 손자인 하룬 아르라시드(Harun ar-Rashid: 재위 786~809)의 치세에 고위직(*vizier*: 왕실 수석고문이자 칼리프 자손의 개인교사)에 올랐다. 기독교의 영향은 궁정의 의술에서 가장 뚜렷하게 드러난다. 765년에 알만수르를 치료한 의사는 운디샤푸르 출신의 네스토리우스파 교도인 이븐 바크티슈(Jurjis ibn Bakhtishu)였다. 그는 대성공을 거두었던 것 같다. 그는 칼리프의 주치의로 바그다드에 장기 체류하면서 궁정의 유력인사로 부상했다. 그의 지위는 아들에게 계승되었으며 이후로도 여러 세대에 걸쳐 바크티슈 가문은 궁정의사 직책을 유지했다. 마지막으로 지적해두어야 할 것은 동쪽의 인도로부터 온 영향이다. 그 가운데는 오래전 인도의 그리스화로부터 시작되어 장기간 지속된 것으로 보이는 영향도 있다. 역주[6]

4. 그리스 과학의 아랍어 번역

그리스어·시리아어 작품의 아랍어 번역은 알만수르 치세에 시작되었으며 하룬 아르라시드 치세에는 본격적 사업으로 부상했다. 하룬은 필사본을 구하기 위해 비잔티움으로 사자(使者)를 파견할 만큼 열성적이었다. 그의 아들 알마문(Al-Mamun: 813~833)은 바그다드에 '지혜의 집'이라는 연구소를 설립했다. 번역사업은 이곳에서 절정에 도달했다. '지혜의 집'을 관장한 인물은 후나인 이븐 이샤크(Hunayn ibn Ishaq: 808~

873)였다. 그는 네스토리우스파 기독교인으로, 그의 가문은 이슬람교가 출현하기 훨씬 전에 기독교로 개종한 아랍 부족의 일원이었다. 후나인은 저명한 의사 이븐 마사와이흐(Ibn Masawaih)와 함께 의학을 연구한 인물로 잘 알려져 있다. 그는 어린 시절부터 아랍어와 시리아어를 함께 사용했으며 청년시절에는 "그리스인의 땅"(아마도 알렉산드리아)에 가서 그리스어를 완벽하게 습득했다. 바그다드로 돌아오자마자 그는 세인의 주목을 받게 되었다. 특히 바크티슈 가문의 어떤 유력인사와 어떤 부잣집 형제("*sons of Musa*")가 그를 후원하고 나섰다. 이 후원자들은 알마문에게 그를 소개했다. 그는 비잔티움으로의 필사본 수집여행에 동참하기도 했다. 그의 번역활동은 여러 칼리프의 치세기간에 걸쳐 진행되었으며, 그의 경력은 왕실 수석 주치의로 마감되었다(바크티슈 가문의 의사가 그 자리를 차지하고 있다가 후나인으로 교체되었다).[9]

후나인의 번역활동은 매우 중요하며, 그런 만큼 신중하게 검토될 필요가 있다. 후나인은 아들 이샤크 이븐 후나인(Ishaq ibn Hunayn)과 조카 후바이쉬(Hubaysh) 등 여러 사람의 도움을 받았다. 이들의 번역은 대부분 협동작업으로 진행되었다. 후나인이 어떤 그리스어 작품을 시리아어로 번역하면 조카가 시리아어 문장을 아랍어로 다시 옮기는 식이었다. 아들 이샤크는 그리스어와 시리아어를 모두 아랍어로 옮겼으며 동료들의 번역을 수정했다. 후나인은 그리스어를 시리아어나 아랍어로 번역하는 것 외에도 자기에게 할당된 번역원고를 감수했던 것 같다. 후나인과 공동작업자들은 퍽 세련된 방법을 사용했다. 그들은 오류를 제거하려면 필요할 때마다 필사본과 대조해야 한다는 것을 정확히 이해하고 있었다. 후나

---

9) 후나인에 관해서는 Lufti M. Sadi, "A Bio-Bibliographical Study of Hunayn ibn Ishaq al-Ibadi(Johannitius)," 그리고 *Dictionary of Scientific Biography*, vol. 15, pp. 230~249에 수록된, 후나인에 관한 G. C. Anawati의 논문과 Albert Z. Iskandar의 논문을 참조할 것. 번역사업 전반에 관한 논의는 Peters, *Allah's Commonwealth*; Peters, *Aristotle and the Arabs*; O'Leary, *How Greek Science Passed to the Arabs*; 그리고 Fakhry, *History of Islamic Philosophy*, pp. 16~31 등을 참조할 것.

인은 한 단어를 다른 단어로 기계적으로 바꾸는 통상적 번역관행을 따르지 않았다(이 관행은 그리스어 어휘에 상응하는 아랍어 어휘나 시리아 어휘가 없을 때 심각한 난점에 봉착하며, 세 언어의 구문상의 차이를 설명할 수도 없다). 그 대신에 그는 그리스어 원전에서 한 문장의 의미를 파악한 뒤에, 이를 아랍어나 시리아어로 똑같은 의미를 가진 문장으로 바꾸었다.

후나인은 의학분야의 번역에 가장 심혈을 기울였으며 특히 갈레노스와 히포크라테스에 초점을 맞추었다. 그는 갈레노스의 그리스어 작품 중 90편을 시리아어로, 40편을 아랍어로 옮겼다. 히포크라테스의 작품은 15편을 번역했다. 플라톤의 대화편 중에서는 《티마이오스》를 포함한 3편을 번역했다. 뿐만 아니라 그는 아리스토텔레스의 다양한 작품도 (대부분의 경우는 그리스어로부터 시리아어로) 번역했다. 여기에는 《형이상학》, 《영혼에 관하여》, 《발생과 부패에 관하여》, 그리고 《물리학》의 일부가 포함된다. 그는 논리학이나 수학이나 점성술을 다룬 여러 작품도 번역했으며, 구약성경의 시리아어 번역본도 출간했다. 그의 아들 이샤크는 아리스토텔레스의 작품을 아버지보다 많이 번역했으며 유클리드의 《기하학원론》, 프톨레마이오스의 《알마게스트》도 번역했다. 바그다드의 동료는 물론 타 지역 출신자도 번역활동에 가담했다. 이를테면 타비트 이븐 쿠라(Thabit ibn Qurra: 836~901)는 3개 국어에 능통한 이교도(기독교인도 이슬람교인도 아닌 자)로서 생애 대부분을 바그다드에서 보내면서 수학과 천문학관련 논고를 번역했다. 그중에는 아르키메데스의 작품이 포함되어 있었다. 후나인과 타비트의 사후로도 한 세기가 넘도록 번역활동은 높은 수준을 유지했다. 그리하여 기원후 1000년에 이르면 의학, 자연철학, 수학적 과학의 거의 모든 그리스어 원전이 아랍어로 번역되어 이용가능해졌다.

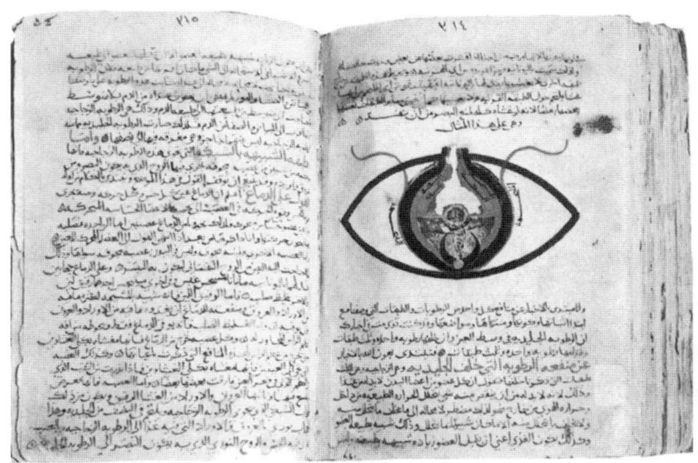

[그림 8.1] 후나인 이븐 이샤크가 눈의 해부를 논의한 대목. 후나인의 책 《눈에 관한 열 편의 논고》(*Book of the Ten Treaties on Eyes*)의 13세기 판본을 사용했음. 카이로 국립도서관 소장.

5. 그리스 과학에 대한 이슬람 세계의 반응

그러나 곧바로 문제가 제기된다. 무엇을 위해 이용가능해졌다는 말인가? 무슬림 지배계급은 그리스 과학에서 무엇을 발견했기에 그토록 열성적으로 번역에 투자하고 그리스 과학분과에 대한 연구를 지원했던 것일까? 이 후원자들에게, 더 넓게는 무슬림 식자층 전반에게, 번역작품은 어떻게 받아들여졌던 것일까? 그리스 과학은 이슬람 세계에서 어떤 기능을 수행했으며 이슬람 문화의 다른 측면과 어떻게 조화를 이룰 수 있었을까? 그리스 과학을 수용한 탓에 치를 수밖에 없었던 종교적 대가 같은 것은 없었을까?

우리는 무엇이 번역되었는지를 대체로 알고 있으며 누가 번역했는지에 대해서도 많은 것을 알고 있다. 그러나 개별 번역작업의 배후동기에 대해서는 정확하게 알고 있는 것이 거의 없다. 가장 보편적인 요인부터 검토해보기로 하자. 번역의 후원자는 식자층이었거나, 스스로 식자능력을 갖출 것을 열망했거나, 아니면 적어도 (식자능력에 수반되는 특권을 계산해서) 식자능력을 갖춘 척이라고 하고 싶어한 부류였다. 이들은 어떻게 해서든지 지적으로 가장 고급한 문화에 참여할 것을 갈망한 부류였다. 그러나 후원자나 수용자의 문화 수준이라는 견지에서 설명하는 것만으로는 부족해 보인다. 고급문화에 속한 무슬림들이 그리스 과학에 기꺼이 투자했던 것은 그들이 그리스 과학의 가치를 믿었기 때문이다. 그들의 믿음이 맞았을 수도 틀렸을 수도 있지만, 어쨌든 그들은 어떤 가치 있는 목적을 이루는 데 그리스 과학이 기여할 수 있다고 믿었다. 이슬람교의 종교 이데올로기, 나아가서는 이슬람 문화의 어떤 측면에서도 지식추구를 그 자체로서 가치 있다고 인정한 사례는 없었다. 중세 기독교 세계에서 그러했듯이 과학은 그 효용에 의해서만 정당화될 수 있었다.[10]

의학은 누가 보아도 효용성이 높은 과학이다. 무슬림 후원자들은 무엇보다 의학에 이끌렸을 것이다. 실제로도 초기 번역본 가운데는 의학서적이 많이 포함되어 있었다. 의학은 다시 철학의 소양을 요구했다. 적어도 갈레노스의 독자라면 그렇게 느끼지 않을 수 없었을 것이다. 갈레노스 자신이 논리학을 저술했거니와 그의 의학연구는 자연철학에 크게 의존한 것이었기 때문이다. 갈레노스의 의학을 충실하게 이해하려면 플라톤과 아리스토텔레스의 철학을 위시해서 그리스 철학 일반에 대한 폭넓은 지식이 요구된다는 것을, 번역자와 후원자는 뚜렷이 의식하고 있었다.[11] 의학만이 아니라 천문학, 점성술, 수학, 연금술, 자연사 등도 효용을 가진 분과로 간주되었다. 끝으로 이슬람 세계는 그리스의 논리학과 형이상

10) G. E. von Grunebaum, *Islam: Essays in the Nature and Growth of a Cultural Tradition*, 6장은 이 요점을 강조하고 있다. 또한 George Saliba, "The Development of Astronomy in Mediaeval Islamic Society," pp. 217~221에서는, 과학의 효용이라는 주제가 수학적 과학들에 적용되고 있다.

11) 이슬람 의학에 대한 개관은 *Mediaeval Islamic Medicine: Ibn Ridwan's Treatise "On the Prevention of Bodily Ills in Egypt"*에 수록된 번역자(Michael W. Dols)의 서문을 참조할 것.

학을 이용해서 학문적 신학체계를 정립하는 데 성공했다. 이상의 논거에 비추어볼 때, 그리스 의학, 수학, 철학 원전의 번역사업은 대체로 효용론의 관점에서 정당화될 수 있었다. 효용 면에서 중시된 원전은 당연히 번역되었으며, 애매하지만 일단 유용한 것으로 판단된 원전도 번역되었다.

어떤 책이 아랍어로 번역되었다고 해서, 그 책이 이슬람 세계에 널리 유통되었다든지 책 내용이 이슬람 문화에 동화되었음을 뜻하는 것은 아니다. 번역과 유통 사이에는 필연적 연관성이 없다. 번역은 번역자와 후원자만 나서면 가능하지만, 유통이나 동화는 광범위한 문화현상이기 때문이다. 번역은 언어장벽을 극복해주었을 뿐, 만만치 않은 장애물이 여전히 널려 있었다. 실로 극복하기 힘든 장애물은 또다시 효용의 문제였

[그림 8.2] 카이로의 이븐 툴룬(Ibn Tulun) 이슬람교 사원(9세기).

다. 번역자가 후원자에게 효용을 설득하는 것은 어려운 일이 아니지만, 어떤 문화 전체를 향해 효용을 설득하는 것은 거의 불가능한 일이었다. 더욱이 원칙에 충실한 무슬림에게 지식은 늘 목적이 아닌 수단이었다. 지식은 개인의 구원, 종교적으로 정의되는 지혜의 획득, 이슬람 국가의 통치 등 다양한 실용적 목적에 이바지할 수 있어야만 했다.

그리스 과학의 수용에 장애물로 작용한 또 하나의 요소가 있다. 그리스 과학이 외래품이요, 이성적 학문이라는 점이 그것이었다. 무슬림은 학문을 두 범주로 나누었다. 하나는 전통학문이고 다른 하나는 외래학문이나 이성적 학문이었다. 전통학문은 코란에 기초한 분과로 구성되었는데, 여기에는 문법, 시, 역사, 신학, 법학 등이 포함되었다. 이런 분과는 신성한 권위에 의존했으며 따라서 (무하마드 자신이 구두로 계시를 받았고 구두로 가르쳤듯이) 구두로 교육되는 것이 일반적이었다.역주〔7〕 이런 분과의 종사자는 구두전달의 완전성과 충실성을 준수해야 할 의무가 있었다. 이와는 대조적으로 그리스에서 온 외래학문은 신적 기원이 아닌 인간적 기원을 갖는 것이었다. 이런 학문의 분과는 권위나 구전에 의존해 전달되기보다 이성에 의해 이해되어야 할 것이었다. 여기서 지식의 전달은 모두 글을 매개로 하며 따라서 비판적 주석과 교정에 귀속되는 경향이 있다. 그렇기 때문에 외래학문의 방법론을 전통학문에 적용하려는 시도는 위험에 노출될 수밖에 없었다. 보수성향의 무슬림이 외래학문을 위협으로 보았던 것은 불가피한 일이었다.

그렇다면 이슬람 세계에서 외래학문은 어떤 운명을 맞이했을까? 모든 시간, 모든 장소에 적용될 수 있는 정답은 없다. 역사적 상황이 매우 복잡한 양상으로 전개되었기 때문에, 이슬람 세계를 전공하는 역사가들 사이에서도 갑론을박이 벌어지고 있다. 현재 통용되는 것은 두 가지의 상반된 해석이다. 첫 번째 해석은 대다수의 무슬림이 외래학문을 쓸모없고 낯설 뿐만 아니라 위험하기까지 한 것으로 보았다고 판단한다. 외래학문은 정통사상에 어긋나고 중요한 현안을 해결해줄 수도 없다는 이유로, 당시에 발전하고 있던 교육 시스템으로부터 배제되었다는 것이다. 그 결과 외래학문은 이슬람 문화에 깊이 스며들지 못한 채 변경에서 명맥을 유지했다는 것이다. 그럼에도 불구하고 이슬람 세계의 과학자들과 자연철학자들은 어떻게 그토록 거대한 위업을 이룰 수 있었을까? 이러한 해석에서는 그 해답을 소수 학자들의 고립된 집단에서 구할 수밖에 없다. 즉, 그들은 (알마문의 시대처럼 예외적인 관용의 시대에 궁정에서 그러했듯이) 정통교리의 압력으로부터 보호를 받은 집단이요, 구성원끼리만 공유한 대의를 앞세워 주류문화를 거역한 집단이었다는 것이다. 이런 해석은 이슬람 세계에서 과학이 주변사업에 머물렀다고 주장한다는 점에서 "주변부 테제"라고 불린다.[12]

두 번째 해석은 이슬람 학문과 그리스 학문의 만남을 전혀 다른 각도에서 조명한다. 이 해석은 의구심과 적대감이 존재했음을 인정하면서도, 그리스 과학과 자연철학이 모두 우호적으로 수용되었다고 주장한다. 이슬람 세계는 외래학문을 거부한 것이 아니라, 보수진영의 반대를 무릅쓰고 외래학문을 재해석하고 새롭게 가꾸는 놀라운 프로그램을 진행했다는 것이다. 그리스 학문이 전통학문, 더 일반화하자면 이슬람 문화 전반에 동화되어간 다양한 사례를 제시하는 것은 이런 해석의 단골메뉴이다. 논리학은 신학과 법학에 흡수되었고, 천문학은 무슬림 천문관(*muwaqqit*: 이슬람 사원에 거주하면서 관할지역에 대해 매일의 기도시간들을 결정하는 업무의 담당자)에게 필수불가결한 도구였다. 수학은 상거래나 법률활동이나 통치행위 등 다양한 영역에서 그 중요성이 부각되었다. 때로 수학과 천문학이 무슬림 교육체제의 최고봉인 법과대학(*madrasah*)에서 교육되었다는 것은 수학이 얼마나 높은 수준에서 수용되고 동화되었는지를 증명하는 사례로 간주된다. 이런 사례를 들어가며, 그 해석은 이슬람 세계가 반대를 무릅쓰고 외래학문의 많은 부분을 성공적으로 전유(專有) 했던 것으로 평가한다. 이것은 "전유 테제"(*appropriation thesis*)로 불려도

12) 특히 von Grunebaum, *Islam: Essays in the Nature and Growth of a Cultural Tradition*, 6장을 참조할 것. 동일한 견해를 다소 약하게 진술한 것으로는 Peters, *Aristotle and the Arabs*, 4장을 참조할 것.

좋을 것이다. 이런 견해는 외래학문이 전통학문을 정복했다고 주장하는 것이 아니라, 두 학문이 모두 신성한 목표의 충실한 하녀로 봉사한다는 묵계에 의해 평화를 유지했던 것으로 해석한다.13) 역주[8]

두 해석 사이에는 큰 간극이 놓여 있다. 이슬람 과학사의 최근 연구 수준에 비추어볼 때 논쟁은 쉽게 끝날 것 같지 않다. 그렇지만 양편의 중재에 도움이 될 만한 제언은 가능하리라고 본다. 첫째, 주변부 테제는 그 경직된 형식에서는 결국 지지받기 힘든 이론이 되고 만다. 그리스 자연철학과 수학적 과학은 광범위하고도 성공적으로 배양되었다는 점에서 이슬람 문화의 주변산물로 보기 힘들다. 그러나 "전유 테제"의 편에서 이런 측면을 인정한다 하더라도, 과학이 이슬람 문화에서 중심에 있었던 것은 아니라는 점, 더욱이 이슬람 세계 내에는 외래학문을 주변으로 밀어내려는 강력한 세력이 존재했다는 점을 기억해야 한다. 이 점에서는 오히려 "주변부 테제"가 이슬람 문화의 특징을 제대로 파악했다고 생각된다. 서유럽의 경우와 비교해보면 도움이 될 것 같다. 그리스 학문은 중세 기독교 세계의 대학에서는 순조롭게 정착되었던 데 반해, 이슬람 세계에서는 안정된 제도적 기반을 발견하지 못했다. 그럴 수 없었던 이유의 하나는 이슬람 세계의 학교, 특히 고등 교육기관이 서유럽의 학교나 대학처럼 조직과 통일성을 갖추지 못했다는 점에서 찾을 수 있다.14) 이렇듯 조직성이 결여된 덕택에 이슬람 세계의 학자는 각자가 원하는 대로 자유롭게 전문성을 추구할 수 있었으며, 자유롭게 연구하는 가운데 다양한 연구성과를 낳을 수 있었다. 그리스 철학과 과학을 연구할 여지도 이런 조건에

13) "전유 테제"를 가장 잘 진술한 것으로는 A. I. Sabra, "The Appropriation and Subsequent Naturalization of Greek Science in Mediaeval Islam"을 꼽을 수 있다. Sabra, "The Scientific Enterprise" 역시 참조할 것.

14) 무슬림 교육에 관해서는 Bayard Dodge, *Muslim Education in Mediaeval Times*; George Makdisi, *The Rise of Colleges: Institutions of Learning in Islam and the West*; Peters, *Aristotle and the Arabs*, 4장; Fazlur Rahman, *Islam*, 2판, 11장; Mehdi Nakosteen, *History of Islamic Origins of Western Education* 등을 참조할 것.

서 마련되었던 것이다. 그러나 똑같은 이유에서, 이슬람 세계의 학교는 외래학문을 체계적으로 가르칠 교육과정을 개발하지 못했다. 요컨대 이슬람 세계의 교육은 외래학문을 금지한 적도 없지만 그렇다고 해서 외래학문의 지원에 힘쓴 것도 아니었다. 이러한 사실은 13세기와 14세기에 이슬람 세계의 과학이 왜 쇠퇴하는지를 이해하는 데 도움을 줄 수 있다.

6. 이슬람 세계의 과학적 성취

20세기 초에 저명한 물리학자이자 철학자이자 역사가인 피에르 뒤엠(Pierre Duhem)은 이슬람 세계를 연구하는 과학사가에게 큰 숙제를 안겼다. 그는 이렇게 적었다. "아랍에 〔즉, 이슬람 세계에〕 고유한 과학은 존재하지 않는다. 모하메드교의 현자들은 정도 차이는 있어도 언제나 그리스인의 충실한 제자였을 뿐, 그들 스스로에게는 어떠한 독창성도 없었다."[15] 뒤엠이 틀렸다는 것은 분명하지만, 그렇다고 해서 그의 진술에 유용성이 전혀 없는 것은 아니다. 그것은 우리를 중요한 쟁점으로 안내한다는 점에서 유용하다. 뒤엠의 주장에서 오류를 지적하는 순간, 그렇다면 과연 이슬람 세계의 과학적 성취는 어떤 고유한 특징을 갖느냐는 문제에 도전할 자세를 갖추게 된다는 말이다.

그리스 과학에 대한 이슬람 세계의 연구에 "어떠한 독창성도 없었다"는 뒤엠의 주장을 오류라고 반박하는 것만으로는 부족하다. 이슬람 세계에서 의사나 수학자나 자연철학자가 이룬 무수한 독창적 공헌을 일일이 열거하는 것도 적절한 응수로 보일 수 있다. 일례로 11세기의 이븐 알하이탐(Ibn al-Haytham: 965~1039)은 그리스 과학의 모든 유산을 비판적으로 섭렵하는 작업에 헌신했으며 그 결과 천문학, 수학, 광학분야에서 너무도 중요하고 독창적인 공적을 남겼다. 다양한 과학분과에 미친 무슬

15) Duhem, "Physics, History of," *The Catholic Encyclopedia* (1911), vol. 11, p. 48.

림의 공헌을 일일이 해설하려면 여러 권의 책이 필요할 정도이다. 필자로서도 이 장과 뒤이은 여러 장에 걸쳐, 이슬람 세계가 과학의 여러 전문 분과에서 이룩한 다양한 공헌을 계속 논의하겠지만, 지면관계상 목표는 크게 줄어들 수밖에 없다.[16]

그러나 아직 핵심쟁점에 도달한 것은 아니다. 우리는 재차 뒤엠의 진술을 단서 삼아 핵심쟁점에 접근할 수 있다. 뒤엠은 외래학문에 관심을 기울인 무슬림 학자에 관해 "정도 차이는 있어도 언제나 ㅊ그리스인의 제자"라고 주장했다. 그가 이렇게 말한 것은 무슬림들이 진정한 과학자가 아니었음을 증명함으로써 그들을 헐뜯으려는 의도에서였다. 그는 제자가 된다는 것을 비과학적 태도와 짝지었다(이런 짝짓기는 과학에 대한 뒤엠의 정의에 어떤 문제점이 있는지를 여실히 보여준다). 정확하게 말해, 뒤엠의 논점은 뒤집혀야만 올바른 주장으로 바뀐다. 무슬림들은 그리스인의 제자가 된 덕택에 비로소 서구 과학전통에 입문하여 과학자나 자연철학자가 될 수 있었다는 식으로 말이다. 이렇듯 거꾸로 보면, 제자가 된다는 것은 과학사업을 저해하기는커녕 과학사업에 대해 본질적 중요성을 갖는다. 무슬림들은 기존의 과학전통을 반박함에 의해서가 아니라 추종함으로써(역대 과학전통 중 가장 뛰어난 전통의 제자가 됨으로써) 과학자가 되었던 것이다.

제자가 된다는 것은 무엇을 의미했던가? 미래의 무슬림 과학자에게 그것은 그리스 과학의 방법론과 내용을 모두 수용한다는 것을 의미했다. 이슬람 세계의 과학은 거의 그리스 과학을 토대로 구축되었으며 그것의

---

16) 만족스러운 이슬람 과학사 개설서는 아직 없다. 탁월한 개관으로는 A. I. Sabra, "Science, Islamic," *Dictionary of the Middle Ages*, vol. 11, pp. 81~88과 Sabra, "The Scientific Enterprise"를 참조할 것. Thomas Arnold and Alfred Guilaume, eds., *The Legacy of Islam*에 수록된 두 논문, Max Meyerhof, "Science and Medicine"과 Carra de Vaux, "Astronomy and Mathematics," 그리고 Kennedy, "The Arabic Heritage in the Exact Sciences"도 참조할 것. 개별 과학분과마다 뛰어난 전문 연구성과가 점증하고 있는 추세이다.

체계화 원리에 따라 추진되었다. 무슬림들이 그리스 과학의 체계를 무너뜨리거나 밑바탕부터 재건하려 한 적은 없었다. 그들이 심혈을 기울인 것은 그리스인이 시작한 프로젝트를 완성하는 일이었다. 이 말을 독창성과 혁신이 없었다는 뜻으로 오해해서는 안 된다. 새로운 골격을 창조하기보다는 기존의 골격을 교정하고 확장하고 명료화하고 응용하는 과정에서, 무슬림 과학자들은 그들 나름의 독창성과 혁신을 보여주었다. 이런 정도의 인정은 너무 인색한 것이 아니냐는 반론이 제기될 수 있다. 그렇지만 근현대 과학도 그 대부분은 기존의 과학원리를 교정하고 확장하고 응용하는 작업이 아니었던가? 과거와의 근본적 단절은 지극히 예외적인 현상이다. 이 점에서는 오늘날이든 이슬람 세계든 큰 차이가 없다.

무슬림 과학자들은 과거와의 연속성을 뚜렷이 자각하고 있었다. 알킨디(al-Kindi: 866년경 죽음)는 때 이른 선례이다. 그는 바그다드에서 아바시드 왕조의 여러 칼리프의 후원으로 수학적 과학을 연구한 과학자였다. 그는 옛 선배에게 진 빚을 인정했으며 자신이 어떤 연속적 전통에 합류하고 있음을 자각했다. 알킨디는 다음과 같이 적었다.

> 만일 옛 선인들이 없었다면 우리 연구의 최종결론에서 토대가 된 참된 원리들은 수집되지 못했을 것이다. 이 작업은 아무리 욕심을 내도 한평생 안에 이룰 수 없는 일이다. 그 모든 원리들을 수집하는 작업은 지난 세월의 매 세기마다 진행되어왔으며 우리 자신의 시대로 이어지고 있다.

알킨디는 이러한 옛 학문의 체계를 완성하고 교정하고 전달하는 것이 자신의 의무라고 생각했다. 그의 생각은 다음과 같이 이어진다.

> 지금까지 우리의 모든 연구에서 추종해온 원리를 향후에도 충실하게 유지하는 것이 바람직하다. 이 원리는 우선 옛 선인들이 그 주제에 관해 이야기한 모든 내용을 빠짐없이 찾아내서 기록하는 것이며, 다

음에는 옛 선인들이 충분히 표현하지 못한 내용을 채워주는 것이다. 이런 작업은 우리의 아랍어 용법, 우리 시대의 모든 관습, 그리고 우리 자신의 능력에 따라 수행된다.

200년이 지난 후에도 알비루니(al-Biruni: 1050년 이후 죽음)는 무슬림 과학의 당면과제가 여전히 "옛 선인들이 이미 다룬 것에 논의를 한정하되 더 완전해질 수 있는 것은 완전하게 만들기 위해 노력하는 일"이라고 판단하고 있었다.17)

이슬람 세계의 천문학은 이슬람 과학과 그리스 과학의 관계를 예시하는 귀감사례이다. 무슬림 천문학자들은 세련된 수준의 연구성과를 남겼다. 이들의 연구는 대체로 프톨레마이오스의 틀 안에서 수행되었다(고대 힌두교도 이슬람 천문학에 영향을 미쳤음을 인정해야겠지만, 프톨레마이오스의 《알마게스트》 같은 그리스 연구성과를 이용하게 되면서부터 힌두교의 영향은 소멸되었다). 무슬림 천문학자들은 프톨레마이오스의 행성체계를 더욱 명료화하고 교정했으며 그의 상수 계산법을 개선했다. 그들은 프톨레마이오스 모델에 기초해서 행성표를 편집했으며, 다양한 도구를 개발하고 이용해서 그의 천문학을 전체적으로 확장하고 개선했다. 역주[9]

몇 사례를 살펴보기로 하자. 우선 알파르가니(al-Farghani: 861년 이후 죽음)는 알마문 궁정에 고용된 천문학자로, 수학을 사용하지 않은 초등용 프톨레마이오스 천문학 교과서를 발간했다. 이 책은 이슬람 세계만이 아니라 (라틴어로 번역된 후에는) 중세 기독교 세계에서도 널리 유통되었다. 바그다드의 또다른 궁정 천문학자인 타비트 이븐 쿠라(901년 죽음)는 프톨레마이오스 원리에 따라 태양과 달의 운동을 육안관찰하는 과정에서, 춘·추분점의 세차운동이 균일하게 진행되지 않음을 파악했으며,

---

17) 알킨디에 대한 인용은 Richard Walzer, "Arabic Transmission of Greek Thought to Mediaeval Europe," pp. 172~173, 175를 각각 참조했다(번역은 약간 바꾸었다). 알비루니에 관해서는 de Vaux, "Astronomy and Mathematics," p. 376을 참조할 것.

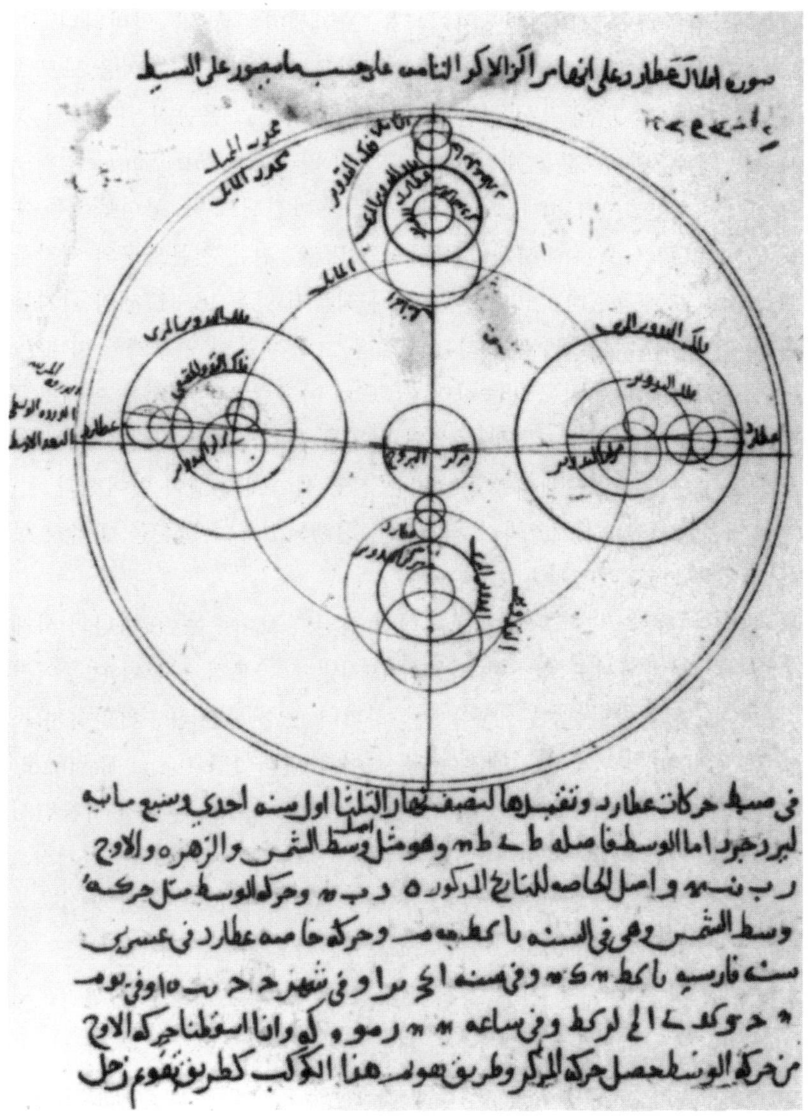

[그림 8.3] 이븐 아시샤티르(Ibn ash-Shatir: 14세기의 인물)가 그린 수성의 운동. 옥스퍼드, 보들레이언 도서관 소장.

이를 설명하기 위해 가변세차이론을 고안했다.역주〔10〕 알바타니(Al-Battani: 929년 죽음)는 프톨레마이오스 천문학의 수학적 개선을 도모했다. 그는 태양과 달의 운동을 연구하는 과정에서, 그 운동과 일·월식 경사각에 대해 새로운 값을 계산했고, 태양의 원근점선(*line of apsides*: 지구에 가까워지고 멀어지는 태양의 궤적) 운동을 발견했으며, 항성목록을 수정했다. 아울러 그는 해시계나 상한의(象限儀) 같은 천문도구의 제작을 위한 지침도 제공했다. 코페르니쿠스나 케플러 같은 16~17세기 학자들이 여전히 알바타니를 인용했다는 사실은 그의 천문학 연구가 얼마나 높은 수준의 것이었는지를 입증한다. 끝으로 이슬람 세계에서는 아리스토텔레스처럼 물리학에 기초한 동심원 천구를 옹호하는 진영과 수학에 기초한 프톨레마이오스 체계를 옹호하는 진영 사이에 논쟁이 벌어졌다. 이 논쟁은 주로 12세기 에스파냐 지역에서 진행되었으며 결론을 내리지 못한 채 종결되었다.[18)]

광학은 이슬람 세계의 뛰어난 과학적 성취를 보여주는 또 하나의 사례이다. 이 분야에서도 최소한 천문학 못지않게 근본적 혁신이 이루어졌다. 이것 역시 다양한 옛 전통에 적응하거나 옛 전통을 흡수하면서 이룩된 혁신이었다. 구체적 사례로는 우선 이븐 알하이탐(Ibn al-Haytham: 1040년경 죽음)을 꼽을 수 있다. 그는 이집트의 카이로 궁정에 머물면서 광학현상을 연구했다(당시 카이로는 분리 독립한 무슬림 왕조가 자체적으로 칼리프 계보를 정립한 상태였다). 그는 프톨레마이오스에게 중심축을 두고, 기왕에 서로 분리되어 있던 그리스의 세 광학이론(수학적 접근, 물리학적 접근, 의학적 접근)을 통합했다. 그의 종합은 새로운 시각이론의

---

18) A. I. Sabra, "Al-Farghani," *Dictionary of Scientific Biography*, vol. 4, pp. 541~545; B. A. Rosenfeld and A. T. Grigorian, "Thabit ibn Qurra," *Dictionary of Scientific Biography*, vol. 13, pp. 288~295; Willy Hartner, "Al-Battani," *Dictionary of Scientific Biography*, vol. 1, pp. 507~516 등을 참조할 것. 이슬람 천문학에 관해서는 이 책의 11장과 그 장에 인용된 자료들을 참조할 것.

창조로 이어졌다. 그것은 빛이 시각대상으로부터 눈으로 전달된다는 착상에 기초한 이론이었다. 그 이론은 이슬람 세계를 휩쓸었으며 서유럽으로 전파되어(이 책의 12장 참조), 17세기에 케플러가 망막 이미지 이론을 개척할 때까지 서구세계를 지배했다.[19]

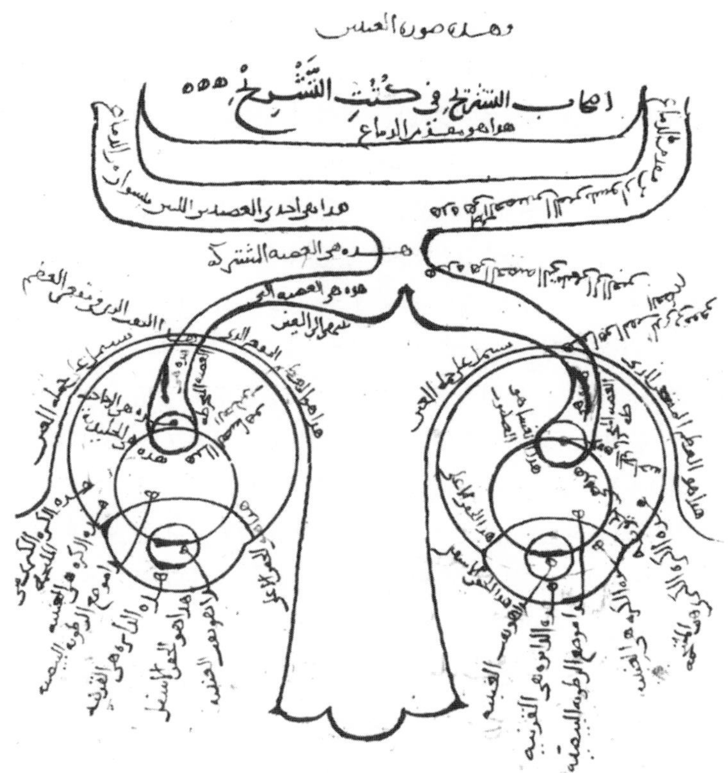

[그림 8.4] 이븐 알하이탐에 있어서 눈과 시각체계. 1083년에 제작된 알하이탐의 《광학》(*Book of Optics*)의 한 사본에서 인용되었음. 이스탄불, 쉴레이마니에(Suleimaniye) 도서관 소장.

---

19) David C. Lindberg, *Theories of Vision from al-Kindi to Kepler*, 특히 4장, 그리고 A. I. Sabra, "Ibn al-Haytham," *Dictionary of Scientific Biography*, vol. 6, pp. 189~210을 참조할 것.

7. 이슬람 과학의 쇠퇴

이슬람 세계의 과학운동은 집중적이고도 장기적으로 추진된 것이었다. 8세기 전반기부터 그리스어 작품이 아랍어로 번역되기 시작했고, 9세기 말에는 번역활동이 절정에 도달했으며 본격 연구도 자리를 잡았다. 9세기 중반부터 13세기에 이르기까지 그리스 과학의 모든 주요분과에 대해 인상 깊은 과학연구가 이슬람 세계 전역에 걸쳐 활발하게 전개되었다. 과학연구에서 무슬림이 보여준 발군의 실력은 거의 5세기에 걸쳐 지속되었으니, 이는 코페르니쿠스와 우리 사이에 낀 기간보다 긴 세월이었다.

실용적 목적을 추구한 과학운동의 시발점은 아바시드 왕조의 바그다드였지만, 과학 후원의 중심은 점차 근동지역 전체로 확산되었다. 11세기 초에는 파티미드 왕조(Fatimids)의 카이로가 바그다드의 경쟁자로 부상했다. 한편 외래학문은 에스파냐 지역으로도 건너갔다. 역주〔11〕 에스파냐의 코르도바에는 아바시드 왕조에 밀려 근동으로부터 망명한 우마이아드 왕조의 웅장한 궁정이 자리잡고 있었다. 우마이아드 왕조의 후원으로 11세기와 12세기 동안 외래학문이 번창했다. 이런 발전에 가교역할을 한 인물은 알하캄(al-Hakam: 976년 죽음)이었다. 그는 코르도바에 대형 도서관을 설립하고 장서를 수집했다. 톨레도에는 과학서적을 소장한 또다른 대형 컬렉션이 있었다. 역주〔12〕

그러나 13~14세기 동안 이슬람 세계의 과학은 몰락을 거듭했으며 15세기에는 거의 흔적마저 남지 않게 된다. 어떻게 이런 일이 발생할 수 있었을까? 우리의 연구는 아직 몰락의 추세를 자신 있게 추적하거나 충분하게 설명할 수준이 못 된다. 다만 몇몇 인과관계를 확인하는 것은 가능하다. 첫째로 보수 종교세력의 압력이 점차 강화되는 추세였다. 10세기 말 코르도바에서 외래학문 관련서적을 불태운 유명한 사건에서 엿볼 수 있듯이, 그 압력은 직접적 탄압의 형식을 취하기도 했다. 그렇지만 대부분의 압력은 그 영향을 느끼기 힘들 만큼 은밀한 형태를 취했다. 과학활동을 금지하기보다 과학의 효용을 아주 편협하게 정의함으로써 과학의 성격을 변질시키는 방식이 그런 사례였다. 이 논점을 거꾸로 표현하자면, 과학은 이슬람 세계 내에 그런 방식으로 토착화된 셈이라고 말할 수도 있겠다. 즉, 엄격하게 제한된 하녀로서의 역할을 준수하는 과정에서, 과학은 그 외래적 성질을 잃게 되었으며, 그리하여 이슬람 토양에 이식된 그리스 과학이 아니라 말 그대로 이슬람 과학이 되었던 것이다. 이것은 한때 중시되었던 많은 문제가 더 이상은 관심의 대상이 될 수 없게 되었음을 뜻한다.

둘째로 과학사업이 번창하려면 평화 · 번영 · 후원이 필요하다. 중세 말 이슬람 세계에서는 위의 세 요소가 모두 사라지기 시작했다. 외적의 침입도 있었지만 여러 당파들과 소국들이 쉴 틈 없이 처절하게 싸움을 벌인 결과였다. 서쪽에서는 에스파냐를 재정복해서 기독교 세계에 편입시키려는 산발적 노력이 1065년경부터 실효를 거두기 시작했다. 결국 두

[그림 8.5] 8세기 중반에 코르도바에 건설된 거대한 이슬람 사원의 내부.

세기 뒤에는 이베리아 반도 전체가 기독교 세계에 편입되었다. 톨레도는 1085년, 코르도바는 1236년, 세비야는 1248년에 각각 기독교 군대에 점령되었다. 동쪽에서는 몽고군이 13세기 초부터 이슬람 국경을 압박하기 시작했으며 1258년에는 바그다드를 점령하여 아바시드 왕조를 무너뜨렸다. 전쟁의 폐허와 경제불황, 이로 인한 후원의 상실에 직면해서 과학은 더 이상 스스로를 유지할 힘을 잃었다. 그렇지만 과학의 붕괴를 평가함에 있어 몇 가지 요인이 더 기억될 필요가 있다. 이슬람 세계에서 외래학문은 특히 고등교육 수준에서 안정된 제도적 기반을 갖춘 적이 없었다는 점, 보수 종교진영은 외래학문을 늘 의심의 눈초리로 감시했다는 점, 그리고 외래학문의 효용은 특히 고급분과의 경우에 큰 설득력을 발휘하지 못한 것 같다는 점 등을 기억해야 할 것이다. 이슬람 과학의 연구성과가 모두 유실되기 전에 기독교 세계와의 접촉이 이루어졌고, 그 덕택에 새로운 문화전달 과정이 시작되었다는 것은 그나마 불행 중 다행이었다.

역 주

역주〔1〕 박트리아(Bactria)는 현재 중앙아시아의 아프가니스탄에 있는 발흐(Balkh) 지역이다.

역주〔2〕 '성전'(聖典: *sacred books*)은 기독교의 성경이나 이슬람교의 코란처럼 해당 종교의 근간에 해당하는 서적을 말한다. 영어로는 'scriptures'라는 용어가 자주 사용된다.

역주〔3〕 네스토리우스파(*Nestorians*)는 시리아 출신으로 안티오크(Antioch)의 주교와 콘스탄티노플의 대주교를 지낸 네스토리우스(Nestorius: 451년경 사망)의 기독교 이단운동을 추종한 자들을 말한다. 네스토리우스는 그리스도의 두 인격뿐만 아니라 마리아의 처녀성도 부정하여 431년에 파문당했다. 단일본성파(*Monophysites*)는 네스토리우스와 격심한 논쟁을 벌인 콘스탄티노플의 수도원장 유티케스(Eutyches: 378년경~452년경)가 주도한 이단운동으로 그리스도의 인격에는 오직 하나의 본성만이 있다고 주장했다.

역주〔4〕 동로마 황제 유스티니아누스 1세(Flavius Justinianus: 483~565)는 가톨릭 신자로 이교세계의 학문과 종교에 대해 적대적이었다. 그의 유명한 대법전은 세 부분으로 나뉘는데, 플라톤 아카데미아(기원전 347년에 설립됨)를 폐쇄한 것은 그 법전의 첫 번째 부분(*Codex Justinianus*)이 반포된 529년의 조치였다.

역주〔5〕 언어의 계통분류에서 햄·셈어족(*Hamito-Semitic*)에 속한 셈어(*Semitic languages*)는 아람어, 히브리어 같은 언어를 포함한다. 아람어(*Aramic*)는 기원전 천 년 전부터 소아시아, 시리아, 메소포타미아의 일대에서 사용된 언어로서 예수가 말했던 언어이며 주기도문과 구약의 다니엘서가 이 언어로 기록되었다. 시리아어는 아람어의 방언이다.

역주〔6〕 '인도의 그리스화'는 알렉산드로스 대왕의 인도 원정(기원전 323년)에서 시작되었다. 인도는 헬레니즘의 요소들, 특히 그리스 철학과 의학의 인도화된 요소들을 이슬람 세계에 전했다.

역주〔7〕 교과서나 그밖의 다른 텍스트를 사용하지 않고 지식을 구전(口傳)으로 전하는 관행은 이슬람 세계만이 아니라 모든 비밀문화(*secret culture*)의 특징이다. 이를테면 중세유럽에서도 비학(秘學)이나 고도의 숙련기술은 제한된 입문자나 도제에게 구두로 전승되는 경향이 있었다.

역주〔8〕 무하마드와 코란이 정한 신성한 목적을 위해서는, 이슬람의 전통학문이든 그리스의 외래학문이든, 가리지 않고 이용될 수 있었다는 뜻이다. 이런 해석은 앞서 린드버그가 제시한 효용론적 해석에 가깝다.

역주〔9〕 '행성표'(*planetary table*)는 행성들의 위치에 대한 계산, 일식월식과 달의 상(相)이며 역법상의 정보를 제공하기 위해 설계된 천문학 계산표들을 말한다. 여기에는 천문학 관측도구들에 대한 해설이 포함되기도 했다.

역주〔10〕 가변세차이론(*theory of trepidation*)은 춘·추분점의 세차(歲差: *precession*)가 백 년에 1도씩으로 균일하게 진행된다는 프톨레마이오스의 주장을 수정한 것이다. 이 비율은 너무 느리다는 것, 따라서 시간이 흐름에 따라 세차의 비율도 점차 증가하는 것으로 보아야 한다는 것이 타비트의 해석이었다.

역주〔11〕 에스파냐는 710년에 우마이아드 왕조에 의해 점령된 후로 약 300년 동안 통치되었다(우마이아드 왕조가 아바시드 왕조에 밀려났을 때에도 이 지역의 통치권은 그대로 유지되었다). 에스파냐의 남부 그라나다(Granada) 지역으로 이슬람 세력이 후퇴한 것은 1248년부터였으며, 그곳의 기독교로 개종한 무슬림들을 완전히 몰아낸 것은 1492년이었다. 그러므로 8세기부터 적어도 13세기까지 에스파냐, 특히 코르도바(Cordova)는 그리스 문화가 이슬람 세계를 경유해서 서유럽으로 유입되는 거의 유일한 창구였다.

역주〔12〕 톨레도(Toledo)는 오늘날 에스파냐의 수도인 마드리드의 남쪽 근교에 위치하는 도시이다. 이 도시는 1085년에 기독교 군대에 정복되었으며 1105년에는 무슬림의 지배로부터 완전히 벗어날 수 있었다. 그 이후로 이곳의 여러 도서관들에 소장되어 있던 풍부한 그리스어, 라틴어 원전들과 아랍어 원전들(특히 철학과 과학서적들)은 중세 전성기의 고전연구의 부흥에 이바지했다.

제9장

서구에서 학문의 부활

1. 중세란?

이제까지 필자는 "중세"를 정의하지 않고 중세의 포괄기간을 명시하지도 않은 채 그 용어를 사용했다. 부정확이 미덕이라는 말은 이를 두고 하는 것인지도 모르겠다. 역사가마다 중세의 뜻을 조금씩 다르게 정의하고 있기 때문이다. 그렇지만 이제 그 용어의 명료화를 더 이상은 미룰 수 없을 것 같다. 중세(혹은 중간시대) 라는 개념이 처음 등장한 것은 14~15세기 이탈리아 인문주의에서였다. 인문주의자들은 고대의 빛나는 성취와 자기 시대를 비추는 문명의 빛 사이에서, 중간에 낀 암흑시대를 탐지했다. "암흑시대"라는 친숙한 어법에서 엿보이는 그 부정적 의견은, 중립을 선호하는 전문 역사가들의 노력에 힘입어 오늘날에는 거의 폐기되어버렸다. 중립 견해에 따르면 "중세"는 서양사의 한 시대에 붙인 이름일 뿐인즉, 이 시대는 서구문화에 독특하고도 중요한 공헌을 추가했으며, 그 공헌은 공정하고도 편견 없는 연구·평가대상이 되기에 충분한 가치를 지닌다는 것이다.

중세의 포괄기간은 애매할 수밖에 없다. 중세문화가 출현했다가 소멸한 과정은 점진적이었거니와, 지역에 따라 그 기간도 달랐기 때문이다.

굳이 기간을 정해야 한다면 중세는 라틴 서부에서 로마 문명이 종결된 시점(기원후 500년쯤으로 설정하는 것이 좋겠음)으로부터 1450년(보통 르네상스라 불리는 문예부흥이 줄기차게 진척되던 시기)까지를 포괄하는 기간으로 볼 수 있다. 우리의 목적에 편리하게 그 기간을 세분한다면, 중세 초기(약 500년부터 1000년), 이행기(1000년부터 1200년), 그리고 중세 절정기나 중세 말기(1200년부터 약 1450년)로 나눌 수 있다. 엄밀히 말해 이것은 표준 구분법이 아니지만(특히 중세 "절정기"와 중세 "말기"는 자주 구별된다), 우리의 목적에는 잘 부합한다.

2. 카롤링거 왕조의 개혁

앞의 7장에서 우리는 라틴 서부에서 로마제국의 기울어가던 운명을 살펴보았다. 중세에 고유한 특징으로 보이는 사회·종교적 제도(이를테면 수도원 제도)의 출현도 검토되었다. 서유럽은 탈(脫)도시화 과정을 겪고 있었다. 고전학교는 열악한 처지로 전락했고 식자능력과 학문을 배양하는 주도권은 수도원으로 넘어갔다. 수도원에서 고전전통은 종교와 신학의 하녀로서나마 명맥을 유지할 수 있었다. 이 말이 수도원 학교가 다른 모든 교육기관을 완전히 밀어내버렸다는 주장으로 받아들여져서는 안 된다. 일부이기는 하지만 시가 운영한 학교들은 특히 이탈리아 지역에 건재했으며, 궁정과 교회가 관할한 학교들도 완전히 사라진 것은 아니었다. 유력가문은 여전히 개인교사 고용관행을 유지하고 있었다. 그러므로 수도원에 관해서는, 그것이 지배적 교육세력이 되었다는 정도로 이해하는 편이 좋겠다.

이것이 진지한 학문의 종지부를 의미했던가? "학문"(*scholarship*)을 그리스·로마 학문의 지속이라는 견지에서 정의하겠다고 마음먹은 부류는 정말 그렇다고 단정했다. 하지만 이런 판결은 심각한 실수를 범한 것으로 보인다. 학문이 양과 질에서 모두 쇠퇴하고 있었음은 분명하지만, 학문이 생산활동으로서의 면모마저 상실했다는 판단은 착각에 불과하다. 그것은 찾아야 할 것을 제대로 찾지 못했거나 찾아야 할 것을 엉뚱한 곳에서 찾을 때 발생하는 착각에 지나지 않는다. 실제로 학문은 지속되었다. 다만 그 형식이 새로워졌고 그 초점이 바뀌었을 뿐이다.

새로운 초점은 종교나 교회를 향했다. 최상급 학자들의 정신을 사로잡게 된 것은 성경해석, 종교사, 교회조직 관리, 기독교 교리개발 같은 주제였다. 우리가 앞서 검토했던 대로 보에티우스(Boethius: 480~524)는 아리스토텔레스 논리학의 일부를 번역했고 교양학문 분과들에 관한 입문서를 작성했으며, 당시의 신학적 논쟁을 다룬 여러 편의 짧은 논고를 남겼다. 세비야의 이시도루스(560년경~636)는 《어원학》과 《사물의 본성에 관하여》처럼 자연철학을 다룬 백과사전적 작품만이 아니라, 역사, 신학, 성서해석, 기도문을 성직자에게 가르치기 위한 교육용 매뉴얼도 집필했다. 투르의 그레고리(Gregory of Tours: 595년 죽음)는 《프랑크족의 역사》를 서술해서 프랑크 왕국 내의 기독교 전파과정을 기록으로 뒷받침했다. 590년에 교황에 오른 성 그레고리우스는 자신의 설교, 강연, 대화, 성경주석 등을 집성한 전집을 출판해서 큰 반향을 일으켰다.역주〔1〕 베드(Bede: 735년 죽음)는 시간측정과 역법에 관한 연구성과는 물론, 성경주석이며 설교며 성자전기(*hagiography*)도 후세에게 물려주었다.

이 같은 종교 및 신학관련 연구성과로부터 자연철학이나 과학을 발견하는 것은 쉽지 않은 일이지만, 그리스 논리학과 형이상학의 영향은 비교적 쉽게 탐지된다. 보에티우스는 그 모범을 보여주었다. 그는 아리스토텔레스 논리학, 그리고 플라톤과 아리스토텔레스의 형이상학을 이용해서, 하나님의 예지(豫知, 혹은 先知)라든가 삼위일체의 본성같이 까다로운 문제를 해결하려 했다. 이시도루스는 잡다한 기독교 이단의 유래를 설명하기 위해 그리스 철학전통 내의 유사사례를 이용했다. 이교학문의 노골적 비판자였던 그레고리우스 교황조차도 자신의 신학은 그리스 철학에 토대를 둔 것임을 도처에서 명시하거나 암시했다.[1]

학문활동은 8세기 말에 크게 팽창했다. 이는 샤를마뉴 대제의 궁정과 관련된 현상이었다. 샤를마뉴가 왕위에 오른 768년에 프랑크 왕국은 오늘날 독일의 일부, 프랑스, 벨기에, 네덜란드의 대부분을 차지한 크기였다. 그러나 그가 죽은 814년에 이르면, 왕국은 오늘날 카롤링거'제국'이라 불릴 정도로 크게 확장되었다. 독일의 더 많은 지역, 스위스, 오스트리아의 일부, 이탈리아의 절반 이상이 왕국에 편입되었다. 로마제국 몰락 이후 서유럽에서는 처음으로 중앙집권적 정부가 들어선 셈이었다([지도 5] 참조). 샤를마뉴는 교회와 국가를 강화하는 동시에 황제로서의 역할을 순조롭게 수행하기 위한 프로그램의 일환으로 교육개혁에 착수했다. 해외로부터 학자를 유치해서 궁정 학교의 교사로 충원했으며, 왕국 전역에 수도원 학교와 성당 학교의 설립을 명했다. 잉글랜드 북부의 요크 지방에서 성당 학교장으로 재직하던 알크윈을 설득해서 자신의 교육개혁 사업을 지휘하도록 초빙한 것도 샤를마뉴였다.

알크윈(Alcuin, 혹은 Albinus: 730년경~804)은 앞서 7장에서 언급된 아일랜드 학문전통의 수혜자로서 그의 지적 계보는 베드에게까지 직접 소급된다. 그는 궁정 학교의 설립과 발전을 주도한 인물이었다.[역주(2)] 궁정 학교는 왕실가족을 위한 교육을 담당했을 뿐만 아니라, 종교와 정치에 필요한 고급 공무원을 양성하여 왕국 전역에 공급하기도 했다. 궁정 학교의 교과과정은 거의 알려진 것이 없다. 다만 일곱 교양과목이 포함되었다는 것은 확실하다. 천문학 과목에서는 상당히 높은 수준의 교육이 진행되었던 것 같다. 알크윈 자신은 삼학(三學)을 다룬 교과서들을 집필했다. 그의 많은 제자들이 주교나 수도원장으로 임명되었는데, 알크윈과 제자들의 노력이 상승작용을 일으켜 성직자의 평균 교육 수준을 제고했다. 당시의 신학논쟁 상황을 주시하면서 호시탐탐 참여할 기회를 노리던 학자들도 알크윈 주변에 몰려들었다. 알크윈의 주도로 많은 서적이 편찬, 교정, 영인되었다. 그 가운데는 교부들의 작품이 다수 포함되었으

---

1) John Marenbon, *Early MediaevalPhilosophy(480~1150)*, 4~5장; M. L. W. Laistner, *Thought and Letters in Western Europe*, 3~4장; G. R. Evans, *The Thought of Gregory the Great*, pp. 55~68.

며, 드물기는 하지만 고전 저자들의 작품도 끼어 있었다. 마지막으로 샤를마뉴와 알크윈이 취한 조치 가운데 가장 중요하고도 지속적인 영향을 미친 것은 성당 학교와 수도원 학교의 설립을 명한 황제령이었다. 이 명령에 힘입어 라틴 서구는 지난 수세기에 걸쳐 이룩한 것보다 훨씬 광범위하게 (성직자 양성을 지향하는) 교육을 확산시킬 수 있었으며, 미래 학문

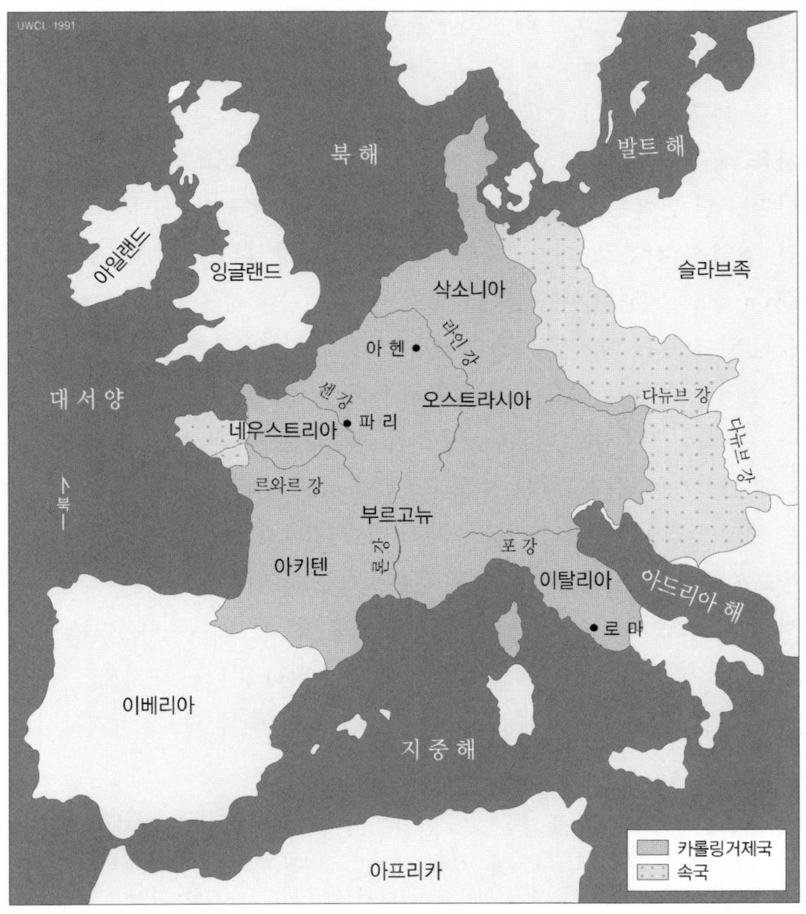

[지도 5] 814년 무렵의 카롤링거제국.

의 토대를 마련할 수 있었다.[2)]

일련의 교육개혁이 가져온 성과는 두 학자의 경력에서 잘 드러난다. 하나는 9세기의 학자이고 다른 하나는 10세기의 학자이다. 아일랜드 출신의 스코투스 에리우게나(Scotus Eriugena: 850~875년에 활동)는 샤를마뉴의 궁정에서 손자 샤를르 대머리왕(Charles the Bald)의 교사로 봉직했다. 그는 예리함, 독창적 정신, 드문 어학능력 등 다방면에서 재능을 갖춘 인물이었다. 그가 라틴 서구를 통틀어 9세기의 가장 유능한 학자였다는 것은 의문의 여지가 없다. 특히 에리우게나는 발군의 그리스어 실력을 갖추고 있었다. 그는 아일랜드의 한 수도원 학교에서 그리스어를 처음 배웠지만 대륙에 이주한 이후로 그의 실력은 더욱 증진되었다. 그의 뛰어난 실력은 그리스어 신학논고의 라틴어 번역작업에 투입되었다. 첫 작업은 샤를르 대머리왕의 요청으로 사칭 디오니시우스(pseudo-Dyonysius: 500년경에 활동한 익명의 기독교적 신플라톤주의자)의 작품을 옮긴 일이었다. 이어서 그는 그리스 교회 교부들의 작품을 번역했다. 그는 번역에 머물지 않고 높은 수준의 독창적 신학논고를 작성하기도 했다. 여기서 그는 사칭 디오니시우스의 신플라톤주의를 한층 발전시켜 기독교 신학과 신플라톤주의 철학의 종합을 시도했다. 철학 쪽으로 기울기는 했지만 말이다. 그의 작품 중에서 비교적 체계화된 (그리고 당연히 기독교에 충실한) 자연철학을 담은 것은 《자연에 관하여》였다. 이 작품에서 그는 모든 피조물에 대한 포괄적 해설을 시도했다. 끝으로 그는 마르티아누스 카펠라가 교양학문 분과를 논하여 널리 읽혀진 교과서, 《문헌학과 머큐리의 결혼》의 주석서를 작성했다. 이 주석서는 교육자로서의

---

2) 수도원 학교의 설립을 명한 포고가 어떤 의미와 의의를 가진 것인지를 신중하게 검토한 연구로는 M. M. Hildebrandt, *The External School in Carolingian Society*를 참조할 것. 알크윈과 카롤링거 왕조의 교육개혁 전반에 관해서는 Heinlich Fichtenau, *The Carolingian Empire*, 4장; John Marenbon, *From the Circle of Alcuin to the School of Auxerre*, 2장; Laistner, *Thought and Letters*, 7장 등을 참조할 것.

그의 사명을 실천한 작품으로 보인다. 에리우게나는 많은 제자들을 양성했으며 그들을 통해 서구사상사의 흐름에 지속적 영향력을 행사했다.[3)]

카롤링거 왕조 교육개혁의 또다른 수혜자는 한 세기 후에 프랑스 중남

[그림 9.1] 사학(四學)의 의인화. 왼쪽으로부터 오른쪽으로 음악, 대수학, 기하학, 천문학. 보에티우스, 《대수학》(*Arithmetic*)의 9세기 사본에서 인용되었음.

---

3) 에리우게나와 그의 서클에 관해서는 John O'Meara, *Eriugena*; Marenbon, *Early Mediaeval Philosophy*, 6장; Marenbon, *Circle of Alcuin*, 3~4장을 참조할 것.

부에 위치한 오리악(Aurillac)의 수도원 학교에서 출현했다. 제르베르(Gerbert: 945년경~1003)는 고속승진을 거듭한 인물이었다. 그의 경력은 지적 재능에 정치적 기회주의를 더해보면 쉽게 설명된다. 비록 초라한 환경에서 태어났지만, 그는 오리악에서 훌륭한 교육을 받았으며 곧이어 에스파냐 북부에서 수년간 연구를 계속했다. 다시 그는 에스파냐로부터 프랑스 북부에 있는 랭스(Reims)의 유명한 성당 학교로 전학했다. 논리학을 연구하는 학생으로 이곳에 왔지만 곧 그는 그 학교의 교장으로 발탁되었다. 그는 랭스로부터 이탈리아 북부에 있는 보비오(Bobbio)의 수도원 원장으로 자리를 옮겼다가, 다시 랭스의 대주교로 부임했으며 또다시 라베나(Ravenna)의 대주교로 발탁되어 이탈리아로 돌아갔다. 마침내 그는 후원자 오토 3세의 지원을 받아 999년에 교황 실베스터 2세로 선출되었다. 역주〔3〕

제르베르에 대한 기존의 연구는 이슬람 세계와 기독교 세계의 지적 교류를 촉진하여 풍성한 결실을 맺게 한 선구자로서의 그의 역할에 초점을 맞춘 것이 많다. 이 방면에서 그가 이룩한 위업을 검토하기 전에, 그가 선배들의 학문전통을 계승 발전시킨 측면에도 주목할 필요가 있다. 그는 고전 교양학문 분과들을 재발견하여 널리 전파했으며, 특히 보에티우스 같은 라틴계 저자를 통해 전승된 아리스토텔레스 논리학에 심혈을 기울였다. 랭스 시절에 그는 아리스토텔레스, 키케로, 포르피리오스, 보에티우스 등의 논리학 작품을 강의했으며 그 자신이 논리학 논고를 직접 쓰기도 했다. 그러나 제르베르의 명성은 무엇보다 수학적 사학(四學)에서의 공헌에 힘입은 것이었던 바, 바로 이 대목에서 이슬람 세계와의 관계가 중요하다. 제르베르가 피레네 산맥을 넘어 에스파냐 북동부의 시골마을(Vich)에 도착한 것은 967년의 일이었다. 그는 그곳의 주교 오토(Otto)와 함께 연구했다. 그의 목적은 수학적 과학에 숙달하는 것이었음이 분명하다. 당시 그 지역은 에스파냐 북부의 다른 어느 지역보다도 (이슬람 점령지와 가까운 덕택에) 사학(四學)이 높은 수준에 도달해 있었기 때문이다.

제르베르가 그곳에서 무엇을 연구했는지 자세히는 알 수 없다. 이후 그의 활동으로 짐작컨대, 그는 수학적 과학을 마스터했으며(그가 그리스 수학의 최상급 수준에 도달한 것은 아니지만 라틴 서구 전체에서 수세기 동안 그와 비견될 만한 사례는 찾기 힘들다), 특히 수학과 천문학 분야에서 이슬람 세계가 이룩한 업적을 두루 섭렵했다는 것을 알 수 있다. 그의 편지는 대부분이 혼란한 정치종교 상황에서 작성된 것임에도 불구하고, 학문에 관한 언급으로 충만하다. 수학과 천문학은 물론, 영인되거나 교정된 필사본(예컨대 플리니우스의 《자연사》 필사본), 번역서, 새로 구입한 작품(예컨대 보에티우스의 작품이나 키케로의 작품)도 두루 언급되었다. 제르베르는 어떤 편지에서는 에스파냐인 요셉이 쓴 곱셈과 나눗셈 관련서적을 요청하며, 어떤 편지에서는 루피투스가 라틴어로 번역한 아랍어 천문학 서적을 거의 구걸하다시피 간청한다.역주〔4〕 어떤 천문학 서적을 발굴

[그림 9.2] 에스파냐 북부, 산타 마리아 데 리폴(Santa Maria de Ripoll)의 수도원.

해서 보에티우스의 것이라고 밝힌 편지도 있다. 후원자인 오토 3세는 숫자에 관심이 많다는 이유로 칭송을 받는다. 친구와 친지에게 기하학과 대수학 문제풀이 비법을 전해주기도 한다. 천문학 모형(중요한 별의 궤적과 별자리를 표시한 반구)의 제작법이 소개되며, 아라비아 숫자를 이용한 곱셈과 나눗셈에서 주판을 사용하는 법도 소개된다.

비치(Vich)에서 오토와 함께 지낸 3년 동안, 제르베르는 인근의 산타 마리아 데 리폴(Santa Maria de Ripoll) 수도원과 교류했던 것으로 보인다. 얼마나 밀접한 사이였는지는 알 수 없으나, 당시 리폴의 수도원은 아랍어 자료에 기초한 사학(四學) 연구의 중심지였던 것 같다. 그 수도원 도서관에는 제르베르가 에스파냐를 방문한 시점에 작성된 라틴어 필사본이 아직 남아 있다. 그의 필사본은 수학과 천문관측의(天文觀測儀, *astrolabe*: 천문관찰과 계산을 수행하기 위한 도구)를 다룬 아랍어 논고들을 번역해서 엮은 것이었다. 제르베르는 이런 종류의 필사본을 품에 지니고 피레네 산맥을 넘었을 가능성이 있다 — 실제로 50년 뒤에 남독일의 라이헤나우(Reichenau) 수도원은 동일한 필사본을 소장하고 있었다. 제르베르는 천문관측의 관련논고를 직접 작성하기도 한 것으로 추정된다. 어쨌든 제르베르가 선생이자 고위 성직자라는 막강한 지위를 이용해서 수학적 과학의 대의를 서구세계에 널리 전파했다는 것만은 분명하다.[4)]

---

4) 제르베르에 관해서는 Harriet Pratt Lattin, ed. and trans., *The Letters of Gerbert with His Papal Privileges as Sylvester II*; Cora E. Lutz, *Schoolmasters of the Tenth Century*, 12장; Uta Lindgren, *Gerbert von Aurillac und das Quadrivium: Untersuchungen zur Bildung im Zeitalter der Ottonen*; 리폴의 필사본에 관해서는 J. M. Millas-Vallicrosa, "Translations of Oriental Scientific Works"를 참조할 것.

3. 11세기와 12세기의 학교

제르베르가 죽은 1003년경에 서유럽은 정치, 사회, 경제 등 모든 방면에서 부흥의 전기를 맞이하고 있었다. 부흥에는 여러 원인이 복잡하게 얽혀 있었다. 우선 정치안정을 원인으로 꼽을 수 있다. 한층 강력한 군주들이 출현해서 치안을 확립하고 내부의 무질서와 폭력을 현저하게 줄였다. 9세기와 10세기에 바이킹족과 마자르족의 침입을 물리친 후로는 더욱 강력한 경계선이 회복되었다. 앞선 수세기에 걸쳐 줄곧 수세에 몰려 있던 유럽인들은 이때부터 공세로 전환해서 에스파냐로부터 무슬림을 몰아냈고 십자군 원정으로 '성지'(聖地)를 회복했다. 역주〔5〕

정치안정은 상업의 성장과 부의 증진을 가져왔다. 화폐경제가 구석까지 스며들어 농산물 교역을 활성화했다. 기술발전은 생필품 공급과 재원(財源) 창출에서 중요한 역할을 담당했다. 일례로 수차(水車)의 개량과 확산은 작은 산업혁명이라 불릴 만한 변화를 초래했다. 농사법에서도 혁신이 있었다. 윤작의 도입, 말고삐와 바퀴쟁기의 발명은 우호적 기후조건과 결합하여 식량공급의 현저한 증대를 가져왔다.[5] 역주〔6〕 이 같은 일련의 변화는 극적인 결과를 낳았다. 가장 눈에 띄는 결과는 인구폭발이었다. 정확한 수치는 알 수 없지만 1000년과 1200년 사이에 유럽의 인구는 두 배나 세 배, 혹은 네 배로 늘어났으며, 도시거주 인구비율은 훨씬 더 빠르게 증가했다.[6] 도시화는 다시 경제적 기회를 제공했고 부의 집중을 허용했으며 학교와 지적 문화의 성장을 자극했다.

널리 인정되듯이 도시화와 교육은 밀접한 관계가 있다. 고대에 학교가

---

5) 이 시기의 기술에 관해서는, 특히 Lynn White, Jr., *Mediaeval Technology and Social Change*, 그리고 Jean Gimpel, *The Mediaeval Machine: The Industrial Revolution of the Middle Ages*를 참조할 것. 수차에 관해서는 Terry S. Reynolds, *Stronger than a Hundred Men: A History of the Vertical Water Wheel*, 2장을 참조할 것.

6) David Herlihy, "Demography," *Dictionary of the Middle Ages*, vol. 4, pp. 136~148.

쇠락한 것은 고대도시의 쇠퇴와 직접 관련된 현상이었다. 동일한 이치에서 11세기와 12세기에 교육이 활력을 되찾은 것은 유럽의 재도시화에 따른 현상이었다. 중세 초 학교의 전형은 수도원 학교였다. 수도원 학교는 대개 세속으로부터 고립되어 시골에 자리했으며, 협애하게 설정된 교육목표에 매달렸다. 외부압력으로 교육목표가 확장된 경우도 있기는 했지만 말이다. 그러나 11세기와 12세기에 인구가 도시로 몰리면서, 이전까지는 교육에 별로 기여하지 못한 다양한 종류의 학교가 수도원 학교의 그늘로부터 벗어나 교육의 주요세력으로 부상했다. 수도원 내부의 개혁운동은 이런 발전에 간접적으로 도움을 주었다. 수도원이 세속사에 가담하는 것을 가급적 줄이는 동시에 수도사의 영적 소명을 재차 강조한 것이 수도원 운동이었기 때문이다. 이 시기에 급부상한 도시학교 중에는 성당학교가 가장 눈에 띈다. 교구 성직자가 운영하는 학교도 있었으며 초등 및 중등 공립학교도 설립되었다. 이런 종류의 도시학교는 종교인력 수요를 충족시키기 위한 것만은 아니었으며, 취학할 여유가 있는 누구에게나 개방되어 있었다.[7]

새롭게 등장한 도시학교의 교육목표는 수도원 학교의 교육목표에 비해 한층 광범위한 것이었다. 물론 교육 프로그램의 강조점은 이를 운영하는 선생이 어떤 전망이나 전문성을 가졌느냐에 따라 학교마다 달랐다. 그러나 일반적으로 도시학교는 교회나 국가 지도자가 되기를 염원하는 다양한 부류의 야심 찬 학생들에게 실질적으로 필요한 지식을 제공하는 쪽으로 교육과정을 확장하고 재정립했다. 종교적 목표를 추구한다는 점

---

7) 중세 학교들에 관해서는 Nicholas Orme, *English Schools of the Middle Ages*; John J. Contreni, "Schools, Cathedral," *Dictionary of the Middle Ages*, vol. 2, pp. 59~63; Contreni, *The Cathedral Schools of Laon from 850 to 930*; Marenbon, *Early Mediaeval Philosophy*, 10장; John W. Baldwin, *The Scholastic Culture of the Middle Ages*, 3장; Richard W. Southern, "The Schools of Paris and the School of Chartres"; Southern, "From Schools to University"; 그리고 Paul F. Grendler, *Schooling in Renaissance Italy*, 특히 1장을 참조할 것.

[그림 9.3] 초등학교(*grammar school*)의 수업장면. 교장이 학생들을 몽둥이로 위협하고 있다. 파리, 국립도서관(14세기).

에서는 성당 학교도 수도원 학교를 닮았지만, 무엇이 종교적 목표에 기여할 수 있는지에 관해서는 한층 유연한 관점을 견지했다. 따라서 성당 학교의 교육과정은 더욱 다양한 과목을 포함할 수 있었다. 선생이나 학생의 포부가 성당 학교 울타리 안에서 충족될 수 없는 경우에는, 그들은 성당과의 관계를 끊고 성당의 권위에 의존하지 않은 채 독자적으로 학교를 운영하기도 했다. 실제로 당시에는 한 장소에 붙박여 있기보다 유능한 선생을 따라 떠돌아다니는 이동식 "학교"가 있었던 것으로 보인다. 이런 "학교"에서는 교장이 장소를 옮겨 가르치게 되면 그곳이 어디든 학생이 모여들었을 것이다.[8] 이상과 같이 새롭게 정립된 제도는 교육과정의 급속한 확장을 가져왔다. 과거 수도원 교육전통에서는 듣도 보도 못한 수준으로 논리학, 사학(四學), 신학, 법학, 의학 등이 도시학교에서 교

---

8) Southern, "The School of Paris and the Schools of Chartres", pp. 114~118, 그리고 Jean Leclercq, "The Renewal of Theology," pp. 72~73을 참조할 것.

육되었다. 새로운 유형의 학교는 수도 늘었고 규모도 점점 커졌다. 최고의 명문학교는 학교 자체의 기운이 지적 흥분을 자극함으로써 가장 유능한 선생과 학생을 끌어들일 수 있었다.

프랑스의 최고 명문학교는 9세기의 카롤링거 왕조 교육개혁에 영향을 받은 지역에 분포해 있었다. 각 학교는 해당 지역의 성당에 부속되거나 그 성당의 영향권하에 있었다. 초기의 교육 중심지로는 우선 롱(Laon)을 꼽을 수 있다. 롱은 일찍이 850년경부터 중요한 성당 학교를 보유했으며 11세기와 12세기까지도 신학분야에서 높은 명성을 누렸다. 랭스(Reims)도 중심지의 하나였다. 10세기에 제르베르를 처음에는 학생으로, 나중에는 선생으로 이끌었던 곳은 바로 랭스의 성당 학교였다. 샤르트르(Chartres), 오를레앙(Orleans), 파리 등에 자리잡은 여러 학교도 12세기 동안 교양학문 분과를 주도하는 중심지로 부상했다. 12세기에 가장 유명한 학교로는 샤르트르의 성당 학교를 꼽을 수 있다. 최근에는 이 학교가 누린 명성의 수준과 지속성에 관해 의문이 제기되고 있지만 말이다.[9] 비슷한 시기에 파리 근교에서도 학교들이 번창하여 교양학문 분과를 위시한 다양한 과목을 교육했다. 프랑스를 벗어나면 명문학교와 성당의 관계는 그리 밀접했던 것 같지 않다. 이탈리아의 볼로냐(Bologna)는 12세기 초에 (개인교사들에 의한) 법학 전문교육으로 유명해졌으며, 성당이 없는 옥스퍼드는 12세기 말에 법학, 신학, 그리고 교양학문 분과에 대한 연구로 명성을 얻었다.

이 시기 학교의 특징 가운데서 이 글의 목적에 중요한 몇 가지만을 추려보기로 하겠다. 첫째, 학교는 라틴어 고전(혹은 이미 고대에 라틴어로 번역되어 읽을 수 있게 된 그리스 고전)을 되살리고 마스터하겠다는 결연한 시도를 보여주었다. 이는 중세 초의 비슷한 시도를 훨씬 능가하는 것

---

9) Richard W. Southern, "Humanism and the School of Chartres"를 참조하고, 이 논문을 격렬하게 비판한 Nikolaus Häring, "Chartres and Paris Revisited"와 이에 대한 Southern의 답변, "The Schools of Paris and the School of Chartres"도 참조할 것.

이었다. 샤르트르의 베르나르는 자기 세대가 거인 어깨 위에 올라탄 난쟁이라는 묘사로 동시대의 여론을 대변했다. 역주〔7〕 자기 세대(난쟁이)가 거인(고전전통)보다 더 멀리 볼 수 있는 것은 개개인의 뛰어난 능력 때문이 아니라 고전을 섭렵한 덕택이라는 뜻이었다. 로마 시인 중에서는 베르길리우스, 오비디우스, 루키아누스, 호라티우스 등이 각광을 받았다. 역주〔8〕 키케로와 세네카는 윤리학자로서, 키케로와 퀸틸리아누스는 수사학의 모델로서 높은 평가를 받았다. 역주〔9〕 아리스토텔레스와 그 주석가

[그림 9.4] 샤르트르 성당(12세기)의 서쪽 정면.

들(특히 보에티우스)의 논리학 작품은 신중하게 재검토되었고 모든 학문 분과의 방법론에 적용되었다. 법연구의 발전은 로마 시대의 법사상을 요약한 《디게스타》(*Digesta*)의 재발견에 크게 힘입은 것이었다.역주〔10〕 우주론과 자연철학에서는 마르티아누스 카펠라와 마르코비우스는 물론, (칼키디우스의 《티마이오스》 번역 및 주석을 통해) 플라톤도 주요 텍스트로 읽혀졌다. 그렇다고 해서 이교세계의 고전이 수도원 교육의 핵심을 이루었던 기독교 자료를 완전히 대체해버린 것은 아니었다. 오히려 새로 재발견된 고전은 성경 및 교부의 작품 곁에 나란히 자리잡았다. 두 부류의 문헌이 서로 비교되었을 것이라는 가정이 불가능한 것은 아니지만, 고전의 재발견이란 결국 당당하게 배울 수 있는 자료의 확장에 불과했을 것이라는 가정도 무리한 것은 아니다.[10]

둘째, 유럽 사회 전체가 그러했듯이 도시학교도 "이성주의로의 전환"(*rationalistic turn*)이라 불릴 만한 변화를 경험했다. 인간활동의 많은 영역에 지성과 이성을 투입하려는 일련의 시도가 줄을 이었다는 뜻이다. 이를테면 기록을 충실하게 관리하고 회계감사 절차를 개발해서 상업활동과 교회행정과 국가행정을 합리적으로 쇄신하려는 시도가 있었다. 어떤 역사가는 이러한 시도를 "경영관리 혁명"(*managerial revolution*)으로 묘사한다.[11] 학교도 인간의 지적 능력에 대한 비슷한 자신감으로 넘쳤다. 철학방법이 교육과정 전반에 점차 확대 적용되어갔던 것은 그런 자신감의 결과였다. 성경연구와 신학도 예외는 아니었다.

신학에 이성을 적용하는 것이 새삼스러운 일은 아니었다. 앞에서 검토했듯이 초대 기독교 호교론자들은 이성의 견지에서 신앙을 변호했으며, 중세 초 학자들은 (보에티우스의 선례에 영향을 받아) 아리스토텔레스 논

---

10) Charles Homer Haskins, *The Renaissance of the Twelfth Century*, 4장과 7장을 참조할 것.

11) Colin Morris, *The Discovery of the Individual, 1050~1200*, p. 46. 11세기와 12세기의 "이성주의로의 전환"에 관해서는 알렉산더 머레이(Alexander Murray)의 야심작, *Reason and Society in the Middle Ages*도 참조할 것.

[그림 9.5] 허포드 성당(Hereford Cathedral) 도서관의 쇠사슬로 보호된 서가.

리학을 이용해 신학의 난점을 해결하려고 끈질기게 시도했다. 11~12세기에 차이가 있었다면, 정도의 차이가 있었을 뿐이다. 신학자는 철학방법을 더욱 깊고 길게 응용하는 자세를 취했다. 이채로운 사례는 베크·캔터베리의 안셀무스(Anselm of Bec and Canterbury: 1033~1109)이다.[12] 그는 신학적 신조에서는 정통교리를 철저하게 고수하면서도 신학방법론의 한계를 극복하려는 태도를 견지했다. 그는 이성이 신학영역에서 독자적으로 무엇을 성취할 수 있는지를 캐물었으며, 이성적·철학적 기준으로 신학의 근본교리를 판단해도 교리의 참과 거짓을 결정할 수 있는지를 따졌다. 그의 신학논증 가운데 가장 유명한 것은 신의 존재 증명이다. "존재론적 증명"으로 알려진 그 논증에서, 그는 성경의 권위에 의존하지 않았다.[역주 11] 그럼에도 그의 목적은 매우 건설적인 것이었다.

12) 안셀무스의 지성은 수도원 전통 안에서 형성되었다. 그는 20대 말에 프랑스 북부에 있는 베크의 수도원에서 연구했다. 그렇지만 그는 동시대의 다양한 지적 조류들을 두루 섭렵하여 12세기 학교들의 신학전통들을 형성하는 데 크게 기여한 인물이다.

그가 하나님의 존재와 속성에 대한 교리에 철학방법을 적용한 것은, 교리를 의심했기 때문이 아니라, 교리에 새로운 버팀목을 제공해서 비신자들도 믿을 수 있는 교리로 만들기 위해서였다. 얼핏 이런 시도는 과감한 구석이 별로 없는 것처럼 보일 수 있다. 그러나 실제로는 심각한 위험이 도사리고 있었다. 만일 이성이 신학의 주장을 증명할 수 있다면 이성에 의해 신학의 주장을 반박할 수도 있지 않겠는가? 이성이 '정답'에 도달할 경우에는 아무 문제도 없다. 하지만 이성을 진리의 결정권자로 추종하는 동안, 이성과 신앙이 서로 대립되는 지점을 발견한다면 우리는 무엇을 따를 것인가?13)

안셀무스의 한 세대 뒤에 피에르 아벨라르(Peter Abelard: 1079년경~1142년경)는 안셀무스가 시작한 이성주의 프로그램을 더욱 진척시켰다. 아벨라르는 명석하고 근면하고 논쟁적인 인물이었다. 그는 롱과 파리를 포함한 프랑스 북부의 여러 지역에서 학생이자 선생으로 활동했다. 그는 동시대인들이 위험시하던 신학적 입장을 여러 작품에서 옹호했으며, 그 결과 종교당국에 의해 두 차례나 고발되기도 했다. 그의 가장 유명한 작품은 《찬성이냐 반대냐》(*Sic et non*)라는 제목을 가진 것이었다. 이 책은 학생용 자료집으로 출간되었으며, 일련의 신학문제에 대한 교부들간의 엇갈린 견해를 집성했다. 이처럼 상충하는 견해를 이용해서 그는 먼저 의문을 제기하고 이를 철학적으로 해결하는 방식을 취했다. 그는 믿음이란 의심을 먼저 통과해야 도달할 수 있는 것이라고 생각했다. 신앙에 이성적 근거를 부여함으로써 신앙을 뒷받침하려는 것이 아벨라르의 의도였음은 두말할 필요도 없다. 그는 철학함의 의미를 이렇게 되새겼다. "철학한다는 것이 사도 바울에 대한 거역을 의미한다면" 자신은 철학자가 되려

13) Jasper Hopkins, *A Companion to the Study of Anselm*; G. R. Evans, *Anselm and a New Generation*; Richard W. Southern, *Saint Anselm*, 특히 pp. 123~137; Southern, *Mediaeval Humanism*, 2장 등을 참조할 것. 12세기에 수도원 신학과 "스콜라주의" 신학이 어떻게 구별되는지에 관해서는 Jean Leclercq, "The Renewal of Theology"를 참조할 것.

[그림 9.6] 파리에서 가르치는 생빅토르의 위그(Hugh of St. Victor). 옥스퍼드, 보들레이언 도서관(12세기 말).

하지 않을 것이요, "그것이 예수 그리스도로부터의 이탈을 의미한다면 아리스토텔레스를 닮으려 하지 않겠다"는 것이었다.[14] 보수적 전망을 가진 인사들이 그를 철학방법의 위험한 투사로 경원시하고 비난한 것은 당연한 일이었다. 수도원 개혁가인 클레르보의 베르나르(Bernard of Clairvaux: 1090년경~1153)가 그런 비판자였다. 아벨라르를 헌신적으로 추종하는 학생의 무리가 베르나르 같은 보수인사에게는 극심한 공포감을 심어주었음이 분명하다.

안셀무스와 아벨라르, 그리고 비슷한 정신을 가진 동시대인들의 연구에서, 우리는 신앙과 이성의 갈등이 형성되고 있음을 엿볼 수 있다. 안셀무스와 아벨라르가 제기한 문제는 제기될 수밖에 없는 것이었다. 신학의

---

14) Abelard, *Epistolae*, no. 17, in *Patrologia*, ed. J.-P. Migne, vol. 178 (Paris: J.-P. Migne, 1855), col. 375. 아벨라르의 생애와 사상을 간략하게 해설한 것으로는 David E. Luscombe, *Peter Abelard*, 그리고 Luscombe, "Peter Abelard"를 참조할 것.

영역에서 우리는 어떻게 "인식"하는가? 다른 과목(논리학, 자연철학, 법학)에서 사용되는 이성적 방법은 신학에도 적용될 수 있는가, 아니면 신학만은 다른 방법에 귀속되어야 하는가? 이성(그리스 철학)과 계시(성경에 계시된 진리) 사이의 모순은 어떻게 해결될 수 있는가? 이런 문제제기는 우려를 자극했다. 이 같은 우려는 모처럼의 지적 부활의 기운을 위태롭게 만든 것이기도 했지만, 13~14세기의 철학자와 신학자에게 공통의 숙제를 제공한 것이기도 했다. 그리스와 이슬람 세계의 거의 모든 철학·과학 원전을 망라하여 이제 막 시작된 번역사업은 혼란을 가속화했을 뿐이다. 이 주제에 관해서는 조금 뒤에 10장에서 다루기로 하겠다.

4. 12세기 학교의 자연철학

12세기 학교에서 자연철학이 중심무대를 차지한 것은 아니었지만, 지적 번영의 전반적 분위기는 자연철학에도 유리하게 작용했다. 학자들 사이에 라틴어 고전연구가 일반화되면서 자연철학의 고전도 그들의 관심사에 포함되었다. 자연철학의 라틴어 고전 중에서 널리 읽혀진 것은, 플라톤의 《티마이오스》에 대한 칼키디우스의 주석본, 마르티아누스 카펠라의 《문헌학과 머큐리의 결혼》, 마크로비우스의 《스키피오의 꿈》, 세네카의 《자연탐구》(*Naturales questiones*), 키케로의 《신들의 본성에 관하여》 등이었다. 아우구스티누스나 보에티우스나 에리우게나의 작품도 널리 읽혀졌다. 이런 원전의 대부분은 플라톤에 경도되어 있었기 때문에, 이를 읽고 분석한 학자는 당연히 플라톤의 우주론에 이끌리게 되었다. 당연히 《티마이오스》는 핵심 교과서로 부상했다. 이 작품은 당시 이용 가능한 자료 중에서는 우주론과 물리학의 문제를 가장 체계적으로 논의한 것이었을 뿐만 아니라, 플라톤 자신의 가르침이 담긴 보고(寶庫)이기도 했기 때문이다. 이 같은 중심성에 힘입어 《티마이오스》는 12세기 자연철학의 의제와 내용을 결정하기에 이르렀다. 물론 12세기 플라톤주의에게 경쟁자가 없었던 것은 아니다. 스토아 학파의 사상이 플라톤주의의 지배권 안에 일부 침투하기도 했다. 12세기 말부터는 아리스토텔레스의 물리학 작품과 형이상학 작품의 영향이 감지되기 시작하며, 결국 13세기에 이르면 플라톤 철학은 아리스토텔레스주의의 공습에 밀려 퇴조하게 된다. 그렇지만 그 사이의 일정 기간 동안, 플라톤은 분명히 지도자의 위치에 있었다.[15)]

플라톤은 다방면에 걸친 지도자였고 그의 지도력도 다양한 갈래로 발휘되었다. 무엇보다 《티마이오스》는 신성한 장인(匠人)이 우주를 조성한 과정을 해설한 작품이었다. 그렇기 때문에 가장 뚜렷하고도 긴급한 과제는 플라톤의 우주론(혹은 우주론의 한 분과인 '우주기원론')과 교부들이 수세기에 걸쳐 주석해온 《창세기》의 창조론 사이에서 조화를 일구어내는 일이었다.[역주〔12〕] 조금 다른 각도에서 보면, 이 과제는 플라톤을 위시한 고대의 저자로부터 배울 수 있는 우주론과 물리학 지식을 총동원해서, 창세기에 기록된 창조의 해설을 해명하는 일이기도 했다. 아직 과학에 기대할 수 있는 것은 하녀 역할뿐이었음을 기억할 필요가 있다.

어쨌든 12세기 내내 여러 대학자가 이 프로젝트에 헌신했다. 샤르트르의 티에리(Thierry of Chartres: 1156년 이후 죽음)가 그런 학자였다. 샤르트르와 파리에서 활동한 교사로서 국제적 명성을 누린 그는 창조의 6일에 관한 주석서를 집필했다. 여기서 그는 플라톤의 우주론을, 아리스

---

15) 12세기의 플라톤주의에 관해서는 M.-D. Chenu, *Nature, Man, and Society in the Twelfth Century*, 2장, 그리고 Tullio Gregory, "The Platonic Inheritance"를 참조할 것. 12세기 철학의 다른 측면들에 관해서는 이후 본문의 인용들을 참조할 것. 12세기의 자연철학 일반에 관해서는 Chenu의 위의 책 1장, 그리고 Dronke(ed.), *History of Twelfth-Century Western Philosophy*에 수록된 논문들, 그 중에서도 특히 1장, Winthrop Wetherbee, "Philosophy, Cosmology, and Twelfth-Century Renaissance," pp. 21~53을 참조할 것. 그밖에도 Charles Homer Haskins, *Studies in the History of Mediaeval Science*라든가, Lynn Thorndike, *A History of Magic and Experimental Science*, vol. 2, 35~50장은 오래전에 출판되었지만 여전히 유용한 참고자료들이다.

토텔레스와 스토아 학파의 자연철학도 일부 섞어가면서, 성경원문에 따라 해석했다. 무엇보다 필요한 것은 하나님의 창조활동을 창세기에 기술된 그대로 해설하는 일이었다. 티에리에 따르면 하나님이 태초의 순간에 창조하신 것은 네 원소였다. 뒤이은 모든 것은 태초의 창조행위에서 이미 새겨진 질서가 자연스럽게 전개된 결과였다. 불 원소는 창조되자마자 회전하기 시작하며(불은 너무 가벼워 한 곳에 고정될 수 없기 때문임), 동시에 대기에 빛을 뿌려서 낮과 밤이 생기도록 한다(창조의 첫째 날). 불의 창궁이 두 번째로 회전하는 동안 불은 아래쪽의 물을 가열하고, 물은 수증기로 변해 상승하여 공기 위에 자리잡는다. 이것은 성경에서 말하는 "창궁 위의 물"의 형성을 설명해준다(창조의 둘째 날). 증발로 인해 아래쪽의 물이 줄어들었기 때문에, 바다로부터 육지가 출현하게 된다(창조의 셋째 날). 이어서 창궁 위의 물이 가열되면 물로 이루어진 천체가 형성된다(창조의 넷째 날). 마지막으로 육지와 그 아래쪽의 물이 가열되면 식물, 동물, 인간이 차례로 출현하게 된다(다섯째 날과 여섯째 날).[16]

티에리의 주석을 너무 짧고 불완전하게 요약한 것이기는 하지만, 이 요약만으로도 그와 수많은 동시대인이 플라톤으로부터 영감을 받아 착수한 철학 프로그램의 본성을 드러내기에는 충분할 것이다. 오늘날 기준에서는 티에리의 우주론이 세련되지 못한 것으로 보일 수 있다. 그렇지만 중요한 것은 플라톤의 영향을 받은 그의 우주론이 하나님의 개입을 창조의 첫 순간으로 한정했다는 점이다. 그 이후로 발생하는 모든 것은 자연적 인과관계의 결과로 간주된다. 만물은 각 원소가 각자에 고유한 방식으로 운동하고 상호작용한 결과요, 창조 시에 각인된 씨앗(아우구스티누스가 스토아 학파로부터 차용한 개념을 빌리면 "맹아적 원인")이 자연스러운 전개과정을 밟은 결과로 간주되었다. 아담과 이브, 뒤이은 자손의 출현

16) Nikolaus M. Häring, "The Creation and Creator of the World according to Thierry of Chartres and Clarenbaldus of Arras"; Peter Dronke, "Thierry of Chartres"; J. M. Parent, *La doctrine de la création dans l'école de Chartres*.

조차도 하나님의 기적적 개입을 요구하지 않았다.

이 같은 자연주의는 12세기 자연철학의 가장 현저한 특징의 하나이다. 그것은 창조의 6일에 관한 다양한 주석에서만 발견되는 것이 아니다. 창세기 주석이야말로 자연철학자가 자연주의를 표방할 때 자신의 성향을 드러내기에 가장 좋은 기회를 제공한 것이었겠지만 말이다. 비교적 개설적인 자연철학 작품에서도 자연주의의 특징은 현저하게 드러난다. 이를

[그림 9.7] 우주의 건축가로서의 하나님. 비엔나, 오스트리아 국립도서관(sterreichische Nationalbibliothek, 13세기).

테면 콩쉬의 윌리엄,역주〔13〕 바스의 아델라르,역주〔14〕 오툉의 호노리우스,역주〔15〕 베르나르 실베스트르,역주〔16〕 아라스의 클라렘발역주〔17〕 같은 학자가 그런 경향을 보였다. 이들 대부분은 프랑스 북부의 여러 학교와 직간접으로 연결되어 있었으며, 우주론이나 물리학의 세부에서는 견해를 달리하기도 했지만 한결같이 새로운 자연관을 공유하고 있었다. 그들에게 자연은 자율적으로 운행하는 이성적 실체요, 외부의 간섭 없이 그 자체의 원리에 따라 진행하는 실체였다. 이렇듯 자연질서나 자연법칙에 대한 자각이 점증하는 추세에서, 자연의 인과원리에 의해 세계가 얼마나 잘 설명될 수 있는지를 가늠하려는 결정이 잇따랐다.[17)]

새로운 자연주의를 공개적으로 옹호한 인물로는 콩쉬의 윌리엄(1154년 이후 죽음)을 들 수 있다. 그는 샤르트르나 파리, 혹은 두 도시 모두에서 연구하고 가르치다가 제프리 플란타지네트 가문에 편입되어 장차 잉글랜드 국왕(헨리 2세)이 될 헨리의 개인교수로 봉사했다. 그는 플라톤의 원리와 새로 번역된 자료에 의존해서 정교한 우주론과 물리학을 전개했다. 그는 《세계에 관한 철학》에서 너무 안이하게 초자연적 인과관계에 관심을 기울이는 부류를 향해 다음과 같이 비판했다.

> 그들은 자연의 힘에 무지할 뿐만 아니라 다른 모든 이들도 그들의 무지에 동참하도록 만들기를 원한다. 그렇기 때문에 그들은 누군가가 자연의 힘을 연구하는 것을 싫어하며, 우리 모두가 농부처럼 맹목적 믿음에 충실할 뿐 사물의 자연적 원인을 캐묻지 않게 되는 것을 좋아한다. 반면에 우리는 만물의 원인이 탐구되어야 한다고 생각한다. … 그러나 그들은 누군가 원인을 탐구하는 것을 보면 그를 이단자라고 공개 비난한다.

---

17) 자연의 관념에 대해서는 Tullio Gregory, "La nouvelle idée de nature et de savoir scientifique au XIIe siècle," 그리고 *La filosofia della natura nel medioevo*에 수록된 논문들을 참조할 것.

윌리엄이 다른 대목에서 명시했듯이 그의 목적은 하나님의 개입을 부정하는 것이 아니었다. 하나님이 일상적으로는 자연의 힘을 수단 삼아 개입하신다는 것, 따라서 자연의 힘을 설명할 수 있는 한계까지 설명하려 노력하는 것이 철학자의 과제라는 것이 그의 입장이었다. 윌리엄과 비슷한 시점에 바스의 아델라르(1116~1142년 사이에 활동)도 같은 견해를 제시했다. 자연적 설명이 "한계에 봉착할" 때 비로소 우리는 "하나님께 의지하게 된다"는 것이었다. 곧이어 생빅토르의 앤드류는 성경에 기록되어 있는 사건을 어떻게 해석할 것인지를 논의하면서 다음과 같이 충고했다. 역주[18] "성서의 해설에 기록된 사건이 자연적 설명을 허용하지 않을 때에만 기적에 의존해야 한다"는 것이었다.[18]

이런 입장은 설득력을 가진 것으로 보일 수 있지만, 사실 매우 위험한 것이기도 했다. 과연 12세기 자연철학자가 자연적 원인에만 천착할 수 있었을까? 자연적 원인을 연구하는 과정에서, 기적에 대한 노골적 부정으로, 기독교인 학자로서는 결코 용납할 수 없는 결론으로 귀결될 가능성은 없었던가? 그런 입장은 신앙과 불신앙 사이의 힘겨운 줄타기를 요구하는 것인데, 과연 이런 균형감각이 유지될 수 있었을까? 콩쉬의 윌리엄은 이처럼 어려운 문제를 정면으로 다루었다. 하나님의 권능에 의지해

18) 콩쉬의 윌리엄에 관해서는 Tullio Gregory, *Anima mundi: La filosofia di Guglielmo di Conches e la scuola di Chartres*; Dorothy Elford, "William of Conches"; Thorndike, *History of Magic*, vol. 2, 37장 등을 참조할 것. 바스의 아델라르에 관해서는 Charles Burnett (ed.), *Adelard of Bath*를 참조할 것. 본문에 인용된 구절은, William of Conches, *Philosophia mundi*, ed. Gregor Maurach (Pretoria: University of South Africa, 1974), I. 22, pp. 32~33 (번역은 약간의 수정을 가했음); Adelard of Bath, *Quaestiones naturales*, ed. M. Müller (*Beiträge zur Geschichte der Philosophie des Mittelalters*, vol. 31, pt. 2) (Münster: Aschendorff, 1934), p. 8 (William J. Courtenay, "Nature and the Natural in Twelfth-Century Thought", p. 10에서 재인용); 그리고 Beryl Smalley, *The Study of the Bible in the Middle Ages*, p. 144. Chenu, *Nature, Man and Society*, 그리고 Courtenay의 앞의 논문은 이 문제에 대해 유용한 요약과 분석을 제공한다.

서만 어떤 행위를 수행할 수 있다는 말은, 하나님이 그 행위를 직접 수행하신다는 주장과는 전혀 다르다는 것이었다. 하나님께서는 모든 일을 행할 수 있지만 그 모든 일을 직접 행하지는 않는다는 것이었다. 윌리엄은 자신의 철학적 입장, 나아가 동료 '자연주의자들'의 입장이 하나님의 권능과 위엄을 손상하지 않는다는 주장을 덧붙였다. 진행되는 모든 일은 결국 하나님께 그 기원을 두기 때문이었다. "나는 하나님으로부터 아무것도 축내지 않는다. 악을 제외하고 세상에 존재하는 모든 것은 하나님이 만드셨기 때문이다. 하지만 하나님은 자연의 작용을 통해 많은 것을 만드셨으니 실로 자연은 하나님께서 역사하는 도구이다." 그렇기 때문에 물리세계를 연구함으로써, 우리는 "하나님의 권능과 지혜와 선하심"을 이해할 수 있게 된다는 것이다.[19] 이차적 원인(자연원인)의 연구는 일차적 원인(하나님)의 존재와 위엄을 부정하기는커녕 오히려 긍정하는 것이었다.

그밖에도 다양한 형태로 개발된 철학적 논증은 첨예한 긴장의 완화에 도움을 주었다. 자연의 규칙성과 기적의 예외성 간의 모순을 해결하려는 논증은 좋은 실례이다. 이 논증에 의하면, 기적은 규칙적 자연법칙의 실질적 중단을 뜻하지만 그 같은 중단은 이미 태초에 하나님이 설계해서 우주구조 내에 장착해둔 것으로 해석된다. 기적도 넓은 의미에서는 자연적인 것이라는 해석이었다. 하나님의 전지전능과 완전한 자유를 침해하지 않으면서 불변의 자연질서를 언급하는 논증도 있었다. (a) 하나님은 스스로 원하는 대로 우주 삼라만상을 창조할 만큼 무제한의 자유를 누리지만, (b) 세계를 창조하겠다고 마음먹고 창조활동을 모두 끝낸 후로는 더 이상 자신의 피조물에 간섭하지 않겠다고 결정했다는 것이다. (b) 처럼 창조활동과 창조된 세계를 구분하는 것은, 13세기와 14세기를 거치면서 그 주제에 관한 사고의 발전에 결정적 영향을 미쳤다.[20]

---

19) Tullio Gregory, "The Platonic Inheritance," pp. 65, 67로부터 재인용. Adelard of Bath, *Quaestiones naturales*, 4, p. 8 (Courtenay, "Nature and the Natural," p. 10) 에서도 비슷한 언급이 등장한다.

이런 추세는 신학이 과학영역을 과도하게 침범한 사례로 보일지도 모르겠다. 그러나 12세기를 진정으로 이해하려면, 동시대인의 눈에는 그 추세가 정반대로 보였을 것이라는 점을 깨달아야 한다. 당시에는 철학이 신학영역에 위험수위까지 침투했다는 평가가 더욱 일반적이었을 것이다. 진정 낯설고도 위협적인 국면은 철학이 편히 지켜온 아성에 신학이 도전했다는 것이 아니라, 신학이 도전 없이 통치해온 영역에서 철학이 힘을 과시하기 시작했다는 것이다. 12세기에 자연주의를 비판한 부류에게는, 이제 철학이 하녀의 본분을 망각하고 제멋대로 설쳐대는 듯이 보였을 것이다.

12세기 자연철학은 몇 가지 특징을 더 가지고 있었다. 이를 간단히 요약해보기로 하겠다. 《티마이오스》를 위시한 여러 문헌은 자연질서가 불변이라는 관념을 고취했을 뿐만 아니라 인간도 자연질서의 일부라고 간주했다. 자연을 지배하는 법칙과 원리는 인간도 지배한다는 것이었다. 이런 근거에서, 인간 자연본성(*human nature*)에 대한 연구는 거대하고 총체적인 우주에 대한 연구의 연장선상에 있는 것으로 간주되었다. 이런 관점은 대우주-소우주 유비에 의해 한층 뚜렷하게 부각되었다. 인간은 우주의 일부일 뿐 아니라, 소우주라는 말 그대로 우주의 축소판이었다. 우주와 개개인은 구조적 · 기능적 유사성으로 연결되며, 이 유사성은 양자를 유기적 통일체로 엮어줄 터였다. 대우주가 네 원소로 구성되고 세계영혼으로부터 생기를 부여받듯이, 네 원소로 빚어진 육체에 영혼이 결합된 유기체가 인간일 것이었다(세계영혼의 본성이 무엇이냐는 문제는 12세기에 큰 논쟁을 야기했다).

이렇듯 인간이 자연질서의 일부라는 관점에서, 12세기 학자들은 점차 "자연인"(*natural man*: 하나님의 은총 없이 독립적으로 존재하는 인간)과 그 존재의 능력에 대해 관심을 키워갔다. 역사가들이 때로 12세기의 "인문

---

20) William J. Courtenay, *Covenant and Causality in Mediaeval Thought*, 3장과 4장에 각각 수록된 "Nature and the Natural in Twelfth-Century Thought"와 "The Dialectic of Divine Omnipotence"를 참조할 것.

주의"를 언급하는 이유는 바로 여기에 있다. 비슷한 맥락에서 인간이성의 가치를 인정하는 강력한 사조가 출현했다. 이성은 자연질서의 일부로 자연의 리듬과 조화에 쉽게 감응한다는 점에서, 우주연구에 특별히 적합한 도구로 간주되었다.21)

대우주-소우주 유비는 점성술과 밀접한 관련을 가진 것이었다. 점성술은 중세 초에는 줄곧 비난의 대상이었다. 교부들의 영향이 컸다. 아우구스티누스는 점성술을 우상숭배의 한 형식으로 비판했다. 점성술은 행성에 거주하는 신에 대한 전통적 숭배와 연결된 것이요, 숙명론으로 흘러 인간의 자유의지를 부정한다는 것이 그 이유였다. 그렇지만 플라톤주의의 강력한 영향력, 그리고 여기에 라틴어로 번역 소개된 이슬람 천문학 및 점성술의 영향력이 가세하면서, 12세기 동안 점성술은 예전의 위상을 거의 회복했다. 《티마이오스》의 조물주는 행성들(천체의 신들)을 먼저 창조하고 그 각각에게 지상의 모든 생명형식을 낳도록 책임을 위임한다. 이 함축적 해설은 우주의 통일성이라는 관념, 즉 대우주-소우주 유비와 짝을 이루어 점성술에 대한 관심과 믿음의 부활을 가져왔다. 여기에는 (사계의 변화나 바닷물의 간만처럼) 하늘의 현상을 땅의 현상에 짝짓는 오랜 전통이 합류했으며, 새로 번역된 아랍 점성술 문헌도 덧붙여졌다. 점성술의 이론과 실제를 상세하게 분석하는 것은 조금 뒤 11장으로 미루겠다. 지금 논의의 맥락에서 중요한 것은 12세기 점성술이 초자연적인 것과 거의 무관했다는 사실이다. 오히려 점성술은 12세기의 '자연주의자들' 사이에서 만개했다. 그것은 하늘과 땅을 연결하는 '자연의' 힘을 면밀히 살피는 연구로 이해되었기 때문이다.22) 역주〔19〕

---

21) 12세기의 "인문주의"에 관해서는 Morris, *Discovery of the Individual*, 그리고 Southern, *Mediaeval Humanism*, 4장을 참조할 것. 이 견해에 중요한 유보를 가한 논문, Caroline Walker Bynum, "Did the Twelfth Century Discover the Individual?"도 참조할 것.

22) 중세 점성술의 역사를 가장 훌륭하게 개관한 것은 Olaf Pedersen, "Astrology", *Dictionary of the Middle Ages*, vol. 1, pp. 604~610에서 찾을 수 있다. 더 상세한 논의와 풍부한 참고문헌은 이 책 11장의 마지막 절을 참조할 것.

마지막으로 검토할 것은 플라톤 철학의 수학적 경향이다. 이 수학적 경향은 우리가 기대하는 수준만큼 12세기의 사고에 영향을 미쳤을까? 일단 '그렇다'는 대답이 가능하지만, 그 영향의 내용은 오늘날 독자에게는 낯선 것으로 보일 수 있다. 수학이 12세기 초반에 사용된 것은 자연법칙을 계량화하거나 자연현상을 기하학적으로 표현하기 위해서가 아니라, 오늘날 우리가 형이상학이나 신학에 속한다고 생각하는 문제에 답하기 위해서였다. 이것은 매우 난해한 주제이다. 따라서 논의를 깊숙이 진척시키기보다는 한 사례를 통해 수학이 이용된 방식을 어림잡는 편이 나을 것 같다. 12세기 학자들은 보에티우스를 따라, 하나님의 단수성과 피조물의 복수성 간의 관계를 이해함에 가장 적합한 수단이 수이론(특히 정수 1이 나머지 숫자들과 갖는 관계)이라고 생각했다. 샤르트르의 티에리가 "수의 창조는 곧 사물들의 창조"라고 말하면서 염두에 두었던 것은 바로 그 단수성과 복수성의 관계였다. 물론 수학은 12세기 동안 기본공리로부터 연역하는(*axiomatic*) 증명방법의 모델이 되기도 했다. 그러나 수학이 과학에 널리 응용될 수 있다는 새로운 관점은 12세기 후반에 그리스와 아랍 세계의 수학적 과학이 번역 수용된 후에야 정립될 수 있었다.[23)]

5. 번역운동

학문의 부흥은 전승된 라틴어 원전을 두루 섭렵하고 활용하려는 시도에서 출발했다. 그렇지만 12세기가 끝나기 전에, 새로운 사상을 담은 새

---

23) 12세기 수학에 관해서는 Charles Burnett, "Scientific Speculations"; Gillian R. Evans, *Old Arts and New Theology*, pp. 119~136; Evans, "The Influence of Quadrivium Studies in the Eleventh- and Twelfth-Century Schools"; Guy Beaujouan, "The Transformation of the Quadrivium"을 참조할 것. 인용문은 Häring, "The Creation and Creator of the World according to Thierry of Chartres", p. 196을 참조했음.

로운 책의 유입으로 부흥의 양상이 바뀌었다. 그리스어 원전과 아랍어 원전이 번역 유입되었던 것이다. 이 새로운 자료는 처음에는 실개천처럼 유입되었지만 시간이 지날수록 불어나 결국 홍수처럼 밀려들었으며 결국 서유럽 지성계를 뿌리째 변모시켰다. 이전의 서유럽이 지적 유산의 망실을 막으려고 무진 애를 썼다면, 이후의 서유럽은 새로운 사상의 홍수를 자기 것으로 소화해야 한다는 전혀 다른 문제로 씨름하게 되었다.[24)]

물론 동·서가 철저하게 분리된 적은 없었다. 여행자와 상인이 끊임없이 왕래했으며 경계지역에는 두 언어(혹은 여러 언어)에 능통한 많은 주민이 포진해 있었다. 비잔틴 궁정, 이슬람 궁정, 라틴 궁정 사이에는 외교적 접촉도 있었다. 때 이른 사례로, 프랑크푸르트에 있던 오토 대제의 궁정과 코르도바에 있던 압드 알라만의 궁정은 950년경부터 대사급 교류를 개시했는데, 양측 대사는 모두 학자였다.[역주(20)] 또다른 유형의 접촉도 있었다. 오리악의 제르베르가 960년대에 아랍의 수학적 과학을 연구하기 위해 에스파냐 북부를 순례한 사례가 그러하다. 이 같은 일련의 사건들은 개별적으로는 큰 중요성이 없는 것처럼 보일 수 있다. 그러나 그 모든 사건들이 결합해서, 이슬람 세계와 (이보다는 덜하지만) 비잔틴 세계는 지적 위업으로 넘치는 보물창고라는 이미지를 유럽인의 정신에 새겨주었다. 라틴 기독교 세계의 지식체계를 확장하려면 지적으로 우월한 그 두 문화와 교류하는 것이 최선이라는 생각이 서유럽 학자들 사이에서 뚜렷하게 부각되었다.

번역의 신호탄은 10세기 말 에스파냐에서 울려퍼졌다. 수학과 천문관측의를 다룬 아랍어 논고들이 번역되기 시작했다. 한 세기 뒤에는 '콘스

---

24) 번역활동 전반에 대한 개설적 논의는 David C. Lindberg, "The Transmission of Greek and Arabic Learning to the West"; Marie-Thérèse d'Alverny, "Translations of Oriental Scientific Works"; Charles S. F. Burnett, "Translations and Translators, Western European", *Dictionary of the Middle Ages*, vol. 12, p. 136~142; Jean Jolivét, "The Arabic Inheritance"; Haskins, *Studies in the History of Mediaeval Science*, passim.

탄티누스'라는 이름을 가진 인물이 등장했다. 그는 북아프리카 출신으로 이탈리아 남부의 몬테카시노 수도원에 입문하여 베네딕투스 교단의 수도사가 되었으며, 아랍어 의학논고를 라틴어로 번역하기 시작했다. 역주[21] 여기에는 갈레노스와 히포크라테스의 작품이 포함되어 있었다. 그의 번역은 서유럽이 이후 수세기 동안 의존한 의학자료의 토대를 제공했다.[25]

초기 번역물은 유럽인의 식욕을 가일층 자극했다. 12세기 초반부터 번역은 주요 학문활동이 되었다. 에스파냐는 번역활동의 중심지로 부각되었다. 이에 비해 십자군 원정에서 비롯된 중동지역과의 접촉은 번역활동에 미미한 영향을 미쳤을 뿐이다. 역주[22] 에스파냐는 뛰어난 아랍 문화를 보유한 지역이라는 이점이 있었다. 그곳에는 아랍어 서적이 넘쳤으며, 모사라베(*Mozarab*)라 불린 기독교인도 널리 분포되어 있었다. 모사라베들로 구성된 기독교 공동체는 과거 무슬림 통치시절에도 기독교 신앙이 허용되었던 집단으로, 이제는 기독교 문화와 이슬람 문화의 조화에 기여하고 있었다. 더욱이 기독교 세계는 에스파냐 탈환과정에서, 아랍 문화의 중심지들과 아랍 서적으로 가득 찬 도서관들을 수중에 넣을 수 있었다. 아랍 문화의 가장 중요한 중심지인 톨레도는 1085년에 탈환되었으며, 톨레도 도서관의 풍부한 소장자료는 12세기부터 널리 이용될 수 있었다. 그곳 주교들의 관대한 후원도 이 같은 추세의 진전에 기여했다.

번역자 중에는 어린 시절부터 아랍어를 배운 에스파냐 토착민이 있었다. 모사라베였을 것으로 추정되는 세비야의 후앙(John of Seville: 1133~1142년에 활동)은 여러 편의 점성술 논고를 번역했다. 산타야의 위그(Hugh of Santalla: 1145년경에 활동)는 에스파냐 서북부 출신으로 점성술 및 점술 원전들을 번역했다. 역주[23] 토착민으로 가장 유능한 번역자는 갈레노스의 여러 원전을 번역한 톨레도의 마르쿠스(Mark of Toledo: 1191~1261년에 활동)였다. 외국 출신으로 에스파냐에서 활동한 번역자

25) Michael McVaugh, "Constantine the African", *Dictionary of Scientific Biography*, vol. 3, pp. 393~395.

도 있었다. 체스터의 로버트(Robert of Chester: 1141~1150년에 활동)는 웨일즈 출신이었고, 달마티아인(人) 헤르만(Hermann the Dalmatian: 1138~1143년에 활동)은 슬라브인이었으며, 티볼리의 플라토(Plato of Tivoli: 1132~1146년에 활동)는 이탈리아인이었다. 이들은 아랍어를 모른 채 에스파냐로 왔지만, 정착 이후에 아랍어에 능통한 선생을 만나 번역을 시작한 것으로 추정된다. 드문 경우이기는 하지만, 이들은 두 언어에 능통한 토착민(아랍어와 자국어에 능통한 모사라베나 유대인)과의 협동작업으로 번역을 수행하기도 했다.

아랍어의 라틴어 번역자 가운데 가장 위대한 인물이 크레모나의 제라르도(Gerard of Cremona: 1114년경~1187)임은 의문의 여지가 없다.[26] 이탈리아 북부 출신인 제라르도는 1130년대 말이나 1140년대 초에 에스파냐에 도착했다. 다른 곳에서 구하지 못한 프톨레마이오스의《알마게스트》를 얻기 위해서였다. 마침내 그는 톨레도에서 그 책의 아랍어 사본을 발견했고 라틴어로 번역했다. 그는 그밖에도 여러 주제를 다룬 다양한 원전을 발굴해서, 그 가운데 다수를 35년 내지 40년에 걸쳐[27] 번역했다(조수 집단의 도움도 받았을 것이다). 번역성과는 실로 경이롭다. 천문학관련 번역은《알마게스트》를 포함해서 10종을 상회하며, 수학 및 광학에 관한 번역은 유클리드의《기하학원론》과 알크와리즈미[역주〔24〕]의《대수학》을 포함해서 17종에 달한다. 논리학과 자연철학 분야에서는 14종의 작품이 번역되었다.《물리학》,《천체에 관하여》,《기상학》,《발생과 부패에 관하여》등 아리스토텔레스의 원전이 여기에 포함된다. 의학분야에서는 24종의 작품이 번역되었다. 그 가운데는 아비케나

26) Richard Lemay, "Gerard of Cremona," *Dictionary of Scientific Biography*, vol. 15, pp. 173~192. 제라르도의 번역목록은 Edward Grant, ed., *A Source Book in Mediaeval Science*, pp. 35~38에 Michael McVaugh가 번역 수록한 문건을 참조할 것.

27) 번역기간에 대해서는 35년과 40년으로 계산이 엇갈리고 있다. 이 두 견해는 Lemay, "Gerard of Cremona", pp. 174~175, 그리고 d'Alverny, "Translations and Translators," pp. 453~454를 각각 참조할 것.

(이븐 시나) 의 《의학대전》(*Canon of Medicine*) 과 갈레노스의 논고 9편이 포함된다. 전부 합치면 70 내지 80종의 작품이 번역된 셈이었다. 그 방대함에도 불구하고 모든 번역은 자구 하나에 대해서까지 신중하게 추진되었다. 번역자 제라르도는 관련주제에서만이 아니라 관련언어에서도 훌륭한 자질을 갖춘 인물이었음이 분명하다.

그리스 원전의 라틴어 번역은 한 번도 중단되지 않은 사업이었다. 6세기의 보에티우스, 9세기의 에리우게나를 떠올리면 쉽게 알 수 있는 일이다. 그렇지만 그리스 원전의 번역이 극적으로 가속화된 것은 12세기였다. 이탈리아, 특히 시칠리아 섬을 위시한 이탈리아 남부가 그 중심지로 부상했다. 이곳에는 그리스어를 사용하는 공동체와 그리스어 서적을 소장한 도서관이 널리 분포되어 있었다. 뿐만 아니라 이탈리아는 비잔틴제국과 계속 교류해온 점에서도 유리한 조건을 갖춘 지역이었다. 초기 번역자 중 가장 중요한 인물은 베네치아의 지아코모(1136~1148년에 활동) 이다. 그는 비잔틴제국 철학자들과 교류한 법학자로서 아리스토텔레스의 여러 작품을 번역했다. 역주〔25〕 12세기 중반에는 수학과 수학적 과학에 필수적인 그리스어 원전이 번역되었다. 프톨레마이오스의 《알마게스트》, 유클리드의 《기하학원론》, 《광학》과 《반사광학》 등이 여기에 포함된다. 《알마게스트》의 경우, 그리스어로부터의 번역이 먼저인지 아랍어로부터의 번역이 먼저인지는 확인할 길이 없다.

그리스어 원전의 라틴어 번역작업은 13세기에도 계속되었다. 이 시기의 가장 주목할 만한 번역자는 뫼르베케의 기욤이었다. 역주〔26〕 기욤은 아리스토텔레스 전집의 믿을 만한 완성판을 위해 심혈을 기울였다. 이것은 기존 번역본을 최선을 다해 수정하되, 필요하면 그리스어 원전을 새로 번역하는 작업이었다. 더 나아가 그는 아리스토텔레스 주석서 중에서 중요한 몇 편, 신플라톤주의 계열의 다양한 논고, 그리고 아르키메데스의 수학도 번역했다.[28]

---

28) Lorenzo Minio-Paluello, "Moerbeke, William of," *Dictionary of Scientific*

끝으로 번역의 동기는 무엇이고 번역대상은 어떻게 선정되었는지를 간단히 살펴보기로 하자. 번역은 넓은 의미에서 효용을 추구했음이 분명하다. 10세기와 11세기에 번역활동을 주도한 것은 의학과 천문학이었지만, 12세기 초에는 초점이 점성술로 옮겨갔던 것 같다. 천문학과 점성술의 성공적 실천에 필요한 수학논고도 함께 번역되었다. 의학과 점성술은 모두 견실한 철학을 토대로 갖춘 학문이었기에, 그 철학적 토대를 재발견하고 평가하는 작업이 전개되었다. 이런 작업의 일환으로 주목을 받은 것은 아리스토텔레스와 (아비케나와 아베로이즈 같은 무슬림 주석가를 포함한) 아리스토텔레스 주석가들이었다. 이들의 물리학과 형이상학 작품에 대한 관심은 12세기 초에 촉발되어 13세기 내내 지속되었다. 마침내 아리스토텔레스의 작품은 전체적 윤곽을 드러내게 되었으며, 이때부터 아리스토텔레스 철학체계는 당시 학교에서 논의된 갖가지 학문적 쟁점에 폭넓게 적용되기 시작했다.[29]

12세기 말에 이르면 라틴 기독교 세계는 그리스와 이슬람 세계가 철학과 과학에서 이룬 업적의 중요한 부분을 거의 모두 회복했다. 13세기에는 나머지 작은 틈새마저 채워질 것이었다. 이렇게 번역된 서적은 빠른 속도로 교육 중심지에 유포되어 교육혁명에 기여했다. 새로 번역된 자료가 갈등을 고조시킨 측면에 대해서는 다음 장에서 검토하기로 하겠다.

6. 대학의 탄생

1100년경에만 해도 전형적인 도시학교는 규모가 매우 작았다. 선생 혼자서 10명에서 20명의 학생을 가르치는 정도였다. 그러나 1200년경에

Biography, vol. 9, pp. 434~440.

29) 아리스토텔레스의 부활과 관련하여 점성술이 중요한 동기를 제공했다는 주장은 Richard Lemay, *Abu Ma'shar and Latin Aristotelianism in the Twelfth Century*를 참조할 것.

이르면 학교는 수효와 규모 면에서 극적으로 성장해 있었다. 정확한 수치는 아니지만 파리, 볼로냐, 옥스퍼드 같은 교육 중심지에서는 학생수가 수백을 상회했음이 분명하다. 1190년부터 1209년 사이에 옥스퍼드에서 가르친 선생이 70명을 넘었다는 사실은 학생수의 폭발적 증가를 간접적으로나마 증명한다.[30] 가히 교육혁명이라 부를 만한 것이 진행되고 있었다. 부의 전반적 증가, 교육받은 인력의 취업기회 확대, 피에르 아벨라르 같은 유능한 선생이 야기한 지적 흥분은 교육혁명의 원동력으로 작용했다. 이 과정에서 태어난 것이 유럽의 대학이었다. 이 새로운 교육기관은 자연과학의 발전에 중요한 역할을 수행한 만큼, 그것의 출현과 발전을 간단하게나마 살펴볼 필요가 있을 것 같다.

문헌증거가 부족해서 대학의 출현과정을 단계별로 꼼꼼하게 추적하는 것은 불가능하다. 그렇지만 초등교육 수준에서 교육기회의 폭발적 팽창은 대학의 발생을 자극했음이 분명하다. 라틴어 문법, 찬송기법(*art of chanting*), 기초산수 등을 배우는 것이 고작이었던 초등교육 과정은 지적 야망에 불타는 부류에게 더 높은 수준의 연구를 요구하도록 자극했던 것이다. 볼로냐, 파리, 옥스퍼드 같은 일부 도시는 오래전부터 교양학문 분과나 의학이나 신학이나 법학에서 높은 수준의 연구로 명성을 누렸으며, 수많은 선생과 학생이 그곳으로 운집했다. 선생의 경우에는 기존 학교의 후원을 받아 개업하거나 독립적인 프리랜스 선생으로 활동했다(프리랜스 선생은 오늘날 음악선생이나 무용선생처럼 스스로 학생을 모집해서 수업료를 받고 개인별로 혹은 그룹별로 지도했다). 교육은 선생이 마련한 장소에서 이루어지는 것이 일반적이었다.

수적 팽창은 조직화의 필요성을 자극했다. 선생과 학생 중 다수가 거주도시의 시민권을 갖지 못한 이방인이었기 때문에 권리나 특권이나 법적 보호를 위해서는 물론, 교육사업 전반을 통제한다든지, 학생 상호간이나 선생 상호간의 복지를 증진하기 위해서도 조직화는 필요했다. 다행

30) M. B. Hackett, "The University as a Corporate Body," p. 37.

히 조직화 모델은 쉽게 찾을 수 있었다. 비슷한 시기에 상공업 분야에서 발전하고 있었던 길드 구조가 모델을 제공했다. 선생은 선생끼리, 학생은 학생끼리 자발적 결사의 형식으로 길드를 조직했다. '대학'(*universitas*)이라 불린 것은 바로 그런 길드였다. 이 점에서 '대학'이라는 용어는 처음 만들어질 때에는 교육이나 학문과는 아무 상관이 없는 용어였다. 그것은 공동목표를 추구하는 자들의 결사를 지시하는 용어에 지나지 않았다. '대학'은 그 부지나 건물, 심지어는 설립인가와도 아무 관련이 없었다. '대학'이 '선생'(*masters*)이라 불린 교수의 결사 내지 조합, 혹은 학생의 결사나 조합일 뿐이었다는 사실은 꼭 기억할 필요가 있다. 또한 '대학'은 출범 당시에는 부동산이 없었기 때문에 쉽게 옮겨다닐 수 있었다. 초기의 대학은 다른 도시로 옮기겠다고 위협하여 지방 행정당국으로부터 각종 이권을 따내기도 했다.

초기의 대학은 새로 설립되기보다 기존 학교로부터 점진적으로 성장했기 때문에 그 정확한 설립연대를 부여하는 것은 불가능하다. 설립인가는 이미 설립된 후에 주어지는 것이 보통이었다. 하지만 관례대로 말한다면, 볼로냐의 교수조합은 1150년경, 파리의 교수조합은 1200년경, 옥스퍼드 교수조합은 1220년경에 대학의 조건을 갖춘 것으로 보인다. 이후에 설립된 대학은 대체로 위의 세 대학 가운데 하나를 모델로 삼았다.[31]

---

31) 대학사를 전체적으로 잘 소개한 연구는 John W. Baldwin, *The Scholastic Culture of the Middle Ages*; Astrik L. Gabriel, "Universities," *Dictionary of the Middle Ages*, vol. 12, pp. 282~300; Alan B. Cobban, *The Mediaeval Universities: Their Development and Organization* 등이 있다. Charles H. Haskins, *The Rise of Universities*, 그리고 Hastings Rashdall, *The Universities of Europe in the Middle Ages*, ed. F. M. Powicke and A. B. Emden(3 vols.)은 오래전에 출판되었지만 여전히 유용한 고전들이다. 영국의 대학들을 다룬 최근의 뛰어난 연구로는 Catto, *History of the University of Oxford*, vol. 1; William J. Courtenay, *Schools and Scholars in Fourteenth Century England*; Allan B. Cobban, *The Mediaeval English Universities: Oxford and Cambridge to c. 1500* 등이 있다. 파리에 관해서는 Stephen C. Ferruolo, *The Origins of the University: The Schools of Paris and Their Critics, 1100~1215*를

대학은 자치를 지향하고 교육사업의 독점통제를 추구했다. 대학은 외부의 간섭에서 점진적으로 벗어나 다양한 학위과정을 개설하고 독자적 권리를 행사하게 되었다. 기준과 절차의 정립, 교육과정의 확립, 수업료 결정, 학위수여, 학생 및 교수선발 등 여러 방면으로 대학은 권리를 확보해나갔다. 그럴 수 있었던 것은 교황이나 황제나 국왕으로부터 높은 수준의 후원이 있었기 때문이다. 후원자들은 대학에 보호막을 제공하고 특권을 보장했을 뿐만 아니라, 지방 수준의 재판이나 과세로부터 면책되도

[지도 6] 중세의 대학들.

참조할 것.

록 조치했으며, 대학이 크고 작은 권력투쟁에서 승리하도록 도왔다. 대학은 중요기관으로 극진한 대우를 받았던 셈이다. 그런 만큼 대학은 신중하게 육성되고 사려 깊게 규제되어야 할 기관이기도 했다. 그 육성은 얼마나 효과적이었던가? 규제는 얼마나 드물게, 그리고 관대하게 이루어졌던가? 이 흥미로운 문제와 관련해서, 교회의 결정적 간섭을 예시하는 몇 가지 에피소드가 조금 뒤에 소개될 것이다. 그렇지만 대부분의 경우에 대학은 외부의 간섭을 받지 않으면서도 후원과 보호를 확보했다. 이것은 놀랍고도 드문 위업이라 아니할 수 없다.[32)]

대학의 규모가 커지면서 내부의 조직화도 요구되었다. 조직화는 다양한 방식으로 전개되었지만, 대표사례는 알프스 이북의 최고 명문인 파리대학에서 찾을 수 있다. 당시 파리에는 네 개의 길드, 즉 학부(*faculty*)가 있었다. 재학생을 담당하는 교양학부(넷 중에서 가장 큰 규모)가 있었으며, 졸업생을 담당하는 세 개의 전문학부(법학부, 의학부, 신학부)가 있었다. 교양학문 분과는 전문학부를 위한 기초로 간주되었기 때문에 교양학부 교육과정의 수료자에게 전문학부 입학이 허용되는 것이 일반적 관행이었다. 그러나 대학을 실질적으로 장악한 것은 전문학부의 교수보다 수적으로 많은 교양학부 교수단이었다.

대학 입학연령은 14세 정도였다. 그 이전에 그래머스쿨에서 라틴어를 배운 자에게만 입학이 허용되었다.[역주〔27〕] 알프스 이북에서는 일반적으로 대학입학과 동시에 성직자 신분이 주어졌다. 이것은 대학생이 사제나 수도사가 된다는 뜻이 아니라, 대학에 입학하면 교회의 권위와 보호를 받으며 성직자로서의 특권도 함께 누리게 된다는 뜻이다. 학생은 특정 교수 밑에 등록되었다(길드의 장인-도제 모델을 기억하면 될 것이다). 지도교수의 강의를 3년 내지 4년 동안 수강한 학생은 학사(*bachelor*: 총각이라는 뜻) 학위시험에 응시할 수 있었으며, 이 시험을 통과하면 교양학문

---

32) 후원과 특권에 관해서는 Pearl Kibre, *Scholarly Privileges in the Middle Ages*, 그리고 Guy Fitch Lytle, "Patronage Patterns and Oxford Colleges, c. 1300~c. 1530"을 참조할 것.

의 학사(*bachelor of arts*) 자격을 취득했다. 학사는 길드 조직의 직인에 해당하며, 연구를 계속하는 과정에서 교수의 지도감독하에 제한적으로나마 강의를 담당할 수 있었다. 오늘날의 강의조교(*teaching assistant*)를 연상하면 될 것이다. 필요한 모든 과목을 이수한 학사는 21세 정도가 되는 것이 보통이었다. 학사는 교양학문의 석사학위 시험에 응시할 수 있었다. 역주[28] 이 시험에 통과한 자는 교양학부 교수단의 일원으로 승격하여 교양교육 과정에서 어떠한 과목이든 가르칠 권리를 취득할 수 있었다.

당시의 대학은 그리스나 로마, 혹은 중세 초 학교에 비하면 대단히 큰 규모였지만, 오늘날 미국의 대형 주립대학에는 크게 미치지 못하는 규모였다. 상당한 편차가 있기는 했어도, 중세의 전형적 대학은 규모 면에서 오늘날 미국의 작은 칼리지 수준으로 대략 200명에서 800명 사이의 학생 수를 유지했다. 주요대학에는 이보다 많은 학생이 있었다. 옥스퍼드대학은 14세기에 1,000명에서 1,500명의 학생을 유지했고, 볼로냐대학은 이보다 약간 작은 규모였으며, 파리대학은 절정기에 2,500명 내지 2,700명 정도였을 것으로 추정된다.[33] 이런 추정치로부터 알 수 있듯이 대학교육을 받은 인구수는 유럽 전 인구의 극히 작은 일부에 지나지 않았다. 그러나 세월이 흐르면서 누적된 영향력은 무시할 수 없는 것이었다. 독일 지역을 예로 들자면, 1377년에서 1520년 사이에 독일 내 대학이 배출한 학사는 20만 명을 상회했다. 이들이 독일 문화의 형성을 주도했다는 것은 의문의 여지가 없다.[34]

학생 대부분이 학위를 취득하고 대학생활을 마감했으리라는 가정은 잘못된 것이다. 오히려 대다수는 일이 년 뒤에 대학을 떠났다. 단기간에 필요한 만큼 충분한 교육을 받은 학생도 있었을 것이고, 돈이 바닥난 학생도 있었을 것이며, 학문활동이 적성에 맞지 않음을 뒤늦게 깨달은 학

33) 이 추정치들은 나의 동료 윌리엄 커트니(William J. Courtenay)로부터 얻은 것이다.

34) 이 데이터들은 James H. Overfield, "University Studies and the Clergy in Pre-Reformation Germany," pp. 277~286을 참조할 것.

[그림 9.8] 옥스퍼드, 머튼 칼리지(Merton College)의 몹 쿼드(Mob Quad). 14세기의 것으로 옥스퍼드대학의 사각건물(*quadrangle*) 중에서는 가장 완전하고 오래된 건물이다.

생도 있었을 것이다. 학업을 끝내기 전에 죽은 학생도 많았다(중세의 높은 사망률을 기억하기로 하자).[35] 석사학위 취득자는 2년 정도의 강의를 요청받는 것이 보통이었다. 당시 교양학부는 만성화된 선생 부족에 시달리고 있었기 때문이다. 그는 강사생활과 함께 세 전문학부 중 하나의 학위과정에 착수할 수 있었다. 전문학부 학위는 한층 고액의 일자리를 약속해주었다. 실제로 교양학문의 석사 중에서 교양학부에서 계속 가르치면서 출세하는 자는 거의 없었다. 의학연구 프로그램은 석사과정이나 박사과정으로 운영되었지만 두 과정 사이에 차이는 없었다. 또한 교양학문의 석사를 받은 이후에도 5~6년 더 노력해야 의학학위를 취득할 수 있었다. 법학에서는 7~8년 정도가 더 요구되었다. 신학을 위해서는 8~16년을 더 연구해야 했다. 참으로 긴 세월의 인내를 요구하는 프로그램이었다. 그래서인지 전문학부 중 하나의 석사학위 취득자는 극소수의 학문

35) 학생의 사망률에 관한 데이터는 Guy Fitch Lytle, "The Careers of Oxford Students in the Later Middle Ages," p. 221을 참조할 것.

엘리트층에 속할 수 있었다.

마침내 교육과정을 다룰 차례가 되었다. 교육과정은 변화를 거듭했지만 중세 전체에 대한 일반화가 불가능할 정도는 아니다.[36] 첫째, 일곱 교양학문 분과만으로는 학교의 사명과 본성을 결정하기에 적절한 틀을 더 이상 제공할 수 없다는 것이 이해되었다. 문법의 중요성은 갈수록 줄어들었으며 결국 논리학에게 자리를 내주었다. 논리학에 대한 강조는 교육과정에서 크게 확장되었다. 사학(四學)을 구성하는 수학적 과목은 중시된 적이 없었으며 중세 내내 낮은 위상에 머물렀다(약간의 예외가 있는데, 이에 관해서는 조금 뒤에 다루기로 하겠다). 교양교육 과정을 살찌운 것은 철학의 세 과목(도덕철학, 자연철학, 형이상학)이었다. 의학과 법학과 신학이 고등학문 분야로 간주되었음은 더 부연할 필요가 없겠다. 전문학부에서 교육된 그 세 학문은 교양학문 분과의 이수를 전제조건으로 요구했다.

둘째, 그렇다면 우리가 '과학적'이라고 부르는 과목은 어디에 남아 있었던가? 다양한 과학의 실제 내용은 조금 뒤에 다루기로 하고, 지금은 교육과정에서 과학의 위치만을 살펴보기로 하자. 사학(四學)은 강조된 적은 없었지만 그런대로 꾸준히 교육되었다. 중세의 전형적인 교양학부 교육과정에서 대수학과 기하학은 약 8주에서 10주간 개설되었다. 더 많이 배우고 싶은 학생은 자주 배우면 되었다(이런 기회는 규모가 큰 대학에서나 주어졌다). 대수학과 기하학에 비하면 천문학은 상대적으로 높은 대접을 받았다. 무엇보다 천문학은 효용이 높은 학문이었기 때문이다. 천문학은 시간계산에 필요하고 종교행사 일정의 확정(특히 해마다 변하는 부활절 날

---

36) 중세 대학들의 교육과정에 관해서는 다수의 유용한 연구들이 있다. Baldwin, *Scholastic Culture*; James A. Weisheipl, "Curriculum of the Faculty of Arts at Oxford in the Fourteenth Century"; Weisheipl, "Developments in the Arts Curriculum at Oxford in the Early Fourteenth Century" 등을 참조할 것. 또한 Catto, *The History of the University of Oxford*의 제 1권, *The Early Oxford Schools*에 수록된 관련항목들도 참조할 것.

[그림 9.9] 중세 말 어떤 학교의 출입문. 현재는 옥스퍼드대학, 보들레이언 도서관의 일부가 되어 있다.

짜를 결정하는 일)에 필요한 학문이요, 나아가서는 (의학과 밀접히 연결된) 점성술의 실천을 위한 이론적 토대이기도 했다. 교재로는 그리스어 및 아랍어 서적의 라틴어 번역본(일례로 프톨레마이오스의 《알마게스트》)이 사용되기도 했으며, 교재용으로 작성된 새로운 서적이 사용되기도 했다. 천문학 지식의 평균수준은 매우 낮았지만, 때와 장소에 따라서는 노련하고 정교하게 천문학을 가르친 사례도 있었다. 대학이 소수나마 걸출한 천문학자를 배출했음은 의심의 여지가 없다(이 책의 11장 참조).

수학적 과학이 그리 주목받지 못하는 상태에 머물렀다면 아리스토텔레스의 자연철학은 교육과정의 중심을 차지하게 되었다. 아리스토텔레스의 영향은 12세기 말에 처음 발휘되기 시작할 때는 미미했지만 시간이 흐를수록 가속화되었다. 결국 13세기 후반에 이르면 형이상학, 우주론, 물리학, 기상학, 심리학, 자연사 등 다양한 분과에서 아리스토텔레스의 작품은 필독서로 정착되었다. 그의 자연철학으로 철저하게 기초를 닦지 않고는 대학을 졸업할 수 없었다. 끝으로 의학은 독립적 전문학부에 힘입어 크게 성장하는 행운을 누렸다.[37)]

셋째, 대학교육 과정의 가장 현저한 특징 가운데 하나는 대학들 사이에 높은 수준의 통일성이 있었다는 점이다. 예전에는 학교가 다르면 생각도 달랐다. 고대 아테네의 사례가 그러했다. 아카데미아 학교, 리케이온 학교, 스토아 학교, 에피쿠로스 학교는 서로 경쟁적이고 양립하기 힘든 철학을 내세우지 않았던가. 그러나 중세 대학들은 강조점과 전문성에서는 다소 차이가 있었지만, 동일한 교재로 동일한 과목을 가르치는 공통의 교육과정을 발전시켰다.[38] 이 같은 발전은 12세기의 번역활동을 통해 그리스와 아랍 세계의 학문이 갑작스레 유입된 현상에 대한 반응으로 해석될 수 있다. 번역물이 유럽 학자들에게 일련의 표준자료를 제공했고 공통의 문제를 제기했던 것이다. 학생과 교수가 수시로 대학을 옮겨다녔다는 것도 공통의 교육과정과 — 원인으로서든 결과로서든 — 관련이 있다. 석사학위 소지자에게 부여되는 '어디서든 가르칠 수 있는 권리'(*ius ubique docendi*)는 교수의 전출입을 더욱 수월하게 만들었다. 파리대학에서 학위를 취득한 학자는 아무런 제약 없이, 더욱 중요하게는 지적으로 열등하다는 소리를 들을 일도 없이, 옥스퍼드에서 가르칠 수 있었다. 한 대학에서 가르치는 과목이 형식 면에서든 내용 면에서든, 다른 대학에서 가르치는 것과 크게 다르지 않았기에 가능한 일이었다. 이것은 역사상 최초로 국제규모의 교육이 전개되었음을 의미한다. 학자들은 지

37) 중세 교육과정 내에서 과학의 위상에 관해서는 앞의 각주에서 인용된 Baldwin과 Weisheipl의 논고들 외에도 Pearl Kibre, "The Quadrivium in the Thirteenth Century Universities (With Special Reference to Paris)"를 참조할 것. 그리고 다음 논문들 역시 참조할 것. Guy Beaujouan, "Motives and Opportunities for Science in the Mediaeval Universities"; Edward Grant, "Science and the Mediaeval University"; James A. Weisheipl, "Science in the Thirteenth Century", 그리고 Edith Dudley Sylla, "Science for Undergraduates in Mediaeval Universities".

38) 중세에 학문을 연마한다는 것은 곧 일련의 표준교재를 익히는 것으로 간주되었다는 사실을 강조할 필요가 있다. 오늘날과는 좋은 대조를 이루는 관점이다. 오늘날 교육은 일정한 과목에 숙달하는 것으로 이해되며, 특정 교재의 선택은 부차적인 것으로 간주된다.

적으로든 직업적으로든, 통일성을 자각했으며 학생에게 표준화된 고등 교육을 제공했다.

넷째, 이처럼 표준화된 교육은 앞서 여러 장에서 검토된 지적 전통에 크게 의존하여, 동일한 방법론과 동일한 세계관을 공급했다. 방법론 면에서 대학은 아리스토텔레스 논리학에 의존해서, '지식임에 대한 주장'(*knowledge claims*) 을 비판적으로 검토하는 작업에 주안을 두었다. 이런 방법에 의해 형성된 학풍은 그리스와 아랍 세계의 학문내용을 기독교 신학의 주장과 융합시켰다. 이 새로운 학풍의 수용을 놓고 벌어진 갈등, 그리고 그 결과로 이룩된 종합의 형식과 내용은 뒤이은 여러 장(특히 10장)에서 두루 검토될 것이다. 지금으로서는 이 같은 갈등에서 결국 자유주의 진영이 승리했음을 지적하는 정도로 충분할 것이다. 그리스와 아랍 세계의 학문적 결실을 자기 것으로 소화해서 유럽 학문의 역량을 강화하려 한 진영이 승리를 거두었던 바, 그리스와 아랍 세계의 학문은 그 대부분이 중세 대학에서 제도적인 고향을 발견한 셈이었다.

다섯 번째이자 마지막으로 강조되어야 할 요점이 있다. 이런 교육 시스템 내에서 중세의 대학교수는 비교적 큰 자유를 누렸다. 오늘날의 판에 박힌 중세 그림에는 교수가 줏대 없고 비굴한 모습으로 묘사되기 일쑤이다. 아리스토텔레스나 교부들을 노예처럼 추종했다든지(그러나 어떤 교수가 그처럼 노예 같은 추종자였는지를 밝힌 적은 없지 않은가?), 권위자의 주장을 조금이라도 어길까 봐 전전긍긍했다든지 하는 식으로 말이다. 신학이 광범위한 제약을 가했다는 것은 부정할 수 없다. 그렇지만 제약하에서나마, 중세의 교수는 생각과 표현에서 상당히 큰 자유를 즐겼다. 철학학설에서든 신학교리에서든, 모든 주장을 꼼꼼한 검토와 비판에 회부하는 것이 교수의 일이었다. 중세의 교수, 특히 자연과학을 전공한 교수는 고대의 권위나 종교의 권위로 인해 자신이 제약되거나 억압되고 있다는 느낌을 거의 받지 않았을 것이라고 단언할 수 있다.

역 주

역주〔1〕 성 그레고리우스(Saint Gregory the Great: 540년경~604)는 로마 출신으로 펠라기우스 2세에 이어 교황에 즉위했다. 그는 영적·세속적 주도권을 확고하게 장악하여, '교회의 의사'(*Doctor of the Church*)라는 별명을 얻었다. 그의 축일은 5월 12일이다.

역주〔2〕 궁정 학교(*palace school*; 라틴어명 *scola palatina*)는 메로빙거 왕조 때부터 설립되어 있었다. 원래 그것은 프랑크족의 귀족층 자제들에게 전쟁기술과 궁중의례들을 가르치기 위해 설립되었으나, 샤를마뉴와 알크윈은 교양과 문재(文才)를 키우기 위한 기관으로 그 학교의 성격을 바꾸었다.

역주〔3〕 제르베르의 강력한 후원자였던 오토(Otto) 3세의 정치경력도 이에 못지않게 화려했다. 그는 독일 왕(재위: 983~1002)의 자격으로 신성 로마제국의 황제(재위: 996~1002)에 오른 인물이었다.

역주〔4〕 에스파냐인 요셉(Joseph the Spaniard)은 10세기 말에 북아프리카나 에스파냐에서 활동한 기독교인이지만 아랍어로 작품을 썼다. 루프티우스(Lupitus)는 980년대에 활동한 인물로 바르셀로나 성당의 부주교를 지냈다. 그는 제르베르에게 편지를 보내기도 했는데, 그의 편지는 평면 천문관측의(*planispheric astrolabe*)에 관한 최초의 기록으로 알려져 있다.

역주〔5〕 에스파냐의 카스티야 왕국은 1085년에 톨레도를 회복했고 아라곤 왕국은 1118년에 사라고사를 점령했다. 한편 유럽인들은 1차 십자군 전쟁 동안 1099년에 예루살렘을 회복했다.

역주〔6〕 바퀴쟁기 농법은 아래의 그림처럼, 말에 고삐를 씌우고 고삐를 수레바퀴축에 연결하며, 다시 바퀴 축에 쟁기를 연결하여 손쉽게 경작하는 농법을 말한다.

역주〔7〕 샤르트르의 베르나르(Bernard of Chartres: 1130년경 죽음)는 프랑스 브리타뉴에서 태어나 학자이자 행정가로 활동한 인물이다. 그는 1117년 이전에 샤르트르 성당 학교에 부임해서 1124년까지 교장을 지냈다.

역주〔8〕 베르길리우스(Virgil: Publius Vergilius Maro, 기원전 70~19), 오비디우스(Ovid: Publius Ovidius Naso, 기원전 43~기원후 18), 호라티우스(Horace: Quintus Horatius Flaccus, 기원전 65~8)는 모두 라틴어로 작품을 썼지만, 루키아누스(Lucian: Lucianus, 기원후 120년경~180년경)는 주로 제국의 동부지역(특히 이집트)에서 그리스어로 작품활동을 했다.

역주〔9〕 퀸틸리아누스(Quintilian: Marcus Fabius Quintilianus, 기원후 35년경~95년경)는 총 12권으로 엮인 《수사학 요강》(*Institutio oratoria*)으로 유명한 로마의 수사학자이다. 그는 베스파시아누스 황제에 의해 공식 대중교사(*public teacher*)와 집정관(*consul*)으로 임명되어 로마 시민들에게 큰 영향력을 행사했다. 그의 제자 중에는 연소 플리니우스와 역사가 타키투스가 포함된다.

역주〔10〕 《민법대전》(*Corpus Juris Civilis*)은 비잔틴제국 황제 유스티니아누스의 명으로 집성된 법전이다. 529년부터 535년까지 4부 중 3부가 완성되었다. 《디게스타》는 제2부에 해당하는 것으로, 법 실무자들과 재판관들을 위해 구체적 법조문과 로마 시대의 유명한 법학자들의 고전들로부터의 발췌문을 수록하고 있다. 이 원전을 포함한 《민법대전》의 대부분은 볼로냐에서 11세기부터 연구되기 시작했다.

역주〔11〕 안셀무스는 《프로슬로기온》에서 성경구절의 권위에 의존하기보다는 '그것보다 더 큰 것이 생각될 수 없는 어떤 것'이라는 개념을 분석하고 이 분석에 의존하여 신을 존재론적으로 증명했다.

역주〔12〕 '우주발생론'(*cosmogony*)은 우주의 기원과 생성을 다루는 학문으로, 창세기와 스티븐 호킹의 빅뱅이론처럼 신화적 요소와 과학적 요소를 두루 포괄한다. 우주론(*cosmology*)은 우주의 전체적 구조와 진화 등을 다루는 학문으로, 우주발생론의 상위분과이다.

역주〔13〕 콩쉬의 윌리엄(William of Conches)은 1100년경에 태어나 파리에서 신학교사를 거친 후 1122년경에 헨리 플란타지네트의 개인교사가 되었다. 샤르트르의 베르나르의 제자로서 그는 '샤르트르 학파'(*Chartrains*)에 공통된 자연주의 취향과 플라톤주의를 보여준다.

역주〔14〕 바스의 아델라르(Adelard of Bath)는 1100년경에 태어났다. 잉글랜드의 바스에서 태어났으나 투르와 롱에서 공부했고 롱과 파리에서 가르치는 등 주로 프랑스 북부에서 활동했던 것으로 알려져 있다. 그는 그리스와 소아시아 지역을 여행하면서 지식을 축적한 중세의 첫 번째 학자로도 유명하다. 이 여행에서 그는 아랍 세계의 과학과 접했으며 이를 물리학 및 생리학의 문제들을 해결하기 위해 활용했다. 유클리드 기하학의 아랍어판을 라틴어로 번역하여 유럽에 소개한 것 외에도 그는 플라톤에 대한 독창적인 해석을 바탕으로 한 자연철학적 작품(*De eodem et diverso*와 *Quaestiones naturales*)을 집필했다.

역주〔15〕 오툉의 호노리우스(Honorius of Autun)는 1106~1135년 사이에 왕성하게 활동한 신학자이자 철학자이자 백과사전 편찬자였다. 그는 프랑스 부르고뉴의 오툉 출신으로 알려져 있지만 주로 남부 독일에서 활동했다.

역주〔16〕 베르나르 실베스트르(Bernard Sylvester)에 관해서는 1153년 이후의 활동만이 알려져 있다. 그는 샤르트르의 티에리의 제자였던 것으로 추정되며, 따라서 '샤르트르 학파'의 일반적 특징을 공유했다. 그는 신플라톤주의와 신피타고라스주의의 영향을 받아, 하나의 원초적 모나드로부터 우주 전체가 유출되었다고 주장했으며 이를 기초로 특유한 범신론을 구성했다.

역주〔17〕 아라스의 클라렘발(Clarembald of Arras)도 '샤르트르 학파'의 일원으로 샤르트르 성당 학교의 교장을 지냈다. 보에티우스에 관한 주석서로 유명하다.

역주〔18〕 생빅토르의 앤드류(Andrew of St. Victor)는 1100년에 잉글랜드에서 태어나 20세 즈음에 파리의 생빅토르 수도원에 들어갔다. 1147년경에 허포드셔의 한 수도원장을 맡아 귀향했다가 수도사들과의 불화로 다시 파리로 돌아갔으며 다시 잉글랜드의 위그모어로 귀환하여 1175년에 죽었다. 그는 구약성경과 유대교 경전들을 체계적으로 연구한 서유럽 최초의 학자였다.

역주〔19〕 저자 린드버그 교수는 12세기 '자연주의'의 위력을 점성술 영역에까지 확대하고 있다. '샤르트르 학파'의 점성술에 대한 관심은 자연주의적인 것으로 볼 수도 있겠지만, 그들의 관심이 12세기 점성술 전체를 대변한다고 보기는 힘들다. 또한 '자연주의'는 교회의 감시를 피하기 위한 눈가림일 수도 있었다. 점성술은 국가나 인류의 운명을 다루든 개인의 운명을 다루든, 하늘로부터의 물리적, 자연적 영향(이를테면 별빛)만으로는 설명할 수 없는 비학(*occultism*)의 요소를 가지고 있다.

역주〔20〕 오토 대제(Otto the Great)는 독일 왕(재위: 936~973)으로 신성 로마 제국을 창건하여 초대 황제(재위: 962~973)가 되었다. 압드 알라만(Abd al-Rahman)은 우마이아드 왕가 출신으로 코르도바의 초대 칼리프(재위: 929~961)에 오른 인물이다.

역주〔21〕 콘스탄티누스 아프리카누스(Constantinus Africanus, 영어명 Constantine the African: 1015년경~1087)는 1065년부터 1085년까지 의사이자 수도사로서 이탈리아에서 활동했다.

역주〔22〕 이슬람 문화의 수용에 관한 최근의 연구는 중동지역으로부터의 외부적 영향보다는 서유럽 지역의 내재적 발전에 초점을 맞춘다. 이슬람 세력이 점령했던 남유럽 지역들, 특히 에스파냐는 이슬람 문화의 낯선 요소들을 기독교인들이 잘 수용할 수 있도록 걸러내고 '전유한'(*appropriate*) 지역으로 평가된다.

역주〔23〕 에스파냐 북서부의 산타야에서 태어난 위그(혹은 위고, Hugo)는 1119~1151년 사이에 활동했다. 그는 헤르메스주의적 연금술 원전인 '에머랄드 표'(*Emerald Table*)를 유럽에 소개한 인물로도 유명하다.

역주〔24〕 알크와리즈미(al-Khwarizmi)는 830년경에 활동한 무슬림 학자로 분수의 횡선을 도입하는 등 대수학의 신기원을 마련했으며, 이차방정식의 기하학적 풀이를 시도하기도 했다.

역주〔25〕 지아코모(Giacomo de Venetia, 영어명 James of Venice)는 콘스탄티노플에 몇 년간 체류하며 번역작업을 수행했는데, 그 작업은 당시 유럽인들이 "신식 논리학"이라고 부른 아리스토텔레스의 작품에 집중되었다.

역주〔26〕 뫼르베케의 기욤(Guillaume de Moerbeke, 영어명 William of Moerbeke)은 오늘날 벨기에 브라반트에 위치한 뫼르베케에서 1215년경에 태어나 1286년에 코린트에서 죽은 동양학자이자 철학자이다. 평소 친분이 있던 토마스 아퀴나스의 요청으로 아리스토텔레스의 '전집'을 번역했으며, 특히 아리스토텔레스의 《정치학》은 그의 라틴어 번역으로 서유럽에 처음 소개되었다.

역주〔27〕 그래머스쿨(*Grammar School*)은 흔히 초등학교로 번역되지만, 당시에는 (오늘날의 초, 중, 고등학교를 모두 포괄한 성격을 가진) 대학입학을 위한 인문계 중등교육 기관이었다.

역주〔28〕 석사(*master of arts*)는 길드 조직의 주인, 즉 'master'와 같은 뜻으로 대학에서는 가르칠 수 있는 자격에 해당한다.

제 10 장

그리스 과학과 이슬람 과학의 재발견과 동화

1. 새로운 학문

11~12세기에 걸친 교육의 부흥은 특히 12세기에 새로운 자료를 획득함으로써 한층 확장되고 진전될 수 있었다. 1100년까지도 부흥은 라틴어 고전을 되살려 연구하는 수준에 머물렀다. 라틴어 고전 중에서는 로마와 중세 초 저자, 특히 교부들의 작품이 중심을 이루었으며, 일찍이 라틴어로 번역된 소수의 그리스 자료(플라톤의 《티마이오스》와 아리스토텔레스 논리학의 일부)도 포함되었다. 그러다가 마침내 그리스어 원전과 아랍어 원전이 라틴어로 본격 번역되기 시작했다. 새로운 번역본이 처음 실개천처럼 유입되기 시작했을 때만해도 충격은 그리 크지 않았다. 하지만 한 세기가 지나자 실개천은 급류로 변했다. 범위에서든 분량에서든, 압도적이었던 그 새로운 학문의 흐름을 체계화하고 소화해내기 위해서는, 학자들의 용기와 분발이 요구되었다.

새로운 학문의 존재는 13세기 지성계의 가장 중요한 특징이었다. 새로운 학문이 제기한 의제는 동세기 최상급 학자들을 사로잡았다. 무엇보다 당면한 과제는 새로 번역된 원전의 내용에 친숙해지는 일이었다. 새로운 지식을 숙지하고 체계화하고 그 의의를 평가하고 그 지류를 발견하고 그것의 내적 모순을 해결하고 그것을 기존의 지적 관심사에 응용할 수 있는 데까지 응용하는 일이 시급했다. 새로운 원전은 범위나 지적 위력이나 효용 면에서 큰 매력을 발산했지만, 이교세계에 기원을 둔다는 문제점도 가지고 있었다. 학자들이 점차 깨달았듯이 새로운 원전은 신학적으로 의심받을 만한 내용을 내포하고 있었다. 이 점에서 13세기 학자들은 심각한 지적 도전에 직면해 있었다. 그들이 응전과정에서 새로운 학문에 접근한 방식, 그리고 새로운 내용을 새로운 기술로 다룬 방식은 이후 서구 사상의 흐름에 지속적 영향을 미쳤다.

번역된 원전의 대부분은 큰 어려움에 봉착하지 않았다. 사실 어떤 원전이 번역되었다는 것은 누군가 그 원전의 효용이 잠재된 위험을 압도하리라 기대했다는 것을 뜻하지 않을까? 특히 전문성을 가진 원전은 어느 분과(수학, 천문학, 통계학, 광학, 기상학, 의학)를 막론하고 열렬한 호응을 얻었다. 이런 원전은 각 분과에서 예전에 이용된 어떤 논고보다도 기술적으로 우월했기 때문이다. 그 같은 원전은 과거의 지적 공백을 메워주었을 뿐만 아니라, 철학에서든 신학에서든, 불쾌한 충격을 가하지도 않았다. 유클리드의 《기하학원론》, 프톨레마이오스의 《알마게스트》, 알크와리즈미의 《대수학》, 이븐 알하이탐의 《광학》, 아비케나의 《의학대전》 같은 원전이 그러했다. 이런 원전은 기존의 지식목록에 순조롭게 추가되었다. 이런 부류의 전문 원전을 익히고 동화한 과정은 다음 장에서부터 상세하게 논의될 것이다.

갈등이 발생한 것은 세계관이나 신학에서 충돌을 자극한 분과였다. 우주론, 물리학, 형이상학, 인식론, 심리학 같은 분과가 그러했다. 이런 분과에서는 아리스토텔레스와 그 주석가들이 중심무대를 차지했다. 이들은 중요한 철학적 문제를 성공적으로 제기하는 한편, 자신들의 방법론을 적절하게 이용하기만 하면 미래에 엄청난 이익을 얻게 될 것이라고 약속했다. 아리스토텔레스 체계는 누구에게나 뛰어난 설명력을 가진 것이었기에, 학자들 사이에서 전대미문의 매력을 발휘했다. 그러나 그 체계가 아무도 희생시키지 않고 이익만 주었던 것은 아니다. 아리스토텔레스 철학의 전면에는 앞선 천 년에 걸쳐 구축된 요새가 버티고 있었다. 플라톤 철학과 기독교 신학이 융합되면서 시간이 흐를수록 견고해진 그 요새는 공격의 표적이 되지 않을 수 없었다. 비교적 좁게 전문화된 분과를 다룬 원전이 지적 공백을 채워주었던 것과는 대조적으로, 아리스토텔레스 철학은 적군의 요새를 향해 무차별 공격을 감행했다. 무수한 국지전이 잇따랐으나 결국은 평화로운 정착으로 종결되었다. 그 과정을 단계별로 살펴보기로 하자.

2. 대학교육 과정에서 아리스토텔레스

1200년에 이르면 아리스토텔레스 작품은 거의 대부분이, 아리스토텔레스 주석서는 그 일부(특히 11세기 아랍인 아비케나의 주석)가 번역본으로 이용될 수 있었다. 아리스토텔레스 관련 번역본들이 초기의 대학에서 어떻게 유통되고 이용되었는지는 거의 알려진 것이 없다. 다만 그것들이 13세기의 첫 10년 동안 옥스퍼드와 파리에 등장했다는 것만은 분명하다. 옥스퍼드에는 이후 몇 십 년 동안 큰 장애물이 없었으므로 아리스토텔레스의 영향력은 느리게나마 꾸준히 증가할 수 있었다.[1] 파리의 상황은 달

1) 아리스토텔레스의 작품이 서구에 최초로 유포된 과정에 관해서는 Aleksander Birkenmajer, "Le rôle joué par les médicins et les naturalistes dans la réception d'Aristote au XIIe XIIIe siècles," 그리고 Richard Lemay, *Abu Ma'Shar and Latin Aristotelianism in the Twelfth Century*를 참조할 것. 대학들에서 아리스토텔레의 수용에 관해서는 Fernand Van Steenberghen, *Aristotle in the West*에서의 탁월한 논의를 참조할 것. 비슷한 분석은 같은 저자의 *The Philosophical Movement in the Thirteenth Century*에서도 찾을 수 있음. 반 스틴베르겐에 크게 의존한 David Knowles, *The Evolution of Mediaeval Thought*도 유용한 논의를 제공함. 서구의 아리스토텔레스주의를 훌륭하게 개관한 것으로는 William A. Wallace, "Aristotle in the Middle Ages," *Dictionary of the Middle Ages*, vol. 1, pp. 456~459를 참조할 것. 옥스퍼드에

랐다. 그곳에서는 아리스토텔레스가 일찍부터 마찰을 야기했다. 아리스토텔레스의 영향을 받은 교양학부 교수들이 범신론(거칠게 정의하자면 하나님과 우주 삼라만상을 동일시하는 것)을 가르친다는 비난이 꼬리를 물었다. 1210년에 파리 주교회의가 발한 교령(教令)은 이런 비난의 결과였으며, 신학부(神學部)의 보수여론을 반영한 것이었다. 이 교령은 교양학부에서 아리스토텔레스 자연철학의 교육을 금지한 것으로, 교황의 특사인 로베르 드 쿠숑에 의해 일부 개정되기도 했고 적용범위도 파리로 한정되었다.2) 역주[1]

1231년에 교황 그레고리우스 9세는 파리대학의 통제를 위한 규정의 제정과정에 직접 참여했다. 그는 일단 1210년의 금지령이 정당함을 전제하면서도 개정을 시도했다. 우선 그는 아리스토텔레스의 자연철학 작품을 "면밀히 검토해서 모든 의심스러운 오류로부터 완전히 벗어날 때"까지 교양학부에서 강독하지 말 것을 권고했다. 10일 후에 이 문제를 다룰 위원회를 지명한 교지(教旨)에서는 자신의 의중을 다음과 같이 밝혔다. "다른 지식은 성경의 지혜를 뒷받침하기 때문에 그 지식이 시혜자(施惠者) 하나님의 베푸는 즐거움을 위배하지 않는 한에서는 신자로서도 받아들여야 마땅할 것이다." 이어서 그레고리우스는 "파리에서 금서로 지목된 자연철학 서적에는 … 무용한 것만이 아니라 유용한 것도 들어 있다"는 점을 지적했다. 따라서 그는 새로 임명된 위원회에게 "그 유용한 것이 무용

관해서는 Van Steenberghen, *Aristotle in the West*, 6장, 그리고 D. A. Callus, "Introduction of Aristotelian Learning to Oxford"를 참조할 것.

2) 파리의 아리스토텔레스주의에 관해서는 Van Steenberghen, *Aristotle in the West*, 4~5장을 참조할 것. W. Baldwin, *Masters, Princes, and Merchants: The Social Views of Peter the Chanter and His Circle*, vol. 1, pp. 104~107; 그리고 Richard C. Dales, *The Intellectual Life of Western Europe in the Middle Ages*, pp. 243~246도 참조할 것. 파리에서 발생한 사건들을 전하는 문헌들에 대한 번역으로는 Lynn Thorndike, *University Records and Life in the Middle Ages*, pp. 26~40을 참조할 것. 이 번역은 각주들을 덧붙여, Edward Grant, ed., *A Source Book in Mediaeval Science*, pp. 42~44에 재수록되었음.

한 것에 오염되지 않도록", "모든 오류, 독자에게 분노나 모욕감을 야기할 수 있는 모든 내용을 삭제할 것"을 주문했다. 이렇듯 "의심스러운 부분이 모두 제거될 때 나머지 내용은 아무 거부감 없이 연구될 수 있다"는 것이었다.3)

그레고리우스가 아리스토텔레스 자연철학의 위험만이 아니라 효용도 아울러 인정했다는 것은 주목할 만한 대목이다. 아리스토텔레스에게 채운 족쇄는 오류가 제거될 때까지만 허용되는 바, 오류가 모두 제거되면 그의 활용이 오히려 장려될 수도 있을 것이었다. 더욱이 그레고리우스가 지명한 위원회는 한 번도 회동하지 않았으며, 오류로부터 정화된 아리스토텔레스 전집도 출판되지 않았다. 위원회가 회동하지 못한 것은 중심인물인 신학자 오세르의 기욤이 그해에 사망했기 때문이었지만,역주〔2〕 사실상 이후의 수용과정에서 아리스토텔레스의 모든 작품은 온전한 형태로, 아무 검열도 받지 않은 채 유통되었다.

이후 25년 동안에 아리스토텔레스 작품이 어떤 운명에 처했는지를 알려면 관련문서들을 꼼꼼하게 검토해야 한다. 이 문서들을 통해 우리는 모두 세 차례(1210, 1215, 1231) 금지령이 반포되었고 그때마다 잠시 성공을 거두었지만, 결국 1240년경부터는 금지효력이 급격히 소멸되기 시작했음을 알 수 있다. 여러 원인이 추정가능하다. 우선 그레고리우스 9세가 1241년에 사망한 탓에, 그가 10년 전에 공표한 규제는 강제력을 크게 잃었을 것이라는 추정이 가능하다. 또한 파리대학 교양학부 교수들은 옥스퍼드를 비롯한 유럽의 다른 대학에서 그들의 지반과 명성이 훼손될까 봐 조바심을 냈다는 추정도 가능하다. 금지령에 포함되지 않은 아리스토텔레스 논리학은 계속 교육되고 있었다는 것, 그의 자연철학 작품은 (교육이 금지되었음에도 불구하고) 쉽게 이용될 수 있었다는 것, 아베로이

3) 그레고리우스 9세의 교지의 라틴어 원문은 Henricus Denifle and Aemilio Chatelain, *Chartularium Universitatis Parisiensis*, 4 vols. (Paris: Dalalain, 1889~97), vol. 1, pp. 138, 143. 이 원문 외에 다른 것도 포함한 영어 번역본은 Thorndike, *University Records*, p. 40을 참조할 것.

즈 같은 새로운 아리스토텔레스 주석가가 재발견되었다는 것. 이런 추세는 아리스토텔레스의 영향력을 한층 높여주었다. 아리스토텔레스 철학은 시간이 흐를수록 불가항력적인 것, 더 이상 중단될 수 없는 것이 되어가고 있었다. 끝으로 신학자들이 옳다고 판단하기만 하면 아리스토텔레스를 활용하는 것은 언제나 정당한 사업이었다는 사실도 기억되어야 할 것이다.

원인이 무엇이든, 아리스토텔레스의 자연철학 작품은 1240년대, 혹은 이보다 조금 일찍 교양학부의 강의주제가 되었던 것으로 보인다. 로저 베이컨(Roger Bacon)은 아리스토텔레스 자연철학을 최초로 가르친 교수의 하나였다.[4) 역주〔3〕] 비슷한 시기에 파리 신학부에는 아리스토텔레스의 용도에 대해 한층 자유로운 태도가 침투하고 있었다. 그의 철학을 이용해서 신학적으로 사색하고 사고하는 경향이 점증하고 있었다. 이 수용과정이 완성된 것은 1255년경이었다. 바로 이해에 교양학부는 (이미 관행처럼 되어 있던) 아리스토텔레스의 기존 작품에 대한 강의를 필수과목으로 정한 새로운 규정을 통과시켰다. 그의 자연철학은 교양교육 과정에 새로 편입되었고 주요과목의 하나가 되었다.

3. 갈등의 요점

그러면 이제부터 아리스토텔레스 철학의 어떤 특징이 그토록 근심스럽거나 맞서 싸워야 할 것이었는지를 따져보기로 하자. 그 전에 요점을 먼저 짚고 넘어가는 것이 좋겠다. 아리스토텔레스 철학은 독자들이 그 내용을 어떻게 이해하느냐에 따라 변신을 거듭했다. 아리스토텔레스는 단지 추종하는 것조차 벅찬 대학자였다. 당연히 독자들은 각자에게 필요한 설명도구를 그로부터 취할 수만 있다면 닥치는 대로 그를 이용하는 경

4) Van Steenberghen, *Aristotle in the West*, pp. 89~110; David C. Lindberg, ed. and trans., *Roger Bacon's Philosophy of Nature*, pp. xvi-xvii.

향이 있었다. 고대 말의 주석가들과 중세 무슬림 주석가들이 아리스토텔레스를 쉽게 풀어쓰거나 난해한 원문을 해석해놓은 것은 그나마 다행스러운 일이었다. 이 주석본들은 아리스토텔레스 작품과 함께 꾸준히 번역되었으며, 아리스토텔레스를 진지하게 연구하는 모든 곳에서 활용되었다. 12세기 후반부터 13세기 초까지 가장 주목받은 주석가는 무슬림 학자 아비케나(Avicenna, 혹은 Ibn Sina: 980~1037)였다. 그는 신플라톤주의의 견지에서 아리스토텔레스 철학을 해석한 주석본을 남겼다.[5] 파리대학이 범신론을 퍼뜨린다는 1210년의 비난은 아비케나의 신플라톤주의적인 아리스토텔레스 해석이 유행했음을 반증하는 것으로 보인다. 그러나 1230년경부터는 에스파냐의 무슬림 학자 아베로이즈(Averroes, 혹은 Ibn Rushd: 1126~1198)를 추종한 주석가들이 아비케나를 추종한 주석가들을 밀어내기 시작했다.[6] 아베로이즈도 아리스토텔레스의 원래 의도를 과장하거나 왜곡할 가능성이 있었고 실제로도 그런 면이 없지 않았다. 그러나 전체적으로 보자면, 아리스토텔레스 안내역이 아비케나로부터 아베로이즈로 교체된 것은 한층 믿을 만한(즉, 플라톤주의에 의해 덜

---

5) Van Steenberghen, *Aristotle in the West*, pp. 17~18, 64~66, 127~128. 아비케나의 철학에 대한 간결한 해설은 Majid Fakhry, *A History of Islamic Philosophy*, pp. 147~183; 그리고 G. C. Anawati and Albert Z. Iskandar, "Ibn Sina," *Dictionary of Scientific Biography*, vol. 15, pp. 494~501을 참조할 것.

6) Van Steenberghen, *Aristotle in the West*, pp. 18~20, 89~93. 아베로이즈 작품의 번역자로 가장 중요한 인물은 마이클 스코트(Michael Scot: 1235년경에 죽음)이다. 그는 1217년에 번역을 시작하여 1230년대까지 작업을 계속했지만, 그의 번역본들이 1230년 이후까지도 파리에서 이용되었다는 증거는 없다. 이 점에 관해서는 Van Steenberghen, *Aristotle in the West*, pp. 89~94; Lorenzo Minio-Paluello, "Michael Scot," *Dictionary of Scientific Biography*, vol. 9, pp. 361~365를 참조할 것. 아베로이즈의 철학에 관해서는 Fakhry, *History of Islamic Philosophy*, pp. 302~325; Roger Arnaldez and Albert Z. Iskandar, "Ibn Rushd," *Dictionary of Scientific Biography*, vol. 12, pp. 1~9를 참조할 것.

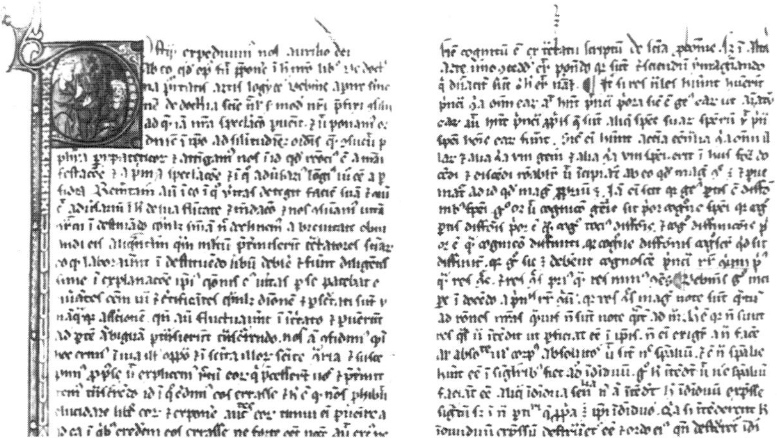

[그림 10.1] 아비케나의 《물리학》(*Sufficientia*, 2부)에서 첫 페이지. 그라츠(Graz)대학 도서관(13세기).

각색된) 아리스토텔레스 주석으로 전환했음을 의미한다. 어쨌든 서유럽에서 아베로이즈의 영향력은 급속하게 확장되었다. 그는 자신의 본명으로 알려지기보다 "대주석가"(*the Commentator*)라는 별명으로 더 유명해졌다.

아베로이즈의 아리스토텔레스 해석이 한층 믿을 만한 것이었다면, 그의 해석은 왜 분란을 야기했을까? 그의 해석에는 기독교 정통교리를 침해한 구체적 주장이 — 어떤 경우는 뚜렷하고 어떤 경우는 애매하게 — 담겨 있었거니와, 그런 주장은 하나의 총체적 전망에 뿌리를 둔 것이었다. 이성주의와 자연주의가 그것이었다. 일부 관찰자는 이 같은 전망이 기독교의 전통적 사고를 정면 부정한 것이라는 인상을 받았다. 이로부터 다양한 쟁점이 형성되었던 바, 아베로이즈의 구체적 주장을 하나씩 검토하는 것은 그 모든 쟁점을 가장 간편하게 논의하는 길이기도 하다.

아리스토텔레스의 우주론에서 현저한 특징은 우주가 영원하다는 주장이었다. 이런 주장은 그의 여러 작품에서 다양한 논거에 의해 뒷받침되었다. 창조론을 신봉하는 기독교 세계의 아리스토텔레스 독자로서는 이를 묵과할 수 없었다. 우주가 태어난 적도, 종말에 이르지도 않는다는 주장을 어떻게 받아들일 수 있었겠는가. 아리스토텔레스에 따르면 원소는 각자의 자연본성에 따라 움직이며, 따라서 우주는 어느 한순간에 생성될 수도, 중단될 수도 없다. 한마디로 우주는 영원하다. 이런 논거를 들어 아리스토텔레스는 소크라테스 이전 철학자들이 견지한 진화론적 우주론을 거부했다.[7)]

그렇지만 기독교 관점에서는 이런 결론이 용납될 리 없었다. 성경은 창세기의 첫 구절부터 창조를 해설했거니와, 창조된 우주가 전적으로 조물주에 의존한다는 믿음은 기독교의 신관(神觀)과 세계관의 초석을 이룬 것이었기 때문이다. 바로 이런 맥락에서, 우리는 아리스토텔레스를 기독교인으로 해석하려 한 13세기 주석가들이 왜 그토록 끈질기게 창조의 문제에 매달렸는지를 이해할 수 있다.[8)] 이 문제를 해결하려 한 몇몇 시도에 관해서는 조금 뒤에 검토하기로 하겠다.

아리스토텔레스의 자연철학에서 또다른 문제는 결정론이었다. 이 문제도 창조주와 피조물의 관계에서 비롯된 것이었다. 물론 그의 자연철학에 정말로 결정론적 요소가 있느냐고 묻는다면, 시원한 답변을 기대하기는 힘들다. 그의 우주는 불변적 자연본성들로 구성되며, 그 자연본성들은 규칙적 인과관계에 종속된다는 정도로 말할 수 있을 뿐이다. 이런 특징은 하늘에서 특히 잘 드러난다. 하늘에 존재하는 것은 모두 불변하기

---

7) 예컨대 Aristotle, *On the Heavens*, I. 10~11. 아리스토텔레스의 입장에 대한 논의는 Friedrich Solmsen, *Aristotle's System of the Physical World*, pp. 51, 266~274, 288, 422~424를 참조할 것.

8) 이를테면 St. Thomas Aquinas, Singer of Brabant, and St. Bonaventure, *On the Eternity of the World*, trans. Cyril Vollert et al.; Boethius of Dacia, *On the Supreme Good*, *On the Eternity of the World*, *On Dreams*; Richard C. Dales, "Time and Eternity in the Thirteenth Century," *Journal of the History of Ideas*, vol. 49(1988), pp. 27~45 등을 참조할 것. 중세에 진행된 논의를 더욱 자세하게 해설한 것으로는 Dales, *Mediaeval Discussions of the Eternality of the World*를 참조할 것.

때문이다. 더욱이 아리스토텔레스에 의하면 최고위 기동자(*Prime Mover*)는 신성한 존재로 영원불변해야 하기 때문에 우주의 운행에 직접 간섭할 수 없었다. 우주는 기계처럼 인과관계의 사슬을 따라 조금의 빈틈도 없이 규칙적으로 작동하며, 그 인과사슬이 지상계(달 아래의 세계)를 지배한다는 것이었다. 여기에 함축된 위험은 아리스토텔레스 체계가 기적을 허용하지 않는다는 점이었다.[9] 결정론과 관련하여, 아리스토텔레스 자연철학은 점성술 이론과 한통속으로 분류되기도 했다. 별의 영향이 인간의지를 좌지우지하는 측면을 강조한다는 점에서, 점성술은 인간선택의 자유(죄와 구원에 관한 기독교 교리의 중요한 요소)를 위협할 수 있었다.

이 같은 결정론적 성향은 13세기 동안 기독교 교리에 대한 도전으로 간주되었다. 특히 하나님의 자유와 전지전능함, 섭리, 기적 같은 것에 대한 도전으로 간주되었다. 아리스토텔레스의 최고위 기동자는 인간 개개인의 존재를 알지 못하고 개개인의 편에서 간섭하지도 않는다는 점에서도, 기독교의 하나님과는 전혀 다른 존재였다. 기독교의 하나님은 참새가 떨어질 때를 아시며 우리의 머리카락 수까지 헤아리실 수 있는 분이 아니었던가.[10]

아리스토텔레스로 인해 야기된 논란의 마지막 사례는 영혼의 자연본성에 관한 것이었다. 아리스토텔레스는 영혼이 육체의 형상이요 육체를 조직화하는 원리라고 주장했다. 영혼은 개체의 질료에 내재한 모든 잠재태의 완전한 실현이라는 것이었다. 따라서 영혼은 육체로부터 떨어져 독립적으로 존재할 수 없었다. 형상으로서의 영혼은 질료로서의 육체와 구별될 수는 있어도 따로 떨어져 존재할 수는 없었다. 영혼과 육체가 분리

---

9) 아리스토텔레스에 있어 결정론과 비결정론을 간단히 해설한 것으론 Abraham Edel, *Aristotle and His Philosophy*, pp. 95, 389~401을 참조할 것. 이에 대한 충실한 분석으로는 Richard Sorabji, *Necessity, Cause, and Blame*을 참조할 것. 이 문제에 대한 이슬람 세계의 공격을 훌륭하게 분석한 것으로는 Barry S. Kogan, *Averroes and the Metaphysics of Causation*을 참조할 것.

10) 마태복음 10장 29~31절.

될 수 있다고 가정한다면, 도끼날의 예리함이 도끼날의 질료와 분리될 수 있다는 가정만큼이나 어리석은 일이다. 따라서 개인이 죽어 육신이 흐트러질 때, 그 형상인 영혼도 더 이상 존재할 수 없게 된다.[11] 이 같은 결론은 영혼불멸성에 대한 기독교의 가르침과 양립할 수 없는 것이었다.

아베로이즈는 아리스토텔레스 인식론의 난점을 해결하기 위해 노력했다. 그러나 그가 피력한 심리학 이론도 개인영혼의 불멸성을 의문시하기는 마찬가지였다. 아베로이즈의 이론은 "심령일원설"(*monopsychism*)로 알려져 있다. 이 이론은 너무 복잡하기 때문에 지금의 논의에서는 그의 한 가지 주장만을 기억해두고자 한다. 영혼의 비물질적이고 불멸적인 부분, 즉 "지성적 영혼"(*intellective soul*)은 개인에 속한 것이 아니라 인류 전체의 통일적 지성에 속한다는 것이다. 죽은 후에 남는 것은 개인의 영혼이 아니라 집단의 영혼일 터였다. 이런 논증에 의존해서, 아베로이즈는 불멸성을 유지하되 개별 영혼의 불멸성은 부정했다. 이는 형식은 조금 다르지만 기독교의 교시를 아리스토텔레스와 마찬가지로 위반한 주장이었음이 분명하다.[12]

이런 주장들은 철학자마다 십인십색으로 표현한 결과라기보다는 하나의 근본적 태도가 다양하게 표현된 결과라고 보는 편이 옳다. 그 모든 주장의 심층에는 이성에 대한, 나아가서는 이성과 신앙(혹은 신학)의 바람직한 관계에 대한 통일적 전망이 자리하고 있었던 것이다. 실제로 그런 주장들은 그 통일적 전망과 방법론의 구체적 사례로서 서유럽에 침투했다. 새로운 아리스토텔레스주의의 투사들은 이성적 활동, 자연주의적 설명, 아리스토텔레스식 증명 등의 포괄범위를 확장해가는 경향이 있었

---

11) 아리스토텔레스의 영혼이론에 관해서는 G. E. R. Lloyd, *Aristotle*, 9장을 참조할 것. 기독교의 반응에 관해서는 Van Steenberghen, *Thomas Aquinas and Radical Aristotelianism*, pp. 29~70; Knowles, *Evolution of Mediaeval Thought*, pp. 206~218, 292~296을 참조할 것.

12) 아베로이즈의 심령일원설과 이에 대한 서구의 반응을 상세하게 해설한 것으로는 Van Steenberghen, *Thomas Aquinas and Radical Aristotelianism*, pp. 29~74를 참조할 것.

다. 철학은 그들의 게임이었다. 그들은 지적 토론장의 구석구석에서 철학의 장점을 과시했다. 마침내 철학은 신학부로 스며들어 신학 방법론에 영향을 미쳤으며, 나아가서는 신학교육의 왕좌를 놓고 성경연구와 경쟁을 벌이기에 이르렀다. 전통주의자들은 당연히 분노와 좌절감으로 대응했다. 지적 무례와 헛된 호기심이라는 비난은 곧 상투어가 되었다. 그렇다면 과연 이교철학의 내용과 방법을 동원해서 신앙의 신조를 검증하는 것이 가능했을까? 과연 아리스토텔레스의 교시는 예수 그리스도나 사도 바울이나 교부의 가르침을 압도할 수 있었을까?

이 새로운 전망은 자연철학 분야에서 성경이나 교회의 가르침과는 거리를 두었다. 눈에 띄는 사례는 인간적 관찰과 추론에 의해 발견가능한 인과관계로 분석범위를 좁히는 방법론이다. 이 새로운 방법론을 극단까지 밀고 나간 부류는 신적·초자연적 원인을 부정하지는 않으면서도 자연철학과는 무관한 것이라고 주장하기에 이르렀다. 이 같은 자연주의는 이미 12세기에 콩쉬의 윌리엄 같은 사상가로부터 싹텄지만(이 책의 9장 참조), 아리스토텔레스와 주석가들의 자극으로 만개했다. 일부 철학자는 "철학적으로 말하기"와 "신학적으로 말하기"를 구분했으며, 나아가서는 철학방법과 신학방법이 모순으로 귀결될 수밖에 없음을 인정했다. 이런 태도는 자연주의 경향 중에서도 가장 위협적인 것이었다.

그 새로운 방법론의 주창자들은 철학의 엄격성을 신학논쟁에 접목시키려 했으며, 이런 노력을 위대한 전진으로 평가했다. 반면에 전통주의자들에게 그것은 철학과 신학의 전통적 구분을 거역하고 침해한 심각한 사건이었다. 가장 악의적으로 해석하면, 그것은 예루살렘을 아테네의 권위에 굴복시키려는 시도로 보였다.

이런 난점을 해결하려 한 13세기의 여러 시도를 검토하기에 앞서, 제도적 조건을 잠시 기억할 필요가 있다. 새로운 아리스토텔레스와 관련된 논쟁은 본성상 학문적인 것이었고 논쟁의 참여자도 대부분이 대학 출신이었다. 현직 선생이 다수였지만 대학졸업 후 교회의 지도급 인사로 출세한 자도 포함되어 있었다. 그러므로 대학 학자들의 경력에서 일정한 패턴을 파악할 수만 있다면, 중세에 왜 그토록 일관되게 철학과 신학을 혼합하는 경향이 지속되었는지를 이해하는 데 도움이 될 것이다. 신학자는 신학연구에 착수하기 전에 교양학부에서 철학을 연구했다. 거의 예외가 없었다. 더욱이 신학부 학생 가운데는 교양학부 선생으로 생계를 유지하는 경우도 허다했다. 따라서 중세에 가장 큰 영향을 미친 작품의 일부는 신학을 연구하면서 동시에 철학을 가르친 학자들이 쓴 것이었다.[13)]

한편 13세기 초에 설립된 탁발수도회, 즉 프란키스쿠스 수도회나 도미니쿠스 수도회는 13세기 중반부터 지도급 인사를 배출하기 시작했다. 탁발수도사는 청빈서약 같은 규칙(*regula*)을 준수한다는 의미에서 "정규(*regular*) 성직자"였으며, 그럴 필요가 없는 "세속 성직자"(예컨대 교구 사

[그림 10.2] 아시시(Assisi) 소재 성 프란키스쿠스 대성당. 이 성당은 1226년에 프란키스쿠스가 죽자 그후 몇 년 안에 시공되었으며, 그의 무덤이 그 안에 안치되어 있다. 이런 연고로 그것은 프란키스쿠스 교단의 "머리이자 어머니"인 동시에 중요한 순례지가 되었다.

---

13) 상세한 해설은 William J. Courtenay, *Teaching Careers at the University of Paris in the Thirteenth and Fourteenth Centuries*를 참조할 것.

제) 와는 구별되었다. 탁발수도사는 수도원 수도사와도 달랐다. 수도원 수도사가 개개인의 고결함을 추구하면서 속세와의 절연을 강조했다면, 탁발수도사는 도시환경 내에서 능동적 성직활동에 헌신했다. 그러다가 마침내 탁발수도사는 대학을 위시한 교육현장에 뛰어들었으며, 철학과 신학에 관한 열띤 논쟁에 능동적으로 참여할 기회를 얻었다.

이러한 제도적 조건은 지적 발전에 어떻게 기여했던가? 기여한 양상은 무척 복잡 미묘하여 쉽게 파악되지 않는다. 새로운 학문을 놓고 벌어진 논쟁이 이데올로기에 의해 좌지우지되었다고만은 볼 수 없다. 논쟁은 학문분과나 제도 수준에서의 합종연횡으로 복잡하게 얽혀 있었다. 철학자와 신학자는 모두 교양학부를 거쳤기 때문에 쉽게 제휴하기도 했지만, 학문적 경계선은 여전히 주기적 충돌을 야기했다. 신학의 예를 들자면, 탁발수도사는 교수직을 차지할 권리를 놓고 파리대학의 세속 신학자와 한동안 권력투쟁을 벌여야 했다. 탁발수도사 내부에서는 프란키스쿠스 수도회와 도미니쿠스 수도회가 경쟁을 벌였다. 두 집단은 서로 다른 철학에 충성했으며, 신앙과 이성의 문제에 각기 독자적 방식으로 접근했기 때문이다. 우리가 사건의 흐름을 미묘한 구석까지 이해하려면, 그 저변을 형성한 학문분과나 제도의 추이에도 그만큼 주의를 기울여야 할 것이다.

4. 해결책 : 하녀로서의 과학

위에서 열거된 여러 위험에도 불구하고 아리스토텔레스 철학은 계속 무시하거나 억압하기에는 너무도 매력적인 것이었다. 6세기 초에 보에티우스의 번역본이 나온 이래로 아리스토텔레스라는 이름은 논리학과 동의어로 사용되었으며, 거의 모든 분과에서 연구에 깊숙이 스며들었다. 그런데 이제는 아리스토텔레스의 논리학 작품을 더욱 풍부하게 이용할 수 있게 되었으니, 연구에도 그만큼 유리한 여건이 조성된 셈이었다. 더욱이 중세 초 연구자들은 아리스토텔레스 형이상학으로부터 위험한 요소를 많이 걸러낸 상태였다. 그러므로 이제 서구학자들이 아리스토텔레스의 모든 작품을 마음껏 이용하게 되었다는 것은, 우주의 이해와 분석에 필요한 강력한 엔진을 그들의 수중에 쥐었다는 의미로 해석될 수 있다. 형상과 질료, 실체, 현실태와 잠재태, 4원인, 4원소, 대립, 자연본성, 목적, 양, 질, 시간, 공간 ― 이 모든 주제에 대한 아리스토텔레스의 논의는 세계를 경험하고 그 경험을 전달함에 필요한 강력한 개념틀을 제공했다. 뿐만 아니라 아리스토텔레스는 다수의 심리학 논고를 통해 영혼과 그 기능(감각지각, 기억, 상상, 인지 등)을 논의하기도 했다. 우주론도 제시했다. 그의 우주론은 최외곽의 하늘로부터 중심의 지구로 이어지는 우주의 배열과 운행을 설득력 있게 제시한 것이었다. 운동, 물질이론, 기상현상 등에 대한 아리스토텔레스의 설명도 예전의 어떤 설명보다 뛰어난 것이었다. 끝으로 그는 아무도 비견될 수 없을 만큼 방대한, 그리고 상세한 기술(記述)과 설명을 곁들인 생물학 체계를 제시했다.

이렇듯 찬연한 지적 보물을 간단히 물리친다는 것은 상상하기 힘든 일이다. 실제로 물리칠 목적에서 심각한 운동이 전개된 적도 없었다. 문제는 아리스토텔레스의 영향을 어떻게 배제하느냐는 것이 아니라 어떻게 길들이느냐는 것이었다. 그의 철학이 기독교 세계를 위해 이용될 수 있도록, 어떻게 갈등의 소지를 줄이고 차별성을 완화하느냐는 것이 문제의 핵심이었다.

이러한 중재과정은 아리스토텔레스와 그의 주석본이 이용되기 시작할 때부터 진행되었다. 로버트 그로스테스트(Robert Grosseteste: 1168년경~1253)는 때 이른 사례이다. 그는 옥스퍼드의 걸출한 학자이자 동대학의 초대 총장을 지낸 인사였다. 비록 그 자신이 프란키스쿠스회 수도사는 아니었지만, 그는 옥스퍼드의 프란키스쿠스 수도원 부설학교에서 최초의 강사로 활동했으며, 그 과정에서 그 수도회의 지적 활동에 깊은 영향을 미쳤다. 역주〔4〕 그로스테스트는 1220년대에 아리스토텔레스의 《분석론 후서》(*Posterior Analytics*)에 관한 주석본을 작성했는데, 이 주석본은 아리스토텔레스의 과학 방법론을 진지하게 다룬 최초의 시도 중 하나였다.[14] 그는 아리스토텔레스의 《물리학》, 《형이상학》, 《기상학》에는 물론 그의 생물학 연구에도 정통했다. 이런 작품이 그로스테스트에게 미친 영향은 《물리학》 주석본에서, 그리고 다양한 물리학 주제를 스스로 다룬 여러 편의 논고에서 잘 드러난다. 그렇지만 플라톤과 신플라톤주의, 나아가서는 수학적 과학의 최신 번역본도 그로스테스트의 지적 발전과정에 강력한 영향을 미쳤다. 그의 물리학 연구에서 아리스토텔레스적인 요소와 비(非)아리스토텔레스적인 요소가 다소 불협화음을 보이는 것은 그 때문이다. 그의 우주발생론(우주의 기원에 관한 해설)은 불협화음의 좋은 사례이다. 그의 해설은 대체로 아리스토텔레스의 틀 안에서 구성되었지만, 그의 우선 관심사는 신플라톤주의의 유출설(*emanationism*: 빛이 태양으로부터 유출되듯이 모든 피조물은 하나님으로부터 유출되었다는 관념)을 이용해서 '무로부터의 창조'라는 성경의 해설을 뒷받침하는 일이었다.[15]

그로스테스트의 프로그램에서 중요한 측면은 잉글랜드 출신의 청년 로저 베이컨(Roger Bacon: 1220년경~1292년경)에게 계승되었다. 비록 제자는 아니었지만 베이컨은 그로스테스트를 학문의 모범으로 삼았다. 그는 특히 그로스테스트가 수학적 과학에서 보여준 완숙함에 깊은 인상

---

14) 그로스테스트와 그의 학문적 경력에 관한 탁월한 연구로는, James McEvoy, *The Philosophy of Robert Grosseteste*를 참조할 것. 특히 《분석론 후서》에 대한 그의 주석이 언제 작성되었는가에 관해서는 이 책의 pp. 512~514를 참조할 것. 그로스테스트의 생애와 연구에 관한 개설로는 D. A. Callus, ed., *Robert Grosseteste, Scholar and Bishop*, 그리고 Richard W. Southern, *Robert Grosseteste* 역시 유용하다. 아리스토텔레스의 논리학에 대한 그로스테스트의 연구, 그리고 이것이 그 자신의 과학 방법론에 미친 영향에 관해서는 다소 과장된 분석이기는 하지만, A. C. Crombie, *Robert Grosseteste and the Origins of Experimental Science, 1100~1700*, 3~4장을 참조하고, William A. Wallace, *Causality and Scientific Explanation*, vol. 1, pp. 28~47 역시 참조할 것.

15) 그로스테스트의 우주발생론에 관해서는 이 책 11장 및 그 각주들을 참조할 것.

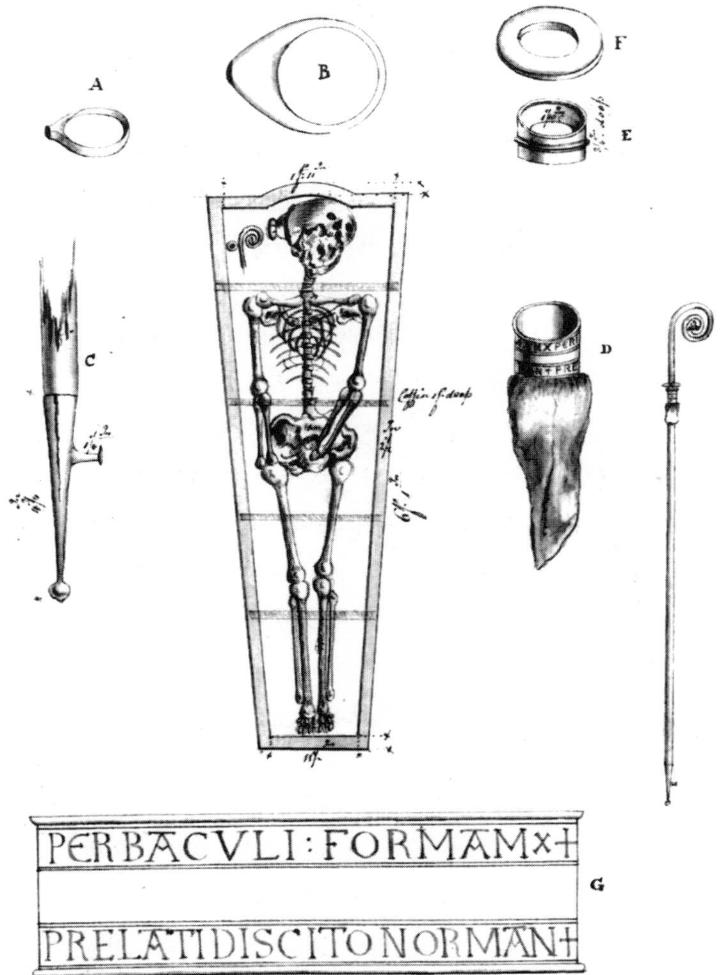

[그림 10.3] 로버트 그로스테스트의 유해. 이 그림은 링컨 대성당(Lincoln Cathedral)에 안치되어 있던 그로스테스트의 무덤이 1782년에 개봉되었을 때 스케치된 것으로, '실물에 기초하여' 중세 학자를 소개한, 매우 드문 그림이다. 관(棺) 속에서는 유골 외에도, 주교용 반지며 목회용 소품 같은 여러 유품이 발견되었다. 더 상세한 해설은 D. A. Callus, ed. *Robert Grosseteste, Scholar and Bishop*, pp. 246~250을 참조할 것. 런던 자연사 박물관의 허락으로 전재함.

을 받았다. 베이컨이 어떤 교육을 받았는지는 분명하지 않지만 그가 옥스퍼드와 파리에서 연구했다는 것만은 분명하다. 그는 1240년대에 파리대학 교양학부에서 가르치기 시작했으며, 그곳에서 아리스토텔레스의 자연철학을 처음 강의했다. 특히 아리스토텔레스의 《형이상학》과 《물리학》과 《감각과 감각가능한 것에 관하여》는 확실히 강의되었으며, 《발생과 부패에 관하여》(질료이론을 다룬 작품), 《영혼에 관하여》, 《동물에 관하여》, 《천체에 관하여》 등도 강의되었던 것으로 추정된다.[16] 훗날 그는 프란키스쿠스 수도회에 입문했으며 연구와 저술로 남은 생애를 보냈다.

로저 베이컨의 과학적 사고에 깃든 다양한 관심사는 이후 여러 장에 걸쳐 다루어질 것이다. 이 장에서 짚고 넘어가야 할 것은 새로운 학문을 비판으로부터 구제하려 한 캠페인이다. 베이컨의 주요 과학작품은 이른바 "순수"과학이나 철학에 속한 것이 아니라, 교회 지도부에게 새로운 학문의 효용을 설득하려는 열정적 시도였다(실제로 모든 작품은 교황에게 헌정되었다). 그가 말하는 새로운 학문은 아리스토텔레스 철학만이 아니라, 자연철학, 수학적 과학, 의학에 관한 최신 연구성과를 전체적으로 포괄한 것이었다. 베이컨에 의하면 새로운 철학은 기독교 신조를 증명하여 비개종자의 설득을 가능하게 해주는 하나님의 선물이었다. 과학지식은 성경해석에 절대적으로 필요한 것이요, 천문학은 교회력(敎會曆)의 작성에 필수적인 것이요, 점성술은 미래예측을 가능하게 해주는 것이요, "실험과학"은 수명연장의 이치를 가르쳐주는 것이요, 광학은 비신자를 공포로 사로잡아 개종시키는 도구의 제작을 가능하게 해주는 것이었다.[역주5] 베이컨의 캠페인은 아우구스티누스가 말한 '하녀로서의 과학'을 채택하되, 이를 새로운 환경('하녀'의 대열에 끼고 싶어하는 지식이 양적으로 커지

---

16) 과학자로서 베이컨의 경력에 관해서는 Stewart C. Easton, *Roger Bacon and His Search for a Universal Science*; Theodore Crowly, *Roger Bacon: The Problem of the Soul in His Philosophical Commentaries* 등을 참조할 것. 간편한 전기적 개관은 Lindberg, *Bacon's Philosophy of Nature*, pp. xv-xxvi을 참조할 것.

고 복잡해진 환경)에 적용하려는 목적을 가진 것이었다.[17] 간단히 말해 자연과학은 여전히 종교적 효용에 의해 정당화되고 있었다. 베이컨은 《오푸스 마이우스》(*Opus maius*)에서 다음과 같이 주장했다.

> 하나의 완전한 지혜가 존재한다. 이 지혜는 성경에 들어있는 바, 진리는 전적으로 여기에 뿌리를 둔다. 따라서 하나의 분과는 나머지 모든 분과의 주인이라고 말할 수 있다. 신학이 바로 그러한 바, 다른 분과는 전적으로 신학을 위해 필요하며, 역으로 신학은 그 다른 분과 없이는 자신의 목적을 실현할 수 없다. 말하자면 신학은 나머지 분과의 모든 미덕에 대해 소유권을 가지며 자기의 승인과 명령하에 둔다.[18]

베이컨이 보기에 신학은 과학을 억압하기보다, 과학을 이용하며 적합한 목적으로 이끌어준다. 기독교 신앙에 어긋나 보이는 측면에 대해서는, 베이컨은 그런 것을 오역(誤譯)이나 무식한 해석의 결과라고 보았다. 철학이 참으로 하나님의 선물이라면 철학과 기독교 신앙 사이에는 모순이 있을 수 없었다. 베이컨은 이런 논점을 뒷받침하기 위해 아우구스티누스를 위시한 초대교회 교부들의 권위를 빌렸다. 교부들도 이교세계의 찬탈자로부터 철학을 되찾을 것을 촉구하지 않았느냐는 것이었다. 이런 논거만으로 부족하다 싶으면, 그는 과학의 놀라운 성과를 큰 소리로 떠들어 비판의 목소리를 잠재우는 수사를 동원하기도 했다.

베이컨의 열성에도 불구하고 13세기 중반의 프란키스쿠스 수도회는 새로운 철학, 특히 새로운 아리스토텔레스에 대해 경계의 눈초리를 늦추

---

17) '하녀'라는 용어와 그것의 성적 함축에 관해서는 이 책의 7장, 각주 27을 참조할 것.

18) *The Opus majus of Roger Bacon*, ed. John H. Bridges, 3 vols. (London: Williams and Norgate, 1900), vol. 3, p. 36. 새로운 철학에 대한 베이컨의 옹호는 David C. Lindberg, "Science as Handmaiden: Roger Bacon and the Patristic Tradition"을 참조할 것.

지 않았다. 이런 태도의 형성에 가장 큰 영향을 미친 인물로는 이탈리아 프란키스쿠스 수도회의 보나벤투라를 꼽을 수 있다.[역주6] 그는 파리대학에서 교양학문과 신학을 모두 연구했고, 1254년부터 1257년까지 그곳에서 신학을 가르치다가 사임하고는 프란키스쿠스 수도회의 총감독에 올랐다. 보나벤투라가 아리스토텔레스를 존경했다는 것은 의심의 여지가 없다. 그의 논리학과 형이상학은 아리스토텔레스에 크게 의존했다. 그렇지만 그로스테스트나 베이컨이 그랬듯이, 그는 아우구스티누스와 신플라톤주의 전통으로부터도 큰 영향을 받았다. 그의 사고에서 우리는 아리스토텔레스적 요소와 비(非)아리스토텔레스적 요소의 풍요로운 종합을 발견할 수 있다.

베이컨처럼 보나벤투라도 아우구스티누스의 하녀론은 타당하고도 손쉽게 응용될 수 있는 것이라고 생각했다. 이교세계의 철학은 신학과 종교에 유익하게 이용될 만한 도구임이 분명했다. 그러나 베이컨과 비교할 때, 그는 철학의 효용 자체에 훨씬 조심스러운 입장을 취했으며, 철학의 육성에 수반된 위험을 한층 예리하게 자각했다. 그는 이성의 능력에 대해 더욱 비관적이었다. 하나님의 계시 없이 이성이 홀로 진리를 발견한다는 것은 있을 수 없는 일이었다. 이런 이유에서 그는 철학의 활동반경을 짧은 끈으로 묶어두고자 했으며, 아리스토텔레스와 그 주석가들이 계시의 가르침으로부터 조금이라도 이탈했다고 생각되면 어떠한 쟁점에서든지 그들을 쉽게 포기해버릴 수 있었다. 일례로 그는 세계의 영원성을 아예 그 가능성조차 부정했다. 개개인의 영혼에 관해서는, 심령일원설을 거부하고 개별 영혼의 불멸성을 고수했다. 개별 영혼은 그 스스로가 하나의 실체(영적 형상과 영적 질료의 결합체)로서 육체가 소멸한 후에도 존속한다는 것이었다. 그는 점성술의 결정론적 함축에 대해서도 맹공을 가했다. 끝으로 그는 아리스토텔레스의 자연주의에 대립적인 견지에서, 모든 인과관계에는 하나님의 섭리가 작용함을 강조했다.[19]

---

19) 13세기의 다양한 철학전통들에 대한 보나벤투라의 입장은 열띤 논쟁거리가

그로스테스트와 베이컨과 보나벤투라의 경력을 통해 우리는 13세기 초중반의 중요한 흐름을 파악할 수 있다. 아리스토텔레스 체계에 대한 지식이 증가하고 있었다는 것, 그 체계의 내용에 대해서는 존경과 의심이 혼합되어 있었다는 것, 아우구스티누스나 플라톤의 사상을 아리스토텔레스 원문에 비추어 해석하는 경향이 있었다는 것. 아리스토텔레스 철학을 더욱 확실하게 정복하고 그 내용에 대해 한층 개방적인 태도를 취한 것은 13세기 중후반에 활동한 두 명의 도미니쿠스 수도사였다. 알베르투스 마그누스(Albert the Great)와 토마스 아퀴나스(Thomas Aquinas)가 그들이다.

알베르투스 마그누스(1200년경~1280)는 독일에서 태어나 이탈리아의 파도바대학과 쾰른의 도미니쿠스 수도원 학교에서 교육을 받았다. 그는 1240년대 초에 신학을 연구하기 위해 파리로 유학했으며 그곳에서 1245년에 신학 석사학위를 취득했다. 이후 3년 동안 그는 당시 파리대학이 도미니쿠스회에 할당한 두 개의 교수직 중 하나를 차지했다. 토마스 아퀴나스는 이 시기에 그의 제자가 되었으며, 알베르투스가 1248년에 쾰른의 도미니쿠스 수도원 학교를 재편해 달라는 요청으로 쾰른으로 되돌아가게 되었을 때 그를 수행했다. 알베르투스가 남긴 아리스토텔레스 주석본은 그 대부분이 파리를 떠난 후에 작성되었다. 따라서 그의 주석본은 (아리스토텔레스 《윤리학》에 관한 주석을 제외하면) 대학강의의 결과물이 아니라, 도미니쿠스 수도사를 교육하려는 의도에서 (대학교육 과정과는 무관하게) 집필된 것이었다.[20]

되어왔다. 여러 대안들을 해설하면서 그 가운데 적합한 것을 선택하려는 그의 시도에 관해서는 Van Steenberghen, *Aristotle in the West*, pp. 147~162; Knowles, *Evolution of MediaevalThought*, pp. 236~248; 그리고 John Francis Quinn, *The Historical Constitution of St. Bonaventure's Philosophy*, 특히 pp. 841~896을 참조할 것. 이 논저들에서 독자들은 더욱 풍부한 참고자료들을 얻을 수 있을 것이다.

20) 알베르투스의 생애와 저작에 관해서는 James A. Weisheipl, "The Life and Works of St. Albert the Great," in Weisheipl, ed., *Albertus Magnus and*

알베르투스는 서구 기독교 세계에서 아리스토텔레스 철학에 대한 포괄적 해석을 최초로 시도한 인물이었다. 그가 기독교적 아리스토텔레스주의의 실질적 창시자로 거명되곤 하는 이유는 여기에 있다. 그렇다고 해서 그가 아리스토텔레스 철학에만 매달렸던 것은 아니다. 그의 초기 주석본 가운데는 신플라톤주의 계열의 저자에 관한 것도 있었으며 말년

[그림 10.4] 알베르투스 마그누스. 토마소 다 모데나(Tommaso da Modena)의 프레스코화(1352년 작품). 트레비소(Treviso)에 있는 성 니콜로(San Niccolo) 수도원 소장품.

---

the Sciences, pp. 13~51과 부록 1(pp. 565~577)을 참조할 것.

의 그는 플라톤 철학에 몰두하기도 했다. 역주〔7〕 더욱이 그는 오류로 판단되는 아리스토텔레스 학설을 교정하거나 폐기하고, 그 대신 다른 학설에서 발견한 진리의 조각으로 대체할 자세를 늘 갖추고 있었다. 이런 자세로, 그는 아리스토텔레스 철학의 깊은 의미에 천착했으며 도미니쿠스 수도회를 위해 아리스토텔레스 철학의 총체적 재해석에 착수했다. 아리스토텔레스 《물리학》에 대한 주석본 서문에서 그는 다음과 같이 해설했다.

> 우리의 목적은… 최선을 다하여 우리 수도회 형제들을 만족시키는 일이다. 형제들은 꽤 오래전부터 물리학관련 서적을 집필해 달라고 우리에게 요청해왔다. 그들은 이런 종류의 책으로부터 자연과학에 대한 완전한 해설을 얻는 동시에 아리스토텔레스의 작품을 올바르게 이해할 수 있으리라는 기대를 가지고 있었다.[21]

알베르투스는 아리스토텔레스 《물리학》에 대한 주석 요청에 만족하지 않고, 당시에 이용가능한 모든 아리스토텔레스의 작품에 대해 주석이나 풀어쓰기를 시도했다. 그 결과 19세기에 편집된 '알베르투스 전집'으로 계산하면, 두꺼운 책 12권(총 8천 페이지 이상)의 분량이 작성되었다. 그는 주석과정에서 아리스토텔레스와는 크게 관련이 없는 많은 내용을 삽입했으며, 그런 방식으로 자신의 연구와 사색의 결론을 소개했다. 어쨌든 아리스토텔레스의 전 체계에 대해 이만큼 심혈을 기울인 사례는 알베르투스 이전에는 전혀 없었으며 이후로도 거의 발견하기 힘들다.

이처럼 고된 작업에 의해 알베르투스가 추구한 목적은 아리스토텔레스 철학의 탁월한 설명력을 드러내서 이용가능하게 만드는 일이었다. 아리스토텔레스 철학은 그에게 신학연구를 위한 필수전제로 간주되었다.

---

21) Benedict M. Ashley, "St. Albert and the Nature of Natural Science," in Weisheipl, ed., *Albertus Magnus and the Sciences*, p. 78로부터 인용. 알베르투스의 사상은 이 논문집에 수록된 논문들 외에도 Van Steenberghen, *Aristotle in the West*, pp. 167~181; Francis J. Kovach and Robert W. Shahan, eds., *Albert the Great: Comparative Essays* 등을 참조할 것.

물론 철학을 하녀의 처지로부터 구제할 생각은 없었지만, 그는 철학에게 한층 폭넓은 책임을 부과하려는 의도를 가지고 있었던 것 같다. 알베르투스의 동시대인 중에서는 로저 베이컨 정도가 비슷하게 거시적 안목으로 신학연구에서 새로운 학문의 중요성을 파악했다고 볼 수 있다. 하지만 베이컨은 청년시절에 파리에서 강의한 이후로 줄곧 수학적 과학(특히 광학)에 심혈을 기울였고 새로운 학문을 전체적으로 선전하는 저술활동에 몰두한 반면에, 알베르투스는 아리스토텔레스의 전 체계를 꼼꼼하게 읽고 해석하는 작업에 헌신했다. 오늘날 역사가들은 아리스토텔레스 전통과 결별한 학자에게만 명예를 부여하는 경향이 있다. 그렇지만 서구 기독교 세계를 아리스토텔레스 전통에 접목시킨 주역, 알베르투스에게도 그에 합당한 관심과 존경을 기울여야 마땅할 것이다.

한편 알베르투스는 아리스토텔레스가 놓치거나 피상적으로 다룬 주제에 관해서는 그의 원문을 보충하는 것, 아리스토텔레스가 틀린 대목에서는 이를 교정하는 것이 자신의 의무라고 생각했다. 알베르투스는 아리스토텔레스의 찬란한 업적에 깊은 감명을 받기는 했어도 그의 노예가 될 생각은 없었던 것이다. 이런 사명을 수행하기 위해 그는 원문을 구석구석 꼼꼼히 읽었다. 그가 가장 크게 의존한 선배는 아비케나였다. 플라톤, 유클리드, (제한적이지만) 갈레노스, 알킨디, 아베로이즈, 콘스탄티누스 아프리카누스, 그밖에도 그리스와 아랍 세계와 라틴 세계의 많은 저자들이 그에게 도움을 주었다. 아리스토텔레스의 원문을 해석하다가 문제에 부딪치면, 그는 이들의 자료에 의존해서 문제를 해결하곤 했다.[22]

알베르투스는 동식물의 직접 관찰자로서도 놀랍도록 예리한 면모를 보여주었다. 직접 관찰로 꿩의 짝짓기에 대한 아비케나의 주장을 수정한 것은 좋은 사례이다. 그는 독수리 둥지 한 곳을 6년 동안 주기적으로 방문했노라고 보고하기도 했다. 식물학 분야에서도 그는 중세를 통틀어 가

---

22) 알베르투스가 이용한 자료들에 관해서는 Weisheipl, ed., *Albertus Magnus and the Sciences*에 수록된 논문들을 참조할 것.

장 뛰어난 현장 식물학자였다.[23] 그의 지적 에너지는 끝없이 방출되었다. 그는 신학을 벗어나서도 방대한 (전체의 절반 남짓한) 저작을 남겼다. 여기에는 물리학, 천문학, 점성술, 연금술, 광물학, 생리학, 심리학, 의학, 자연사, 논리학, 수학 등 다양한 분과에 걸친 작품이 포함된다. 그는 거장의 솜씨로 그 모든 분과들을 다루었던 바, 이 같은 권위는 왜 이미 생전부터 "위인"(*Magnus*)이라는 별명이 붙어다녔는지를 설명해준다. 지적 경쟁자에 대해 그리 너그럽지 못했던 로저 베이컨이 왜 그를 그토록 적대시했는지도 비슷한 맥락에서 설명된다.

아리스토텔레스주의에서 특히 예민한 쟁점들, 즉 13세기 초에 아리스토텔레스 교육 금지령을 초래했고 여전히 그의 수용을 주저하게 만들고 있던 쟁점들에 대해, 알베르투스는 어떤 입장을 취했던가? 우선 세계의 영원성이라는 뜨거운 쟁점에 관해서는, 그는 기독교 창조론에 대한 충성심에서 한 발짝도 물러서지 않았다. 일찍부터 그는 철학만으로는 이 쟁점을 해결할 수 없으므로 계시의 가르침을 그대로 따르는 것이 우리의 의무라는 입장을 취했다. 이런 입장은 시간이 흐를수록 강화되어, 영원한 우주의 관념은 그 자체가 철학적 모순이기 때문에 신학의 도움 없이 철학만으로는 그 문제를 해결할 수 없다는 확신으로 굳어졌다. 그렇지만 철학은 적절하게 실행되기만 한다면 신학과 갈등을 야기하지는 않는 것으로 간주되었다.

알베르투스가 더욱 큰 관심을 기울인 쟁점은 인간영혼의 자연본성과 기능에 관한 것이었다. 영혼이 육체로부터 독립된 (육체가 죽은 후에도 살아남는) 불멸의 실체임을 유지하면서도, 어떻게 일상적 지각과 활동을 가능케 하는 영육의 결합상태를 동시에 설명할 수 있을까? 섬세한 지략이 필요한 이 문제를 푸는 과정에서, 알베르투스는 영혼불멸성을 고수하

23) Karen Reeds, "Albert on the Natural Philosophy of Plant Life," in Weisheipl, ed., *Albertus Magnus and the Sciences*, p. 343. 이 책에는 동식물군이며 광물에 대한 관찰자로서의 알베르투스를 다룬 뛰어난 논문들도 수록되어 있다.

려면 영혼이 육체의 형상이라는 아리스토텔레스의 견해를 부정해야만 한다는 것을 깨달았다. 그래서 그는 아리스토텔레스의 주장을 플라톤과 아비케나의 의견으로 대체했다. 영혼은 육체로부터 분리가능한 영적·불멸적 실체라는 것이었다. 그러나 아리스토텔레스가 전면 부정되지는 않는다. 영혼은 실제로는 육체의 형상이 아니지만, 형상의 기능을 수행한다는 것이 알베르투스의 해결책이었다.[24]

끝으로 검토할 것은 알베르투스가 아리스토텔레스 철학의 '이성주의'에 어떻게 반응했던가 하는 문제이다. 그는 인간활동의 모든 구석에 철학방법을 적용하려는 시도를 어떻게 생각했을까? 그는 아리스토텔레스 세계관을 동료에게 주입하는 것이 자기의 과제라고 생각했으며, 이런 관점에서 강력한 형태의 이성주의 프로그램에 헌신했다. 그는 철학과 신학의 방법론적 구분을 제안했으며, 신학의 도움 없이 철학 혼자서 증명할 수 있는 것은 없을까를 고심하기도 했다. 알베르투스는 아리스토텔레스 전통의 "자연주의" 성향을 줄이거나 은폐하려 들지도 않았다. 중세 사상가라면 누구나 그랬듯이, 알베르투스도 만물의 종국적 원인이 하나님임을 인정했다. 그러나 하나님은 일상에서는 자연적 원인을 수단으로 삼는바, 자연철학자는 자연적 원인을 그 한계에 이르도록 연구할 의무를 갖는다는 것이 그의 입장이었다. 더욱 놀라운 것은 성경의 기적을 논할 때도 이 같은 방법론적 권고를 고수했다는 점이다. 노아의 홍수는 귀감사례이다. 보통사람들은 노아의 홍수를 포함한 홍수의 원인을 하나님의 의지로 돌리곤 한다. 그러나 하나님은 자연적 원인을 이용해서 자신의 목적을 실현하므로, 철학자라면 하나님의 의지에서 원인을 구할 것이 아니

---

24) 알베르투스의 영혼이론은 Anton C. Pegis, *St. Thomas and the Problem of the Soul in the Thirteenth Century*, 3장; 그리고 Katharine Park, "Albert's Influence on Mediaeval Psychology"에서 논의되었다. 세계의 영원성에 대한 알베르투스의 견해는 Thomas Aquinas, Siger of Brabant, and Bonaventure, *On the Eternity of the World*, trans. Vollert et al.에 실린 번역자 서문, p. 13을 참조할 것.

라, 하나님이 홍수를 일으킬 때 사용한 자연적 원인에 천착해야 한다는 것이었다. 만일 철학자가 노아의 홍수를 논의하면서 하나님의 원인을 들먹인다면, 이것이야말로 철학과 신학의 확고한 경계선을 무너뜨리는 재앙이 될 것이었다.[25)]

한마디로 알베르투스의 프로그램은 아리스토텔레스 철학을 이해하고 유포하는 일이요, 그의 철학이 신학과 종교에 제공하는 효용을 존중하는 일이었다. 이러한 사업은 제자 토마스 아퀴나스(1224년경~1274)에 의해 계승되었다. 토마스는 이탈리아 중남부의 소귀족 가문에서 태어나(누르시아의 베네딕투스가 6세기에 설립한) 몬테카시노의 베네딕투스 수도원에서 교육을 받았다. 이어서 나폴리대학 교양학부에서 연구를 계속하던 중에, 그는 아리스토텔레스 철학에 입문했으며 다시 도미니쿠스 수도회에 가입했다. 그후 파리로 파견된 그는 파리대학에서 1256년에 신학박사학위를 취득했다. 그는 여생을 가르침과 글쓰기로 보냈다. 여기에는 파리대학에서 수행된 두 차례의 짧은 신학강의(1257~1259, 그리고 1269~1272)가 포함된다.

토마스는 알베르투스와 마찬가지로 이교학문과 기독교 신학 사이의 적절한 관계를 정립함으로써 신앙과 이성의 문제를 해결하려는 희망을 가지고 있었다.[26)] 신앙과 모순된다는 이유로 철학을 무시하는 자들을

---

25) 알베르투스의 자연주의 프로그램과 노아의 홍수에 관해서는 Albert, *De causis proprietatibus elementorum*, I. 2. 9., in Albert the Great, *Opera omnia*, ed. Augustus Borgnet, 38 vols. (Paris: Vivès, 1890~1899), vol. 9, pp. 618~619를 참조할 것. Cf. Lynn Thorndike, *History of Magic and Experimental Sciences*, vol. 2, p. 535.

26) 토마스 아퀴나스에 관한 연구성과는 방대하다. 그의 생애에 관해서는 James A. Weisheipl, *Friar Thomas d'Aquino: His Life, Thought and Works*를 참조할 것. 그의 학문적 업적을 잘 요약한 것들로는—짧은 글부터 순서대로 열거하자면—Knowles, *Evolution of Mediaeval Thought*, 21장; Ralph McInerny, *St. Thomas Aquinas*; M.-D. Chenu, *Toward Understanding St. Thomas Aquinas*; 그리고 Etienne Gilson, *The Christian Philosophy of St. Thomas Aquinas*를 참조할 것. 비단 위의 연구들만이 아니라 토마스 아퀴나스에 관한 거의

겨냥해서 토마스는 아래와 같이 주장했다.

> 인간정신에 들어 있는 자연의 빛〔즉, 철학〕은 신앙으로만 알 수 있는 것을 알려주기에는 적합지 못한 것이지만, 하나님이 신앙을 통해 우리에게 가르쳐주신 것이 자연이 우리에게 선물한 것과 모순될 수는 없다. 둘 중에서 어느 것이 오류라면, 그 둘 모두가 하나님에서 유래한 것이라는 점에서 하나님이 오류의 원인이 될 것인즉, 이것은 결코 있을 수 없는 일이다.[27]

아리스토텔레스 철학과 기독교 신학은 방법론상 서로 구별되지만, 진리를 향한 두 갈래 길로서는 양립될 수 있다. 철학은 감각과 이성 같은 인간의 자연적 능력을 이용해서 그 나름의 진리에 도달한다. 신학은 인간의 자연적 능력으로는 발견할 수도 이해할 수도 없는 진리, 곧 계시에 의해 주어지는 진리에 접근할 수 있도록 해준다. 두 갈래 길은 서로 다른 진리에 도달할 때도 있지만 결코 우리를 모순된 진리로 이끌지는 않는다.

이 말을 철학과 신학이 평등하다는 뜻으로 해석해도 될까? 당연히 그렇지 않다. 신학과 철학의 관계는 완성과 미완성의 관계, 혹은 완전과 불완전의 관계라는 것이 토마스의 입장이었다. 그렇다면 철학을 연구하느라 고생할 이유는 어디에 있을까? 철학은 신앙에 꼭 필요한 봉사를 제공한다는 것이 이유의 전부다. 첫째, 철학은 그가 "신앙의 단서"(*preambles*)

모든 연구들은 오늘날의 토미스트들(*Thomists*)에 의해 작성되었다. 이 연구들은 토마스의 철학에 천착하는 가운데 그의 미덕들을 별 거리낌 없이 추켜세운다. (토마스가 "옳았다"는 선입견에 따라) 그를 중세사상의 영광스러운 백미로 간주하는 경향은 이 연구들의 결함이라 아니할 수 없다. 가치판단을 피하면서도 토마스가 이룬 업적의 본질을 간명하게 파악한 해설은 Julius Weinberg, *A Short History of Mediaeval Philosophy*, 9장을 참조할 것.

27) Thomas Aquinas, *Faith, Reason and Theology: Questions I-IV of His Commentary on the De Trinitate of Boethius*, trans. Armand Maurer, p. 48. 이 네 질문들 중 앞의 두 개는 신앙의 문제에 철학의 적용을 정당화하는 데 할애되고 있다.

라 부른 것을 증명해줄 수 있다. 하나님의 존재나 하나님의 유일성처럼, 신앙의 싹으로 당연시되는 기초명제를 증명해주는 것이 바로 철학이다. 둘째, 철학은 자연세계로부터 이끌어낸 유비를 이용해서 신앙의 진리를 해설해줄 수 있다. 이와 관련해서 토마스가 적절한 사례로 언급한 것은 삼위일체론이다. 셋째, 철학은 신앙에 대한 갖가지 반론을 물리칠 수 있다.28)

이런 입장은 아우구스티누스 이래로 지속된 하녀론을 재확인한 것에 불과해 보일지 모른다. 그러나 토마스는 하녀론의 내용을 크게 바꾸었다. "철학"이라는 하녀는 여전히 신학사업에 종속되며 여전히 하녀에 불과했지만, 그녀의 효용과 신용은 크게 확장되었다. 철학의 책임은 그만큼 확대되었고 철학의 위상도 그만큼 상승했다. 더욱이 토마스는 신학의 지나친 밀착감시가 줄어들 때 철학의 과제는 한층 멋지게 달성될 것이라고 믿었다. 철학과 신학은 각자의 능력에 맞는 고유한 영역을 가지며, 각자의 고유한 영역 안에서만 신용을 얻을 수 있다. 행성운동의 원인과 그 자세한 내용을 알고 싶다면 철학자를 참조해야 할 것이요, 신적 구원의 속성이나 계획을 알려 한다면 신학에 입문해야 마땅할 것이었다. 토마스는 철학사업을 존중했으며, 가능하다면 언제든지 철학을 이용해야 한다고 생각했다. 이런 결정은 아우구스티누스의 입장을 크게 벗어난 것으로, 그를 13세기 후반의 자유주의·진보주의 신학자 진영의 최전방에 자리 매김한다.

철학과 신학은 방법론상의 경계선에도 불구하고 상호 중첩되는 영역을 갖는다. 일례로 창조주의 존재는 이성에 의해서도, 계시에 의해서도 인식될 수 있지 않은가? 철학자도 신의 존재를 증명할 수 있고 신학자도 성경주석에 의해 신의 존재를 증명할 수 있다. 이런 사례에서 신학과 철학의 관계는 어떤 원리에 의해 규정되는가? 가장 기본적인 원리는 신학과 철학 사이에 실질적 갈등이 있을 수 없다는 것이다. 계시와 인간이성

28) 같은 책, pp. 48~49.

은 모두 하나님에서 유래하기 때문이다. 갈등이 있다면, 그것은 실질적인 것이라기보다 피상적인 것이요, 저질 철학이나 저질 신학의 파생물일 뿐이다. 따라서 갈등을 치유하기 위한 최선책은 저질 철학이나 저질 신학을 재검토하는 일이다.

토마스는 이 같은 자신의 권고를 실제 작업에서 얼마나 실천했을까? 특히 앞 절에서 나열된 아리스토텔레스의 골칫거리 학설에 대해, 토마스는 자신의 치료법을 얼마나 성공적으로 적용했을까? 간단히 답하자면, 토마스는 아리스토텔레스 철학으로 인해 야기된 모든 쟁점을 엄격하고 꼼꼼하게 따졌다. 《세계의 영원성에 관하여》, 그리고 아베로이즈의 심령일원설과 영혼의 자연본성을 다룬 《지성의 단수성에 관하여: 아베로이즘 반론》 등 두 권의 저서에서, 그는 아리스토텔레스의 논쟁점을 직접 논의했다. 우선 세계의 영원성부터 살펴보자. 계시는 세계가 특정 시점에 창조되었음을 전하지만 철학으로는 그 문제를 해결할 수 없다. 따라서 세계의 영원성을 철학적 모순으로 보는 (보나벤투라 같은) 자는 오류를 범한 셈이다. 우주가 창조되었다는 주장(우주의 존재가 하나님의 창조능력에 의존한다는 주장)은 우주가 영원히 존재한다는 주장과 모순을 이룰 수 없기 때문이다.[역주〔8〕] 영혼의 자연본성에 관해서는, 토마스는 영혼이 육체의 실질적 형상(즉, 질료인 육체와 결합해서 개별 인간을 형성하는 것)이라는 아리스토텔레스의 주장에 동의했다. 그러나 영혼이라는 형상은 특수한 종류의 형상이기 때문에 육체와 떨어져서 존재할 수 있으며, 따라서 사멸하지 않을 수 있었다. 토마스는 이런 해결책이 아리스토텔레스의 사상에 어긋나는 것이 아니라고 주장하기도 했다.[29)]

우리는 지금까지 신앙과 이성의 문제에 대한 토마스의 해결책을 살펴보았다. 그는 신앙과 이성이 함께 활동할 공간을 마련했으며, 기독교 신학과 아리스토텔레스 철학을 섬세하게 짜깁기해서 오늘날 "기독교적 아

---

29) 세계의 영원성 및 영혼의 자연본성에 대한 토마스의 입장을 훌륭하게 분석한 것으로는 Van Steenberghen, *Aquinas and Radical Aristotelianism*, 1~2장을 참조할 것.

리스토텔레스주의"라 불리는 것을 엮어냈다. 역주[9] 그 과정에서 토마스는 아리스토텔레스를 기독교화할 필요가 있었다. 그는 계시의 가르침과 갈등을 일으킬 소지가 있는 아리스토텔레스 학설에 맞서 싸워야만 했으며, 아리스토텔레스가 범한 오류를 교정해야만 했다. 동시에 그는 기독교를 "아리스토텔레스화"했다. 아리스토텔레스의 형이상학과 자연철학으로부터 주요내용을 추출해서 기독교에 주입했던 것이다. 그리하여 길게 보면 토미즘은 결국 19세기에 가톨릭 교회의 공식입장을 대변하게 되었다. 하지만 단기적으로는 그는 보수 신학자들에게 위험한 급진인사로 비추어졌다. 지금부터 이 문제를 검토해보기로 하자.

5. 급진 아리스토텔레스주의, 그리고 1270년과 1277년의 금지조치

알베르투스 마그누스와 토마스 아퀴나스는 강력한 철학을 편든 자유주의 운동의 기수였다. 그렇지만 그들에게 철학은 아무리 강해도 여전히 하녀였다. 이성이 계시를 관장한다는 것은 허용될 수 없었다. 그들은 철학을 밀고 나갈 수 있는 한 밀고 나갔으나 이성과 신앙의 조화에 성공한 후에는 더 이상 철학문제에 매달리지 않았다.

그러나 어떤 하녀가 반항하거나 반란을 일으킬 생각이 든다면, 그녀는 이미 상당한 힘을 비축한 상태라고 보아야 하지 않을까?30) 노아의 홍수 같은 성경의 기적이 자연적 원인으로 환원되었을 때, 사태는 이미 걷잡을 수 없는 지경이 된 것이 아니었을까? 파리에서 사태의 추이를 관측하던 보수 신학자들을 사로잡은 것은 바로 이러한 의구심이었다. 그리고 곧 밝혀지겠지만 그들의 불안감에 근거가 없는 것은 아니었다. 부족하나마 현존하는 증거에 비추어보면, 알베르투스와 토마스가 철학과 신학의

---

30) 급진 아리스토텔레스주의와 그 결과에 대한 논의는 에드워드 그랜트(Edward Grant)의 탁월한 연구, "Science and Theology in the Middle Ages"를 참조할 것.

조화를 모색하고 있었을 시절부터 이미 교양학부의 일부 선생은 위험한 철학이론을 가르치기 시작했음이 분명하다. 그들은 그런 철학이론이 신학적으로 어떤 결과를 초래할지 심각하게 고려치 않았다. 그들은 단호하고도 공격적인 태도로 과업을 수행했으며, 외부권위에 굴복하거나 연연해 할 필요를 느끼지 않았다. 철학과 신학의 조화는 그들에게 더 이상 관심사가 될 수 없었다.

이 급진파의 지도자로 가장 유명한 인물은 브라방의 시제(1240년경~1284)였다. 역주〔10〕 혈기 방장한 청년기에 파리대학 교양학부 선생으로 취임한 시제는 세계의 영원성과 아베로이즘의 심령일원설에 대한 옹호로 교육경력을 개시했다. 그는 그런 학설에 영혼불멸성을 위협하는 위험한 함축이 있다는 것을 크게 개의치 않았다. 그의 목적은 어떤 주제에서든 신학의 눈치를 보지 않고 철학을 수행하는 것이었다. 이런 맥락에서 그는 자신의 결론이야말로 철학을 제대로 연구하면 필연적으로 도달할 수밖에 없는 것이라고 주장했다. 그러나 토마스가 주로 자신을 겨냥해서 《지성의 단수성에 관하여: 아베로이즘 반론》을 출판하자, 시제는 영혼의 자연본성에 대한 입장을 정통 기독교 교리에 맞게 수정했다.[31] 나이도 들었지만 신학자들과 심한 싸움을 벌이면서 그만큼 현명해진 덕택이었다. 신중한 자세로 변신한 시제는, 자신의 철학적 결론은 오류 아닌 필연적 결과지만 그렇다고 해서 진리일 필요는 없다는 주장으로 후퇴했다. 그리고 〈진리〉의 문제에서는 기독교의 신조를 재확인했다. 그의 신앙고백을 액면 그대로 받아들여야 할까, 아니면 시제가 교회 지도부를 달래

---

31) 가장 최근의 해석이 내린 판단에 의하면, 시제가 그렇게 한 것은 그가 신학에 굴복했기 때문이 아니라, 토마스의 〈철학적〉 논증의 위력에 이끌려 그 자신의 철학적 입장을 반성하고 교정했기 때문이라고 한다. 이에 관해서는 Van Steenberghen, *Les oeuvres et la doctrine de Siger de Brabant*을 참조할 것. 같은 저자의 *Aristotle in the West*, pp. 209~229, 그리고 *Aquinas and Radical Aristotelianism*, pp. 6~8, 35~43, 89~95도 참조할 것. 그러나 내가 보기에, 시제가 신학적으로 정통적인 결론에 도달할 필요로 인해 자신의 철학적 순수성을 얼마간 누그러뜨렸을 가능성도 전혀 없는 것은 아니다.

고 있었을 뿐이라고 해야 옳을까? 역사가들의 평가는 양편으로 갈려 있다. 그렇지만 어떻게 해석하든 시제의 공식입장에 위험한 함축이 내포되어 있다는 것은 분명하다. 철학은 적절하게 추진될 때 신학과 모순된 결론에 도달할 수 있기 때문이다. 역주〔11〕

급진주의자들의 입장은 《세계의 영원성에 관하여》라는 소책자에서 잘 예시된다. 이 책은 시제가 주도한 서클의 회원, 다시아의 보에티우스가 쓴 작품이다. 역주〔12〕 여기서 두드러진 특징은 철학논증과 신학논증을 엄격하게 구분한 점이다. 아리스토텔레스주의를 논박하고 기독교 창조론을 옹호하기 위해 사용된 모든 철학적 논거들을 체계적으로 수집해서 일일이 반박한 뒤에, 그는 철학자가 철학자답게 말하려면 세계의 영원성을 옹호하는 것 말고는 다른 대안이 없음을 증명했다. 그럼에도 불구하고 그는 자신도 신학과 신앙에 따라 창조론을 수용했음을 명백히 밝히면서, 이는 기독교인으로서의 마땅한 자세라고 덧붙였다.

보에티우스도 결국은 기독교 신조에 굴복한 셈이었다. 그렇지만 그 사이에 그는 극도로 이성주의적인 노선을 드러냈다. 이성적 탐구가 가능하면서도 철학자에게 연구하거나 해결할 자격이 없는 문제는 있을 수 없다는 것이었다. "이성에 의해 논의될 수 있는 모든 문제를 결정하는 것은 철학자의 몫"이라는 것이었다.

> 왜냐하면 이성적 논증에 의해 논의할 수 있는 모든 문제는 존재의 일부에 불과하기 때문이다. 물론 철학자는 자연적 존재, 수학적 존재, 신적 존재 등 모든 존재를 연구한다. 이 가운데서 철학자가 결정할 수 있는 것은 이성적 논증에 의해 논의될 수 있는 모든 문제이다.

이어서 보에티우스는 창조의 문제를 다루었다. 자연철학자는 창조를 그 가능성조차 검토해서도 안 된다. 창조의 가능성을 검토하기 위해서는 초자연적 원리를 도입해야 할 것인즉, 이는 철학의 영역을 벗어난 일이라는 이유였다. 그는 죽은 자의 부활에 대해서도 비슷한 입장을 취했다. 자

연적 원인의 견지에서는 부활이 불가능하기 때문에 부활은 자연철학의 대상이 될 수 없다는 것이었다.[32)]

이런 시도는 엄격성 면에서도 인상적이지만, 더욱 인상 깊은 것은 신학의 최고 권위를 인정하면서도 신앙과는 무관하게 철학논증을 논리적 결론까지 끌고 가려는 그의 자세이다. 당시 신학부와 종교당국은 이런 움직임에 설득되기보다 곱지 않은 시선을 보냈다. 시제와 보에티우스, 그리고 이들의 추종자는 점증하는 위협으로 보였다. 번번이 신앙에 반한 결론에 도달하는 한, 철학은 더 이상 신앙의 충실한 하녀로 간주될 수 없었다. 하녀이기는커녕 철학은 이제 단호한 조치가 시급한 적대세력이요, 위협으로 보이기 시작했다.

결정적 조치는 파리 대주교 에티엔느 탕피에가 1270년과 1277년 등 두 차례에 걸쳐 내린 금지였다.[역주〔13〕] 첫 번째 금지조치는 시제와 동료 급진주의자들이 교양학부에서 가르쳤다고 알려진 13개의 철학명제를 겨냥한 것이었다. 이 조치는 보나벤투라와 토마스 아퀴나스의 입김이 작용한 것으로, 교양학부 내 급진주의 비주류의 활동에 대한 기성 신학부의 반응을 보여준다. 그러나 1277년에 이르도록 위협은 한층 광범위하고 심각해졌던 것 같다. 이전의 금지조치로는 급진 아리스토텔레스주의를 제거할 수 없음이 점차 분명해지고 있었다. 점증하는 위협에 대해 신학부의 보수주의자들은 반격의 강도를 높여갔다. 그들에 비해 조금이라도 자유로운 입장을 견지한 자들은 모두 한통속으로 위험시되었다. 1277년의 금지조치는 그 결과였다. 아퀴나스 서거 3주년 기념행사에 맞추어 반포된 이 조치에서, 금지명제는 총 219개로 크게 늘었다. 이런 명제를 교육하면 파문의 이유로 삼겠다는 것이 공표되었다. 역설적이게도 금지목록에 포함된 15～20개의 명제는 아퀴나스의 교시로부터 추출된 것이었다. 여기서 잠시 멈추고 금지명제의 내용을 일부나마 검토한 후에 탕피에의 조

---

32) Boethius of Dacia, *On the Supreme Good*, *On the Eternity of the World*, *On Dreams*, pp. 36～67. 인용은 p. 47.

[그림 10.5] 12~13세기에 걸쳐 건축된 파리의 노트르담 대성당.

치가 갖는 의의를 평가하기로 하겠다.[33)]

아리스토텔레스 철학의 위험한 요소는 두 차례에 걸친 탕피에의 금지 명제 목록에 빠짐없이 포함되었다. 세계의 영원성, 심령일원설, 개인의 불멸성에 대한 부정, 결정론, 하나님의 섭리에 대한 부정, 자유의지에 대한 부정 등이 모두 열거되었다. 시제를 위시한 급진주의 진영의 이성

33) 두 차례 금지조치에 대한 간단한 해설은 Van Steenberghen, *Aristotle in the West*, 9장; John F. Wippel, "The Condemnations of 1270 and 1277 at Paris"; Edward Grant, "The Condemnation of 1277, God's Absolute Power, and Physical Thought in the Late Middle Ages" 등을 참조할 것. 자연철학과 관련지어 금지조치를 상세하게 분석한 것으로는 Pierre Duhem, *Les système du monde*, vol. 6; 그리고 Roland Hissette, *Enquête sur les 219 articles condamnés à Paris le 7 mars 1277*을 참조할 것. 1277년의 포고령과 금지된 명제들의 영어 번역은 Ralph Lerner and Muhsin Mahdi, eds., *Mediaeval Political Philosophy: A Sourcebook* (New York: Free Press of Glencoe, 1963), pp. 335~354에 수록되어 있음. 자연철학과 관련된 명제들을 선별하여 해설과 풍부한 주석을 첨가한 자료는 Edward Grant, *A Source Book in Mediaeval Science*, pp. 45~50을 참조할 것.

주의도 명백한 표적이 되었다. 1277년 조치가 금지한 명제의 실례를 들어보자. 이성적 방법이 적용될 수 있는 주제를 놓고 발생한 논쟁에 대해서는 철학자가 해결할 권리를 갖는다는 명제가 금지되었다. 권위에 의존한다고 해서 확실한 결론이 보장되는 것은 아니라는 명제도 금지되었다. 아리스토텔레스 전통의 자연주의도 1277년 조치의 뚜렷한 과녁이었다. 일례로 이차적 원인(자연적 원인)은 자율성을 갖기 때문에 일차적 원인(하나님)이 간섭하지 않아도 순조롭게 작동한다는 명제가 금지되었다. 하나님은 다른 사람(여자)을 매개로 하지 않고는 한 남자(아담임이 분명함)를 창조할 수는 없었을 것이라는 주장도 비슷한 맥락에서 금지되었다. 끝으로 자연철학자는 자연적 원인만을 따지기 때문에 세계창조를 부정할 자격이 있다는 방법론적 원리도 금지되었다.

이 정도의 금지목록은 우리로서도 충분히 예상할 만한 것이다. 그러나 1277년의 조치는 (자연철학과 직간접으로 관련되지만 서로에 대해서는 이질적인) 명제들을 한통속으로 싸잡아 금지한 측면이 있었다. 그 가운데는 점성술 명제가 포함되었다. 이를테면 천체는 육체만이 아니라 영혼에도 영향을 미친다는 명제, 천체가 현재의 배열상태로 되돌아가는 3만 6천 년을 주기로 현재의 모든 사건이 반복될 것이라는 명제가 금지되었다. 각 천구에는 각자를 움직이는 영혼이 거주한다는 주장도 금지되었다. 금지유형 중에서 특히 중요한 것은 하나님이 할 수 없는 일이 무엇인지를 다룬 명제였다. 아리스토텔레스 철학이 불가능함을 입증한 일은 하나님도 할 수 없다는 명제들이 그런 유형에 속하는데, 이것은 14세기에 불붙은 여러 논쟁을 예비한 점에서 중요성을 갖는다. 예를 들면 철학자들은 아래와 같은 명제를 제시했던 것으로 추정된다. (아리스토텔레스에 따르면 여러 개의 우주가 존재할 수 없으므로) 하나님은 또다른 우주를 창조할 수 없었을 것이다, 하나님은 우리 우주의 가장 바깥쪽 하늘을 직선으로 움직일 수 없을 것이다(직선으로 이동시킨다면 그 뒤에 빈 공간이 진공으로 남게 되는 바, 아리스토텔레스의 철학은 진공의 가능성을 부정하기 때문이다),[34] 그리고 하나님은 실체 없이는 속성을 — 이를테면 붉은 물체

없이는 붉음을 — 창조할 수 없었을 것이다 등등. 이런 명제는 하나님의 자유와 전능하심에 대한 정면도전이라는 이유에서 금지조치되었다. 탕피에, 그리고 그를 도와서 금지목록을 작성한 학자들은 하나님의 자유와 권능을 아리스토텔레스와 철학자들이 제한하도록 그냥 놔두어서는 안 된다는 입장을 취했다. 하나님은 무슨 일이든 할 수 있으며 하나님이 하는 일에는 어떠한 논리적 모순도 있을 수 없었다. 하나님은 여러 개의 우주를 창조할 수도, 실체 없이 속성을 창조할 수도 있었다.

이와 같은 일련의 추세로부터 우리는 무엇을 배울 수 있을까? 두 차례의 금지조치에 대한 연구는 풍부한 성과를 거두어왔지만, 그 중요성이 과장되거나 오해될 때도 자주 있었다. 20세기 초에 피에르 뒤엠은 1277년의 금지조치를 경직된 아리스토텔레스주의에 대한 공격이라고 해석했다. 그에 의하면 그 사건은 완고한 아리스토텔레스 물리학을 공격한 것

---

34) 급진 아리스토텔레스주의자들은 하늘에 직선운동을 부여할 능력이 하나님에게 없다고 주장했는데, 여기서 직선운동은 적어도 두 가지로 해석될 수 있다. a) 하늘 전체와 그 모든 내용물, 한마디로 우주 전체를 이 방향이나 저 방향으로 옮기는 이행(*translation*) 운동, 그리고 b) 하늘이나 하늘의 일부가 우주의 중심으로 향하는 수직 하강운동. a)의 해석은 장 뷔리당(John Buridan)이 아리스토텔레스의 《물리학》에 관한 주석에서 표현했던 것으로, 14세기 중반에 실제로 유행했으며, 20세기에 피에르 뒤엠이 그 해석을 채택하자 그의 막강한 영향력에 힘입어 표준해석이 되어왔다. 후자의 해석은 롤랑 이세트(Roland Hissette)가 최근에 입증했듯이, 아마도 금지조치에 이 조항을 삽입한 사람들이 염두에 두고 있었던 것으로 보인다. 다행스럽게도, 우리로서는 금지조치 당시의 사람들이 두 해석 중 실제로 어떤 것을 염두에 두었는지에 관해 크게 개의할 필요가 없다. 두 해석에서 요점은 동일하기 때문이다. 즉, 하나님은 직선운동 — 그것을 일으킬 때 진공을 남기게 되는 — 을 일으킬 수 없다는 것이 요점이다. Pierre Duhem, *Etudes sur Léonard de Vinci*, vol. 2, p. 412; Anneliese Maier, *Zwischen Philosophie und Mechanik*, pp. 122~124; Edward Grant, "The Condemnation of 1277, God's Absolute Power, and Physical Thought in the Late Middle Ages," pp. 226~231; Hissette, *Enquête sur les 219 articles condamnés à Paris le 7 mars 1277*, pp. 118~120 등을 참조할 것.

이요, 따라서 근대과학의 출생증명에 해당하는 것이었다. 이런 해석은 영리하며 틀렸다고 할 수도 없다. 그 금지조치는 아리스토텔레스의 물리학과 우주론을 벗어나 그 대안을 검토할 것을 학자들에게 종용하고 있었기 때문이다.[35] 여기에는 의심의 여지가 없다. 그렇지만 이런 측면을 강조하다 보면 금지조치의 일차적 의의를 놓치게 된다. 뒤엠은 금지조치가 아리스토텔레스의 정통성을 뒤흔든 핵심사건이라고 보았지만, 1277년에는 그런 정통성이 존재하지 않았다. 아리스토텔레스 철학과 기독교 신학 간의 경계선이나 권력관계는 여전히 조정 중이었다. 아리스토텔레스주의가 정통학설의 위상을 어느 정도로 획득할 것인지는 아직 분명하지 않았다.

이와 동일한 요점을 조금 다르게 표현할 수도 있겠다. 두 금지조치가 중요한 것은 장차 자연철학의 발전과정에 어떤 영향을 미쳤는지를 알려주기 때문이라기보다, 당시까지 진행된 추세에 대해 우리에게 뭔가를 전해주기 때문이다. 거의 한 세기에 걸친 새로운 학문과의 싸움이 끝나갈 무렵에 내려진 그 조치는 보수진영의 반동을 보여준 사건이었다. 철학, 특히 아리스토텔레스 철학의 자율성을 확보하고 그 적용범위를 확장하려는 자유주의·급진주의적 운동을 겨냥한 반동이었다. 그러므로 우리는 그 조치에서 철학의 적용범위가 얼마나 확장되었는지, 그리고 이에 반대하는 세력은 얼마나 강했는지를 읽을 수 있다. 규모와 영향력 면에서 거대집단을 이루고 있던 전통주의자들로서는, 아직 자유주의적 아리스토텔레스주의가 제안한 '용감한 신세계'를 받아들일 자세가 되어 있지 않았다. 급진주의적 아리스토텔레스주의에 대해서는 더 말할 것도 없다. 따

35) Duhem, *Etudes sur Léonard de Vinci*, vol. 2, p. 412; Duhem, *Système du monde*, vol. 6, p. 66. 뒤엠의 주장이 계승된 측면은 Edward Grant, "Late Mediaeval Thought, Copernicus, and the Scientific Revolution," 그리고 "Condemnation of 1277"을 참조할 것. 그랜트의 논문은 뒤엠의 주장을 약화시켰고 또 이에 많은 유보를 가하기는 했지만, 여전히 뒤엠의 영향을 엿볼 수 있다.

라서 사건을 올바르게 판단하자면, 두 금지조치는 근대과학의 승리가 아니라 13세기 보수신학의 승리요, 철학이 신학에 종속됨을 큰 소리로 선언한 것이었다.

두 금지조치는 아리스토텔레스의 결정론에 대한 공격이요, 하나님의 자유와 전능함에 대한 선언이기도 했다. 앞서 주목했듯이 1277년의 금지명제 중에는 하나님이 할 수 없는 일을 다룬 것이 다수 포함되어 있었다. (하늘이 직선으로 이동하면 그 빈 공간에 아리스토텔레스 철학이 부정하는 진공이 형성될 것이라는 이유를 들어) 하나님은 하늘에 직선운동을 부여할 수 없다고 주장하는 명제가 그러했다. 이런 명제를 금지하면서 탕피에가 의도한 것은 아리스토텔레스의 자연철학적 주장을 재검토하자는 것이 아니었다. 사물의 자연상태가 어떠하든지 간에 (그리고 설령 자신이 아리스토텔레스의 설명을 수용하더라도), 하나님은 스스로 원하기만 하면 언제나 간섭할 권능을 가지고 있다는 것이 탕피에의 생각이었다. 진공은 자연에 존재할 수 없을지 몰라도 초자연적으로는 얼마든지 존재할 수 있다. 설령 우리가 사는 우주에는 진공이 없다 하더라도, 자유롭고 전능한 하나님은 얼마든지 또다른 우주를 창조할 수 있을 터였다.[36] 일찍이 아리스토텔레스는 세계를 있는 그대로 기술하기보다, 세계란 마땅히 어떠해야 한다는 식으로 기술했다. 1277년에 탕피에는 아리스토텔레스에 반발하여 세계란 전능하신 창조주께서 만들기로 결정한 모습 그대로 존재할 뿐이라고 선언했다.[37]

그렇다면 이 같은 신학적 주장은 자연철학의 실천에 어떤 함축을 가지는가? 첫째로 금지명제 중에는 새롭고도 긴급한 의문을 제기함으로써 심층적 분석을 자극한 것이 있었다. 하나님은 초자연적 권능을 발휘해서

---

36) 빈 공간 문제에 관해서는 Edward Grant, *Much Ado about Nothing*: *Theories of Space and Vacuum from the Middle Ages to the Scientific Revolution*을 참조할 것. 또한 Grant, "Condemnation of 1277," pp. 232～234 역시 참조할 것.

37) 하나님의 전능하심의 문제에 대한 뛰어난 역사적인 분석은 Francis Oakley, *Omnipotence*, *Covenant*, *and Order*를 참조할 것.

실체 없이도 속성을 창조할 수 있다는 주장을 예로 들어보자. 이 문제는 실체변화(*transubstantiation*) 교리와의 관계에서 중요한 것이었지만,[38] 아리스토텔레스 형이상학의 근본요점(속성 및 실체의 본성, 그리고 속성과 실체의 관계)에 관한 심각한 논쟁을 자극했다. 다른 예로 점성술을 겨냥한 조항 중에는 천체가 원래 배열상태로 되돌아오는 3만 6천 년마다 역사가 반복된다는 주장을 금한 것이 있다. 이 조항은 니콜 오렘(1320년경~1382)을 자극해서 한 편의 수학논고를 작성토록 했다. 오렘은 공약성과 불가공약성의 문제를 검토하면서, 모든 천체가 유한한 시간 안에 원래 배열상태로 되돌아올 가능성이 없음을 증명했다. 천체를 움직이는 존재[역주〔14〕]에 관한 조항은 우주운행에서 영적 존재의 역할에 대한 활기찬 논쟁을 야기했다. 또한 하나님의 무한 창조력을 강조한 조항은 갖가지의 가능한 세계와 가상상황을 논하는 자들에게 면허장을 선물했다. 하나님의 창조력으로는 그 모든 세계가 가능할 것이었기 때문이다. 14세기에 사변적이고 가설적인 자연철학이 봇물처럼 쏟아지게 된 것은 바로 여기에서 비롯된 현상이었다. 그리고 그 과정에서 아리스토텔레스 자연철학의 다양한 원리들은 명료해지기도 했고, 비판받거나 거부되기도 했다.[39]

둘째로 두 금지조치의 많은 조항은 아리스토텔레스 자연철학의 현저한 특징인 '필연론'에 대한 부정적 관심에 의해 자극되었다. 무엇이든 현재의 것으로 되지 않을 수 없다는 아리스토텔레스의 필연성 주장이 하나님의 전능하심의 주장에 굴복하면서부터 아리스토텔레스의 다른 원리도 줄지어 비판에 노출되었다. 가령 하나님이 우리가 살아가는 우주 외에도 다른 우주를 창조할 가능성은 그 자체만으로도 현재 우주의 외부에 (그 가능성에 어울리는) 어떤 공간이 펼쳐져 있다는 생각을 자극하지 않았을

38) 가톨릭 교리에 따르면 실체변화란 성만찬용 빵과 포도주가 예수님의 몸과 피로 변화한 과정을 말한다.

39) Grant, "Science and Technology in the Middle Ages," pp. 54~70, 그리고 Grant, *Nicole Oresme and the Kinematics of Circular Motion*을 참조할 것.

까? 실제로 금지조치 이후로 많은 학자들은 그 가능한 우주를 모두 수용할 만큼 무한한 공간이 우리 우주의 외부에 펼쳐져 있어야 할 것이라는 결론에 도달했다. 비슷한 맥락에서, 어떤 초자연적 능력이 최외곽의 하늘이나 우주 전체를 직선으로 이동시킬 수 있다면, 그 운동이 현실적으로 가능하도록 무한한 공간이 마련되어 있어야 할 것이라는 추론이 뒤따랐다. 아리스토텔레스는 둘러싼 물체의 견지에서 운동을 정의했으며, 따라서 최외곽 하늘 외부에는 그것을 둘러싼 아무것도 존재할 수 없다고 생각했다. 아리스토텔레스의 이러한 정의는 개선되거나 교정되어야 한다는 것이 뚜렷하게 부각되었다.[40]

6. 1277년 이후 철학과 신학의 관계

두 차례의 금지조치는 중세 기독교 세계가 아리스토텔레스 철학을 점진적으로 수용한 과정을 평가하기 위한 척도로서 중요성을 갖는다. 두 조치는 1270년대에 보수정서가 얼마나 강력했는지를 보여주며 보수세력의 잠정적 승리를 전한다. 그렇지만 이쯤에서 멈추고 정확하게 얻은 것이 무엇인지를 정리해보자.

첫째, 금지조치의 반포에 가담한 진영에서 가장 보수적인 인사조차도 아리스토텔레스 철학의 박멸을 목표로 삼지는 않았다. 그들의 목표는 건강회복을 위한 진정제를 투약해서 철학에게 하녀로서의 본분을 상기시켜 주는 동시에, 분쟁의 소지를 진정시키는 일이었다. 둘째, 금지조치는 엄밀히 말해 국지적 승리에 불과했지만(탕피에의 포고령은 공식적으로는 파리에서만 구속력을 가진 것이었다), 그 영향력은 대단히 광범위했다. 첫째로 고려할 것은 파리가 신학연구에서 유럽의 제일가는 대학을 가진 도시였다는 점이다(파리대학 신학부는 당시 대륙에서 유일한 기관이었다). 포

40) 금지조치들이 자연철학에 미친 영향에 관해서는 Grant, "Condemnation of 1277"을 참조할 것.

고령이 기독교 세계 전체에 반향을 일으킨 것은 당연했다. 둘째로 당시 교황은 파리에서 진행된 사태의 추이를 정확히 파악하고 있었다. 그는 급진 아리스토텔레스주의의 위험성에 주목했으며, 보수주의 편에서 사태에 개입하려 했던 것으로 보인다. 더욱이 탕피에가 포고령을 반포한 11일 뒤에, 캔터베리 대주교 로버트 킬워드비는 그보다 분량은 적지만 여러 면에서 비슷한 금지조치를 잉글랜드 전역에 적용했다. 킬워드비의 포고령은 대주교직을 계승한 프란키스쿠스 수도회 출신의 존 피챔에 의해 1284년에 개정되었는데, 피챔은 아퀴나스의 오랜 숙적이자 보수주의 지도부의 일원이었다. 역주〔15〕

우리는 13세기 말과 14세기 초에 두 금지조치가 얼마나 큰 위력을 발휘했는지를 정확하게 알지는 못한다. 다만 복종을 강요하고 철학의 흐름을 바꾼 위력은 금지조치의 사안에 따라 크게 달랐다고 가정할 뿐이다. 1323년에 이르면 토마스 아퀴나스의 명성은 크게 회복되어, 교황 요하네스 12세가 그를 성자의 반열에 올릴 정도가 되었다. 더 나아가 1325년에 파리 주교는 1277년의 금지조치에서 토마스의 교시에 적용된 모든 조항을 철회했다. 그러나 금지조치의 그림자는 한 세기가 지난 뒤에도 여전히 탐지된다. 좋은 예는 파리대학 교양학부 교수이자 그 대학 학장을 두 차례 역임한 장 뷔리당이다. 14세기 중반에 왕성하게 활동한 그는 금지조치로 인해 야기된 난점을 해결하려고 지속적으로 노력했지만, 자신의 연구가 신학영역을 건드릴 때면 (특히 교양학문에 대해 촉각을 곤두세우고 있었던) 교회의 검열위협을 예민하게 의식하곤 했다. 《아리스토텔레스 물리학에 관한 의문들》에서 천구를 움직이는 기동자(*movers*)를 논의해야 할 필요를 느꼈을 때, 그는 신학의 권위에 기꺼이 충성하겠다는 선언으로 결론을 대신했다. "나는 이에 관해 단정적으로가 아니라 임시방편으로 말하고 있을 뿐인즉, 신학 교수를 찾아가 가르침을 청할 생각"이라는 것이었다. 금지조치가 취해진 지 정확히 한 세기가 흐른 1377년까지도, 파리대학의 유명한 신학자 니콜 오렘은 우주가 무한공간으로 둘러싸여 있다는 자신의 견해를 고수하면서, 잠재적 비판자를 향해 "그 반대로

말한다는 것은 파리에서 금지된 조항을 어기는 일"이 될 것이라고 충고했다.[41)]

그 와중에서 아리스토텔레스 철학은 확고한 발판을 마련하게 되었다. 그것은 교양학부 교육과정에 정착했으며 시간이 흐를수록 교양교육 전반에서 장악력을 높여갔다. 1341년에 파리대학의 교양학부 선생은 취임 시에 다음과 같이 서약할 것이 요구되었다. "신앙에 위배되는 경우를 제외하고는, 아리스토텔레스와 그의 주석가 아베로이즈, 나아가서는 그외의 다른 옛 주석가들과 해설자들의 체계"를 가르칠 것을 서약했다. 동시에 아리스토텔레스 철학은 의학, 법학, 신학 등 상위 (대학원) 분과의 연구자에게도 필수불가결한 도구가 되었으며, 결국 모든 분야에서 진지한 지적 노력의 토대로 기능하기에 이르렀다.[42)]

그렇지만 신앙과 이성의 문제가 완전히 해결되었다고는 할 수 없다. 14세기의 발전과정에 대해서는 적절한 역사학적 분석이 시도된 적이 없기 때문에 현재로서는 믿을 만한 개관조차 제시하기 힘들다. 그럼에도 불구하고 몇 가지의 신중한 일반화는 가능할 것 같다.

첫째, 인식론상의 정교화가 빠른 속도로 진척된 대신, 13세기에 (자유주의적·급진주의적 아리스토텔레스주의자들이) 철학과 이성의 편에서 개진한 야심찬 주장으로부터는 큰 폭의 후퇴가 진행되었다. 철학이 아리스

---

41) William A. Wallace, "Thomism and Its Opponents," *Dictionary of the Middle Ages*, vol. 12, pp. 38~45; Knowles, *Evolution of Mediaeval Thought*, 24장; Grant, "Condemnation of 1277". 뷔리당에 관한 인용은 Marshall Clagett, *The Science of Mechanics in the Middle Ages*, p. 536 (약간의 수정을 가했음); 오렘에 관한 인용은 Nicole Oresme, *Le livre du ciel et du monde*, ed and trans. A. D. Menut and A. J. Denomy, p. 369.

42) 중세 말과 르네상스 시대의 아리스토텔레스주의에 관해서는 John Herman Randall, Jr., *The School of Padua and the Emergence of Modern Science*; Charles B. Schmitt, *Aristotle and the Renaissance*를 참조할 것. 인용문은 (라틴 원문과 영어 번역문 모두) William J. Courtenay and Katherine H. Tachau, "Ockham, Ockhamists, and the English-German Nation at Paris, 1339~1341," pp. 61, 86을 참조할 것.

토텔레스주의의 전통적인 확실성 기준을 충족시킬 수 있고 무슨 문제든 성공적으로 해결할 것이라는 낙관적 주장은 점차 의문시되었다. 다양한 회의론이 등장했다. 특히 철학이 신학적 교시를 다룰 수 있다는 자신감은 극적으로 위축되었다. 존 둔스 스코투스(John Duns Scotus: 1266년경~1308)와 오캄의 윌리엄(William of Ockham: 1285년경~1347)은 귀감을 보여준다. 그들은 철학과 신학을 철저히 구분하려는 의도에서는 아니었지만 양자의 중첩부분을 현저히 줄였다. 과연 철학이 종교적 신조를 명증한 확실성의 견지에서 다룰 수 있겠느냐는 회의 때문이었다. 이처럼 확실성에 도달할 능력을 빼앗기면서부터 철학은 더 이상 신학을 위협하지 않게 되었다. 적어도 예전만큼 위협적이지는 않게 되었다. 종교적 신조는 철학적 증명에 회부되기보다 신앙만이 수용할 수 있는 것이 되었다. 줄여 말하면, 철학과 신학의 어쩔 수 없는 휴전이 실질적 평화를 낳은 셈이었다. 철학과 신학은 서로의 방법론적 차이를 인정했으며, 이를 토대로 서로의 영향권도 다르다는 것을 받아들였다. 자연철학의 영향권은 상대적으로 줄어들었지만 말이다.[43)]

둘째로 14세기에 신학자와 자연철학자는 너나 할 것 없이 하나님의 전능하심이라는 주제에 사로잡혀 있었다. 이것은 기독교 신학의 오랜 주제였지만, 금지조치를 계기로 그 중요성이 새삼 부각되었다. 하나님이 절대적으로 자유롭고 전능하다면 물리세계는 필연이 아니라 우연이라 해야 옳을 터였다. 지금의 물리세계가 반드시 지금과 같아야 할 필연성은 없으니, 물리세계의 형상과 작용양상과 그 존재 자체는 오직 하나님의 의지에 달려 있을 뿐이었다. 사람에게 관찰되는 인과질서는 필연적인 것이

---

43) 13세기 말에서 14세기에 걸친 인식론적 논의들에 관해서는 Marilyn McCord Adams, *William Ockham*, vol. 1, pp. 551~629; Eileen Serene, "Demonstrative Science," in Norman Kretzmann, Anthony Kenny, and Jan Pinborg, eds., *The Cambridge History of Later Mediaeval Philosophy*, pp. 496~517을 참조할 것. 오캄에 관해서는 William J. Courtenay, "Ockham, William of," *Dictionary of the Middle Ages*, vol. 9, pp. 209~214도 참조.

아니라 하나님의 의지에 따라 임의로 부과된 것이다. 일례로 불이 덥히는 힘을 가진 것은, 불과 열기가 필연적으로 연결되어 있기 때문이 아니라, 하나님이 양자를 연결하기로 결정하고 불에게 그런 힘을 부여했기 때문이다. 하나님은 불이 덥히는 기능을 수행할 때면 언제나 불과 열기가 함께하도록 결정했다. 그렇지만 하나님은 자유로이 예외를 둘 수 있다. 다니엘서(3장)가 전하듯이, 사드락(Shadrach)과 메삭(Meshach)과 아벳느고(Abednego)가 풀무에 던져졌어도 해를 입지 않은 기적은, 하나님이 마음만 먹으면 일상적 질서를 언제든지 중단시킬 수 있음을 보여주지 않았던가.[44)]

오늘날 역사가에게 이런 이야기는 새로운 것이 아니다. 그러나 이야기에 대한 해석은 두 갈래로 나뉜다. 첫 번째 해석은 자연이 그 자체에 영구 장착된 힘에 따르기보다 매 순간 하나님의 (변덕스러울 수 있는) 의지에 따라 운행한다면, 안정된 자연질서의 관념은 심각한 위기에 처할 수밖에 없고 진지한 자연철학도 불가능하지 않겠느냐는 입장을 취한다. 두 번째 해석에 따르면 14세기의 자연철학자는 하나님이 원하면 어떠한 세계도 다시 창조할 수 있음을 인정함으로써, 하나님이 진정으로 원하여 창조한 세계가 어떤 것인지를 인식하는 유일한 길은 '밖에 나가 관찰하는' 것, 즉 경험적인 자연철학을 발전시키는 것밖에 없음을 깨닫게 되었던 바, 이는 근대과학의 신호탄에 해당하는 것이라고 주장한다. 각 입장을 간단히 논평해보기로 하자.

첫 번째 입장은 하나님의 전능함이라는 교리가 자연철학에 부정적인 영향을 끼쳤다고 해석한다. 그러나 이러한 해석은 중세 자연철학자들의

---

44) Oakley, *Omnipotence, Covenant, and Order*, 3장; William J. Courtenay, "The Critique on Natural Causality in the Mutakallimun and Nominalism". 하나님의 전능하심, 그리고 이 주제가 자연철학에 대해 갖는 함축들을 상세하게 분석한 것으로는 *Courtenay, Capacity and Volition: A History of the Distinction of Absolute and Ordained Power*; Amos Funkenstein, *Theology and the Scientific Imagination from the Middle Ages to the Seventeenth Century*, pp. 117~201을 참조할 것.

눈에 하나님의 간섭으로 보인 수준을 지나치게 과장한 것이다. 하나님이 그토록 빈번하게, 혹은 마음 내키는 대로 창조된 우주에 참견한다고 믿은 자연철학자는 없었다. 당시에 널리 회자된 상투적 문구에서도 하나님의 절대적 권능과 고정된 권능은 구분되었다. 역주[16] 하나님의 권능을 절대적 견지에서 고려할 때는, 하나님이 전능하고 원하는 무엇이든 행하실 수 있음을 인정해야 한다. 창조의 순간에 하나님이 어떤 종류의 세계를 창조할 것인지를 제한한 요소는 비모순율밖에 없지 않았던가. 역주[17] 그러나 우리는 하나님이 자신에게 주어진 무한한 가능성 가운데 하나를 선택해서 지금의 이 세계를 창조했다고 생각하며, 하나님은 일관된 분이므로 (가끔 예외가 있기는 하지만)[45] 스스로 정립한 질서를 고수할 것이라고 믿는다. 하나님이 매 순간 세계를 땜질할까 봐 걱정할 필요가 없는 이유는 여기에 있다. 간단히 말해 전능함(하나님의 절대적 권능)의 교리는 하나님의 무제한적 활동을 허용하지만, 현실적으로는 창조의 순간으로 한정되었다. 창조 후와 관련해 쟁점이 된 것은 기존 질서 내에서 하나님의 활동(하나님의 고정된 권능)이었다. 이런 상투적 구분법은 진지한 자연철학에 필요한 규칙성을 희생시키지 않고도 하나님의 절대적 전능함을 유지해주었기에 큰 인기를 누릴 수 있었다.[46]

두 번째 입장은 전능함의 교리에서 실험과학의 기원을 찾는 것으로, 그 나름의 설득력을 갖는다. 세계는 우연히 창조되었기 때문에 우리에게 이미 알려진 제 1원리들로부터 확실하게 연역되지 않는다. 따라서 경험적 방법의 개발에 착수할 필요가 있다는 것 — 우리는 중세 자연철학자들이 이런 필요성을 인정했을 것이라고 기대해도 좋다. 이런 결론에서 유일한 문제점은 그것을 뒷받침해줄 만한 사료가 아직 없다는 것이다. 금

---

45) 이러한 예외들도 창조의 순간에 우주에 이미 장착되었다는 것이 일반적 견해였다. 이에 관해서는 이 책의 9장을 참조할 것.

46) Courtenay, *Covenant and Causality*에 수록된 논문들, 특히 4장의 "The Dialectic of Divine Omnipotence," 그리고 5장의 "The Critique on Natural Causality in the Mutakallimun and Nominalism"을 참조할 것.

지조치에서든 철학자와 신학자의 저술들에서든, 하나님의 전능함과 자연의 우연성이 큰 소리로 울려퍼지던 시점에, 혹은 그 조금 뒤에 관찰과 실험의 빈도가 극적으로 증가한 것은 아니었다. 여전히 자연철학자와 신학자는 세계뿐 아니라 세계를 탐구하기에 적합한 방법도 아리스토텔레스가 가르친 것과 크게 다르지 않다고 믿었다. 물론 그들이 아리스토텔레스를 비판적으로 해석하고 아리스토텔레스 자연철학의 이런저런 세부까지 의문을 제기한 것은 사실이지만 말이다. 근대 실험과학까지는 아직 여러 세기가 남아 있었다. 근대 실험과학이 마침내 출현했을 때, 그것이 하나님의 전능함이라는 신학적 교의로부터 큰 영향을 받았음은 의심의 여지가 없다. 그러나 양자를 인과관계로 엮는 것은 무모하다.[47] 양자의 관계는 더욱 깊이 분석될 필요가 있다. 미래의 분석이 유용한 것이 되려면, 역사현실의 미묘함과 복잡함에 부응하는 분석이 되어야 할 것이다.

---

47) 하나님의 전능하심에 관한 교리와 실험적 방법 사이의 미묘한 연관성에 관해서는 Funkenstein, *Theology and the Scientific Imagination*, pp. 152~179를 참조할 것.

역주

역주〔1〕 로베르 드 쿠숑(Robert de Courçon)은 잉글랜드에서 태어나 옥스퍼드, 파리, 로마 등지에서 연구한 후 1211년에 파리대학 총장이 되었으며 십자군 원정 시에는 교황의 특사로 파견되기도 했다. 그는 파리대학 시절부터 보수주의적 입장에서 아랍어로부터 번역된 아리스토텔레스 작품들의 유포에 반대했으며 (윤리학과 논리학을 제외한) 아리스토텔레스 철학의 범신론적 함축을 경계했다.

역주〔2〕 오세르의 기욤(William of Auxerre)은 교황 그레고리우스 9세가 1231년에 아리스토텔레스의 물리학 및 형이상학 작품들의 개정판을 준비하도록 지명한 세 명의 신학자 가운데 한 사람이다. 그는 당시 파리대학의 교수이자 신학자로서 명성이 높았다. 그는 '숨마 아우레아'라는 제목을 가진 작품을 집필했는데, 이것은 아리스토텔레스의 형이상학 및 물리학 논고들을 긴 서문과 함께 전집으로 엮은 최초의 작품이다.

역주〔3〕 로저 베이컨 외에도 로버트 그로스테스트(Robert Grosseteste)가 자연철학을 가르친 첫 세대에 속한다. 알베르투스 마그누스와 토마스 아퀴나스는 그 후속세대에 해당한다. 이들에 관해서는 조금 뒤에 상술될 것이다.

역주〔4〕 로버트 그로스테스트는 1220년대에 프란키스쿠스회의 지도자로 활동했다. 그는 교황 이노센트 3세와 국왕 헨리 3세를 비판하고 '마그나 카르타'의 원리를 고수했던 중세의 '자유주의자'로서 동시대와 후세에 큰 영향을 미친 인물이기도 하다.

역주〔5〕 이를테면 거울로 빛을 반사한다든지 볼록거울로 물건을 태우는 광학원리를 무기제작에 응용하는 경우가 그러하다. 중세에 이러한 무기제작 기술은 '마술'(*magic*)이라 불렸으며, 로저 베이컨은 이런 의미에서 마술을 '순수'과학의 응용분야라고 정의했다.

역주〔6〕 성 보나벤투라(Saint Bonaventure, 이탈리아어명 San Bonaventura)의 본명은 조반니 디 피단차(Giovanni Di Fidanza)이다. 그는 1217년경에 태어나 1243년에 파리대학에서 교양학부 석사학위를 받았으며 1243~1248년간에는 파리의 프란키스쿠스회 학교에서 신학을 연구했다. 알바노의 대주교를 지냈으며 1260년에는 프란키스쿠스 수도회의 정관을 개정하기도 했다. 1274년에 죽었다.

역주〔7〕 알베르투스 마그누스의 신플라톤주의는 특히 마술과 깊이 관련된 것으로 알려져 있다. 풀, 암석, 동물 등의 '덕'(*virtus*)과 세상의 기적들을 다룬 그의 《비밀의 서》(*The Book of Secrets*)는 중세 마술의 대표적인 작품이며, (헤르메스 트리스메기스토스에서 유래하는) '이집트 마술'을 계승한 마술사라는 평판을 얻었다. 그렇지만 그는 백색마술(*white magic*: 자연마술, 연금술, 점성술 등)과 흑색마술(*black magic*: 주술)을 체계적으로 구분했으며, 신플라톤주의 마술의 신비주의 색채로부터도 크게 벗어나 있었다.

역주〔8〕 창조에 대한 인식은 신학의 영역이고 우주에 대한 인식은 철학의 영역이다. 전자와 후자는 전혀 다른 영역과 차원의 인식이므로, 모순을 야기할 수 없다는 뜻이다.

역주〔9〕 '기독교적 아리스토텔레스주의'(*Christian Aristotelianism*)는 넓게는 아리스토텔레스를 기독교 신학에 접목시키거나 동화시키려 노력한 일련의 지적 노력들을 말하지만, 좁게는 알베르투스 마그누스와 토마스 아퀴나스로부터 시작되어 기독교 정통교리에 편입된 아리스토텔레스주의로 한정된다.

역주〔10〕 브라방의 시제(Siger of Brabant)는 1260~1277년 사이에 활동한 프랑스 출신의 신학자이자 라틴 아베로이즘으로 알려진 운동의 지도자였다. 토마스 아퀴나스는 급진성향의 그를 맹렬하게 공격했으며, 그의 학설은 파리에서 1270년에 금지조치되었다.

역주〔11〕 시제의 입장은 '확실성'(*certainty*: *certum*)과 '진리'(*truth*: *verum*)가 구분되기 시작한 단초에 해당한다. 인간적으로 확실한 것과 진정으로 진리인 것을 구분하는 관행은 근대 초까지 지속되었다. 이러한 구분은 이단의 혐의를 벗어나기 위한 눈가림일 수도 있었지만, 주어진 '실재'에 대한 인간인식의 유한성을 전제한 것이기도 했다.

역주〔12〕 다시아의 보에티우스(Boethius of Dacia)는 스웨덴이나 덴마크 출신의 철학자로 파리에서 활동했으며, 아베로이즘이 금지된 1270년에 스웨덴으로 돌아와 1290년경에 죽었다.

역주〔13〕 에티엔느 탕피에(Etienne Tempier)는 프랑스의 오를레앙 출신으로, 파리대학에서 신학 석사학위를 취득한 후 1263년에 파리 노트르담 대성당의 사제로 부임했으며, 1268년부터 1279년까지 파리의 대주교직을 수행했다.

역주〔14〕 별들, 특히 행성들을 움직이는 영적 존재는 기독교에서는 천사로, 이교에서는 정령(*daemon*)으로 각각 상정되었다.

역주〔15〕 로버트 킬워드비(Robert Kilwardby)는 출생연도와 초기 활동은 알려져 있지 않지만, 파리와 옥스퍼드에서 공부한 것으로 추정된다. 그는 수년간 파리에서 문법과 논리학을 가르쳤고 1261년에 잉글랜드로 돌아와 지방에서 활동하다가 1273년에 캔터베리 대주교직에 올랐다. 시종 일관되게 교황의 편에서 활동했던 그는 1276년에 옥스퍼드를 방문하여 정통교리에 어긋난 견해를 가진 교사들을 추방하기도 했으며, 1277년에는 탕피에의 금지조치와 유사한 조치를 잉글랜드 전역에 적용하기도 했다. 1278년에 교황 니콜라우스 3세에 의해 이탈리아의 포르토(Porto) 및 산타 루피나(Santa Lufina)의 대주교로 임명된 그는 잉글랜드를 떠나면서 캔터베리의 보존문서들도 함께 옮겼다(이로 인한 캔터베리 문서의 대량유실은 뒤이은 회복노력에도 불구하고 원상복구되지는 못했다. 그는 이탈리아에서 1279년에 죽었다). 존 피챔(John Pecham: 1240~1292)은 1279~1292년 사이에 캔터베리 대주교직을 수행했다.

역주〔16〕 하나님의 절대적 권능(*potentia Dei absoluta*, 즉 *absolute power of God*)과 고정된 권능(*potentia Dei ordinata*, 즉 *ordained power of God*)은 11세기부터 구분되기 시작했으며, 이러한 구분은 13세기에 이르면 신학자들의 상투어가 되었다. 하나님은 절대적으로 자유로운 존재이지만, 동시에 '고정된' 대로 행동하는, 믿을 만한 존재라는 것이다. 하나님은 절대적 권능의 견지에서는 그가 원하는 어떠한 세계도 창조할 수 있지만, 고정된 권능의 견지에서는 그의 영원한 계율에 의해 정립된 형이상학적 조건들 안에서만 역사할 수 있다는 것이다. 전자가 우주의 근본적 우연성을 수반하는 관념이라면, 후자는 하나님의 우주 내 역사의 신빙성을 수반하는 관념이다.

역주〔17〕 비모순율(*law of non-contradiction*)이란 토마스 아퀴나스가 언급한 대로 모순을 내포하지 않는 모든 것은 다 하나님의 전능하심의 범주에 속하며 모순을 내포하는 것은 무엇이든지 그 범주에 들지 않는다는 원리이다. 즉, 하나님은 자신이 할 수 있는 모든 것을 모순 없이 할 수 있기 때문에 전능하다.

제 11 장

중세의 우주

앞의 9장과 10장에서 우리는 13세기와 14세기에 새로운 학문의 수용 과정과 그 과정에서 발생한 여러 갈등을 검토했다. 이제 11장부터 13장까지는 이런 갈등을 배경으로 출현한 자연철학을 한층 체계적으로 검토하고자 한다. 자연철학의 내용을 체계적으로 정리하기 위해 우리는 위쪽으로부터 아래쪽으로 하강하는 순서로 논의를 진행할 것이다. 즉, 우주의 가장 먼 외곽부터 다루기 시작해서 우주 중심의 지구에 대한 논의로 끝맺을 생각이다. 먼저 11장에서는 우주의 기본구조로부터 출발하기로 하겠다. 초점은 천체영역이지만 지상영역도 다루어질 것이다. 12장에서는 달 아래의 세계(지상계)에서 무생명체의 행동을 다루게 될 것이다. 마지막으로 13장은 생명체의 영역에 관심을 집중할 것이다.[1)]

---

1) 나는 중세 동안 발전한 이론적 분류체계들('제 과학의 분과')을 사용하지 않을 생각이다. 이 시기에 실제로 작성된 과학작품들은 이런 식으로 매끈하게 정의된 범주들에 잘 들어맞지 않기 때문이다. 이런 분류체계들에 관해서는 James A. Weisheipl, "Classification of the Sciences in Medieval Thought"; Weisheipl, "The Nature, Scope, and Classification of the Sciences"를 참조할 것.

1. 우주의 구조

우리는 이미 중세 초와 12세기의 여러 우주론을 다룬 바 있다.[2] 중세 초의 백과사전 저자들은 고대의 방대한 자료, 특히 플라톤과 스토아 학파의 자료로부터 얻은 우주론의 기초정보를 적절하게 배합했다. 그들은 지구가 공 모양이라고 주장했고 지구의 원주를 계산했으며 지구의 기후대와 대륙의 분할을 나름대로 정의했다. 그들은 천구를 묘사했으며 천구도(天球圖)에 사용된 원들을 해설했다. 태양과 달, 그리고 행성의 운동은 적어도 초보적 수준에서는 이해되고 있었다. 그들은 태양과 달의 성질 및 크기, 일식과 월식의 원인, 그밖에도 다양한 기상현상을 논의했다.

이런 양상은 12세기를 거치며 더욱 풍부해졌다. 플라톤의 《티마이오스》와 함께 칼키디우스의 《티마이오스》 주석본이 새로운 주목거리로 부각되었으며, 다수의 그리스어 서적과 아랍어 서적이 번역·유통되었다. 그 결과로 새로운 변화가 진행되었다. 우선 플라톤의 우주론과 성경의 창조론을 조화롭게 결합할 필요성이 강조되었는데, 이는 초대 교부들의 비슷한 강조를 훨씬 넘어선 수준이었다. 12세기의 저자들이 하나님의 창조활동을 창조의 순간에 한정시킨 것도 새로운 변화의 하나였다.[역주1] 그들이 빈번하게 주장했듯이 창조 후에는 하나님이 창조한 자연원인이 사물의 경로를 주재한다는 것이었다. 12세기의 우주론자들은 우주의 통일적이고 유기체적인 성격을 강조했다. 우주는 세계영혼이 지배하고 점성술적 힘과 대우주-소우주 관계에 의해 서로 엮인 하나의 유기체로 간주되었다. 여기서 엿볼 수 있는 것은 중세 초 사고와의 연속성이다. 그들은 근본적으로 동질적인 우주, 즉 머리부터 발끝까지 동일한 원소로 구성된 우주를 묘사했다. 아직 아리스토텔레스의 제 5원소인 에테르, 그리고 천체계와 지상계를 예리하게 구분한 그의 이분법은 소개되지 않은 상태였다.[3]

---

2) 이 책의 7장과 9장을 참조할 것.

나는 9장에서 12세기 우주론의 이런 특징을 예시하기 위해 샤르트르의 티에리를 소개한 바 있다. 동일한 전통에 속한 또다른 대표적 인물로는 로버트 그로스테스트(1168년경~1253)를 꼽을 수 있다.역주〔2〕 그는 티에리보다 훨씬 방대한 유작을 남겼다는 점에서 티에리보다 더 유용한 인물일 수 있다. 그는 중세과학에서 가장 널리 칭송되는 인물의 하나이기도 하지만,[4] 그가 특히 중요한 것은 플라톤주의 사조가 13세기에 지속되는 양상을 예시하는 사례로서이다. 그는 12세기 말에 교육을 받았지만 그의 주요저작은 13세기 초반 동안 작성되었다.

그로스테스트의 우주론에서 핵심은 빛이었다. 우주는 하나님이 무차원의 (길이, 두께, 폭이 없는) 물질과 그것의 형상인 빛점〔光點〕을 창조한 바로 그때에 생성되었다는 것이다.[5] 빛점은 순식간에 거대한 공간으로 퍼져나가면서 물질을 끌어들여 유형의 우주를 생성하게 된다. 그 다음에는 우주의 외곽으로부터 중심을 향해 빛이 방출되며 이에 따라 물질의 분화 내지 차별화가 진행된다. 그 결과 다양한 천구들이 생성되며 지상계에 고유한 개체들이 생성된다. 그로스테스트는 초기 저작에서부터 세계영혼의 관념을 수용했던 것 같다 — 이 관념은 후기 저작에서도 반복되었다. 그의 모든 작품에서 근본주제는 소우주와 대우주에 관한 것이었다. 인간이란 하나님의 창조활동에서 절정에 해당하는 사건이요, 인간은 그 창조된 우주의 신성한 본성과 구성원리를 마치 거울처럼 반영하는 존재라는 것이었다. 끝으로 그로스테스트는 동질적 우주에 대한 중세 초와 12세기의 믿음을 공유했다. 그의 우주론에서 별은 지상의 사물보다

3) 12세기 우주론의 대표적인 사례는 *The Cosmographia of Bernardus Silvestris*, trans. with introduction and notes by Winthrop Wetherbee, 특히 9장을 참조할 것. 중세 우주론을 더욱 포괄적으로 해설한 것으로는 C. S. Lewis, *The Discarded Image*를 참조할 것.

4) A. C. Crombie, *Robert Grosseteste and the Origins of Experimental Science, 1100~1700*.

5) 그로스테스트는 이 형상을 "제 1형상" 혹은 "유형의 형상"으로 언급한다. 유형의 형상에 관해서는 다음 12장에서 더 논의될 것이다.

순수한 (고도로 정제된) 재료로 구성되지만 양자의 차이는 질적인 것이라기보다 양적인 것이었다.[6]

다른 분과들에서 그러했듯이 우주론 분야도 12세기와 13세기에 그리스와 아랍 원전이 대량 번역되면서 일대 전기를 맞이했다. 13세기에는 특히 아리스토텔레스 전통이 중심무대에 진입함으로써 플라톤부터 중세 초까지 이어진 우주론 전통을 차츰 밀어내게 되었다. 이 말이 아리스토텔레스와 플라톤은 중요쟁점마다 서로 다른 견해를 가지고 있었다는 뜻으로 오해되어서는 안 된다. 양자는 많은 기본원리에서 일치된 의견을 가지고 있었다. 그렇기에 아리스토텔레스 추종자든 플라톤 추종자든, 우주를 거대한 유한공간으로 인식했으며, 그 상층부에는 천체를, 그 중심에는 지구를 상정했던 것이다. 시간의 시작점을 상정한 점에서도 두 사조는 차이가 없었다(그렇지만 앞에서 검토했듯이 13세기의 일부 아리스토텔레스주의자들은 시간의 시작이 철학적으로 증명될 수 없는 것이라고 주장하기도 했다). 뿐만 아니라 두 사조에 속한 어느 누구도 우주가 유일무이함을 의심치 않았다. 하나님이 여러 개의 우주를 창조할 수도 있었음을 인정하지 않을 수는 없었겠지만, 하나님이 정말로 여러 개의 우주를 창조했다고 믿는 사람은 거의 없었다.

그러나 아리스토텔레스와 플라톤 사이에는 불일치하는 구석이 분명히 있었으며, 바로 이런 구석에서 아리스토텔레스적인 세계상은 플라톤적인 세계상을 점진적으로 대체해갔다. 주요한 차이 가운데 하나는 동질성이라는 쟁점과 관련된 것이었다. 아리스토텔레스는 우주공간을 두 개의 뚜렷이 구별되는 영역으로 구분했다. 두 영역은 질료에서도, 운동원리에서도 철저하게 구별되었다. 우선 달 아래의 영역에는 네 원소로 구성된 지상계가 존재한다. 이 영역은 발생과 부패, 탄생과 죽음의 장소요,

6) 그로스테스트의 우주론에 관해서는 탁월한 연구서, James McEvoy, *The Philosophy of Robert Grosseteste*, pp. 149~88, 369~441을 참조할 것. David C. Lindberg, "the Genesis of Kepler's Theory of Light: Light Metaphysics from Plotinus to Kepler," pp. 14~17에서의 간단한 논의도 참조할 것.

변화무쌍한 (직선형태로 진행되는) 운동의 장소이다. 달 위의 영역에는 항성, 그리고 태양을 위시한 행성이 존재하며 이 모든 별은 천구에 부착된다. 천체계는 제 5원소인 에테르로 구성되며 불변의 완전성과 균일한 원 운동으로 특징지어진다. 그밖에도 아리스토텔레스는 행성천구의 정교한 체계라든가, 천체운동이 지상계 내에서 발생과 부패를 유발하는 인과원리 같은 것을 우주론에 첨가했다.

아리스토텔레스 우주론의 이런 특징은 전통적 우주론의 신조와 융합함으로써 중세 후반의 우주론에서 핵심을 이루게 되었다. 이렇게 구성된 우주론은 13세기 동안 유럽의 식자층 사이에 공동의 자산으로 자리잡았다. 만장일치가 가능했던 것은 식자층이 아리스토텔레스의 권위에 복종하도록 강요된 탓이 아니라, 그의 우주론이 그들에게 지각된 세계를 설득력 있고 만족할 만하게 설명해주었기 때문이다. 그렇지만 동시에 그의 우주론에서 일부 요소는 비판과 논쟁의 대상이 되기도 했다. 이 대목에서 우리는 중세 학자들이 우주론에 기여한 바를 평가할 수 있다. 그들은 아리스토텔레스의 우주론에 더할 것은 더하고 뺄 것은 빼서, 그의 우주론이 다른 권위 있는 의견이나 성경의 가르침과 조화를 이룰 수 있게 만들었던 것이다. 한 장(章)으로, 아니 책 한 권으로도 그 과정을 빠짐없이 추적하면서 중세 우주론을 다룬다는 것은 불가능한 일이다(참고로 피에르 뒤엠은 이 주제에만 책 10권을 할애했다). 따라서 가장 중요하고도 뜨거운 논쟁거리였던 문제로 논의를 한정하는 편이 좋겠다.[7]

---

7) Pierre Duhem, *Le système du monde*, 10 vols. 이 열 권으로부터 발췌된 축약본은 영어로 번역되었다(Duhem, *Mediaeval Cosmology: Theories of Infinity, Place, Time, Void, and the Plurality of Worlds*, ed. and trans. Roger Ariew). 내가 지금부터 서술할 내용은 중세의 우주론을 탁월하게 요약한 Edward Grant, "Cosmology," 그리고 Edward Grant, *Studies in Medieval Science and Natural Philosophy*에 수록된 논문들에 크게 의존했다. 그밖에도 Olaf Pedersen, "The Corpus Astronomicum and the Traditions of Mediaeval Latin Astronomy"를 참조할 것. 토마스 아퀴나스의 우주론은 그의 《신학대전》(*Summa Theologiae*)의 10권, *Cosmogny*, ed. and trans. William A.

2. 천체계

우주를 본격적으로 다루기 전에 잠시 그 바깥을 살펴보기로 하자. 우주 밖에 뭔가 존재한다면 그것은 무엇일까? 우주 외부에는 물질적 실체가 존재하지 않는다는 것이 만장일치의 견해였다. 우주가 하나님이 창조한 물질적 실체들을 빠짐없이 담은 그릇으로 간주되는 상황에서는 이런 결론은 피할 수 없다. 그러나 물질적 실체가 존재하지 않는 공간의 경우는 어떠했을까? 아리스토텔레스는 우주 외부에 어떤 장소나 공간이 존재할 가능성을 부정했으며, 그의 결론은 적어도 1277년의 금지조치에서 이 쟁점의 재평가가 진행되기 전까지는 보편적으로 수용되었다. 금지조치에서 이 쟁점을 다룬 것은 두 조항이다. 한 조항은 하나님에게 여러 개의 우주를 창조할 권능이 있음을 선언한 것이요, 다른 한 조항은 하나님이 최외곽의 천체에 직선운동의 능력을 부여했을 가능성을 제기한 것이었다. 이렇듯 우리 우주 바깥쪽에 또다른 우주가 자리잡을 수 있다면 그곳에는 그런 우주를 받아들일 공간이 존재해야 할 것이다. 마찬가지로 직선운동하는 천구가 존재한다면, 이 천구는 한 공간을 떠나 다른 공간으로 이동해야 할 것이다. 물론 대부분의 저자는 하나님이 우주 바깥쪽에 빈 공간을 창조했을 수도 있다는 가능성을 인정하는 수준에 머물렀다. 그러나 토마스 브래드워딘(1349년 죽음)이나 니콜 오렘(1320년경~1382) 같은 소수의 학자는 하나님이 정말로 그렇게 창조했다고 주장했다.역주〔3〕 브래드워딘은 바깥쪽 빈 공간에도 하나님이 편재한다고 생각했고, 하나님은 무한한 존재이므로 바깥쪽 빈 공간도 무한하지 않을 수 없다고 주장했다.

아리스토텔레스 우주론의 이런 변형에는 기독교적 고려가 크게 작용했지만, 스토아 학파의 영향도 역시 뚜렷하다. 우주 바깥쪽 공간에 대한 생각이 서구에 유입된 것은 스토아 학파를 경유해서였으며, 스토아 학파의 특유한 논법을 차용한 학자도 많았다. 일례로 만일 누군가 우주의 맨

Wallace에서 명쾌하게 취급되었다. 1994년에 출간될 Edward Grant, *The Medieval Cosmos 1200~1687*은 중세 우주론의 결정판이 될 것이다.

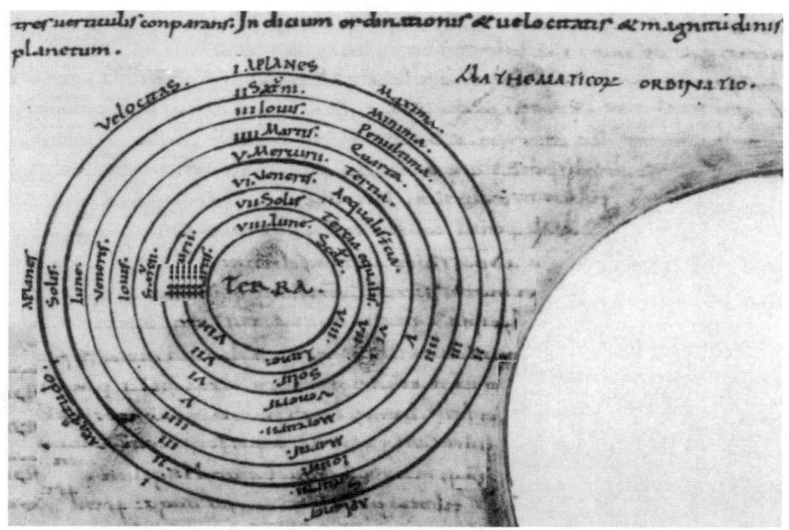

[그림 11.1] 중세에 유행했던 단순화된 형태의 아리스토텔레스 우주론. 파리, 국립도서관(12세기).

가장자리에서, 즉 물질적 실체가 가장 희박한 그곳에서 위쪽으로 팔을 쳐든다면 무슨 일이 발생할 것인지에 관해 자주 반복된 사고실험이 그러했다. 팔이 직전까지는 비어 있던 공간으로 진입한다는 것은 너무도 명백해 보였다. 어쨌든 기독교와 스토아 학파의 영향이 결합해서 아리스토텔레스 우주론에 중요한 변형을 가했다 — 이런 변형은 17세기 말과 그 이후까지도 우주론적 사고의 현저한 특징으로 뿌리내린 것이었다.[8]

우리가 우주에 들어서면 제일 처음 만나는 것이 천구이다. 천구는 몇 개고 천구의 자연본성은 무엇이며 그 기능은 무엇인가? 행성은 7개만이 알려졌고 달, 수성, 금성, 태양, 화성, 목성, 토성 순으로 배열된 것으로 믿어졌다. 중세의 우주론 저자들이 선호한 (천문학의 세부내용이 거의

8) Edward Grant, "Medieval and Seventeenth-Century Conceptions of an Infinite Void Space beyond the Cosmos"; Edward Grant, *Much Ado about Nothing*, 특히 5~6장 참조.

생략된) 무척 단순화된 형태의 우주 그림은, 행성마다 천구를 하나씩 부여하는 식으로 각 행성의 운동을 설명했다. 행성천구의 외부에는 항성천구(*primum nobile*)가 설정되었다. 그것은 우주의 최외곽 한계를 표시했는데, 이 최외곽 천구에 대한 중세 학자들의 사색으로부터 여러 문제가 발생했다.

한 가지 문제는 항성천구의 장소를 결정하는 일이었다. 아리스토텔레스에 따르면 어떤 사물의 장소는 그것을 받아들이는 하나의 그릇〔容體〕이나 여러 그릇에 의해 결정된다. 그런데 만일 항성천구가 맨 외곽의 물체라면 그 바깥쪽에는 그릇이 될 만한 것이 존재할 수 없을 것이다. 이런 논증을 따르면 항성천구는 어떤 장소에도 속한 것이 아니라는 결론으로 귀결될 수 있었다. 그러나 이런 결론은 소수의 완고한 부류에게만 수용되었으며 이와는 다른 다양한 해결책이 제안되었다. 해결책 중에는, 받아들이는 그릇보다 오히려 받아들여진 내용물이 장소를 결정한다는 쪽으로 장소를 재정의한 시도가 포함된다.[9)]

아리스토텔레스의 최외곽 천구를 겨냥해서 제기된 또다른 문제는 창조에 대한 창세기의 해설로부터 나온 것이었다. 창세기는 첫째 날에 창조된 "하늘"(*caelum*)과 둘째 날에 창조된 "창공"(*firmamentum*)을 뚜렷하게 구분했다. 양자는 다른 날에 창조되었으니 전혀 다른 실체라는 것이었다. 더욱이 성경은 창공이 그 아래의 물과 그 위의 물을 가른 것으로 전하는 바, 창공 아래의 물은 지상계의 물과 동일시될 수 있었지만, 창공 위의 물은 또다른 천구를 구성하는 것으로 보였다. 이 문제를 논의하는 과정에서 기독교 세계의 주석가들은 일곱 개의 행성천구 위에 세 개의 천구를 더 상정하게 되었다. 최외곽 천구는 보이지도 않고 움직이지도 않는 최고천(最高天: *empyreum*)으로 천사들이 거주하는 곳이었다. 다음에는 완전히 투명한 수천(水天) 혹은 수정천(水晶天)이 자리잡았다. 이 천

---

9) Edward Grant, "The Medieval Doctrine of Place: Some Fundamental Problems and Solutions," 특히 pp. 72~79.

구는 '물'로 구성되는데, 여기서 말하는 '물'은 수정처럼 고체일 수도 있고 액체일 수도 있지만 지상의 물과는 비유적 관계를 가질 뿐이었다. 그 다음에는 항성들을 담은 창공(항성천구)이 상정되었다. 이러한 논법을 받아들이면 하늘에는 모두 열 개의 천구가 존재하는 셈이었다. 시간이 흐르면서 행성 위의 세 천구에 대해서도 우주론적 기능과 천문학적 기능이 부가되었다. 11번째 천구를 가정해서 별도의 별 운동을 설명하려 한 학자도 있었다. 역주〔4〕 우리가 주목할 것은 이런 논의과정에서 우주론과 신학 간에 상호작용이 진행되었다는 점이다. 아리스토텔레스 우주론이 성경해석으로부터의 요구에 맞추어 조정되었듯이, 성경해석은 당시의 우주론으로부터 많은 의미를 흡수했다. 성경해석은 아리스토텔레스 우주론의 근본요소들을, 그 우주론의 중세적 변형들과 함께 폭넓게 수용했던 것이다.[10)]

중세 우주론자들은 천체계를 구성하는 실체라든가 천체계의 물질적 원인에 관심을 기울였다. 중세 초에 많은 저자는 스토아 학파의 전통에 의존해서 천체가 불 성질을 가진 실체로 구성된다고 가정했다. 그러나 아리스토텔레스의 작품이 재발견된 후로는, 천체가 제 5원소, 곧 에테르(완전하고도 투명한 불변의 실체)로 만들어진 것이라는 그의 견해가 널리 수용되었다. 에테르의 자연본성이 무엇인지를 놓고 논쟁이 벌어졌다. 이를테면 에테르도 형상과 질료로 구성되는지가 논쟁거리였다. 천체가 질료와 형상으로 구성됨을 인정한 학자 중에는, 천체의 질료가 지상의 질료와 유사한 것이라고 주장한 부류도 있었지만 두 질료가 전혀 다르다고 주장한 부류도 있었다. 그렇지만 에테르의 본성이 무엇이든 에테르가 천구들(서로 구별되지만 서로간에 빈틈이 생기지 않도록 꼭 붙어 있는, 그러면서도 각자에 고유한 방향과 속도로 끊임없이 회전하고 있는 천구들)에 분포된다는 견해에서는, 모든 학자가 만장일치를 이루었다. 천구들은 서

---

10) Grant, "Cosmology," pp. 275~79; Grant, "Celestial Orbs in the Latin Middle Ages," pp. 159~162; Grant, "Science and Theology in the Middle Ages," pp. 63~64.

로간에 간극이나 틈새가 없는 연속체로 가정되었다. 천구가 고체인지 액체인지를 묻는 학자는 소수에 불과했지만, 고체라는 측과 액체라는 측이 갈려 있었다. 그러나 양측 모두는 행성이 투명하고 빛나는 에테르 천구 영역 안에서도 밀도와 명도가 가장 높은 부분으로 간주했다.[11)]

무엇보다 뜨거운 논쟁거리는 천체운동의 본성에 관한 것이었다. 아리스토텔레스는 일련의 기동자들을 천체운동의 원인으로 제시한 바 있었다. 행성천구는 영원히 한결같은 회전운동을 전개하면서 부동의 기동자의 불변적 완전성을 최선을 다해 모방하려 한다는 것이었다. 이 점에서 부동의 기동자는 작용인이라기보다 목적인이었다. 최외곽 천구를 움직이는 부동의 기동자(즉, "최고위 기동자")는 기독교의 하나님과 쉽게 동일시될 수 있었다. 그렇지만 여러 개의 부동의 기동자가 더 존재한다는 사실은 난처한 문제를 야기했다. 부동의 기동자들을 플라톤이 《티마이오스》에서 묘사한 행성 신(神)들로 해석하면 편했겠지만, 창조주 외에 다른 신격을 인정한다는 것은 기독교 전통에서는 명백히 이단의 증거로 채택될 수 있었다. 이런 맥락에서 기독교 학자들은 부동의 기동자에게 신격보다 조금 열등한 위상을 부여했다. 통상적 해결책은 부동의 기동자에게 천사나 이와 비슷한 영적 존재(즉, 육체를 가지지 않은 정신)의 위상을 부여하는 것이었다. 그러나 천사나 영적 존재가 필요치 않은 해결책도 있었다. 로버트 킬워드비(1215년경~1279)는 천구에게 능동적으로 순환운동하는 본성(혹은 내적 성향)을 부여했다. 장 뷔리당(Jean Buridan: 1295년경~1358)은 천구에 영적 존재가 거주한다는 가정은 성경에 근거가 없는 것이요, 따라서 불필요한 것이라고 주장하기도 했다.[역주〔5〕] 이들에 따르면 천체운동의 원인은 천체 내의 기동력, 즉 임페투스(*impetus*)

---

11) 중세의 대표적인 원문으로는 Lynn Thorndike(ed. and trans.), *The Sphere of Sacrobosco and Its Commentators*, p. 206에 수록된 원문을 참조할 것. 논쟁에 관해서는 Edward Grant, "Celestial Matter: A Medieval and Galilean Cosmological Problem"; Grant, "Celestial Orbs," pp. 167~172; Grant, "Cosmology," pp. 286~288 등을 참조할 것.

일 가능성이 있었다. 이것은 발사된 물체를 일정 궤도에 따라 운동토록 하는 추진력과 비슷한 힘으로, 하나님이 창조 시에 각 천구에게 부여한 것일 수 있었다(이 점에 관해서는 12장의 논의를 참조할 것).[12)]

결국 분석은 천체계가 빽빽하게 밀착된 일련의 동심원 천구들로 구성된다는 가정으로 이어졌다. 이것은 아리스토텔레스의 견해처럼 보일 수 있다. 실제로 그의 견해는 에스파냐 회교권에서 활동한 이븐 루시드(아베로이즈)에 의해 명료해지고 적극 옹호되었으며 서구에서도 무수한 거물급 추종자를 거느린 것이었다. 그러나 중세의 우주론 저자 중에는, 자신의 우주론을 수정해서 프톨레마이오스 천문학의 이심원과 주전원을 설명하려 한 부류도 있었다. 이런 시도는 우주론과 행성천문학의 조화를 일구려는 것이었음이 분명한 바, 이에 관해서는 이 장의 후반부에서 상세하게 다루어질 것이다. 다만 지금의 맥락에서는 그 해결책이 아리스토텔레스의 행성천구 각각에 대해 충분한 두께를 부여해서, 프톨레마이오스가 각 천구의 행성에 할당한 여러 이심원들과 주전원들을 담을 수 있게 한 것이었음을 기억하는 것으로 충분하다([그림 11.10] 참조). 이렇게 된다면, 각 행성천구 내부의 반지름은 프톨레마이오스 모델에서 그 행성으로부터 지구까지의 최단거리와 동일할 것이요, 그 행성천구 외부의 반지름은 지구로부터 그 행성까지의 최장거리에 해당할 것이었다.

이 같은 행성천구 체계의 포장 원리, 즉 버린 공간 없이 행성들을 촘촘하게 포개서 포장한 원리는, 상이한 크기의 행성궤도들에 대한 계산, 종국적으로는 우주의 다양한 차원들에 대한 계산을 가능하게 해주었다. 계산을 시작하려면, 우주 가장 안쪽의 정중앙에 있는 달 천구의 크기에 대한 추정치가 필요했다. 9세기에 알파르가니와 타비트 이븐 쿠라, 9세기나 10세기의 알바타니 등 여러 무슬림 천문학자는 프톨레마이오스의 《알마게스트》에서 사용된 자료를 수정, 이용해서 이런 계산을 수행했

---

12) James A. Weisheipl, "The Celestial Movers in Medieval Physics"; Grant, "Cosmology," pp. 284~286.

다.역주〔6〕 이들의 계산을 이용해서, 서구에서는 노바라의 캄파누스(1296년 죽음)가 달 천구 내부의 반지름(달로부터 지구까지의 최단거리)을 107,936마일로, 달 천구 외부의 반지름(달로부터 지구까지의 최장거리)을 209,198마일로 계산했다.역주〔7〕 수성과 금성에 대해서도 비슷한 계산이 진행되었다. 태양에 대해서는 "이론적" 거리가 계산되었는데, 이것은 고대 천문학자들이 태양에 대해 계산한 시차(視差)와 거의 일치하는 수치였다. 계산은 태양 위쪽의 행성으로 이어졌다. 토성 천구 외부와 항성 천구 내부에 대해서는 73,387,747마일의 반지름이 계산되었다. 이와 동일하거나 비슷한 수치들은 16세기에 코페르니쿠스에 의해 수정될 때까지 지배적으로 이용되었다.[13]

3. 지상계

지상계에서 자연의 운행은 다음 장에서 자세히 다루기로 하고, 이 장에서는 거시적 관점에서 지상계의 주요특징을 포괄적으로 다루기로 하겠다. 우주론적 쟁점 가운데 비교적 큰 쟁점이 지금부터 다룰 내용이다.

우리가 달 천구 아래로 내려가면 이때부터 지상계가 시작된다. 이곳은 네 원소의 영역이며 이상적 모델에서는 네 원소가 동심원 영역들로 배열된다. 지상계의 맨 외곽에는 불의 영역〔火域〕, 다음에는 공기의 영역〔氣

---

13) 이러한 계산에 관해서는 Grant, "Cosmology," p. 292; Francis S. Benjamin and G. J. Toomer(eds. and trans.), *Campanus of Novara and Medieval Planetary Theory*: '*Theorica planetarum*', pp. 356~363 참조. 캄파누스는 1마일을 4,000큐비트로 정의하며 따라서 지구의 원주를 20,400마일로 계산한다(Benjamin and Toomer, p. 147). 우주의 크기에 대한 생각을 더 자세하게 알려면, Bernard R. Goldstein and Noel Swerdlow, "Planetary Distances and Sizes in an Anonymous Arabic Treatise Preserved in Bodleian MS Marsh 621"; Albert Van Helden, *Measuring the Universe*: *Cosmic Dimensions from Aristarchus to Halley* 등을 참조할 것.

域〕, 다음에는 물의 영역〔水域〕, 그리고 중앙은 흙의 영역〔土域〕으로 배열된다. 불과 공기는 속성상 가벼워서 위쪽으로 상승하는 원소이며 물과 흙은 속성상 무거워서 아래쪽으로 하강하는 원소이다. 태양을 위시한 여러 천체의 영향을 받아 각 원소는 끊임없이 다른 원소로 변성된다. 이를테면 물은 우리가 증발이라 부르는 과정을 거쳐 공기로 변하며, 역으로 공기는 물로 변해 비를 내리게 된다.

불 영역과 공기 영역은 혜성, 유성, 무지개, 번개, 천둥 등 다양한 기상현상이 전개되는 무대로 여겨졌다. 혜성은 지면으로부터 불 영역으로 증발된 뜨겁고 건조한 물질이 불에 타면서 발생하는 대기권 현상으로 간주되었다. 무지개란 태양광선이 구름의 작은 물방울에 반사될 때 발생한다는 주장이 일반적으로 통용되었다. 무지개 현상에 빛의 굴절을 도입한 저자도 여럿이 있었다. 14세기 초에 테오도릭(1310년경 죽음)은 오늘날의 설명과 비슷한 것을 제시했다.[역주〔8〕] 〔그림 11. 2〕에서 볼 수 있듯이, 그는 각각의 작은 물방울에서 발생하는 반사와 굴절을 결합해서 무지개 현상을 설명했던 것이다.[14)]

우주의 중심에는 지구 천구가 자리잡고 있었다. 중세 학자들은 예외없이 지구가 구형임(*sphericity*)에 동의했으며 지구 원주의 길이에 대한 고대의 추정치(약 252,000스타드)를 널리 받아들였다.[15)][역주〔9〕] 지상의 모든 땅은 유럽, 아시아, 아프리카 등 세 대륙으로 나뉘는 것이 보통이었

---

14) 무지개에 관해서는 Edward Grant, *A Source Book in Medieval Science*, pp. 435~441; Carl B. Boyer, *The Rainbow: From Myth to Mathematics*, 3~5장 참조. 중세 기상학을 쉽게 설명한 것으로는 John Kirtland Wright, *The Geographical Lore of the Time of the Crusades: A Study in the History of Medaeval Science and Tradition in Western Europe*, pp. 166~181; Nicholas H. Steneck, *Science and Creation in the Middle Ages: Henry of Langenstein(d. 1397) on Genesis*, pp. 84~87 등을 참조할 것.

15) 대부분의 사람들이 지구가 평평하다고 믿어 콜럼버스에 반대했다는 주장은 최근에 꾸며진 전설이다. Jeffrey B. Russell, *Inventing the Flat Earth: Columbus and Modern Historians*를 참조할 것.

으며 나머지는 바다로 채워졌다. 가끔은 네 번째 대륙이 추가될 때도 있었다. 그러나 이 같은 기본사항을 제외하면, 지표면의 특징들과 각 특징의 공간적 관계에 대한 지식은 시공간적 환경과 개인적 환경에 따라 근본적으로 달랐다. 잠시 중세의 지리학 지식을 개관해보기로 하자.

중세 동안 지리학 지식은 다양한 형태로 존재했다. 오늘날에는 몇 장의 지도(혹은 지도처럼 정신에 새겨진 몇 가지 선입견) 만 가지고 중세 지리학을 평가하려는 경향이 있지만 우리는 마땅히 이런 경향에 물들지 않도

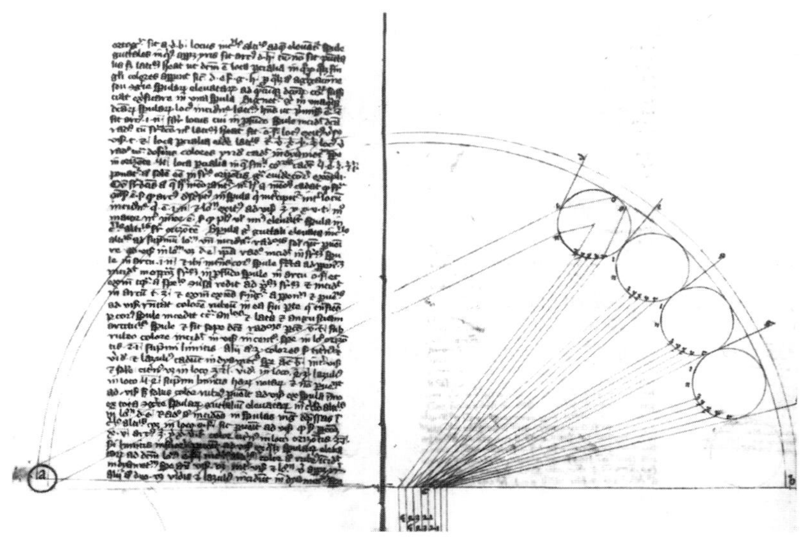

[그림 11.2] 프라이버그의 테오도릭이 제시한 무지개 이론. 태양은 그림의 왼쪽 맨 끝에 있고, 오른쪽에는 구름의 작은 물방울들이 펼쳐져 있다. 관찰자는 중앙의 아래쪽에 자리잡는다. 이 그림은 낱낱의 빗방울에서 두 번의 굴절과 한 번의 전체적인 반사가 육안에 나타나는 색채유형을 어떻게 산출하는지를 증명하려는 의도를 가진 것이다. 바젤대학 도서관(14세기).

록 조심해야 한다.[16] 두말할 것도 없이 중세인은 자신이 태어난 지역에 대해 직접적이고 경험적인 지식을 가지고 있었다. 먼 곳에 대한 지식은 여행자로부터 얻을 수 있었다. 다양한 부류의 여행자가 있었다. 상인, 장인, 떠돌이 노동자, 순례자, 선교사, 군인, 음유시인, 순회근무에 종사한 학자나 공무원이나 성직자, 심지어는 도망자와 거지조차도 그런 부류에 속했다. 도서관을 이용한 소수의 행운아는 플리니우스의《자연사》나 이시도루스의《어원학》같은 저서를 통해 더욱 상세한 지리학 지식을 얻었다.[역주〔10〕] 이런 책자는 외국 지리학 지식을 풍부하게 담은 것이기도 했지만, 기술형식 면에서 대단히 방대한 규모였다. 플리니우스와 이시도루스는 "페리플루스"(*periplus*)를 이용했다. 이것은 해안선을 따라 항해하면서 만나는 도시, 강, 산, 그밖의 지형적 특성을 연속적으로 편찬한 목록으로, 그 안에는 민간에서 구전된 지리정보가 (비록 그 일부는 신화적인 것이었지만) 충실하게 포함되었으며, 흥미로운 역사·문화·인류학 정보도 곁들여졌다. 이러한 편찬물을 십분 활용해서, 플리니우스와 이시도루스는 독자들이 유럽과 아프리카 대륙의 해안지역을 재빨리 훑어볼 수 있도록 해주었다.[17] 중세 말에는 새로운 여행담이 추가되어 지리학 지식의 창고를 한층 풍부하게 해주었다.

전승된 문헌은 기후도 다루었다. 지구는 세 기후대(*climes*)로 분할되었으며,[역주〔11〕] 세 기후대는 다시 다섯 지역으로 구분되었다. 양극에는 극한(極寒)의 두 지역(북극대와 남극대)이 있었으며 양극 사이에는 온대지역이 자리잡고 있었다. 열대는 적도의 양편에 펼쳐져 있었다. 더러는 거대한 적도해가 열대의 두 지역을 뚜렷하게 구분한다고 믿은 학자도 있었다. 열대에는 극심한 더위 탓에 사람이 살지 않는 것으로 생각되었지

16) 중세의 지리학에 대한 개관은 Lewis, *Discarded Image*, pp. 139~146. 필자의 이러한 관점과 이를 표현하기 위한 용어는 모두 이 책으로부터 빌려온 것이다. 더욱 상세한 개관은 Wright, *Geographical Lore*를 참조. 지도제작에 관해서는 David Woodword, "Medieval Mappaemundi"를 참조할 것.

17) William H. Stahl, *Roman Science*, pp. 115~119, 221~222.

만 이런 생각을 반박한 학자도 있었다. 유럽인들은 자신들이 북부 온대에 살고 있다고 생각했다. 지구 반대편, 즉 남부 온대에는 대척지(對蹠地)가 상정되었다. 정말로 대척지 주민(물구나무로 걷는 사람)이 그곳에 살고 있느냐는 문제는 하나의 논쟁거리였다.

오늘날 우리는 지도좌표에 의해 지리학 지식을 공간적으로 체계화하며, 그럼으로써 지리학을 기하학으로 환원하는 경향이 있다. 근현대 지도에 익숙한 우리에게 이런 경향은 자연스러운 것이기도 하다. 그러나 중세인은 그렇지 않았다. 중세인 대부분은 기하학 원리에 따라 제작된 지도는 물론이려니와, 지도라는 것 자체를 구경한 적이 거의 없었다. 더욱이 중세에 생산된 지도는 그 위에 표시된 지형적 특징들간의 공간관계를 엄밀한 기하학적 견지에서 묘사하려는 의도를 가진 것이 아니었다. 축척선(*scale*)의 개념도 아직 정립되지 않은 상태였다. 지도의 기능은 상징적, 은유적, 역사적, 장식적, 혹은 교육적인 것이었다. 예컨대 13세기의 에브스트로프(Ebstrof) 지도에는 세계가 그리스도의 몸에 대한 상징으로 묘사된다. 15세기의 한 필사본에 수록된 지구를 보면, 세계는 세 대륙으로 나뉘며 세 대륙은 노아의 세 아들이 한 곳씩 통치하고 있는 것으로 묘사된다.[18] 따라서 중세에 고유한 목적과 성과를 오해하지 않으려면, 우리는 근현대 지도제작법에 비추어 중세의 지도를 실패한 시도로 간주하지 않도록 주의를 기울여야 한다.

중세의 지도 중에서 가장 흥미롭고 집중적으로 연구되었을 뿐만 아니라 그 수도 제일 많은 것은 세계지도(*mappaemundi*)이다. 세계지도에서는 'T-O 지도'가 가장 흔한 것이다. 이시도루스가 효시로 알려진 이 유형의 지도는 세 대륙(유럽, 아프리카, 아시아)을 체계적으로 묘사한 것이었다. [그림 11.3]에서 "O" 안에 삽입된 "T"는 세 갈래의 물길(돈 강, 나일 강, 지중해)을 나타내며, 모든 알려진 땅덩어리를 3대 지역으로 분할한

---

18) 중세 지도의 유형과 기능에 관해서는 J. B. Harley and David Woodword (eds.), *History of Cartography*, vol. 1에 수록된 논문들을 참조하고, 본문에서 예시된 두 지도에 관해서는 같은 책, pp. 290, 310을 각각 참조할 것.

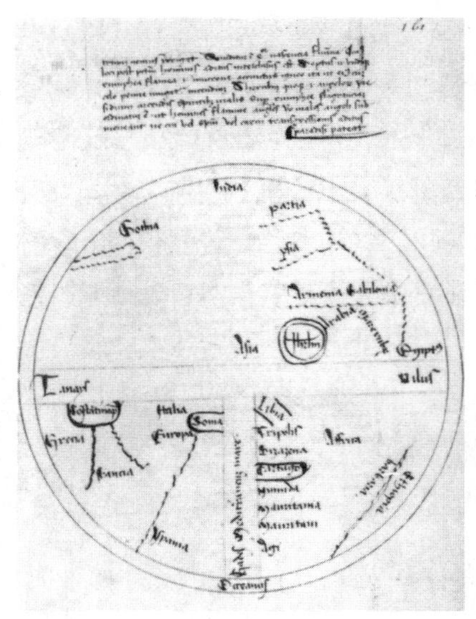

[그림 11.3] T-O 지도. 파리, 국립도서관(15세기).

다. 즉, 지도의 상단부에는 아시아, 하단부의 왼쪽에는 유럽, 하단부의 오른쪽에는 아프리카가 자리잡는다. 이에 비해 체계적이지 못한 T-O 지도의 변형도 제작되었다. 이것은 잡다한 지리학 정보를 삽입하기 위해 T-O 모형을 다소 변형한 형태였다(〔그림 11.4〕 참조). 이밖에 흔한 지도유형으로는 기후대 지도(*zonal map*)가 있었다. 이 지도의 특성은 기후대를 지도의 구성축으로 삼은 점이었다.[19]

중세의 지도제작이 수학적 경향을 띠게 된 것, 그리하여 근현대 지도제작을 위해 전기를 마련하게 된 것은 항해지도에서였다.[역주〔12〕] 이 유형의 지도는 선원의 실용지식을 구체화하여 해양활동을 촉진할 의도에서 작성된 것이었다. 13세기 후반에 제작되기 시작한 것으로 추정되는 이 지도는 해안선을 '사실적'으로 표시했으며, 나침반 주변에 그물처럼 펼쳐진 '항정선'(航程線: *rhumb lines*)을 이용해서 어떠한 두 지점 사이든 거리와 방향을 전달할 수 있었다(〔그림 11.5〕 참조). 이런 유형의 항해

19) "세계지도"에 관해서는 Woodword, "Medieval Mappaemundi"에서의 상세한 연구를 참조할 것.

지도는 처음에는 지중해 용도로 제작되었으나, 점차 흑해와 대서양 연안을 위해서도 제작되었다. 이런 지도를 이용함으로써 비로소 모험적인 탐험항해가 가능해졌으며, 탐험항해는 다시 유럽인들의 지리학 지식을 크게 늘려줄 수 있었다. 프톨레마이오스의 《지리학》의 재발견도 지도제작의 전기를 마련해주었다. 이 책은 15세기 초에 라틴어로 번역되어, 구체(球體)를 이차원 평면에 펼쳐 묘사하는 수학적 방법을 유럽인에게 가르

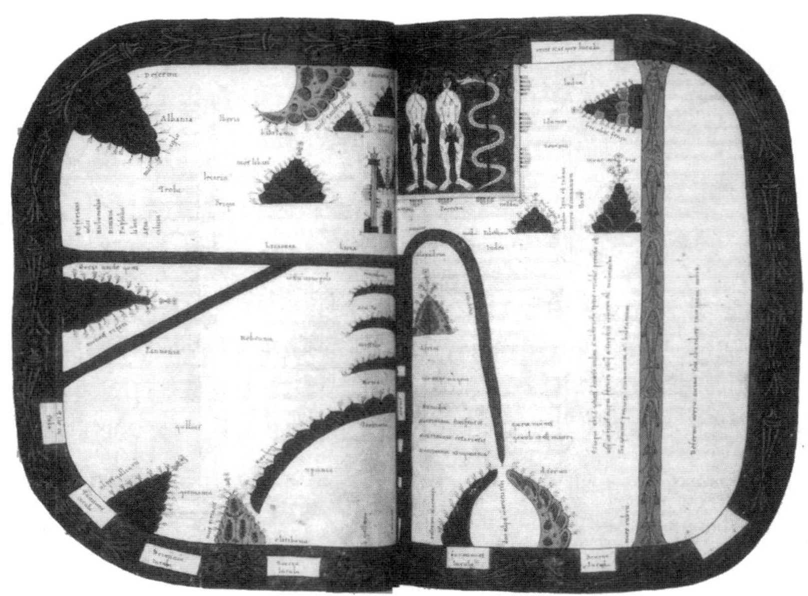

[그림 11.4] T-O 지도를 변형한 '베아투스 지도'(Beatus map: 1109 A.D.). 이 지도의 오른쪽 구석에서 네 번째 대륙을 볼 수 있다. 런던, 영국 국립도서관. 이 그림은 동 도서관의 허가로 전재됨. 더욱 상세한 논의는 J. B. Harley and David Woodword(eds.), *The History of Cartography*, vol. 1. plate 13을 참조할 것.

쳐주었다.[20]

지도제작이 깊은 인상을 주는 것은 그 실용성 때문일 수 있겠지만, 얼핏 실용적 응용성이 없어 보이는 문제를 검토하는 것으로 이 절의 결론을 대신하고자 한다. 지구가 자체의 축을 중심으로 회전하는지, 그러면 무슨 일이 발생할 것인지 같은 문제가 그러하다. 필자는 이런 문제를 논의함으로써 이 절의 균형을 잡는 데 도움이 될 것을 기대한다. 아리스토텔

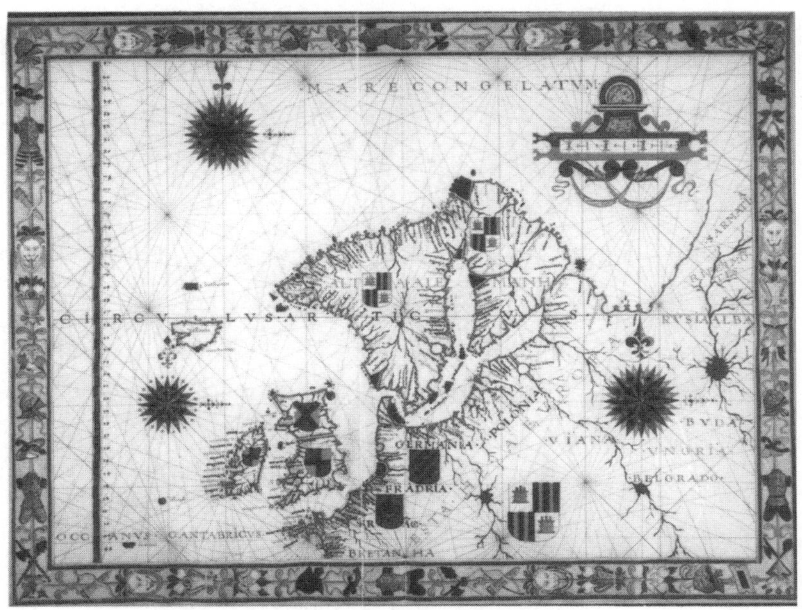

[그림 11.5] 페르노운(Fernão Vaz Dourado)의 항해지도(1570년경). 헌팅턴 도서관.

---

20) 해양지도와 프톨레마이오스의 지도제작 기술에 관해서는 Harley and Woodward(eds.), *History of Cartography*, vol. 1에 수록된 두 논문, Tony Campbell, "Protolan Charts from the Late Thirteenth Century to 1500," pp. 317~463과 O. A. W. Dilke, "The Culmination of Greek Cartography in Ptolemy," pp. 177~200을 참조할 것.

레스는 지구가 정지상태에 있다는 믿음을 뒷받침하기 위해 다양한 근거를 제시했으며, 중세 학자들은 거의 예외 없이 그의 믿음에 동의했다. 그러나 지구의 회전에 대한 논증이 검토할 가치가 있다고 생각한 학자들도 없지는 않았다. 그들은 이 문제를 검토하는 과정에서 훌륭한 옛 선배들을 만날 수 있었다. 실제로 고대의 우주론·천문학 문헌에는 회전하는 지구의 관념이 어렴풋이나마 들어 있었다. 아리스토텔레스, 프톨레마이오스, 세네카 등 여러 고대인이 그 관념을 언급한 바 있었다. 그렇지만 회전하는 지구의 다양한 함축을 가장 면밀하게 검토한 학자는 14세기의 장 뷔리당과 니콜 오렘이었다.

물론 뷔리당과 오렘이 우주의 중심이 지구라는 생각을 버린 것은 아니었다. 그들이 염두에 둔 것은 지구의 자전이 전부였다. 그들은 자전운동을 가정하면 명백한 이점이 있다고 생각했다. 그렇게 하면 모든 천구 각각에게 자전운동을 부여하지 않아도 되는 이점이 있었던 것이다. 다수의 천구에게 빠른 회전운동을 부여하는 대신 단 하나의 느린 운동을 상정한다는 것 ― 이것은 누가 평가해도 경제적인 설명방식이었다.[21] 뷔리당은 천문학자들이 절대적 운동보다는 상대적 운동을 관찰한다는 점, 그리고 지구에 자전운동을 부여한다고 해서 천문학 계산이 달라지는 것은 아니라는 점을 지적했다. 그렇기 때문에 자전하는 지구의 문제는 천문학의 견지에서 해결될 성질의 것이 아니라 물리적 논증에 의존해서만 해결될 수 있는 것이었다. 실제로 뷔리당은 물리적 논증에 의존했다. 그에 의하면 바람 없는 날에 회전하는 지구의 지표로부터 수직으로 발사된 화살은, 그것이 공중에 있는 동안 지구가 움직인다면 원래의 출발점으로 되돌아오지 못할 것이다. 그러나 수직으로 발사된 화살은 원래의 출발점으로 되돌아오지 않는가? 그렇다면 지구는 정지해 있음이 분명하다는 것이 뷔리당의 논증이었다.

---

21) 물론 회전하는 것이 지구든 다른 천구든, 모든 천구의 회전속도는 동일한 것으로 가정되었다. 그렇지만 지구의 반지름이 상대적으로 작기 때문에 지표상의 한 지점은 다른 천구표면의 한 지점보다 더 느리게 회전할 것이었다.

이 문제는 몇 년 후 오렘에 의해 더욱 충실하게 검토되었다. 중세를 통틀어 가장 예리한 자연철학자의 하나인 오렘은 자전하는 지구에 대한 반론을 다시 반박하는 것으로 논의를 시작했다. 그는 우리가 상대적 운동만을 지각할 수 있을 뿐이며 따라서 관찰로는 이 쟁점을 해결할 수 없을 것이라고 주장했다. 그는 뷔리당의 화살 논증을 겨냥해서 다음과 같이 주장했다. 자전하는 지구에서는 화살이 수직으로 발사되었다가 다시 수직으로 떨어지는 동안 화살도 똑같이 수평으로 이동한다. 따라서 화살은 원래 발사지점의 위쪽에서 조금 이동하여 원위치하게 된다는 것이다. 그는 배 갑판의 사례를 들어 논증을 보강했는데, 이는 17세기에 갈릴레오가 운동의 상대성을 옹호하기 위해 사용한 사례와 매우 유사한 것이었다.

> 이러한 현상은 다음과 같은 방식으로 일어나는 것 같다. 어떤 사람이 동쪽으로 빠르게 움직이는 배에 그 운동을 감지하지 못한 채 타고 있으며, 그런 상태에서 한 손을 돛대와 나란히 수직으로 내린다면, 그에게는 그 손이 수직(하향)으로 움직이고 있는 듯이 보일 것이다. 위쪽이나 아래쪽으로 수직 발사된 화살의 경우에도 동일한 현상이 발생할 것이다. 이동하는 배 안에서는 온갖 종류의 운동—수평운동, 교차운동, 상향운동, 하향운동 등 전 방위의 운동—이 발생하지만, 이 모든 운동은 배가 정지해 있을 때의 운동과 정확히 일치하는 것처럼 보인다. 그러므로 이 배에서 어떤 사람이 배가 동쪽으로 움직이는 것보다 빠르지 않게 서쪽으로 걷는다면, 그가 실제로 나아가는 방향은 동쪽이지만 그 자신은 서쪽으로 이동하는 듯이 여겨지는 것이다. 화살의 사례에서도 비슷하게 말할 수 있다. 지상에서 발생하는 모든 운동은 지구가 정지해 있는 경우에서의 운동과 동일한 것처럼 보일 것이다.

오렘은 계속해서 지구가 고정돼 있다고 가르치는 것처럼 보이는 성경구절을 융통성 있게 해석할 필요가 있다고 주장했다. 성경의 원문은 "대중의 일상어법에 맞추어진 것"임을 감안할 필요가 있다는 것이다.[22) 역주〔13〕]

이런 식으로 지구의 자전에 대한 반론을 논박한 뒤에 그는 더욱 적극적인 의미를 부여하면서 논증을 끝맺었다. 나머지 모든 천체가 회전하는 것보다는 지구 혼자 회전하는 것이 얼마나 경제적이냐는 것이었다.

이것은 지구의 자전에 대한 강력하고도 설득력이 있는 논증이었다. 적어도 코페르니쿠스 추종자인 오늘날의 우리에게는 그럴 것이다. 그렇다면 오렘의 동시대인에게는 어떠했을까? 결코 그렇지 못했다. 심지어 그것은 오렘 자신마저 수긍하기 힘든 주장이었다. 물론 그의 논증은 지구의 운동성에 대한 (그 자신이 구성할 수 있는 한에서는) 최상의 철학적이고 이성적인 논증이었다. 그렇지만 하나님의 전능함과 견줄 때 그의 논증은 기껏해야 개연적 수준에서 인정될 뿐이었다. 인간의 논증이 하나님의 창조의 자유에 제한을 가할 정도로 허용될 수는 없었기 때문이다. 하나님은 오히려 우주 내 운동의 비경제성을 선호할 수도 있지 않은가? 이런 이유에서 오렘은 결국 지구가 정지해 있다는 전통적 견해를 수용했으며, "하나님이 세상을 움직이지 않도록 고정하셨다"는 시편 92편 1절을 인용해 그 견해를 뒷받침했다.[23] 이 성구는 대중의 일상어법에 맞추어 작성된 것과는 달리, 일상어법에 따르지 않은 것으로 해석되었다.

오렘의 이처럼 뚜렷한 방향전환을 어떻게 해석할 것인가를 두고 역사가 사이에 논란이 있었다. 다수의 역사가는 오렘이 신학적으로 위험에 처해 있었고, 이에 몸을 사린 나머지 자신의 주장을 포기했다는 가정을 선호한다. 그렇지만 오렘은 자신의 입장을 무척 진지하게 표명하고 있었던 바, 우리는 오렘 자신의 해설을 진지하게 받아들여야만 할 것이다. 그 자신이 밝혔듯이 그의 목적은 이성적 논증에 의해 신앙을 모독하는 자들

22) Nicole Oresme, *Le Livre du ciel et du monde*, pp. 525, 531. 이와 관련된 분석으로는 Marshall Clagett, *The Science of Mechanics in the Middle Ages*, pp. 538~588; Edward Grant, *Physical Science in the Middle Ages*, pp. 63~70; Grant McColley, "The Theory of the Diurnal Rotation of the Earth" 등을 참조할 것.

23) Oresme, *Livre du ciel*, p. 537.

에게 교훈적 사례를 제시하는 일이었다. 지구의 자전처럼 "자연이성에 반하는" 가정이 철학적으로 설득력 있게 논증될 수 있다는 것은 결국 이성적 논증이란 믿을 만한 것이 못 된다는 사실을 증명한다는 것이 그의 의도였다. 이성적 논증이 신앙을 위협하는 조건에서 이런 증명은 경고의 용도를 가진 것이었다. 그는 처음부터 우주론적 목적뿐만 아니라 신학적 목적도 함께 추구했다는 것을 기억할 필요가 있다.24) 역주〔14〕

[그림 11.6] 니콜 오렘의 초상, 파리 국립도서관(15세기). 오렘 앞에 있는 큰 도구는 혼천의(渾天儀: *armillary sphere*)이다. 혼천의는 황도와 천구적도를 위시하여 하늘의 다양한 원을 물리적으로 표현한 교육보조용 도구이다.

24) Oresme, *Livre du ciel*, pp. 537~539.

4. 서구 천문학의 그리스적·이슬람적 배경

지금까지 우리는 우주의 전반적 구조를 살펴보았으며, 우주의 운행을 가능케 하는 것으로 믿어진 몇 가지 원리를 검토했다. 이제부터는 방향을 바꾸어 행성관찰을 엄밀하게 수행하고 행성 데이터의 계량화 모델을 개발하려 한 일련의 노력을 살펴보기로 하겠다. 본격적 논의에 앞서, 널리 영향을 미친 피에르 뒤엠의 해석틀부터 손볼 필요가 있을 것 같다. 뒤엠의 해석은 천문학 모델을 평가하는 두 방식의 구별에 기초한 것이었다. 우선 "실재론"의 관점에 서면, 천문학 모델은 물리실재를 표상할 뿐만 아니라 물리학자나 자연철학자의 물리적 기준에도 답해줄 수 있을 것으로 기대된다. 반면에 "도구주의"의 관점에서 천문학 모델은 편리한 허구에 지나지 않는다. 그것은 행성의 위치를 예측하는 데 유용한 수학적 도구이지만, 물리적 진리값은 전혀 가지고 있지 않다.

뒤엠에 따르면 옛 천문학은 거의 전적으로 도구주의 사업이다. 그가 생각하기에 천문학과 물리학은 서로에게 배타적인 두 과제로 정의되는 것이 당연했다. 물리학자(혹은 자연철학자)의 과제가 실재하는 사물의 구조와 자연본성을 탐구하는 것이라면, 천문학자의 사업은 계량적 예측에 적합한 수학 모델을 개발하는 것이었다. 만일 천문학자가 물리적 문제로 골몰하다가 자신의 수학작업에 지장을 받는다면, 그는 학문분과간의 경계선을 망각하는 우를 범한 셈이라는 것이다. 뒤엠은 이런 개념틀과 범주를 적용해서 중세의 발전을 이해했으며, 실재론적 가정과 도구주의적 가정의 부침(浮沈)을 추적했다.[25]

뒤엠이 옛 천문학 사조에서 도구주의 성향을 너무 과장했다고 믿을 만한 이유는 충분하다. 그는 고대 말에 작성된 한두 자료에 의존해서 실재

---

25) Pierre Duhem, *To Save the Phenomena: An Essay on the Idea of Physical Theory from Plato to Galileo* (1969). 이 작품은 1908년에 불어로 출판되었다. 이보다는 미성숙한 형태지만 동일한 해석이 2년 먼저 출판된 바 있다. J. L. E. Dreyer, *History of Planetary Systems from Thales to Kepler* (1906)가 그것이다.

론 대안과 도구주의 대안을 정의했다. 그러나 과연 천문학의 실천방식으로 도구주의만을 선호할 사람이 있을까?[26] 물론 그리스인이 물리학적 방법과 수학적 방법을 구분했음은 부정할 수 없는 사실이다. 일례로 프톨레마이오스는 수학적 프로그램에 헌신했다. 수학적 성공을 추구하는 과정에서 그를 위시한 천문학자들은 물리학적 관심사를 깔보는 경향이 있었다. 그렇지만 물리학과 수학을 구별하거나 때로 양자의 갈등을 발견한다는 것이 양자의 결별을 요구하는 것과 같을 수는 없다. 더욱이 수학적 천문학자의 장기목표는 (비록 그 목표에 늘 도달했던 것은 아니지만) 자연철학의 기존원리를 위반하지 않고 조화를 이룰 수 있는 수학적 천문학을 창안하는 것이었다. 이런 맥락에서 프톨레마이오스는 수학에 치우친 《알마게스트》뿐만 아니라 물리학에 가까운 《행성들에 관한 가설들》도 작성했다는 사실을 기억해야 한다.[역주〔15〕] 그는 《알마게스트》에서 수학적 목표에 치중할 때조차도 물리실재를 완전히 간과하지는 않았다.

중세 천문학으로 눈을 돌려보자면, 천문학은 여전히 수학에 가까웠다. 천문학은 로마 시대부터 수학계열의 사학(四學)에 속했거니와 그후로도 수학과의 관계를 벗어난 적이 없었다. 그렇지만 우리는 천문학의 수학적 목표가 수학적 도구주의의 증거라는 식으로 가정하지 말아야 한다. 중세의 수학적 천문학자는 옛 선배들과 마찬가지로 기하학 모델과 계량적 예측에 관심이 있었지만, 어느 누구도 천문학이 물리실재로부터 벗어나야 한다는 결론에 도달하지 않았다. 중세 동안 천문학과 (물리실재를 다루는) 우주론은 방법론적 경계선을 사이에 두고 있었지만, 서로를 째려보고 있었던 것이 아니라 방법론상의 가교를 따라 왕래하고 교제했던 것이다.

방법론적 근거에서 우주론과 천문학을 철저하게 구분하는 것이 불가

---

26) G. E. R. Lloyd, "Saving the Appearance"를 참조할 것. 필자는 Bruce S. Eastwood, *Before Copernicus: Planetary Theory and the Circumsolar Idea from Late Antiquity to the Twelfth Century* (곧 출판될 예정)의 1장으로부터도 영향을 받았다.

능하다면, 그럼에도 불구하고 양자를 구별되는 두 분과나 사업으로 취급하는 것은 정당한 일일까? 당연히 정당하다. 중세의 학문분과들을 제대로 구별하려면, 각 분과에 대한 공식적 정의를 가급적 빨리 잊어버리고 그 대신 각 분과가 어떤 원전 전통(*textual tradition*)과 관련된 것인지를 파악하는 편이 좋다. 이 장 전반부의 몇 절에 걸쳐 다룬 우주론의 다양한 문제는 특정한 부류의 원전에 대한 주석과정에서 등장한 것이었다. 아리스토텔레스의 물리학적 작품(특히 《천체에 관하여》와 《형이상학》), 사크로보스코의 요하네스의 《천구》, 페트루스 롬바르두스의 《의견총서》, 창세기의 창조해설 등이 그런 원전이었다.27) 역주〔16〕 반면에 천체계에 대한 수학적 분석은 이와 다른 원전 전통에 속한 것이었다. 프톨레마이오스의 《알마게스트》를 위시해서 헬레니즘 시대에 작성된 많은 수학적 천문학 작품이 주석대상이었다. 이 두 부류의 원전 전통을 묶어서 이를테면 하나의 포괄적인 '천체과학'으로 정의하려는 시도는 실패할 수밖에 없다. 왜냐하면 수학적 천문학의 실천을 원하는 (아니, 이해하기만을 원하는) 자는 누구든지 그 원전 전통에서 비기(秘技)로 전승되는 기술을 습득해야 했기 때문이다.

우리는 앞서 여러 차례 이슬람 세계의 천문학을 언급한 바 있다. 그러나 서구 천문학의 발전을 이해하기 위한 전 단계로 좀더 자세한 내용을 덧붙일 필요가 있다. 이슬람 세계의 천문학에 가장 먼저 영향을 미친 것은 그리스 천문학의 인도 판본과 페르시아 판본이었다. 그렇지만 9세기 동안 무슬림 천문학자는 그리스어 자료를 직접 이용할 수 있게 되었는데, 그중에서도 제일 중요한 것은 프톨레마이오스의 《알마게스트》였다. 이 책은 9세기 동안 수차례 번역되었으며, 최고 결정판은 바그다드의 '지혜의 집'에서 이샤크 이븐 후나인이 수행한 번역이었다. 프톨레마이오스의 원리에 크게 의존한 이슬람 천문학은 이후 몇 세기에 걸쳐 힘찬 진군을 지속했다. 천문학 분야에 경주된 이 같은 노력은 현실적 필요에서 자

27) Grant, "Cosmology," pp. 265~268.

극되었다. 그 배후에는 연혁관리, 시간관리, 역법 같은 문제가 자극제로 작용했던 것이다. 음력과 양력의 관계를 정립하는 일, 음력월의 개시를 계산하는 일, 기도시간을 결정하는 일 등은 모두 긴급한 현안이었으며, 이를 해결하기 위해서는 천문학상의 노하우가 필요했다. 천문학과 점성술의 밀접한 관계도 자극제가 되었다(당시 이슬람 세계의 궁정들은 점성술을 적극 후원했다). [28)]

간단한 요약해설만으로 이슬람 천문학의 풍요로운 결실을 전부 이해한다는 것은 불가능한 일이다. 그러나 그런 결실을 낳은 주요영역을 일별하는 것만으로도 꽤 많은 내용을 이해할 수 있다. 첫째로 프톨레마이오스의 천문학 이론을 숙지하고 개선하고 유포하는 작업에 많은 노력이 기울여졌다. (훗날 모두 라틴어로 번역된) 알파르가니와 알바타니의 천문학 교과서는 이런 영역의 업적을 대표하는 것으로 볼 수 있다. 둘째로 프톨레마이오스 천문학에서 사용된 계산법은 구면(球面) 삼각법의 발전에 힘입어 크게 개선되었다. 일례로 근대 삼각법의 여섯 기능이 모두 이용되었는데, 이는 프톨레마이오스가 '현'(弦: *chord*) 이라는 한 가지 기능만을 사용했던 것과 대조된다. [29)] [역주〔17〕]

---

28) 이슬람 세계의 천문학 전반에 관해서는 George Saliba, "Development of Astronomy in Medieval Islamic Society"; Saliba, "Astrology/Astronomy, Islamic," *Dictionary of the Middle Ages*, vol. 1, pp. 616~624; David A. King, *Islamic Mathematical Astronomy*에 수록된 논문들; A. I. Sabra, "The Scientific Enterprise"; Owen Gingerich, "Islamic Astronomy"; E. S. Kennedy, "The Arabic Heritage in the Exact Sciences," 그리고 Noel M. Swerdlow and Otto Neugebauer, *Mathematical Astronomy in Copernicus's De Revolutionibus*, pp. 41~48을 참조할 것. 비교적 오래된 연구지만, J. L. E. Dreyer, *History of Astronomy from Thales to Kepler*, 2판, 11장도 참조할 것. 비(非) 프톨레마이오스 체계들에 관해서는 A. I. Sabra, "The Andalusian Revolt against Ptolemaic Astronomy: Averroes and al-Bitruji"를 참조할 것. 케네디(E. S. Kennedy)가 동료들 및 옛 제자들과 함께 천문학 주제들에 관한 유용한 논문들을 집필해 엮어낸 방대한 편찬서, *Studies in the Islamic Exact Sciences*도 참조할 것.

셋째, 천문학상의 관측과 도구제작에서 중요한 진척이 이루어졌다. 이슬람 세계 전역에 걸쳐 많은 천문대나 관측소가 세워졌다. 개중에는 장수한 것도 단명한 것도 있지만 천문대는 프톨레마이오스의 데이터를 개선하고 보충하는 데 기여했다. 계산 데이터를 수록한 다양한 표도 그 이용법과 함께 작성되어 널리 유포되었다. 도구도 제작되었다. 항성과 행성의 고도를 측정하는 상한의는 13세기 후반 설립된 마라가(Maragha) 천문대의 것이 대표적이다. 이것은 반지름이 4미터가 넘는 대형 상한의였고 고정식으로 설치되었다. 사마르칸드(Samarkand)의 천문대에는 울루그 베그가 설치한 거대한 자오선이 있었는데, 이것은 주로 태양관측에 사용되었으며 반지름이 40미터를 넘었다.30) 역주〔18〕

수학적 기준에서 평가할 때 천문학 도구 중 가장 인상적이고 유용한 것은 아스트롤라베(천문관측의)였다. 이것은 휴대용 도구로 헬레니즘 시대에 발명되었고 이슬람 세계에서 완성되었다. 아스트롤라베는 눈금을 매긴 금속받침과 조준척(照準尺: *sighting rule*)과 두 개의 금속원반으로 구성된다. 금속받침과 조준척은 중앙의 핀에 걸려 회전하면서 어떤 별이나 행성의 고도를 측정해준다. 금속받침, 즉 "본체"(*mother*)에 부착된 두 금속원반은 아스트롤라베를 천문학 계산기로 만들어준다(〔그림 11.7〕과 〔그림 11.8〕을 참조할 것). 아스트롤라베에 계산기능을 부여한 수학원리는 입체투사였다. 입체투사에 의해 구형의 하늘은 (편리하게 볼 수 있도록) 금속원반들 위로 투영된다(〔그림 11.9〕를 참조할 것). "레테"(*rete*)라 불리는 맨 위의 원반은 회전하는 천체들을 나타내도록 설계된 것으로, (가장 눈에 띄는 소수의 별로 한정된) 천체지도와 황도를 표시한 이심

---

29) 그리스와 아랍의 삼각법에 관해서는 E. S. Kennedy, "The History of Trigonometry: An Overview"를 참조할 것.

30) Aydin Sayili, *The Observatory in Islam and Its Place in the General History of the Observatory*, 6장과 8장; T. N. Kari-Niazov, "Ulugh Beg," *Dictionary of Scientific Biography*, vol. 13, pp. 535~537. 울르그 베그의 상한의는 오늘날에 보아도 인상 깊은 유물인데, 그 사진은 Sabra, "Scientific Enterprise," p. 195를 참조할 것.

[그림 11.7] 1500년경에 이탈리아에서 제작된 아스트롤라베. 지름 4.25인치. 런던 과학박물관 소장. 동 박물관 위원회의 승인을 얻어 전재됨.

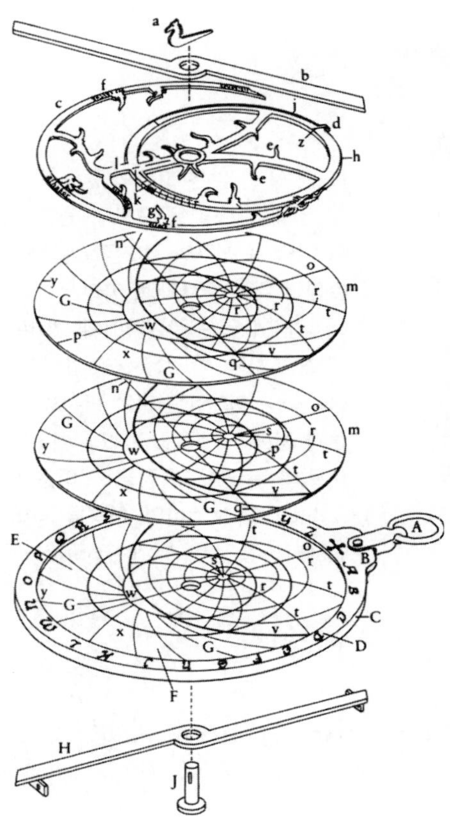

[그림 11.8] 아스트롤라베를 "분해한" 그림. 노스(J. D. North)의 허락을 얻어 전재함. 출전은 North, *Chaucer's Universe*, p.41.

a 말(*Horse*: 말머리 모양으로 마감된 쐐기)
b 조준자(*Rule*)
c 레테(*Rete*)
e 별을 가리키는 지침
h 황도 원
k 황도 12궁을 구분한 선들
m 클라이미트들(*Climates*)
r 같은 고도의 원들
s 천장(*Zenith*)
t 같은 방위의 선들
v 지평선
w 북회귀선
x 적도
y 남회귀선
C 본체(*Mother*)
G 시간각을 표시한 선들
H (조준 구멍을 가진) 앨리데이드(*Alidade*)
J 핀

원 고리로 구성된다([그림 11.7]과 [그림 11.8] 참조). 이 원반의 많은 부분은 베어낸 상태이기 때문에 이용자는 아래쪽의 고정된 원반을 볼 수 있다. "클라이미트"(*climate*)로 불리는 이 원반에는 이용자의 위도에 따라 결정되는 고정좌표계(*fixed coordinate system*)가 투영된다. 고정좌표계를 구성하는 것은 하나의 지평선, 동일고도의 여러 원, 동일방위의 여러 선, 천구적도, 북회귀선, 남회귀선 등이다([그림 11.8] 참조). 이런 식으로 위쪽 원반은 아래쪽 원반 위를 돌면서, 천체계의 움직임에 대한 시뮬레이션을 지상의 관찰자에게 제공할 수 있었다. 황도에서 태양의 위치를 표시해주는 등 여러 방면에서 유익한 계산이 가능해졌다.31)

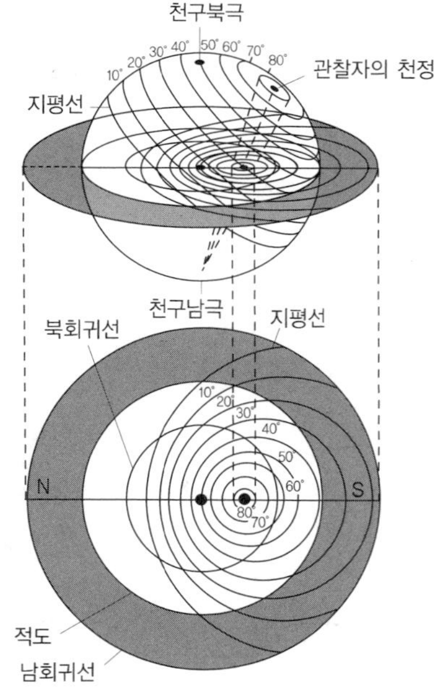

[그림 11.9] 같은 고도의 원들에 대한 입체투사. 같은 고도의 원들(위쪽 그림)은 천구의 적도를 관통하는 수평면 위로 투사되며, 따라서 천구의 남극에 있는 관찰자에게 보이는 대로 표시된다. 같은 고도의 원들(즉, *almucantars*)은 같은 방위의 선들과 함께, 아스트롤라베의 '클라이미트'의 주요한 특징을 보여준다. 노스(J. D. North)의 허락을 얻어 전재함. 출전은 North, *Chaucer's Universe*, p.53.

31) 아스트롤라베에 대한 명료하고도 믿을 만한 해설은 J. D. North, "The Astrolabe," 혹은 North, *Chaucer's Universe*, pp. 38~86을 참조할 것. 이슬람 세계의 천문학 도구 일반에 관해서는 David A. King, *Islamic Astronomical Instruments*를 참조할 것.

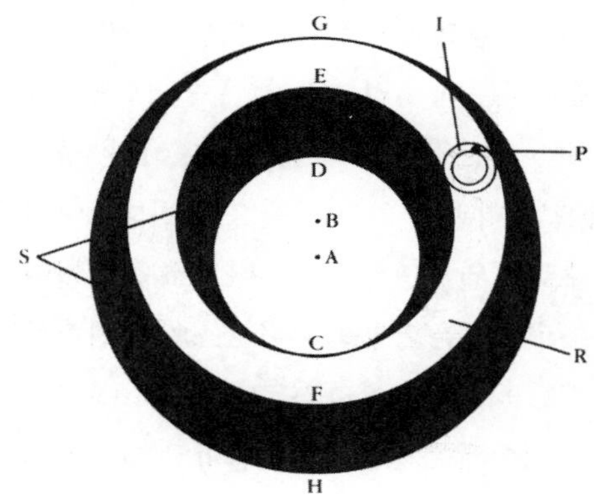

[그림 11.10] 프톨레마이오스의 주축원과 주전원을 위한 이븐 알하이탐의 입체천구 모델.

넷째로 이슬람 세계는 프톨레마이오스의 천문학 이론을 실질적으로 비판했으며 그것의 개선이나 교정을 도모했다. 때 이른 비판자 중에는 이븐 알하이탐(Ibn al-Hytham: 서구에는 알하젠〔Alhazen〕으로 알려진 인물로, 1040년경 죽음)이 대표적이다. 그는 프톨레마이오스가 이심점(*equant*)을 사용한 것에 대해, 균일운동의 원리를 침해한다는 이유를 들어 반대했다. 그는 프톨레마이오스가 《행성들에 관한 가설들》에서 전개한 논리에 따라 이심원과 주전원에 대한 물리학적 해석을 시도하기도 했다. 이것은 천문현상에 대한 수학적 접근과 물리학적 접근을 통합하려는 시도로서, 《알마게스트》의 수학 테크닉과 《행성들에 관한 가설들》의 물리학 체계를 프톨레마이오스 자신보다도 오히려 충실하고 성공적으로 통합한 것이었다. 그 과정에서 각 행성천구는 더욱 두꺼워지게 되었으며, 행성천구마다 각기 주전원이 통과할 수 있는 이심(離心) 통로를 하나씩 가지게 되었다.

〔그림 11. 10〕에서 볼 수 있듯이 이처럼 두꺼워진 공간 S는 천구표면 CD와 GH에 의해 구획된다. A는 우주의 중심으로 지구가 자리잡는다. 천구를 절단하면 그것과 중심이 같지 않은 원고리 R이 나타난다. 이 원고리는 중심을 B에 두며 표면 CE와 FG에 의해 구획된다. 이 원고리 내에 주전원 I가 위치해 행성 P를 운반한다. 천구 전체는 중심을 A에 두고

하루에 한 번 회전하며, 이때 원고리도 함께 회전한다. 한편 주전원은 행성주기(어떤 행성이 황도를 한 번 순환하는 데 걸리는 시간) 동안 그 원고리 안에서 "굴러가며", 행성은 굴러가는 주전원을 따라 운반된다. P만이 아니라 나머지 모든 행성도 비슷하게 두꺼워진 천구를 필요로 한다. 이처럼 모든 천구를 빈틈없는 밀착상태로 배열하면, 우리는 비로소 물리적인 행성계 모델을 얻게 되는 셈이다. 이 모델은 프톨레마이오스의 행성천문학의 근본요소를 구체화한 것이기도 하지만, 아리스토텔레스가 상정한 동심원 천구들의 체계를 약간 (즉, 묵인해도 좋을 만큼) 변형한 것이기도 하다.[32)]

12세기 동안 프톨레마이오스에 대한 공격이 특히 왕성하게 진행된 곳은 에스파냐였다. 이 지역에서는 이븐 바자, 이븐 투파일, 이븐 루시드(아베로이즈), 알비트루지 등 일련의 학자들이 앞 다투어 프톨레마이오스 행성 모델을 비판했다. 그것이 아리스토텔레스의 물리학과 일치하지 않는다는 이유에서였다.[역주〔19〕] 이븐 루시드(1126~1198)는 이심원과 주전원, 특히 이심점의 사용을 공격했으며 그런 것이 물리실재에 관해 전해주는 것은 전혀 없다고 주장했다. 그 대신에 그는 아리스토텔레스의 동심원 천구들의 체계로 되돌아갈 것을 권고했다. 알비트루지(1190년경 활동)는 간단한 동심원 천구들의 체계가 어떻게 프톨레마이오스 천문학의 천구들에 비견될 만한 예측을 제공할 수 있는지를 입증하려는 (그러나 성공하지 못한) 시도에서 이븐 루시드를 크게 넘어섰다. 그의 체계에는 일련의 단순한 동심원 천구들이 존재하며, 각 천구는 각 행성에 부여된다. 모든 천구들은 최고위 기동자(*primum mobile*)로부터 안쪽으로 전달되는 (그리고 안쪽으로 갈수록 줄어드는) 운동력에 따라 동쪽으로부터 서쪽으로 균일하게 회전한다(그럼으로써 많은 자연철학자들이 아리스토텔레스 우주론에서 달갑게 여기지 않았던 두 운동, 즉 동-서 운동과 서-동 운동의

---

32) 이븐 알하이탐의 천문학 연구에 관해서는 A. I. Sabra, "Ibn al-Hytham," *Dictionary of Scientific Biography*, vol. 6, pp. 197~199; Sabra, "An Eleventh- Century Refutation of Ptolemy's Planetary Theory"를 참조할 것.

필요성을 모두 제거한다). 알비트루지는 행성운동의 불규칙성을 설명하기 위해 각 행성이 마치 크롤 수영하듯이 각자의 천구표면 위를 헤엄쳐나간다고 가정했다(이것은 주축원과 주전원이 천구표면 위로 굴러가는 모습과 비슷한 운동이다).[33)]

5. 서구의 천문학

중세 초의 서구는 아직 히파르코스나 프톨레마이오스 같은 그리스 수학적 천문학자들의 작품을 이용할 수 없었다. 천문학이 수학적 학문이요, 수학적 사학(四學)의 일원임은 충분히 이해되었지만, 중세 초의 학자들이 실제로 접한 수학적 천문학의 분량은 극히 적었다. 플리니우스, 마르티아누스 카펠라, 세비야의 이시도루스 같은 저자는 천구와 천구의 주요궤적, 7행성과 각 행성이 황도대를 따라 서쪽에서 동쪽으로 이동하는 운동, 행성의 역행운동, 태양과 연관된 수성과 금성의 운동 등에 대해 초보적 기술을 제공하는 데 머물렀다. 물론 연대기와 역법상의 문제를 해결하는 능력은 상당한 수준으로 발전해 있었다. 그러나 진지한 수학적 천문학의 실천에 필요한 체계, 특히 프톨레마이오스 모델에 대한 지식은 아직 갖추지 못한 상태였다.[34)]

---

33) A. I. Sabra, "Andalusian Revolt against Ptolemaic Astronomy"; Roger Arnaldez and Albert Z. Iskandar, "Ibn Rushd", *Dictionary of Scientific Biography*, vol. 12, pp. 3~5; Al-Bitruji, *On the Principles of Astronomy*, ed. and trans. Bernard R. Goldstein.

34) 중세 초의 천문학에 관해서는 Bruce S. Eastwood, *Astronomy and Optics from Pliny to Descartes*에 전반부에 수록된 논문들; Eastwood, "Plinian Astronomical Diagrams in the Early Middle Ages"; Stephen C. McCluskey, "Gregory of Tours, Monastic Timekeeping, and Early Christian Attitudes to Astronomy"; 그리고 Claudia Kren, "Astronomy," in David L. Wagner, ed., *The Seven Liberal Arts in the Middle Ages*, pp. 218~247 등을 참조할 것.

서구에서 천문학 지식 수준이 크게 변화한 것은 11～12세기에 이슬람 세계와의 접촉을 통해서였다. 이슬람 영향권하에 있던 에스파냐가 중요한 가교역을 담당했다. 오리악의 제르베르(945년경～1003)는 귀감사례를 보여준다. 그는 에스파냐 북부에서 연구를 마치고 프랑스로 귀향하면서 천문학 논고들을 지니고 왔을 가능성이 높다. 세부까지 정확하게는 알 수 없지만 이와 같은 접촉과정에서, 기독교 세계는 다용도 천문학 도구인 아스트롤라베를 확보했으며 그것의 사용에 필요한 수학적 지식도 함께 얻을 수 있었다. 아스트롤라베의 제작과 이용에 관한 여러 편의 논고도 아랍어로부터 라틴어로 번역되어 11세기 동안 유포되었다. 더 나아가 아스트롤라베는 서구 천문학의 방향전환을 야기했다. 서구 천문학은 질적 해석에 치우친 종래의 관행으로부터 벗어나 계량화에 관심을 가지기 시작했던 것이다.[35)]

그렇지만 계량적 천문학이 본궤도에 오르려면 상당한 분량의 관측 데이터가 요구되었다. 잘 알려져 있듯이 서구학자들도 12세기 초부터는 관측 데이터를 축적하기 시작했다. 한층 유용하고 방대한 데이터는 아랍어 자료의 번역을 통해 획득되었다. 알크와리즈미의 천문학 계산표는 그 사용지침과 함께 1126년에 바스의 아델라르에 의해 번역되었다.[역주〔20〕] 조금 뒤에는 《톨레도 계산표》(*Toledan Tables*: 11세기에 알자르칼리가 톨레도에서 편찬한 작품)가 번역되었다.[36)] 이렇게 번역된 천문학 도표는 계량적 천문학의 정보를 가득 담은 보물창고이기는 했지만, 그 도표를 이용하려는 시공간보다 훨씬 옛적의 시공간에 맞게 구성된 것들이었다. 계산

---

35) 서구 천문학에 대한 필자의 이해는 올라프 페더슨(Olaf Pedersen)의 연구에 크게 의존하고 있다. 특히 Pedersen, "Astronomy," in David C. Lindberg, ed., *Science in the Middle Ages*, pp. 303～336; Pedersen, "Corpus Astronomicum and the Traditions of Medieval Latin Astronomy"; 그리고 Pedersen and Morgens Phil, *Early Physics and Astronomy: A Historical Introduction*, 18장을 참조할 것.

36) 《톨레도 계산표》에 관해서는 G. J. Toomer, "A Survey of the Toledan Tables"; 그리고 Ernst Zinner, "Die Tafeln von Toledo"를 참조할 것.

표는 현실에 맞게 번안될 필요가 있었다. 마르세이유의 레이몽(Raymond of Marseille)과 체스터의 로버트(Robert of Chester)를 위시한 12세기의 여러 학자들이 이런 작업에 참여했다. 그들의 작업은 서구 수학적 천문학 전통의 실질적 기원이었다.

천문학 도구와 천문학 계산표는 수학적 천문학의 실천을 위한 필요조

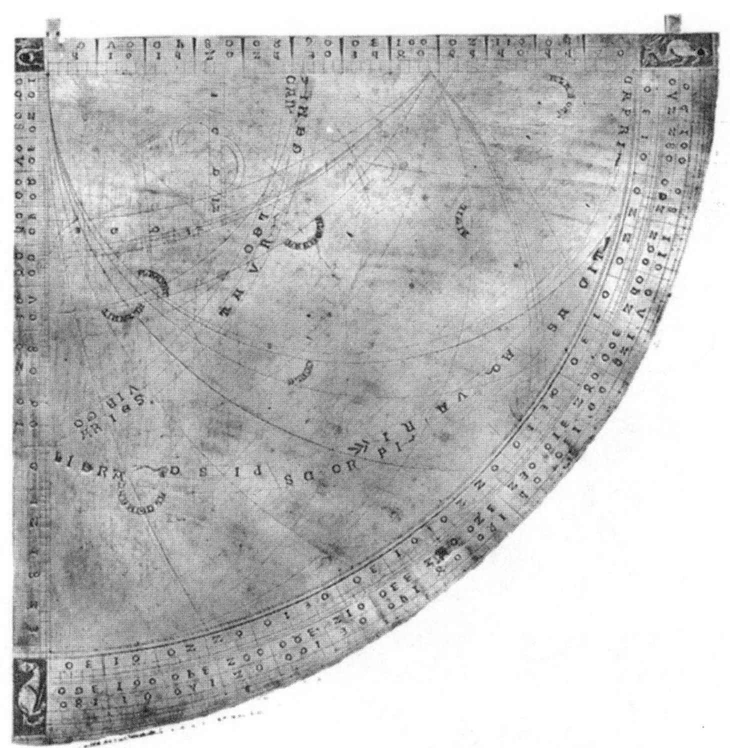

[그림 11.11] 프로파티우스 유데우스(Profatius Judaeus)의 "새로운 상한의". 14세기에 고도를 측정하기 위해 사용된 천문학 도구의 귀감 사례. 옥스퍼드대학, 머튼 칼리지 학장 및 교수 제위의 허락으로 전재함. 이 도구를 포함한 중세의 다양한 상한의들에 관한 기술은 R. T. Gunther, *Early Science in Oxford*, vol. 2(Oxford: Oxford University Press, 1923), pp.165~175를 참조할 것.

건이기는 해도 충분조건이 될 수는 없었다. 세 번째 요건은 천문학 이론이었다. 천문학 계산표에 들어 있는 지침으로부터도 천문학의 이론적 토대를 어림짐작할 수는 있었겠지만, 이 수준의 지식은 매우 제한적이어서 혼란을 야기할 뿐이었다. 관측 데이터와 계산의 배후에 놓인 수학 모델을 명료하게 제시하려면, 이론천문학에 관한 논고가 꼭 필요했다. 이런

[그림 11.12] 한 천문학자가 아스트롤라베로 관측하고 있는 모습. 파리 아스날 도서관(Bibliothèque de l'Arsenal, 13세기).

필요성도 번역을 통해 충족되었다. 이번에는 아랍어 자료만이 아니라 그리스어 자료도 번역되었다. 알파르가니의 프톨레마이오스 천문학 입문서는 1137년에 세비야의 후앙(John of Seville)에 의해 《천문학의 기초》(*Rudiments of Astronomy*)라는 제목으로 번역되었다. 12세기 중반에 이르면 타비트 이븐 쿠라나 프톨레마이오스 같은 저자의 한층 전문적인 작품도 이용할 수 있게 되었다. 프톨레마이오스의 《알마게스트》는 라틴어로 모두 두 차례 번역되었는데, 그리스어로부터의 번역이 먼저 등장했으며, (크레모나의 제라르도에 의한) 아랍어로부터의 번역이 뒤따랐다. 비슷한 시기에 등장한 점성술 원전도 천문학 이론과 계산에 대한 관심을 자극했다. 당시 점성술은 의학과의 연관성을 점차 확장해간 추세였던 바, 천문학 계산에 대한 점성술적 수요는 천문학의 발전에 도움이 되었다.

마침내 12세기 말에 이르면 천문학 원전의 대부분을 라틴어로 읽을 수 있게 되었다. 이때부터 서구 천문학의 역사는 천문학 지식을 꾸준히 정복하고 확장해간 이야기라고 할 수 있다. 이야기의 중심은 대학이다. 수강생에게 프톨레마이오스 천문학의 복잡한 구석까지 이해시켜줄 교과서는 대학생 필독서가 되었다. 알파르가니의 《천문학의 기초》 같은 입문서도 교과서로 이용되었지만, 대학선생들은 곧 각자 나름의 교과서를 작성했다. 가장 먼저 출판되었고 인기도 높았던 교과서는 사크로보스코의 요하네스(영어 이름: 할리우드의 존)가 13세기 중반에 파리에서 출판한 《천구》(*Sphere*)였다. 이 책은 17세기 말까지도 대학 교과서로 계속 주석되고 이용되었으며, 구면천문학(*spherical astronomy*)에 대한 초보적 해설과 행성운동에 관한 간단한 언급을 담고 있었다. 역주〔21〕 예컨대 사크로보스코는 태양이 황도를 따라 하루에 약 1°씩 서쪽으로부터 동쪽으로 이동한다고 기술했으며, 태양을 제외한 행성은 주전원을 따라 운반되고 주전원은 다시 주원궤도(*deferent cycle*)에 얹혀서 운반된다고 밝혔다. 나아가 그는 이처럼 '주축원에 얹힌 주전원'(*epicycle-on-deferent*) 모델이 어떻게 역행운동을 설명해주는지를 해설했으며, 일식은 지구가 만드는 그림자, 월식은 달이 만드는 그림자로 인해 발생함을 지적했다. 그의 행성천

문학은 이 정도의 수준을 넘어서지는 못했다.[37]

사크로보스코의 《천구》는 뚜렷한 의도를 가진 작품이었던 것 같다. 연표작성, 시간관리, 달력제작(*computus*)[역주〔22〕]에 관심을 가진 학생에게 초보적인 천문학 지식을 제공하는 것이 그의 의도였을 것이다. 조금 뒤에 한 익명의 저자는 《행성이론》(*Theorica planetarum*)이라는 논고를 작성했다. 파리의 한 선생이 집필한 것으로 추정되는 이 논고는 행성천문학에 대한 논의의 수준을 크게 높여주었다. 《행성이론》은 각 행성에 대해 프톨레마이오스의 기본이론을 소개한 뒤에, 기하학적 도해와 함께 보충설명을 곁들였다. 우선 태양의 운동을 예로 들어보자. 태양은 황도를 따라 이심원 주원궤도에 얹혀 서쪽에서 동쪽으로 하루에 (1°보다 조금 적은) 59′8″씩 규칙적으로 이동한다. 그 사이에 그 이심원 주원궤도는 "우주" 혹은 항성천구가 수행하는 하루 일회전의 비율로 동쪽에서 서쪽으로 움직인다. 외행성(*superior planets*: 화성, 목성, 토성)을 다룬 모델에서는 행성 P(〔그림 11.13〕 참조)가 주전원을 따라 서쪽에서 동쪽으로 균일하게 이동하는 동안, 주전원의 중심은 주축원을 따라 동일한 방식으로 이동한다. 주원에 얹힌 주전원의 운동은 이심점 Q에서 볼 때에만 규칙적이며, 주원의 중심점 C는 이심점에서 지구 중심까지의 거리의 1/2에 위치한다.[38] 《행성이론》은 순식간에 천문학 이론의 표준 교과서로 정착되었던 것 같다. 프톨레마이오스의 모델이 모든 경쟁자를 물리치고 수세기 동안 천문학의 전문용어 체계를 지배한 것은 이 교과서에 힘입은 바 크다.

그렇다면 프톨레마이오스 이론은 어떻게 아리스토텔레스 우주론과 조

---

37) Thorndike, *Sphere of Sacrobosco*에는 이 논고의 라틴어 원문과 영어 번역문이 함께 수록되어 있으며, 유용한 역자해제도 실려 있다. 사크로보스코는 대수와 역법에 관해서도 각각 한 편씩의 논고를 작성했는데, 이 점에 관해서는 같은 책, pp. 3~4를 참조할 것.

38) 나머지 행성들에 관해서는 Pedersen, "Astronomy," pp. 316~318을 참조할 것. 페더슨은 《행성이론》을 번역하기도 했다. 그의 번역문은 Edward Grant, ed., *A Source Book in Medieval Science*, pp. 451~465에 수록되어 있다.

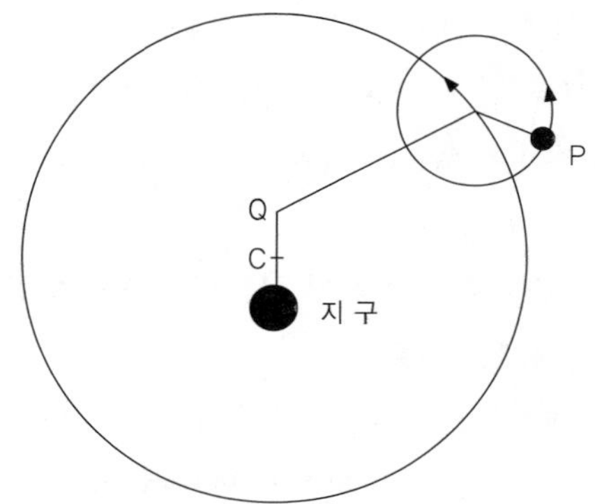

[그림 11.13] 《행성이론》에 따라 재구성된, 외행성들 중 하나의 운동 모델.

화를 이룰 수 있었을까? 사실상 프톨레마이오스의 이론은 정착단계에서 심각한 문제를 야기했다. 학자들이 보기에 프톨레마이오스 천문학이 상정하는 이심원과 주전원은 아리스토텔레스의 동심천구나 자연철학적 원리와 쉽게 어울릴 것 같지 않았기 때문이다. 이 문제를 심각하게 고민한 학자들은 프톨레마이오스 천문학 원리에 대한 아베로이즈의 공격에서 도움을 얻을 수 있었다. 프톨레마이오스 체계는 계량화의 견지에서는 성공을 거둔 유일한 것이었지만 물리학이나 철학의 관점에서 보면 미심쩍기 짝이 없는 것이었다. 이 쟁점을 놓고 13~14세기 동안 일대 혼전이 벌어졌다. 이론적 주장의 격을 유지하려는 학자도 있었고 절충을 모색한 학자도 있었다. 계량화의 결과가 꼭 필요한 천문학자에게는 프톨레마이오스 모델을 유지하는 것 외에 다른 대안이 없었다. 이보다 철학 쪽으로 기울어진 천문학자에게는 아리스토텔레스의 원리에 의존해서 계량적으로 엄밀한 천문학을 정립하겠다는 구상이 막연한 꿈으로나마 여전히 남아 있었다.[39)]

프톨레마이오스 체계를 입체천구(*solid-sphere*)로 바꾼 이븐 알하이탐의 체계는 13세기에 소개되었다. 로저 베이컨은 서구세계에서는 최초로

39) 참고문헌으로는 이를테면, Claudia Kren, "Homocentric Astronomy in the Latin West: The *De reprobatione enentricorum et epiciclorum* of Henry of Hesse"이 있다.

1260년대의 저술에서 알하이탐의 체계를 철저하게 검토했다. 베이컨 이후로 그 체계에 대한 관심은 특히 프란키스쿠스 수도회를 폭풍처럼 휩쓸고 지나갔던 것 같다. 베르뎅의 베르나르(Bernard de Verdun)와 마르키아의 귀도(Guido de Marchia) 같은 수도사들이 (1290년과 1310년 사이에: 역자) 그 체계를 기술했다. 노바라의 캄파누스의 천문학 작품에서도 동일한 관념이 발견된다. 역주〔23〕 그 체계는 이후 한동안 뒷전으로 밀려났다가, 게오르그 포이에르바하에 의해 심각한 우주론적 논쟁거리로 다시 부각되었다. 그는 15세기에 천문학의 부활에 기여한 비엔나 학자들 중 하나였다. 역주〔24〕

《행성이론》은 프톨레마이오스 천문학의 계량화된 내용이나 천문학 계산도구를 논의하지 않았다. 이런 기능은 《톨레도 계산표》에 의해 수행되었으며, 1275년경 이후로는 《알퐁소 계산표》(*Alfonsine Table*: 카스티야의 알퐁소 10세의 궁정에서 작성된 표)도 비슷한 기능을 수행했다. 《알퐁소 계산표》(〔그림 11. 14〕 참조)와 《행성이론》은 좋은 짝을 이루어서 수학적 천문학의 실천에서 규범적 안내역을 수행했다. 새로운 경쟁자는 16세에 이르러서야 등장했다. 40)

대학교육에서 천문학의 초보지식을 적당한 분량으로 가르치는 것은 일반적 현상이 되어가고 있었지만, 《톨레도 계산표》와 《알퐁소 계산표》로 대변되는 고급지식은 아직 드문 편이었다. 천문학 강좌는 《행성이론》의 강의로 진행되는 것이 대부분이었으며 가끔은 프톨레마이오스의 《알마게스트》를 수강할 기회도 주어졌다. 이런 수준의 강좌에 접할 기회는 그런대로 많은 편이었으나, 교양학부의 학위수여를 위해 천문학 지식을 요구한 대학은 거의 없었다. 그러나 대학교육 과정 내에서 낮은 위상을 차지했다고 해서 천문학이 하찮은 과목이었다고는 말할 수 없다.

---

40) 《알퐁소 계산표》의 일부 발췌문은 빅터 토렌(Victor E. Thoren)의 번역으로, Grant, *Source Book*, pp. 464~487에 수록되어 있다. 《톨레도 계산표》와 《알퐁소 계산표》에 관해서는 North, *Chaucer's Universe*, pp. 147~153도 참조할 것. 토렌과 노스는 공히 샘플 계산을 제공하고 있다.

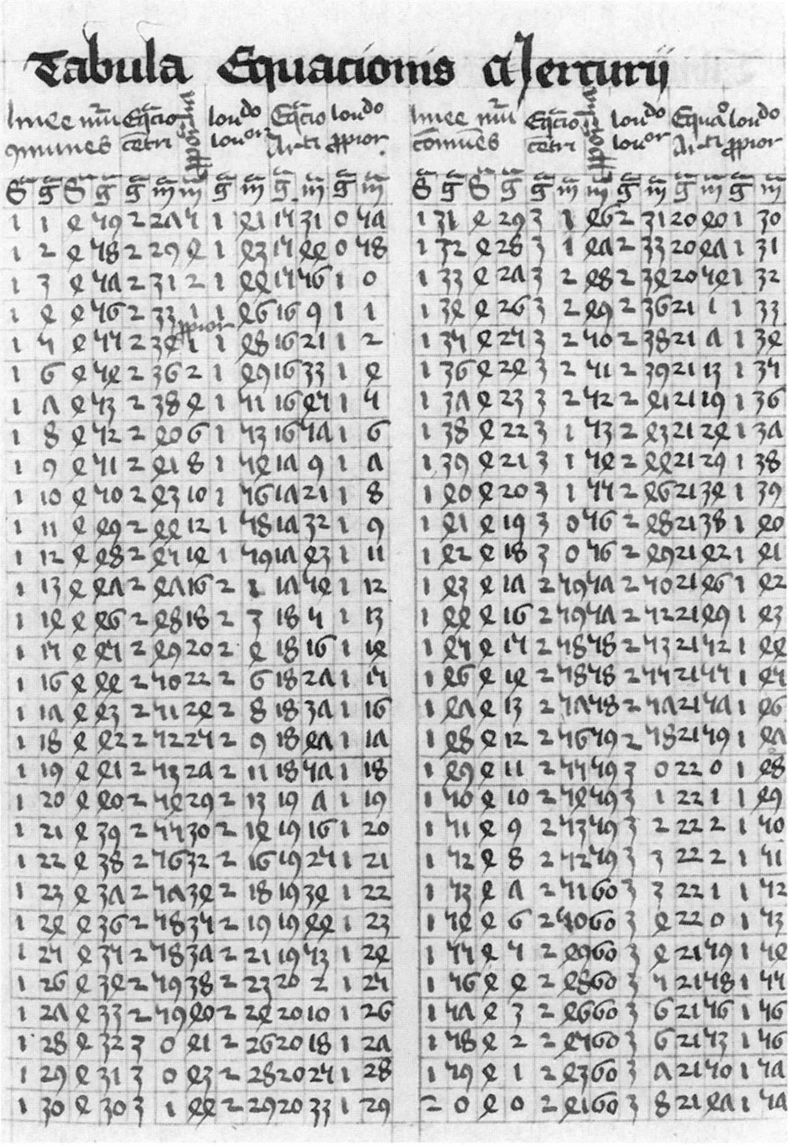

[그림 11.14] 알퐁소 계산표. 수성을 계산한 대목 중 한 페이지. 하버드대학, 허튼 도서관(Houghton Library, 1425년경). 동 도서관의 승인하에 전재함.

소수에 불과한 천문학 연구자들에 의해서나마 수학적 천문학 지식은 점차 정교해지고 있었다. 15세기와 16세기에 요하네스 로지오몬타누스(Johannes Rogiomontanus)라든가 니콜라우스 코페르니쿠스(Nicolaus Copernicus) 같은 걸출한 천문학자를 배출한 것은 바로 이러한 중세 천문학 전통이었다.[41]

6. 점성술

점성술은 기나긴 질곡의 역사를 가지고 있다. 무엇보다 역사가들이 점성술을 바보 아니면 협잡꾼이나 선호하는 원시적, 비이성적, 미신적 사고의 대표사례로 매도하는 경향이 지속되어왔기 때문이다. 중세 내내 비판되었듯이 협잡꾼은 있었다. 그러나 중세 점성술은 진지한 학문적 성격을 가진 것이기도 했다. 오늘날 점성술이 낮추 평가된다고 해서 중세 점성술까지 그런 선입견에 의해 평가하려는 태도는 허용될 수 없다. 중세 학자들이 점성술의 이론과 실제를 판단한 것은 〈중세적인〉 합리성 기준에 의해서였으며, 그들에게 이용가능한 〈당시의〉 증거에 비추어서였다. 이런 기준과 증거를 존중할 때, 비로소 우리는 중세 동안 점성술이 누린 중요성과 점성술이 겪은 운명의 부침을 이해할 것이라는 희망을 가

41) 중세의 후반을 다룬 천문학사는 아직 존재하지 않는다. 그나마 노스(J. D. North)의 다음과 같은 작품들이 유용한 단서를 제공하고 있다. 즉, *Richard of Wallingford, An Edition of His Writings with Introductions, English Translation and Commentary*, 3 vols.; "The Alfonsine Tables in England," in North, *Stars, Minds and Fate: Essays in Ancient and Medieval Cosmology*, pp. 327~359; 그리고 *Chaucer's Universe* 등을 참조할 것. 중세에 라틴 세계의 천문학과 빈번히 상호작용했던 유대인들의 천문학에 관해서는 Richard R. Goldstein, *Theory and Observation in Ancient and Medieval Astronomy*에 수록된 논문들을 참조할 것. 로지오몬타누스와 코페르니쿠스에 관해서는 Noel M. Swerdlow and Otto Neugebauer, *Mathematical Astronomy in Copernicus's De Revolutionibus*를 참조할 것.

질 수 있다.[42]

논의를 시작하기 전에 점성술을 두 부류로 구분하는 것이 좋겠다. (1) 별이 우주 삼라만상에 물리적 영향을 미친다는 일련의 믿음으로서의 점성술, 그리고 (2) 길시(吉時) 같은 것을 결정하는 별점〔星卜〕기술로서의 점성술. 전자는 자연철학의 한 분과로 존중되었으며 그 결론도 별로 의문시되지 않았다. 반면에 후자는 다양한 (경험적인, 철학적인, 신학적인) 반론에 쉽게 노출되었으며 중세 동안 줄곧 논쟁의 주제로 남아 있었다. 두 번째 의미에서의 점성술도 다루기는 하겠지만, 우리의 주된 관심사는 우주물리학으로서의 점성술이라는 측면이다.

하늘과 땅이 물리적으로 연결된다는 믿음에는 그럴 만한 이유가 있었다. 첫째로 관측 데이터가 양자의 연관성을 분명하게 보여주었다. 지상의 빛과 열이 주로 하늘로부터 온다는 것은 의심의 여지가 없었다. 사계절은 태양의 황도 일주운동과 쉽게 연결될 수 있었다. 천구의 양극이 광물에게 자기력을 발휘한다는 것은 (12세기 말에) 나침반이 등장하면서부터 명백한 사실로 인정되었다.

관측에서 얻은 이런 논거들은 오랜 종교적 믿음에 의해 강화되었다. 하늘과 신격을 짝지어서 하늘의 신격이 지상에 영향을 미친다고 이해하

---

42) 옛 점성술에 관해서는 Jim Tester, *A History of Western Astrology*; Olaf Pedersen, "Astrology," *Dictionary of the Middle Ages*, vol. 1, pp. 604~610 (여기서 페더슨은 훌륭한 참고문헌 목록을 제공하고 있음); A. A. Long, "Astrology: Arguments Pro and Contra"; Theodore Otto Wedel, *The Medieval Attitude toward Astrology, Particularly in England*; Franz Cumont, *Astrology and Religion among the Greeks and Romans*; J. D. North, "Celestial Influence - the Major Premiss of Astrology"; North, "Astrology and the Fortunes of Churches"; Edward Grant, "Medieval and Renaissance Scholastic Conceptions of the Influence of the Celestial Region on the Terrestrial"; Lewis, *Discarded Image*, pp. 102~110; 그리고 Patrick Curry, ed., *Astrology, Science and Society: Historical Essays*에 수록된 논문들, 그중에서도 특히 Richard Lemay, "The True Place of Astrology in Medieval Science and Philosophy"를 참조할 것.

는 것은 모든 고대종교에 공통된 특징이었다. 항성이나 행성에서 일어나는 사건이 지상의 사건에 대한 징조(즉, 원인이라기보다 조짐)라는 믿음은 고대 메소포타미아에 널리 퍼져 있었다. 이곳에서는 그런 징조를 읽는 것이 이미 상당한 천문학 지식을 요구하는 전문기술로 존중되었다. 이런 믿음은 새로운 요소가 꾸준히 첨가되면서 다양한 모습을 띠게 되었다. 일례로 어떤 사람이 임신될 때나 태어날 때의 별의 위치는 그 사람의 일생을 상세하게 예측하는 수단으로 사용될 수 있었다(이 책의 1장을 참조할 것).[43]

그리스 문화에서 점성술 관념은 다양한 철학체계로부터 지원을 받았다. 누구보다 플라톤이 지원자였다. 《티마이오스》에서 조물주는 지상계의 만물을 창조하는 과제를 행성, 즉 각 행성에 거주하는 신에게 위임한다. 별과 지상 사이에는 지속적 연관성이 있음을 암시한 셈이었다. 뿐만 아니라 플라톤은 우주의 통일성을 강조했다. 대우주와 개별 사물 사이에는 유사성이 있다는 것이었다(대우주-소우주의 유비). 아리스토텔레스도 마찬가지였다. 그의 우주에서 부동의 기동자는 천구의 운동만이 아니라 지상계의 운동과 변화까지도 일으키는 존재였다. 그는 기상현상을 논의하면서, 지상계는 "하늘의 운동과 일정한 연속성을 갖는 바, 지상계의 모든 힘은 그 운동에서 비롯된다"고 주장했다. 아리스토텔레스는 계절의 변화나 지상계의 모든 생성과 부패가 태양의 황도 일주운동에 기인하는 것이라고 말하기도 했다. 끝으로 스토아 학파도 비슷한 입장을 취했다. 스토아 학파는 통일성과 연속성을 특징으로 하는 능동적이고 유기체적인 우주를 상정했으며, 이런 관점에서 점성술을 수용하고 점성술 지식을 옹호했다. 점성술이란 물리학의 관점에서든 우주론의 관점에서든, 하늘과 땅 사이의 인과관계에 대한 경험적인 동시에 이성적인 연구라는

43) 메소포타미아 점성술에 관해서는 B. L. van der Waerden and Peter Huber, *Science Awakening*, 2권, *The Birth of Astronomy*, 5장; 그리고 Richard Olson, *Science Deified and Science Defied*: *The Historical Significance in Western Culture*, pp. 34~56을 참조할 것.

것이었다. 이상에서 알 수 있듯이 고대의 거의 모든 철학자는 하늘과 땅 사이에 연관성이 있다고 생각했다. 그 연관성을 부정하면 오히려 어리석은 자로 간주되었을 것이다.[44]

프톨레마이오스는 각별히 중요한 사례이다. 그는 점성술 문제를 충실하고도 명료하게 다루었다는 점에서도 중요하지만, 이슬람 점성술 전통과 서구 점성술 전통에 두루 깊이 영향을 미쳤다는 점에서도 중요하다. 그는 점성술 지침서인 《테트라비블로스》에서, 점성술적 예언이 천문학적 증명의 확실성을 가질 수는 없음을 인정했다.[역주〔25〕] 그럼에도 그는 별의 영향이 작용함을 의심치 않았으며 점성술 예언의 타당성을 대체로는 인정했다. 그는 이렇게 말한다. 누구에게나 명백하듯이,

> 영원한 에테르성(性) 실체로부터 방출되는 어떤 힘이 … 지상의 전 영역에 스며들어 있다 …. 태양은 지상만물에 늘 어떤 방식으로든 영향을 미친다. 즉, 태양은 매년 사계절을 수반하는 변화에 의해 동식물의 생식, 물의 흐름, 물체의 변화 등을 일으킬 뿐만 아니라, 매일의 회전에 의해 열기와 습기, 건기와 냉기를 규칙적인 순서로, 그리고 천장(*zenith*)에 대한 자기의 상대적 위치에 어울리게, 공급해준다. 달도 마찬가지로 … 그녀의 방출물을 지상만물에 풍부하게 선물하며 … 생명체든 무생명체든, 대부분의 사물은 그녀에게 감응해 그녀와 함께 변화한다. 뿐만 아니라 항성과 행성은 하늘을 통과하면서 공기의 더운 조건, 바람 부는 조건, 눈 오는 조건을 알려주는 바, 지상만물은 이로부터 영향을 받는다.

이러한 영향력을 모두 이해하고, 나아가 별의 운동과 배치를 충분히 익힌 연구자라면 다양한 자연현상을 예측할 수 있어야 마땅할 것이다.

> 만일 누군가가 별과 태양과 달의 모든 운동을 정확하게 인식한다면

---

44) 아리스토텔레스에 대한 인용은 Aristotle, *Meteorologica*, I. 2, trans. E. W. Webster, in *The Complete Works of Aristotle*, ed. Jonathan Barnes, p. 555.

> … 그리고 만일 그가 예전부터 지속적으로 연구해온 덕택에 그 모든 천체의 자연본성을 전체적으로 구별할 수 있다면, 더 나아가 만일 그가 그 모든 데이터에 비추어 모든 요인의 결합으로부터 초래될 판명한 질적 특징을 (과학적으로뿐만 아니라 성공적인 추정에 의해서도) 결정할 수 있다면, 그의 성공적 예측을 무엇이 막을 수 있겠는가? 현상들을 관련지어서 특정 시간에서의 공기의 특징을 예측하는 것, 이를테면 더 따뜻해질 것인가 혹은 더 습해질 것인가를 예측하는 것을 무엇이 막을 수 있겠는가? 그렇다면 개개인에 대해서도 각자가 태어난 시간의 대기조건에 비추어 각자의 일반적 특성을 인식하지 못할 이유가 어디에 있는가? 그 사람은 육체에서는 어떠어떠하고 영혼에서는 어떠어떠하다는 식으로 말이다. 더 나아가, 어떠어떠한 대기의 조건은 어떠어떠한 성격과 어울리고 성공에 우호적이지만 또다른 대기의 조건은 그렇게 어울리지 않고 오히려 해가 된다는 사실을 이용해서 앞으로 일어날 사건을 예측하지 못할 이유가 어디 있는가?[45]

헬레니즘 시대의 철학에서뿐만 아니라 그 이후의 이슬람교 전통과 기독교 전통에서도, 점성술에 반대하는 정서는 상당한 높이로 고조되었다. 그렇지만 영향력이 실재한다는 믿음이 공격의 표적은 아니었다. 결정론으로 흐를 위험성이 문제였으며, 특히 교부들 사이에서는 항성과 행성에 신격을 부여하는 관행이 문제였다. 기독교 세계 전체에 울려퍼진 가장 큰 목소리는 아우구스티누스(354~430)의 것이었다. 아우구스티누스는 세간의 점성술을 협잡꾼의 사기행각이라고 공격했지만, 그의 가장 큰 관심사는 점성술 이론의 운명론적・결정론적 성향이었다. 무슨 수를 써서라도 자유의지는 보호되어야 했다. 그렇지 않으면 인간의 책임도 사라질 것이었기 때문이다. 아우구스티누스가 즐겨 사용한 논법은 "쌍둥이 문

45) Ptolemy, *Tetrabiblos*, I. 2, ed. and trans. F. E. Robins, pp. 5~13(표현을 한 번 바꾸었음). 프톨레마이오스의 점성술에 관해서는 Tester, *History of Western Astrology*, 4장; 그리고 Long, "Astrology: Arguments Pro and Contra," pp. 178~183도 참조할 것.

제"였다(이것은 그의 독창적 논법이 아니다). 같은 날 거의 동시에 잉태된 쌍둥이도 전혀 다른 운명을 경험할 때가 많다는 것이었다. 그렇지만 그는 별의 물리적 영향에 대해서는, 그것이 육체에 미치는 영향에 한해 그 가능성을 열어두었다.

> 육체적 차이로 한정하자면, 별의 영향이 미친다는 말이 전혀 잘못된 것은 아니다. 우리는 태양이 근접했다가 멀어지는 현상에 따라 매년 사계절이 바뀐다는 것을 잘 알고 있다. 달이 커졌다가 줄어드는 현상에 따라, 성게나 굴 같은 것이, 그리고 바다의 경이로운 조수 같은 것이 커지기도 하고 줄어들기도 한다는 것도 안다. 그러나 의지의 선택은 별의 위치에 따라 달라지지 않는다.46)

아우구스티누스를 위시한 교부들의 논박은 중세 초에 점성술을 적대시한 여론의 형성에 기여했다. 중세 초 문헌에는 운세를 판별하는 점성술 관행에 대한 비난이 거의 어김없이 등장한다.역주[26] 그렇지만 이런 비난은 별의 영향력이 실재하며 별이 지상의 다양한 현상에 영향을 미친다는 유보를 수반했다.47)

12세기에 플라톤 철학이 만개하고 그리스 및 이슬람 세계의 점성술 논고들이 재발견되면서 점성술에 대한 관심도 부활했다. 점성술 이론에 한층 우호적인 태도가 조성되었다. 점성술에 함축된 결정론은 여전히 혐오 대상이었다. 그러나 항성과 행성의 영향력이 실재한다는 것, 점성술적

---

46) Augustine, *City of God*, V. 6, trans. William H. Green (London: Heinemann, 1963), vol. 2, p. 157. 점성술에 대한 아우구스티누스의 태도는 Augustine, *Confessions*, IV. 3과 VII. 6도 참조할 것. 그밖에도 Wedel, *Medieval Attitude toward Astrology*, pp. 20~24; Joshua D. Lipton, "The Rational Evaluation of Astrology in the Period of Arabo-Latin Translation, ca. 1126~1187 A. D.," pp. 133~135; Tester, *History of Western Astrology*, 5장 등을 참조할 것.

47) Wedel, *Mediaeval Attitude toward Astrology*, 2장.

예언이 성공할 수 있다는 것은 이제 상투어가 되었다. 생빅토르의 위그(1141년 죽음)는 하나의 사례가 될 수 있다. 널리 영향을 미친 《교육론》에서 그는 점성술의 "자연적인" 부분을 승인했다.역주〔27〕 점성술은 "별들이 어떻게 서로 회합하느냐에 따라 달라지는 건강과 질병, 폭풍과 순풍, 풍작과 흉작 등 다양한 물리현상의 '안색'이나 기질"을 살피는 작업이라는 것이었다.역주〔28〕 12세기 말이나 13세기 초에 활동한 어떤 익명의 저자는 다음과 같이 말했다. "우리는 항성이나 행성의 신성함을 신봉하지도, 그 별들을 숭배하지도 않는다. 우리는 그것들의 창조자인 전능한 하나님을 신봉하고 숭배할 뿐이다. 그렇지만 하나님은 별에게 권능을 부여했는데, 이것은 옛 현인들이 별 자체로부터 나온다고 가정한 권능과 다르지 않다." 12세기의 또다른 저자는 결정론을 논평하면서, "별들은 … 부를 얻는 재능을 선물할 뿐 정말로 부를 선물하지는 않는다"고 적었다.[48)]

이 새로운 태도의 형성에서 가장 중요한 역할을 한 것은 그리스어나 아랍어로 작성된 점성술 문헌의 라틴어 번역사업이었다. 대표적 번역물을 꼽자면, 프톨레마이오스의 《테트라비블로스》는 1130년대에 번역되었고, 알부마사르의 《점성술 과학 입문》은 1130년대에 한 번, 1140년대에 다시 한번 번역되었다.역주〔29〕 다양한 점성술 소책자도 번역되었으며, 마침내는 별의 영향을 다룬 아리스토텔레스의 논고들이 여기에 합류했다. 《테트라비블로스》는 점성술의 신조를 정당화했을 뿐만 아니라 점성술의 전문적 원리도 일부 소개했다. 일례로 그것은 각각의 행성이 지상에 어떤 영향을 미치는지 구체적으로 적시했다. 태양은 열기와 건기를

---

48) *The Didascalicon of Hugh of St. Victor: A Mediaeval Guide to the Arts, trans. Jerome Taylor,* p. 68. 두 번째 인용문의 라틴어 원문은 C. S. F. Burnett, "What is the *Experimentarius of Bernardus Silvestris*? A Preliminary Survey of the Material"을 참조할 것. (콩쉬의 기욤의 것으로 추정되는) 세 번째 인용문은 Lipton, "Rational Evaluation of Astrology," p. 145를 참조할 것. 립턴의 연구는 12세기 점성술에 대한 유용한 분석을 담고 있다. Wedel, *Medieval Attitude toward Astrology*, pp. 60~63도 참조할 것.

[그림 11.15] 알부마사르 초상.

제공하며 달은 주로 습기를 제공한다. 토성은 주로 냉기를 주지만 건기도 제공한다. 목성은 열기와 습기를 조절한다. 어떤 행성의 영향은 유익하지만 어떤 행성의 영향은 해를 끼치며 어떤 행성은 남성적이지만 어떤 행성은 여성적이다. 《테트라비블로스》는 각 행성의 힘이 태양과의 기하학적 관계(*aspect*: 태양에 대한 각 행성의 상대적 위치)에 따라 어떻게 강화되거나 약화되는지를 해설했다. 황도의 12궁 각각에 고유한 성질이 부여되었다. 지상의 각 지역을 지배하는 행성과 궁이 설정되었다. 그 행성과 궁은 그 지역과 "교제"하거나 상호 감응함으로써 그 지역주민의 공통기질을 형성하는 바, 이 공통기질은 지역마다 주민의 개성이 다른 이유를 설명해준다.

알부마사르의 《입문》은 프톨레마이오스의 《테트라비블로스》나 페르시아와 인도에서 유래하는 다양한 점성술 문헌에서 언급된 점성술 원리들의 정교화에 기여했다. 그러나 《입문》의 한층 특별한 기여는 점성술 전통과 아리스토텔레스 자연철학을 통합함으로써 점성술에 적절한 철학적 토대를 마련해준 점이다. 아리스토텔레스 형이상학으로부터는 질료, 형상, 실체 같은 개념이 채택되었다. 별은 지상계에서 진행되는 모든 운동의 원천이요, 발생과 부패의 원인이라는 아리스토텔레스의 주장도 수용되었다. 이런 주장에 따르면, 물리세계에 다양한 실체들이 생성되는 것은 행성들이 4원소에 다양한 형상을 부과하기 때문이다. 지상의 실체들이 탄생과 죽음, 생성과 소멸의 끝없이 반복되는 변성(變成)을 겪는 것은 행성들의 배열이 변화하기 때문이다. 발생과 부패에 대한 아리스토텔레스의 설명이 이처럼 태양의 황도 일주운동에 초점을 맞춘 것이었다면, 알부마사르는 오랜 점성술 전통에 따라 태양 자체에 우선권을 주었으며, 나머지 행성들이 각기 태양 및 궁과 맺는 관계를 필연적 인과관계에 귀속시켰다.[49]

---

49) Lemay, *Abu Maʿshar*, pp. 41~132; David Pingree, "Abu Maʿshar al-Balkhī," *Dictionary of Scientific Biography*, vol. 1, pp. 32~39.

12세기를 거치면서 아리스토텔레스의 모든 작품을 이용할 수 있게 된 것은 점성술의 아리스토텔레스화를 촉진했음이 분명하다. 13세기 동안 점성술 신조는 더욱 깊이 뿌리내려 중세 세계관의 중요한 일부가 되었다. 점성술은 의학과도 밀접하게 엮어졌다. 중세 후반의 이름난 의사치고 점성술의 도움 없이 의술을 성공적으로 펼칠 수 있다고 상상한 사람은 없었을 것이다.[50]

점성술의 결정론은 여전히 철학자와 신학자의 걱정거리였다. 이것은 1277년 금지조치의 두드러진 주제이기도 했다. 점성술사는 늘 협잡꾼이라는 비난에 시달렸다. 그러나 점성술의 가장 가혹한 논적조차도 별의 영향이 실재함을 인정할 자세를 갖추고 있었다. 니콜 오렘은 글을 쓸 때마다 점성술을 공격했지만 점성술의 일부에 대해서는 그 역할을 기꺼이 인정했다. 점성술이 "전염병, 집단사망, 기근, 홍수, 대전쟁, 왕국의 흥망, 선지자의 출현, 새로운 종교, 기타 이와 유사한 변화"같이 대사건을 예측하는 역할은 "인식될 수 있고 실제로 충분히 인식되고 있지만, 아직은 개괄적 인식에 머물고 있다. 특히 우리는 그런 대사건이 어느 나라에서, 어느 달에, 어떤 사람을 통해서, 어떤 조건하에서 발생할 것인지 알지 못한다." 오렘은 천체가 건강이나 질병에 미치는 영향에 관해서는 다음과 같이 언급했다. "우리는 태양과 달의 경로에서 비롯된 결과에 관해서는 그런대로 잘 알 수 있지만 이를 넘어서는 거의 혹은 전혀 알지 못한다."[51] 이렇듯 자연철학의 일환으로 인정되는 점성술은 17세기와 그 이후까지도 번성할 것이었다.

---

50) Nancy G. Siraisi, *Toledo Alderotti and His Pupils: Two Generations of Italian Medical Learning*, pp. 140~145의 사례를 참조할 것.

51) G. W. Coopland, *Nicole Oresme and the Astrologers*, pp. 53~57. 오렘에 관해서는 Stefano Caroti, "Nicole Oresme's Polemic against Astrology in His 'Quodlibeta'," in Curry, *Astrology, Science and Society*, pp. 75~93도 참조.

역주

역주〔1〕 흔히 하나님의 창조활동을 창조의 순간에 한정시킨 것은 근대 초 이신론(*deism*), 특히 스피노자식의 시계이론의 영향으로 알려져 있다. 창조주는 시계 제작자처럼 우주를 창조함으로써 우주가 창조 이후에는 자체의 메커니즘에 의해 운행되도록 했다는 것이다. 그러나 여기서는 이러한 사조의 기원이 중세 플라톤주의, 특히 '티마이오스 전통'으로 소급되고 있다. 아리스토텔레스주의에 밀려났던 플라톤주의가 15세기 후반부터 부활해 16~17세기의 자연철학자들에게 영향을 미친 결과로 볼 수 있다. 플라톤주의, 특히 티마이오스의 부활은 르네상스 시대에 '헤르메스주의'의 부활과 깊이 연관된 현상이다.

역주〔2〕 로버트 그로스테스트(Robert Grosseteste)는 영국 출신 성직자로, 옥스퍼드와 파리에서 교육을 받았으며, 1220년대에는 프란키스쿠스 교단의 지도자로 활동했다. 교황(이노센트 3세)과 국왕(헨리 3세)을 비판하고 '마그나 카르타'의 원리를 고수했던 중세의 '자유주의자'로서 동시대와 후세에 큰 영향을 미친 인물이기도 하다. 이 책에서 분석되고 있는 그의 우주론도 역시 그의 '자유로운 정신'의 산물로 볼 수 있다.

역주〔3〕 중세에 공간(아무 물질로도 채워지지 않은 공간)은 가정되지도, 가정될 수도 없었다는 것은 러브조이(A. O. Lovejoy)의 《존재의 대연쇄》 이후로 정설처럼 굳어졌고 우리 학계에도 그렇게 알려져 있다. 그러나 1980년대 이후의 많은 연구는 이러한 고정관념을 파괴했다. 특히 캔터베리 대주교였던 토마스 브래드워딘(Thomas Bradwardin: 1349년 죽음)이나 파리대학이 배출한 중세의 가장 뛰어난 과학철학자 니콜 오렘(Nicole Oresme: 1320년경~1382) 등은 '가설'의 수준을 넘어 공간과 무한성이 실재할 가능성을 타진했다.

역주〔4〕 중세의 전형적 우주론에서는 9개의 천구와 9천사를 연결 짓는 것이 보통이었다. 그러나 7행성의 천구와 항성천구만이 고정되어 있었고, 나머지 숫자는 유동적이었다.

역주〔5〕 로버트 킬워드비(Robert Kilwardby)는 1273년에 캔터베리 대주교에 서임되었고, 장 뷔리당(Jean Buridan)은 윌리엄 오캄의 제자로 파리대학의 교수를 지냈다. 이들은 중세 역학을 대변하는 인물들로, 천체의 운동은 영적 권능이 매 순간 작용하기 때문에 진행되는 것이 아니라, 창조주가 창조 시에 천체에 부과한 힘(임페투스)에 의한 것이라는 입장을 견지했다.

역주〔6〕 트란속시아나(Transoxiana) 출신의 알파르가니(Abu'l-Abbas Ahmad ibn Muhammad ibn Kathir al-Farghani: 860년경 죽음), 그리고 터키 출신의 타비트 이븐 쿠라(Thabit Ibn Qurra Ibn Marwan al-Sabi al-Harrani: 836~901)와 알바타니(Abu Abdallah Mohammad ibn Jabir ibn Sinan al-Raqqi al-Harrani al-Sabi al-Battani: 858~929)는 그리스 과학을 더욱 실용적인 형태로 가공해 중세 라틴 문명에 전해준 대표적인 무슬림들이다.

역주〔7〕 이탈리아의 노바라 출신인 캄파누스(Campanus of Novara: 1220~1296)는 로저 베이컨이 최상급 수학자로 평가한 인물로서 유클리드의 《기하학원론》을 라틴어로 중세 유럽에 소개했다. 그의 번역본은 향후 200년 동안 중세 대학의 표준 교과서로 사용되었다.

역주〔8〕 테오도릭(Theodoric of Freiberg: 1250년경~1310년경)은 중세 광학, 특히 빛의 반사와 굴절에 관해 뛰어난 업적을 남긴 인물이다. 그의 주저는 *Theodoric's Rainbow Date*(W. H. Freeman and Co. City: New York, NY, 1995)로 출판되었다.

역주〔9〕 우리 독자들에게는 매우 충격적으로 받아들여질 수 있는 문제이기 때문에 약간의 부연설명이 필요할 것 같다. 콜럼버스가 지구는 둥글다는 '혁명적 가설'을 받아들여 대항해에 착수했으며 그리하여 신대륙을 발견했다는 것은 정설로 굳어져 있다. 그러나 중세에도 지구가 평평하다고 믿은 사람은 거의 없었다는 것이 린드버그의 주장이다. 명시하지는 않았지만 린드버그는 그 "최근에 꾸며진 전설"의 원조 중 한 명으로 대니얼 부어스틴(Daniel Boorstein)을 염두에 두고 있다.

역주〔10〕 연로 플리니우스(Gaius Plinius Secundus: 23~79)는 로마 최고의 자연사가로서 2만여 개에 달하는 그의 자연사 항목은 근대 초까지도 널리 통용되었다. 세비야의 이시도루스(Isidore of Sevilla: 560년경~636)는 로마 교부 전통에서 최후의 교부로 알려진 인물이다. 그의 《어원학》(*etymologies*)은 플리니우스를 위시한 로마의 자연사 전통과 중세 백과사전적 연구 사이의 가교역을 수행했다.

역주〔11〕 세 기후대는 한대, 온대, 열대이다.

역주〔12〕 '항해지도'는 "portolan charts"를 번역한 것이다. 'portolan'은 영어로 '파

일로트'로 번역되는 이탈리아어 "portolani"의 형용사형이다. 지중해에서 사용된 최초의 항해지도("Portolano del Adriatico e Mediterra")는 콘스탄티노플에서 리스본에 이르는 항로를 그린 것이다. 여기에는 암초 같은 위험물, 항구, 안전 정박지, 바다와 해안의 조건 등 안전항해에 필요한 정보가 상세하게 들어 있어, 지도보다는 일지로서의 성격이 강하다. 그러나 과거의 항해일지가 전설적 요소를 많이 포함했던 데 반해, '항해지도'는 거의 사실적 정보로 구성되었다.

역주〔13〕 예컨대 모세는 '지구가 운동한다'는 진리를 알고 있었지만, 그렇게 기록한다면 어리석은 대중을 놀라게 할 우려가 있기 때문에 지구가 움직이지 않는 것처럼 썼다는 식이다. 성경의 원문을 문자 그대로(*literally*) 해석할 것인가, 아니면 비유적인 것으로 해석할 것인가를 놓고 기독교 교부 전통으로부터 현대까지 논란이 계속되고 있다. 이 문제를 결정하기 쉽지 않은 것은 대부분의 저자들이 두 가지 해석을 혼용하기 때문이다. 동일한 작품 안에서 어떤 때는 성경의 원문이 '대중의 일상어법에 맞추어진 것'이며, 따라서 더욱 심오한 진리는 감추어져 있다고 해석되기도 하지만, 어떤 때는 성경의 구구절절이 움직일 수 없는 진리로 해석되기도 한다. 오렘은 르네상스 이후로 열기를 더해간 '성경해석 논쟁'의 때 이른 사례에 해당한다.

역주〔14〕 요컨대 조물주가 창조한 자연에 대해서는 인간의 이성적 추론으로는 '확실한' 지식을 얻을 수 없다는 것이 오렘의 입장이었다. 지구의 부동성을 가정하든 지구의 운동성을 가정하든, 천체현상에 대한 설명이 모두 가능하므로 그 어떤 것도 진리는 아니라는 뜻이었다.

역주〔15〕 《행성들에 관한 가설들》(*The Planetary Hypotheses*, 그리스어명 *Hypotheseis ton planomenon*)은 천체운동의 모델에 관한 프톨레마이오스의 마지막 작품으로 알려져 있다. 이 작품은 두 권으로 구성되는데, 제1권은 그리스어 원본이 남아 있고, 2권은 아랍어 번역본만이 남아 있다. 이 책의 목적은 《알마게스트》의 천문학 모델을 물리학적으로 해석하는 것이었다. 실제로 프톨레마이오스는 행성운동 메커니즘의 실질적인 물리적 본성을 기술하고자 했으며, 그 물리적 본성에 맞추어 수학적 모델들을 실재에 더욱 부합하는 형태로 정련하려 했던 것으로 평가된다.

역주〔16〕 사크로보스코의 요하네스(Johannes de Sacrobosco)는 할리우드의 존(John of Hollywood)이라는 별칭으로 유명하다. 그는 약 1200년에 잉글랜드에서 태어나 1256년에 그곳에서 죽은 수학자이자 천문학자로, 천문학 교과서인 《천구》(*Tractatus de sphaera*) 외에도 대수학과 역법에서도 영향력 있는 저서들을 남겼다. 페트루스 롬바르두스(Petrus Lombardus)는 영어권에서 피터 롬바르드(Peter Lombard), 혹은 "판결의 선생"(*Magister Sententiarum*)이라는 별칭으로 널리 불려진다. 1100년경에 이탈리아에서 태어나 볼로냐, 랭스, 파리에서 연구했으며, 특히 파리에서는 아벨라르에게 배웠던 것으로 전해진다. 파리의 대주교이자 "판결의 선생"으로서의 그의 명성은 네 권으로 구성된 《의견총서》(*The Four Books of Sentences*)에 기인한다. 이 작품은 교부들을 위시한 이전 신학자들의 의견들을 집성하고 자신의 주석을 덧붙인 것으로, 특히 성사(聖事) 문제에 대한 그의 입장은 동시대뿐만 아니라 16세기에 트렌트 공의회에서 로마 가톨릭 교회의 공식교리로 채택될 만큼 장기적인 영향을 미쳤다.

역주〔17〕 근대 삼각법의 여섯 기능은, 사인(*sine*)과 코사인(*cosine*) 등 2개의 기본기능과 이와 비례/반비례 관계에 의해 얻어지는 탄젠트(*tangent*), 시컨트(*secant*), 코시컨트(*cosecant*), 코탄젠트(*cotangent*) 등 4개의 기능을 합한 것이다. 프톨레마이오스는 《알마게스트》에서 '현들의 표'(*table of chords*)를 이용했는데, 이는 사인들의 표(*table of sines*)에 해당한다.

역주〔18〕 울루그 베그(Ulugh Beg: 1394~1449)는 티무르의 손자로 그를 계승해 티무리드(Timurid) 지역을 1447년부터 통치했다. 과학과 예술의 후원자로서 그는 사마르칸드에 천문대를 설립했으며, 항성목록을 작성하기도 했다(1420~1437). 아랍어로 집필된 그의 작품은 16세기에 유럽에 소개되었으며 잉글랜드에서 라틴어 번역(1665)으로 출판되었다.

역주〔19〕 이븐 바자(Ibn Bajja)는 아벰파세(Avempace)로도 불린다. 생애는 거의 알려진 것이 없으나, 사라고사에서 태어나 모로코의 페스(Fès)에서 1138년에 죽었다. 아리스토텔레스주의와 신플라톤주의를 결합했으며 인간영혼과 성령의 합일 가능성을 믿었던 인물이다. 이븐 투파일(Ibn Tufayl)은 그라나다 근처에서 태어나 의사로 명성을 날리다가 1185년경에 죽은 인물이다. 그는 '하이 이븐 야찬'이라는 은자가 외딴섬에 고립되어 있다가 신성한 지식을 얻었지만, 한 종교인을 만나 그의 영향을 받으면서 철학과 종교 사이의 갈등에 빠지게 되는 과정을 그린 소설의 저자로도 유명하다. 이 소설은 17세기에 유럽 각국어로 번역되었다. 알비트루지(Al-bitruji)는 알페트라기우스(Alpetragius)라는 이름으로 더 익숙한 인물이다. 그는 모로코에서 태어나 세비야로 옮겨 천문학자로 활동하다가 1204년경에 죽었다. 그는 당시의 지도적인 천문학자로, 그의 《키타브알하이아》(*Kitab-al-Hay'ah*) 라는 작품은 13세기 유럽에 널리 유행했고 히브리어 번역을 거쳐 라틴어로 번역(1531) 되었다. 그는 프톨레마이오스의 행성운동을 수정하려 했으나 아리스토텔레스의 완전한 원 운동을 추종한 관계로 성공을 거두지 못했던 것으로 전해진다.

역주〔20〕 알크와리즈미(al-Khwarizmi) 는 바그다드 근교에서 800년 이전에 태어나 847년 이후에 죽은 무슬림 수학자이자 천문학자이다. 그는 오늘날 '대수학'(*algebra*) 으로 불리는 분야의 창시자로, 바그다드의 '지혜의 집'을 기반으로 활동했다. 영어로 '알고리즘'이라는 용어는 그의 라틴어 이름에서 파생된 것이다.

역주〔21〕 구면천문학(球面天文學) 은 천구(天球) 위에 투영된 천체의 위치, 운동, 크기 등을 연구하는 천문학이다. 천체까지의 거리나 천체의 공간운동은 문제 삼지 않고 그 방향만 연구한다.

역주〔22〕 '콤푸투스'(*computus*) 는 천문현상들을 계산하기 위한 표들과 주요행사들의 날짜들을 기록한 표들이 들어 있는 휴대용 캘린더이다.

역주〔23〕 노바라의 캄파누스(Campanus of Novara: 1220~1296) 는 로저 베이컨이 동시대의 4대 수학자 중 1인으로 언급했던 인물이다. 앞에서 언급된 《행성이론》의 저자로 전해지기도 하며, 유클리드의 《기하학원론》의 라틴어 번역본을 출판했다.

역주〔24〕 게오르그 포이에르바하(Georg Peuerbach: 1423~1461) 는 르네상스 시대에 천문학의 부흥을 주도한 비엔나 학파의 일원으로, 프톨레마이오스의 충실한 복원에 기여한 인물로 알려져 있다.

역주〔25〕 《테트라비블로스》(*Tetrabiblos*) 는 네 권으로 구성된 책(라틴어: Quadrapartitium), 즉 '四書'라는 뜻의 그리스어이다. 따라서 '4元의 數'라는 통상적 번역은 잘못된 것이다.

역주〔26〕 '개인의 운세를 판별하는 점성술'(*horoscoic astrology*) 은 우리가 일상에서 흔히 접하는 점성술, 즉 어떤 일을 하기에 적합한 시점(吉時) 을 선택한다든가, 미래의 세속적 사건들을 예측한다든가, 개인의 운명을 분석하는 별점으로서의 점성술을 말한다. 이것은 천체현상에서 어떤 변화의 조짐을 읽는 점성술(*celestial astrology*) 과 구별된다. 개인이나 집단의 운명을 판단하는 점성술은 판별 점성술(*judicial astrology*) 이나 세속적 점성술(*mundane astrology*) 로, 자연현상으로서의 천체현상을 연구하는 점성술은 자연 점성술(*natural astrology*)이라 불리기도 한다.

역주〔27〕 생빅토르의 위그(Hugh of St. Victor: 1096~1141)는 프랑스 혹은 독일의 철학자이자 신학자로 파리 생빅토르 수도원에서 공부한 후 그 수도원 원장으로 활동했다. 그의 영향하에서 생빅토르 수도원 학교는 아벨라르의 학교에 대한 주요 경쟁자로 부상했다. 《교육론》(*Didascalicon*)의 라틴어 원전명은 "*Eruditionis didascaliae libri VII*"로, 여기서 그는 지식의 분류를 새롭게 시도했다. 그밖에도 그는 《기독교 신앙의 성사들에 관해》(*De sacramentis Christianae fidei*)와 다수의 점성술관련 논고를 집필했다.

역주〔28〕 '안색'(*complexion*)이란 네 기질들(열기, 냉기, 습기, 건기)이 섞여 있는 상태를 뜻한다. 따라서 인간의 얼굴과 몸뿐만 아니라 모든 동식물과 광물에도 각기 '안색'이 있다.

역주〔29〕 알부마사르(Albumasar: 787년경~886)의 원래 이름은 아부 마샤르(Ja'far ibn Muhammad Abû Ma'shar al-Balkhî)로 이슬람 세계의 점성술사들 가운데 서구에 가장 잘 알려진 인물이다. 그는 선지자 무하마드에게 점성술을 배웠으며 30대부터 전문 점성술사로 활동했다. 약 50여 권의 책이 그의 작품으로 추정되고 있는데, 그중에서도 가장 유명한 것은 《점성술과학 입문》(*Introduction to the Science of Astrology*)과 《대회합》(*The Great Conjunctions*)이다. 두 책은 세비야의 후앙에 의해 처음 번역되었다.

제 12 장

지상계의 물리학

이 장의 제목에 '물리학'이라는 용어를 사용한 것은 위험을 무릅쓴 결정이다. 이름이 같다는 이유로 독자들이 중세 물리학을 근현대 물리학과 동일시할지도 모르기 때문이다. 그렇게 되면 당연히 독자들은 중세 물리학이 근현대 물리학을 닮으려 노력했지만 조금밖에는 성공하지 못했다는 결론에 도달할 것이요, 중세 물리학은 근현대 물리학의 원시적 형태, 심지어는 실패한 형태라고 여기게 될 것이다. 그러나 이처럼 중세 물리학을 실패한 근현대 물리학으로 여기는 한, 중세 물리학의 고유한 목적과 주목할 업적을 추적할 길은 처음부터 닫혀버리고 만다.

사실을 말하자면 중세 물리학은 놀랍도록 정합적인 이론체계를 그 나름대로 형성했으며, 스스로 문제를 제기하고 성공적으로 답했다. 여기서 제기된 문제는 오늘날 물리학자의 관심사에 비해 한층 폭넓은 것이었다. 그 너비는 중세 물리학의 전문용어를 검토해보면 분명해진다. '물리학'을 뜻하는 '피시카'(*physica*)와 '물리학자'를 뜻하는 '피시쿠스'(*physicus*), 이 두 라틴어 명사는 모두 그리스어 '피시스'(*physis*)로부터 파생된 것이다. '피시스'는 통상 '자연본성'(*nature*)으로 번역된다. 이 주제에서 큰 영향력을 행사한 인물은 아리스토텔레스였다. 그에 의하면 어떤 사물의 '피시스', 즉 '자연본성'은 그 사물의 특징이나 행태의 내적 원천으로서, 그 사물에게서 발생하는 모든 자연적 변화의 원인으로 작용한다. 이 같은 자연본성을 지닌 개별 사물들을 전부 합친 것이 바로 집합적 의미에서의 자연(*Nature*)이다. 따라서 물리학자는 자연의 사물들, 그리고 그 사물들에게서 발생하는 모든 자연적 변화들을 탐구하는 자, 즉 자연을 그것의 모든 표현양태들에 비추어 연구하는 학자 내지 철학자라고 할 수 있겠다.[1)]

그렇다고 해서 중세 물리학과 근현대 물리학 사이에 의미심장한 연속성이 전혀 없었다는 말은 아니다. 중세 학자들을 사로잡은 문제의 일부는 거의 변화한 것이 없이 16~17세기와 그 이후로도 학자들을 사로잡았다. 중세는 근대 초 물리학을 위해 상당한 분량의 과학용어와 개념틀을 제공한 장본인이기도 했다. 이런 연속적 국면은 역사연구의 정당하고도 중요한 대상임이 분명하며, 이 장에서도 그 국면이 무시되지는 않을 것이다. 그렇지만 우리의 목표는 어디까지나 〈중세에 고유한〉 자연연구가 어떤 목적을 추구했고 어떤 업적을 이룩했는지를 이해하는 것이다. 연속성을 파악하는 것이 우리의 주업무가 될 수는 없다.[2)] 설령 우리가 중세 물리학에서 먼 미래에 널리 이용된 내용을 확인한다고 할지라도, 그런 내용이 중세에도 물리학의 본질적 특징으로 간주되었을 것이라고 가정하는 유혹에 빠지는 일은 없어야 할 것이다.

1. 질료, 형상, 실체

중세의 물리학이나 자연철학에서 근본 설명원리는 무엇이었을까? 12~13세기 동안 아리스토텔레스의 자연철학을 수용하고 동화하는 과정에

---

1) '자연'과 '물리적인 것'(*physical*)에 관한 이론들은 R. G. Collingwood, *The Idea of Nature*; 그리고 Ivor Leclerc, *The Nature of Physical Existence*를 참조할 것.

2) 중세 과학과 근대초 과학 사이의 연속성에 관해서는 이 책 14장을 참조할 것.

서, 그의 설명원리는 확고한 주류로 정착되었다. 그 설명원리를 제시한 아리스토텔레스의 원문은 애매하고 불완전하고 일관되지 못한 구석이 있었으며, 따라서 이론적 명료화의 여지, 세부적 토론과 논쟁의 여지가 여전히 남아 있었다. 먼저 아리스토텔레스 자연철학의 몇 가지 기본개념을 개관해보기로 하자.[3)]

아리스토텔레스는 지상계의 만물을 "실체"(*substances*) 라고 불렀으며 실체는 형상과 질료의 결합체라고 생각했다. 형상은 능동자, 즉 능동적 원리요, 개별 사물 내의 모든 속성의 운반자로서, 그것을 수동적으로 받아들이는 질료와 불가분의 관계로 결합하여 유형의 실체를 만들어낸다. 이 유형의 실체는 (장인이 인공적으로 생산하는 '인공물'과 대립적인 의미에서) "자연물"로서 하나의 자연본성을 갖는다. 자연본성은 일차적으로는 자연물의 형상에 의해 결정되고 이차적으로는 그 질료에 의해 결정된다. 어떤 실체에게 일정한 행동양식을 부여하는 것은 바로 그것의 자연본성이다. 불이 열기를 전한다든지, (자연적 장소로부터 들어올려진) 바위가 밑으로 떨어진다든지, 아기가 성장하여 성인이 된다든지, 상수리가 참나무로 성장하는 것은 모두 자연본성에 따른 행동양태이다. 이렇듯 자연본성은 자연 내 변화의 모든 사례에서 결정인자로 작용하는 것이라는 점에서, 물리학자나 자연철학자에게 초미의 관심사가 될 수밖에 없다.

중세의 아리스토텔레스 추종자들은 이런 체계를 검토하면서 형상이 두 종류임을 확인했다. 하나는 본질속성과 관련된 형상이었으며 다른 하나는 부수속성과 관련된 형상이었다. 어떤 사물을 지금의 그것으로 만들어준 결정적 요소는, 훗날 "실체적 형상"(*substantial form*) 이라 불리게 된

3) 아리스토텔레스의 자연철학에 관해서는 이 책의 3장과 그 장에서 제공된 인용자료들을 참조할 것. 아리스토텔레스 전통 내에서의 뒤이은 발전과정에 관해서는 Harry Austryn Wolfson, *Crescas' Critique of Aristotle*: *Problems of Aristotle's "Physics" in Jewish and Arabic Philosophy*; Leclerc, *Nature of Physical Existence*; Norma E. Emerton, *The Scientific Reinterpretation of Form*, 2~3장 등을 참조할 것.

형상에 의해 운반된다. 실체적 형상은 아무 속성도 없는 일차적 질료와 결합하여 하나의 실체를 존재하게 하며, 나아가서는 그 실체를 지금의 그것으로 만들어준 모든 본질속성을 부여한다. 그렇지만 각 실체는 본질속성 외에도 부수속성을 가지고 있다. 이런 속성은 "부수형상"(*accidental form*)과 관련된다. 애완견을 예로 들어보자. 털이 짧은 개와 긴 개, 마른 개와 살찐 개, 온순한 개와 사나운 개, 개집에 길들여진 개와 그렇지 않은 개가 있을 수 있다. 그렇지만 이런 부수속성에도 불구하고 그 모든 개는 개임을 확인해주는 특징이 있는 바, 이것은 바로 개의 실체적 형상이 부여한 특징이다

형상·질료·실체에 관한 아리스토텔레스의 이론은 그의 원소이론에서 잘 예시된다. 그는 소크라테스 이전 철학자들과 플라톤의 입장을 수용해서, 우리가 일상에서 경험하는 실체는 각기 하나의 성질만을 가지기보다 여러 성질들을 갖는다고 생각했다. 지상계에서 감각될 수 있는 모든 사물은 대부분이 화합물 내지는 혼합체로서 몇 개의 근본뿌리들이나 원리들로 환원될 수 있다는 것이었다. "원소들"(*elements*)이 그런 것이었다. 아리스토텔레스는 엠페도클레스와 플라톤의 4원소(흙, 물, 공기, 불)를 수용했으며, 원소들이 다양한 비율로 결합해서 일상의 실체를 낳는다고 주장했다. 또한 그는 각 원소가 고정되거나 불변적인 것이 아니라 다른 원소로 변할 수 있다는 플라톤의 주장에 동의했다. 그의 형상-질료 이론은 어떻게 이런 일이 가능한지를 설명해준다.

아리스토텔레스에 의하면 각 원소는 형상과 질료의 결합체인데, 질료는 아무 형상이나 받아들일 수 있기 때문에 한 원소로부터 다른 원소로 바뀌는 것이 가능하다. 원소의 생성에서 도구로 작용하는 형상은 네 개의 일차적 성질(열, 냉, 습, 건)과 관련된다. 네 성질은 "원소적" 성질이라 불리기도 한다. 일차적 질료가 냉기와 건기를 부여받으면 흙 원소를 낳지만, 냉기와 습기를 부여받으면 물 원소를 낳는다. 그렇지만 일차적 질료는 네 개의 원소적 성질들 중 무엇이든 받아들일 능력이 있다. 가령 흙 원소의 건조한 성질이 어떤 작인(作因)에 의해 습한 성질에 굴복하

면, 흙 원소는 더 이상 존재하지 않고 물 원소가 그것을 대신하게 된다. 아리스토텔레스는 이 같은 변성(變成)이 지속적으로 발생한다고 주장했다. 원소는 늘 이 원소에서 저 원소로 변화한다는 것이었다. 이런 종류의 변화를 설정함으로써, 아리스토텔레스는 오늘날 화학이나 기상학에서 다루는 많은 현상을 설명할 수 있었다.[4)]

형상-질료에 관한 기초이론을 이해하기는 어렵지 않은 일이지만 그 이론을 현실세계에 적용하다 보면 갖가지 문제가 발생한다. 아리스토텔레스에 따르면 세계는 마치 형상과 질료의 위계질서로 구성된 것처럼 보인다. 그런데 지금까지 개관된 아리스토텔레스의 정의(定義)들은 이 위계질서의 어떤 수준에는 잘 들어맞지만 어떤 수준에는 잘 들어맞지 않는다. 일례로 질료가 형상을 무조건적으로 받아들인다는 아리스토텔레스의 정의는 원소의 형성이라는 수준에서는 별 무리가 없다. 즉, 질료는 일차적 성질(열, 냉, 건, 습)이라는 원소적 형상들을 수용하는 속성 외에 다른 속성을 전혀 가지고 있지 않기 때문에 아무 형상이나 수용할 수 있다. 질료는 그 자체만으로는 지각될 수도, 인식될 수도 없으며, 현실에 존재할 수도 없다. 아리스토텔레스는 이런 질료를 가리켜 "일차 질료"(*primary matter*) 라고 불렀다. 반면에 부수형상은 이미 독립적인 실체로 존재하는 질료에만 부과될 수 있다. 예컨대 대리석은 조각품으로 다듬어지기 전에 이미 실체적 사물로 존재하며 다양한 속성(크기, 모양, 색채, 밀도, 강도 등)을 가지고 있는 바, 조각가는 여기에 부수형상을 부여해서 하나의 구체화된 조각품으로 완성한다. 마찬가지로 머리카락은 회색으로 변하기 전에 (즉, 회색이라는 부수형상이 장차 부과될 질료이기 이전에) 이미 하나의 실체적 사물이다. 머리카락은 색이 변하기 전에 이미 확인 가능한 구체적 특성을 가지고 있다는 말이다. 고대와 중세의 아리스토텔레스 추종자들은 이런 문제로 고민을 거듭하는 과정에서 그의 정의를 한

---

4) G. E. R. Lloyd, *Aristotle*, pp. 164~175; Anneliese Maier, "The Theory of the Elements and the Problem of Their Participation in Compounds," in Maier, *On the Threshold of Exact Science*, 6장.

층 예리하게 다듬을 수 있었다. 이를테면 원소의 '비실체적인 일차 질료'는 부수적 변화에서 만나게 되는 '실체적인 이차 질료'와 뚜렷하게 구분될 수 있었다.[5]

형상-질료 이론을 정교화한 것은 이슬람 세계였다. 특히 서구에 깊은 영향을 미친 학자는 아베케나(이븐 시나: 980~1037)와 아베로이즈(이븐 루시드: 1126~1198)이다. 이들 무슬림 주석가는 원소적인 형상이 일차 질료에 직접 부과되어서 원소를 생성한다는 것은 불가능한 일이라고 생각했다. 중간단계가 삽입될 필요가 있었다. 일차 질료에는 원소적인 형상에 앞서 먼저 '삼차원성'이 부과되어야 한다는 것이었다. 이런 이유에서 그들은 '유형의 형상'(*corporeal form*)이라는 개념을 개발했다. 이 형상이 먼저 일차 질료에 부과되면 삼차원의 물질이 생성되며, 이 삼차원의 물질(이차 질료라고도 할 수 있는 것)이 원소적인 형상을 받아들일 때 비로소 원소가 출현한다는 것이었다. '유형의 형상'이라는 개념은 기독교 세계로 전파되어 깊은 영향을 미친 동시에 열띤 논쟁을 야기했다. 로버트 그로스테스트는 이 개념을 채택해서 유형의 형상이란 바로 빛이라고 주장하기도 했다.[6]

아리스토텔레스는 형상과 질료를 동등하게 취급했다. 형상과 질료는 서로에게 종속되지 않은 채 자기 나름의 기능을 수행할 뿐이었다. 그러나 이 같은 균형은 유지하기 힘든 것임이 입증되었다. 아비케나가 모범을 보여주었듯이 신플라톤주의 전통은 질료를 폄하하여 사실상 무(無)에

---

5) Leclerc, *Nature of Physical Existence*, 8~9장. 그리스와 중세의 질료개념들에 관한 매우 도발적인 논의는 Ernan McMullin, ed., *The Concept of Matter in Greek and Medieval Philosophy*에 수록된 논문들을 참조할 것.

6) Wolfson, *Cresca's Critique*, pp. 580~590; 그리고 Arthur Hyman, "Aristotle's 'First Matter' and Avicenna's and Averroes' 'Corporeal Form'," in *Harry Austryn Wolfson Jubilee Volume*, vol. 1, pp. 385~406을 참조할 것. 중세 기독교 사상에서 유형의 형상이라는 개념이 갖는 중요성에 관해서는 D. E. Sharp, *Franciscan Philosophy at Oxford in the Thirteenth Century*, pp. 186~189를 참조할 것.

지나지 않는 것으로 간주하고 형상을 거의 독립적인 위치로 추켜세우는 경향이 있었다. 정반대의 경향도 있었다. 아비케나보다 어린 동시대인 아비케브론(1058년 죽음)은 형상을 폄하하고 질료를 추켜세웠다. 하나님은 형상 없이 질료를 창조할 수 있었다는 서구학자들의 주장, 특히 미들턴의 리처드라든가 둔스 스코투스 같은 프란키스쿠스 수도사들의 주장은 아비케브론의 영향을 받은 것으로 볼 수 있다.[7) 역주〔1〕]

2. 화합과 혼합

질료・형상・실체에 관한 이론이 어떤 범주의 현상들에 적용되었는지를 검토해보기로 하자. 가장 중요한 범주로는 오늘날 용어로 '화합'(化合: *chemical combination*)에 해당하는 것이 있다. 이 범주가 얼마나 중요한 것인지는 현실세계의 (유기체를 포함한) 모든 실체가 네 원소들의 '화합물'이라는 아리스토텔레스의 주장을 상기해보면 금방 드러난다. 아리스토텔레스가 화합의 본성, 나아가서는 화합물을 구성하는 기초성분들의 위상에 천착했다는 것은 전혀 이상한 일이 아니었다. 그는 화합을 기계적 결합과 구별했다. 기계적 결합에서는 실체적인 작은 입자들이 각자의 고유성을 잃지 않은 채 병렬되지만, 화합에서는 여러 성분이 뒤섞여 하나의 동질적 화합물로 변하며 각 성분의 자연본성은 모두 소멸된다. 그는 후자를 가리켜 "혼합" 혹은 "혼합물"이라고 불렀다. 아리스토텔레스가 염두에 두었던 엄밀한 의미를 유지하기 위해, 필자는 지금부터 혼합과정에 대해서는 라틴어 "mixtio"(혼합), 혼합된 산물에 대해서는 라틴어 "mixtum"(혼합물)이나 그 복수 "mixta"(혼합물들)를 사용할 것이다. 실제로 그는 이런 종류의 화합이야말로 원소들의 혼합에 잘 적용될 수 있는 것이라고 생각했다.[역주〔2〕]

---

7) Leclerc, *Nature of Physical Existence*, pp. 125~129; Sharp, *Franciscan Philosophy at Oxford*, pp. 220~222, 292~295.

아리스토텔레스에 따르면 어떤 '혼합물'에서 그 성분들 각각의 자연본성은 새로운 자연본성으로 대체되며, 이 새로운 자연본성은 화합물의 가장 말초적인 구석까지 고루 침투한다. 그 '혼합물'의 속성들은 그것의 원래 성분들이 가지고 있던 속성들의 평균값에 해당한다. 가령 습한 원소(물)와 건조한 원소(흙)를 화합하면, 이로부터 생성된 화합물의 습기나 건기는 이전의 건기와 습기에 크게 못 미치는 수준으로 떨어질 것이다. 이런 '혼합물'에는 원래의 원소들이 현실적으로는 더 이상 존재하지 않는다. 그렇지만 아리스토텔레스는 원래의 원소들이 잠재적으로는 유지되면서 지속적 영향력을 행사할 가능성에 관해 언급하기도 했다.[8)]

아리스토텔레스의 주장은 주석가들에게 많은 숙제를 안겨주었다. 우선 질료와 형상이라는 용어와 개념틀을 이용해서 화합이나 '혼합'을 이론적으로 재주조하는 것이 숙제였다. 화합에 대한 아리스토텔레스의 해설에서는 질료와 형상이 언급되지 않았기 때문이다. 숙제를 풀기 위해서는 '혼합물'의 새로운 실체적인 형상이 어떻게 그 구성원소들의 형상들로부터 나올 수 있는지를 파헤칠 필요가 있었다. 원래 구성원소들의 형상들이 '혼합물'에서도 계속 존재한다는 것이 무슨 뜻인지를 밝히는 것도 매우 중요한 숙제였다. 아리스토텔레스는 '혼합물'이 파괴될 때 원래 그것을 구성했던 원소들이 재출현한다는 것을 인정했던 바, 그렇다면 그 원소들이 어떤 형식으로든 그 '혼합물' 내에 남아 있어야만 하지 않겠는가? 이런 문제를 놓고 복잡한 논쟁이 전개되었지만 우리의 논의는 간단한 개관에 머물 수밖에 없을 것 같다.

'혼합물'에서는 그것을 원래 구성했던 원소들의 실체적 형상들이 하나의 새로운 실체적 형상으로 교체된다는 데는 누구도 이의를 제기하지 않았다. 그렇다면 이런 교체는 어떻게 발생하는가? 대체로 합의된 견해에 따르면 원소들이 혼합되고 그것들의 성질들이 상호작용하는 과정에서 원

---

8) '혼합'에 대한 아리스토텔레스의 입장은 Friedrich Solmsen, *Aristotle's System of the Physical World*, 19장; Waterlow, *Nature, Change, and Agency*, pp. 82~85; Emerton, *Scientific Reinterpretation of Form*, 3장 등을 참조.

소들의 실체적 형상들이 변질될 수 있으며, 그래서 하나의 새로운 실체적 형상이 출현할 길이 열릴 수 있다는 것이었다. 그렇지만 다른 해석의 여지도 충분히 남아 있었다. 즉, 하나의 새로운 실체적 형상은 이전 원소들의 실체적 형상들이나 그 성질들로부터 생성될 수 없으며, 외부로부터의 어떤 개입이 필요하다는 해석이 그것이었다. 이런 해석에서 일반적인 해법은 한층 높은 권능에 의존하는 일이었다. 전제조건이 모두 충족되었을 때 직접 개입해서 일차 질료에 새로운 실체적 형상을 주입하는 권능은 별이나 별에 거주하는 지성적 존재, 심지어는 신에게 부여되었다.

또다른 문제는 '혼합물'에서 어떻게 원소들이 계속 유지될 수 있는가에 관한 것이었다. 여기서 누구나 궁금하게 여긴 것은 원소들이 '혼합물' 내에 숨어서 스스로를 드러낼 적당한 기회를 기다린다는 것이 어떻게 허용될 수 있느냐는 점이었다. 아비케나에 의하면 원소의 성질은 감각될 수 없을 만큼 약화되지만 원소의 형상은 손상 없이 유지된다. 반면에 아베로이즈에 의하면 원소의 형상과 그 성질은 모두 힘이나 강도가 현격히 줄어든 상태로 유지된다. 즉, 형상과 성질은 모두 '혼합물' 내에 잠재적 존재로 유지된다는 것이었다. 그렇지만 아리스토텔레스는 실체적 형상에 등급을 허용하지 않았으며, 따라서 그것은 강화될 수도 약화될 수도 없었다(어떤 네발 동물은 강아지이거나 강아지가 아니거나 둘 중 하나일 뿐인즉, 그 동물의 등급을 매긴다는 것은 아무 의미도 없다). 이런 이유에서 아베로이즈는 이전 원소들의 형상들은 실체적 형상이 아니라, 실체적 형상과 부수형상 사이에 있는 것이라는 결론에 도달했다. 그런가 하면 토마스 아퀴나스(1224년경~1274)는 이전 원소들의 형상들은 '혼합'과정에서 소멸되는 반면에 그 성질들은 '혼합물' 내에서 일정한 영향력을 계속 유지한다고 주장했다. 이상의 세 입장 외에도 여러 견해가 개진되어 중세 말의 자연철학자들에게 활기찬 토론의 장을 제공했다.[9]

---

9) '혼합'에 관한 중세의 전반적 논의는 E. J. Dijksterhuis, *The Mechanization of the World Picture*, pp. 200~204; Emerton, *Scientific Reinterpretation of Form*, pp. 77~85; Robert P. Multhauf, *The Origins of Chemistry*, pp. 149

우리가 마지막으로 다룰 문제는 나무, 돌, 유기체 같은 유형의 실체를 어떻게 물리적으로 쪼갤 수 있느냐는 것이다. 그 분할과정은 어떤 한계까지 진행될 수 있는가? 한계가 있다면 최소단위는 어떤 속성을 갖는가? 원자 비슷한 어떤 것이 있는가? 아리스토텔레스는 '혼합물'의 최소 구성요소, 즉 섞이고 상호작용하는 작은 입자에 관해 언급한 바 있었다. 그의 언급에 힘입어 이후 주석가들은 하나의 이론을 구성했다. 그것은 훗날 '자연의 최소부분'(*minima naturalia*) 혹은 '극소체'(*minima*)라 불리게 된 것에 관한 이론이었다. 이 이론은 원칙상으로는 분할의 무한지속 가능성을 인정했다. 아무리 작은 조각에 도달하더라도 그것을 다시 쪼개지 못할 이유는 없다는 뜻이었다. 그러나 어떤 실체가 그 형상을 유지할 수 있는 최소분량은 존재하는 것으로 생각되었다. 더 쪼개면 그 실체의 형상이 유지되지 않는 어떤 한계가 존재한다는 것이었다.

중세의 학자들 가운데는 이 같은 '극소체' 이론을 원자론의 변형으로 해석하려는 부류가 있었다. 그러나 두 이론이 물질의 입자구조를 인정한 점에서는 비슷했지만, 이 점을 제외하면 두 이론은 전혀 달랐다. 원자론자가 말하는 입자는 더 이상 쪼갤 수 없는 최소의 것인 반면에, 중세의 '극소체'는 (더 쪼개면 그 자연본성을 잃겠지만) 더 쪼갤 수 있는 것이었다. 더욱이 원자는 크기와 모양에서만 다르고 나머지는 동일하지만, '극소체'는 실체의 다양성만큼이나 다양할 수밖에 없었다. 그뿐만이 아니었다. 원자론의 관점에서는 거시세계에 존재하는 속성이 미시세계에서는 똑같이 존재하지 않는 것이 옳았다. 그래서 원자론자들은 어떤 꽃의 붉은 빛깔을 설명할 때 그 꽃을 구성하는 입자가 붉다고는 말하지 않았다. 오히려 원자론 프로그램은 감각경험 세계의 질적 풍부함을 계량화 가능한 단순원자로 환원하는 경향이 있었다. 크기, 모양, 운동, (가능하다면) 무

~152 등을 참조할 것. 특히 유용한 것은 Anneliese Maier, *An der Grenze von Scholastik und Naturwissenschaft* (2판), pp. 3~140인데, 이 책의 서론 부분은 Maier, *Threshold*, trans. Sargent, 6장에 "Theory of the Elements"라는 제목으로 수록되어 있다.

게 같은 특징만을 가진 원자로 말이다. 이와는 대조적으로 '극소체론자'(*minimists*)는 아리스토텔레스의 프로그램을 계승해서 전체의 속성을 전체의 가장 작은 일부에도 부여했다. 나무의 '극소체'는 여전히 나무였다.[10)]

3. 연금술

유형의 실체, 화합, 혼합 등을 다룬 중세의 이론들과 밀접하게 연관된 것으로는 연금술이 있다. 연금술은 중세과학의 모든 분과 중에서 가장 적게 연구되고 가장 빈약하게 이해된 분과이기도 하다. 필자도 연금술의 목적과 업적, 그리고 연금술의 이론적 토대를 간단히 개관하는 데 머물 수밖에 없을 것이다.[11)]

연금술은 천한 금속을 금이나 진귀한 금속으로 변성(變成)하려는 경험기술이기도 했지만 이런 노력을 설명하고 안내하는 이론과학이기도 했

---

10) '극소체'에 관해서는 Dijksterhuis, *Mechanization*, pp. 205~209; Emerton, *Scientific Reinterpretation of Form*, pp. 85~93.

11) 중세 연금술의 제반 문제들과 자료들을 탁월하게 개관한 입문으로는 Robert Halleux, *Les testes alchimiques*; 그리고 Claudia Kren, *Alchemy in Europe: A Guide to Research*가 유용하다. 오래전에 출판되었지만 여전히 유용한 연구로는 F. Sherwood Taylor, *The Alchemists*; E. J. Holmyard, *Alchemy*, 그리고 Multhauf, *Origins of Chemistry*, 5~9장 등이 있다. 이들보다 업데이트된 간단한 개관으로는 Manfred Ullmann, "Al-Kimiya," *The Encyclopedia of Islam* (개정신판), vol. 5, pp. 110~115; 그리고 Robert Halleux, "Alchemy," *Dictionary of the Middle Ages*, vol. 1, pp. 134~140 등이 있다. 가장 최근의 연구로는 William R. Newman, "The Genesis of the *Summa perfectionis*"; Newman, "Technology and Chemical Debate in the Late Middle Ages"; 그리고 Newman, *The "Summa perfectionis" of Pseudo-Geber: A Critical Edition, Translation, and Study* 등이 있다(뉴먼은 이 책의 초고 일부를 친절하게도 필자에게 보여주었다).

다. 현실에서 어떤 실체가 다른 실체로 변성된다는 것은 의문의 여지가 없었다. 풀이나 나무를 예로 들어보자. 물과 흙 속의 자양분은 섬세한 꽃이나 과즙이 풍부한 과일로 바뀐다. 더 이채로운 사례는 산양이다. 산양은 물과 풀을 양털과 고기로 바꾸는 능력을 가진 듯이 보이지 않는가. 연금술 이론은 유형의 모든 실체들이 그 근원에서는 하나이기 때문에 이런 변화가 가능한 것으로 보았다. 아리스토텔레스 자연철학은 이 같은 통일성을 설명해줄 수 있었다. 일차 질료와 네 원소적 성질(열, 냉, 습, 건)이 결합해서 네 원소가 형성된다는 것이었다. 성질을 바꾸면 이 원소를 저 원소로 변성할 수 있을 것이요, '혼합물' 내 원소들의 비율을 바꾸면 그 '혼합물'을 다른 실체로 바꿀 수 있을 것이었다.

그러나 연금술사의 관심은 주로 금속류에 집중되었다. 아리스토텔레스로부터 파생되어 널리 퍼진 한 이론에 따르면, 모든 금속은 유황과 수은의 화합물 내지 '혼합물'이었다.[12] 수은과 유황의 '혼합'은 땅속에서 열의 영향을 받아 자연스럽게 진행되는 성장과정이나 숙성과정으로 이해되었다. 어떤 금속의 생성은 이 숙성과정에 작용하는 여러 요인에 의존하는 바, 특히 유황과 수은의 순도와 균질성, '혼합물' 내 유황과 수은의 비율, 열의 온도 같은 것이 중요한 요인이었다. 이제 연금술사의 목적이 분명하게 드러난다. 자연의 숙성과정을 단축하고 가속화하는 것이 그 목적이었다. 그것은 자연이 땅속 자궁에서 숙성시키려면 천 년이나 걸리는 과정을 짧은 시간에 인공적으로 복제하는 일이었다. 이런 복제가 완전하게 수행된다면 그 종착점은 금일 것이었다. 복제가 불완전하거나 부족하면 금이 아닌 다른 금속을 낳을 것이었다.

실제 작업은 어떻게 진행되었던가? 연금술사는 우선 천한 금속의 실체

12) 여기서 언급된 유황과 수은은 우리가 통상적으로 유황과 수은이라고 부르는 그런 광물이 아니다. 그 유황과 수은은 금속들의 생성에 필요한 다양한 성질들을 제공한다고 생각되었던 순수 본질들로서, 때로는 "철학적 유황"과 "철학적 수은"이라 불리기도 했다. 철학적 유황은 대체로 능동적이고 영적인 원리로 간주되었으며, 철학적 수은은 수동적이고 물질적인 원리로 간주되었다.

적 형상과 부수형상을 모두 제거함으로써 그 금속을 일차 질료로 되돌리고, 다음에는 연금술 비법에 따라 그 질료에 새로운 형상을 첨가함으로써 그 천한 금속을 귀금속으로 재주조하려 했다. 그 대안으로 "연금액" 내지 "철학자의 돌"을 만들 비법을 발견하려고 애쓰는 연금술사도 있었다. 연금액이나 철학자의 돌은 천한 금속에 스며들어 그것을 금으로 바꾸어주는 권능이 있는 것으로 믿어졌다. 그 과정에서 연금술사는 다양한 화학처리 과정을 개발했다. 여기에는 용해, 소광(燒鑛), 융합, 증류, 부패, 발효, 승화 등이 포함된다. 역주[3] 나아가 연금술사는 필수적인 실험도구를 고안하기도 했다. 가열하거나 녹이기 위한 다양한 형태의 고로가 개발되었고 증류기가 개발되었으며 연금술 재료를 녹이고 혼합하고 분쇄하고 수집하기 위한 플라스크와 그릇 같은 다양한 용기(容器)가 개발되었다. 13)

연금술은 그리스 문명에 기원을 두며 아마도 헬레니즘 영향하의 이집트에서 형성된 것으로 보인다. 곧이어 그리스어 원전이 아랍어로 번역되면서 이슬람 세계는 다양하고 풍요로운 연금술 전통을 가꿀 수 있었다. 아랍어로 직접 작성된 뛰어난 연금술 작품으로는, 게버(자비르 이븐 하이얀: 9~10세기에 활동)의 것으로 알려진 일련의 논고들과 무하마드 이븐 자카리아 알라지(925년경 죽음)의 《비밀의 서(書)》를 꼽을 수 있다. 역주[4] 이 연금술 작품들은 12세기 중반부터 라틴어로 번역되기 시작했고 이때부터 서구에도 강력한 연금술 전통이 형성되었다. 연금술 이론이 진리이며 연금술의 목표가 타당하다는 믿음은 널리 확산되기는 했지만 보편적으로 수용되지는 않았다. 아비케나 이래로 줄곧 강력한 비판의 전통이 발전했다. 연금술의 이론과 실천은 물론, 연금술의 가능성 자체가 논박의 대상이 되곤 했다. 그러나 연금술은 긴 역사를 유지하는 동안 갖가지 기술(일례로 야금술과 염색술)과 결합하기도 했고, 다양한 사상체계에 접목되기도 했다. 그 과정에서 연금술은 신학적, 마술적, 알레고리적 함축을 키워갔으

---

13) 연금술 장비들과 과정들에 관해서는 Holmyard, *Alchemy*, 4장을 참조할 것.

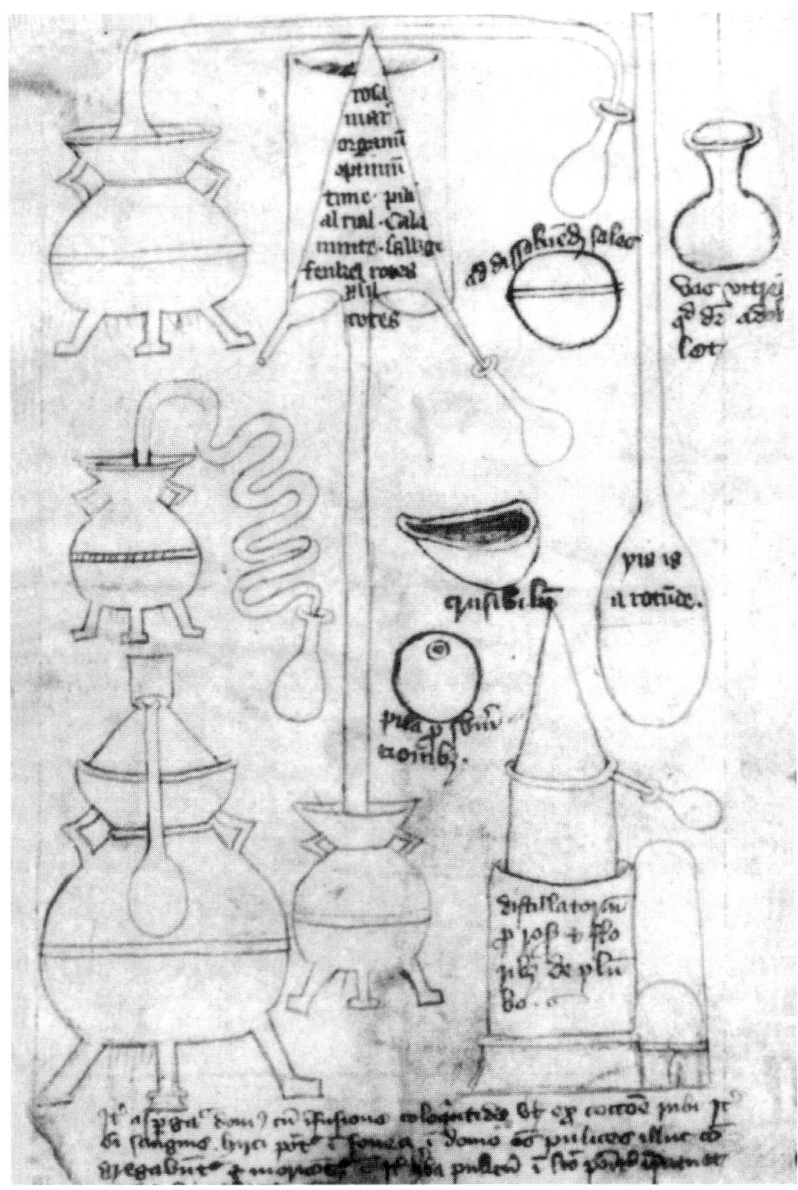

[그림 12.1] 고로와 증류기를 위시한 연금술 도구. 런던, 영국 국립도서관 (15세기). 동 도서관의 승인을 받아 전재함.

며 점차 전 포괄적인 신비주의 철학으로 변모해갔다. 역주[5] 일례로, 중세 말에 연금술적 변성은 연금술 실험자의 영적 변화와 자주 연결되었다. 연금액이 천한 금속을 금으로 변성할 뿐만 아니라 불사의 능력도 부여한다고 믿은 부류도 있었다.[14)]

4. 변화와 운동

오늘날 많은 역사가들은 아리스토텔레스적 우주의 정태성과 원자론 철학의 역동성을 날카롭게 대비하는 버릇이 있다. 그들이 무엇을 염두에 두고 있는지는 쉽게 알 수 있다. 아리스토텔레스가 묘사한 지상계에서, 자연운동은 어떤 운동체가 그것의 자연적 (원래 태어난) 장소에 도달하면 종결되며, (비자연적) 강제운동은 외부의 힘이 작용하지 않으면 끝난다. 그렇기 때문에 만일 우리가 만물을 각자의 자연적 장소에 두고 외부의 모든 동인을 일시에 제거한다면, 아리스토텔레스의 세계는 급제동에 걸린 듯 끽 소리를 내며 멈추고 말 것이다. 이와는 대조적으로 원자론자들이 그린 세계는 영속운동 상태에 있다. 영속되는 소용돌이 안에서 원자들은 움직이고 충돌하며 결합했다가 흩어진다.

그렇지만 아리스토텔레스의 우주가 정태적이라는 인상은 우리의 관심을 단지 한 종류의 변화, 즉 장소변화 내지 "이동"(*local motion*)으로 제한한 데서 비롯된 것이다. 심층을 들여다보자. 어떤 대상물의 위치가 아니라 그것의 자연본성을 들여다보자. 그러면 아리스토텔레스의 우주는 참된 역동성을 분명하게 드러낼 것이다. 아리스토텔레스에게 자연만물은 늘 유동상태에 있다. 만물이 각기 잠재태로부터 현실태로 전환하는 것은 각자의 자연본성에 따른 것이다. 이 같은 특징은 생물학 영역에서 가장

---

14) 이후의 연금술에 관해서는 Allen G. Debus, *Man and Nature in the Renaissance*, 2장; 그리고 Debus, *The Chemical Philosophy: Paracelsian Science and Medicine in the Sixteenth and Seventeenth Centuries*, 2 vols.를 참조할 것.

뚜렷하다. 이 영역에서는 성장과 진화가 필수불가결한 것이기 때문이다. 그렇지만 아리스토텔레스의 생물학 연구는 그의 자연철학 전체에 대해 강력한 형성력을 발휘한 것이었음을 기억할 필요가 있다. 그가 자연본성을 모든 자연물에 내재하는 변화의 원천으로 정의했을 때, 그의 정의는 생물학에 기원을 둔 것이었지만 생물계와 무생물계에 모두 적용되었다. 아리스토텔레스 자연철학에서 연구초점이 온갖 양태의 변화에 맞추어진 것은 이상한 일이 아니었다. 실제로 그는 《물리학》(3권) 에서, 변화에 무지한 자는 자연에 무지한 자라고 통명스럽게 잘라 말했다.[15] 아리스토텔레스의 우주를 가득 채운 삼라만상은 겉으로는 운동보다 휴식을 즐기는 것처럼 보일지 몰라도, 그 심층에서는 변화로 들끓고 있었던 것이다.

아리스토텔레스와 중세 추종자들은 네 종류의 변화를 확인했다. (1) 발생과 부패, (2) 변질(*alteration*), (3) 증가와 감소, (4) 이동. 발생과 부패는 개별 실체가 존재상태로 들어왔다가 그 상태로부터 나갈 때 발생한다. 변질은 차가운 대상을 덥힐 때처럼 성질이 변화하는 것을 말한다. 증가와 감소는 양적 변화와 관련된다. 이를테면 이완이나 응축처럼 크기가 변화하는 것을 말한다. 끝으로 이동은 장소의 변화이다. 이동이라는 변화는 아리스토텔레스의 물리학에서는 중심을 차지하지 못했다. 그것을 중심위치로 부각시킨 것은 17세기의 자연철학이었다.

이런 맥락에서 볼 때, 우리가 아리스토텔레스의 운동이론에 초점을 맞춘다면 이는 그의 변화이론에서 한 종류의 변화(이동) 만을 중시하는 셈이 될 것이다. 그러나 아리스토텔레스와 주석가들은 모든 종류의 변화를 빠짐없이 중시했다. 이동은 변화의 한 종류에 불과했거니와 그나마 가장 근본적인 것도 아니었다. 이런 사실을 기억함으로써 우리는 심각한 착각에서 벗어날 수 있다. 아리스토텔레스와 중세 주석가들의 운동이론은 근현대 운동역학(*dynamics*) 의 관점에서는 낯설고 특이해 보일 수 있지만, 그들 스스로 제기하고 답한 질문의 관점에서 판단한다면 전혀 다른 모습

15) Aristotle, *Physics*, III. 1, 200b14~15.

으로 우리에게 다가올 것이다.

바로 여기서 우리는 중요하고도 까다로운 방법론상의 쟁점에 직면하게 된다. 중세 운동이론에 대한 통상적 접근법은 근현대 운동역학의 개념틀을 중세로 소급시켜 그 틀을 잣대로 중세의 발전을 평가하는 것이었다. 이런 방법론은 우리에게 친숙한 지적 기준을 일관성 있게 유지해준다는 점에서는 큰 장점이 있지만, 근현대의 이론과 닮은꼴인 중세의 이론에만 초점을 맞추게 된다는 단점도 있다. 이를 극복할 대안은 중세의 관점을 곧이곧대로 채택하는 것이다. 이런 방법론에도 문제가 없는 것은 아니다. 그것은 우리가 이해하려는 사상체계에 충실한 면에서는 뚜렷한 장점이 있지만, 그것의 실천이 불가능에 가깝다는 점은 문제가 될 수밖에 없다. 중세의 운동이론을 낳은 지적 골격은 수많은 낯선 개념으로 빽빽이 들어찬 정글이다. 이곳은 가혹한 훈련을 거친 백전노장에게나 어울리는 것이지, 20세기로부터 출발해서 한나절 안에 소풍 삼아 오갈 수 있는 곳이 아니다. 안전거리를 유지하면서 17세기나 20세기의 관점에서 그 정글을 바라볼 것인지, 아니면 그 정글을 아예 무시해버릴 것인지를 놓고 선택에 직면했을 때, 대부분의 중세 과학사 연구자는 전자를 선택했다. 이해할 수 있는 일이다. 그러나 필자가 생각하기에 우리는 중간 길을 발견하기 위해 노력할 필요가 있으며, 다소 실용적인 타협을 진척시킬 필요가 있다. 지금부터 우리는 중세라는 정글로부터 (여행자에게 안전하다고 판단되는) 몇몇 장소를 골라 한 곳씩 짧은 여행을 다녀올 작정이다. 몇 차례의 짧은 여행을 마치고 나면, 우리는 정글의 전체 지형을 파악할 수 있을 것이다. 그렇지만 동시에 우리는 미래에 미친 영향력 면에서 중요한 중세의 발전에 대해서도 소홀하지 않을 생각이다. 그 발전을 정성스레 기술함으로써 독자들이 어떻게 중세의 골격으로부터 이후의 발전이 전개되었는지를 이해하는 데 도움을 주고자 한다.

5. 운동의 자연본성

고대나 중세에 어떤 자연철학자가 무슨 연구영역에 관심을 기울이기 시작했을 때, 그가 제일 먼저 알고 싶어한 것은 (자신의 연구와 관련된) 무엇이 존재하느냐는 문제였다. 이것은 우주 내 존재에 관한 의문이었다. 일단 이 문제를 해결한 후에야 그는 다른 문제로 옮겨갈 수 있었다. 존재하는 사물의 자연본성은 무엇인가? 그 사물은 어떤 종류의 존재양태인가? 그것은 어떻게 변화하는가? 그것은 어떻게 상호작용하는가? 그리고 우리는 그것을 어떻게 인식하는가? 따라서 연구대상이 운동이라면, 최우선 과제는 과연 운동이 실제로 존재하는가를 가늠하는 일이었다. 운동이 (만일 존재한다면) 어떤 종류의 존재양태인가를 이해하는 것은 그 다음 과제였다.

아리스토텔레스는 이 문제를 다루면서, 훗날 주석가들이 아무리 되씹어도 해결되지 않을 만큼 애매한 구석을 많이 남겨놓았다. 이로 인해 논쟁이 전개되었으며, 이 논쟁에 이슬람 세계의 아리스토텔레스 주석가 중 양대산맥으로 꼽히는 아비케나와 아베로이즈가 가담한 것은 당연한 일이었다. 서구에서는 알베르투스 마그누스가 논쟁의 포문을 열었다. 이 논쟁은 매우 전문적인 성격의 것이므로 세밀한 부분까지 들춰볼 필요는 없을 것 같다. 다만 13세기 말에 등장한 두 갈래의 주요입장을 정리하고 두 입장을 평가하기 위해 사용된 몇 가지 논증에 주의를 기울이다 보면, 논쟁의 전체적 윤곽이 무리 없이 드러날 수 있을 것으로 보인다. 우선 '유동(流動)하는 형상'(*forma fluens*)이라는 구절로 대변되는 입장이 있었다. 이 입장에 따르면 운동은 운동하는 물체와 분리되거나 구별되지 않는다. 운동은 바로 운동하는 물체요, 그 물체의 궤적이다. 아킬레스가 달리기할 때 존재하는 것은 아킬레스 자신과 아킬레스가 연속적으로 밟는 지점들로 한정된다. 더 이상 덧붙일 대상은 없다. 따라서 "운동"이라는 단어는 존재하는 어떤 〈사물〉을 뜻하는 것이 아니라 아킬레스가 연속적으로 지점을 밟아가는 〈과정〉을 뜻한다. 이런 견해는 아베로이즈와 알베르투스 마그누스가 지지한 것이었다. 이와 대립적인 것은 '형상의 유동'(*fluxus formae*) 이라는 이름으로 알려진 입장이다. 이 입장에 따르면 어떤 운동하는 물체에는 그 물체와 그 물체가 연속적으로 차지하는 지점 외에도 어떤 〈사물〉이 내재한다. 우리는 이 내재된 사물을 '운동'이라 부를 수 있다.16)

이 논쟁의 배후에는 어떤 근본원인이 작용하고 있었을까? 각 입장에서 대표적 논증을 하나씩 선별 검토함으로써 그 원인을 따져보기로 하자. 오캄의 윌리엄(1285년경~1347)은 예의 논리적 엄격성을 동원해서 '유동하는 형상'의 입장을 옹호했다. 오캄의 견해에 따르면 "운동"은 추상적이고 허구적인 용어, 즉 현실에 존재하는 어떤 실체에 상응하지 않는 명사에 불과한 것이었다. 오캄의 편에서 보면 이는 사물이 운동함을 부정하려는 것이 아니라, 〈운동〉은 〈사물〉이 아니라는 선언일 뿐이었다. 오캄은 "모든 운동은 각기 어떤 기동자(*mover*)에 의해 발생한다"는 한 문장만 검토해보아도 그 점을 분명하게 확인할 수 있다고 주장했다. 어떤 명사는 어떤 사물에 상응한다고 믿는 소박한 독자는 "운동"이라는 명사도 어떤 실재하는 사물(어떤 실체, 혹은 어떤 성질)을 의미한다고 가정할 수 있다. 그렇지만 우리는 앞의 문장을 다른 문장으로 바꾸어볼 수 있다. 바뀐 문장은 운동역학의 내용 면에서는 원래 문장과 동일하지만, 운동의 〈자연본성〉에 대해서는 전혀 다른 함축을 지닌 것이다. 즉, "움직여지는 모든 것은 어떤 기동자에 의해 움직여진다." 이 문장에서는 '운동'이라는 명사가 사라졌으며 동시에 운동이 실재하는 사물이라는 함축도 함께 사라졌다. 그렇다면 우리는 두 문장 중에서, 그리고 두 문장이 기술하는 서로

16) 운동의 본성에 관한 필자의 논의는 John E. Murdoch and Edith D. Sylla, "The Science of Motion," pp. 213~222에 크게 의존했다. 아넬리제 마이어(Anneliese Maier)의 연구도 유용하다. 마이어의 *Zwischen Philosophie und Mechanik*, 1~3장과 *Die Vorläufer Galileis im 14. Jahrhundert*(2판), 1장을 참조할 것. 후자의 영어 번역은 Maier, *Threshold of Exact Science*, trans. Sargent, 1장에 수록되어 있다.

다른 두 세계 중에서 어떤 것을 선택해야 하는가? 무엇보다 경제성이 기준이 되어야 할 것이다. 비록 두 문장은 동일한 운동역학적 주장(즉, 사물은 기동자에 의해 움직여질 때에만 움직인다는 주장)을 피력하고 있지만, 운동이 실재하는 사물이 아닌 세계가 더 한층 경제적인 것이 아닐까? 그도 그럴 것이 그런 세계에는 존재하는 사물의 수가 그만큼 적을 것이기 때문이다. 결론적으로 말해, 정반대의 세계를 뒷받침해줄 믿을 만한 논증이 없는 한, 우리는 그 경제적인 세계야말로 실재하는 세계라고 간주해야 마땅할 것이다.17)

장 뷔리당은 전혀 다른 문제를 검토하는 과정에서 '형상의 유동'을 옹호했다. 그는 아리스토텔레스의 《물리학》을 주석하는 과정에서, 신학이론을 빌려 이제는 친숙해진 다음의 질문에 답했다. 과연 이동이란 이동된 물체와 그 물체가 연속적으로 차지하는 지점으로부터 구별될 수 있는 사물인가? 뷔리당의 논증은 신학적 가정에서 출발했다. 하나님은 절대적 권능으로 우주 전체에 회전운동을 부여할 수 있었을 것이라는 가정이 그것이었다. 뷔리당이 그렇게 가정할 수 있었던 것은, 하나님은 자기모순을 제외한 어떠한 일도 수행할 수 있다는 원리에 따라서였다. 실제로 1277년 금지조치의 조항 중에는 (뷔리당의 해석에 따르면) 하나님의 권능은 우주 전체를 직선으로 움직일 수도 있음을 명시한 것이 있었다. 그런데도 만일 우리가 '유동하는 형상'의 관점에서 운동이란 움직이는 대상과 그 대상이 연속적으로 차지하는 지점일 뿐이라고 주장한다면, 심각한 문제가 발생할 수밖에 없다. 아리스토텔레스에 따르면 장소는 그것을 둘러싼 대상물의 견지에서 정의된다. 그런데 우주를 둘러싸고 있는 것은 있을 수 없다. 어떤 그릇이 우주를 담는다면 그 그릇 또한 우주의 일부가 되어야 하지 않겠는가. 그렇다면 우주는 아무 장소도 가질 수 없는 것이

17) John E. Murdoch, "The Development of a Critical Temper: New Approaches and Modes of Analysis in Fourteenth-Century Philosophy, Science, and Theology," pp. 60~61; Murdoch and Sylla, "Science of Motion," pp. 216~217; 그리고 Maier, *Threshold of Exact Science*, pp. 30~31.

되는 셈이다. 만일 우주가 장소를 갖지 않는다면 장소를 바꿀 수도 없을 것이며, 장소를 바꿀 수 없다면 움직인다고도 말할 수 없을 것이다. 그러나 이런 결론은 논증의 출발점과 모순을 이룬다. 즉, 하나님은 우주에게 회전운동을 부여할 수 있다는 가정에 모순되는 것이다. 뷔리당이 떠올린 해결책은 한층 광범위한 운동개념인 '형상의 유동'을 채택하는 것이었다. 만일 운동이 어떤 움직이는 물체와 그 물체의 연속지점만이 아니라 그 물체에 부가된 어떤 속성(*attribute*: 성질에 가까운 것)도 포함하는 것이라면, 우주는 장소의 부재상태에서도 그런 속성을 가질 수 있을 것이요, 그럼으로써 위에서 봉착한 난점은 얼마간 극복될 수 있을 것이었다. 이 같은 이론은 운동이 하나의 속성이나 성질로 취급될 수 있음을 함축하는 바, 이 함축은 14세기 후반의 자연철학자들 사이에서 한층 명백하고 친숙한 의미를 확보하게 되었다.[18]

6. 운동에 대한 수학적 기술(記述)

오늘날에는 수학을 운동에 적용한다고 해서 굳이 변명할 필요가 없다. 운동이론을 자식으로 거느린 어머니 분과인 이론역학은 그 본성상 수학적인 것이다. 근현대 물리학의 발전과정을 이해하는 누구에게나 수학적 방법은 유일한 방법으로 보일 수 있다. 그렇지만 이 같은 결론이 자명해 보이는 것은 세월이 흐른 덕택이다. 근현대의 관점에 설 때에만 자명한 결론처럼 보일 수 있다는 뜻이다. 수학적 방법은 아리스토텔레스에게는 물론, 아리스토텔레스 전통을 추종한 수많은 학자들에게도 설득력이 없는 것으로 보였다. 우리는 아리스토텔레스와 중세 추종자들이 운동을 네 종류의 변화 중 하나로 보았다는 점, 그들이 운동을 분석할 때에는 다른

18) Murdoch and Sylla, "Science of Motion," pp. 217~218; Maier, *Threshold of Exact Science*, pp. 33~38; Maier, *Zwischen Philosophie und Mechanik*, pp. 121~131.

종류의 변화에 대한 분석을 모델로 삼았다는 점을 반드시 기억해야만 한다. 더 나아가 우리는 변화사례들의 대부분이 그 본성상 수학과는 거리가 멀다는 점도 이해할 필요가 있다. 환자가 건강을 회복한다든지 미덕이 악덕을 누른다든지 온기가 냉기를 압도하는 현상을 관찰할 때, 우리 머릿속에 어떤 수치나 기하학 도형이 떠오르는 경우는 별로 없다. 어떤 실체의 발생이나 부패, 혹은 어떤 성질의 변화 같은 것은 누가 보아도 수학적 과정이라고는 말하기 힘들다. 학자들이 그나마 이동을 위시한 몇 종류의 변화를 수학적으로 취급할 방안을 마련하게 된 것은 수세기에 걸친 영웅적 노력의 결과였다. 그러면 이제 그 장구한 과정의 초기단계를 중세 말에서부터 추적해보기로 하자.

물론 자연의 수학화에는 고대의 선구자들이 있었다. 피타고라스파, 플라톤, 아르키메데스 등이 그 대표적 인물이었다. 천문학, 광학, 평형학(*balance*) 같은 과학분과에서는 때 이른 성공이 발견되기도 한다(이 책의 5장 참조). 이 같은 선행노력은 자연스럽게 다른 분과의 수학화에 관심을 가진 학자들을 자극했다. 운동에 대한 수학적 분석은 아리스토텔레스의 《물리학》에서 그 싹을 찾을 수 있다. 이 논고는 거리와 시간이라는 계량화 가능한 두 요소를 운동의 척도로 사용했기 때문이다. 아리스토텔레스의 논점은 간단하다. 두 개의 움직이는 물체를 더 빠르게 움직이게 하면, 같은 시간에 더 먼 거리를 이동하든지, 더 적은 시간에 같은 거리를 이동하게 된다는 것. 그리고 두 물체를 같은 속도로 움직이면, 같은 시간에 같은 거리를 이동하게 된다는 것이다. 한 세대 후에 아우토리코스는 등속운동에 관해, 같은 시간에 같은 거리를 이동하는 운동이라고 정의했다.[역주〔6〕] 이런 고대의 논의에서 주목할 것은 거리와 시간만이 운동의 주요척도로 채택되었다는 점이다. 거리와 시간은 수치로 환원될 수 있는 것이었지만 "빠르기"나 속도는 그런 위상을 차지하지 못한 채 애매하고 계량화될 수 없는 개념으로 남아 있었다.[19]

---

19) Marshall Clagett, *The Science of Mechanics in the Middle Ages*, pp. 163~186.

고대의 수학적 분석이 중세 기독교 세계에 미친 최초의 영향을 엿볼 수 있는 것은 브뤼셀의 제라르(Gerard of Brussels)의 작품이다. 제라르는 파리대학에서 13세기 초에 가르친 수학자였다. 그는 《운동에 관한 책》(*Book on Motion*)이라는 소책자를 썼는데, 이 책의 가장 중요한 특징은 그 내용이 오늘날 우리가 '운동학'(*kinematics*)이라 부르는 분과로 제한되었다는 점이다. 이 말이 무슨 뜻인지를 이해하기 위해서는, 우리는 '운동학'과 '운동역학'(*dynamics*)의 차이점을 간단하게나마 먼저 살펴볼 필요가 있다 — 양자의 구분은 중세의 운동이론에 대한 우리의 남은 논의에서도 중요한 원리의 하나가 될 것이다. 우리가 어떤 물체의 운동을 연구하려고 할 때, 이를 수행하는 길은 기본적으로 두 갈래이다. 우리는 운동의 원인에 초점을 맞추어 운동을 일으킨 힘을 설명할 수 있으며, 나아가서는 그 힘과 발생한 운동의 양이나 속도와의 상관관계를 정립할 수도 있을 것이다. 아니면 우리는 인과관계를 전혀 고려하지 않은 채 그 운동을 기술할 수도 있을 것이다. 인과관계에 초점을 맞추는 전자의 사업은 "운동역학"으로 알려진 것이며, 기술(대체로는 수학적 記述)에 초점을 맞추는 후자의 사업은 "운동학"으로 알려진 것이다. 제라르의 중요성은 중세 서구에서 진척된 운동학 전통의 선구자라는 점에 있다.[20]

이 운동학 전통은 14세기에 만개했다. 약 1325년과 1350년 사이에 옥스퍼드대학 머튼(Merton) 칼리지와 인연을 맺은 뛰어난 논리학자들과 수학자들이 하나의 집단을 형성해서 그 전통을 꽃피웠던 것이다. 이 집단에는 훗날 캔터베리 대주교에 임명된 토마스 브래드워딘(1349년 죽음)을 위시해 윌리엄 하이츠베리(William Heytesbury: 1335년경 활동), 덤블턴의 존(John of Dumbleton: 1349년경 죽음), 리처드 스와인스헤드

20) 제라르에 관해서는 Clagett, *The Science of Mechanics*, pp. 184~197; Clagett, "The *Liber de motu* of Grerard of Brussels and the Origins of Kinematics in the West"; Murdoch and Sylla, "Science of Motion," pp. 222~223; Wilbur R. Knorr, "John of Tynemouth *alias* John of London: Emerging Portrait of A Singular Medieval Mathematician," pp. 312~322 등을 참조.

(Richard Swineshead: 1340~1355년에 활동) 등이 포함된다. 이 머튼 그룹의 성원들은 출발부터 제라르의 《운동에 관한 책》에 함축되어 있던 운동학과 운동역학 간의 구별을 한층 뚜렷하게 부각시켰다. 운동은 인과관계를 따지지 않으면서도 연구될 수 있다는 것이었다. 그들은 운동을 운동학의 견지에서 다루기 위해 필요한 개념틀과 전문용어도 꾸준히 개발했다. 그중에는 속도와 순간속도가 포함되는데, 이 두 개념은 모두 등급을 매길 수 있는 과학개념으로 착안된 것이었다.[21] 머튼 그룹의 학자들은 등속운동(같은 속도의 운동)과 비등속 운동(혹은 가속운동)을 구별하기도 했다. 그들은 등가속 운동에 대해서도 엄밀하게 정의했는데, 그들의 정의는 오늘날의 것과 동일하다. 어떤 운동에서 그 속도가 같은 시간에 같은 크기로 증가하면, 이 운동은 등가속 운동이라는 것이었다. 끝으로 머튼 그룹의 학자들은 다양한 운동학 정리(定理)를 고안했다.[22] 그중 몇 가지 정리를 추려내서 조금 뒤에 검토하기로 하겠다.

그 전에 우리는 운동학 분야의 이런 성취가 어떤 철학적 기반을 가진 것이었는지를 검토할 필요가 있다. 고대에는 시간과 거리만이 운동의 척도였음에 반해서 이제는 속도가 운동의 새로운 척도로 등장하게 되었다는 것. 이 같은 발전에는 부연설명이 필요하다. 따지고 보면 속도는 추상적 개념이다. 움직이는 물체의 관찰자에게 그 속도가 저절로 감지될 수는 없기 때문이다. 그것은 자연철학자들이 발명해서 운동현상에 강제 부과한 개념임이 분명하다. 어떻게 그럴 수 있었을까? 그 대답은 성질, 그리고 성질의 강약에 대한 철학적 분석에서 찾을 수 있다.

기본착상은 성질이나 형상이 다양한 등급이나 강도로 존재할 수 있다는 것이었다. 예컨대 냉기나 열기는 한 등급으로만 존재하기보다 아주 찬 것으로부터 아주 뜨거운 것에 이르기까지 다양한 강도나 등급으로 존

21) 그러나 속도는 벡터량으로 취급되기보다는 스칼라(실수로 표시할 수 있는) 양으로 취급되었다. 즉, 속도는 등급을 갖지만 방향과는 무관한 것으로 취급되었다.

22) Clagett, *Science of Mechanics*, 4장.

재한다. 더욱이 형상이나 성질은 주어진 범위 안에서 변화할 수 있다는 것, 즉 강해질 수도 약해질 수도 있다. 이 말을 중세의 전문용어로 바꾸면, 형상이나 성질은 강화(*intensification*)와 완화(*remission*)를 겪는다고 말할 수 있다.[23] 성질, 그리고 성질의 강화와 완화에 대한 이 같은 일반적 논의가 이동이라는 특수한 사례에 적용되었을 때, 비로소 속도의 개념이 출현할 수 있었다(여기서 이동은 어떤 성질로, 혹은 성질과 매우 유사한 것으로 인식되고 있었다). 운동이라는 성질의 강도(즉, 그 성질의 힘이나 등급을 측정해주는 척도)란 쉽게 말해 그 운동의 빠르기요 (중세의 전문용어를 사용하자면) 그 운동의 속도였다. 따라서 운동이라는 성질의 강화와 완화는 곧 속도에서의 변화를 뜻하게 되었다.

성질, 성질의 강도, 그리고 성질의 강화에 관한 사고는 어떤 성질의 강도를 그 성질의 연장(延長: *extension*)이나 양과 구별하는 작업으로 이어졌다. 열의 사례를 검토하면 이런 구별을 쉽게 이해할 수 있을 것이다. 어떤 물체가 더 뜨겁고 어떤 물체가 더 차갑다는 것은 누구에게나 명백하다. 이로부터 우리는 강도 내지 등급의 관념을 얻는다(이것은 오늘날 온도의 개념과 거의 동일하다).[24] 그러나 그 이상의 무엇인가가 존재한다는 것도 분명하다. 어떤 대상(예컨대 뜨거운 물체)에 주어지는 열 성질의 상

23) 중세에 강화와 완화가 어떻게 발생한다고 물리학적으로 설명했는지의 문제를 상세하게 다룰 여유는 없다. 이와 관련된 주요이론들로는 '가감이론'(*addition and subtraction theory*)과 '교체이론'(*replacement theory*)이 있었다. 전자에 따르면 어떤 형상은 그 형상의 새로운 일부를 더함으로써 강화되고 원래 형상의 일부를 뺌으로써 약화된다. 후자에 따르면 원래의 형상은 제거되고 더 높은 강도나 더 낮은 강도의 새로운 형상으로 대체된다. 이 문제에 관해서는 Edith D. Sylla, "Medieval Concepts of the Latitude of Forms: The Oxford Calculators," pp. 230~233; Murdoch and Sylla, "Science of Motion," pp. 231~233을 참조할 것. 성질들의 강화와 완화에 관한 전반적인 논의는 Clagett, *Science of Mechanics*, pp. 205~206, 212~215; 그리고 Murdoch and Sylla, "Science of Motion," pp. 233~237을 참조할 것.

24) 이러한 관념은 적어도 갈레노스까지 소급된다. Marshall Clagett, *Giovanni Marliani and Late Medieval Physics*, pp. 34~36을 참조할 것.

대적인 몫이 그것이다. 두 개의 물체가 있다고 하자. 양자는 부피 면에서 한 물체가 다른 물체의 두 배라는 것을 빼고는 모두 동일하다고 가정하자. 양자에 동일한 강도나 등급의 열을 가하면 큰 물체는 작은 물체보다 열을 두 배로 가지게 될 것이다. 즉, 열의 〈강도〉는 두 물체에서 다르지 않지만 〈양〉에서는 한 물체가 다른 물체보다 두 배의 열을 갖는다는 말이다. 무게를 고려해보아도 결과는 마찬가지이다. 어떤 물체에서 무게의 등급이나 강도(오늘날의 밀도나 비중)는 무게의 몫 내지 분포(무게의 총량)와 비슷하게 구별될 것이다. 운동을 포함한 다른 성질도 비슷한 방식으로 검토될 수 있을 것이며 이로부터 어떤 성질의 강도와 그 성질의 양은 구별된다는 일반적 결론이 도출될 것이다.[25]

성질에 대한 분석에서 머튼 칼리지가 큰 성과를 이룩했다는 뉴스는 유럽의 다른 지적 중심지로 빠르게 전파되었다. 그 과정에서 기하학적 표상체계가 새로 도입되었으며, 이 새로운 표상체계는 성질의 분석을 더욱 풍요롭고도 명료하게 만들어주었다. 성질의 분석은 머튼 칼리지에서 처음 시작되었을 때에는, 우리가 이제까지 그것을 해설한 방식과 비슷하게 말로만 해설되었다. 그렇지만 곧 기하학적 분석의 장점이 부각되었으며 결국 대단히 정교한 기하학적 표상체계가 완성되었다. 이 체계를 개발한 최초의 학자 중에는 조반니 디 카살리(Giovanni di Casali)가 있다. 그는 볼로냐대학을 나온 (그리고 케임브리지대학에서도 수학한) 프란키스쿠스 수도사로서 1351년경에 그 표상체계를 제시했다. 1350년대 후반에는 더욱 정교한 기하학적 분석이 등장했다. 파리대학에 재직하고 있던 니콜 오렘이 그 장본인이다. 오렘의 체계를 검토하는 것은 중세 독자에 못지않게 오늘날 우리에게도 도움이 될 것이다.

첫 단계는 하나의 선분에 의해 어떤 성질의 강도를 표상하는 일이었다. 이런 작업은 중세 학자들에게 큰 어려움이 없었을 것이다. 그들은 (선을 이용해서 시간을 표시한) 아리스토텔레스와 (선을 사용해서 수의 크

25) Clagett, *Science of Mechanics*, pp. 212~213.

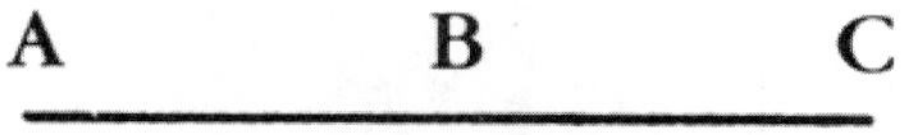

A　　　B　　　C

[그림 12.2] 선분을 이용해서 성질의 강도를 표시하기.

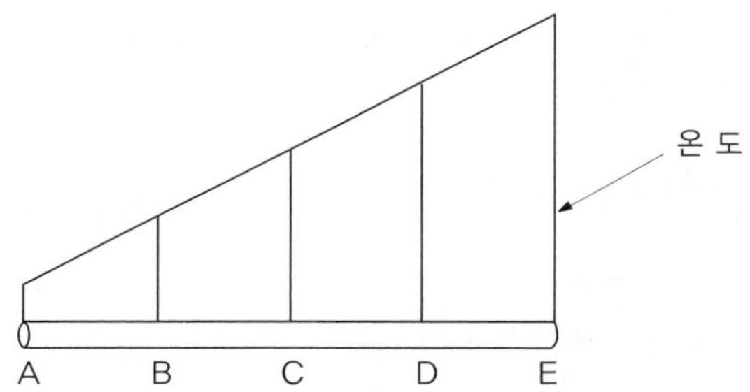

[그림 12.3] 쇠막대의 온도분포.

기를 표시한) 유클리드를 잘 알고 있었기 때문이다. 어쨌든 선분 AB (〔그림 12. 2〕 참조) 가 어떤 주어진 성질의 강도를 나타낸다면, 선분 AC는 그 두 배의 강도를 표상할 수 있다. 이 정도만으로도 훌륭하지만 갈 길은 아직 멀다. 더욱 중요한 것은 두 번째 단계이다. 이 단계에서는 주제를 표시한 그 선분을 이용해서 선분의 매 지점마다 성질의 강도를 표시한다. 쇠막대 AE (〔그림 12. 3〕 참조) 의 각 지점을 서로 다른 온도로 가열하여 막대의 한쪽 끝이 다른 한쪽 끝보다 더 뜨겁도록 만들어보자. 그리고 A 지점을 비롯한 각 지점에 수직선을 세워 각 지점에서의 열의 강도를 표시해보자. 만일 A부터 E까지 온도가 고르게 상승한다면 수직선의 길이도 고르게 길어질 것이다. 이 대목에서 오렘은 쇠막대 그림을 간단한 수평선으로 대체함으로써 한층 추상적인 체계를 만들어냈다. 또한 이 같은 추상성에 힘입어 일반화된 체계의 정립이 가능해졌다 (〔그림 12. 4〕 참조). 즉, 수평선은 어떠한 주제든 주제를 표시하는 것이다 — 따라서 수평선은 '주제 선' (*subject line*) 이나 '연장' (延長) 이라 불리기도 했다. 반면에 그 주제의 매 지점마다 세워진 수직선들은 우리가 선택한 특정한 성질의 강도를 표시한다.

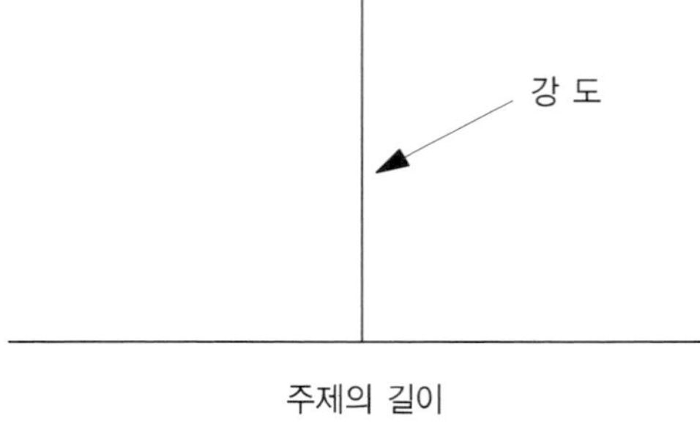

[그림 12.4] 한 주제의 어떠한 성질에 대해서도 그 분포를 표시할 수 있는 니콜 오렘의 체계.

오렘이 정립한 기하학적 표상체계는 오늘날의 그래프 작성기법을 선구한 것으로서, ([그림 12.3]에서 볼 수 있듯이) 그래프의 형태는 어떤 성질의 주제에 대해서든 우리에게 강도의 변화를 알려준다. 그렇다면 어떤 성질에나 일반적으로 적용되는 그 그래프를 어떻게 운동이라는 특별한 성질에 적용할 수 있는 것일까? 한 가지 방안은 어떤 물체의 각 부분이 서로 다른 속도로 움직이는 경우를 상정해보는 것이다. 막대의 한 끝을 핀으로 고정시켜서 핀을 축으로 막대를 돌리는 경우를 생각해보자. 이 경우에 우리는 그 막대기를 수평으로 그리고 각 지점에 수직선을 세워서 해당 지점에서의 속도를 표시할 수 있다. 그 결과 [그림 12.5]처럼 어떤 주제의 속도분포를 그릴 수 있다.

그렇지만 더 한층 까다로운 사례가 있다. 이 사례는 더 높은 추상화의 수준에서 취급되어야 하는 것이기 때문에 더욱 까다롭다. 우리에게 한 단위를 이루면서 통째로 움직이는 어떤 물체가 있다고 가정해보자. 그리고 그 물체의 각 부분은 처음에는 모두 같은 속도를 유지하지만 시간이 지나면서 속도가 변화한다고 가정해보자. 이런 현상의 이해를 위해 오렘이 제시한 방안은, 앞의 사례처럼 '주제 선'을 구체적 대상물의 외연으로 보지 않고 이동의 지속으로 볼 필요가 있다는 것이었다. 그럴 경우 '주제 선'이 되는 것은 시간이다. 이런 착상은 속도가 ([그림 12.6]에서처럼) 시간의 종속변수로 등재될 수 있는 일종의 초보 좌표계를 제공한다. 더 나아가 오렘은 시간에 따른 속도의 다양한 도형화(圖形化)를 논의했다.

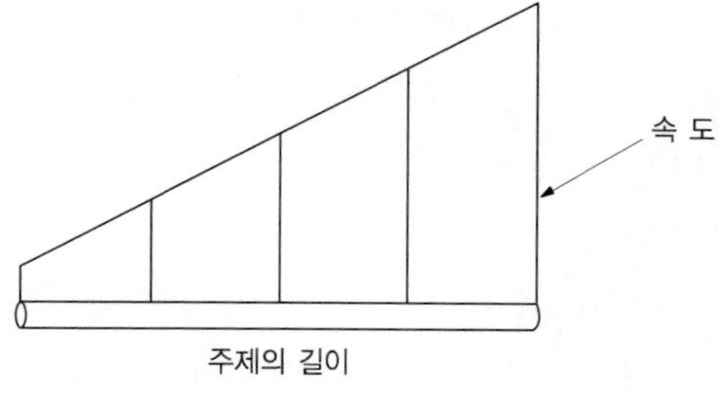

[그림 12.5] 한쪽 끝을 축으로 회전하는 쇠막대의 속도분포.

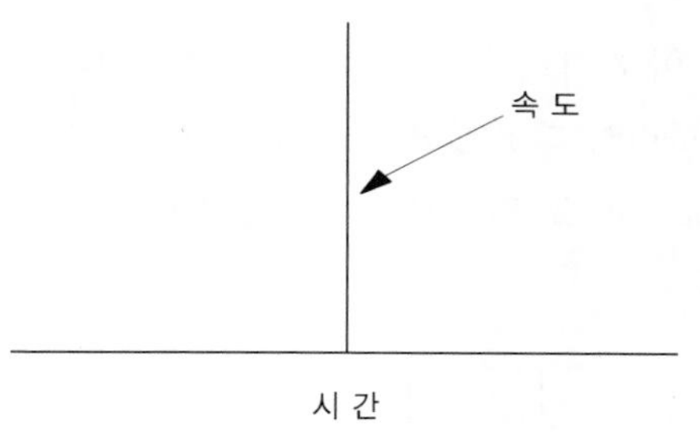

[그림 12.6] 시간의 종속변수로서의 속도.

이를테면 등속운동은 모든 수직선을 동일한 길이로 하는 도형, 즉 직사각형에 의해 표상될 것이며, 비등속 운동은 서로 다른 길이의 수직선을 필요로 할 것이다. 비등속 운동의 범주에서는 규칙적인 비등속 운동(즉, 등가속 운동) 은 삼각형에 의해 표상될 것이며, 비규칙적인 비등속 운동은 [그림 12.7]에서처럼 그밖의 여러 도형에 의해 표상될 것이다. 우리가 끝으로 살펴볼 것은 오렘이 위에서 언급된 성질의 또다른 특징, 즉 전체 운동량을 어떻게 다루었는가라는 문제이다. 그는 전체 운동량을 지나간 거리와 동일시했다. 속도-시간 다이어그램([그림 12.6] 참조)에서 전체 운동량은 시간과 속도가 이루는 도형의 면적에 의해 표상될 수 있다는 주장도 덧붙여졌다.

운동을 표상하기 위해 오렘이 고안한 기하학 체계는 매우 영리한 것이었다. 그렇다면 오렘 자신이나 오렘의 추종자들은 그 기하학 체계를 조용히 앉아서 구경만 하고 있었던 것일까, 아니면 그 체계를 이용해서 뭔가 중요한 일을 도모할 수 있었을까? 정답은 그들이 등속운동이나 등가속 운동의 중요한 수학적 특징을 드러내주었다는 사실이다. 그들은 몇 가지 운동학 정리(定理)를 정립해서 그 같은 수학적 특징을 밝혔다. 가장 중요한 사례는 [그림 12.7(b)]에서 표시된 등가속 운동의 정리였다. 이 사례는 14세기에 비상한 관심을 끌었다. 그 이유는 그것이 현실세계의 특정 운동과 부합했기 때문이 아니라 수학상의 근본적 도전을 제기했기 때문이다. 그러면 이제부터 등가속 운동에 적용된 두 가지 정리를 검토해보기로 하자.

첫 번째 정리는 이미 머튼 그룹이 기하학적 증명이나 도형을 사용하지 않은 채 말로 진술한 것이었다. 따라서 그것은 오늘날 "머튼 규칙" 혹은 "평균속도의 정리"(*mean-speed theorem*)로 알려져 있다. 이 정리는 등속

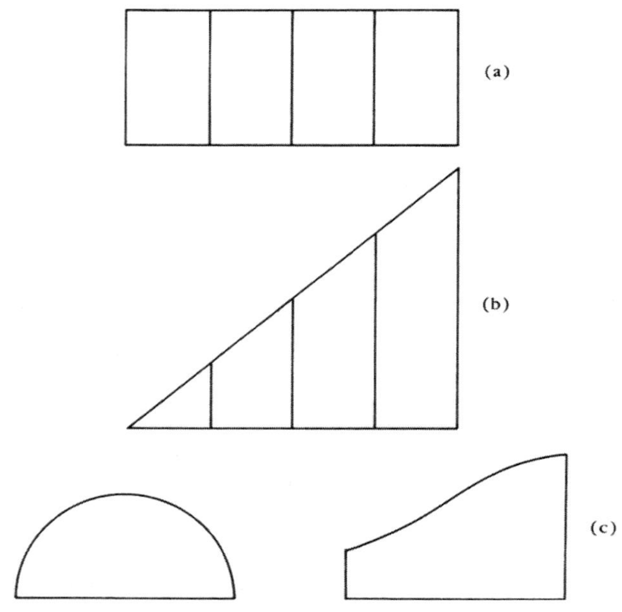

[그림 12.7] 여러 형태의 운동들에 대한 표상.
(a) 등속운동
(b) 규칙적인 비등속 운동(등가속 운동)
(c) 비규칙적인 비등속 운동

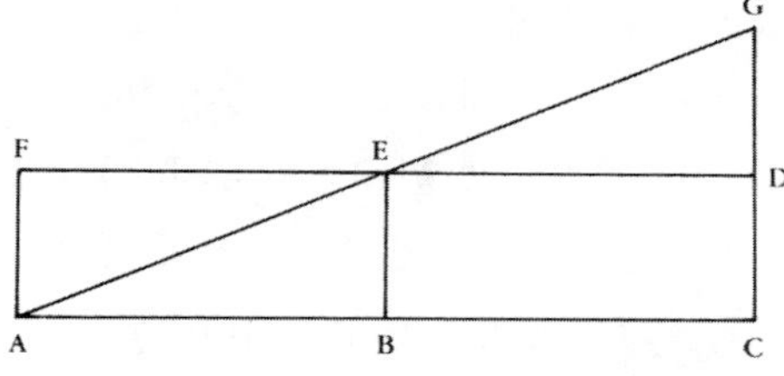

[그림 12.8] 머튼 규칙에 대한 니콜 오렘의 기하학적 증명.

운동과의 비교에 의해 등가속 운동의 측정기준을 구하려 한다. 등가속 운동으로 이동하는 물체가 일정한 시간에 지나간 거리는 그 물체가 같은 시간 안에 평균속도로 등속운동해서 지나간 거리와 동일하다는 것이다. 이런 주장을 수치로 표현해보자. 일정한 시간 동안 10의 속도로부터 30의 속도까지 등가속 운동한 물체는, 같은 시간 동안 꾸준히 20의 속도로 운동해도 똑같은 거리를 통과한다는 말이다. 여기서 오렘은 이 정리에 대해 간단명료한 기하학적 증명을 제공했다. 등가속 운동은 삼각형 ACG([그림 12.8] 참조)에 의해 표상될 수 있으며, 그것의 평균속도는 선분 BE에 의해 표상될 수 있다. 그렇다면 비등속 운동과 비교되는 등속 운동은, 사각형 ACDF(즉, 등가속 운동의 평균속도인 BE를 높이로 하는 사각형)에 의해 표상되어야 할 것이다. 머튼 규칙은 등가속 운동에 의해 지나간 거리가 등속운동에 의해 지나간 거리와 동일하다고 주장했을 뿐이다. 그러나 오렘의 다이어그램에서는 지나간 거리가 도형의 면적에 의해 계산될 수 있기 때문에, 삼각형 ACG의 면적과 사각형 ACDF의 면적이 같음을 제시함으로써 그 정리를 증명할 수 있다. 두 도형을 얼핏 보기만 해도 금방 증명될 수 있는 일이다.[26]

두 번째 정리도 첫 번째 정리와 마찬가지로 두 개의 지나간 거리를 비교함으로써 등가속 운동의 수학적 속성을 해명하고자 했다. 하지만 여기

---

26) 만일 그 삼각형과 그 사각형이 같은 면적이라는 것이 눈짐작으로 분명하게 드러나지 않으면, 대각선 BD를 그어도 좋다. 그러면 사각형 BCDE는 같은 면적의 두 삼각형으로 나뉜다. 사각형 ACDF와 삼각형 ACG는 공히 같은 크기의 삼각형을 네 개씩 갖는다는 것을 알 수 있다.

서 비교된 것은 등가속 운동의 초반 동안 지나간 거리와 후반 동안 지나간 거리이다. 후자의 거리는 전자의 거리의 세 배라고 주장된다. 이 정리를 기하학적으로 증명하는 것은 간단하다. [그림 12.8]에서 사각형 BCGE의 면적은 시간의 후반부(선분 BC) 동안 지나간 거리를 나타내는 바, 이것은 시간의 초반부(선분 AB) 동안 지나간 거리를 나타내는 삼각형 ABE의 면적의 세 배임을 쉽게 알 수 있다. 이 정리 역시 눈짐작만으로 사실이라는 것을 확인할 수 있다.[27)]

결론적으로 두 가지 요점을 기억할 필요가 있다. 첫째, 우리는 중세의 운동학이 오늘날의 수학처럼 철저히 추상적인 작업이었음을 기억해야 한다. 어떤 등가속 운동이 존재한다고 〈가정〉한다면 그 운동에는 머튼 규칙이 적용될 수 있을 것이라는 식이었다. 중세의 누구도 그 같은 운동의 사례를 현실세계에서 확인하려 들지 않았다. 다소 이상한 행태로 보일지 모르겠다. 그렇다면 그 낯설어 보이는 행태에 대해 만족스러운 설명이 가능할까? 당연히 가능하다. 중세의 기술공학 (특히 시간계측 기술) 수준을 감안할 때, 어떤 운동이 등가속 운동임을 현실적으로 증명한다는 것은 불가능했을 것이다. 20세기에조차도 물리학 실험실의 가용장비를 동원하지 않고는 등가속 운동을 일으키거나 확인하는 것이 곤란하지 않은가. 그러나 기술 수준보다 더 중요한 이유는 중세에 운동학상의 분석을 시도한 자들이 모두 수학자나 논리학자였다는 점이다. 수학자나 논리학자가 연구장소를 연구실로부터 실험실로 옮기려 하지 않는 것은 중세나 지금이나 마찬가지일 것이다.

둘째, 이처럼 순수하게 지적인 노력으로부터, 운동학의 새로운 개념틀과 다양한 정리(예컨대 머튼 규칙)가 출현했다. 이 개념틀과 정리는 17

---

27) 성질들의 기하학적 표상에 관해서는 Marshall Clagett, *Nicole Oresme and the Medieval Geometry of Qualities and Motions*, pp. 50~121; Clagett, *Science of Mechanics*, 6장; Murdoch and Sylla, "Science of Motion," pp. 237~241 등을 참조할 것. 머튼 규칙에 관해서는 Clagett, *Science of Mechanics*, 5장을 참조할 것.

세기에 갈릴레오가 제시한 운동학에서 뚜렷하게 반복되었으며 갈릴레오를 통해 근현대 역학의 주류로 흘러들었다.[28]

7. 이동에 관한 운동역학

중세의 운동학, 즉 운동을 수학적으로 기술하려는 분과를 길게 다루었기 때문에 운동의 〈인과적〉 분석에 대해서는 상대적으로 짧은 해설을 할애해야 할 것 같다. 이 짧은 해설로 중세 역학에 관한 논의를 마무리하고자 한다. 운동의 원인에 대한 중세의 모든 사색에서 그 출발점은 아리스토텔레스의 원리였다. 움직여지는 물체는 반드시 어떤 기동자(*mover*)에 의해 움직여진다는 원리가 그것이었다. 우리는 먼저 이 원리가 중세에 어떤 의미로 받아들여졌는지를 분명하게 이해할 필요가 있다. 그 다음에는 까다로운 운동사례에서 기동자를 확인하려 한 중세의 다양한 시도를 살펴보기로 하겠다. 마지막으로 우리는 어떤 기동자의 힘이나 권능이라는 한편과, 그 기동자에 의해 움직여진 물체의 속도라는 다른 한편 사이의 관계를 계량화하려 한 중세의 여러 시도를 검토하게 될 것이다.

독자도 기억하겠지만 아리스토텔레스는 운동을 자연운동과 강제운동이라는 두 범주로 나누었다. 자연운동은 어떤 물체가 자신의 자연적 장소로 향하는 운동으로서 그 물체의 자연본성이라는 내적 원리에 의해 발생한다. 이와 다른 방향으로 운동한다면 이는 강제운동임이 분명하다. 강제운동은 그 움직여진 물체에 외부의 힘이 계속 가해짐으로써 발생한다. 전체적으로 보면 논지는 매우 명료한 것 같다. 그러나 중세 학자들이 자연운동에서 기동자가 무엇이며, 강제운동 중 특히 까다로운 한 사례에서 기동자가 무엇인지를 꼼꼼하게 따져 물었을 때 난점이 발생했다.

아리스토텔레스가 자연운동의 기동자를 해설한 것은 《물리학》에서였

---

28) 갈릴레오와 중세 역학 전통과의 관계에 대해서는 이 책의 14장, 각주 36)을 참조할 것.

는데, 여기서 그는 갈팡질팡하는 모습을 보여주었다. 그는 먼저는 자연운동이 물체의 자연본성이라는 내적 원인으로부터 나올 수 있다고 주장했지만, 나중에는 물체의 자연본성이 모든 것을 설명해줄 수는 없고 외부로부터 어떤 기동자의 작용이 필요하다는 식으로 말을 바꾸었다. 이런 양면성은 중세 아리스토텔레스 추종자들에게 심각한 문제를 야기했다. 그들은 물체가 자신의 자연본성에 따라 운동한다고 보아도 좋은 것인지 그렇지 않은 것인지를 따져 묻지 않을 수 없었다. 아비케나와 아베로이즈는 이런 설명만으로는 부족하다고 생각했다. 움직여진 것(물체)과 움직여준 것(그 물체의 자연본성)이 만족스럽게 구분될 수 없다는 이유에서였다. 그들은 형상-질료의 구분에서 그들이 보기에 적절한 해결책을 발견했다. 움직여준 것은 그 물체의 형상이요 움직여진 것은 그 물체의 질료라는 주장이었다. 그러나 서구에서는 이런 해결책이 거의 수용되지 않았다. 토마스 아퀴나스는 독자에게 형상과 질료는 분리될 수 없다는 것, 따라서 별개의 사물로 취급될 수 없다는 것을 상기시켰다. 그 대안으로 아퀴나스는 아리스토텔레스의 제안들 가운데 하나의 부활을 시도했다. 자연운동에서는 어떤 물체를 처음부터 그것의 자연적 장소 밖에 있도록 만든 것이 기동자로 간주되었다. 그 물체는 그렇게 만들어진 후로는 더 이상 기동자를 필요로 하지 않으며 자연본성에 따라 움직일 뿐이라는 것이었다. 이 쟁점을 둘러싼 논쟁은 중세 말까지 지속되었으나 뚜렷한 승자는 없었다.[29)]

난점을 야기한 강제운동의 특수한 사례는 투척된 물체의 사례였다. 투척물이 투척자로부터 멀어져도 계속 운동하는 것을 어떻게 설명하느냐는 것이 문제였다. 아리스토텔레스는 그 원인을 매질(*medium*)로 보았다.

---

29) 매우 전문적인 이 문제에 관해서는 Richard Sorabji, *Matter, Space, and Motion: Theories in Antiquity and Their Sequel*, 13장; 그리고 James A. Weisheipl, *Nature and Motion in the Middle Ages*, 4~5장(인용된 구절은 p. 92)을 참조할 것. 아리스토텔레스의 원문은 Aristotle, *Physics*, II. 1, VII. 1, 그리고 VIII. 4를 참조할 것.

투척자는 그 물체를 투척함과 동시에 그 물체를 둘러싼 매질에 힘을 가하는 바, 바로 이 힘이 운동을 일으킨다는 것이었다. 그리고 이 힘은 (그 투척물의 이동을 가능케 하는) 일정량의 매질이 늘 그 투척물을 둘러쌀 수 있을 정도로 구석구석 전달된다는 것이었다. 이런 설명이 충족되기 위해서는 어떤 외부적 힘이 그 투척물과 계속 접촉할 필요가 있었다.

아리스토텔레스의 설명을 겨냥한 최초의 중요한 반박은 6세기에 알렉산드리아에서 활동했던 철학자인 요아네스 필로포노스에 의한 것이었다. [역주〔7〕] 그는 아리스토텔레스의 《물리학》을 주석하는 가운데, 매질은 기동자로서보다는 저항으로 기능한다는 관점을 취했다. 이런 관점에서 그는 매질이 기동자로서의 기능과 저항으로서의 기능을 동시에 수행한다는 아리스토텔레스의 주장에 이의를 제기했다. 더 나아가 신플라톤주의자이자 열성적인 아리스토텔레스 비판자로서 그는 아리스토텔레스의 자연철학에 대한 전면공격에 착수했다. 강제운동이 외부의 기동자를 필요로 한다는 아리스토텔레스의 관념도 공격의 표적이 되었다. 이런 관념 대신에 그는 자연운동이든 강제운동이든, 모든 운동을 내부의 기동자가 일으키는 것이라고 주장했다. 어떤 물체를 투척할 때, 투척자는 그 투척물에 "무형의 기동력"(*incorporeal motive force*)을 더해주는 바, 그 내적인 힘이 그 물체의 운동을 일으킨다는 것이었다.[30)]

필로포노스의 '부가된 기동력'은 원래 아리스토텔레스주의를 논박하기 위해 고안된 개념이었지만, 결국에는 중세 아리스토텔레스주의 전통에 흡수되었다. 아리스토텔레스의 《물리학》에 대한 그의 주석본은 아랍어로 번역되어 이슬람 세계에 직접적 영향을 미쳤으며, 중세 서구세계에도 간접적 영향을 미쳤던 것으로 보인다. 그 유통경로를 세밀하게 추적

---

30) 필로포노스에 관해서는 Clagett, Science of Mechanics, pp. 508~510을 참조할 것. 보다 최근의 연구들 중에는, 아리스토텔레스의 운동역학에 대한 필로포노스의 공격에서 급진 신플라톤주의의 특징을 충실히 밝힌 것들이 있다. 이 점에 관해서는 Michael Wolff, "Philoponus and the Rise of Preclassical Dynamics"; 그리고 Sorabji, *Matter, Space, and Motion*, 14장을 참조할 것.

할 필요는 아직 남아 있지만 말이다.[31] 13세기 동안 필로포노스의 이론과 유사한 여러 이론이 활발하게 논의되었지만 로저 베이컨과 토마스 아퀴나스 같은 학자는 이를 거부했다. 그러나 14세기에 이르면 여러 학자가 나서서 '부가된 기동력'의 이론을 옹호하게 되었다. 프란키스쿠스 수도원 출신의 신학자인 마르키아의 프란키스쿠스(1320년대에 활동)가 최초로 옹호론을 개진했으며 장 뷔리당(1295년경~1358년경)을 위시한 여러 인물이 뒤를 이었다.[역주8] 가장 수준 높은 것으로 평가되는 장 뷔리당의 이론을 잠시 검토해보기로 하자.

뷔리당은 이 부가된 힘을 명명하기 위해 "임페투스"라는 새로운 용어를 사용했다 — 이 용어는 갈릴레오의 시대에 이르도록 표준용어로 남아 있었다. 그에 의하면 '임페투스'는 하나의 성질이며, 임페투스의 자연본성은 그것이 부가됨으로써 물체를 운동하게 만드는 작용에 있다. 뷔리당은 이 성질을 그것이 일으키는 운동과 구별하기 위해 무진 애를 썼다. "임페투스는 그 투척물이 움직이는 이동운동과는 구별되는 영원한 자연본성을 가진 사물이다 …. 또한 임페투스는 자연에 존재하면서 그것이 부가된 물체를 움직이도록 안배된 하나의 성질이다." 그는 임페투스 이론을 전개하는 과정에서 유사한 사례로 자석을 지목했다. 철이 자석을 향해 움직이는 것은 자석이 철에게 그렇게 움직이도록 하는 성질을 부가하기 때문이라는 것이었다. 모든 성질이 그렇듯이 임페투스도 방해나 저항에 부딪치면 약화되지만, 그렇지 않으면 원래의 강도를 유지한다. 이 대목에서 뷔리당은 임페투스의 계량화를 향한 첫걸음을 내디뎠다. 임페투스의 강도는 그것이 부가되는 물체의 속도, 그리고 그 물체의 질료량(*quantity of matter*)에 의해 측정될 수 있다는 것이었다. 마지막으로 뷔리당은 임페투스 이론의 설명범위를 투척운동에 한정하지 않고 크게 확장

---

31) 이 주제에 관한 가장 최근의 언급은 Fritz Zimmermann, "Philoponus's Impetus Theory in the Arabic Tradition", 그리고 Sorabji, *Matter, Space, and Motion*, pp. 237~238을 참조할 것. Clagett, *Science of Mechanics*, pp. 510~517도 참조할 것.

했다. 우선 그는 하늘의 운동에 그 이론을 적용했다. 하나님은 창조 시에 각 천구에게 임페투스를 부가했는데, 하늘에는 저항력이 없으니 임페투스는 줄어들지 않을 것이요, 천구도 불변의 영원한 운동을 계속할 수 있을 것이었다. 다음으로 그는 낙하물체의 가속도에 대해서도 임페투스 이론을 적용했다. 그는 어떤 물체가 낙하하는 동안 그 물체의 하중(*gravity*)은 물체에게 추가 임페투스를 지속적으로 더해준다는 가정에 의해 낙하물체의 가속도를 설명했다. 임페투스가 증가하면 속도도 그만큼 높아진다는 것이었다.[32]

임페투스 이론은 17세기 이전에는 투척운동에 대한 지배적 설명이었다. 그러나 17세기에 이르면, 저항 없는 운동의 지속성을 설명하는 새로운 이론이 요구되었다. 새로운 이론은 내적인 힘으로서든 외적인 힘으로서든, 임페투스의 존재를 부정했고 점진적으로 승리를 거두어갔다. 오늘날 역사가들은 임페투스 이론을 근현대 운동역학의 발전에서 중요한 단계로 평가하기 위해 다방면으로 노력해왔다. 일례로 뷔리당의 임페투스 개념(속도 × 질료량)과 근현대의 운동량 개념(속도 × 질량) 사이의 양적 유사성이 주목받곤 했다. 양자의 유관성은 의심할 바 없다. 하지만 우리는 뷔리당의 임페투스가 투척운동에서 지속성의 〈원인〉이었음을 기억해야 한다. 반면에 오늘날 말하는 운동량(*momentum*)은 특정한 운동(즉, 저항에 부딪치지 않는 한 운동을 지속시켜 줄 원인을 필요로 하지 않는 운동)의 측정치이다. 간단히 말해 뷔리당은 여전히 아리스토텔레스주의의 개념틀 안에서 작업하고 있었다. 그는 다른 세계(혹은 세계관)에 살고 있었

32) 임페투스 이론에 관해서는 Clagett, *Science of Mechanics*, pp. 521~525(인용문은 p. 524)와 Anneliese Maier, "Die naturphilosophische Bedeutung der scholastischen Impetustheorie"를 참조할 것. 후자의 영어 번역, "The Significance of the Theory of Impetus for Scholastic Natural Philosophy"는 Maier, *On the Threshold of Exact Science*, pp. 76~102에 수록되어 있다. 비록 뷔리당은 알지 못했지만, 필로포노스는 임페투스 내지 '부가된 힘'이 천체 운동을 설명하는 데 이용될 수 있다는 뷔리당의 주장을 예비한 바 있다. 이 점에 관해서는 Sorabji, *Matter, Space, and Motion*, p. 237을 참조할 것.

다. 그가 살던 세계는 새로운 개념의 운동과 관성에 기초해서 새로운 역학을 정립한 17세기 자연철학자들의 세계와는 다른 세계였다.

8. 운동역학의 계량화

한 가지 의문이 남는다. 운동역학은 힘·저항·속도의 관계를 계량화할 수 있을까? 중세의 많은 학자는 계량화가 가능하다고 믿었다. 이 문제는 멀리는 아리스토텔레스까지 소급된다. 그는 간단하고도 초보적인 계량화 분석의 방향을 제시했다. 낙하물체의 무게가 크면 클수록 그것의 운동은 그만큼 더 빨라진다는 것, 낙하물체가 부딪치는 저항이 크면 클수록 그것의 운동은 그만큼 더 느려진다는 것, 그리고 움직여지는 물체가 작으면 작을수록 일정한 힘으로 그 물체를 더욱 빠르게 움직일 수 있다는 것. 역사가들은 이런 명제로부터 수학적 관계를 도출하려고 한마음으로 노력했으며, 그 과정에서 속도는 힘에 비례하고 저항에 반비례한다는 견해를 아리스토텔레스의 것으로 돌리곤 했다. 오늘날의 관계식으로 환원하자면 이 견해는 아래와 같이 표현될 수 있다.

$$v \propto F/R$$

이 관계식이 아리스토텔레스 운동역학의 중요한 일부를 간단명료하게 전달함에 유용하다는 것은 의심의 여지가 없다. 그만큼 유용하기에 지금까지 계속 반복되고 있을 것이다. 하지만 오해의 여지를 줄이기 위해서는 각별한 주의를 기울여 그 관계식을 이해할 필요가 있다. 아리스토텔레스가 살아 있다면, 그는 오늘날의 수학적 관계식에서처럼 힘(F)이 얼마고 저항(R)이 얼마든 속도는 힘에 비례하고 저항에 반비례한다는 식으로는 주장하지 않았을 것이라고 단언할 수 있다. 더욱이 아리스토텔레스의 속도개념은 오늘날의 것처럼 전문적이고 계량화 가능한 과학개념이 아니었다.

아리스토텔레스 운동역학에서 사용된 개념들이 어떤 의미를 가지는지는 진공 내 운동의 가능성을 논의한 과정에서 분명하게 드러난다. 어떤 낙하물체의 빠르기가 그것이 부딪치는 저항에 따라 결정된다는 것이 참이라면, 저항이 전혀 없는 진공에서는 그것의 운동을 저지하는 것도 없으므로 그 물체는 무한대의 빠르기로 움직이게 될 것이다. 그렇지만 아리스토텔레스에 따르면 무한대로 빠른 운동이란 그 자체가 모순이기 때문에,[33] 당연히 진공은 불가능한 것이 된다. 이처럼 진공의 불가능성을 증명하기 위해 운동이론을 사용한 것은 알렉산드리아의 신플라톤주의자 필로포노스로부터의 전면공격을 유발했다. 필로포노스는 일상적 관찰에 의존해서 어떤 낙하물체가 매질을 통과하면서 하강하는 시간은 그것의 무게에 반비례한다는 아리스토텔레스의 근본주장을 논박했다.

> 그러나 아리스토텔레스의 이런 견해는 전적으로 오류이다. 반면에 우리의 견해는 무슨 종류의 논증을 제시하는 것보다 훨씬 더 효과적으로 실제 관찰에 의해 확인될 수 있다. 하나가 다른 하나보다 엄청나게 무거운 두 물체를 동일한 높이에서 떨어뜨려보자. 그러면 여러분은 이동에 걸리는 시간의 비율이 무게의 비율에 의존하지 않으며 시간상의 차이는 아주 적다는 것을 알 수 있다. 이처럼 무게상의 차이가 중요하지 않다면, 예컨대 한 물체가 다른 물체보다 두 배나 무거울지라도 시간상에는 아무 차이도 없거나, 지각할 수 없을 만큼 미세한 차이만 있을 것이다.[34]

---

33) 무한대로 빠른 운동에서는, 움직이는 물체가 한 지점에서 다른 지점으로 이동하는 데 걸리는 시간이 필요치 않을 것이다. 그렇다면 그 물체는 두 지점에 동시에 도달한다는 말이 되는데, 이는 물리적으로 불가능한 일이다.

34) Morris R. Cohen and I. E. Drabkin, *A Source Book in Greek Science*, p. 220으로부터 여러 곳을 수정하여 인용했음. Clagett, *Science of Mechanics*, pp. 433~435, 546~547도 참조할 것.

아리스토텔레스의 이론이 오류라면 무엇이 진리인가? 필로포노스는 낙하물체에 대해 다음과 같이 새로운 방식으로 사고할 것을 독자에게 권유했다. 물체의 낙하운동에서 그 작용인은 무게이다. 저항이 없는 진공에서는 그 물체의 무게가 운동의 유일한 결정인자로 남게 될 것이며, 따라서 무거운 물체는 가벼운 물체보다 더욱 빠르게 일정한 거리를 이동할 것이다. (필로포노스는 진공에서 운동의 빠르기가 무게에 정비례한다고 진술하지는 않았지만 그렇게 기대했을 수도 있다.) 어떠한 물체도 아리스토텔레스가 가정했던 것처럼 무한대의 빠르기로 이동하지는 않겠지만 말이다. 매질 속에서는 매질의 저항이 운동을 느리게 만든다. 이 같은 감속은 무거운 물체와 가벼운 물체의 속도차이를 실질적으로 제거하는 효과를 발휘함으로써 위의 인용문에서 진술된 관찰결과를 낳는다.

필로포노스의 관점은 이슬람 세계에서 아벰파세(이븐 바자: 1138년에 죽음)에 의해 진척되었고, 아벰파세는 다시 아베로이즈의 공격을 받았다. 이 논쟁은 아베로이즈를 통해 서구로 전파되었으며 14세기에 머튼 그룹의 토마스 브래드워딘에 의해 재현되었다. 그렇지만 브래드워딘의 경우에는 중요한 차이가 있었다. 그의 선배들은 모두 운동의 자연본성 및 원인에 초점을 맞추었지만, 브래드워딘은 이 문제를 수학적 견지에서 해결하기로 결정했다. 각 선배의 주장을 수학적으로 명료화하는 것이 그의 출발점이었다. 그는 세 가지 대안을 확인할 수 있었다. 비록 그는 수학공식보다는 말로 세 대안을 표현했지만 아래의 세 공식은 그의 의중을 정확하게 드러낸 것으로 볼 수 있다.

첫 번째 이론(필로포노스와 아벰파세의 의견을 대변하기 위한 것):
$$V \propto F - R$$

두 번째 이론(아베로이즈의 원문에 함축된 것):
$$V \propto \frac{F - R}{R}$$

세 번째 이론(아리스토텔레스에 대한 전통적 해석을 대변하는 것) :

$$V \propto \frac{F}{R}$$

브래드워딘은 각 이론의 결론상의 모순을 지목해가며 세 이론을 하나씩 논파했다. 첫 번째 이론은 힘과 저항을 모두 두 배로 늘려도 속도는 변하지 않는다는 아리스토텔레스의 주장과 모순이기 때문에 틀린 것이다. 세 번째 이론은 저항이 힘과 같거나 힘보다 클 경우에도 정지(*zero velocity*)를 예측할 수 없기 때문에 틀린 것이다.

브래드워딘은 이처럼 믿을 수 없는 이론 대신에, "운동역학의 법칙"을 대안으로 제시했다. 그의 "법칙"을 해설하기는 쉽지 않다. 그 자신의 해설에 접근하려면 비율들의 결합에 관한 중세의 이론에 깊이 파고들어야 하겠지만 이 글에서는 그럴 만한 여유가 없다. 브래드워딘이 염두에 두었던 수학적 관계를 〈현대식〉으로 가장 간단하게 표현하면, F/R의 비율이 기하급수로 증가할 때 속도는 산술급수로 증가한다는 것이 그의 "법칙"이다. 즉, 속도를 두 배로 늘리기 위해서는 F/R의 비율을 제곱해야 하며 속도를 세 배로 늘리기 위해서는 F/R의 비율을 세제곱해야 한다는 말이다. 아래의 수식을 살펴보기로 하자.

크기 2의 저항(R)을 제공하는 어떤 물체에, 처음에는 4의 힘(F_1)을 가하고, 다음에는 16의 힘(F_2)을 가해보자. 먼저 F/R의 두 비율을 계산하면 아래와 같다.

$$\frac{F_1}{R} = \frac{4}{2} = 2$$

$$\frac{F_2}{R} = \frac{16}{2} = 8$$

그렇다면 두 속도의 비율은 어떻게 산출될 것인가? 8은 2의 〈세제

> 곱〉이기 때문에 16의 힘에 의해 움직이는 속도는 4의 힘에 의해 움직이는 속도보다 〈세 배〉가 될 것이다.[35]

브래드워딘의 업적을 평가함에 있어 우리는 세 가지 요점에 주목할 필요가 있다. 첫째로 우리가 방금 그렇게 했듯이 브래드워딘의 "법칙"을 오늘날의 관점에서 표현함으로써 우리는 그것을 본모습보다 복잡하게 만드는 경향이 있다. 우리는 그것을 브래드워딘의 활동무대였던 중세 수학전통 안에서 이해할 필요가 있다. 이 전통에서 비율들의 결합이나 증가는 덧셈의 언어에 의해 표현되었다. 이를테면 우리가 두 비율의 곱셈으로 언급한 것은 브래드워딘의 용어체계에서는 한 비율과 다른 비율의 덧셈에 해당하며, 우리가 F/R 비율의 제곱으로 언급한 것은 그의 용어체계에서는 배증(倍增: *doubling*)에 해당한다.[역주〔9〕] 따라서 브래드워딘은 (조금 전의 우리처럼) F/R 비율의 기하급수적 증가와 속도의 산술급수적 증가를 연결시켰던 것이 아니라 단지 속도를 "배증"하기 위해서는 F/R의 비율을 "배증"할 필요가 있음을 지적했을 뿐이다. 브래드워딘은 심오한 수학 관계식을 제안한 것이 아니었다. 최근에 한 역사가가 주장했듯이 그는 "그에게 이용가능했던 것 가운데 가장 덜 복잡한 표현"을 선택했을 따름이다.[36]

---

35) 브래드워딘과 그의 선배들에 대한 고전적 분석이지만 여전히 유용한 것으로는 Maier, *Die Vorläufer Galileis*, pp. 81~110(원문의 일부는 Maier, *On the Threshold of Exact Science*, pp. 61~75에 번역 수록되었음), 그리고 Ernest A. Moody, "Galileo and Avempace: The Dynamics of the Leaning Tower Experiment"가 있다. 이보다 조금 최신에 가까운 연구성과로는 Clagett, *Science of Mechanics*, 7장, 그리고 *Thomas of Bradwardine, His "Tractatus de Proportionibus": Its Significance for the Development of Mathematical Physics*, ed. and trans. H. Lamar Crosby, Jr.를 참조할 것.

36) A. G. Molland, "The Geometrical Background to the 'Merton School'," 특히, pp. 116~121(인용은 p. 120); Murdoch and Sylla, "Science of Motion", pp. 225~226; Edith D. Sylla, "Compounding Ratios: Bradwardine, Oresme, and the first edition of Newton's *Principia*".

둘째로 브래드워딘이 정식화한 "운동역학의 법칙"은 심대한 영향을 미친 것이었다. 그 법칙의 함축은 14세기에 리처드 스와인스헤드와 니콜 오렘의 빛나는 성공으로 이어졌고 16세기 말까지도 지속적으로 논의되었다.[37] 셋째로 브래드워딘의 업적을 엄밀하게 평가하든 느슨하게 평가하든, 우리는 그의 사업이 철저하게 수학적인 것이었음을 인정해야 한다. 물론 그는 일상경험에 비추어서 과학이론을 반박하기도 했다. 그렇지만 그의 일차 목적은 의심할 바 없이 수학적 정합성의 기준을 충족시키는 일이었다. 실제로 그는 "법칙"에 관한 한, 경험적 방법에 의존해서 법칙을 발견한 적도, 옹호한 적도 없었다. 설령 그가 경험적 방법을 채택하는 쪽으로 기울어진 경우라 하더라도 그가 그런 방법에 의해 어떤 이익을 얻었는지는 분명치 않다. 중세 학자들이 떠안은 과제는 운동관련 문제를 분석하기에 적합한 개념틀과 수학적 틀을 정립하는 일이었다. 이것이야말로 최우선 순위의 사업이요, 중세 학자들이 가장 훌륭하게 수행한 사업이었다. 이렇게 정립된 개념틀이 과연 자연연구에 적합한 것인지 따질 요량으로 자연에 적용해보는 다음 순위의 과제는 미래세대로 넘겨졌다.

9. 광 학

지상계의 물리학을 분석한 이 장을 마무리하면서, 필자는 광학(혹은 기독교 세계에서 라틴어로 'perspectiva'라 불리게 되었던 과학)을 간단히 해설하는 것으로 결론을 갈음하고자 한다.[역주10] 이 장에서 광학을 취급한

37) Murdoch and Sylla, "Science of Motion," pp. 227~230; Clagett, *Marliani*, 6장; Clagett, *Science of Mechanics*, p. 443. 스와인스헤드의 활동에 관해서는 John E. Murdoch and Edith E. Sylla, "Swineshead, Richard," *Dictionary of Scientific Biography*, vol. 13, pp. 184~213을 참조할 것. 오렘에 관해서는 Nicole Oresme, "*De proportionibus proportionum*" and "*Ad pauca respicientes*", ed. and trans. Edward Grant를 참조할 것.

다는 것이 혹자에게는 이상해 보일지 모르겠다. 광학은 매우 광범위한 영역에 걸쳐 있던 분과로 수학, 물리학, 우주론, 신학, 심리학, 인식론, 생물학, 의학 등 다양한 과목이 이런저런 방식으로 광학과 연결되어 있었기 때문이다.[38] 그렇지만 바로 이런 이유 때문에 광학은 이 장의 내용에도 잘 어울린다.

그리스에서 빛과 시각에 관한 사고를 지배한 것은 아리스토텔레스, 유클리드, 프톨레마이오스 등의 작품이었다. 이들의 작품은 모두 아랍어로 번역되어서 이슬람 세계의 풍요로운 광학연구 전통을 형성했다. 시각현상에 대한 그리스인들의 접근법은 하나하나 신중하게 검토되었고 옹호되었고 확장되었다. 그렇지만 이슬람 광학의 가장 중요한 업적은 서로 흩어져 어울리지 못한 그리스 광학전통의 여러 갈래를 하나의 포괄이론으로 통합하는 데 성공했다는 점이다.

그리스의 광학은 연구자 개개인의 편협한 기준에 이끌려 편향성을 띠었다. 아리스토텔레스의 관심은 빛의 물리적 본성에 있었고, 특히 관찰대상과 관찰하는 눈 사이에 이루어지는 시각접촉의 물리 메커니즘에 집중되었다. 그의 이론에서는 수학적 분석도, 해부학·생리학적 쟁점도 중요한 지위를 차지하지 못했다. 그는 관찰대상이 투명한 매질에 변화를 일으키고 이 변화된 매질이 그 변화를 (그 대상을 관찰하는) 눈으로 전달해서 시각이 발생한다고 주장했다.[역주11] 이는 "입사"(*intromission*) 이론이라 불린다. 이렇게 불리는 이유는 시각을 유발하는 요소가 관찰대상으로부터 눈으로 이동하기 때문이다. 그리스 원자론자들은 시각에 대한 물리적 설명에서 아리스토텔레스의 것과는 다른 원인을 확인했다. 투명매

---

38) 중세 광학 일반에 관해서는 David C. Lindberg, *Theories of Vision from al-Kindi to Kepler*; Lindberg, "The Science of Optics"; Lindberg, "Optics, Western European," *Dictionary of the Middle Ages*, vol. 9, pp. 247~253; Lindberg, *Studies in the History of Medieval Optics*에 수록된 논문들; Bruce E. Eastwood, *Astronomy and Optics from Pliny to Descartes*에 수록된 광학관련 논문들; 그리고 A. Mark Smith, "Getting the Big Picture in Perspectivist Optics"를 참조할 것.

질의 변화가 원인이 아니라 대상물의 표피에서 "떨어져나간" 원자들의 얇은 "막"이나 "이미지"(*simulacrum*)가 원인이라는 것이었다. 그럼에도 불구하고 인과관계는 입사이론의 형식을 취해야 한다고 믿은 점에서 그들 역시 아리스토텔레스와 견해를 함께했다.

이와는 대조적으로 유클리드는 수학적 측면에만 매달렸다. 그의 《광학》은 시각원추에 기대서 공간지각의 기하학 이론을 제시했다. 역주〔12〕 빛과 시각의 문제에서 수학 이외의 측면은 거의 주목을 받지 못했다. 그의 시각이론에 따르면 눈으로부터 안광(眼光)이 원추 모양으로 방사되며 이 원추의 빛줄기들이 불투명체에 가로막히면 시각이 발생한다. 그 불투명체의 지각된 크기, 모양, 위치 등은 그 빛줄기들이 어떤 모양으로, 어떤 지점에서 가로막히느냐에 따라 결정된다. 이 같은 이론은 눈으로부터 빛줄기들이 나온다고 주장한다는 점에서 "방사"(放射) 이론이라 부를 수 있을 것이다.

마지막으로 헤로필로스나 갈레노스 같은 의사는 눈의 해부구조라든가 시각의 생리학적 원리에 사로잡혀 있었다. 비록 갈레노스는 수학적 쟁점이나 인과론적 쟁점에 대해서도 자기 나름의 정리된 입장을 피력했지만, 그의 가장 중요한 공헌은 시각이론에 관한 것이었다. 그는 눈의 해부구조에 대한 분석을 토대로, 시각과정에는 여러 신체기관이 함께 작용함으로써 시각경로를 형성한다는 것을 해명했다.

이슬람 세계의 기여는 이처럼 서로 다른 길을 갔던 그리스 이론들을 하나로 융합한 점이었다. 고대 최후의 위대한 광학 저술가인 프톨레마이오스도 융합의 방향을 제시한 적은 있었지만, 융합의 실질적 시조는 뛰어난 수학자이자 자연철학자인 알하젠(이븐 알하이탐: 965년경~1040년경)이었다. 알하젠은 의학분야, 특히 해부학과 생리학에서도 뛰어난 업적을 남긴 인물이었다. 이에 대한 우리의 관심은 잠시 접어두기로 하고, 지금부터 수학과 물리학의 견지에서 그가 이룩한 시각이론상의 성취를 요약해보기로 하겠다.

먼저 고대 시각이론의 일반적 특징부터 살펴보기로 하자. 수학적 목표에 치중한 시각이론(이를테면 유클리드의 것과 프톨레마이오스의 것)은 눈으로부터 빛의 '방사'를 상정하는 것이 불가피했지만,[39] 물리학적 설득력에 주력하는 (우리의 판단으로는 아리스토텔레스나 원자론자들의 작품에서 등장하는) 이론은 빛의 눈으로의 '입사'를 상정하는 경향이 있었다. 혹자에게는 이 같은 일반화가 의심스러워 보일지 모르겠다. 그렇지만 이런 의심은 아리스토텔레스의 작품을 주의 깊게 읽어보면 쉽게 풀릴 것이라고 생각된다. 아리스토텔레스조차도 시각현상에 대한 수학적 분석을 시도할 때(이를테면 그의 무지개 이론)에는 '방사'이론을 사용했던 것이다.[40]

알하젠의 업적은 그 두 방면에 두루 걸쳐 있었다. 첫째로 그는 누구도 거부하기 힘든 논거를 동원해서 방사이론을 잠재웠다. 그가 주목한 것은 밝은 대상물이 눈을 상하게 만드는 현상이었다. 눈의 상해는 본성상 외부로부터 온 것임을 그는 지적했다. 더욱이 우리가 하늘을 관찰할 때, 어떻게 우리 눈이 하늘을 가득 채운 항성의 반짝임을 가능하게 하는 원천이 될 수 있단 말인가? 이렇게 방사이론을 논파하고 나서, 그는 새로운 형식의 입사이론을 제시했다. 그의 입사이론은 방사이론가들의 시각원추를 나름대로 손질함으로써 방사이론의 수학적 장점까지 겸비할 수 있었다. 그것은 입사이론의 물리학적 설명과 방사이론의 수학적 설명을 결합한 최초의 성공적 시도였던 셈이다. 이런 시도는 작은 일보를 내디딘 것에 불과해 보일 수도 있지만, 우리가 감안해야 할 것은 그 앞에 놓여 있던 높은 장벽이다.[41]

---

39) 빛의 방사가 수학적 시각이론들의 불가피한 특징이었다는 주장이 설득력을 갖는 이유는, 빛줄기들이 눈으로부터 원추형으로 방사되어야만 시각원추가 형성될 수 있었으며, 이 시각원추는 다시 시각에 대한 수학적 분석을 가능하게 만들어주었기 때문이다.

40) Aristotle, *Meteorology*, III. 4~5; Lindberg, *Theories of Vision*, p. 217, n. 39를 참조할 것.

41) 알하젠이 광학에서 이룬 업적은 Alhazen, *The Optics of Ibn al-Haytham*: *Books I-III, On Direct Vision*, ed. and trans. A. I. Sabra의 정확한 번역과 주석을

우선 고대 그리스 저자들은 복사(輻射: *radiation*)에 관해 알하젠의 목적에 부합하는 이론을 제공한 적이 없었다. 역주[13] 고대문헌에서 복사는 전체론의 견지에서 해석되는 것이 일반적이었다. 복사는 어떤 대상물이 (정합성과 통일성을 가진) 하나의 개체로서 빛을 방출하는 과정으로 이해되었던 것이다. 복사는 (오늘날의 광학이론에서처럼) 각 지점에서 독립적으로 진행되는 것이 아니라, 한 전체로서의 대상물이 매질을 통해 하나의 정합적인 이미지나 힘을 눈에 전달하는 것으로 간주되었다(원자론자들이 제시한 물질 이미지 이론이 바로 그러했다).[42] 이런 견지에서 복사과정을 이해할 때 시각원추가 들어설 여지는 없었다. 새로운 복사개념은 철학자 알킨디(al-Kindi: 866년경 죽음)에 의해 정립되었고 알하젠이 이를 채택했다(알하젠이 독자적으로 창안한 것으로 볼 수도 있다). 알킨디와 알하젠은 복사를 비정합적 과정으로 이해했다. 발광체의 개별 지점들이나 작은 부분들은 하나의 정합적인 전체로서 빛을 방사하는 것이 아니라, 각기 서로에 대해 독립적으로, 그리고 전 방위로 빛을 방사한다는 것이었다([그림 12.9] 참조).

이것은 중요한 혁신이기는 했지만 입사이론을 고수하려는 학자들에게 새로운 숙제를 안겨주었다. 가시적 대상물의 비정합적인 복사는 어떻게 정상시력의 일반인이 경험하는 정합적인 시각을 설명할 수 있는가? 가시적 대상물의 모든 지점이 각기 전 방위로 빛을 방사한다면, 우리 눈의 모든 지점도 시야에 들어온 매 지점으로부터 방사된 빛을 받아들일 수 있어야 할 것이다([그림 12.10] 참조). 이런 이치는 명쾌한 결론으로 이어지지 못했으며 오히려 일대 혼란을 야기했다. 우리의 시각경험을 설명하기 위해 필요한 것은 일대일 대응관계이다. 그렇다면 눈의 주요 감각기관

참조할 것. 이보다 간단한 해설은 Sabra, "Ibn al-Haytham," *Dictionary of Scientific Biography*, vol. 6, pp. 189~210; Sabra, "Form in Ibn al-Haytham's Theory of Vision"; 그리고 Lindberg, *Theories of Vision*, 4장을 참조할 것.

42) 이 책의 5장 참조.

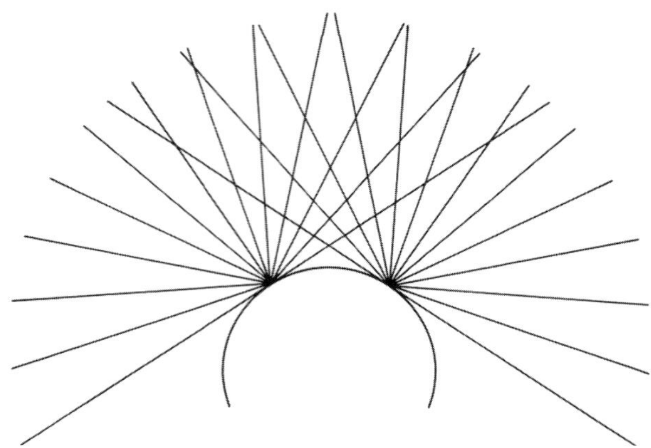

[그림 12.9] 발광체의 두 지점에서 진행되는 비정합적인 복사.

(갈레노스와 추종자들이 수정체로 인식한 기관)에서 매 지점은 시야에 들어온 매 지점으로부터 방사된 빛에 상응해야 할 것이다. 눈에서 입사지점들의 패턴이 시야에 들어온 방사지점들의 패턴을 가능한 한 정확하게 빼닮아야만 비로소 우리는 우리 외부에 존재하는 세계와 우리가 바라보는 세계 사이의 상응관계를 설명할 수 있을 것이다.

알하젠은 이러한 숙제를 어떻게 풀었을까? 그는 비록 시야에 들어온 매 지점이 눈의 매 지점으로 빛을 방사하지만 그 방사된 빛이 모두 감지될 수 있는 것은 아니라고 주장했다. 시야에 들어온 매 지점으로부터 오직 하나의 빛줄기만이 수직으로 눈에 들어오며, 비스듬히 입사된 나머지 빛줄기들은 굴절하게 된다는 것이었다([그림 12.11] 참조). 비스듬히 입사된 빛줄기들은 굴절로 인해 약화되어 시각과정에서 부차적 역할만을 수행하게 된다. 눈의 가장 중요한 감각기관인 수정체는 직선으로 입사된 빛줄기들에만 주의를 기울이는 바, 바로 이 빛줄기들이 (시야를 밑변으로, 눈의 중앙을 꼭짓점으로 하는) 시각원추를 형성하게 된다. 알하젠은 이런 방식으로 자신의 목적을 달성했다. 그는 방사론자들의 시각원추를 입사이론에 성공적으로 접목함으로써 방사론의 장점과 입사론의 장점을

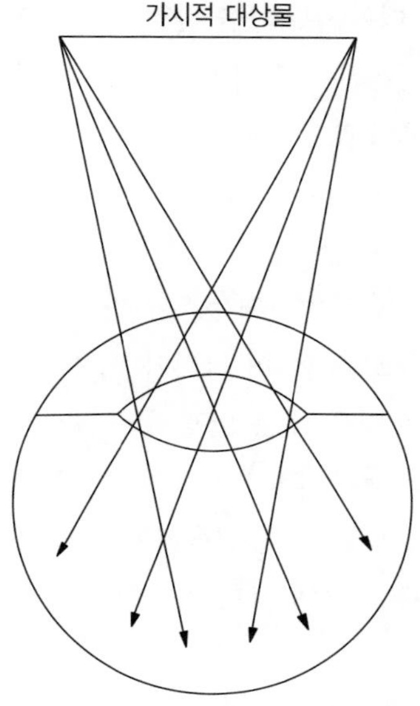

[그림 12.10] 가시적 대상물의 매 지점으로부터 방사된 빛줄기들이 눈 안에서 얽히고 있는 모습. 간결한 표현을 위해, 접촉면에서 발생하는 빛의 굴절현상은 그림에서 생략되었다.

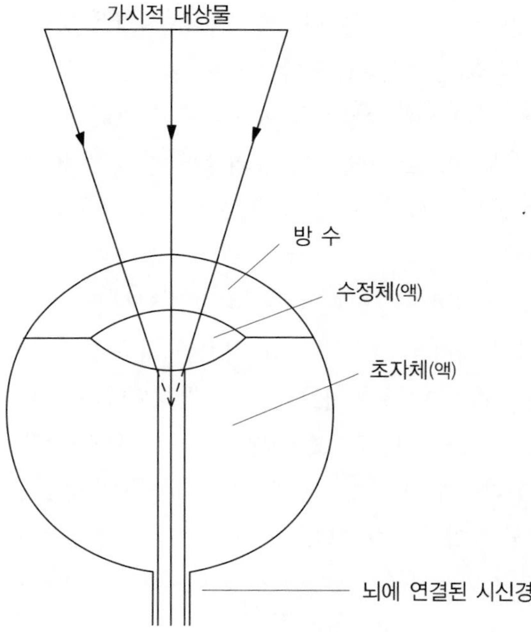

[그림 12.11] 시각에 관한 알하젠의 입사이론에서 시각원추와 눈. 이 그림에는 눈에 비스듬히 입사되는 (그리하여 굴절되는) 빛줄기들은 시각과정에 부수적으로만 참여하기 때문에 생략되었다.

결합했으며, 시각에 대한 수학적 이론과 물리학적 이론을 단일한 이론으로 종합했던 것이다. 상세하게 논의할 지면은 부족하지만 한 가지 업적을 덧붙일 필요가 있다. 그는 갈레노스 전통의 해부학 · 생리학적 관념도 자신의 종합적 시각이론으로 통합했으며, 그리하여 마침내 세 종류의 기준을[역주〔14〕] 모두 충족시킬 수 있었다.

시각이론은 알하젠의 광학에서 중심위치를 차지하기는 했지만, 그의 관심이 시각현상에 국한된 것은 아니었다. 그는 빛이며 색채와 관련지어 복사의 성격을 분석하기도 했으며, 스스로 빛을 내는 발광체와 파생된 이차적 빛으로 조명하는 물체를 구분하기도 했다. 그는 물리학적 관점에서 반사와 굴절의 원리를 검토하기도 했다. 빛과 색채의 복사에 대한 자신의 수학적 분석을 확장해서, 그는 굴절과 반사에 의한 이미지 형성의 문제를 정교하게 분석했던 것이다.

알하젠의 《광학》은 12세기 말이나 13세기 초에 라틴어로 번역되었으며, 그후로 서구의 광학에 큰 영향을 미쳤다. 오래전부터 이용된 플라톤의 《티마이오스》도 적지 않은 영향을 미쳤다. 이 작품은 시각을 정면으로 다룬 것이었을 뿐만 아니라 신플라톤주의의 광학이라는 중요한 전통을 형성한 것이기도 했다. 알하젠의 《광학》을 이용할 수 없었던 12세기 후반에는 유클리드, 프톨레마이오스, 알킨디 등의 광학관련 저서들이 번역되어 광학에 대한 수학적 접근의 앞날을 밝혀주었다. 반면에 아리스토텔레스, 아비케나, 아베로이즈 등의 저작들은 광학에 진정으로 필요한 것이 수학이라기보다는 물리학과 생리학이라는 확고한 인상을 심어주었다. 갈레노스 전통에서 유래하는 해부학 · 생리학적인 내용은 후나인 이븐 이샤크의 소책자를 위시한 다양한 자료를 통해 전파되었다. 다른 분과들도 마찬가지였지만, 서구학자들은 그 찬란한 신지식 체계의 대량 유입으로 벼락부자가 되었다. 하지만 그것은 단순한 체계라기보다 모순적 개념과 성향으로 점철된 복잡한 체계였다. 서구학자들이 당면한 문제는 그 혼란한 지적 유산을 정합성과 통일성을 가진 하나의 자연철학으로 융합하고 조정하고 재생산하는 일이었다.[43)]

이런 시도를 감행한 첫 세대에서 단연 눈에 띄는 인물은 옥스퍼드의 두 석학이다. 1220년대와 1230년대의 로버트 그로스테스트와 1260년대의 로저 베이컨이 그들이다. 그로스테스트(1168년경~1253)는 13세기 초에 활동한 탓에 앞서 인용된 광학문헌들을 충분히 섭렵할 기회가 없었다. 그렇지만 이런 약점은 그의 광학이 그 자신의 영감에 크게 의존하도록 만든 점에서는 오히려 장점으로 작용했다. 그를 계승한 로저 베이컨(1220년경~1292년경)은 고대 그리스와 중세 이슬람 세계의 광학 연구성과를 두루 섭렵할 수 있는 유리한 위치에 있었다. 이 유리한 고지에서 그는 광학의 미래를 결정했다.

베이컨은 알하젠에 의해 진척된 광학이론의 골격을 대체로 추종했으며, 알하젠의 입사이론에 대해서는 세밀한 구석까지 수용했다. 그는 빛과 시각에 대한 알하젠의 성공적인 수학적 분석에서 특히 깊은 인상을 받았으며, 미래세대에게 수학적 접근의 전도유망함을 전하려 애썼다. 그러나 같은 세대의 많은 학자들이 그리 생각했듯이, 베이컨은 고대와 이슬람 세계의 모든 권위자들이 깊은 수준에서는 만장일치의 견해를 유지했다고 확신했으며, 이런 확신에서 빛과 시각을 다룬 거의 모든 선배들이 동일한 정신으로 연구했음을 입증하기 위해 노력했다. 이 말은 베이컨에게 아리스토텔레스, 유클리드, 알하젠, 신플라톤주의자들 등 다양한 부류의 광학을 종합하려는 의도가 있었음을 뜻한다. 이 같은 위업에 베이컨이 도전한 양상을 잘 보여주는 두 개의 사례를 검토해보기로 하자.[44)]

---

43) 그리스와 이슬람 세계의 광학을 서구가 수용한 과정에 대해서는, (이미 인용된 자료들 외에도) 특히 David C. Lindberg, "Roger Bacon and the Origins of *Perspectiva* in the West"를 참조할 것.

44) 베이컨의 광학에 관해서는 David C. Lindberg, ed. and trans., *Roger Bacon's Philosophy of Nature: A Critical Edition, with English Translation, Introduction, and Notes, of "De multiplicatione specierum" and "De speculis comburentibus"*; Lindberg, *Theories of Vision*, 6장; 그리고 Lindberg, "Bacon and the Origins of *Perspectiva*"를 참조할 것.

베이컨은 복사방향의 문제(즉, 방사론자와 입사론자의 논쟁점인 눈으로부터냐, 아니면 눈을 향해서냐는 문제)에 관해서는 알하젠과 아리스토텔레스에 동의했다. 시각은 입사광선을 통해서만 가능하다는 것이었다. 그렇다면 플라톤이나 유클리드나 프톨레마이오스가 옹호한 방사광선에 대해서는 어떤 입장을 취했던가? 방사광선은 시각에 직접적 책임은 없지만 여전히 실재하며 시각과정에서 보조역할을 수행할 수 있었다. 방사광선은 매질에 작용해서 매질이 시각대상으로부터 방출되는 빛줄기를 수용하도록 준비해주는 것이요, 입사된 빛줄기를 눈에 작용할 수 있는 수준으로 고양시켜주는 것이었다. 베이컨은 복사의 본성에 관해서는 신플라톤주의의 관점을 채택했다. 우주는 각양각색의 힘들이 상호작용하는 거대한 네트워크요, 만물은 각기 힘이나 힘 닮은 무엇인가를 방사해 주변의 사물들에 작용한다는 것이었다. 그는 이렇듯 편재하는 힘들이 우주 내 모든 인과관계를 야기한다고 생각했으며, 이런 입장에서 장차 큰 영향을 미칠 자연철학을 제시했다. 빛과 색채에 관해서도 베이컨은 빛이나 색채가 (다른 광학 저자들이 논의한 모든 시각적 요소들도 마찬가지로) 그 편재한 힘들의 특수한 표현에 다름 아니라고 주장했다.[45)]

13세기 후반에 광학의 문제를 다룬 학자는 베이컨 외에도 여럿이 있었다. 특히 베이컨의 젊은 동시대인인 두 인물이 주목받을 만하다. 그들은 베이컨과 함께 물리학·수학·생리학을 결합한 알하젠의 광학이론을 서구에 널리 전파한 주역으로, 하나는 잉글랜드 출신의 프란키스쿠스 수도사 존 피챔(1292년 죽음)이며, 다른 하나는 폴란드 출신으로 교황청에 깊이 관여한 비텔로(1281년 이후 죽음)이다.[역주〔15〕] 14세기에 자연철학이 빛과 시각에 관한 이론들을 논의하기 시작했을 때만 해도, 거의 모든 이론들은 알하젠에서 베이컨으로 이어진 전통의 파생물이었다(자연철학에서 광학이론은 특히 인식론적 논의의 맥락에서 등장했다). 그러나 1600년에

45) 베이컨의 신플라톤주의에 관해서는 David C. Lindberg, "The Genesis of Kepler's Theory of Light: Light Metaphysics from Plotinus to Kepler," pp. 12~23; Lindberg, *Bacon's Philosophy of Nature*, pp. liii-lxxi을 참조.

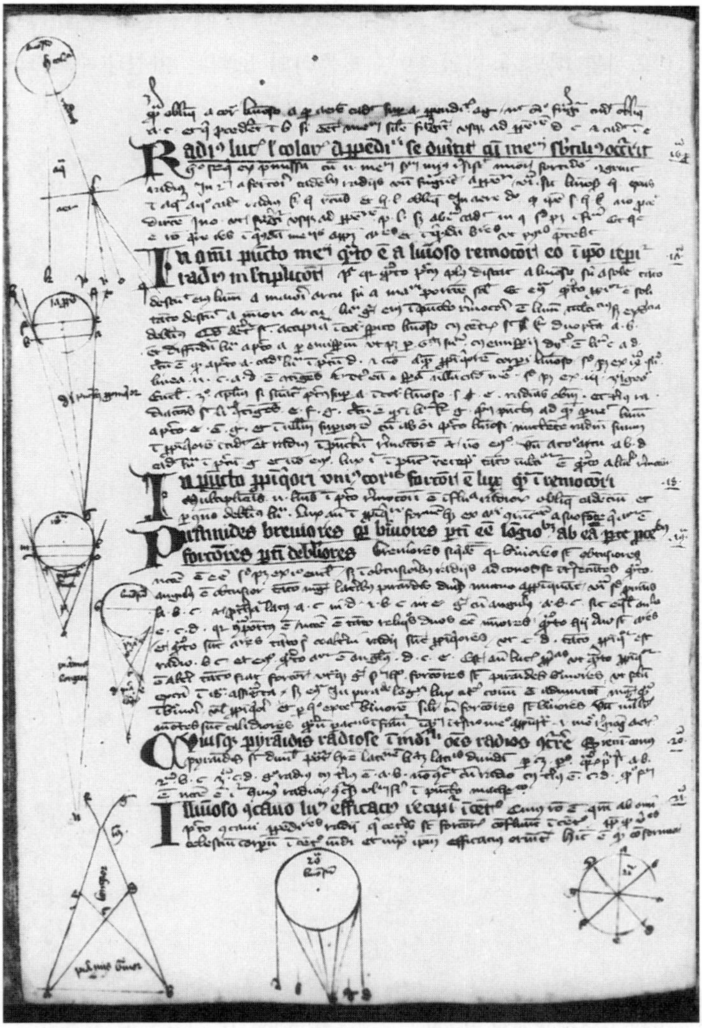

[그림 12.12] 존 피챔의 저서, *Perspectiva communis*의 한 페이지. 이 책은 중세 대학들에서 가장 인기를 누린 광학 교과서였다. 독일 쿠에스(Kues), 성 니콜라우스 병원 도서관(Bibliothek des St. Nikolaus-Hospitals, 15세기 초). 이 필사본은 한때 쿠사의 니콜라스(Nicholas of Cusa)의 소장품이었다. 왼쪽 상단의 도해는 빛의 굴절을 묘사한 것이며 나머지 도해들은 복사의 다양한 패턴들을 묘사한 것들이다.

시각이론을 연구하기 시작한 요하네스 케플러는 베이컨과 피챔과 비텔로가 남긴 숙제를 떠맡게 되었으며, 케플러의 노력은 마침내 독창적인 망막 이미지 이론의 창조로 이어졌다.46)

46) Lindberg, *Theories of Vision*, 9장; Katherine H. Tachau, *Vision and Certitude in the Age of Ockham: Optics, Epistemology and the Foundations of Semantics, 1250~1345*. 피챔의 저서, *Perspectiva communis*는 David C. Lindberg, ed. and trans., *John Pecham and the Science of Optics*에 수록되어 있다. 비텔로의 방대한 저서, *Perspectiva*에 대한 번역 프로젝트는 진행 중이다. 이 작품 가운데 다음 두 권은 이미 출판되었다. 제 1권, Sabetai Unguru, ed. and trans., *Witelonis Perspectivae liber primus*; 제 5권, A. Mark Smith, ed. and trans., *Witelonis Perspectivae liber quintus*.

역 주

역주〔1〕 아비케브론(Avicebron)의 원명은 이븐 가브리롤(Ibn Gabrirol), 혹은 솔로몬 벤 유다(Solomon ben Judah)이다. 그는 유대계 철학자이자 시인으로 약 1021년에 태어나 1058년에 죽었다. 그의 신플라톤주의적 저서 《생명의 샘》은 아랍어로 작성되었다가 라틴어로 번역되어(라틴어 번역본: *Fons Vitae*) 기독교 세계에 깊은 영향을 미쳤다. 미들턴의 리처드(Richard of Middleton)는 13세기 말에 활동한 인물로 옥스퍼드와 파리에서 공부했으며 1270년대 말에 프란키스쿠스 수도회에 가입했다. 여러 편의 성자전기와 설교집을 남겼다.

역주〔2〕 역자는 mixtio에 대해서는 '혼합'으로, mixtum과 mixta에 대해서는 각각 '혼합물'과 '혼합물들'로 표기할 것이다. 저자가 영어(*mixt*나 *mixture*)를 사용한 경우에는 홑따옴표를 생략할 것이다.

역주〔3〕 연금술은 모든 금속이 하나의 뿌리(형상)로부터 파생된 유기체라고 가정한다. 이런 가정에서 연금술사들은 천한 금속에 대한 가열/냉각과 화학적 첨가를 반복하다 보면 그 뿌리(형상)를 얻을 수 있을 것이라고 믿는다. 또한 용해, 소광(燒鑛), 융합, 증류, 부패, 발효, 승화 같은 연금술 작업과정은 종교적 의미로 해석되기도 한다. 이를테면 천한 금속은 인간의 모습을 한 그리스도, 소광은 그리스도의 시련, 부패는 지옥으로의 하강, 발효와 승화는 부활, 금으로의 변성은 대속(代贖) 같은 의미로 해석된다.

역주〔4〕 저자 린드버그 교수는 게버(Geber, 즉 Jabir ibn Hayyan)의 활동연대를 9~10세기로 설정하고 있지만, 대부분의 문헌에서는 게버의 활동연대가 8세기이며, 그의 이름을 빌린 다수의 저자들이 9~10세기에 활동했던 것으로 전한다. 그는 모든 금속이 유황과 수은으로 구성되며 금으로 변성될 수 있다는 믿음을 유포한 장본인으로 알려져 있다. 무하마드 이븐 자카리아 알라지(Muhammad ibn Zakariyya al-Razi)는 866년에 페르시아의 옛 도시 레이(Ray)에서 태어나 그곳에서 925년(10월 26일)에 죽은 것으로 확인된다. 청년시절에 그는 바그다드를 방문한 적이 있었는데, 그후로 연금술과 의학에 심취했다. 유명한 《비밀의 서(書)》(*Book of the Secret of Secrets*) 외에도, 연금술과 천문학과 수학에 관해 33편의 논고, 철학과 논리학과 신학에 관해 45편의 논고를 남겼다.

역주〔5〕 중세 동안 연금술은 점성술과 함께 마술(*magic*)의 주요범주로 정착했으며, 역주〔3〕에서 소개한 종교적 의미 외에도 기독교 종말론과 결합해서 인류와 지구의 운명을 전 포괄적으로 예측하는 학문으로 자리잡았다. 17세기에 뉴턴이 방대한 분량의 연금술 논고들을 작성한 것은 이런 맥락에서 이해될 수 있다.

역주〔6〕 아우토리코스(Autolycus of Pitane)는 아에올리스(Aeolis)의 피타네(Pitane)에서 태어나 4세기에 활동한 천문학자이자 수학자이다. 그는 두 작품을 남겼는데, 천구의 회전에 관한 논고는 수학분야에 관한 그리스 최초의 작품이며, 다른 하나의 논고는 항성들의 운동을 다룬 작품이다.

역주〔7〕 요아네스 필로포노스(Joannes Philoponus)는 문법학자 존(John the Grammarian), 혹은 알렉산드리아의 존으로 불리기도 한다. 그는 대략 490년부터 570년까지 알렉산드리아를 중심으로 활동했으며, "땀을 사랑하는 자"(필로포노스)라는 이름이 함축하듯이 자연과학에 대해 경험적 접근을 선호했다. 알렉산드리아의 신플라톤주의 학파로부터 깊은 영향을 받아 아리스토텔레스주의를 비판한 대표적 학자였다.

역주〔8〕 프란키스쿠스(Franciscus de Marchia)는 대략 1318년부터 1343년 사이에 파리대학에서 가장 주목받은 교수였다. 그에 관해서는 별로 알려진 것이 없었지만, 최근에는 그와 관련하여 무한성이며 의지의 심리학 같은 과학적 주제들이 연구되기도 했으며, 그의 자연철학에 대해서는 인과성 및 우연성 문제에 연구가 집중되고 있다.

역주〔9〕 여기서 F/R의 배증이란 F+F / R+R을 뜻한다. 예컨대 1/2의 배증은 1/2+1/2=1이 아니라, 1+1 / 2+2=2/4이다.

역주〔10〕 역자는 일단 'the science of optics'를 '광학'으로, 'perspective'를 '원근법'으로 번역하는 기존의 관행을 따르기로 했다. 그러나 전자는 그리스어(*optica*)에서, 후자는 라틴어(*perspectiva*)에서 파생된 점만 다를 뿐 두 용어는 모두 '시각'이라는 뜻을 갖는다. 따라서 '광학'과 '원근법'은 모두 '시각과학'(*the science of sight*)이라는 새로운 번역어로 대체되는 것이 더욱 바람직할 수 있다.

역주〔11〕 아리스토텔레스는 태양과 같은 발광체의 조명을 받으면, 잠재적인 투명매질이 현실적인 투명매질로 전환된다는 견해를 피력했다. 빛이란 그 현실화된 투명매질의 상태를 일컫는 바, 그 매질은 유색의 물체와 접촉할 때 다시 변화를 겪게 되며 유색으로 변화된 매질이 관찰자의 눈에 전달되어 그 유색물체들에 대한 시지각을 낳는다는 것이었다.

역주〔12〕 시각원추(*visual cone*)는 각막을 밑면으로, 망막을 꼭짓점으로 삼아 빛이 눈에 형성하는 원추를 말한다.

역주〔13〕 복사란 빛이나 열이나 입자를 방출하는 활동이나 현상을 말한다.

역주〔14〕 세 가지 기준은 물리학상의 기준, 수학상의 기준, 생리학·해부학상의 기준을 일컫는다.

역주〔15〕 비텔로(Witelo, 혹은 "Vitellio")는 사제로서 물리학, 특히 광학이론에 기여한 업적 외에는 별로 알려진 것이 없다. 그는 1250년대에 파리대학을 졸업하고 1262~1268년경에 파도바에서 교회법을 연구한 후에 1274년에는 교황 그레고리우스 10세의 특사로 로마에 파견되었다. 그의 주저인 《시각이론》(*Perspectiva*)은 1270년대에 작성된 것으로 베이컨의 작품과 함께 그리스와 이슬람 세계의 광학을 서구에 정착시킨 중요한 고리였다. 이 작품은 17세기까지도 광학이론의 표준 교과서로 이용되었다.

제 13 장

중세의 의학과 자연사

1. 중세 초의 의학전통

중세 의학은 앞서 6장에서 검토한 고대 의학전통을 계승하고 발전시킨 결과였다. 중세 의사는 그리스와 로마에서 정립된 건강·질병이론, 진단기법, 치료절차 등을 계승한 상속자였다. 그렇지만 고대의 유산은 그 일부만이 이용되었고, 그나마 믿을 수 없는 내용도 포함하고 있었다. 따라서 중세에 이슬람 세계와 기독교 세계에서 이용된 고대자료의 큰 부분은 새로운 문화조건에 알맞은 것으로 거듭 태어나야만 했다. 고대유산의 발전과 활용의 방향을 결정한 것은 그 새로운 문화조건이었다.[1)]

---

1) 본 장의 기본골격을 구성하면서 필자는 Nancy G. Siraisi, *Medieval and Early Renaissance Medicine: An Introduction to Knowledge and Practice*; Michael McVaugh, "Medicine, History of," *Dictionary of the Middle Ages*, vol. 8, pp. 247~254; 그리고 필자의 동료 페이 게츠(Faye Getz)의 전반적인 조언에서 도움을 얻었다. 독자들이 더 참조할 만한 자료로는 Charles H. Talbot, "Medicine," in David C. Lindberg, ed., *Science in the Middle Ages*, pp. 391~428; 그리고 Talbot, *Medicine in Medieval England*가 있다. 중세 의학 관련 최근 연구성과에 대한 유용한 리뷰로는 Getz, "Western Medieval Medicine"을 참조할 것. 의학원전들의 탁월한 번역은 Edward Grant, ed., *A Source Book in Medieval Science*, pp. 700~808을 참조할 것(마이클 맥보가

서구의 중세 초 의학에 대해 명료한 그림을 얻기는 쉽지 않다.2) 로마 제국의 해체로 인한 사회·경제적 혼란이 치료 〈기술〉에 대해서는 심각한 영향을 미친 것 같지 않다. 상처나 평범한 질병의 치료법, 산파술, 접골기술, 일상적 약재의 조제와 처방 등에서는 큰 변화가 없었던 것으로 보인다. 과거에 시골 치료사들이 늘 그러했듯이 시골지역이나 변방 전선(戰線)에서는 치료기술에 능한 자들이 그들의 기술을 십분 활용하고 있었다. 이와는 대조적으로 의학의 학문적 요소, 특히 〈이론적이거나 철학적인〉 요소는 로마의 붕괴로 인해 치명상을 입었다. 학교가 쇠퇴하고 그리스어 해독능력이 현저하게 감소하는 와중에서 서구는 그리스 의학전통의 학문적 내용을 눈에 띄게 상실했다. 고대 의학의 학문적 전통을 추종한 의사도 현저히 줄어들었다.

그렇다고 해서 서구가 그리스 의학지식으로부터 완전히 단절되었다는 말은 아니다. 일찍이 라틴어로 작성된 백과사전은 의학에 일정한 분량을 할애했다. 켈수스나 플리니우스나 세비야의 이시도루스가 작성한 백과사전이 그러했다.3) 6세기 중반에는 그리스 의학작품의 일부가 라틴어 번

그 원전들의 발췌와 주석, 때로는 번역까지 담당했다). 의학관련 삽화들은 Loren C. Mackinney, *Medical Illustrations in Medieval Manuscripts*; Peter M. Jones, *Medieval Medical Miniatures*; 그리고 Marie-José Imbault-Huart, *La médecine au moyen âge à travers les manuscrits de la Bibliothèque Nationale*를 참조할 것.

2) 중세 초 의학에 관해서는, 특히 John M. Riddle, "Theory and Practice in Medieval Medicine"; Henry E. Sigerist, "Latin Medical Literature of the Early Middle Ages"; Linda E. Voigts, "Anglo-Saxon Plant Remedies and the Anglo-Saxons"; Siraisi, *Medieval and Early Renaissance Medicine*, pp. 5~13; 그리고 (오래전에 출판되었지만 여전히 유용한) Loren C. McKinney, *Early Medieval Medicine, with Special Reference to France and Chartres* 등을 참조할 것.

3) 영어 번역본으로는 *Isidore of Seville: The Medical Writings*, ed. and trans. William D. Sharpe; Celsus, *De medicina, with an English Translation*을 참조할 것.

역본으로 이용가능해졌다. 번역물에는 갈레노스와 히포크라테스의 여러 작품, 오리바시오스가 집성한 그리스 의학 발췌본, 소라노스의 산파술 지침서, 디오스코리데스의 《약물대전》(藥物大典) 등이 포함된다. 역주[1] 하지만 그리스어 원전은 이론부터 실용에 이르는 넓은 스펙트럼의 의학 관심사를 포괄한 반면에, 번역물은 실용에 치우치는 경향이 있었다.

중세 초 의학이 실용과 치료기술에 치우친 측면은 디오스코리데스의 《약물대전》과 이 작품에 영향을 미친 약학전통에서 잘 예시된다. 이 작품은 치료효과가 있다고 알려진 9백여 종의 동식물 및 광물표본을 기술한 것으로 헬레니즘 시대 의학이 이룩한 기념비적 업적 가운데 하나였다. 그러나 《약물대전》은 6세기에 라틴어로 번역된 후에도 제한적으로만 유통되었다. 그 내용이 너무 방대하여 이용에 불편했을 뿐만 아니라 중세 초 유럽인으로서는 이용불가능한 약재도 많이 기술되어 있었기 때문이다. 한층 인기를 누린 것은 삽화를 유지하되 내용을 크게 줄인 약초지(藥草誌) 《여성용 약초》(*Ex herbis femminis*) 였다. 이 책은 디오코리스데스에 의존했지만 이로부터 71종의 약초에 대한 기술만을 추려낸 것으로 유럽 전역에서 널리 이용되었다. 그밖에도 중세 초에는 의학 처방전을 집성한 편찬서들이 잇따라 출판되었다.[4]

이런 의서들을 이용한 의사는 누구였을까? 이탈리아에서는 세속적·비종교적인 로마 의학관행이 비록 질적 수준은 크게 낮아졌지만 꾸준히 지속되고 있었다. 6세기에 이탈리아가 동고트족 치하에 있을 때에도 정부의 녹봉을 지급받는 의사들이 여전히 활동하고 있었다. 트랄레스의 알렉산드로스(그리스 출신의 의사)는 6세기 후반에 로마에서 활동한 것으

4) 디오스코리데스에 관해서는 John M. Riddle, *Dioscorides on Pharmacy and Medicine*; Riddle, "Dioscorides"를 참조할 것. 특히 *Ex herbis femminis*에 관해서는 Riddle, "Dioscorides," pp. 125~133을 참조할 것. '여성용 약초'(*herbis femminis*) 라는 표현에도 불구하고, 이 작품이 부인병 치료법만을 다룬 것은 아니었다. 의학 처방전들에 관해서는 Voigts, "Anglo-Saxon Plant Remedies"; Sigerist, "Latin Medical Literature," pp. 136~141, 그리고 MacKinney, *Early Medieval Medicine*, pp. 31~38을 참조할 것.

[그림 13.1] 디오스코리데스, 《약물대전》의 그리스어 필사본 중 한 페이지. 파리 국립도서관(9세기).

로 알려져 있다.역주〔2〕 이탈리아 외의 지역에서도 세속의학의 관행이 지속되었음을 뒷받침하는 증거는 도처에 남아 있다. 5세기 말 프랑크 왕국의 국왕 클로비스의 궁정이 그런 곳이요, 마르세이유나 보르도 같은 주요도시도 그런 곳이었다.[5)]

그러나 시간이 흐를수록 의학연구에 가장 우호적인 환경은 종교제도에 의해 조성되었다. 자가치료를 주요의무로 삼았던 수도원이 특히 그러했다. 최초의 증거는 비바리움(Vivarium)에 수도원을 세운 카시오도루스(480년경~575년경)에서부터 등장한다. 그는 수도사에게 그리스 의서를 라틴어 번역본으로 읽도록 권유했는데, 여기에는 히포크라테스와 갈레노스의 작품, 그리고 디오스코리데스의 작품(아마도 《여성용 약초》)이 포함되었다. 몬테카시노, 라이헤나우, 세인트 골 같은 수도원 중심지에는 세속적 의학논고를 적극 활용하는 등 의학연구가 높은 수준에 도달했음을 뒷받침하는 증거도 많이 남아 있다.[6)] 역주〔3〕 중세 내내 중요한 의학 전문기술과 지식은 (극히 소규모의 수도원을 제외한) 대부분의 수도원에서 유지되었던 것으로 보인다. 수도원 의학은 비록 수도원 공동체의 구성원을 치료하는 데 주안을 두었지만, 때로는 순례자나 방문객이나 인근 주민을 위해 활용되기도 했음이 분명하다.

수도원 환경 내에 세속 의학문헌이 엄연히 존재했다는 것, 이에 의존해서 의료활동이 수행되었다는 것은 당연히 하나의 의문을 야기한다. 그리스와 로마의 세속의학은 기독교의 치료관념과 어떻게 상호작용했던가? 이것이 지금부터 우리가 검토할 문제이다. 간단하게 답할 수는 없겠지만, 다음 세 유의점을 기억한다면 우리는 그 복잡한 현실에 접근하기 시작할 수 있다. (1) 고대 의학의 자연주의(오직 자연적 원인만이 작용한

5) MacKinney, *Early Medieval Medicine*, pp. 47~49, 61~73.

6) 카시오도루스의 *Institutiones*(역주: *Institutiones Divinarum et Sæcularium Litterarum*, 543~555)에서 관련구절은 MacKinney, *Early Medieval Medicine*, p. 51에 인용되어 있다. 수도원 의학을 전반적으로 다룬 부분은 같은 책, pp. 50~58을 참조할 것.

다는 가정) 와 기독교의 초자연주의 전통(일례로 기적의 치료) 사이에 철학적 긴장이 출현했다는 것, (2) 식자층을 포함한 대다수는 철학적 문제에 별 관심이 없었으며 극소수만이 그 긴장에 주목했다는 것, (3) 그 긴장에 주목한 극소수에게는 이런저런 치료법을 논박하지 않고도 긴장을 완화하거나 해결할 다양한 방안이 모색될 수 있었다는 것.

긴장의 원천은 명백하다. 중세 기독교가 성숙해가면서 질병을 하나님의 작용이라고 가르치는 설교와 문학이 성행하게 되었다. 질병은 죄에 대한 처벌이거나 영적 성장을 위한 자극이라는 것이었다. 질병이 처벌이든 자극이든, 질병치료는 육체에 대한 사업이라기보다 영혼을 위한 사업으로 간주되었다. 뿐만 아니라 중세 기독교에는 기적치료의 전통도 만연해 있었다. 특히 유행한 것은 성자숭배나 성물(聖物) 숭배와 관련된 전통이었다. 여기에 증거 하나를 덧붙이면 그림이 완성된다. 우리는 종교 지도층이 세속의학을 겨냥해 결실이 없다는 이유로 비난을 가했다는 구체적 증거를 가지고 있다.[7)]

이런 믿음과 태도를 과장해서 기독교 교회의 입장을 일반화하려는 유혹이 들 수 있다. 교회는 그리스·로마 의학의 철천지원수로, 초자연적 인과관계만을 신봉했고 초자연적 치료법만을 고집했다는 식으로 말이다. 불행하게도 이런 일반화는 실제 역사를 심각하게 왜곡할 뿐이다. 질병이 하나님에서 비롯된다는 것은 널리 신봉되었지만, 그렇다고 해서 자연적 원인이 배제된 것은 아니었다. 중세 기독교인의 대부분은 히포크라테스 이래로 널리 유포된 입장, 즉 어떤 사건이나 질병은 자연에 원인을 두는 동시에 신에 원인을 둘 수 있다는 입장(이 책의 6장 참조) 을 공유하

---

7) 특히 Darrel W. Amundsen, "Medicine and Faith in Early Christianity"; Amundsen and Gary B. Ferngren, "The Early Christian Tradition," 그리고 Amundsen, "The Medieval Catholic Tradition"을 참조할 것. 이것들 가운데 두 번째와 세 번째 논문은 Ronald L. Numbers and Darrel W. Amundsen, eds., *Caring and Curing: Health and Medicine in the Western Religious Traditions*에 수록되어 있다. 그밖에도 Siraisi, *Medieval and Early Renaissance Medicine*, pp. 7~9를 참조할 것.

고 있었다. 기독교의 견지에서는 하나님이 〈신성한〉 목적을 성취하기 위해 〈자연적〉 원인을 사용한다는 믿음이야말로 이치에 합당한 것이었다. 하나의 예로 역병은 죄에 대한 응분의 처벌로서 설명되는 동시에 비우호적인 행성들의 회합(會合)이나 공기오염의 결과로 설명될 수 있었다.[8) 역주(4)] 의학을 어떻게 실행하고 자연 치료제를 어디에 사용할 것인가의 문제에서는, 기독교 저자들은 만장일치로 영혼의 치료가 육체의 치료보다 중요하다고 주장했으며, 일부는 세속의학의 효용을 반박하기도 했다. 12세기에 클레르보의 베르나르는 자신이 거느린 수도사들에게 보낸 편지에서 지난 수세기 동안 유지되어온 견해를 다음과 같이 표현했다.[역주(5)]

> 나는 여러분이 건강에 좋지 못한 지역에서 생활하며 많은 분이 편찮으시다는 것을 잘 알고 있습니다…. 육체의 약을 구하는 것은 여러분의 직업에 전혀 어울리는 일이 아니며, 약은 실제로 건강에 도움이 되지도 못합니다. 가난한 사람이 즐겨 찾는 평범한 약초 정도는 때로 허용될 수도 있으며 이는 우리의 관행이기도 합니다. 그러나 특별한 종류의 약을 구입한다든지 의사를 찾아가 특효약을 복용하는 것은 종교적이라고 〔수도사다운 행동이라고〕 할 수 없습니다.[9)]

그러나 기독교 지도층의 대다수는 고대 그리스·로마의 의학전통을 우호적으로 평가했다. 세속의학은 하나님의 선물이자 섭리의 결실이므로 그것의 활용은 정당하며 어쩌면 의무라는 것이 그들의 생각이었다. 성 바질(330년경~379)의 다음과 같은 말은 교부들의 의견을 대변한 것으로 보아도 좋다.[역주(6)] "필요하다면 우리는 의학의 사용을 신중하게 검토해

8) Amundsen, "Medieval Catholic Tradition," p. 79; Edward Grant, *Source Book*, pp. 773~774.

9) Siraisi, *Medieval and Early Renaissance Medicine*, p. 14. 이 편지는 Bernard of Clairvaux, *Letters*, no. 388, trans. Bruno Scott James (Chicago: Regnery, 1953), pp. 458~459에서 인용되었음.

야만 할 것이다. 그 이유는 의학이 건강이나 질병을 좌지우지할 수 있기 때문이 아니라 하나님의 영광을 드높이는 일이기 때문이다." 테르툴리아누스(155년경~230년경) 처럼 그리스·로마 학문에 적대적이던 저자조차도 그리스·로마 의학에 대해서만은 가치를 높이 평가했다. 역주〔7〕 물론 성자전기류에서 자주 등장하는 기성 의학에 대한 폄하는 논쟁의 불씨가 되기도 했다. 성자의 권능을 입증하고 과장할 의도에서 세속 치료자를 훨씬 능가하는 치유능력이 성자에게 부여되었던 것이다. 그렇지만 이런 논조의 비난은 중세의 일반여론은커녕 세속의학에 관해 저술한 저자들의 견해조차 대변할 수 없다. 이 저자들의 대다수는 세속의학을 논하는 문맥에서든 다른 맥락에서든, 기존의 치료관행을 크게 존중하는 편이었다. 교부들 사이에서 비난의 대상이 된 것은 세속의학의 이용 그 자체가 아니라, 세속의학의 가치를 과장하는 경향이요, 그것이 하나님에서 유래함을 인식하지도, 인정하지도 않는 태도였다.[10]

그러나 의학전통을 폄하했다는 비난으로부터 교회를 구제하려 할 때, 우리는 정반대의 오류를 범하지 않도록 유의해야 한다. 중세 초 기독교인들이 치료의 기적을 믿었다는 것, 그들이 종교 치료법과 세속의학을 동시에, 때로는 순차적으로 이용했다는 것은 틀림없는 사실이기 때문이다. 물론 4세기와 5세기에 성자숭배는 유럽 문화의 지배적 특징으로 자리잡았다. 성자의 무덤이나 유물(작은 뼛조각 정도)을 중심으로 사당이 속속 건립되었다. 사당은 곧 엄청난 흡인력을 발휘한 순례지가 되어갔다. 사당의 가장 강력한 흡인력은 그곳에서 일어난 기적의 치료를 전하는 보고서였다. 한 사례만 보더라도 사당의 이런 특징을 이해함에 부족

---

10) Amundsen, "Medicine and Faith in Early Christianity," pp. 333~349(성 바질로부터의 인용문은 p. 338). 테르툴리아누스에 관해서는 *De corona*, 8, and *Ad nationes*, II. 5, in *The Ante-Nicene Fathers*, ed. Alexander Roberts and James Donaldson, rev. by A. Cleveland Coxe(Grand Rapids: Eerdmans, 1986), vol. 3, pp. 97, 134를 참조할 것. Siraisi, *Medieval and Early Renaissance Medicine*, p. 9도 참조할 것.

함이 없을 것이다. 비드(735년 죽음)는 《잉글랜드인의 교회사》에서 기적의 치료를 전하는 여러 이야기를 수록했는데, 그 가운데는 린디스판섬(Lindisfarne: 잉글랜드 북동부 연안의 섬)의 한 수도사에 관한 이야기가 포함된다.역주[8] 마비증세로 고생하던 그는 성 커스버트의 무덤으로 인도되었다.역주[9] 무덤에서 그는,

> 저 하나님의 사람〔커스버트〕의 유해 앞에 엎드려 그의 도움으로 주님께서 자신에게 자비를 베풀어주실 것을 간절히 기도했다. (그가 일이 일어나고 나서야 말하는 버릇대로 말했듯이) 기도 중에 그는 슬픔에 빠져 있던 바로 그 장소에서 크고 넓은 손과 비슷한 무엇인가가 먼저 그의 머리를 어루만지고 똑같은 손길이 그의 전신을 발끝까지 어루만지며 지나갔다는 느낌을 받았다고 한다. 환자일 때에는 조

[그림 13.2] 다리에 대한 기적의 치료. 파리 국립도서관(15세기 말). 이 삽화에 대한 논의는 Marie-José Imbault-Huart, *La médecine au moyen âge à travers les manuscrits de la Bibliothèque Nationale*, p.182.

금만 스쳐도 아팠지만 차츰 고통은 사라지고 건강이 찾아왔다.[11]

중세의 이와 유사한 이야기는 끝도 없이 첨가될 수 있다.

교회가 그리스·로마의 의학전통에 대해 원수도 친구도 아니었다면, 교회의 입장과 그 영향은 어떻게 특징지어질 수 있을까? 우리에게 낯익은 한 해석은 저울의 양쪽에 두 개의 추(즉, 교회가 반대한 측면과 지원한 측면)를 달고 저울질한다. 저울이 그렇듯이 교회는 선의든 악의든, 〈균형을 고려해가면서〉 힘을 발휘했다는 주장이다. 그러나 이것은 지나치게 단순한 결론이다. 반대와 지원이라는 두 범주를 모두 피할 때, 그리고 교회가 세속의학 전통과 〈상호작용〉해가면서 그것을 전유하고 변형시킨 강력한 문화세력이었음을 가정할 때, 우리는 비로소 진리에 한 걸음 더 다가갈 수 있다. 교회당국은 세속의학을 단순히 거부하거나 수용했다기보다는 그것을 이용했다. 여기서 이용했다는 말은 세속의학을 새로운 환경에 적응시켰다는 뜻이요, 그럼으로써 은연중에 (그러나 때로는 근본적으로) 그것을 변질시켰다는 뜻이다. 기독교 세계 안에서 세속적 치료전통과 종교적 치료전통의 융합이 진행되었다고 해도 그리 틀린 말은 아니다. 그리스·로마의 의학은 새로운 환경에서 하나님의 전능함이나 섭리나 기적 같은 기독교 이념에 적응해가지 않을 수 없었다. 세속의학은 수도원이 제공한 전혀 새로운 제도적 환경에서 자양분을 부여받아 위기를 넘길 수 있었으며, 더 나아가 자선이라는 기독교의 이상에 기여하는 쪽으로 방향을 틀었던 것이다(병원의 발전과 확산은 그 중요한 결과였다). 그러다가 마침내 세속의학은 대학 내부에 정식제도로 정착되었다. 제도화

11) Bede, *Ecclesiastical History of the English People*, IV. 31, in *Baedae opera historia*, trans. J. E. King, 2 vols. (London: Heinemann, 1930), vol. 2, pp. 91~93. 성자숭배에 관해서는 피터 브라운(Peter Brown)의 뛰어난 연구, *The Cult of Saints: Its Rise and Function in Latin Christianity*를 참조하고, Amundsen, "Medieval Catholic Tradition," pp. 79~83 역시 참조할 것. 기적의 치료에 관해서는 Ronald C. Fiuncane, *Miracles and Pilgrims: Popular Beliefs in Medieval England*, 특히 4~5장을 참조할 것.

[그림 13.3] 아부르카심 아즈자흐라위(Abu-l-Qasim az-Zahrawi, 혹은 Abulcasis)의 저서, 《외과수술과 도구들에 관하여》(*On Surgery and Instruments*)에 수록된 아랍 세계의 외과수술용 도구들. 옥스퍼드, 보들레이언 도서관.

의 덕택으로 의학은 고대에 다양한 철학분과와 맺었던 관계를 회복했으며, 의학의 위상도 과학으로 격상될 수 있었다.

중세 초 의학을 끝내기 전에, 그 중요성을 감안해서 반드시 짚고 넘어가야 할 또다른 방향의 발전을 잠시 살펴보기로 하겠다. 그리스 의서는 8세기부터 아랍어로 번역되기 시작했으며 번역사업은 10세기까지 지속되었다. 번역사업이 완료되었을 때, 그리스어로 작성된 의서의 대부분은 아랍어로 읽을 수 있게 되었다. 여기에는 디오스코리데스의 《약물대전》, 히포크라테스의 여러 작품, 그리고 갈레노스의 거의 모든 작품이 망라되었다. 그리스 의학자료의 이용을 기준으로 이슬람 세계와 서구세계 사이에 얼마나 큰 차이가 있었는지는 갈레노스의 작품만 추적해보아도 잘 알 수 있다. 11세기 이전에 서구에서는 2~3종의 갈레노스 작품이 이용되었을 뿐이지만, 바그다드의 후나인 이븐 이샤크(808~873)는 자신이 아는 갈레노스의 저서를 129종이나 열거했으며, 그 가운데 40종을 혼자서 아랍어로 번역했다고 주장했다.

이 번역물은 이슬람 세계에서 정교한 의학전통이 형성될 기반을 마련해주었다. 그 전통의 몇 가지 특징을 정리해보자. 첫째로 그것은 그리스 의학의 연구성과를 두루 섭렵하고 그리스 의학의 목표와 내용을 충실하게 동화해서 이를 토대로 정립되었다. 둘째로 이슬람 세계에서 출현한 의학사상의 핵심을 형성한 것은 갈레노스의 체계였다. 갈레노스의 해부학과 생리학은 물론이려니와 건강, (전염병을 포함한) 질병, 진단, 치료 등에 대한 갈레노스의 이론이 각광을 받았다. 갈레노스의 영향은 의학과 철학을 재통합했다는 점에서 특히 중요성을 띤다. 실제로 이슬람 세계의 의학사상에서 의학과 철학의 연관성은 현저한 특징으로 자리잡았다.

셋째로 갈레노스의 의학이론은 이슬람 의학의 사고와 실천을 경직된 형태로 구속하지 않았다. 골격을 이룬 것은 갈레노스의 이론이었지만 다른 의학체계와 철학체계도 여기에 합류해서 그 골격을 확장하고 수정해갔던 것이다. 이 점에서 이슬람 의학은 정체성보다는 역동성으로 특징지을 수 있다. 넷째로 이슬람 의학은 그리스 의서를 번역, 유포하는 데 머물지 않았다. 방대한 분량의 의서가 아랍어로 작성되었다. 다양한 부류의 문헌이 생산되었지만 특히 이채로운 것은 의학백과사전류이다. 이 부류는 기성 의학의 이론들과 관행들을 개관하는 형식을 취했다. 이 가운데 훗날 서구의학에 깊은 영향을 미친 것으로는 라지즈(al-Razi: 930년경 죽음)의 《알만소르》, 할리 아바스(Ali ibn Abbas al-Majusi: 994년 죽음)의 《판테그니》, 아비케나(Ibn Sina: 980~1037)의 《의학대전》 등 세 작품을 꼽을 수 있다. 이 세 작품은 그외의 여러 의서와 함께 라틴어로 번역되어, 중세 후반에 서구의학의 형성과 방향전환에 기여했다.[12) 역주〔10〕]

---

12) 이슬람 세계의 의학에 관해서는 Michael W. Dols, *Medieval Islamic Medicine: Ibn Ridwan's Treatise "On the Prevention of Bodily Ills in Egypt"*; Manfred Ullmann, *Islamic Medicine*; Franz Rosenthal, "The Physician in Medieval Muslim Society"; Max Meyerhof, *Studies in Medieval Arabic Medicine*에 수

2. 서구의학의 변신

유럽의 의학전통으로 여러 갈래의 영향이 합류해서 그 특성을 바꾸기 시작한 것은 11세기와 12세기의 일이었다. 이 시기에 진행된 정치경제상의 부흥과 급속한 인구증가는 사회구조의 총체적 변화로 이어졌다. 도시의 팽창과 교육기회의 확장은 이런 변화의 일부였다. 도시의 신설학교는 교육과정을 확장했다. 수도원 환경에서는 중시되지 않았거나 아예 개설되지 못했던 과목도 주목을 끌게 되었다. 반면에 수도원은 자체 개혁운동의 여파로 세속문화로부터 점점 더 멀어져가고 있었다(이 책의 9장 참조). 도시 신설학교의 성장과 수도원 개혁운동이 상승작용을 일으켜, 의학교육의 중심은 수도원으로부터 도시학교로 옮겨갔다. 이에 부응하여 의학의 전문화와 세속화도 급진전되었다. 이런 추세는 도시 엘리트층의 점증하는 의학 서비스 수요와 맞물려서, 돈벌이에 좋은 특권 전문직으로서의 의학의 출현에 기여했다.

이처럼 변모한 의학활동의 첫 사례는 10세기에 이탈리아 남부의 살레르노(Salerno)에서 발견된다. 10세기 말까지 살레르노는 그곳에 운집한 숙련의사들로 높은 명성을 누리게 되었다. 그들 가운데는 성직자와 부녀자도 포함되어 있었다. 공식적 의미에서 의학교는 없었지만 의학활동을 지원하는 센터가 있었다. 점차 유명세를 더해간 이 센터는 남녀를 불문하고 도제수련을 통해 치료기술에 숙달할 기회를 폭넓게 제공했다. 10세기, 나아가 11세기까지도 살레르노에서 번창한 것은 학문으로서의 의학이 아니라 치료기술상의 숙련된 솜씨였다. 그러나 11세기를 거치면서 살레르노 의사 가운데 일부는 실용적 성격의 의서들을 내놓기 시작했다. 12세기 초에 이르면 그곳에서 출판된 의서들은 그 분량과 범위도 확장되었지만 한층 이론적인 성격을 띠게 되었다 — 여기에는 라틴어 번역본으

록된 논문들; 그리고 Siraisi, *Medieval and Early Renaissance Medicine*, pp. 11~13을 참조할 것. 오래전에 출판되었지만 여전히 유용한 참고서인 Lucien Leclerc, *Histoire de la médecine arabe*도 참조할 것.

[그림 13.4] 소변검사를 수행하고 있는 콘스탄티누스 아프리카누스(Constantine the African). 옥스퍼드, 보들레이언 도서관(15세기). 이에 관한 주석은 Loren C. Mackinney, *Medical Illustrations in Medieval Manuscripts*, pp.12~13을 참조할 것.

로 유통되기 시작한 아랍계 의학원전의 철학적·이론적 성격이 반영된 것으로 볼 수 있다. 신간의서들의 대부분은 교재용이었던 바, 교재의 출판은 살레르노에 체계적 의학교육이 출현했음을 반영하는 증거로 볼 수 있다.[13]

12세기에 살레르노의 의학활동에 영향을 미친 (아랍 원전의) 라틴어 번역본은 곧 유럽 전역으로 확산되어 의학의 교육과 실천을 변모시켰다. 최초의 번역사업은 콘스탄티누스 아프리카누스(1065~1085년에 활동)의 것이었다. 그는 베네딕투스 수도사로 이탈리아 남부의 몬테카시노 수도원에 머물면서 살레르노와 긴밀한 접촉을 유지했다. 북아프리카에서 태어난 그는 자연스럽게 아랍어를 익혔으며, 이를 바탕으로 히포크라테스

13) 살레르노 지역에 대한 고전적 연구로는 Paul Oskar Kristeller, "The School of Salerno: Its Development and Its Contribution to the History of Learning"이 있다. McVaugh, "Medicine," pp. 247~249; 그리고 Morris Harold Saffron, *Maurus of Salerno: Twelfth-century "Optimus Physicus" with his Commentary on the Prognostics of Hippocrates*도 참조할 것.

와 갈레노스의 아랍어 번역본, 할리 아바스의 《판테그니》, 후나인 이븐 이샤크의 의서 등 여러 의학자료를 라틴어로 번역했다. 역주〔11〕 많은 번역자들이 줄을 이었다. 그들은 이탈리아 남부와 에스파냐를 중심으로 150여 년에 걸쳐 단계적으로 그리스·아랍의 의학체계를 아랍어로부터 라틴어로 번역해갔다. 크레모나의 제라르도(Gerard of Cremona: 1114년경~1187)는 톨레도(Toledo)에서 갈레노스의 작품, 라지즈의 《알만소르》, 아비케나의 방대한 《의학대전》 등을 번역했다. 이 새로운 번역물은 서구 의학지식의 폭과 깊이를 크게 늘려주었을 뿐만 아니라 서구의 의학을 중세 초에 비해 한층 철학적인 방향으로 이끌었다. 마침내 그 번역물은 새롭게 제도화된 대학에 수용되어 의학교육의 형식과 내용을 결정하게 되었다.[14)]

3. 의 사

오늘날 우리는 의학을 전문직으로 여기며, 장기간 전문교육을 이수하고 전문자격증을 취득한 자만이 의학을 펼칠 수 있다고 생각한다. 그러나 이런 모델을 중세에 대입하면 오류를 범하기 쉽다. 이보다는 오늘날의 목수와 비교하는 편이 더욱 유용할 것이다. 목수의 일은 초보적인 집수리부터 건축업계의 전문목수로서의 활동, 나아가서는 토목공학과 건축학에 이르기까지 다방면에 두루 걸쳐 있다. 초보적 집수리처럼 가장 간단한 목수 일은 누구나 할 수 있는 것이다. 주말마다 취미삼아 고(古)가구를 보수하는 아마추어 목수에게는 이보다 많은 지식과 기술이 필요할 것이다. 건축공사에 투입되는 인력은 대부분 도제를 거치면서 목수 일을 배운 전문목수이다. 마지막으로 토목공학과 건축학은 목수 일에 이

14) Michael McVaugh, "Constantine the African," *Dictionary of Scientific Biography*, vol. 3, pp. 393~395; McVaugh, "Medicine," pp. 248~249; 그리고 이 책의 9장을 참조할 것.

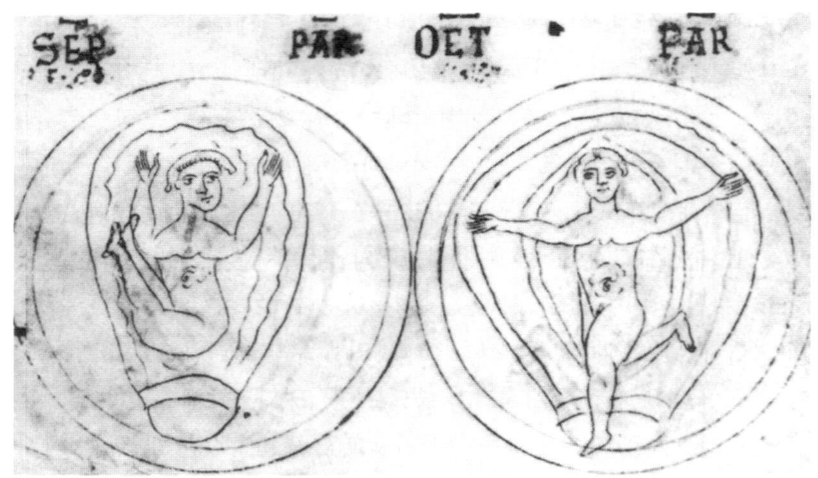

[그림 13.5] 자궁 속의 태아. 코펜하겐, 왕립도서관(Kongelige Bibliotek, 12세기).

론지식을 부과한다.

중세 의학의 관행도 크게 다르지 않았다. 집 안에서 치료하는 간단한 의학지식은 거의 모든 사람의 몫이었다. 더 전문적인 지식이 필요한 경우에는 이런저런 질병을 치료하는 솜씨로 알려진 이웃을 찾아가면 되었다. 이런 이웃은 마을마다 있었으니, 그 위쪽으로 의학 전문지식 및 전공의 사다리가 펼쳐진다. 산파와 접골사, 약초 및 약초 치료제에 정통한 자는 거의 모든 마을에 살았다. 도시에서는 다양한 부류의 "임상 치료사"가 활동했다.[역주12] 이런 부류의 전문영역은 상처치료, 이빨치료, 간단한 외과수술(이를테면 종기 제거, 탈장수술, 담석 제거수술) 같은 것이었다. 한 단계 높은 전문화의 수준에서는 약종상, 숙련 외과의, 도제훈련을 거친 전문의가 활동했으며, 가장 높은 단계에는 대학교육을 받은 내과의가 자리하고 있었다. 이런 위계는 고정된 질서나 엄격한 서열이 아니었다. 그것은 지역에 따라 달라질 수 있었다. 그 위계를 더욱 복잡하게 만든 것은 낮은 단계부터 높은 단계까지 두루 분포된 부류, 즉 세속적인

[그림 13.6] 12세기에 살레르노에서 활동한 여의사 트로툴라(Trotula)의 모습. 런던, 웰컴 인스티튜트(Welcome Institute) 도서관(12세기).

동시에 종교적인 의사(즉, 의료행위와 종교적 의무를 동시에 추구한 성직자이자 의사인 부류)였다. 위계 내의 각 단계를 가르는 기준도 분명치 않았다. 의사를 위한 면허나 규제가 있었다면 그런대로 명백한 기준이 정립될 수 있었겠지만, 그런 제도는 중세 후반에서야 서서히 정착되었으며 그나마 모든 지역에서 효력을 발휘하지도 못했다. 그렇지만 이와 유사한 위계와 등급이 중세 의학의 전반적 특징을 보여준다는 데는 이의가 있을 수 없다.15)

중세 유럽에서 활동한 의사의 수효에 관해서는 우리는 피상적 데이터밖에 가진 것이 없다. 그럼에도 우리 데이터로 조각 맞추기를 하다 보면 뭔가 배울 만한 것이 있다. 1338년에 피렌체의 인구는 12만 명이었고 면

15) Siraisi, *Medieval and Early Renaissance Medicine*, pp. 17~21; Katharine Park, *Doctors and Medicine in Early Renaissance Florence*, pp. 58~76; Edward J. Kealey, *Medieval Medicus: A Social History of Anglo-Norman Medicine*, 2장. Rpbert S. Gottfried, *Doctors and Medicine in Medieval England 1340~1530*은 참조 시에 각별한 주의가 요망된다.

허를 소지한 의사는 60명 정도였다(이 수치는 인구대비 의사수에서 유럽 평균을 훨씬 상회한다는 점에서 당시 피렌체는 축복받은 땅이었다). 이 수치는 (외과의라든가 문맹의 "임상 치료사"를 포함한) 모든 부류의 의사수를 합친 것이다. 흑사병으로 인해 인구가 현저하게 감소한 20년 뒤에도 피렌체에서는 56명의 면허소지 의사가 활동했다. 당시 인구가 4만 2천 명 정도였음을 감안하면 주민 1만 명당 12 내지 13명의 의사가 있었던 셈인데, 이 비율은 14세기 말까지 유지되었다.[16] 반면에 시골지역에서는 정규교육을 받은 내과의에게 진료받을 기회가 거의 없었을 것이다.

중세 의사 가운데는 다수의 여성이 포함되어 있었다. 여성의 활동은 산파역과 부인병 치료에 국한되었던 것이 아니라 다른 전문분야에도 두루 걸쳐 있었다. 가장 유명한 여의사는 12세기 살레르노 출신인 트로타(Trota) 혹은 트로툴라(Trotula)였다. 그녀의 것으로 널리 알려진 산부인과학 저술은 그녀의 작품이 아닐 가능성이 높다. 오히려 그녀는 실용적인 치료법과 조언을 폭넓게 다룬 대중용 저서를 작성했던 것으로 추정된다.[역주〔13〕] 유럽의 일부 지역에서는 다수의 유대인 의사도 활동하고 있었다.[17]

---

16) Park, *Doctors and Medicine*, pp. 54~58.

17) 여성 치료사들에 관해서는 Siraisi, *Medieval and Early Renaissance Medicine*, pp. 27, 34, 45~46; John Benton, "Trotula, Women's Problems, and the Professionalization of Medicine in the Middle Ages"; Edward J. Kealey, "England's Earliest Women Doctors"; Monica H. Green, "Women's Medical Practice and Medical Care in Medieval Europe" 등을 참조할 것. 유대인 의사들에 관해서는 Elliot N. Dorff, "Jewish Tradition," in Numbers and Amundsen, *Caring and Curing*; Luis García Ballester, Lola Ferre, and Edward Feliu, "Jewish Appreciation of Fourteenth-Century Scholastic Medicine" 등을 참조할 것.

4. 대학에서의 의학

우리가 알고 있는 중세 유럽의 내과의들은 대부분이 공식으로 제도화된 의학교에서 연구했거나 가르친 부류였다. 식자층인 그들은 오늘날 전해지는 기록물을 남긴 주역이기도 했으며, 따라서 우리는 그런 기록물로부터 그들의 신원과 그들의 연구, 그리고 그들이 참여한 의학활동의 성격을 배울 수 있다.[18]

정식 의학교육은 10세기와 11세기에 성당 학교에서 처음 출현했던 것으로 보인다. 당시 의학교육은 직업의사의 양성을 위한 것이 아니라 (비직업적인) 일반교육의 일환으로 이루어졌다. 때 이른 사례로 샤르트르 성당 학교에서는 990년경에 의학교육이 실시되었으며 11세기에는 다른 지역의 비슷한 학교에도 의학교육이 도입되었다.[19] 그렇지만 그리스·아랍 의서의 새로운 번역본을 처음으로 소화한 것은 12세기의 살레르노였다. 의학이 전문직 학문으로 처음 출현한 곳도 살레르노였다. 이런 발전의 결정적 동기가 단지 지적 호기심이나 이타심이었다고는 보기 힘들다. 이런 동기도 얼마간 작용하고 있었지만 결정적 동기는 신분상승과 직업적 출세를 향한 욕망이었다. 이미 살펴보았듯이 내과의들은 의료 행위자의 위계에서 정점을 차지하고 있었으며 모두가 식자층에 속했다. 이제 그들은 법학 같은 다른 전문직 학문을 모방해 관련 전문가에게 공식면허를 발급함으로써 사회적 신분을 높일 가능성을 파악했던 것이다. 목표는 의학의 위상을 기술로부터 과학으로 높이는 것이었다. 살레르노의 추세가 널리 영향을 미쳐 13세기에는 몽펠리에대학, 파리대학, 볼로냐대

---

18) 대학에서의 의학에 관해서는 Siraisi, *Medieval and Early Renaissance Medicine*, 3장; McVaugh, "Medicine," pp. 249~252; Vern L. Bullough, *The Development of Medicine as a Profession: The Contribution of the Medieval University to Modern Medicine*, 특히 3장; 그리고 Faye M. Getz, "The Faculty of Medicine Before 1500" 등을 참조할 것.

19) McVaugh, "Medicine," p. 247.

[그림 13.7] 의학교육. 아비케나, 《의학대전》의 사본으로부터 전재함. 파리, 국립도서관(14세기).

학 등의 의학부가 크게 성장했다. 이보다는 중요성이 덜했지만 파도바, 페라라, 옥스퍼드 등 다른 대학에도 의학부가 개설되었다.

중세 대학 안에 의학이 제도화된 것은 의학이론 및 실천의 역사에서 큰 분수령에 해당하는 사건이었다. 첫째, 의학의 제도화는 의학연구의 연속성을 보증해주었으며, 대학 출신 의사 공동체가 중세로부터 현대에 이르기까지 꾸준한 영향력을 행사할 수 있도록 그 연속성의 기반을 마련해주었다. 둘째, 의학은 다른 기관이 아닌 대학에 그 제도적 기반을 마련함으로써 다른 학문분과들과 긴밀한 관계로 엮일 수 있었다. 이처럼 긴밀한 관계는 의학의 발전양상을 결정했다. 모든 대학이 그랬던 것은 아니지만, 의학연구의 선행조건으로 교양학부의 학위가 요구된 것은 그 관계의 전형적 사례로 볼 수 있다. 이는 의학도가 논리학적 · 철학적 도구들로 무장하게 되었음을 뜻하는 바, 이 도구들은 의학을 좋든 나쁘든, 하나의 엄밀한 학문사업으로 변모시켜주었다. 뿐만 아니라 의학은 교양분과들과의 친밀한 관계를 기회로, 아리스토텔레스 자연철학이나 점성술 이론도 (점성술의 단짝인 천문학과 함께) 이용할 수 있게 되었다. 아리스토텔레스 자연철학의 주요원리가 의학에 접목되었음은 물론, 점성술 이론은 의사의 진단과 치료에서 중요한 일부를 형성하게 되었다. 그러면 이제부터 의학교육 과정을 잠시 검토해보기로 하자.

살레르노에서 최초로, 이후로는 다른 의학교에서도 그러했듯이, 의학교육은 퍽 오랜 세월 동안 일련의 단편적 의학논고들을 중심으로 전개되었다. 단편적 논고들은 한 권의 총서로 편집되어 간단히 '의술총서'(*Articella*) 라 불리기도 했다. 역주〔14〕 시간이 흐르면서 이 총서에는 다른 논고들이 추가되었다. 후나인 이븐 이샤크(Hunayn ibn Ishaq: 서구에서는 'Johannitius'라고 불린 인물) 의 의학입문이 추가되었고, 히포크라테스 전집에서 선별된 몇몇 단편이 추가되었으며, 소변검사 및 진맥에 관한 논고가 포함되었다. 14세기와 15세기에는 갈레노스, 라지즈, 할리 아바스, 아비케나 등의 논고가 더 첨가되었다. 이 교육과정의 현저한 특징은 철학 쪽으로 기울어진 성향이었다. 의학이론은 자연철학의 한층 포괄적인 원리를 추종할 것이 요구되었다. 교수방법으로는 스콜라주의 교육체계의 전형적 방법이 채택되었다. 권위 있는 원전을 주석하고 주석과정에서 불거진 쟁점을 토론하는 방법이 그것이었다. 그렇다고 해서 대학의 의학이 이론적이기만 한 것은 아니었으며, 교재의 주석에만 치우친 것도 아니었다. 그렇다고 단언하는 견해가 없는 것은 아니지만, 대학 의학교수 가운데는 개인 의료행위를 부업으로 수행하는 자가 적지 않았으며, 의학도들에게는 임상경험과 관련된 숙제가 자주 부과되었다.[20]

---

20) 교육과정에 관해서는 Siraisi, *Medieval and Early Renaissance Medicine*, pp. 65~77; Siraisi, *Taddeo Alderotti and His Pupils: Two Generations of Italian Medical Learning*, 4~5장; Siraisi, *Avicenna in Renaissance Italy: The "Cannon" and Medical Teaching in Italian Universities after 1500*, 3장; Getz, "Faculty of Medicine"; 그리고 McVaugh, "Medicine," pp. 248~253을 참조할 것. '*Articella*'의 내용에 대한 전체적 이해는 그 총서의 가장 근본적인 구성요소인 후나인 이븐 이샤크의 《이사고게》(*Isagoge*) 에서 얻을 수 있다. 이 논고는 Grant, *Source Book*, pp. 705~715에 역주와 함께 번역되어 있다.

끝으로 학생수는 얼마나 되었을까? 학생수에 대한 우리의 이해는 몇몇 단편적 데이터에 의존한다. 15세기의 첫 15년 동안에 (유럽 최대의 의학교 중 하나였던) 볼로냐대학 의학부는 내과의학에서 65명, 외과의학에서 1명의 학위소지자를 배출했다. 뒤이은 30년 동안, 역시 이탈리아 북부에 소재한 토리노(Torino) 대학은 총 13명에게 의학 박사학위를 수여했다. 독일의 튀빙겐(Tübingen) 대학은 설립(1477) 이후 60년 동안 격년꼴로 의학학위를 수여했다. 당연히 재학생의 수는 학위수여자에 비해 훨씬 많았을 것이다. 대부분의 재학생이 교육과정을 완결하지 못한 채 중도 탈락했기 때문이다. 입학생과 졸업생의 비율은 약 10 : 1 정도였을 것으로 추정된다. 이러한 수치들로부터 우리는 대학에서 교육받은 내과의, 특히 의학 박사학위를 받은 내과의는 아주 희귀한 존재였을 것이요, 이들은 도시 엘리트층에 속했고 대개의 경우는 부자와 권력자만이 그들의 치료를 받을 수 있었을 것이라고 추정할 수 있다.[21]

5. 질병, 진단, 예후, 그리고 치료

중세에 의사들이 어떤 의학이론을 선호하고 무슨 진단법과 치료법을 사용했는지는 의사 개개인의 교육수준이나 전공이나 직업환경에 따라 달랐다. 대학에서 교육받은 내과의들의 관점과 치료절차는 대체로 잘 알려진 편이다. 하지만 이 부류의 신조와 관행은 아래쪽으로 흘러내려 낮은 부류의 의료 행위자에게 영향을 미쳤을 것이라고 믿을 만한 증거도 있다. 라틴어를 모르고 자국어만 아는 의사를 위해 라틴어 의서들이 유럽 각국어로 번역되거나 발췌 번역된 많은 사례가 바로 그런 증거에 해당한다.[22] 역으로 민간의학과 민간치료법은 위쪽으로 침투해서 전문의학,

---

21) 여기에서 제시된 수치들은 모두 Siraisi, *Medieval and Early Renaissance Medicine*, pp. 63~64로부터 인용되었다. 옥스퍼드대학과 관련된 통계자료는 Getz, "Faculty of Medicine"을 참조할 것.

나아가서는 대학의 의학에 얼마간 영향을 미칠 수 있었다. 그러므로 왜곡된 판단을 피하려면, 중세의 모든 치료활동은 그 이론과 실천 면에서 몇 가지 근본요소를 공유했던 것으로 볼 필요가 있다. 이제부터 그 근본요소를 살펴보기로 하자.

중세의 질병이론에서 근간을 이룬 것은 개인마다 각기 고유한 〈체질〉(*complexion*) 내지 기질이 있으며, 각 체질은 각 개인의 인체를 구성하는 네 원소, 그리고 네 원소에 상응하는 네 성질(열, 냉, 습, 건)이 어떤 균형상태를 이루느냐에 따라 결정된다는 관념이다. 체질은 개인마다 다르기 때문에 어떤 사람에게는 정상적인 균형이 다른 사람에게는 비정상적인 균형일 수 있는 것으로 이해되었다. 체질이론은 몸이 생리학적으로 중요한 네 체액(혈액, 점액, 흑색 쓸개즙, 적색 혹은 황색 쓸개즙)을 갖는다는 관념과 밀접하게 연관되었다. 즉, 네 체액은 네 성질의 적절한 균형을 유지해주는 수단으로 이해되었다. 네 성질이 적절한 균형을 이루면 건강이요, 불균형을 이루면 질병이었다. 이를테면 열병은 심장으로부터 열이 비정상적으로 과도하게 방출된 탓으로 간주되었다. 끝으로 건강과 질병은 '비자연적인 것들'(*non-naturals*)이라 불린 일련의 조건에 의해 영향을 받는 것으로 믿어졌다. 마시는 공기, 음식과 음료, 수면과 불면, 활동과 휴식, (영양소들의) 정체와 배출, 정신상태 등이 그런 조건이었다.[23]

어떤 개인이 정상적 체질로부터 이탈한 결과가 질병이라면, 치료는 균형의 회복을 향해야 마땅할 것이다. 균형의 회복을 위해서는 다양한 기술이 이용될 수 있었다. 우선 식이요법이 있었다. 네 체액은 음식물 섭취의 최종 결과물이기 때문에 적절한 식이요법은 건강유지에 절대적 중요

---

22) Faye M. Getz, "Charity, Translation, and the Language of Medical Learning in Medieval England"; Getz, *Healing and Society in Medieval England*.

23) Siraisi, *Medieval and Early Renaissance Medicine*, pp. 101~106; Grant, *Source Book*, pp. 705~709; L. J. Rather, "The 'Six Things Non-Natural': A Note on the Origins and Fate of a Doctrine and a Phrase".

성을 갖는 것이었다. 균형의 회복을 위해 약물이 처방될 수도 있었는데, 약물도 역시 네 성질에 따라 분류되었다. 이보다 과감한 처치가 필요하다고 판단되면 강제배변이나 강제구토나 방혈(防血)을 통해 과도한 체액을 강제 배출시킬 수 있었다. 위와 같은 수단 가운데 무엇을 사용할 것인가를 결정하려면, 내과의는 환자의 생활습관이나 양생법(식사, 운동, 수면, 성생활, 목욕 등과 같은 것)을 깊이 연구할 필요가 있었다. 그리함으로써 의사는 환자에 고유한 체질을 확인하고 그 체질의 유지에 필요한 양생법을 처방할 수 있었다. 실제로 의사가 효과를 극대화하기 위해서는 환자의 행동거지를 꽤 오랜 기간 동안 밀착 관찰할 필요가 있었다. 이런 일은 대학졸업 후 부유한 후견인에게 고용된 내과의에게나 가능했겠지만, 어쨌든 이런 부류의 내과의는 후견인을 일정 기간에 걸쳐 관찰한 후에 건강유지나 회복에 필요한 조언을 제공했다. 내과의가 의학적 조언자로 묘사되곤 한 것은 이런 맥락에서였다. 의학적 조언은 대학의 의학과 이보다는 덜 전문적인 부류의 의료활동을 지배한 이상(理想)이기도 했다. 의사의 최우선 임무는 오늘날 우리가 예방의학이라 부르는 활동에 있었으며, 예방수단이 실패할 때는 적절한 치료법이 뒤따랐다.[24)]

중세 의학에서 가장 흔한 형식의 치료는 약물요법이었다. 적절한 약물을 결정하고 조제하는 능력은 약효에 대한 지식과 함께, 대부분의 의료행위자에게 가장 소중한 재산목록이었다. 단일약재가 처방될 때도 있었고 여러 약재가 혼합 처방될 때도 있었다. 약재의 성분은 대부분이 약초였지만 동물이나 광물이 이용되기도 했다. 약물의 대부분은 민간요법에서 나온 것이었다. 이런 약물은 장구한 세월에 걸쳐 적어도 외견상으로는 성공적으로 이용되었기 때문에 허용된 것이었다. 일례로 시골의 의료행위자는 어떤 식물이 설사제〔下劑〕로 좋고, 진통제로 좋은지를 오랜 경험에서 배울 수 있었다. 어쨌든 중세에 사용된 다양한 약물 가운데는 실

---

24) 질병치료에 관해서는 Siraisi, *Medieval and Early Renaissance Medicine*, 5장; 그리고 Grant, *Source Book*, pp. 775~791을 참조할 것.

[그림 13.8] 약재 상점. 런던, 영국 국립도서관(14세기). 동 도서관의 허락을 얻어 전재함.

제로 효험이 있는 것도 있었지만, 그 대다수는 단지 해롭지 않은 수준의 것이었으며, 소수이지만 위험한 약물도 있었다. 지나치리만치 혐오스러운 약물도 있었다. 코피에 돼지 똥을 사용하는 치료법이 그러했는데, 이 경우에는 코피를 치료하는 것이 코피 터진 채 놔두기보다 해로웠을 것이다.[25)]

중세의 약물요법에는 민간전승에서 유래하는 경험적 구성요소가 큰 부분을 차지했지만, 그리스·아랍 의학전통에서 유래하는 강력한 이론적인 구성요소도 있었다. 서구에서 디오스코리데스의 《약물대전》은 몇 차례 수정증보를 거치면서 근근이 명맥을 잇고 있었을 뿐이지만, 12세기에는 새롭고도 한층 영향력이 강한 의학총서들이 등장했다. 그러다 마침내 갈레노스와 아비케나의 의서를 위시한 다양한 의학고전들이 새로 번역되어 약물지식의 체계화에 필요한 이론적 토대를 제공했다. 여기서 설

25) 약물요법에 관해서는 Siraisi, *Medieval and Early Renaissance Medicine*, pp. 141~149(코피에 돼지 똥을 처방하는 대목은 p. 148); 그리고 Jones, *Medieval Medical Miniature*, 4장을 참조할 것.

정된 근본이론은 자연물이란 저마다 치료속성을 가지며 이 치료속성은 각 자연물의 일차적 성질(열, 냉, 습, 건)과 깊은 관련이 있다는 것이었다. 아비케나는 이런 이론에 또 하나의 중요한 발상을 덧붙였다. 약재(藥材)는 각자의 일차적 성질과는 동떨어진 "특수한 형상"을 가질 수도 있다는 것이었다. 이런 발상은 네 가지의 일차적 성질에 의해서는 설명되기 힘든 치료효과를 설명해줄 수 있었다. 일례로 12세기의 《니콜라우스의 해독법》이 '테리아카'(*theriac*: 독사와 여러 성분을 섞어서 조제된 약물)에게 만병통치약에 가깝게 다양한 효능을 부여한 것은 그 약재가 '특수한 형상'이라는 관점에서였다. 역주〔15〕

> 테리아카는… 인체의 어느 부위에서 일어난 것이든 심한 통증에 효험이 있다. 그것은 간질, 근육경직〔强硬症〕, 기절〔卒中〕, 두통, 위통, 편두통 등을 치료한다. 그것은 쉰 목소리와 가슴 답답한 증세〔狹塞症〕에도 효험이 있어, 기관지염, 천식, 각혈, 황달, 수종(水腫), 폐렴, 복부통증〔疝痛〕, 장 손상, 신장염, 결석(結石), 쓸개즙 과다분비 등을 치료한다. 그것은 월경을 재차 유도하여 죽은 태아를 밖으로 내보낸다. 그것은 문둥병, 천연두, 냉증, 그밖의 쓸개즙으로 인한 질병을 치료한다. 특히 그것은 모든 종류의 독에 효험이 있어 뱀과 파충류의 물린 상처를 치료한다…. 그것은 모든 종류의 감각마비를 일소하고 심장과 뇌와 간을 튼튼하게 하며 몸 전체를 건강하게 만들고 유지한다.[26]

또다른 문제에도 이론적 관심이 집중되었다. 여러 약재를 섞은 약물의 경우에 각 약재의 성질이 약 전체의 속성을 얼마나 결정하느냐는 문제가 그것이다. 이슬람 세계와 유럽 전역에서 (수학적 분석을 포함한) 정교한

---

26) 인용문은 Grant, *Source Book*, p. 788에 마이클 맥보(Michael McVaugh)의 번역으로 수록되어 있음. 이 같은 치료속성들의 목록 다음에는 테리아카 제조비법이 소개된다. 테리아카에 관해서는 McVaugh, "Theriac at Montpellier"도 참조할 것.

이론적 논의가 줄을 이었다. 앞서 12장에서 논의된 형상 및 성질의 가감에 관해 다양한 학설이 발전할 수 있었던 것은, 각 학설을 약학이론에 대입하는 과정에서였던 것으로 보인다.[27)]

우리는 지금까지 중세의 질병과 치료법을 논의했다. 논의를 마치기 전에 꼭 언급해두고 싶은 두 가지의 유명한 진단기법이 남아 있다. 소변검사와 진맥이라는 두 진단기법은 이미 고대에 갈레노스를 위시한 여러 저자들이 추천했지만, 아비케나의 《의학대전》과 《의술총서》(*Articella*)를 통해 한층 깊은 영향을 미치게 되었다. 《의학대전》은 두 기법을 길게 논의했으며, 《의술총서》는 두 기법 각각에 대해 한 편씩의 짧은 논고를 할애했다. 이 두 작품의 영향으로 소변검사와 진맥은 중세 후반의 진단기법에서 중추를 차지하게 되었다. 소변검사는 간의 상태를 알려주며 진맥은 심장의 상태를 알려준다고 주장되었다. 소변의 특징 중에서는 빛깔, 농도, 냄새, 청탁(淸濁)이 중시되었다. 일례로 13세기 초에 의서를 집필한 피에르 질(Pierre Giles of Corbeil)은 "소변이 탁하고 흰 우윳빛이거나 푸른빛이 섞여 있으면, 수종, 장 손상, 결석, 두통, 쓸개즙 과다분비, 사지의 류머티즘, 혹은 체액 이상분비를 가리킨다"라고 적었다.[28)] 이렇듯 다양한 소변 색과 다양한 질병 사이의 상관관계를 표시하기 위해 일람표를 사용한 것은 중세 의서의 공통된 특징이기도 했다(〔그림 13. 9〕를 참조할 것).

한편 내과의는 환자의 진맥을 통해 맥박의 강도·길이·규칙성·간격 등을 판정하려 했다. 맥박은 여러 종류로 나뉘었으며 다양한 분류체계가

---

27) 이를테면 Michael McVaugh, "Arnald of Villanova and Bradwardine's Law"; McVaugh, "Quantified Medical Theory and Practice at Fourteenth-Century Montpellier"를 참조할 것. Arnald de Villanova, *Opera medica omnia*, vol. 2: *Aphorismi de gradibus*에 붙인 맥보의 서문도 참조할 것.

28) 인용문은 Grant, *Source Book*, p. 749에 마이클 맥보의 번역으로 수록되어 있다. 소변검사에 관해서는 MacKinney, *Medical Illustrations*, pp. 9~14; 그리고 Jones, *Medieval Medical Miniatures*, pp. 58~60을 참조할 것.

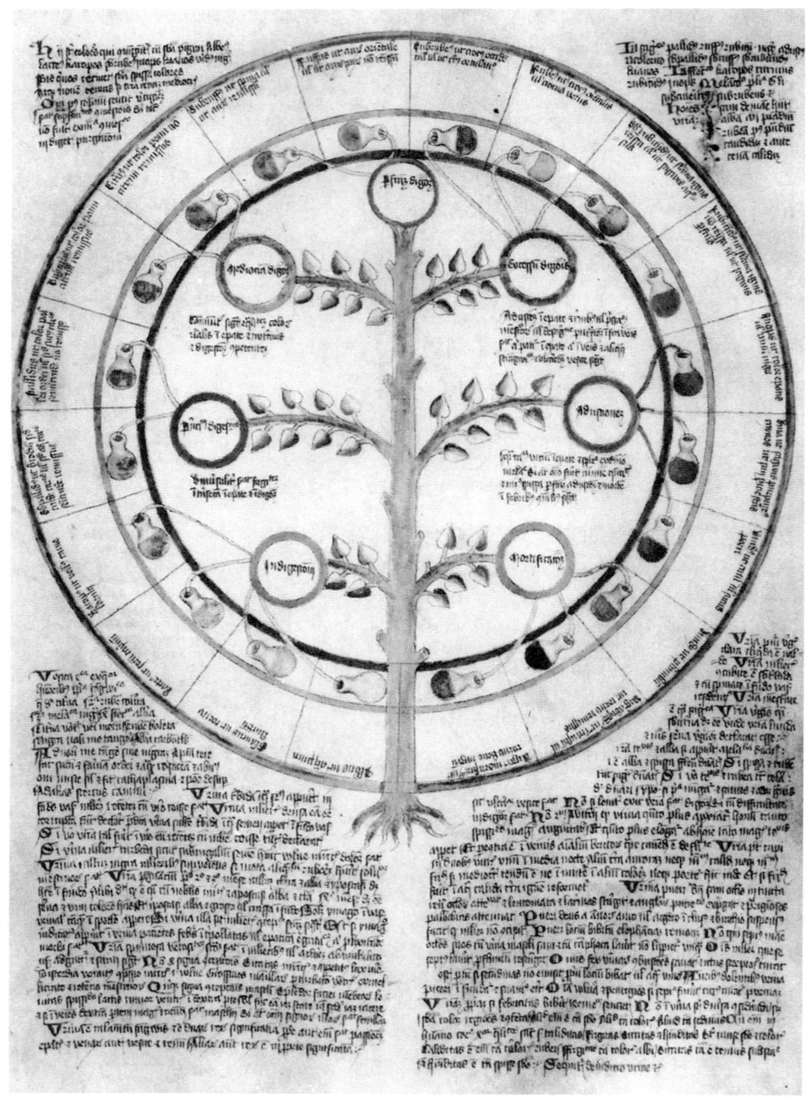

[그림 13.9] 소변 색의 변화를 소화과정의 여러 단계와 연관시킨 소변색 일람표. 웰컴 인스티튜트 도서관(15세기). 이 표에 대한 상세한 주석은 Nancy G. Siraisi, *Medieval and Early Renaissance Medicine*, p.126을 참조할 것.

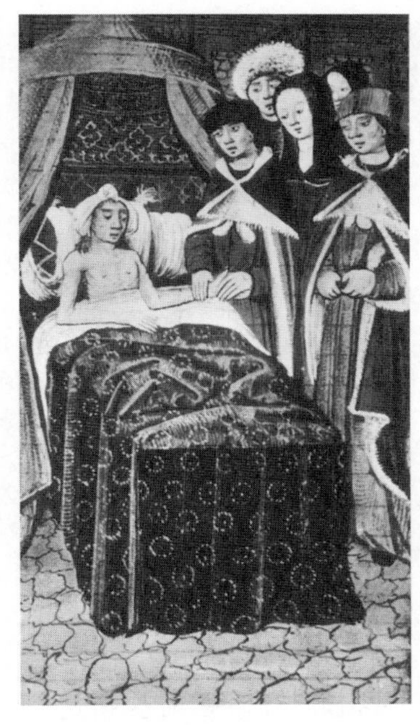

[그림 13.10] 맥박에 의한 진단. 글래스고우대학 도서관(5세기). 이 삽화에 대한 논의는 MacKinney, *Medical Illustrations from Medieval Manuscripts*, pp.16~17을 참조할 것. 글래스고우대학 도서관의 허락을 받아 전재함.

개발되었다. 13세기에 어느 익명의 저자는 다음과 같은 분류체계를 제시했다.

> 내과의는 여러 방식으로 맥박의 종류를 나누는데, 특히 다음 다섯 항목에 따라 분류한다. (1) 동맥의 운동; (2) 동맥의 상태; (3) 심장의 팽창과 수축에 걸리는 시간; (4) 맥박의 강약; (5) 박동의 규칙성이나 비규칙성. 이상의 항목을 고려함으로써 10종류의 맥박이 구별된다.[29)]

쇠약한 맥박이 임종시간의 예측에 이용되었듯이, 진맥은 진단만이 아니라 예후에도 유용한 것이었다.

---

29) 인용문은 Grant, *Source Book*, p. 746에 마이클 맥보의 번역으로 수록되어 있다. 진맥에 관해서는 MacKinney, *Medical Illustrations*, pp. 15~19도 참조할 것.

이제까지 우리의 논의에서 비켜간 주제가 하나 더 남아 있다. 의학적 점성술이 그것이다. 의학적 점성술은 중세 의학의 이론과 실천에 골고루 침투해 있었으며, 모든 부류의 의료 행위자에게 의학적 신조와 치료수단을 결정해준 요소의 하나였다. 행성의 영향이 질병의 원인이고 치료와도 관련된다는 믿음은 나름대로 충분한 근거를 가진 것이었다. 우선 의학의 권위자들이 그 근거가 될 수 있었다. 히포크라테스의 의서 중 여러 편이 별의 영향력을 긍정한 것으로 해석될 수 있었거니와, 중세 후반에는 의학적 점성술을 다룬 한 편의 논고가 히포크라테스의 이름으로 유통되기도 했다. 그렇지만 무엇보다 중요한 것은, 스스로 자연철학의 근본원리를 이해했다고 믿은 사람치고 하늘이 인체와 그 환경에 영향을 미친다는 것을 의심한 사례는 전혀 없었다는 점이다. 하늘이 건강과 질병에 영향을 미친다는 것을 의심할 이유는 전혀 없었다.[30)]

별의 영향은 임신할 때부터 시작되어 태아의 기질이나 체질을 형성한다. 태어난 후에도 모든 사람은 별의 힘을 끊임없이 받아들인다. 별은 직접적으로든 주변의 공기를 통해 간접적으로든, 개개인의 기질, 건강, 질병에 영향을 미친다. 별의 영향은 1347~1351년의 흑사병처럼 엄청난 규모의 집단 전염병을 설명할 때도 자주 언급되었다. 일례로 그 예외적 집단 전염병을 설명하라는 압력을 받자, 파리대학 의학부는 1345년에 발생한 3행성(목성, 토성, 화성) 회합으로 인해 공기가 오염된 결과라는 설명을 제시했다.[31)]

---

30) 의학적 점성술에 관해서는 Siraisi, *Alderotti*, pp. 140~145; Siraisi, *Medieval and Early Renaissance Medicine*, pp. 68, 111~112, 123, 128~129, 134~136, 149~152; 그리고 Jones, *Medieval Medical Miniatures*, pp. 69~74를 참조할 것.

31) 흑사병에 관해서는 MaVaugh, "Medicine," p. 253; Siraisi, *Medieval and Early Renaissance Medicine*, pp. 128~129; Grant, *Source Book*, pp. 773~774 등을 참조할 것. 흑사병에 관한 최근 연구를 개관한 것으로는 Daniel William, ed., *The Black Death: The Impact of the Fourteenth-Century Plague*, pp. 9~22에 수록된 시라이시(Siraisi)의 서문을 참조할 것.

질병이 발생하면 내과의는 효과적 처방을 위해 행성의 배열상태를 설명할 필요가 있었다. 약물의 조제와 투여는 행성들이 우호적 배열을 이룬 시점에 맞추어야만 했다. 적절한 투약은 점성술적 요인을 고려해야 했던 것이다. 방혈 같은 외과 처치에 좋은 시간〔吉時〕도 결정할 필요가 있었다. 실제로 많은 외과용 책자에는 특정 부위의 방혈에 길한 시간을 독자에게 알려주는 "방혈 도해"가 수록되곤 했다. 끝으로 히포크라테스

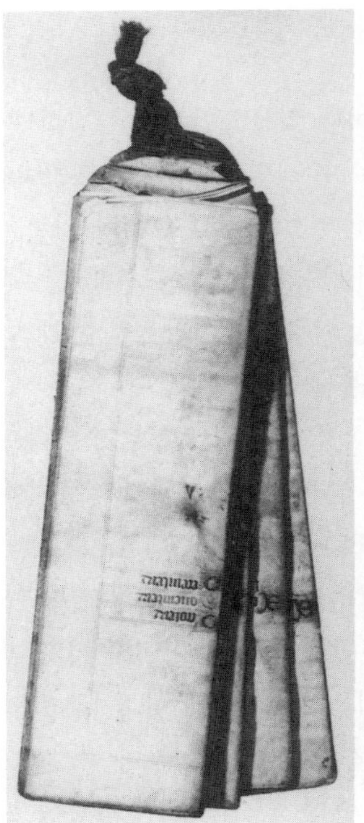

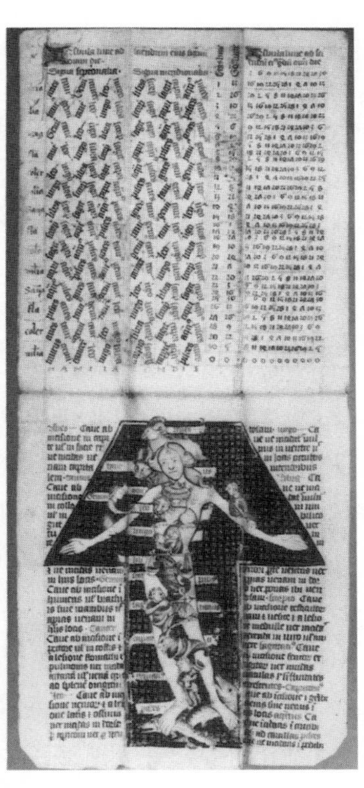

[그림 13.11] 내과의의 허리휴대용 책(*girdle book*). 웰컴 인스티튜트 도서관. 내과의가 허리띠에 걸고 다닌 휴대용 지침서. 왼쪽의 삽화는 페이지들이 중첩된 모습, 오른쪽의 삽화는 점성술 정보가 수록된 한 페이지를 보여주고 있다. 상세한 논의는 John E. Murdoch, *The Album of Science: Antiquity and the Middle Ages*, pp.318~319를 참조할 것.

는 "고비일"(*critical days*)에 관한 이론, 즉 중병의 진행은 몇 차례의 고비 내지 반전을 겪는다는 이론을 제시한 바 있었는데, 그 이론도 점성술과 엮여졌다. 고비를 넘길 때마다 그 길흉을 결정한다고 믿어진 요인 중에는 언제 위기가 발생하느냐, 즉 위기가 점성술상의 길일에 발생하느냐 흉일에 발생하느냐는 것이 포함되어 있었다.

6. 해부학과 외과의학

중세의 주된 의료행위는 식이요법이나 약물요법처럼 평범한 형식에 치우쳐 있었음이 분명하다. 그렇지만 어떤 질병이나 응급사태는 더욱 과감한 개입과 처치를 필요로 했다. 유럽에는 이처럼 육체를 외과적으로 처치할 자세를 갖춘 의사들이 상존했다. 외과의는 종류도 많았거니와 전공과 교육수준도 각양각색이었다. 특정 외과 처치에만 능숙한 떠돌이 임상 치료사(*empirics*)도 있었지만, 대학을 졸업하고 국왕이나 교황의 주치의로 활동한 외과의도 있었다. 외과의학을 낮은 기술로 여겨 대학교육을 받은 내과의의 권위 밑에 두는 경향은 늘 있었다. 그러나 남유럽에서는 외과의들이 대학 내에 외과의학을 제도화하여 지적 위상을 확보한 사례도 있었다. 프랑스의 몽펠리에와 이탈리아의 볼로냐가 그런 경우였다. 12세기와 13세기에는 다수의 외과용 아랍어 의서들이 라틴어로 번역되어 이용할 수 있게 되었다. 번역된 의서들의 자극을 받아, 이제 유럽인들은 스스로 외과용 의서의 전통을 확립해갔다. 유럽인들이 작성한 것 중 영향력이 가장 큰 외과용 의서로는, 자주 분책(分冊)되어 유통된 프루가드(Roger Frugard: 12세기 인물)의 《외과의학》(*Chirurgia*)과 기 드 숄리악(1290년경~1370년경)의 《외과의학 대전》을 꼽을 수 있다. 기 드 숄리악은 내과의인 동시에 외과의로서 세 교황의 주치의로 활동했다. 그의 작품은 주로 라틴어로 유통되었지만 영어, 불어, 프로방스어, 이탈리아어, 네덜란드어, 히브리어로 번역되기도 했다.32) 역주〔16〕

외과의학의 대부분은 비교적 간단한 절차로 구성되었다. 부러진 뼈 맞추기, 탈골 관절을 복위(復位)하기, 뚫리거나 벗겨진 피부를 붕대로 감기, 상처를 소독하고 꿰매기, 종기를 절개하기 등등. 방혈과 소작(燒灼: 불필요한 체액이 흘러나갈 통로를 내기 위해 달군 인두로 인체의 여러 부위를 지지는 것) 같은 것도 흔한 절차였다.[33] 치질 제거도 일상적 치료였을 것이다. 그러나 중세의 일부 외과의사는 매우 야심적인 치료를 시도했다. 백내장 제거수술은 단적인 사례이다. 그것은 예리한 도구로 각막을 찔러 수정체낭으로부터 수정체를 완전히 적출(摘出)하는 위험한 수술이었다. 다른 예로는 방광결석 제거수술과 탈장수술이 있었다. 아래의 인용문은 방광결석 제거과정을 기술한 것으로 우리의 명료한 이해에 도움이 될 수 있을 것이다.

> 방광에 결석이 있다면 다음과 같이 조치하라. 건장한 사람을 벤치에 앉히고 그의 두 발을 발판 위에 올리도록 한다. 환자를 그의 무릎 위에 앉히고 환자의 두 다리를 그의 목에 붕대로 묶어 고정시키든지, 아니면 환자 양쪽에 서 있는 두 조수의 어깨 위에 하나씩 고정시키도록 한다. 의사는 환자의 전면에 위치해서 오른손의 두 손가락을 환자의 항문에 삽입하고 왼손으로는 환자의 음모(陰毛) 부위를 압박한다. 의사는 손가락으로 환자의 방광을 위에서부터 더듬어가며 구석구석 검사한다. 딱딱한 알갱이가 감지되면 그것이 바로 방광 속의 결석이다 …. 당신이 그 결석을 제거하려면 환자가 먼저 이틀 동안

---

32) 중세의 외과의학에 관해서는 Siraisi, *Medieval and Early Renaissance Medicine*, 6장; 그리고 MacKinney, *Medical Illustrations*, 8장을 참조할 것. 로저 프루가드에 관해서는 Siraisi의 책, pp. 162~166과 MacKinney의 책(여기서는 "Rogerius"라는 라틴어 이름이 사용되었음)의 여러 곳을 참조할 것. 기 드 숄리악에 관해서는 Vern L. Bullough, "Chauliac, Guy de," *Dictionary of Scientific Biography*, vol. 3, pp. 218~219를 참조할 것.

33) 방혈에 관해서는 Linda E. Voigts and Michael R. McVaugh, *A Latin Phlebotomy and Its Middle English Translation*; 그리고 MacKinney, *Medical Illustrations*, pp. 55~61을 참조할 것.

[그림 13.12] 백내장 수술(위쪽 그림)과 콧속 종기 수술(아래쪽 그림). 옥스퍼드, 보들레이언 도서관(12세기). 이 그림에 대한 주석은, MacKinney, *Medical Illustrations from Medieval Manuscripts*, pp.70~71을 참조할 것.

> 가벼운 식사와 금식으로 준비하도록 한다. 삼 일째 날에 그 결석을 움직여 방광의 경부(經部) 쪽으로 옮겨놓는다. 항문 위에 두 손가락을 얹고 예리한 도구로 방광의 경부, 즉 출구에 해당하는 그 부위를 절개하여 결석을 끄집어낸다.

위험한 외과 처치의 마지막 사례는 두개골절(*fracture of the skull*)의 치료이다. 이 치료에서는 관상(冠狀) 톱으로 두개골에 작은 구멍들을 내서 압박을 줄이고 피와 고름을 뽑아내는 수술이 필요한 경우도 있었다. 이런 수술과정에 사용된 진정제나 마취제는 보잘것없었다. 중세 외과의학에서 뭔가 영웅적인 것이 있었다면 환자야말로 진정한 영웅이었던 셈이다.[34]

34) 환자를 잠들게 하는 마취제들이 사용되기는 했지만 그것들이 얼마나 널리 사용되었는지는 분명하지 않다. 이 점에 관해서는 Linda E. Voigts and Robert P. Hudson, "'A drynke that men callen dwale to slepe whyle men kerven him': A Surgical Anesthetic from Late Medieval England"를 참조할 것.

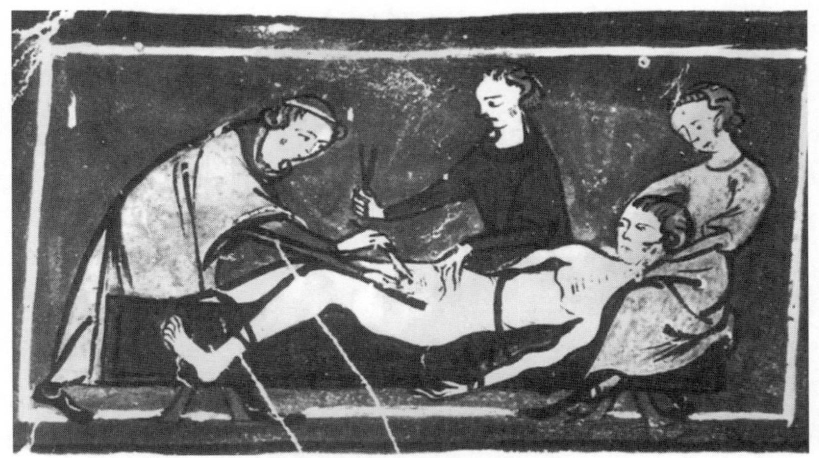

[그림 13.13] 음낭 헤르니아(*hernia*) 수술. 사지가 묶여 꼼짝없이 누워 있는 환자에 주목할 것. 몽펠리에, 대학연계도서관 의학 분실(Bibliothèque Interuniversitaire Section Médecine, 14세기). 이 삽화는 MacKinney, *Medical Illustrations from Medieval Manuscripts*, pp.78~80에서 논의되고 있다.

그렇다면 중세의 외과의나 내과의는 인체의 해부구조를 얼마나 알고 있었으며, 해부학 교육 및 직접적 해부학 실험에는 어떤 위상을 부여했을까? 이미 갈레노스는 질병치료의 성패에서 해부학 지식이 차지하는 중요성을 강조한 바 있었지만, 해부학 지식과 의학의 임상적 측면 간의 관계는 늘 의심쩍은 것으로 남아 있었다. 고대에는 물론 중세에도 그러했다. 중세 내과의 대다수는 최소한의 해부학 지식만으로도 그럭저럭 견딜 수 있었음이 분명하다. 그들이 제공한 조언이나 그들이 처방한 식이요법과 약물이 인체구조에 대한 상세한 지식에 의존하는 경우는 거의 없었기 때문이다. 외과의는 이보다는 깊은 지식을 가지고 있었겠지만 그 수준은 여전히 보잘것없었다. 필요한 지식의 대부분은 동물 도살 같은 일상경험을 통해 얻어진 평범한 것이었으며, 그 나머지만이 도제나 개업의로서의 임상경험에 의해 획득될 수 있었다.

인용문은 MacKinney, *Medical Illustrations*, pp. 80~81.

이런 조건에서 12세기에 유통된 번역본은 해부학 문제에 대한 새로운 관심을 자극했다. 갈레노스의 해부학 논고는 물론 갈레노스에 기초한 아랍 세계의 (아비케나, 할리 아바스, 라지즈, 아베로이즈 등의) 작품도 모두 라틴어로 번역되었으며, 이로써 서구세계는 그 일련의 해부학 문헌들에 주목하게 되었다. 이 문헌들이 주목을 받은 것은 치료에 즉각 큰 도움이 되리라는 기대 때문이 아니었다. 오히려 그것들은 학문 지향적인 내과의들이 지적 위상을 높일 요량으로 수용하려 한 의학이론 체계에 속한 문헌들이었기에 주목을 받았다. 그렇지만 어쨌든 해부학 지식에 대한 새로운 관심은 12세기에 살레르노에서 생체해부의 형식으로 처음 표현되었다. 해부대상은 해부구조상 인체와 유사한 돼지였다.

인체해부는 13세기 말에 이탈리아의 여러 대학, 특히 볼로냐대학에서 시작되었으며, 분명치는 않지만 합법적인 활동이었던 것 같다. 사인을 규명하는 법정 내 부검은 처음부터 허용되었으며, 그 이후로 (우리가 전혀 알지 못하는) 여러 단계를 거치면서 의학교육용 해부도 역시 가능해졌다. 그 결과로 1316년에는 볼로냐대학 교수 몬디노 데이 루지(Mondino dei Luzzi: 1326년경 죽음)가 《해부학》(*Anatomia*) 이라는 해부 지침서를 집필할 정도로 인체해부에 능숙한 수준에 도달했다. 이 작품은 이후 두 세기에 걸쳐 인체해부의 표준 지침서로 활용되었다.[35)]

14세기를 거치면서 해부는 파도바와 볼로냐를 위시한 몇몇 대학에서 의학교육의 정규과정으로 정착했다. 기 드 숄리악은 《외과의학 대전》에서 스승인 볼로냐의 니콜라우스 베르트루키우스(Nicolaus Bertrucius)의 수업과정을 아래와 같이 묘사했다.

> 그는 사체를 테이블 위에 올려놓고 모두 네 단원의 수업을 진행했다. 1과에서는 가장 빠르게 부패하는 소화관련 기관들〔위와 장기들〕이

35) Vern L. Bullough, "Mondino de' Luzzi," *Dictionary of Scientific Biography*, vol. 9, pp. 467~469; Bullough, *Development of Medicine as a Profession*, pp. 61~65; Siraisi, *Medieval and Early Renaissance Medicine*, pp. 86~97.

처리되었다. 2과에서는 영혼관련 기관들〔심장, 폐, 기도(氣道)〕, 3과에서는 동물성 기관들〔두개골, 뇌, 눈, 귀〕, 4과에서는 팔다리가 처리되었다. 그리고는 〔갈레노스의〕 해부학 원전에 대한 주석본에 따라 각 기관에서 9가지 항목이 검토되었다. 즉, 위치, 재질, 구성, 수, 모양, 연관관계, 작용, 용도, 그 기관에 감염되는 질병 등이 파악되었다…. 뿐만 아니라 우리는 다양한 종류의 사체를 해부했다.

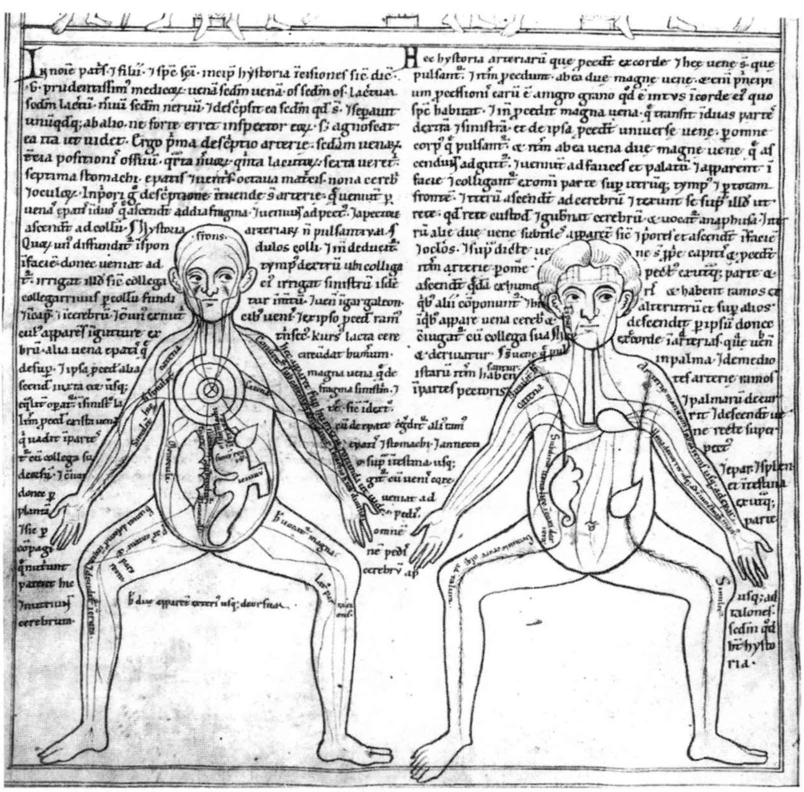

[그림 13.14] 인체해부도. 갈레노스가 생각한 정맥체계(왼쪽)와 동맥체계(오른쪽)를 그린 것. 뮌헨, 바이에른 주립도서관(Bayerische Staatsbibliothek, 13세기). 이 그림에 대한 주석과 그밖의 다른 그림들은 Siraisi, *Medieval and Early Renaissance Medicine*, pp.92~95를 참조할 것.

> 햇볕에 바짝 마른 사체도 있었고 땅에 묻혀 있던 사체도 있었으며, 흐르는 물이나 끓는 물에 잠겨 있던 사체도 있었다. 이를 통해 우리는 적어도 뼈대, 연골, 관절, 신경, 힘줄, 인대 등의 해부학적 구조를 알 수 있었다.[36]

사형수의 시체를 해부하는 것이 관행이었기 때문에 의학교의 필요에 맞추어 사형집행일이 조정되기도 했다. 해부가 자주 수행되지는 않았다. 일 년 일 회의 해부가 가장 흔한 관행이었을 것이다. 의학도는 실험자이기보다 관찰자에 가까웠음을 이해하는 것이 중요하다. 해부는 갈레노스의 원문을 확인하고 예시하는 데 그 목적이 있었던 바, 실험연구가 아닌

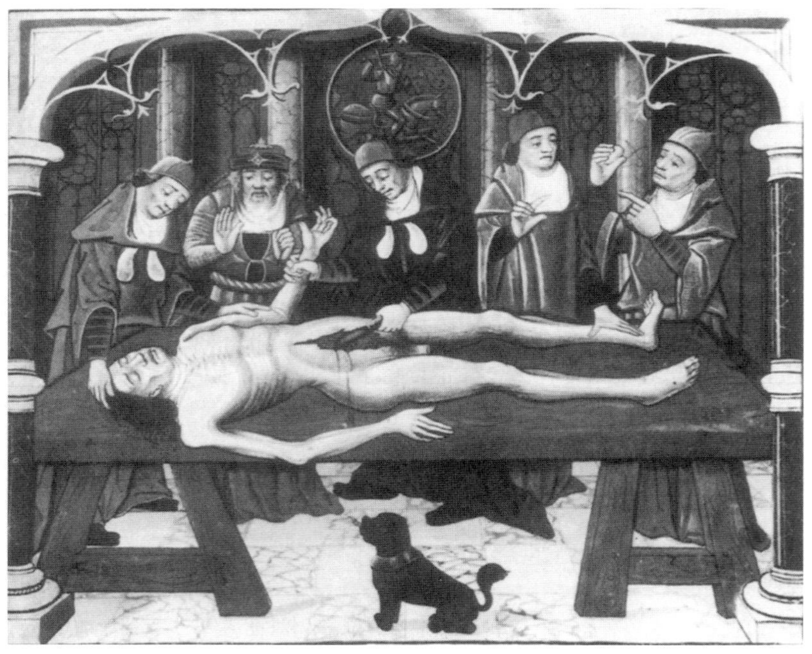

[그림 13.15] 인체해부 장면. 파리, 국립도서관(15세기 말).

36) Bullough, *Development of Medicine as a Profession*, p. 64로부터 인용되었으며, 약간의 변화를 가했음.

교육의 일환으로 해부가 수행되었다는 뜻이다.

근현대 역사가들에게 중세 의사는 언제나 혹독한 비판의 대상이었다. 중세 의사는 해부학의 최고 권위를 사체가 아닌 원전에 부여하는 주석 방법론을 채택했다는 것, 이런 방법론을 채택한 불행한 결과로 인체해부 구조를 설명하면서 갈레노스가 무수히 범한 오류를 계속 확산시켰다는 것이 그 이유였다. 이런 비판을 어떻게 평가해야 할까? 중세 의사가 갈레노스 해부학을 경이로운 업적으로 경외했으며, 그렇기 때문에 갈레노스의 원문에 크나큰 (하지만 절대적이지는 않은) 권위를 부여하는 경향이 있었음은 두말할 필요도 없다. 하지만 그렇다고 해서 중세 의사가 모두 바보였다는 말은 아니다. 오늘날과 비교해보는 것이 좋겠다. 오늘날의 해부학 교과서도 놀라운 업적으로 충만하다. 해부학 필수과목을 수강하는 어떤 의학도가 교과서와 사체 사이에서 어떤 차이점을 발견했을 때, 그 의학도는 그 차이를 교과서의 오류로 해석하기보다는 사체의 이형(異形)으로 해석하기 쉽다. 중세의 내과의나 외과의가 비슷하게 처신했다고 해서 하등 놀랄 일은 아닌 셈이다. 그들에게는 갈레노스가 옳았다고 믿을 만한 충분한 이유가 있었다(실제로도 갈레노스는 대체로 옳았다). 그들로서는 갈레노스의 원전을 연구하는 것이야말로 가장 분명하고도 가장 확실하고 능률적으로 해부학 지식을 획득하는 길이라고 여길 만한 충분한 이유가 있었다.

비록 해부는 의학교육 과정에서 부차적 중요성밖에 없었지만, 이미 살펴보았듯이 해부학 전통은 13세기 말과 14세기 초에 큰 진전을 이룩했다. 해부학 전통은 원전에 의한 해부학 지식의 전통과 끊임없이 대화를 유지해가면서 향후 두 세기에 걸쳐 그 힘과 정교함을 키워갔다. 이를테면 해부학은 15세기에 인쇄술로부터 큰 도움을 받았다. 인쇄술 덕택에 원전의 저렴한 생산은 물론 해부학 도해의 정교한 복제가 가능해졌기 때문이다. 당시에 증가일로에 있던 유능한 화가의 참여도 해부학 도해의 질적 수준을 높이는 데 크게 기여했다. 16세기에는 또 하나의 요인이 추가되었다. 갈레노스의 그리스어 원전을 새로이 이용할 수 있게 되었던 것이다. 결국 이 모든 요인이 결합해서 안드레아스 베살리우스(Andreas Vesalius: 1514~1564)로 대변되는 해부학의 경이로운 업적을 낳았다.

7. 병원의 발전

필자는 제도사의 관점에서 중세 의학에 대한 논의를 마무리하고자 한다. 중세 의학의 업적 가운데 가장 유명한 것의 하나인 병원의 발명을 간단히 해설하는 것으로 결론을 대신하겠다. 병원의 기원을 추적할 때 부딪치는 난점의 하나는 그 단어가 무엇을 의미하는가를 결정하는 문제이다. 우리가 "병원"(*hospital*)을 언급하면서 "보호시설"(*hospice*)이나 "자선시설"(*hospital*) 같은 것을 염두에 둔다면, 환자만이 아니라 극빈자와 순례자에게도 음식물과 숙소를 제공한 다양한 기관이 여기에 포함될 수 있다. 그렇지만 이런 기관은 전문화된 의료행위를 거의, 혹은 전혀 제공하지 못했다. 반면에 우리가 환자의 치료에 집중한 기관만을 염두에 두고서 "병원"을 전문화된 의료행위를 제공한 기관으로 한정할 때 그 범주는 크게 좁아진다. 전자의 의미에서 '병원'은 중세 유럽 전역에 퍼져 있었고 수도원이나 형제단에 의해 운영되는 경우가 많았다. 그러나 이런 종류의 '병원'은 우리의 관심사가 아니다. 지금부터 우리는 후자의 전문화된 기관으로 논의를 한정할 것이다.[37)]

그렇다면 의료기관으로서의 병원은 어디에서 출현했을까? 그 기원은 비잔틴제국에 있었던 것으로 보인다. 그곳에서는 6세기나 그 이전부터 자선이라는 기독교 이상이 전문화된 의료행위를 제공한 병원으로 구체화

37) 이처럼 좁은 의미에서 병원의 기원을 추적한 것으로는, 특히 Timothy S. Miller, *The Birth of the Hospital in the Byzantine Empire*; Miller, "The Knights of Saint John and the Hospitals of the Latin West"; Michael W. Dols, "The Origins of the Islamic Hospital: Myth and Reality"; 그리고 Kealey, *Medieval Medicus*, 4~5장을 참조할 것.

되었다. 우리에게 확실한 증거가 남아 있는 최초의 병원 중에는 콘스탄티노플의 샘슨 병원이 있다. 7세기 초에 사타구니 피부질환으로 고생하던 한 교회 관리가 수술과 요양을 위해 이 병원에 입원했다는 기록이 남아 있다. 역주〔17〕 비잔틴제국의 다른 병원도 같은 방식으로 조직되었다. 역시 콘스탄티노플에 설립된 판토크라토르(Pantokrator) 병원은 12세기에 50명(여자 12명과 남자 38명)의 환자를 수용했으며, 의료활동과 기타 업무를 위해 내과의와 외과의를 포함한 47명의 정규직원을 고용했다.[38]

비잔틴제국의 이런 모델은 이슬람 세계와 서구세계로 전파되었으며, 두 세계에서 각기 기존의 토착 건강관리(*health care*) 전통과 상호작용하면서 각자에 고유한 의료기관의 형성에 기여했다. 이슬람 세계에서는 유사한 의료기관들이 9세기 초에 발견된다. 이 기관들은 칼리프 하룬 아르라시드(재위: 786~809) 치세 동안 세력을 키운 바르마크 가문의 후원을 받았던 것으로 보인다. 역주〔18〕 서구의 경우에는 비잔틴 모델이 여러 경로를 통해 유입되었다. 한 경로는 1차 십자군 전쟁 기간, 특히 1099년에 있었던 예루살렘 정복의 부산물이었다. 예루살렘 정복 직후에 그곳에서 성요한 병원을 운영하던 평신도 형제단(얼마 지나지 않아 "병원 형제단"으로 불린 집단)이 그 병원을 비잔틴 모델에 따라 재조직했던 것이다. 역주〔19〕 이 병원은 워낙 유명한 장소에 자리했고 규모도 컸기 때문에 곧 유럽 전역에 명성을 떨치게 되었다. 한 세기 후에 그곳을 찾은 방문객들은 병원 입원환자가 천 명이 넘는다고 보고했다. 나아가 '병원 형제단'은 이탈리아와 프랑스 남부에 잇따라 병원을 설립했다. 병원을 규제하는 법규정(일례로 치료전담 내과의 4명 이상 고용)에 힘입어 예루살렘의 패턴은 서구 전체에 친숙한 제도로 정착되었다. 예루살렘의 사례는 환자와 빈곤층을 위한 자선적 배려의 이념을 형성하는 데 영향을 미쳤으며 병원이 전문화된 의료기관으로 발전하도록 자극했다.[39]

---

38) Miller, "Knights of Saint John," pp. 723~725.

39) 이 복잡한 주제에 대한 최종결론은 아직 내려진 것 같지 않다. 필자가 따른 것은 Dols, "Origins of the Islamic Hospital," pp. 382~384; 그리고 Miller,

이상의 논의는 너무 개략적이며 불확실한 구석도 많다. 그 전파 및 수용과정을 세부까지 정확하게 알 수는 없지만, 서구에서 의료기관으로서의 병원이라는 모델은 12세기와 13세기에 걸쳐 급속히 확산되었고 유럽 전역의 도시와 마을에서 쉽게 발견될 수 있을 수준으로 성장했다. 병상이 수백 개에 달하는 대형병원도 있었지만 대여섯 병상만을 갖춘 소형병원도 있었다. 병원에 대한 후원은 종교적인 것도 있었고 세속적인 것도 있었다. 병원의 고객은 예외가 없지는 않았지만 주로 낮은 계층이었다. 전문 내과의를 고용하고 연봉을 지급하는 것이 관행이었다. 청결유지와

[그림 13.16] 중세의 병원. Jean Henry, *Le livre de vie active des religieuses de l'Hôtel-Dieu*(15세기 말)에 수록된 그림. 파리, 공적부조사업 관련 이미지 센터(centre de l'Image de l'Assistance Publique). 이 삽화에 대한 논의는 Imbault-Huart, *La médecine au moyen âge*, p.68을 참조할 것.

"Knights of Saint John," pp. 717~723, 726~733이다. 바르마크 가문에 대해서는 이 책의 8장을 참조할 것.

식이요법 등 환자의 요구에 맞추려는 노력도 엿보인다. 병상은 밀짚 매트리스를 침대기둥에 노끈으로 고정시킨 형태로, 두 명, 많게는 세 명의 환자가 함께 사용할 수 있도록 설계되었다. 밀라노(Milano) 시의 의료시설에 관한 아래의 해설은 1288년에 작성된 것으로 퍽 유익한 정보를 담고 있다.

> 교외지역까지 포함하여 그 도시에는 … 환자를 위해 모두 열 곳의 병원이 있다 …. 으뜸가는 것은 브롤로(Brolo) 병원이다. 이것은 제오프레이 데 부세로(Geoffrey de Bussero)가 1145년에 설립한 병원으로 많은 재산을 소유하고 있다. 이 병원은 … 심할 때에는 500명이 넘는 입원환자와 그보다 많은 일반환자를 수용한다. 이 모든 환자에게 병원이 부담하는 식사가 제공된다. 이 환자 외에도 350명이 넘는 아기가 병원의 보호를 받는다. 아기마다 한 명씩의 보모가 출산시점부터 배정된다. 다른 병원에서도 금지되는 문둥병자를 제외하고는 빈민이면 누구나 이곳에 수용되어 친절과 자비의 손길로 건강을 회복할 수 있다. 음식만이 아니라 잠자리도 제공된다. 외과치료를 요하는 빈민의 경우에도 그 특수임무를 위해 … 배치된 세 명의 외과의로부터 극진한 배려를 받는다.[40]

비록 좋은 면만 부각시킨 해설이지만, 우리는 이로부터 중세 병원이 열망한 높은 수준의 배려를 가늠할 수 있다.

8. 자연사

중세 동안 생물학 지식의 가장 중요한 원천은 의학이었지만, 의학이 유일한 원천이었던 것은 아니다. 아리스토텔레스 자연철학은 방대한 분

40) 서구의 병원에 관해서는 Talbot, *Medicine in Medieval England*, 14장(인용문은 pp. 177~178)을 참조할 것.

량의 동식물 정보를 가진 것이었다. 백과사전들도 동식물에 관한 단원을 거의 예외 없이 수록했다. 식물계에서는 약초가, 동물계에서는 동물우화(*bestiaries*)가 특별한 대접을 받았지만 말이다.[역주〔20〕] 더욱이 중세에 각 지역민은 자기 지역의 동식물을 직접 경험해서 얻은 일차적 지식도 갖추고 있었다. 지금부터 중세의 식물학 지식과 동물학 지식을 간단히 검토하는 것으로 이 장의 결론을 대신하기로 하겠다.

중세의 식물학 지식은 의학과 밀접한 관련이 있었다. 유럽인의 식생활의 일부를 차지한 식용식물을 논외로 하면, 식물의 일차적 용도는 약재였기 때문이다. 약초의 약효를 높이기 위해서는 다양한 약초와 그 치료용도를 실은 지침서가 필요했다. 약초를 다룬 많은 문헌은 이런 필요의 산물이었고 그 대부분이 실용성을 추구했다. 모델은 라틴어 개정 번역본으로 유통된 디오스코리데스의 《약물대전》이었다. 이 책은 약재를 알파벳 순으로 배열해서 이용의 편의를 도왔다.[역주〔21〕] 약초에 대한 전형적 기술은 다음과 같은 항목을 포함했다. 이름이나 이름들, 서식지와 여타 식별가능한 특징에 대한 해설, 약재로 사용되는 부위 및 각 부위의 의학적 속성에 대한 기술, 조제와 복용에 관한 지침 등이 주요 기술항목이었다. 약초가 알파벳 순으로 배열되었다는 것은 (이름에 따라 약재를 확인할 수 있도록 해주는) 실용적 목적이 약초유형이나 여타 이론적 기준에 따른 분류법을 압도하고 있었음을 보여준다.[41)]

그러나 이처럼 실용성을 지향하는 약초집만이 아니라 한층 이론적이고 철학적인 문헌도 있었다. 자연철학적 맥락에서 식물을 논의한 이 부류의 문헌은 그 대부분이 《식물에 관하여》(*On Plants*)라는 한 작품으로부터 파생된 것이었다. 중세 학자들은 이 작품이 아리스토텔레스의 것이라고 믿었지만, 다마스커스의 니콜라스(Nicholas of Damascus: 기원전 1세기 인물)의 것일 가능성이 높다. 이 작품에 대해 몇 편의 주석서가 작성

---

41) 중세의 식물학적 지식, 특히 약초와 관련된 지식에 대한 유익한 소개는 Jerry Stannard, "Medieval Herbals and Their Development"; 그리고 Stannard, "Natural History," pp. 443~449를 참조할 것.

[그림 13.17] 사칭(詐稱) 아풀레이우스(Pseudo-Apuleius)의 《약초집》(*Herbal*)의 한 페이지. 개밀(*couchgrass*)과 글라디올러스와 로즈메리에 대한 도해와 기술. 옥스퍼드, 보들레이언 도서관(12세기). Joan Evans, ed., *The Flowering of the Middle Ages*, pp.190, 352에서 논의되었음.

되었는데(알려진 것은 10편 정도), 그중에서 가장 이채로운 것은 알베르투스 마그누스(1200년경~1280)의 《채소에 관하여》(*On Vegetables*)이다. 알베르투스의 책은 《식물에 관하여》를 쉽게 풀어쓴 것이었지만, 식물 자연철학을 학문적 수준으로 제고하려는 그 자신의 노력도 담긴 것이었다. 이 책은 관례대로 약초와 그 용도를 알파벳 순으로 수록했다. 여기서 식물현상을 관찰하고 기술한 알베르투스의 기법은 동시대의 무엇과도 비교할 수 없으리만치 비범했음을 보여준다.[42]

혹자는 동물학 문헌도 식물학 문헌과 비슷했을 것이라고 예상할지 모르겠다. 그러나 동물학 지식은 의학분야에 응용된 적이 거의 없었으며, 그렇다고 다른 분야에서 그 실용성이 입증된 것도 아니었다. 약초집이 식물학 지식의 보물창고라면 이에 필적할 작품이 동물학에서 나오지 않은 것은 당연한 일이었다. 그렇지만 식물학처럼 동물학도 아리스토텔레스 전통에 뿌리를 두었다. 실제로 아리스토텔레스는 방대하고도 중요한 일련의 동물학 논고를 남겼던 바, 그 모든 작품은 (아비케나의 영향력 있는 주석과 함께) 라틴어로 번역되어 큰 주목을 받았다. 그 이유는 상세한 동물학 정보를 전했기 때문이라기보다 자연철학의 일반적 쟁점을 다루었기 때문이다. 이 분야에서도 가장 중요한 인물은 역시 알베르투스였다. 그는 《동물에 관하여》를 위시한 여러 논고를 통해 기술적(記述的)인 동시에 이론적인 동물학의 방대한 체계를 정립했다. 이채로운 것은 영양학과 발생학(*embryology*)에 대한 논의이다. 일례로 임신과 태아의 자궁 내 성장을 기술한 대목은 아리스토텔레스의 임신이론에 얼마간 의존한 것이기는 했지만, 동물의 생식활동에 대한 그 자신의 직접관찰에 더욱 크게 의존한 것이었다. 중세 동물학의 역사는 아직 미래의 숙제로 남아 있다. 그렇지만 우리는 알베르투스 마그누스야말로 동물학을 자연철학의 수준

---

42) 알베르투스의 식물학 지식에 관해서는 Karen Reeds, "Albert on the Natural Philosophy of Plant Life"; 그리고 Jerry Stannard, "Albertus Magnus and Medieval Herbalism"을 참조할 것. 알베르투스의 생물학 연구에 관해서는 이 책의 10장도 참조할 것.

으로 높이려는 노력에서 그 정점에 해당하는 인물이었다고 평가할 수 있다.[43)]

동물을 다룬 문헌은 아리스토텔레스 전통에 속한 장르 말고도 다양한 장르로 나뉜다. 그 가운데 특히 두 장르에 이목이 집중되었다. 한 장르는 매 사냥에 관한 실용적 작품으로 구성된다. 여기서 가장 유명한 것은 황제 프리드리히 2세가 시칠리아에서 작성한 《새 사냥 기술에 관하여》(*On the Art of Hunting with Birds*)이다. 이 논고에 등장하는 프리드리히의 유명한 관찰사례 중에는 사냥용 매가 후각보다는 시각에 의해 먹이를 찾아낸다는 결론이 포함된다. 매는 눈이 감겨 있을 때는 먹이를 발견하지 못한다는 사실이 관찰과 실험에 의해 확인되었던 것이다.[44) 역주〔22〕]

매 사냥에 관한 프리드리히의 논고는 실용성에 철저했고 흔히 중세 하면 떠오르는 환상성이나 형이상학적 내용이 포함되지 않았다는 점에서 근대적 성격의 작품으로 보일 수 있다. 이런 관점에 서면 동물우화집이라는 두 번째 장르는 정반대의 극단을 향한 듯이 보일 것이다. 실제로 동물우화집은 객관적 관찰능력을 결핍한 탓에 직접경험에 의한 동물학 지식을 정립할 수 없었던 중세인의 무능력을 보여주는 사례로 간주되곤 한다. 중세의 거의 모든 동물우화집은 한 익명의 저자가 쓴 《피시올로고스》(*Physiologus*)를 모델 삼아 작성되었다. 이 작품은 기원후 200년경에 알렉산드리아에서 그리스어로 작성되었고 훗날 라틴어와 유럽의 주요언

---

43) 중세 동물학에 관해서는 Stannard, "Natural History," pp. 432~433을 참조. 알베르투스 마그누스의 기여에 관해서는 Joan Cadden, "Albertus Magnus' Universal Physiology: The Example of Nutrition"; Luke Demaitre and Anthony A. Travill, "Human Embryology and Development in the Works of Albertus Magnus"; 그리고 Robin S. Oggins, "Albertus Magnus on Falcons and Hawks"를 참조할 것. 알베르투스의 《동물에 관하여》(*De animalibus*)의 일부는 Albert the Great, *Man and the Beasts, De animalibus (books 22~26)*, trans. James J. Scanlan에서 읽을 수 있다.

44) Charles Homer Haskins, "Science at the Court of the Emperor Frederick II"; 그리고 Haskins, "The *arte venandi cum avibus* of Frederick II".

어로 번역되었다. 역주〔23〕 이 작품과 이로부터 자극된 중세의 서적은 비슷한 형식으로 구성되었다. 각 동물의 이름을 표제로 각 동물에 대한 지식을 집성해서 여러 항목이나 장으로 배열했다. 취급된 동물은 《피시올로고스》에서는 40종 정도였지만 이후의 동물우화집들에서는 100종이 넘는 경우도 있었다.[45]

동물우화집의 기술내용은 동물 이름의 어원적 해설로부터 시작되는 것이 전형이었다. 12세기의 한 동물우화집에서 말〔馬〕에 관한 항목을 펼쳐보자. 말이 '에쿠스'(*equus*) 라는 이름을 갖게 된 것은, "네 마리 말이 한 조를 이룰 때, 네 마리의 수준이 고르고(*equabantur*) 외모와 보폭이 같은 말끼리 잘 어울린다"는 사실에서 비롯되었다.[46] 동물의 신체상 특징이 두 번째로 기술되며, 다음에는 특이하거나 흥미로운 행동, 감탄스럽거나 유감스러운 기질적 특성에 대한 기술이 뒤따른다. 우리는 그 12세기의 동물우화집으로부터 많은 것을 배울 수 있다. 고슴도치는 자기보호를 위해 뾰족가시로 덮인 몸을 공처럼 만든다는 것, 여우는 죽은 체하다가 먹이를 잡아채는 "기만적이고 교활한 동물"이라는 것, 두루미떼는 군대가 행진하듯이 이동한다는 것, "바실리스크"라 불리는 뱀은 안력(眼力) 만으로 자기가 응시한 대상을 죽일 수 있다는 것, 스라소니의 오줌은 보석으로 바뀐다는 것, 사자는 인정 많고 용감하다는 것, 사자의 눈썹과 갈기는 사자의 성격에 대한 단서를 제공한다는 것 등등. 끝으로 많은 항목은 이런 기술내용을 토대로 교훈을 이끌어내거나 신학적 해석을 덧붙인다. 고슴도치는 신중함의 귀감이요, 두루미는 정중함과 책임감의 귀감이다. 여우

45) 중세의 동물우화집들과 《피시올로고스》에 관해서는 *Physiologus*, trans. Michael J. Curley에 수록된 번역자 서문, pp. ix-xxxviiii; Stannard, "Natural History," pp. 430~433; C. S. Lewis, *The Discarded Image*, pp. 146~152; 그리고 Willene B. Clark and Meradith T. McMunn, eds., *Beasts and Birds of the Middle Ages*를 참조할 것.

46) *The Bestiary: A Book of Beasts*, trans. T. W. White, p. 84. 필자가 이 단락에서 논의한 사례들은 모두 화이트가 번역한 12세기 동물우화집에서 나온 것들이다.

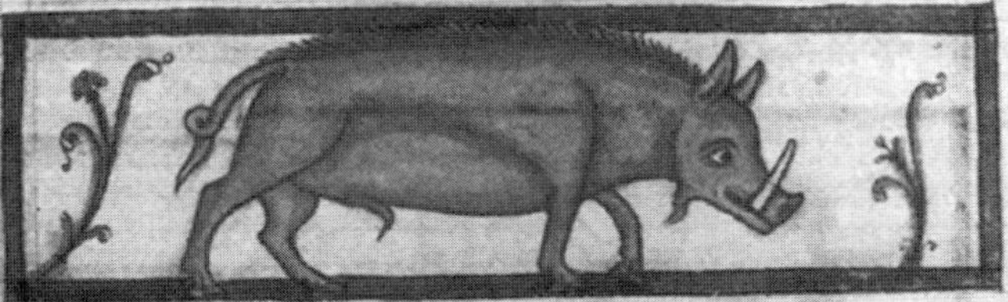

[그림 13.18] 중세 동물우화집의 한 페이지. 위로부터 멧돼지, 거세된 수소, 거세되지 않은 수소. 런던, 영국 국립도서관(13세기 초). 동 도서관의 허락으로 전재했음.

는 교활한 기만으로 심약한 인간을 유혹하는 악마의 상징으로 이용된다. 수사자는 사산된 새끼에게 삼 일 후에 생명의 숨결을 불어넣는다는 점에서, 예수 그리스도를 죽은 자로부터 살리신 성부를 상징한다.

이렇듯 사실, 환상, 비유가 뒤섞인 낯선 이야기를 어떻게 평가할 것인가? 동물우화집을 오늘날의 동물학 안내서처럼 읽을 수는 없지 않은가? 이런 이유로 일부 과학사가는 중세 동물우화집 편찬자를 무능하거나 실패한 동물학자로 평가했다. 중세 편찬자는 오늘날의 동물학 안내서와 비슷한 것을 기술하려고 노력하기는 했지만(아니, 노력했어야 옳았겠지만) 어떻게 기술해야 하는지를 몰랐다는 것이다. 중세인은 사실과 환상을 구분하지 못한 치명적 오류를 범했다는 것이다. 그러나 중세인이 오늘날의 관심사나 우선순위를 공유했어야 한다고 가정하는 것 자체가 우습기 짝이 없는 일이다. 중세 학자도 오늘날 동물학 안내서 비슷한 것을 쓸 수는 있었을 것이다. 이런 추정은 방금 논한 중세 약초집이나 매 사냥 책자처럼 근대적으로 보이는 작품을 검토해보면 쉽게 확인된다. 그러므로 중세 동물우화집이 오늘날 동물학 안내서 같은 형식으로 구성되지 않은 것은, 추구하는 목표가 달랐기 때문이라고 말할 수밖에 없다.

그렇다면 동물우화집은 어떤 목표에 기여하려 했을까? 동물우화집이 동물에 관한 전승과 신화를 집성하고 풍부한 상징성과 연상을 제공하려 한 것은 교훈과 즐거움을 주려는 의도에서였다. 편찬자는 물론 독자도 기록된 이야기가 진실인지 거짓인지를 따지려들지 않았다. 이것은 아리스토텔레스 자연철학의 주장에 대해 진실을 기대했던 것과 대조적인 태도였다. 동물우화집은 전승된 신화, 은유, 비유의 세계로 독자를 안내할 수 있다면 그것만으로도 성공을 거둔 셈이었다.47) 비슷한 신화는 오늘날 우리에게도 있다. 마못(*groundhog*)이라는 동물이 겨울이 얼마나 남았는지를 예보한다는 전래담은 (적어도 필자가 사는 미국 위스콘신 주에서는)

47) 16세기 동물학 문헌을 훌륭하게 조명한 William B. Ashworth, Jr., "Natural History and the Emblematic World View," pp. 304~306을 참조할 것.

신문과 라디오와 텔레비전에서 매주 화요일마다 엄숙하게 기사화되고 있지 않은가? 마못의 예보를 참이라고 믿는 사람이 있을까? 아마도 없을 것이다. 그러나 그런 질문은 그 자체가 기사화의 목적을 오해한 것이다. 그 기사는 기상학의 "과학적" 진리를 전달하려 한 것이 아니라, 공동체의 전통의식에 동참을 유도하고 이에 수반된 사회심리적 효과를 노린 것이기 때문이다.

오늘날 우리는 우리 문화에서 생산된 글과 예술품을 다양한 종류로 분류하는 기술에 능하다. 어떤 과학적 명제가 정말 "과학적"이라고 믿어지려면 가혹한 인식론적 검증절차를 수없이 거쳐야만 한다는 것, 반면에 닥터 수스(Seuss)의 소설이라든가 "지미"라는 이름의 마못이 전하는 기상예보는 전혀 다른 기능을 가지며 따라서 전혀 다른 기준에 의해 평가되어야 한다는 것. 이런 차이점은 누구든지 쉽게 파악할 수 있다. 그렇다면 중세인과 중세의 업적에 대한 우리의 평가도 똑같은 구별을 필요로 할 것이다. 중세인 역시 다양한 장르의 글과 예술품을 생산했기 때문이다. 이 책의 11장에서 검토했듯이 중세 '세계지도'(*mappamundi*)는 오늘날 세계지도와 다른 목적을 추구하지 않았던가? 이제 우리는 자연현상을 다룬 중세의 모든 책이 오늘날 과학 교과서를 쓰면서 추구하는 것과 비슷한 철학적, 과학적 목적을 추구했을 것이라는 가정을 중단해야 한다. 중세의 책도 (오늘날 책들과 마찬가지로) 다양한 수준의 다양한 독자에게 즐거움과 정보를 제공하려는 의도를 가질 수 있었음을 인정해야 한다. 이렇듯 중세문화의 산물에 대해 정교한 분별력을 갖추고, 목적에 비추어 업적을 제대로 평가하는 법을 배운다면, 우리는 중세의 고유성과 고유한 업적은 물론 그 매력까지도 더욱 충실하게 평가하기 위한 여정에 첫발을 내디딘 셈이다.

역 주

역주〔1〕 오리바시오스(Oribasius: 기원후 325년경~400)는 백과사전 집성자이자 율리아누스 황제(361~363)의 주치의로 활동했다. 그의 《의학 백과사전》(*Medical Encyclopedia*)은 총 70권으로 구성되었으며, 이 중 30% 정도가 현존한다. 소라노스(Soranus: 기원후 1세기에 활동한 인물)는 에페소스에서 태어나 알렉산드리아와 로마에서 활동한 것으로 알려진 그리스 출신의 의사이다. 산파술과 부인병에 관한 그의 작품은 16세기까지도 큰 영향을 미쳤다. 디오스코리데스(Pedanius Dioscorides: 기원후 50~70년에 활동한 인물)는 그리스 출신의 의사로, 로마 군대의 외과의로 종군하는 동안, 당시의 치료법들에 관한 정보를 수집하여 《약물대전》(*materia medica*, 영어번역본 *The Greek Herbal of Dioscorides*, 1934)을 편찬했다. 이 작품은 수 세기 동안 표준 의서로 유지되었다.

역주〔2〕 트랄레스의 알렉산드로스(Alexander of Tralles: 525년경~605년경)는 리디아(오늘날 터키)의 트랄레스에서 태어나 로마에서 활동한 의사이다. 그는 의학에 관해 12권의 저서를 집필했는데, 병리학과 치료법에 관한 저서가 특히 유명하다.

역주〔3〕 카시오도루스(Flavius Magnus Aurelius Cassiodorus Senator: 484/490년경~585년경)는 이탈리아 남부에 자리잡은 스킬라케움(Scyllaceum, 혹은 Squillace)에서 태어났으며, 동고트족의 국왕 테오도릭 황제의 고위관리로 활동했다. 관직에서 은퇴한 후 그는 비바리움 수도원을 세우고 그곳에 머물렀다. 몬테카시노(Monte Cassino)는 이탈리아 중부의 라티움(Latium)에, 라이헤나우(Reichenau)와 세인트 골(Saint Gall)은 모두 스위스에 위치한 수도원의 이름이자 마을이름이다.

역주〔4〕 '행성들의 회합(*conjunction*)'은 지구에서 볼 때 둘 이상의 행성이 일직선을 이룬 상태를 말한다. 적대적인 성질의 '비우호적인' 행성들의 회합이 지상에 재앙을 일으킨다는 것은 고대 천문학과 점성술에서 유래하는 뿌리 깊은 믿음이다. 예컨대 천문학자 티코 브라헤(Tycho Brahe)는 1603년에 발생할 백양궁에서의 행성(목성과 토성)의 회합에 관해, 그것은 800년마다 한 번씩 발생하는 사건으로 창조부터 종말까지 모두 일곱 번 일어나며, 따라서 곧 일어날 7번째 회합은 종말과 영원한 안식을 뜻한다고 해석했다.

역주〔5〕 클레르보의 베르나르(Bernard of Clairvaux: 1090~1153)는 프랑스 귀족가문 출신으로 베네딕투스 수도회의 개혁파인 시토 교단(Cistercian order)을 중심으로 활동했다. 그는 시토 교단에서 제 2의 시조라 불릴 만큼 많은 업적을 이룩했는데, 특히 클레르보에 68개 소의 저택을 짓고 수도사들을 양성했다. 성모 마리아와 아기 예수에 대한 신앙은 그가 남긴 330편의 설교, 500여 통의 편지, 13편의 논고에서 분명하게 드러난다.

역주〔6〕 성 바질(Basil the Great, Saint)은 그리스 카파도시아(Cappadocia) 출신으로 카파도시아 지방의 케자리아(Caesarea)의 주교이자 그리스 정교회의 4대 교부 중 한 명이다. 그는 357년경에 기독교로 개종한 후 종교생활을 위한 규칙(Longer Rule과 Shorter Rule)을 작성했는데, 이것은 훗날 바질 수도회의 토대가 되었으며 성 베네딕투스에게 깊은 영향을 미쳤다.

역주〔7〕 테르툴리아누스(Quintus Septimus Florens Tertullianus)는 카르타고 출신으로 로마에서 활동한 신학자이자 기독교 호교론자이다. 백부장(*centurion*)의 아들로서 법학교육을 받았지만 197년경에 기독교로 개종하여 당대의 가장 뛰어난 호교론자로 변신했다. 훗날 그는 기독교의 주류로부터 이탈하여 '몬타니즘'(*Montanism*)의 종말론 운동에 가담했다가, 결국은 '테르툴리아누스 교파'로 알려진 그 자신의 종파를 창시했다.

역주〔8〕 비드(Bede)는 672년경 노섬브리아에서 태어나 7세기 말부터 수도사로서 활동했다. 그의 《잉글랜드인의 교회사》(*Ecclesiastical History of the English People*)는 731~732년에 집필된 것으로 그를 영국 역사학의 시조로 만들어주었다. 그밖에도 그는 약 40여 권의 저술을 통해 초기 앵글로색슨 시대에 대한 귀중한 사료를 남겼다.

역주〔9〕 성 커스버트(St. Cuthbert: 635년경~687)는 스코틀랜드 출신의 수도사로 린디스판 섬의 주교와 수도원장을 역임했다. 공직에서 은퇴한(676) 후에는 판(Farne) 섬에서 은둔생활을 했으나 말년에 잠시 린디스판의 베르니키아(Bernicia)의 주교직을 수행하기도 했다. 그의 유해는 훗날 더햄(Durham)으로 옮겨졌다.

역주〔10〕 라지즈는 페르시아 출신의 의사로 바그다드의 한 병원에서 병원장으로 활동했다. 그는 처음으로 천연두의 특징을 홍역과 구별하여 기술한 인물로 알려져 있다(*A Treatise on Smallpox and Measles*). 《알만소르》(*Almansor*)는 라지즈의 후원자 만수르 이븐 이샤크(Mansur Ibn Ishaq)의 이름에서 따온 것으로 라지즈는 그에게 이 책을 헌정했다. 할리 아바스(Haly Abbas)의 《판테그니》(*Pantegni*)는 원래 "보편학"이라는 뜻이지만 《최고의 책》(*Liber regius*)이라는 이름으로도 널리 알려졌다. 이 작품은 아비케나의 《의학대전》이 출판되기 전까지는 최고의 권위를 누렸다.

역주〔11〕 콘스탄티누스 아프리카누스(Constantine the African)는 11세기 초에 튀니지에서 태어났고 그곳에서 의학을 연구한 후에, 이탈리아에 정착하면서 기독교로 개종했다. 줄곧 몬테카시노의 수도원에 머물다가 1087년에 그곳에서 죽었다.

역주〔12〕 '임상 치료사들'(*empirics*)이란 의학 전문교육을 이수하지는 못했지만 자신의 임상경험과 관찰에 의존해서 환자를 직접 치료하는 자들을 말한다.

역주〔13〕 트로타의 정식이름은 트로툴라 디 루지에로(Trotula di Ruggiero)이다. 그녀의 생애에 관해서는 살레르노대학에서 의학교육을 받은 것 외에는 거의 알려진 내용이 없다. 그녀는 유럽 전역에서 '현명한 여선생'(*magistra mulier sapiens*)으로 널리 불렸을 만큼 부인병 치료와 산파기술에 능했다. 본문에서 그녀의 것이 아니라고 추정된 전문의서는 《출산 이전, 그 과정과 이후에서의 부인병에 관하여》(*De passionibus mulierum ante, in, et post partum*)이고 그녀의 것이라고 추정된 대중용 의서는 《트로툴라의 실용의학》(*Practica secundum Trotam*)이다. 두 작품은 모두 12세기 말에 출판되었다.

역주〔14〕 이 총서는 'Ars medicine'라고 불리기도 했으며, 1250년경부터 의학 교과과정에서 중심을 차지했다.

역주〔15〕 《니콜라우스의 해독법》(*Antidotarium Nicolai*)은 살레르노의 니콜라우스(Nicolaus of Salerno)가 12세기에 편찬한 의서이다.

역주〔16〕 기 드 숄리악(Guy de Chauliac)은 프랑스 출신으로 아비뇽에서 교황 클레멘트 4세부터 그의 두 계승자에게 주치의로 봉사했다. 그의 《외과의학 대전》(*Chirurgia magna*, 1363)은 대략 3세기에 걸쳐 의사들의 필수 지침서로 읽혀졌다.

역주〔17〕 샘슨(Sampson) 병원은 로마 귀족 출신으로 4~5세기에 콘스탄티노플에서 활동한 성자 샘슨(Saint Sampson the Hospitable: 530년 죽음)의 이름을 빌린 것이다. 비잔틴제국 황제 율리아누스의 주치의로 활동한 그는 막대한 유산을 빈민과 환자의 구제활동에 사용하도록 결정했다.

역주〔18〕 바르마크(Jafar Ibn Barmak: 782년경 죽음)는 바그다드에 근거를 둔 아바시드 왕조의 칼리프, 하룬 아르라시드(Harun ar-Rashid)에게 봉사한 재상으로 그리스 과학을 이슬람 세계에 널리 전파한 주역이기도 했다.

역주〔19〕 '병원 형제단'은 'Hospitallers'를 번역한 것이다. 'Hospitallers'는 다양한 부류로 나뉜다. 예루살렘의 성 요한 병원(Hospital of St. John)의 경우에는 1014년에서 1071년 사이에 아말피(Amalfi) 출신의 기독교 평신도 상인들이 구성한 '형제단'이 'Hospitallers'의 기원으로 전해진다. 당시 이 지역을 통치하던 이집트의 칼리프는 이 상인들에게 예루살렘 내 기독교도 거주지의 일부를 할당했으며 그 상인들은 불하받은 땅에 수도원을 세웠다. 성지순례자들이 증가하자 수도원은 그들의 병을 돌보고 음식과 잠자리를 제공하기 위해 부속 '병원'(*hospice*)을 지어 세례 요한에게 바쳤다. 이러한 활동은 'Hospitallers'의 초대 지도자 제라드(Gerard)에 의해 주도되었다. 1099년에 십자군이 예루살렘을 정복한 후에 제라드는 교황의 승인을 받아 'Hospitallers'와 '병원'을 재편했고, 그의 뒤를 이은 레이몽(Raymond du Puy)은 '형제단'에 '기사단'(*Knights*)의 기능을 첨가했으며, 군사적 기능은 12세기 동안 점차 강화됐다. 따라서 'Hospitallers'는 '병원 형제단'이나 '병원 기사단'으로 번역될 수 있을 것이다.

역주〔20〕 '동물우화'는 동물의 생태를 관찰해서 이를 교훈적 용도로 각색한 이야기이다. 이솝 우화는 그 고전적 사례에 해당하며, 중세에는 동물로부터 종교적 우의(寓意)를 이끌어내는 경우도 많이 있었다.

역주〔21〕 디오스코리데스의 《약물대전》은 중세부터 르네상스 시대까지 라틴어로 7번, 아랍어로 3번 번역되었다. 그리스어 원전은 15세기부터 이용되었다. 라틴어 번역본 중에서는 15세기의 것이 가장 권위가 있지만, 여기서 언급된 개정 번역본은 12세기의 것이다.

역주〔22〕 프리드리히 2세(Frederick II: 1194~1250)는 신성 로마제국의 2대 황제이자 시칠리아와 예루살렘의 왕이기도 했던 인물이다. 황제로서의 그는 세계의 통일을 목표로 삼았지만, 동시에 그가 사랑한 시칠리아에 대해서는 독립성을 부여하기도 했다. 모순처럼 보이는 이 같은 이중적 태도는 그의 정책노선에 기인하는 것이겠지만, 그가 시칠리아에서 매 사냥을 즐겼기 때문이라는 분석도 있다.

역주〔23〕 《피시올로고스》는 400년경부터 라틴어로 번역되었고 5세기 동안 독일어, 아르메니아어, 프랑스어, 시리아어 등으로 번역되었다. 중세에는 수많은 라틴어 번역본이 유통되었으며 거의 모든 유럽어로 번역되었다. 특히 중세 시문학은 이 작품으로부터의 인용문으로 점철되어 있거니와, 이 작품은 중세 교회예술의 상징주의에도 깊은 영향을 미쳤다. 이 작품에서 처음 등장한 불사조나 펠리칸의 상징적 표현은 오늘날에도 애용되고 있다.

제 14 장

고 · 중세 과학의 유산

1. 연속성 논쟁

역사가의 본업은 과거를 이해하는 일이지, 과거에 등급을 매기는 일은 아니다. 필자가 이 책을 쓴 목적도 고대와 중세의 과학전통을 기술하는 것이었지, 그 전통의 미덕이나 가치를 평가하기 위함은 아니었다. 그러나 가치문제를 완전히 피해가기는 힘들 것 같다. 가치문제는 옛 전통과학을 다룬 기존 개설서들의 두드러진 특징이었거니와, 이 책을 읽는 독자의 정신에도 여전히 잠복해 있을 것임이 분명하기 때문이다. 조심스럽기는 하지만 필자도 그 위험한 금단의 영역에 발을 들여놓을 수밖에 없을 것 같다.

가치문제는 다양한 형태로 논의되었다. 비판이나 비난에 치중하는 학자들은 이 책을 비롯한 여러 고 · 중세 과학사 저서에서 다루어진 지적 활동과 업적이 〈참으로〉 과학이었는지를 자주 의문시했다. 과연 그런 것이 근현대 과학을 닮았거나 예비했던가? 이런 의문은 한층 세련되고 유용한 질문으로 바뀔 수 있다. 고 · 중세 과학전통은 과연 어떤 차별적 특징을 형성했던가? 그것은 서구과학의 형성과 발전에 지속적으로 영향을 미쳤던가, 아니면 막다른 궁지에 몰렸다가 아무 성과도 내지 못한 채 사멸했던가? 가장 흔한 질문으로 다시 물어보자. 중세과학과 근대 초 과학은 연속인가 불연속인가? "연속성 문제"로 잘 알려진 이 질문은 중세 연구자와 근대 초 연구자 간에 끊임없이 지속된 논쟁의 핵심이다. 필자는 먼저 연속성 논쟁을 간단히 살펴보기로 하겠다. 논쟁의 기원을 밝히는 일부터 시작해서, 오늘날 우리는 역사적으로 어떤 지점에 위치하는지를 가늠해보기로 하겠다.[1)]

전형적 여론은 옛 철학전통에 대한 17세기의 평가에 기원을 둔다. 이 여론은 고대 그리스의 업적은 후하게 평가하면서도 중세에 대해서는 (암흑기까지는 아니더라도) 철학의 정체기로 판단한다. 포문을 연 사람은 프랜시스 베이컨(Francis Bacon: 1561~1626)이었다. 그는《신기관》(1620)에서, 고대와 자신의 시대 사이에 낀 시대를 가리켜 과학에서 "불임(不姙)의" 시대라고 혹평했다.[역주〔1〕] "그 중간에 낀 시대에 아랍 학자들과 스콜라주의 학자들은 무수한 말로 과학을 일그러뜨렸을 뿐, 과학의 무게를 늘리지는 못했다"는 것이었다. 볼테르(Voltaire: 1694~1778)는 이런 비난을 계승했다. 그는 "총체적 쇠퇴와 퇴보"야말로 중세의 특징이요, 중세인의 정신은 "교활함과 단순함", "야수성과 술책"으로 점철되었

---

1) 연속성 문제에 대한 최근의 논의는 David C. Lindberg, "Conceptions of the Scientific Revolution from Bacon to Butterfield"; Bruce S. Eastwood, "On the Continuity of Western Science from the Middle Ages" 등을 참조할 것. 중세와 근대 초 사이의 연속성 문제는 정당성을 가진 연구주제임이 분명하다. 그러나 여기에는 역사가라면 반드시 경계해야 할 두 가지 위험이 수반된다. 첫째는, 고·중세 과학전통을 근대과학과의 유사성이라는 견지에서 등급 매기려는 유혹이다. 즉, 가치평가의 기준이 훗날 발전한 과학의 맹아나 근사치로 환원될 위험이 있다는 말이다. 둘째는, 연속성 문제에서 제기된 심각한 학문적 쟁점들이 서로 다른 전공의 역사가들이 벌이는 논쟁의 와중에서 희석되고 사장될 수 있는 위험이다. 옛 과학을 전공하는 과학사가는, 다른 전공의 역사가들이 옛 과학의 성과를 평가절하하여 자신의 전공분야를 모욕한다고 느낀 나머지, 자신의 전공분야를 지키기 위해 고·중세 과학의 성과를 과장할 위험이 있는 것이다. 전선(戰線)과 논증전략은 역사적 증거에 의해서만이 아니라, 자기 전공에의 충실함에 의해서도 결정되어야 할 것이다.

다고 적었다. 볼테르보다 어린 동시대인 콩도르세(Condorcet: 1743~1794)는 이 모든 것이 전적으로 중세 교회의 탓이라고 비난하면서, "기독교의 승리는 철학과 과학의 총체적 쇠퇴를 향한 신호탄"이었다고 주장했다.[2]

베이컨, 볼테르, 콩도르세 등의 견해는 19세기 후반에 한층 정교해지고 널리 확산되었다. 그 주역은 스위스 출신의 저명한 역사가 야콥 부르크하르트(Jacob Burckhardt: 1818~97)였다. 오늘날 누구에게나 친숙한 "르네상스" 개념의 현대판 창시자답게, 부르크하르트는 르네상스(그에 의하면 대략 1300년부터 1500년까지의 시기)를 중세의 암흑기에 뒤이은 고대문화(특히 그리스 문화)의 부활로 간주했다.[역주2] 그는 《이탈리아 르네상스의 문명》(1860)에서, "중세"는 "귀납추론과 자유로운 연구에 노력을 기울이지 않았다"고 주장한다. 인간정신의 이런 결함은 이탈리아의 르네상스 시대에 극복된다. 과학의 각 분과에서 "그 시대의 주역들은 고대인이 이룬 업적을 재발견함으로써 신기원을 이룩했으니, 바로 여기서부터 근대과학이 출발한다"는 것이다.[3] 르네상스 시대에 대한 부르크하르트의 적극적 평가는 무척 강한 전염성을 발휘했다. 그의 때 이른 추종자로 큰 영향력을 발휘한 존 시몬즈는 한층 과장된 묘사로 빠져든다.

---

2) Francis Bacon, *New Organon*, in *Works*, trans. James Spedding, Robert Ellis, and Douglas Heath, 15 vols. (New York: Hurd & Houghton, 1870~72), vol. 4, p. 77; François Marie Arouet de Voltaire, *Works*, trans. T. Smollett, T. Francklin, et al., 39 vols. (London: J. Newbery et al., 1761~74), vol. 1, p. 82. Marquis de Condorcet, *Sketch for a Historical Picture of the Progress of the Human Mind*, ed. Stuart Hampshire, trans. June Barraclough (London: Weidenfeld & Nicholson, 1955), p. 72.

3) Jacob Burckhardt, *The Civilization of the Renaissance in Italy*, pp. 371, 182. 르네상스의 개념에 대한 분석은 Wallace K. Ferguson, *The Renaissance in Historical Thought*, 특히 7~8장; Ralph, *Renaissance in Perspective*, 1장 등을 참조할 것. 부르크하르트에 대한 필자의 인용은 Edward Rosen, "Renaissance Science as Seen by Burckhardt and His Successors," in Tinsley Hilton (ed.), *The Renaissance*, p. 78.

> 아름다움은 덫이요, 즐거움은 죄요, 세상은 덧없는 단막극이요, 사람은 타락하여 실낙원한 존재요, 유일하게 확실한 것은 죽음뿐이요, 심판은 불가피한 것이요, 하늘나라는 가기 힘든 곳이다. 무지는 하나님이 신앙과 복종의 증거로 받아들인 것이요, 금욕과 고행만이 삶의 안전규칙이다. 이런 것은 금욕적인 중세 교회의 고정관념이었다. 르네상스는 그 고정관념을 흔들고 파괴했다. 그 고정관념이 인간정신과 외부세계 사이에 드리웠던 두꺼운 장막을 걷어내고 인간본성의 어두운 구석구석에 실재의 빛을 조명했던 것이다. 고전 인문학에 기초한 문화가 교회의 신비한 교시를 대신하게 되었다. 그리하여 새로운 이상이 정립되었으니, 이에 힘입어 인간은 스스로 지상의 주인이 되기 위해 분투할 수 있었다…. 르네상스는 이성을 지하감옥으로부터 해방시킨 주역이요, 외부세계와 내면세계를 동시에 발견한 주역이었다. 이렇듯 자유로운 정신이 분출될 방향을 결정한 것은 하나의 외적 사건이었다. 고대의 정신과 근대의 정신이 만난 사건이 그것이었다…. 고대인들이 이룩한 성취를 배우게 되었을 때, 근대인들은 자신들의 에너지에 대한 자신감을 느낄 수 있었다.[4)]

이런 부류의 해설에 따르면 서구의 과학적 진보는 중세를 건너뛴다. 진보는 고전고대로부터 이탈리아 르네상스를 거쳐 16~17세기의 유럽 과학으로 이어진다. 근대 초 “새로운 과학”이 고대에 진 빚은 엄청나지만 중세에 대해서는 거의 (혹은 전혀) 부채가 없다.

과학의 발전에 대해 전혀 다른 전망이 등장한 것은 20세기 초반이었다. 프랑스 물리학자이자 철학자인 피에르 뒤엠(1861~1916)이 주인공이었다. 그는 통계학의 기원을 추적하던 과정에서 일군의 중세 수학자들과 자연철학자들을 만났다. 그가 생각하기에 이들의 작업은 근대과학의 토대를 마련한 것이요, 갈릴레오 및 그의 동시대인들이 이룩한 가장 중요한 업적의 일부를 예비한 것이었다. 뒤엠은 결국 이렇게 결론지었다.

---

4) John Eddington Symonds, *Renaissance in Italy*, part 1: *The Age of Despots*, pp. 11~13(필자의 인용은 Ralph, *Renaissance in Perspective*, p. 78).

"근현대가 정당한 근거에서 자랑하는 역학과 물리학은 중세 대학의 심장부에서 나온 학설들이 (거의 분간하기 힘든) 일련의 연속적 개선을 거쳐서 발전한 것이다."[5] 뒤엠이 옳다면, 르네상스 "인문주의자들"이 중세 스콜라주의를 논박하고 고대의 사상과 원전으로 되돌아간 것은 근현대 과학의 기원이 될 수 없다. 진정한 기원은 중세 대학에서 진행된 자연철학 교육, 나아가서는 기독교 신학과 스콜라주의 자연철학 간의 상호작용에서 찾을 수 있을 것이다.

뒤엠의 주장은 연속성 논쟁을 불붙였으며 논쟁은 20세기 내내 거의 주기적으로 반복되었다. 중세 과학전통의 명예회복을 향한 뒤엠의 투쟁은 1920년대와 30년대에 활동한 영향력 있는 중세 연구자들로부터 지원을 받았다. 찰스 호머 해스킨스(1870~1937)나 린 손다이크(1882~1965)가 그런 지원자였다.[6] 2차 대전 종결 이후로 중세 과학사 연구는 극적으로 팽창했다. 연구가 활성화되면서 중세과학이 이룬 업적의 중요성이 재평가되기 시작했다. 신선한 주장이 줄을 이었다. 전후의 이런 움직임을 주도한 학자로는 우선 마셜 클라겟(1916~)을 꼽을 수 있다. 그의 공로는 무엇보다 중세의 방대한 과학 · 수학원전을 편집하고 번역한 점에 있다. 다른 학자로는 앤리제 마이어(1905~)가 있다. 그녀는 철학적 맥락에 한층 주의를 기울여서 중세의 원전을 신중하게 해석하는 모범사례를 몸소 보여주었다. 일련의 뛰어난 연구성과를 통해, 그녀는 뒤엠의 다소 극단적인 주장을 바로잡았으며, 뒤엠보다 치밀하고 신중하게 중세 자연철학을 분석했다. 그렇지만 중세과학이 근현대 과학의 형성에서 차지하는 중

5) Pierre Duhem, *Les origines de la statique*, vol. 1, p. iv. 뒤엠은 *Etudes sur Léonard de Vinci*, 그리고 *Le systéme du monde*에서는 중세의 과학적 기여에 대한 입장을 더욱 분명하게 정리했다. 뒤엠에 관해서는 R. N. D. Martin, "The Genesis of a Mediaeval Historian"; Stanley Jaki, *Uneasy Genius: The Life and Work of Pierre Duhem* 등을 참조할 것.

6) Charles Homer Haskins, *Studies in the History of Mediaeval Science*; and *The Renaissance of the Twelfth Century*. Lynn Thorndike, *A History of Magic and Experimental Science*; and *Science and Thought in the Fifteenth Century*.

요성을 재확인한 점에서는 그녀 역시 뒤엠의 추종자였다. 개념 면에서든 방법론 면에서든, 중세과학은 근현대 과학의 형성에 크게 기여했다는 것이다.[7)]

20세기 전반기까지 연속성 논쟁은 그나마 조용하게 진행된 편이었다. 앨리스테어 크롬비(1915~) 이후로는 논쟁이 한층 가열되었다. 그는 중세과학과 근대 초 과학의 관계를 다룬 두 권의 성명서를 발표했다. 두 권은 한 작품으로 엮였는데, 1952년에 출판된 1권은 중세와 근대 초 과학에 대한 개관이었다. 여기서 크롬비는 "오늘날 우리가 과학혁명이라 부를 만큼 뚜렷해진 운동을 17세기에 촉발한 것은 13~14세기에 진행된 실험적·수학적 방법의 성장"이라고 주장했다.[8)] 다음 해에 출판된 2권은 이 주제를 더욱 정교하게 다듬었다. 첫째로 근대 초 과학의 결정적 특징은 과학실천에 적합한 방법론, 즉 실험방법을 갖추게 되었다는 점이요, 둘째로 이 방법론은 중세 후기의 발명품이라는 것이었다.

> 〔13세기와 14세기의〕 많은 철학자들은 실험과학의 이론체계를 이해하고 실천했던 바, 그들의 작업은 방법론상의 혁명을 이룩할 정도였다. 이 책의 주제는 근현대 과학이 그 혁명에 기원을 둔다는 것이다

---

7) Anneliese Maier, "The Achievements of Late Scholastic Natural Philosophy," in Maier, *On the Threshold of Exact Science*, pp. 143~170; 이 책에 실린 새전트(Sargent)의 서문(pp. 11~16); 그리고 John E. Murdoch and Edith D. Sylla, "Anneliese Maier and the History of Medieval Science" 등을 참조할 것. 중세과학에 관한 앤리제 마이어의 출판물 목록은 Maier, *Ausgehendes Mittlealter*, vol. 3, pp. 617~626에 수록되어 있다. 마셜 클라겟의 출판물 목록은 Edward Grant and John E. Murdoch(eds.), *Mathematics and its Applications to Science and Natural Philosophy in the Middle Ages*, pp. 325~328에 수록되어 있다.

8) A. C. Crombie, *Augustine to Galileo: The History of Science A. D. 400~1650* (1952), p. 273. 크롬비의 이 책은 여러 차례 개정을 거쳤으며, 1959년에는 그 이름마저 *Medieval and Early Modern Science*로 바뀌었다. 크롬비의 업적에 대한 평가는 Eastwood, "On the Continuity of Western Science"를 참조.

…. 근현대 실험과학의 원리에 대한 명석한 이해는 〔13세기〕 잉글랜드 논리학자이자 자연철학자이자 스콜라주의 학자인 로버트 그로스테스트의 저술에서 처음 등장하는 것 같다.[9]

크롬비의 주장은 근대 초 과학 전공자들로부터 예리한 반론을 자극했다. 특히 강한 파괴력을 발휘한 반론은 프랑스의 저명한 역사가 알렉상드르 코아레(1892~1964)의 것이었다. 그는 근현대 과학의 기원을 요약 정리할 때, 방법론이 그리 중요한 요소가 될 수는 없다는 입장을 취했다. 근대 이전의 과학전통을 논하면서 "방법론에 '치중'하는 것은 오히려 위험하다"고 그는 경고하기까지 했다. 그렇다고 해서 중세의 방법론 전통이 제시한 방법론상의 규칙을 "옳은" 것이었다고 평가할 수는 없다. 중세에 사용된 규칙은, 16~17세기에 새로운 과학을 정립한 공로로 추앙받는 갈릴레오 같은 학자들이 사용한 규칙과 전혀 다른 차원의 것이었기 때문이다.[10] 코아레가 보기에 이른바 "과학혁명"은 중세과학으로부터 성장하거나 확장된 것이 아니라 일종의 지적 "돌연변이"(*mutation*)요, 중세 세계관의 "와해"를 초래한 것이었다.

근대과학의 창시자들이 … 수행해야 했던 일은 틀린 이론을 비판하고 이에 맞서 싸워서 더욱 개선된 이론으로 수정하거나 대체하는 일이 아니었다. 그들은 전혀 다른 과업을 수행해야만 했다. 그들은 하나의 세계를 파괴하여 다른 세계로 대체할 필요가 있었다. 그들은 지적 골격 자체를 다시 만들어낼 필요가 있었다. 기존의 개념들을 혁신함으로써 존재에 대한 새로운 접근법, 지식과 과학에 대한 새로운 개념을 발전시킬 필요가 있었던 것이다.[11]

---

9) A. C. Crombie, *Robert Grosseteste and the Origins of Experimental Science 1100~1700*, pp. 9~10.

10) Alexandre Koyré, "The Origins of Modern Science: A New Interpretation," pp. 13~14, 19.

11) Alexandre Koyré, "Galileo and Plato," in Koyré, *Metaphysics and Measure-*

코아레의 학풍은 동료 과학사가들 사이에 돌풍을 일으켰다. 코아레 학파의 강성 대변자인 홀(A. R. Hall: 1920~)은 "르네상스 시대 말에 발생한 지적 변화의 총체성"을 언급하면서, 과학혁명이란 "어떤 자연개념이 다른 자연개념으로, 하나의 '세계관'이 다른 세계관으로 대체된 현상"이라고 주장했다.[12)]

최근 몇 십 년 동안 논쟁의 어조는 점차 정제되었다. 에르넌 맥멀린은 방법론에 치우친 크롬비의 주장에 도전했다. 그는 중세과학과 근대 초 과학 사이에 개념적·언어적 연속성이 폭넓게 존재함을 인정했지만, 방법론상의 연속성에 대해서는 부정적 태도를 취했다. 오히려 방법론은 근대과학이 중세의 사고와 결정적으로 결별한 영역으로 간주되었다.[13)] 토마스 쿤은 여러 갈래의 과학혁명들을 일반화할 수 있는 이론을 개발해서 큰 영향을 미쳤다. 그에 의하면 과학혁명이란 비교적 안정되게 장기간 지속되는 두 시대 사이에 발생하는 단기적이고 급진적인 변화를 뜻한다. 그는 한 시대의 문제해결 활동(그가 "정상과학"이라 부른 것)으로부터 다른 시대의 문제해결 활동으로 전환하는 것을 가리켜 "패러다임의 전환"이라고 불렀다. 16~17세기의 과학혁명에 관해서는, 쿤은 여러 전문분과들 내에서 진행된 소규모의 독립적 혁명들을 모두 합친 것이라고 생각한다. 그럼에도 불구하고 광학이나 천문학 같은 "고전적인" 수학적 과학은 전기학이나 화학 같은 "베이컨 계열"의 새로운 실험과학과 뚜렷하게 구분된다. 새로 출현한 "베이컨 계열"의 실험과학에서는 혁명적 변화가

---

ments: Essays in the Scientific Revolution, pp. 20~21. 1943년에 작성된 이 논문은 그의 연속성 주장을 명료하게 엿볼 수 있는 작품이다.

12) A. Rupert Hall, "On the Historical Singularity of the Scientific Revolution of the Seventeenth Century," p. 213. 그의 *The Revolution in Science 1500~1750*, p. 3도 참조할 것. 이보다 먼저 홀의 입장이 개진된 것은 *The Scientific Revolution 1500~1800*. 이 책의 서문과 1~4장을 참조할 것.

13) Ernan McMullin, "Medieval and Modern Science: Continuity or Discontinuity?". 이 대목에서 우리는 과학적 방법을 그것의 '적용'이라는 견지에서보다는 그것의 '이론'이라는 견지에서 논의하고 있다.

발생할 수 없다. 중세의 전통에는 그 같은 급진적 전환을 가능하게 할 만큼 견고한 이론적 선례가 존재하지 않았기 때문이다. 이런 관점에서 쿤은 천문학, 역학, 광학처럼 "고전적" 과학들에 대해서만 혁명적 변화를 부여한다.[14)]

연속성 논쟁을 더욱 복잡하게 만든 것은 르네상스 학계 내의 발전이다. 르네상스 과학은 지난 삼사십 년 동안 그 자체의 독특한 개성을 부여받았다. 그 시대의 과학적 성취를 중세의 자연철학과 구별되고 근현대의 자연과학과도 구별되는 것으로 재차 정의하려는 노력이 전개되었다. 이런 움직임을 주도한 학자는 프랜시스 예이츠(1899~1981)였다. 그녀는 르네상스 시대가 마술이나 비학에 이끌린 것이 17세기의 "진정한 과학"에 기여한 측면을 확인했다.[역주〔3〕] 곧이어 그녀의 테제를 수정하려는 시도가 줄을 이었지만, 지금껏 르네상스 시대의 과학이 어떤 업적을 달성했는가라는 문제는 교착상태에 빠져 있다.[15)]

지금까지 우리는 연속성 논쟁의 역사적 배경을 살펴보았다. 이것만으로도 논쟁의 성격을 파악하기에 충분하리라고 생각되기 때문에 지금부터는 논쟁의 내용을 본격적으로 다루어도 좋을 것 같다. 우리가 유의할 점부터 전하기로 하겠다. 만일 그 논쟁이 쉽게 해결될 성질의 것이었다면

---

14) Thomas S. Kuhn, *The Structure of Scientific Revolutions*. Kuhn, "Mathematical versus Experimental Traditions in the Development of Physical Science".

15) 이른바 "예이츠 테제"에 대한 가장 명료한 진술은 Francis A. Yates, *Giordano Bruno and the Hermetic Tradition*, 그리고 Yates, "The Hermetic Tradition in Renaissance Science"에서 찾을 수 있다. 이에 관한 분석 및 비판은 Brian P. Copenhaver, "Natural Magic, Hermetism, and Occultism in Early Modern Science"; Brian Vickers (ed.), *Occult and Scientific Mentalities in the Renaissance*; Charles B. Schmitt가 남긴 논문집 세 권(*Reappraisals in Renaissance Thought*; *The Aristotelian Tradition and Renaissance Universities*; 그리고 *Studies in Renaissance Philosophy and Science*) 등을 참조할 것. "진정한 과학"(*genuine science*)은 예이츠의 용어로, Copenhaver, 위의 논문, p. 261에서 인용되었음.

그 논쟁은 이미 오래전에 끝나버렸을 것이다. 필자로서도 결정적 해답을 제시할 수 없으며, 어쩌면 결정적 해답을 찾는 것은 영원히 불가능할 수도 있다. 이런 종류의 문제에서는 역사가가 역사변화를 기술한다든지 역사변화의 원인을 확인하는 것만으로는 부족하며, 역사변화 과정의 사건들에 대해 각각의 상대적 중요성을 저울질할 필요가 있기 때문이다. 이런 저울질은 사료(史料)와는 상관없이 수행될 수 있는 것이요, 한층 광범위한 해석틀에 비추어 사료를 검토할 때에야 비로소 가능한 것이기도 하다. 이 같은 해석틀은 손쉽게 확인할 수도 없고, 사료로부터 떼어내서 직접 확인할 수도 없다.[16] 역사가 개개인의 편견이 해석을 좌지우지하게 되는 것은 불가피한 일이다. 필자도 연속성 논쟁에 대한 최종판결을 제공할 것을 기대하지는 않는다. 오히려 중세과학이 이룬 업적의 본성과 의미에 관한 필자의 몇 가지 개인적 단상을 제공하는 것으로 이 책의 결론을 갈음하고자 한다.

2. 중세과학이 이룩한 업적

먼저 연속성 논쟁에 대한 인상을 밝히는 것으로 논의를 시작하고 싶다. 편들려는 생각이 앞선 나머지 중세과학이 근대 초의 발전을 예비했다고 주장한다면, 이는 명백한 과장이요, 오류일 것이다. 물론 필자는 중세 자연철학자들이 여러모로 서양 과학전통에 중요하고 지속적인 공헌을 이룩했다고 믿는다. 이런 필자의 요지는 조금 뒤에 분명하게 드러날 것이다. 서양의 과학전통에는 그들의 공헌에 의해서만 설명될 부분이 포함되어 있다. 그러나 그들이 근대 초 과학의 근본요소를 예비한 것은 아니었다. 근대 초 과학은 중세 세계관을 확장하거나 개조하거나 명료화한 것이 아니라 아예 벗어나버린 것이었다. 이런 관점에서 필자는 "과학혁

16) 이러한 요점은 McMullin, "Medieval and Modern Science," pp. 103~104에서 훌륭하게 개진되고 있다.

명"이라는 역사개념의 타당성을 수용하는 편이다.[17)]

연속성 논쟁에 투입된 에너지의 대부분은 과학 방법론 문제에 초점을 맞추는 경향이 있다. 17세기 이후로 번영을 거듭해온 불연속성 테제의 한 조류에 따르면, 17세기 과학을 중세과학으로부터 구별해주는 결정적 요소는 새로운 실험 방법론의 발견과 실천이다. 크롬비의 연속성 테제는 바로 이런 관점에 맞서서 실험 방법론이야말로 중세의 발명품이라고 주장했던 것이다. 방법론에 초점을 맞춘 위의 두 테제는 심한 과장으로 점철된 것 같다. 실제로 중세와 17세기의 과학에 대한 최근의 연구는 과학 방법론의 이론과 실천이 얼마나 복잡한 양상으로 전개되었는지를 보여준다. 중세든 17세기든, 그 양상이 복잡하기는 마찬가지였다. 지난 세대에 연속성 논쟁을 뒷받침해준 일방적 일반화는 이제 부적절한 것임이 여실히 드러나고 있다. 최근 연구가 밝히고 있듯이 중세의 자연철학자들은 아리스토텔레스 방법론의 구석구석을 신중하고도 비판적인 자세로 연구했다. 그 결과 그들은 아리스토텔레스의 방법론을 크게 정교화하고 극복했다. 그러나 아리스토텔레스의 근본원리가 위축되지 않았다는 것도 역시 분명한 사실이다. 중세 철학자들은 삼단논법에 따른 증명이야말로 최상의 방법임을 믿어 의심치 않았다. 보편적인 제 1원리나 대전제로부터 연역된 결론은 자명한 것으로 간주되었다.[18)]

반면에 17세기 자연철학자들이 아리스토텔레스와 결별한 것은 의심의 여지가 없다. 그들은 점차 과학적 주장의 가설적 위상을 인정해갔으며, 실험이 확증과 반증의 수단으로서 잠재력을 가진다는 것, 수학이 측정과 분석의 도구로서 광범위한 쓰임새가 있다는 것도 인정하는 방향으로 나

---

17) 과학혁명에 대한 가장 최근의 (하지만 결코 최종적인 것은 아닌) 논의에 관해서는 David C. Lindberg and Robert S. Westman (eds.), *Reappraisals of the Scientific Revolution*에 수록된 논문들을 참조할 것.

18) 중세의 방법론에 관해서는 Crombie, *Grosseteste*, 특히 2~4장; William A. Wallace, *Casuality and Scientific Explanation*, vol. 1: *Medieval and Early Classical Science*, 1~4장; McMullin, "Medieval and Modern Science"; 그리고 Eileen Serene, "Demonstrative Science" 등을 참조할 것.

아갔다. 중세 방법론과 17세기 방법론 간의 틈새는 불연속성을 지지하는 진영이 말하는 것보다는 좁지만, 크롬비 같은 연속성론자들이 말하는 것보다는 넓다고 해야 옳을 것이다. 방법론의 관점에서 평가할 때, 17세기가 신세계를 열었다고는 할 수 없어도 새로운 시대를 열었음은 분명하다.[19]

우리가 알렉상드르 코아레의 안내를 따라 초점을 방법론으로부터 세계관이나 형이상학 쪽으로 옮기면, 불연속성 테제는 더욱 강력하게 뒷받침될 수 있다. 여기서 필자가 염두에 둔 것은 17세기 "새로운 과학자들"(갈릴레오, 데카르트, 가상디, 보일, 뉴턴 등)이 아리스토텔레스의 형이상학을 거부하고 고대의 원자론을 채택한 대목이다. 그들은 자연본성, 형상과 질료, 실체, 현실태와 잠재태, 네 원소와 네 성질, 네 원인 같은 아리스토텔레스의 형이상학 원리를 거부했으며, 그 대안으로 고대 원자론의 소체철학을 재구성했다.[역주〔4〕] 이것은 근본적인 발상의 전환이요, 거의 2천 년 동안 지속된 자연철학을 뿌리째 파괴한 사건이었음이 분명하다.[20]

이 사건의 몇 가지 결과를 검토해보자. 17세기의 새로운 형이상학은 아리스토텔레스의 자연철학에 전제된 유기체적 세계를 포기했다. 그것은 세계가 그 나름의 목적을 추구하는 유기체라는 관점을 포기한 대신, 기계를 닮은 세계를 제시했다. 세계는 무생명의 물질로, 끊임없는 운동으로, 임의적 충돌로 점철된 기계라는 것이었다. 새로운 형이상학은 아

---

19) Ernan McMullin, "Conceptions of Science in the Scientific Revolution," in Lindberg and Westman(eds.), *Reappraisals*, pp. 27~86; McMullin, "Medieval and Modern Science," pp. 108~129. 17세기의 실험관행에 대한 사회사적 분석으로는 Steven Shapin and Simon Schaffer, *Leviathan and the Air-Pump: Hobbes, Boyle and the Experimental Life*; Peter Dear. "Jesuit Mathematical Science and the Reconstruction of Experience in the Early 17th Century" 등도 참조할 것.

20) Anneliese Maier, "The Theory of the Elements and the Problem of their Participation in Compounds," p. 125에 등장하는 강력한 진술을 참조할 것.

리스토텔레스 자연철학의 핵심개념인 감각가능한 성질의 위상을 크게 추락시켰다. 그런 성질은 추켜세워야 이차적 성질이요, 낮추보면 감각이 일으키는 환각에 불과한 것이었다. 새로운 형이상학은 형상과 질료의 설명능력도 모두 제거했으며, 눈에 보이지 않는 작은 입자가 사물의 크기와 모양과 운동을 결정한다고 주장했다. 변화의 범주들 중에서는 운동이 가장 중요한 범주로 격상되었으며, 〔목적인과 형상인은 배제되고〕 작용인과 질료인만이 원인으로 간주되었다. 아리스토텔레스의 목적론이 자연 그 자체의 〈내부로부터〉 목적을 발견하려 했다면, 새로운 형이상학은 창조주가 〈외부로부터〉 자연에 부과한 목적을 발견하려고 힘썼다.

새로운 형이상학은 자연철학의 다른 측면, 이를테면 방법론에 대해서도 깊은 함축을 지닌 것이었다. 혹자는 17세기가 이룩한 방법론적 혁신들이 대부분 새로운 형이상학에 뿌리를 둔다고 주장하는데, 이런 주장은 일리도 있고 설득력도 있다. 일례로 아리스토텔레스의 자연철학이 상정한 핵심 자연본성(사물의 자연상태, 즉 자유로운 상태에서 발견되는 본성)을 포기한 것은 자연현상에 대한 조작과 실험을 가일층 자극하는 기회가 되었다.[21] 눈에 보이지 않는 소체 메커니즘을 강조한 것은 가설을 신중하게 고려하고 가설의 인식론적 위상을 높이는 계기로 작용했다. 끝으로 아리스토텔레스 체계가 상정한 성질로부터 작은 입자로 구성된 기하학적 속성(모양, 크기, 운동)으로 강조점이 이동한 것은, 수학을 자연에 적용하는 관행을 자극했음이 분명하다.

불연속성의 측면을 마무리하기 전에, 근대 초 과학과 중세과학 간의 차이를 더욱 분명하게 부각시킨 환경조건을 잠시 언급해두고자 한다. 첫째로 중세 대학에 자연철학이 제도화된 것은 중요한 발전임이 분명하지만, 16세기와 17세기에 과학은 그 규모, 연구범위, 조직화 등에서 큰 폭의 전진을 거듭했다.[22] 둘째로 근대 초 과학은 새로운 사회환경에서 태

21) 아리스토텔레스 자연철학에서 말하는 핵심본성에 관해서는 이 책의 3장을 참조할 것.

22) Mordechai Feingold, *The Mathematician's Apprenticeship: Science, Universi-*

어났으며, 새로운 환경은 과학활동에 영향을 미쳐 과학의 모습을 쇄신해 주었다.[23] 16~17세기에는 도구제작에서도 결정적 혁신이 이루어졌다. 예컨대 새로 발명된 망원경과 현미경은 눈으로 볼 수 없는 먼 것과 작은 것을 관찰할 수 있도록 해주었다.[24] 셋째로 16~17세기는 특정 분과들에서 새로운 이론이 획기적으로 개척된 시대였다. 16세기에 첫 출현한 태양 중심 우주론은 17세기에 완전한 승리를 거두었다. 운동과 관성을 설명한 새로운 이론은 지구에 대해서든 천체에 대해서든, 깊은 동력학적 함축을 지닌 것이었다. 그러면 이제부터 특정 분과들 내에서의 변화라는 문제로 되돌아가기로 하자.

위에서 언급한 대로 근대 초 과학이 중세과학과 철저하게 불연속적이라면, 즉 16~17세기 동안 과학이 '혁명'이라 불릴 만큼 개념상 근본적으로 변화했다면, 중세의 기여는 어떻게 되는 것일까? 중세 자연철학자들이 16~17세기 과학을 예비하지 못했다면, 그들은 이제 인기를 잃든지 하찮은 존재로 전락하지나 않을까? 아니면 그들은 전혀 다른 과학을 위해 무엇인가를 기여한 것일까?

이런 물음에 답하기 전에 먼저 이해되어야 할 요점이 있다. 필자가 소개한 고·중세의 지적 노력은 16~17세기의 과학문제를 해결하기 위한 것이 아니었음을 기억할 필요가 있다. 이 요점은 초보자도 쉽게 이해할

---

ties and Society in England, 1560~1640; John Gascoigne, "A Reappraisal of the Role of the Universities in the Scientific Revolution" 등을 참조할 것.

23) 새로운 사회환경이 과학사업의 양상을 얼마나 깊이 변모시켰는가 하는 문제는 뜨거운 논쟁의 주제이다. 이 주제에 관해서는, 고전에 해당하는 머튼(Robert K. Merton)의 *Science, Technology and Society in Seventeenth Century England*로부터 최근에 간행된 마거리트 제이콥(Margaret Jacob)의 *The Cultural Meaning of the Scientific Revolution*에 이르는 방대한 연구성과가 존재한다. 그 밖에도 A. R. Hall, "Merton Revisited or Science and Society in the Seventeenth Century"와 조지 바살라(George Basalla)의 논문집, *The Rise of Modern Science: Internal or External Factors*? 등을 참조할 것.

24) 이를테면 Albert Van Helden, *The Invention of the Telescope*를 참조할 것.

수 있지만 더할 나위 없이 중요한 것이다. 고 · 중세의 학자들은 그들 나름의 문제에 사로잡혀 있었으며, 자신들이 물려받은 개념틀의 경계선을 벗어날 수 없었다. 그 경계선 안에서 그들은 중요한 문제가 무엇인지를 결정했고 그 문제에 답할 유용한 방식을 구했다. 그들로서는 그 경계선 내에서 〈자신들이〉 살아가는 세계를 이해할 수밖에 없었다. 중세 말에 그런 개념틀로 작용한 것은 아리스토텔레스주의, 플라톤주의, 기독교 사상 등이 뒤섞인 풍부한 혼합체계였다. 중세 학자들은 그 혼합체계의 풍부한 설명력에 이끌렸다. 그 혼합체계가 그들이 질문한 문제에 즉시 정답을 제시하거나 미래의 성공을 약속하는 한, 그들이 그 체계를 포기할 이유는 전혀 없었다. 그들의 목표는 먼 미래의 세계관을 예비하거나 선구하는 일이 아니라, 스스로의 세계관을 검토하고 명료화하고 이용하고 비판하는 일이었다. 그들의 자연철학자로서의 능력도 이런 현실적 기준에 의해 평가되었다. 한마디로 우리는 중세 학자들이 중세에 살았음을 인정해야 한다. 근대적이지 못하다는 이유로 그들을 헐뜯는 일은 없어야 할 것이다. 우리 운명도 마찬가지가 아닐까? 미래세대가 비슷한 호감을 우리에게 표한다면, 우리가 그들을 예비했기 때문이라기보다 우리의 운이 좋았기 때문이 아닐까?[25]

그렇지만 미래의 발전을 예비한 정도에 따라 중세 자연철학자들의 유 · 무능을 판단하지 않는다고 해서 만사가 해결되는 것은 아니다. 문제는 아직 남아 있다. 과연 중세는 17세기 과학을 위해 중요한 공헌을 한 측면이 있는가? 대답은 긍정이다. 중세 자연철학자들은 17세기의 발전을 위해 결정적 토대를 마련했고 그 길을 포장했다. 17세기에 과학의 새로운 구조가 정립되었을 때, 거기에는 허다한 중세의 유산이 포함되어 있었다. 비교적 중요한 것만 추려서 중세의 공헌을 열거해보기로 하자.

첫째, 중세 말 학자들은 대단히 광범위한 지적 전통을 정립했다. 이 전

---

25) 과학적 변화의 과정에 관해서는 Kuhn, *Structure of Scientific Revolutions*를 참조할 것.

통이 없었다면, 이후 자연철학의 진전은 꿈도 꿀 수 없었을 것이다. 우리가 이미 검토했듯이 중세 초에 유럽의 지적 활동은 지극히 제한된 수준에서 진행되었다. 가진 것이라고는 고대철학의 빈약하고도 파편적인 유산밖에 없었다. 이렇듯 보잘것없는 기원에서 출발했지만 14세기 말에 이르러 중세 유럽인들은 높은 수준의 철학문화를 꽃피울 수 있었다. 그들은 원래 수중에 있던 라틴 원전들을 섭렵하는 단계에서 출발했고 이를 완료한 뒤에는 대규모 번역작업에 착수했다. 번역을 통해서 그들은 그리스·이슬람 철학의 풍요로운 결실을 수확할 수 있었다. 번역대상으로 특히 주목을 받은 것은 아리스토텔레스의 작품과 이슬람 학계의 아리스토텔레스 주석, 무슬림 의사들이 체계화한 히포크라테스와 갈레노스의 의료철학, 그리고 그리스와 이슬람 세계 학자들이 남긴 수학 및 수학적 과학분과의 다양한 작품이었다.

둘째, 중세 유럽의 철학자들은 그리스·이슬람 철학의 결실을 수확한 후로는 그 내용을 극복하는 과제에 몰두했다. 번역물 컬렉션은 이질적 자료들로 구성된 탓에 서로 다른 목소리를 내고 있었다. 이런 차이들을 파악해서 타협을 모색하고 분쟁을 조정하려면 뛰어난 재능이 필요했다. 물론 지배적 요소는 아리스토텔레스 철학이었다. 그렇지만 아리스토텔레스 철학이 천의무봉의 통일성을 갖추었다든지, 모든 주제를 남김없이 다루었다든지, 심각한 경쟁자가 없었다고 가정하는 것은 지나친 단순화일 것이다. 아리스토텔레스 철학은 그 자체가 살아 생동하는 전통이었고 늘 유동상태에 있었다. 중세 학자들은 아리스토텔레스 철학의 숨은 뜻을 파악하기 위해 애썼고 그것의 오류를 교정했고 그것의 모순을 해결했으며 그것을 새로운 문제에 적용했다. 새로운 자료가 기독교 전통에 맞추어지기도 했지만 그 역도 얼마든지 가능했다. 한마디로 중세의 업적은 고전고대 사상과 기독교 사상의 종합을 일군 것이었다. 이러한 종합은 다음 여러 세기에 걸쳐 창조적 사색을 위한 틀을 제공했으니 여기에는 당연히 자연에 대한 사색도 포함되었다.[26]

셋째, 이 같은 종합은 중세의 학교와 대학에 제도적 기반을 마련했다.

고대세계나 중세 이슬람 세계에서 자연철학이 불안정상태에 있었던 것은 제도적 지원이 산발적이었기 때문이다. 이와 대조적으로 중세 유럽의 대학은 고대 자연철학을 교과과정의 핵심요소로 정착시켰다. 따라서 고등교육을 받은 자는 누구나 자연철학을 (숙지까지는 아니더라도) 쉽게 접할 수 있었다. 중세에 배운다는 것은 원칙상 고대로부터 전승된 철학전통의 맥락에서 교육받는다는 것을 의미했다. 혹자는 고대 철학전통을 교육하고 제도화한 것이 파생적인 곁가지에 불과하며 그리 주목될 만한 업적은 못 된다고 주장할 수 있다. 그렇게 판단하고픈 유혹에 빠질 수도 있다. 그러나 고대전통의 교육은 매우 중요한 단계였다. 우리가 무수한 시행착오 끝에 알게 된 사실이지만, 고대사상은 서양 과학전통의 토대를 제공했다. 고대사상을 수용하고 동화해서 제도화한 것은 과학이라는 건물을 증축하기 위한 전제조건이었다.

넷째, 중세 자연철학자들은 아리스토텔레스 자연철학을 신봉하는 데 머물지 않았다. 그들은 아리스토텔레스 자연철학을 다른 지적 전통과 혼합하는 과정에서 과연 자신들이 그의 자연철학을 제대로 수용했는지를 두고 고민하기는 했지만, 그런 고민에만 매달린 것은 아니었다. 그들은 그의 자연철학을 정밀 검토하고 비판적으로 평가했다. 이런 비판과정은 아리스토텔레스의 철학을 처음 이용할 무렵부터 시작되었으며 중세 말과 근대 초로 이어졌다. 비판적 검토를 강권하거나 자극한 요소 중에는 신

---

26) 종합이라는 표현은 두 측면에서 좀더 명료해질 필요가 있다. 첫째, 고전사상과 기독교 사상의 종합에 대한 언급이, 모든 문제가 해결되었다든지 심각한 불화가 표출되지 않았다는 뜻을 의도한 것은 아니다. 필자가 말하는 종합은 아리스토텔레스 철학이 그러했듯이 하나의 살아 있는 전통이었다. 둘째, 필자는 그러한 혼합과정에서 기독교가 수혜자(혹은 피해자)였다거나, 고전사상과 기독교 사상의 종합이 다른 가능한 종합에 비해 훌륭한(혹은 열악한) 것이었다고 주장하려는 의도를 가지고 있지 않다. 필자는 단지 사실적 측면을 개진하고 있을 뿐이다. 실제로 중세 학자들은 고전사상과 기독교 사상의 종합을 일구었으며, 그 결과로 형성된 개념틀 안에서 자연철학은 수세기 동안 생산적으로 추진될 수 있었다.

학교리와의 마찰도 있었다. 1277년의 금지조치는 대표적 사례이다. 이 조치는 공간개념의 재검토를 요구했는데, 재검토 과정에서 다수의 철학자들은 아리스토텔레스주의를 거부하고 우주는 무한공간으로 둘러싸여 있다는 개념을 채택했다. 세계의 영원성과 영혼에 대한 아리스토텔레스의 이론이나 그의 철학에서 결정론적 요소 같은 것도 신학의 압력에 의해 "교정"되는 경향이 있었다.[27]

그러나 비판적 평가의 대부분은 신학적 뿌리에서 나온 것이 아니었다. 그 대부분은 아리스토텔레스 철학의 내적 긴장으로부터 불거진 것이요, 중세 자연철학자들이 지각한 세계를 적절하게 설명해주지 못한 그 철학의 무능에서 비롯된 것이요, 아리스토텔레스주의 밖에서 대안을 모색해야 할 현실적 필요성에서 나온 것이었다. 일례로 질료, 형상, 실체를 다룬 아리스토텔레스의 이론이 논쟁과 비판에 휘말린 것은 그 이론이 부정확하고 불완전할 뿐만 아니라 자기모순마저 가진 것이었기 때문이다.[28] 또다른 사례로 14세기에 장 뷔리당과 니콜 오렘은 아리스토텔레스주의의 반대입장에서, 지구가 지축을 중심으로 자전할 수도 있다는 관념을 꼼꼼하고도 창의적으로 분석했다 — 아리스토텔레스주의는 이런 발상을 흥미롭기는 하지만 환상에 불과한 것으로 오랫동안 무시했다.[29] 특히 오렘의 분석은 장차 갈릴레오를 자극할 운명의 것이었다. 마지막 사례로는 아리스토텔레스 운동이론이 중세 말에 총체적 전복에 직면한 것을 꼽을 수 있다. 이것은 운동의 자연본성에 대한 새로운 생각이 출현하고 운동학과 운동역학 모두에 계량화 기법이 적용된 결과였다.[30]

아리스토텔레스에 대한 중세의 평가는 그 배후에 작용한 원동력이 무엇이든 간에, 자연철학의 발전과정에서 크게 기여한 것이었다. 아리스

---

27) 이 책의 10장과 11장을 참조할 것.

28) Maier, "Theory of Elements," 특히 pp. 126~134, 그리고 이 책의 12장을 참조할 것.

29) 이 책의 11장을 참조할 것.

30) 이 책의 12장을 참조할 것.

토텔레스 철학을 평가하려면 그것의 행간을 꼼꼼하게 읽고 그것의 빈틈을 채울 필요가 있었다. 이런 작업은 다시 신중한 비판의 전제조건이 되었다. 물론 중세에 진행된 비판은 총체적이라기보다 부분적인 것이었다. 아리스토텔레스의 근본원리를 반박하는 경우는 거의 없었다. 대부분의 비판은 16~17세기에 진행된 "무자비한 매도"(*feeding frenzy*) 와는 거리가 멀었으며, 아리스토텔레스 철학의 주춧돌을 조금씩 갉아먹는 형식을 취했다. 그럼에도 불구하고 이런 형태의 비판은 아리스토텔레스 학설을 주기적으로 신중하게 재검토하는 비판풍토를 조성함에 결정적으로 기여했다. 이제 아리스토텔레스의 운명은 그의 권위보다는 그의 설명력에 의존하게 되었다. 근대 초에 한층 폭넓고 파괴적인 비판이 진행될 수 있었던 것은 그 토대가 중세에 이미 조성된 덕택이었다.[31]

끝으로 다섯째, 필자는 앞서 잠시 언급한 분과 수준에서의 과학의 발전이라는 문제로 되돌아가고자 한다. 권위 있는 불연속성론자 중에는 과학혁명에 대해 전체론적 접근법을 취하는 이가 많다. 이들은 형이상학이나 방법론에서의 광범위한 혁신에 초점을 맞추면서, 이런 수준에서의 발전이야말로 과학활동 전체에 지배적 영향을 미친 것이라고 주장한다. 그들에 의하면 그 총체적 변화에 필요한 에너지는 새로운 자연관에서 분출되기도 하고, 자연의 비밀을 탐사하는 새로운 방법론에서 분출되기도 하며, 둘 다로부터 분출되기도 한다. 어쨌든 과학혁명은 그 총체적 변화의 한 사례로 간주된다. 그 총체적 변화가 다양한 과학분과들에서 감지될 때 과학의 혁신은 절정에 도달한다는 것이다. 바로 이것이 코아레의 견해이다. 인간은 "세계 내에서 자신의 위치를 상실했다. 어쩌면 자신이 살아가고 사고하는 세계 자체를 상실했다고 말하는 편이 더 옳을지도 모르겠다. 그래서 인간은 자신의 근본개념과 속성만이 아니라 자신의 사고틀 자체마저 변형하고 바꾸어야만 했다."[32] 이 같은 논증과정에서, 불연

31) Edward Grant, "Aristotelianism and the Longevity of the Medieval World View".

32) Alexandre Koyré, *From the Closed World to the Infinite Universe*, p. 4. Koyré,

속성론자들은 특정 분과에서의 변화를 간과했다. 특정 분과란 일반적 추세의 특수한 사례에 불과하다는 입장이었다. 불연속성의 가장 노골적인 옹호자인 홀(A. R. Hall)은 토마스 쿤 같은 이들을 겨냥해서 과학혁명을 분과별 사건들로 쪼개려 한다고 비난했다. 과학혁명은 "부분들로 쪼개져서는" 곤란하다는 것이었다. 홀에 의하면 과학혁명은 "관념들의 변화를 수반하는, 일련의 연속적이고 긴밀하게 엮인 새로운 발견들"을 모두 포괄하는 것이기 때문에 "과학혁명을 각기 별개의 문제를 다룬 여러 장(章)으로 쪼개는 것은 너무 자의적"이다.[33]

필자가 코아레와 홀의 입장에 얼마간 공감한다는 것은 이 장의 서두에서 분명하게 밝힌 바 있다. 필자도 형이상학이나 방법론상의 변화야말로 과학혁명의 결정적 특징이요, 과학활동 전반에 영향을 미친 것이라는 주장에 동의한다. 뿐만 아니라 필자는 16~17세기에 과학분과들이 서로 긴밀하게 결합되어 있었다는 홀의 견해에도 동의한다. 그렇지만 총체적 변화로만 관심을 〈제한〉하고 분과별 수준에서의 변화를 〈무시〉한다는 것은 오류라고 아니할 수 없다. 개별 분과가 포괄적 자연관이나 방법론적 원리의 영향을 받는다는 것은 의문의 여지가 없다. 그러나 영향관계의 강도와 특징이 분과별로 달랐다는 것, 형이상학과 방법론이 각 분과의 고유한 특징에 따라 차별적으로 영향을 미쳤다는 것도 굳이 재론할 여지가 없는 이치일 것이다. 철저하게 고립된 분과도 있을 수 없지만, 모든 분과들이 동일한 발전패턴으로 빈틈없이 엮이는 일도 없을 것이다.

그렇다면 총체적 변화와 분과별 변화에 대한 이상의 논의는 중세과학의 업적을 평가함에 어떤 영향을 미칠 수 있을까? 만일 누군가 과학혁명의 총체적 측면에만 집중하겠다든지 과학혁명을 한 묶음의 전체적 사건으로 정의하겠다고 결정한다면, 그의 결정은 연속성-불연속성 논쟁에서 불연속성을 편들 수밖에 없을 것이다. 그도 그럴 것이 그는 불연속성이

Galileo Studies, pp. 2~3과 Koyré, *The Astronomical Revolution*, pp. 9~10도 참조할 것.

33) Hall, "Historical Singularity," pp. 210~211.

두드러진 과학적 변화에 초점을 맞출 것이기 때문이다. 물론 중세 자연철학을 근대 초 자연철학으로부터 가장 명료하게 구분해주는 것은, 새로운 자연관과 방법론이 출현해서 과학활동과 과학적 신조에 전체적으로 영향을 미쳤다는 점이다. 반면에 중세 학자들의 가장 지속적인 공헌은 다양한 과목이나 분과의 〈내부〉에서 진행되었다. 과학의 변화에서 모든 측면을 전체적으로 다루겠다는 결정은 불연속성을 확인하겠다는 다짐에 불과하다. 오늘날 논쟁의 양편은 중세과학으로부터 근대 초 과학으로의 전환에 연속성과 불연속성이 공존했음을 원칙적으로는 인정하는 추세이다. 하지만 연속성과 불연속성을 모두 발견하려면, 우리는 그 각각을 각자에 어울리는 분과에서 구해야 할 것이다.[34) 역주〔5〕]

우리가 분과별 발전으로 관심을 옮긴다면, 중세와 근대 초 사이에는 꽤 큰 연속성이 존재한다는 주장이 설득력을 얻을 수 있을 것으로 기대된다. 언어에서든 개념에서든 이론에서든, 17세기의 이른바 "새로운 과학자들"이 제기한 질문 가운데는 중세 전통이 이미 다져놓은 것이 많았다. 17세기에 사용된 과학용어와 그 용어가 지시하는 개념은 대부분이 중세 용법과 연속선상에 있었다. 중세의 이론이 살아남아 근대 초 과학에 합류하는 사례도 있었다.

사례는 어렵지 않게 발견된다.[35)] 낙하물체에 대한 갈릴레오의 운동학적 분석은 14세기 동안 옥스퍼드와 파리에서 발전한 운동학 원리의 많은 부분을 정교하게 다듬고 응용한 것이었다. 갈릴레오가 운동학과 동력학의 차이를 파악했다는 사실은 브래드워딘과 오렘에서 유래하는 전통의 영향을 보여준다. 갈릴레오의 운동학을 꼼꼼하게 검토해보면, 그의 작업이 수행된 개념틀은 중세 운동학의 개념틀과 크게 다르지 않았다. 이

34) David C. Lindberg, "Continuity and Discontinuity in the History of Optics: Kepler and the Medieval Tradition"에서, 각자에 어울리는 분과(*customary habitats*)라는 표현을 차용했다.

35) 필자가 제시하는 두 사례는 모두 쿤이 말하는 '고전과학들'에서 취해진 것으로 시사하는 바가 크다. 쿤은 두 사례를 혁명적 변화의 발화점으로 간주한다.

를테면 공간, 시간, 속도, 가속도 같은 개념이 그러했다. 그의 수학적 접근도 14세기에게 큰 빚을 진 것이었다. 뿐만 아니라 갈릴레오가 최종적으로 제시한 이론에서는 중세에서 유래하는 정리(定理)가 눈에 띄게 두드러진다. "머튼 규칙"으로 불리기도 하는 "평균속도의 정리"가 바로 그런 사례이다. 오늘날 갈릴레오 운동학의 최대 업적으로 평가되는 수학 관계식($v \propto t$, 그리고 $s \propto t^2$)은 모두 14세기에 정립된 정의나 정리를 정교하게 다듬은 것이었다.[36)]

광학은 중세와 근대 초의 현저한 연속성을 보여주는 또 하나의 분과이다. 광학의 기하학적 측면이 특히 그러하다. 케플러의 예를 들어보자. 케플러는 안구후면의 시계(視界: *visual field*)에 맺히는 역상(逆像)에 의해 시각이 가능해진다는 이론을 제시했다. 그의 망막 이미지 이론은 시각이론상의 뛰어난 업적이요, 중요한 혁신이었다. 그렇지만 그 이론은

---

36) '$v \propto t$'라는 공식은 균일 가속운동에 대한 중세의 정의로부터 직접 출현한 것이다. 이것은 균등한 시간단위에서 가속도의 균등한 증가가 이루어지는 운동을 말한다. 또한 '$s \propto t^2$'도 중세의 정리를 단지 확장한 것으로, 균일하게 가속되는 운동에서 전반(前半) 동안 지나간 거리와 후반(後半) 동안 지나간 거리가 1 : 3의 비율이라는 정리이다(이 책의 11장 참조). 갈릴레오와 중세의 역학전통에 관해서는 Marshall Clagett, *The Science of Mechanics in the Middle Ages*, pp. 251~253, 409~418, 576~582, 666~671; Clagett, *Nicole Oresme and the Medieval Geometry of Qualities and Motions*, pp. 71~73, 103~106; Edith D. Sylla, "Galileo and the Oxford Calculatores"; Christopher Lewis, *The Merton Tradition and Kinematics in Late Sixteenth and Early Seventeenth Century Italy*, pp. 279~283 등을 참조할 것. 갈릴레오가 중세의 영향을 수용한 정확한 통로는 여전히 논쟁거리이다. 갈릴레오는 여러 면에서 중세 전통을 이탈했지만 그가 중세의 어휘, 개념, 이론을 자신의 역학에 주입했다는 것은 의문의 여지가 없다. 영향의 통로를 추적하려는 노력은 Clagett, *Oresme and the Medieval Geometry of Qualities and Motions*, pp. 103~106; Sylla, "Galileo and Oxford Calculatores"; Lewis, *The Merton Tradition and Kinematics*; William A. Wallace, *Galileo and His Sources: The Heritage of the Collegio Romano in Galileo's Science*; Wallace, *Prelude to Galileo: Essays on Medieval and Sixteenth-Century Sources of Galileo's Thought* 등을 참조할 것.

혁명이 아니었다. 그것은 오랜 의문에 대한 대답이며 거의 전적으로 중세의 개념틀 안에서 정립되었다. 그것은 중세 광학의 근본원리를 반박하는 과정에서 정립된 이론이 아니라, 기존의 원리를 신중하게 고려하겠다는 결정에 의해 정립된 이론이었다. 다른 예로 케플러는 미세구멍을 통과하는 빛의 방출과 관련된 고대 이래의 오랜 숙원을 해결했다(그는 태양광선이 사각형 구멍이나 삼각형 구멍을 통과해도 적절한 조건이 주어지면 태양의 원모양 이미지가 형성된다는 당혹스러운 사실을 설명했다). 그의 해결책은 새로운 기하학 원리를 이용한 것이 아니라 광학분과에서 전승된 공리를 한층 엄격하게 적용한 것에 지나지 않았다.[37)]

비슷한 사례를 덧붙이는 것은 어려운 일이 아니다. 코페르니쿠스의 천문학은 프톨레마이오스 이래로 설정된 천문학의 목표와 원리를 변함없이 유지했다. 비슷한 연속성은 점성술, 연금술, 해부학, 생리학, 의학, 자연사 등 다른 분과에서도 엿볼 수 있다. 근대 초 과학은 16~17세기에 출현할 때 과거와의 복잡한 관계를 계속 유지하고 있었다. 형이상학과 방법론은 여러 중요한 측면에서 근본적 혁신을 이룩했지만, 그것들 역시 중세과학이 남긴 무수한 편린들을 엮기에 바빴다. 그 편린들은 불변적인 채로 편입될 때도 있었지만 새로운 상황에 맞게 개조되어 엮일 때도 있었다. 이처럼 중세과학의 성과에 대한 존중을 요구한다고 해서 16~17세기의 성과를 헐뜯거나 위축시키는 것은 아니다. 우리는 전자가 후자를 형성했다는 것, 따라서 중세과학의 성과는 근현대 과학의 선조로 등재될 필요가 있다는 것을 이해해야 한다. 우리가 근현대 과학의 세계에서 살

---

37) 광학의 이러한 발전에 관해서는 David C. Lindberg, *Theories of Vision from Al-Kandi to Kepler*, 특히 9장; Lindberg, "Laying the Foundations of Geometrical Optics: Maurolico, Kepler, and the Medieval Tradition" 등을 참조할 것. 미세구멍을 통한 빛의 방출에 관한 린드버그의 논문 세 편도 참조할 것. 즉, "The Theory of Pinhole Images from Antiquity to the Thirteen Century"; "Reconsideration of Roger Bacon's Theory of Pinhole Images"; 그리고 "The Theory of Pinhole Images in the Fourteenth Century".

아간다는 것이 무엇을 의미하는지를 이해하려 한다면, 근현대 과학을 형성한 고대와 중세의 기나긴 역정(歷程)을 무시해서는 안 될 것이다.

역주

역주〔1〕 그리스 로마의 고전고대와 자신이 살아가는 현대의 유사성을 강조하고, 그 사이에 낀 중세를 무시하고 차별화하는 태도는 르네상스 시대(14세기~16세기) 이후로 형성되었다. 고대, 중세, 근현대라는 삼시대 구분법의 때 이른 사례는 1469년경의 조반니 안드레아(Giovanni Andrea)에게서 발견된다. 이후 고대인이 더 우월한지 근현대인이 더 우월한지를 따지는 논쟁("고대파와 현대파의 논쟁": *controversy between Ancients and Moderns*)이 가열되면서, 그 사이에 낀 시대로서의 중세의 위상은 시간이 흐를수록 실추되었으며 결국 "암흑시대"라는 오명을 얻게 된다.

역주〔2〕 '르네상스'라는 용어는 바자리(Giorgio Vasari: 1511~1574) 같은 르네상스 운동의 주역들로부터 사용된 것이었지만, 그 용어를 근 3세기에 걸친 '시대'개념으로 정립한 것은 부르크하르트였다. 19세기 낭만주의 역사학의 전반적인 중세 선호에도 불구하고, 부르크하르트는 르네상스 시대를 근현대(*Modernity*)의 출발점이요, 중세와의 급격한 단절로 해석했다.

역주〔3〕 이른바 '예이츠 테제'(*Yates Thesis*)는 르네상스 시대에 창궐한 연금술, 점성술, 자연마술과 같은 '마술'(*magic*)의 중심에 헤르메스주의(*Hermetism*)를 설정한다. 헤르메스주의는 15세기 후반부터 과학혁명 이전까지 유럽인의 능동적 세계관(자연과 사회를 능동적으로 개조하려는 의지)을 형성했다는 것이다. 이러한 능동적 관점을 계승하는 동시에 르네상스 마술의 비학적(秘學的: *occultist*) 성격을 파괴한 것이 바로 베이컨 계열의 실험과학이다.

역주〔4〕 '소체철학'(*corpuscular philosophy*)은 자연현상을 작은 물질입자들의 운동과 정지, 모양, 위치 등에 의해 설명하려는 이론이다. 데모크리토스 같은 고대의 원자론자들과 17세기의 로버트 보일(Robert Boyle)이나 뉴턴 같은 "새로운 철학자들"은 이러한 이론에 기초해서 우주를 일종의 '기계'로 상정할 수 있었다. 이를테면 빛은 소체들, 즉 작은 입자들의 방출로 설명될 수 있었다.

역주〔5〕 이른바 '과학혁명'을 둘러싼 연속성 논쟁은 연속적 측면과 불연속적 측면을 결합함으로써 해결될 수 있다는 것이 린드버그의 입장이다. 즉, 형이상학이나 방법론의 견지에서는 현저한 불연속성이 존재하지만, 분과별로 꼼꼼하게 분석해보면 현저한 연속성이 드러난다는 것이다. 여기서 분과별 연속성은 동일분과 내의 연속성(예컨대 중세 광학과 근현대 광학의 연속성)으로 국한되기보다는 서로 다른 분과 사이의 교차 연속성(예컨대 중세 광학과 근현대 천문학)도 허용하는 것으로 보인다.

린드버그 교수와 《서양과학의 기원들》

데이비드 찰스 린드버그(David Charles Lindberg)는 1935년 11월 15일에 미국 미네소타 주의 미니애폴리스에서 태어났다. 스웨덴 출신의 선교사였던 조부의 영향으로 그는 학창시절을 시카고와 그 인근의 미션계통 학교에서 보냈다. 엄격한 기독교계 대학인 휘튼(Wheaton) 칼리지의 물리학과를 우등으로 졸업(1957)한 후에, 그는 시카고의 노스웨스턴대학에서 물리학 석사학위(1959)를 받았다. 그가 '과학사'의 세계에 발을 들여놓은 것은 인디애나대학의 '과학사·과학철학 프로그램'에 등록하면서부터였다. 이곳에서 그는 평생의 스승이자 친구가 된 에드워드 그랜트(Edward Grant: 1926~)를 만나 중세과학사에 입문했다. 인디애나대학에서 린드버그가 발표한 첫 논문은 로저 베이컨(Roger Bacon: 1214년경~1294)의 시각이론을 다룬 것이었으며, 이를 바탕으로 그는 중세 광학에 관한 박사학위논문을 1965년에 완성했다. 같은 해에 미시간대학에 부임한 그는 2년 뒤에 위스콘신대학으로 이적하여 정년퇴직한 지금까지도 그 대학을 중심으로 활동하고 있다. 현재 그의 공식직위는 위스콘신대학에서 가장 높은 권위를 자랑하는 '힐데일 명예교수'(*Hildale Emeritus Professor*)이다. 공식직함보다 중요한 것은 그의 헌신적 봉사활동이다.

그는 1980년대부터 지금까지 따뜻한 동료애와 타고난 친화력으로 위스콘신 과학사학과는 물론 미국 과학사학계 전체의 변화와 발전을 이끌고 있다. '위스콘신 맨'으로서든 미국과학사학회의 일원(회장: 1994~95)으로서든, 그가 과학사학계에 기여한 공로는 제아무리 천재라 해도 타인의 신뢰와 스스로의 사명감 없이는 이룰 수 없는 것이었다.

린드버그의 작품세계는 다채롭다. 저서로는 《알킨디로부터 케플러에 이르는 시각이론》(*Theories of Vision from al-Kindi to Kepler*, 1976)과 이번에 번역된 《서양과학의 기원들》이 그의 대표작으로 알려져 있다. 그렇지만 그는 청년기부터 최근에 이르기까지 각고의 주의력과 시간을 집중시켜 여러 편의 중세 필사본을 번역·주해·편찬했다. 존 피챔(John Pecham: 1240년경~1294)과 로저 베이컨에 관한 그의 주석본은 세계적 명성을 얻었거니와, 그가 편찬한 중세와 르네상스 시대의 광학 필사본 목록집도 높은 참조빈도를 기록하고 있다. 그는 중세 및 근대 초 과학사의 주요 쟁점들에 관한 국제협동연구를 다방면에서 주도한 인물이기도 하다. 그가 기왕에 편집한 *Science in the Middle Ages*(University of Chicago Press, 1978), *God and Nature: Historical Essays on the Encounter between Christianity and Science*(University of California Press, 1986, 《신과 자연》, 이화여대 출판부, 1999), *Reappraisals of the Scientific Revolution*(Cambridge University Press, 1990) 등은 우리 학계에서도 널리 읽히는 논문집이다. 그는 최근에는 위스콘신 동료인 로널드 넘버스(Ronald Numbers)와 함께 *When Science and Christianity Meet*(University of Chicago Press, 2003)를 편집했으며, '케임브리지 과학사 시리즈'(총 8권, 2003~)의 편집책임자(*general editor*)로도 활동했다. 이렇듯 다채로운 학문활동은 수백 편에 달하는 논문 및 기고문과 결합해서 그를 오늘날 가장 뛰어나고 인기 있는 과학사가의 반열에 올려놓았다. 그가 1999년에 과학사의 노벨상인 '사튼 메달'(*Sarton Medal*)을 받은 것은 평생에 걸친 각고의 노력에 대한 정당한 보상이었던 것으로 보인다.

린드버그 교수의 업적은 크게 네 부문으로 나뉠 수 있을 것 같다. 우선 그는 중세와 근대 초의 광학분야에서 뛰어난 연구업적을 남겼다. 흔히 원근법이라는 애매한 용어로 번역되는 'perspectiva'는 빛과 시각 사이의 물리적 관계를 이론화하는 광학의 한 분야이다. 린드버그는 이 분야에서 중세가 이룩한 성취를, 고대 그리스 · 이슬람 세계의 과학과 17세기 서구 과학혁명 사이에 자리 매김한다. 이를테면 17세기 초에 요하네스 케플러(Johannes Kepler: 1571~1630)가 정립한 '굴절광학'(*dioptrice*)은 11세기에 이븐 알하이탐(Ibn al-Haytham: 965~1039)의 광학과 이를 수용한 중세 기독교 세계의 후속연구들이 없었다면 불가능했을 것이라는 식이다. 이러한 연속성의 견지에서 린드버그는 그리스 · 이슬람 세계와 중세 기독교세계, 그리고 근대 서구세계를 전체적으로 아우르는 비교문화적이고 장기지속적인 역사를 실천했다.

두 번째 업적은 과학의 '상황화'(*contextualization*)를 향한 그의 노력이다. 역사에서 연속성을 강조하다 보면 거의 예외 없이 '휘그적 역사학'(*Wiggish history*), 즉 승자를 편드는 역사학으로 기울게 된다. 방금 언급한 사례를 재검토해 보자. 알하이탐으로부터 중세의 존 피챔이나 로저 베이컨을 거쳐 케플러에 이르는 광학의 연속성은 마치 케플러라는 '열매'를 얻기 위해 이슬람 세계의 '싹'과 중세 기독교 세계의 '성장'이 진행되었던 것처럼 보일 수 있다. 이렇듯 승자에 초점을 맞추는 역사서술은 과거의 연구자들이 각자 나름의 의도를 가지고 각자의 대의를 추구해갔다는 사실을 무시하기 쉽다. 이 책에서 린드버그 교수는 다음과 같이 말한다.

> 고 · 중세의 학자들은 그들 나름의 문제에 사로잡혀 있었으며, 자신들이 물려받은 개념들의 경계선을 벗어날 수 없었다. 그 경계선 안에서 그들은 중요한 문제가 무엇인지를 결정했고 그 문제에 답할 유용한 방식

> 을 구했다. 그들로서는 그 경계선 내에서 〈자신들이〉 살아가는 세계를 이해할 수밖에 없었다. 중세 말에 그런 개념틀로 작용한 것은 아리스토텔레스주의, 플라톤주의, 기독교 사상 등이 뒤섞인 풍부한 혼합체계였다. 중세 학자들은 그 혼합체계의 풍부한 설명력에 이끌렸다. 그 혼합체계가 그들이 질문한 문제에 즉시 정답을 제시하거나 미래의 성공을 약속하는 한, 그들이 그 체계를 포기할 이유는 전혀 없었다. 그들의 목표는 먼 미래의 세계관을 예비하거나 선구하는 일이 아니라, 스스로의 세계관을 검토하고 명료화하고 이용하고 비판하는 일이었다. … 우리 운명도 마찬가지가 아닐까? 미래세대가 비슷한 호감을 우리에게 표한다면, 우리가 그들을 예비했기 때문이라기보다 우리의 운이 좋았기 때문이 아닐까? (585쪽)

중세에 자연철학은 분명히 신학의 하녀였다. 왜 이것이 문제가 된다는 말인가? 일단 린드버그는 중세의 자연철학을 그 자체로서, 즉 중세에 고유한 표현으로서 읽을 것을 권한다. 이 점에서 그는 20세기 초에 피에르 뒤엠(Pierre Duhem: 1861~1916)으로부터 시작되어 린 손다이크(Lynn Thorndike: 1882~1965), 마셜 클라젯(Marshall Clagett: 1916~), 앨리스테어 크롬비(Alistair Crombie: 1915~) 등으로 이어진 중세과학사 선배들의 노력, 즉 근대과학과의 연속성에 의해 중세과학을 '구제'하려 했던 일련의 노력과 일정한 거리를 유지한다. 이론과 방법의 견지에서든 세계관의 견지에서든, 중세의 자연철학은 17세기 과학혁명의 주역들의 것과는 뚜렷하게 구별된다. 이를테면 중세는 근대의 기계론적 세계관과는 다른 유기체적 세계관을 유지했으며, 과학혁명의 주역들이 논파한 아리스토텔레스주의의 이론들과 연역방법에 몰두해 있었다는 것이다.

서양 고·중세의 과학으로부터 근대과학으로 이어지는 연속성을 재구성하려는 시도와 중세의 과학을 중세적 상황에 자리 매김하려는 시도는 얼핏 모순처럼 보일 수 있다. 그러나 바로 이 대목에서 린드버그 교수의 독창적 해석이 등장한다—이것은 그의 세 번째 업적에 해당한다. 그는 뒤엠의 연속성론을 편들지 않았듯이, 알렉상드르 코아레(Alexandre Koyre: 1982~1964)나 A. R. 홀(Hall: 1920~) 같은 불연속성론자의 편에 서지도 않는다. 이론이나 방법론이나 세계관상의 불연속에도 불구하고, 중세과학은 근대과학에 깊은 영향을 미쳤다는 것이다. 어떻게 그럴 수 있었을까? 린드버그 교수는 '분과 수준에서 과학의 발전'이라는 개념을 도입한다.

> 권위 있는 불연속성론자 중에는 과학혁명에 대해 전체론적 접근법을 취하는 이가 많다. 이들은 형이상학이나 방법론에서의 광범위한 혁신에 초점을 맞추면서, 이런 수준에서의 발전이야말로 과학활동 전체에 지배적 영향을 미친 것이라고 주장한다. … 물론 중세 자연철학을 근대 초 자연철학으로부터 가장 명료하게 구분해주는 것은, 새로운 자연관과 방법론이 출현해서 과학활동과 과학적 신조에 전체적으로 영향을 미쳤다는 점이다. 반면에 중세 학자들의 가장 지속적인 공헌은 다양한 과목이나 분과의 〈내부〉에서 진행되었다(589~591쪽).

세계관이나 방법론상의 불연속성에도 불구하고, 근대 초 자연철학자는 중세 자연철학자가 남긴 텍스트를 읽고 이로부터 영향을 받았다. 이를테면 갈릴레오가 낙하물체에 대한 운동학적 분석을 시도했을 때, 그는 분명히 14세기 동안 옥스퍼드와 파리에서 발전한 운동학 원리들을 읽었다. 운동학 분과에서 갈릴레오의 업적은 선배의 언어, 개념, 공식을 정교하게 가다듬은 결과였다. 다른 예로 케플러는 태양광선이 삼각형 구멍이나 사각형 구멍을 통과해도 태양의 원모양 이미지가 형성된다는 사실을 설명한 최초의 과학자로 알려져 있다. 그렇지만 광학분야에서 이러한 업적도 중세 동안 전승된 공리를 정교화한 것 이상이 아니었다. 이와 같은 연속성의 사례는 무수히 나열될 수 있다. 이에 비추어 린드버그는 "중세과학의 성과는 근현대 과학의 선조로 등재될 필요가 있다는 점"을 강조한다. 그러기 위해서는 다양한 주제에서 중세의 텍스트와 근대 초의 텍스트를 치밀하게 비교 검토하는 노력이 선행되어야 하겠지만 말이다.

중세-근대의 연속성론과 불연속성론 사이의 간극을 신중하게 메워가는 린드버그 교수의 자세는 역사를 연구하는 누구에게나 귀감을 보여준다. 잘 알려져 있다시피 과학의 내적 발전을 추적하는 '내부적 과학사'가 역사의 '통시적'(*diachronic*) 국면을 드러냄에 유리하다면 '외부적 과학사'는 특정 시대의 과학이 동시대의 사회조건과 맺는 '공시적'(*synchronic*) 관계를 파악함에 적합하다. 고대, 중세, 근대과학의 외적 단절과 내적 연속을 함께 추적함으로써, 린드버그 교수는 통시성과 공시성의 결합이라는, 오늘날 모든 장르의 역사학에 공통된 과제를 풀어갔다고 할 수 있다. 이런 맥락에서 우리는 이 책의 제목에 서양과학의 '기원들'이라는 복수명사가 사용되었음에 주목한다. 근현대 과학은 고·중세의 미숙한 '맹아들'을 통째로 묶어 성숙한 나무로 키운 과정의 산물이 아니라, 분과별로 과거에서 얻을 것은 얻고 버릴 것은 버리면서 끊임없이 '선택'해온 과정의 산물이다. 그렇기 때문에 근현대 '과학들'은 무수한 '기원들'을 가질 수밖에 없는 것이다.

넷째이자 마지막으로 평가하고 싶은 린드버그의 업적은 과학사의 대중화를 위한 그의 노력이다. 그는 현실에 매우 충실한 인물이다. 자기이익만을 살피는 사람이라는 뜻에서가 아니라 자신이 처해 있는 현실을 위해 자신이 할 수 있는 일을 쉴 틈 없이 찾아서 실천하는 사람이라는 뜻에서이다. 가족과 마을을 위해서든 자신의 학과와 대학을 위해서든 국내·국제학회를 위해서든, 그는 언제나 자신을 필요로 하는 곳에 선다. 다정한 남편과 집안이나 마을의 자상한 어른으로서의 그의 역할은, 최우수 강의와 최우수 논문으로 여러 차례 수상한 경력이 있는 대학교수로서,

무수한 논문 편집위원회의 일원으로서, 혹은 지난 20여 년간 (아시아를 제외한) 네 대륙을 돌면서 150회 이상의 초청강연을 수행한 '과학사 전도사'로서의 그의 역할과 전혀 마찰음을 일으키지 않는다. 주어진 현실에 충실하게 산다는 것은 그의 몸에 밴 습관이기도 하지만 그의 철학적 신조이기도 하다. 어떻게 사람이 미래를 예단하여 준비할 수 있는가? 미래는 미래의 세대에게 맡길 수밖에 없지 않은가? 다만 우리가 최선을 다해 현실을 더욱 풍요롭게 가꾸면 미래세대에게는 우리보다 더욱 다양한 '선택의 기회'가 주어질 것이며, 이렇듯 다양한 선택이 가능해진다는 것은 미래세대의 문제해결 역량이 그만큼 늘어난다는 것이 아닐까? 이러한 입장은 '설계주의' 이데올로기의 치명적 자만에 빠지지 않으면서도 진보에 대한 희망을 상실하지 않는 길이 될 수 있을 것이다.

이와 같은 현실감각은 과학사의 대중화를 위한 린드버그의 헌신적 노력에서 촉매제가 되었다. 특히 이번에 번역된 《서양과학의 기원들》은 특히 두 측면에서 과학의 대중화에 성공한 작품으로 평가된다. 첫째로 이 책은 출판 후 매년 1만 부 이상이 팔리는 스테디셀러이자, 여러 유럽어와 동양어로 번역되어 '서양 전통 과학사'(서양 고·중세 과학사)의 명실상부한 범지구적 교과서로 자리를 굳혔다. 두 차례의 수상(1994년 미국 과학사학회의 왓슨 데이비드 상, 1995년 존 템플턴 재단의 신학 및 자연과학 분야 저술상) 외에도, 이 책은 많은 비평가로부터 대중용 과학사의 모범이라는 찬사를 받았다. 쉬운 문체, 명쾌한 해설, 적절한 예시, 중복의 배제, 자신의 연구와 동료의 연구를 편견 없이 엮는 중립성 등은 이 책이 성공한 요인으로 꼽힐 수 있다. 그렇지만, 둘째로 린드버그의 대중화 작업은 어려운 이야기를 쉽게 풀어가는 재주와는 다른 차원의 것이다. 그는 한 권의 책 안에 20세기 전·후반에 두루 걸친 선배, 동료, 후배들의 연구성과를 놀랍도록 경제적으로 종합했다. 이 책은 고대과학사와 중세 과학사를 한 권으로 묶은 사례로서도 처음이지만, 한 세기 동안 학계에서 주목을 받은 전문서적과 논문을 거의 빠짐없이 인용한 점에서 '100년 연구성과의 요약본'이라고 불러도 큰 무리가 없으리라고 생각된다. 그러기에 로버트 리처드즈(Robert J. Richards)가 옳게 평했듯이, 《서양과학의 기원들》은 "과학사 분야의 입문자가 제일 먼저 읽어야 할 책인 동시에 전문가조차도 손 놓지 말아야 할 책"이 될 수 있었던 것이다. 학문의 대중화가 '쉽게 풀어쓰기'로만 이해될 때 학문의 저질화를 조장할 위험이 있다는 점에서, 린드버그 교수의 '종합'은 누구나 쉽게 읽을 수 있으면서도 전문성 역시 함께 제고할 수 있는 글쓰기에 고민하는 진지한 학자들에게 훌륭한 이정표가 될 수 있을 것으로 보인다.

이 책을 읽는 동안 번역자는 린드버그 교수의 근면하고 치밀하면서도 넉넉하고 유머러스한 삶을 그대로 읽을 수 있어서 즐거웠다. 이 책은 마치 목수가 가구를 제작하듯이 치밀한 설계와 꼼꼼한 짜맞추기와 마무리 손질이 돋보이는 작품이다(실제로 그의 유일한 취미생활은 목공예이다). 여기에 '조크의 백만장자'라는 별명이 어울리게도 재미있는 비유가 간간이 곁들여져 작품의 흥미를 한층 높였다. 이런 재미가 저자와는 다른 문화에서 성장한 번역자의 문체에 눌려 그 빛을 잃지 않았기를 기원한다.

참고문헌

Aaboe, Asger. "On Babylonian Planetary Theories." *Centaurus* 5(1958): 209~77.

Ackrill, J. L. *Aristotle the Philosopher*. Oxford: Clarendon Press, 1981.

Adams, Marilyn McCord. *William Ockham*, 2 vols. Notre Dame, Ind: University of Notre Dame Press, 1987.

Albert the Great. *Man and the Beasts, De animalibus (books* 22~26), trans. James J. Scanlan. Medieval & Renaissance Texts & Studies, no. 47. Binghamton: Center for Medieval and Early Renaissance Studies, 1987.

Amundsen, Darrel W. "Medicine and Faith in Early Christianity." *Bulletin of the History of Medicine* 56(1982): 326~50.

______. "Medieval Canon Law on Medical and Surgical Practice by the Clergy." *Bulletin of the History of Medicine* 52(1987): 22~44.

______. "The Medieval Catholic Tradition." In Numbers, Ronald L., and Amundsen, Darrel W., eds., *Caring and Curing: Health and Medicine in the Western Religious Traditions*, pp. 40~64. New York: Macmillan, 1986.

Amundsen, Darrel W., and Ferngren, Gary B. "The Early Tradition." In Numbers, Ronald L., and Amundsen, Darrel W., eds., *Caring and Curing: Health and Medicine in the Western Religious Traditions*, pp. 40~64. New York: Macmillan, 1986.

Anawati, G. C. "Ḥunayn ibn Isḥāq." *Dictionary of Scientific Biography*, 15: 230～34.

Anawati, G. C., and Iskandar, Albert Z. "Ibn Sīnā." *Dictionary of Scientific Biography*, 15: 494～501.

Archimedes. *Archimedes in the Middle Ages*, ed. and trans. Marshall Clagett, 5 vols. Madison: University of Wisconsin Press, 1964; Philadelphia: American Philosophical Society, 1976～1984.

______. *The Works of Archimedes: Edited in Modern Notation, with Introductory Chapters*, ed. Thomas L. Heath, 2d ed. Cambridge: Cambridge University Press, 1912.

Aristotle. *Complete Works*, ed. Jonathan Barnes, 2 vols. Princeton: Princeton University Press, 1984.

______. *Metaphysics*, trans. Hugh Tredennick, 2 vols. London: Heinemann, 1935.

Armstrong, A. H., ed. *The Cambridge History of Later Greek and Early Medieval Philosophy*. Cambridge: Cambridge University Press, 1970.

Armstrong, A. H., and Markus, R. A. *Christian Faith and Greek Philosophy*. London: Darton, Longman, & Todd, 1960.

Arnaldez, Roger, and Iskandar, Albert Z. "Ibn Rushd." *Dictionary of Scientific Biography*, 12: 1～9.

Arts libéraux et Philosophie au moyen âge: Actes du quatrième congrès international de Philosophie Médiévale, Université de Montréal, 27 août-2 septembre 1967. Montreal: Institut d'études médiévales, 1980.

Ashley, Benedict M. "St. Albert and the Nature of Natural Science." In Weisheipl, James A., ed., *Albertus Magnus and the Sciences: Commemorative Essays 1980*, pp. 73～102. Toronto: Pontifical Institute of Mediaeval Studies, 1980.

Ashworth, William B., Jr. "Natural History and the Emblematic World View." In Lindberg, David C., and Westman, Robert S., eds., *Reappraisals of the Scientific Revolution*, pp. 303～32. Cambridge: Cambridge University Press, 1990.

Asmis, Elizabeth. *Epicurus' Scientific Method*. Ithaca: Cornell University

Press, 1970.

______. *The Scholastic Culture of the Middle Ages.* Lexington, Mass: D. C. Heath, 1971.

Balme, D. M. "The Place of Biology in Aristotle's Philosophy." In Gotthelf Allan, and Lesnnox, James G., eds., *Philosophical Issues in Aristotle's Biology*, pp. 9~20. Cambridge: Cambridge University Press, 1987.

Barnes, Jonathan. *Aristotle.* Oxford: Oxford University Press, 1982.

______. "Aristotle's Theory of Demonstration." In Barnes, Schofield, and Sorabji, *Articles on Aristotle*, I: *Science*, pp. 65~87. London: Duckworth, 1975.

______. *The Presocratic Philosophers*, 2 vols. London: Routledge & Kegan Paul, 1979.

Barnes, Jonathan; Brunschwig, Jacques; Burnyeat, Myles; and Schofield, Malcolm, eds. *Science and Speculation: Studies in Hellenistic Theory and Practice.* Cambridge: Cambridge University Press, 1982.

Barnes, Jonathan; Schofield, Malcolm, and Sorbji, Richard, eds. *Articles on Aristotle*, I: *Science.* London: Duckworth, 1975.

Barrow, Robin. *Greek and Roman Education.* London: Macmillan, 1967.

Basalla, George, ed. *The Rise of Modern Science: Internal or External Factors*? Lexington, Mass: D. C. Heath, 1968.

Beaujouan, Guy. "Motives and Opportunities for Science in the Medieval Universities." In Crombie, A. C., ed., *Scientific Change*, pp. 219~36. London: Heinemann, 1963.

______. "The Transformation of the Quadrivium." In Benson, Robert L., and Constable, Giles, eds., *Renaissance and Renewal in the Twelfth Century*, pp. 463~87. Cambridge, Mass: Harvard University Press, 1982.

Benjamin, Francis S., and Toomer, G. J., eds. and trans. *Campanus of Novara and Medieval Planetary Theory: "Theorica Planetarum."* Madison: University of Wisconsin Press, 1971.

Benson, Robert L., and Constable, Giles, eds. *Renaissance and Renewal in the Twelfth Century.* Cambridge, Mass: Harvard University Press, 1982.

Benton, John. "Trotula, Women's Problems, and the Professionalization of Medicine in the Middle Ages." *Bulletin of the History of Medicine* 59(1985): 30~53.

Berggren, J. L. "History of Greek Mathematics: A Survey of Recent Research." *Historia Mathematica* 11(1984): 394~410.

Biggs, Robert. "Medicine in Ancient Mesopotamia." *History of Science* 8(1969): 94~105.

Birkenmajer, Aleksander. "Le rôle joué par les médecins et les naturalistes dans la réception d'Aristore au XIIe et XIIIe siècles." In Birkenmajer, Aleksander, *Etudes d'histoire des sciences et de philosophie du moyen âge*, pp. 73~87. Studia Copernicana, no. 1. Wrocław: Ossolineum, 1970.

Al-Biţrūjī. *On the Principles of Astronomy*, ed. and trans. Bernard R. Geldstein, 2 vols. New Haven: Yale University Press. 1971.

Blair, Peter Hunter. *The World of Bede.* Cambridge: Cambridge University Press, 1970.

Boethius of Dacia. *On the Supreme Good, On the Eternity of the World, On Dreams*, trans. John F. Wippel. Mediaeval Sources in Translation, no. 30. Toronto: Pontifical Institute of Mediaeval Studies, 1987.

Bonner, Stanley F. *Education in Ancient Rome: From the Elder Cato to the Younger Pliny.* Berkeley and Los Angeles: University of California Press, 1977.

Boyer, Carl B. *A History of Mathematics.* New York: John Wiley, 1968.

______. *The Rainbow: From Myth to Mathematics.* New York: Yoseloff, 1959.

Brain, Peter. *Galen on Bloodletting: A Study of the Origins, Development and Validity of His Opinions, with a Translation of the Three Works.* Cambridge: Cambridge University Press, 1986.

Brandon, S. G. F. *Creation Legends of Ancient Near East.* London: Hodder and Stoughton, 1963.

Breasted, James Henry. *Development of Religion and Thought in Ancient Egypt.* New York: Scribner's, 1912.

______. *The Edwin Smith Surgical Papyrus*, 2 vols. University of Chicago, Oriental Institute Publications, 3-4. Chicago: University of Chicago Press, 1930.

Brehaut, Ernest. *An Encyclopedist of the Dark Ages: Isidore of Seville.* New York: Columbia University, 1912.

Brown, Peter. *Augustine of Hippo: A Biography.* Berkeley and Los Angeles: University of California Press, 1969.

______. *The Cult of Saints: Its Rise and Function in Latin Christianity.* Chicago: University of Chicago Press, 1981.

Bullough, Vern L. "Chauliac, Guy de." *Dictionary of Scientific Biography,* 3: 218~19.

______. *The Development of Medicine as a Profession: The Contribution of the Medieval University to Modern Medicine.* Basel: Karger, 1966.

______. "Mondino de' Luzzi." *Dictionary of Scientific Biography,* 9: 467~69.

Burckhardt, Jacob. *The Civilization of the Renaissance in Italy,* trans. S. G. C. Middlemore. New York: Modern Library, 1954.

Burnett, Charles S. F., ed. *Adelard of Bath: An English Scientist and Arabist of the Early Twelfth Century.* Warburg Institute Surveys and Texts, no. 14. London: The Warburg Institute, 1987.

______. "Scientific Speculations." In Dronke, P., ed., *A History of Twelfth Century Western Philosophy,* pp. 155~66. Cambridge: Cambridge University Press, 1988.

______. "Translation and Translators, Western European." *Dictionary of the Middle Ages,* 12: 136~42.

______. "What is the Experimentarius of Bernardus Silvestris? A Preliminary Survey of the Material." *Archives d'histoire doctrinale et littéraire du moyen âge* 44(1977): 79~125.

Bynum, Caroline Walker. "Did the Twelfth Century Discover the Individual?" *Journal of Ecclesiastical History* 31(1980): 1~17.

Cadden, Joan. "Albertus Magnus' Universal Physiology: the Example of Nutrition." In Weisheipl, James A., ed., *Albertus Magnus and the Sciences: Commemorative Essays 1980,* pp. 321~29. Toronto: Pontifical Institute of Mediaeval Studies, 1980.

Callus, D. A. "Introduction of Aristotelian Learning to Oxford." *Proceedings of the British Academy* 29(1943): 229~81.

______, ed. *Robert Grosseteste, Scholar and Bishop: Essays in Commemoration of the Seventh Centenary of His Death.* Oxford: Clarendon Press, 1955.

Cameron, M. L. "The Sources of Medical Knowledge in Anglo-Saxon England." *Anglo-Saxon England* 11(1983): 135~52.

Caroti, Stefano. "Nicole Oresme's Polemic against Astrology in His 'Quodlibeta'." In Curry, Patrick, ed., *Astrology, science and Society: Historical Essays*, pp. 75~93. Woodbridge, Suffolk: Boydell, 1987.

Carré, Meyrick H. *Realists and Nominalists.* Oxford: Clarendon Press, 1946.

Catto, J. I., ed. *The Early Oxford Schools.* vol. 1 of *The History of the University of Oxford*, general ed. T. H. Aston. Oxford: Clarendon Press, 1984.

Celsus, Aulus Cornelius. *De medicina, with an English Translation*, trans. W. G. Spencer, 3 vols. London: Heinemann, 1935~38.

Chadwick, Henry. *Early Christian Thought and the Classical Tradition: Studies in Justin, Clement, and Orgen.* New York: Oxford University Press, 1966.

______. *The Early Church.* Harmondsworth: Penguin, 1967.

Chenu, M.-D. *Nature, Man, and Society in the Twelfth Century: Essays on New Theological Perspectives in the Latin West*, trans. Jerome Taylor and Lester K. Little. Chicago: University of Chicago Press, 1968. Originally published as *La théologie au douzième siècle.* Paris: J. Vrin, 1957.

______. *Toward Understanding St. Thomas*, ed. and trans. A.-M. Landry and D. Hughes. Chicago: Henry Regnery, 1964.

Cherniss, Harold. *The Riddle of the Early Academy.* Berkeley and Los Angeles: University of California Press, 1945.

Clagett, Marshall. *Ancient Egyptian Science: A Source Book*, vol. 1. Philadelphia: American Philosophical Society, 1989.

______, ed. *Critical Problems in the History of Science.* Madison: University of Wisconsin Press, 1962.

______. *Giovanni Marliani and Late Medieval Physics.* New York: Columbia University Press, 1941.

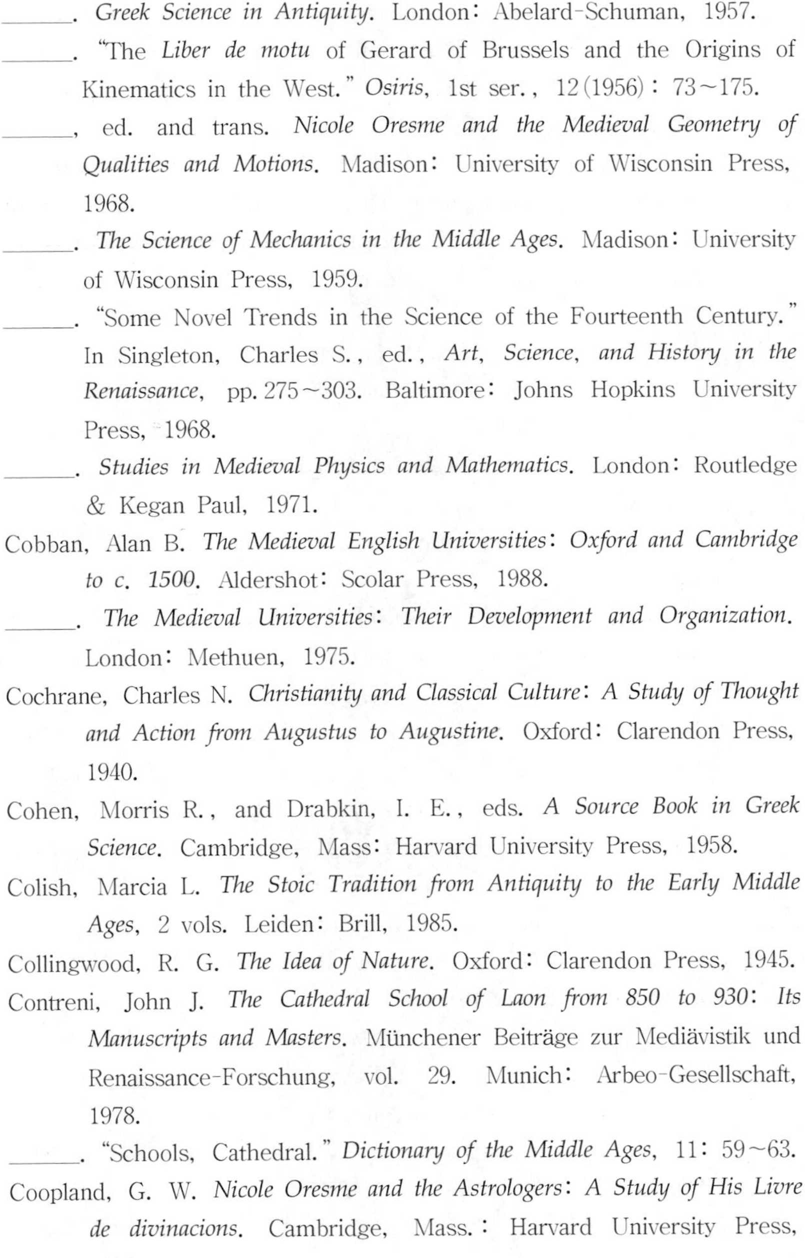

______. *Greek Science in Antiquity*. London: Abelard-Schuman, 1957.

______. "The *Liber de motu* of Gerard of Brussels and the Origins of Kinematics in the West." *Osiris*, 1st ser., 12(1956): 73~175.

______, ed. and trans. *Nicole Oresme and the Medieval Geometry of Qualities and Motions*. Madison: University of Wisconsin Press, 1968.

______. *The Science of Mechanics in the Middle Ages*. Madison: University of Wisconsin Press, 1959.

______. "Some Novel Trends in the Science of the Fourteenth Century." In Singleton, Charles S., ed., *Art, Science, and History in the Renaissance*, pp. 275~303. Baltimore: Johns Hopkins University Press, 1968.

______. *Studies in Medieval Physics and Mathematics*. London: Routledge & Kegan Paul, 1971.

Cobban, Alan B. *The Medieval English Universities: Oxford and Cambridge to c. 1500*. Aldershot: Scolar Press, 1988.

______. *The Medieval Universities: Their Development and Organization*. London: Methuen, 1975.

Cochrane, Charles N. *Christianity and Classical Culture: A Study of Thought and Action from Augustus to Augustine*. Oxford: Clarendon Press, 1940.

Cohen, Morris R., and Drabkin, I. E., eds. *A Source Book in Greek Science*. Cambridge, Mass: Harvard University Press, 1958.

Colish, Marcia L. *The Stoic Tradition from Antiquity to the Early Middle Ages*, 2 vols. Leiden: Brill, 1985.

Collingwood, R. G. *The Idea of Nature*. Oxford: Clarendon Press, 1945.

Contreni, John J. *The Cathedral School of Laon from 850 to 930: Its Manuscripts and Masters*. Münchener Beiträge zur Mediävistik und Renaissance-Forschung, vol. 29. Munich: Arbeo-Gesellschaft, 1978.

______. "Schools, Cathedral." *Dictionary of the Middle Ages*, 11: 59~63.

Coopland, G. W. *Nicole Oresme and the Astrologers: A Study of His Livre de divinacions*. Cambridge, Mass.: Harvard University Press, 1952.

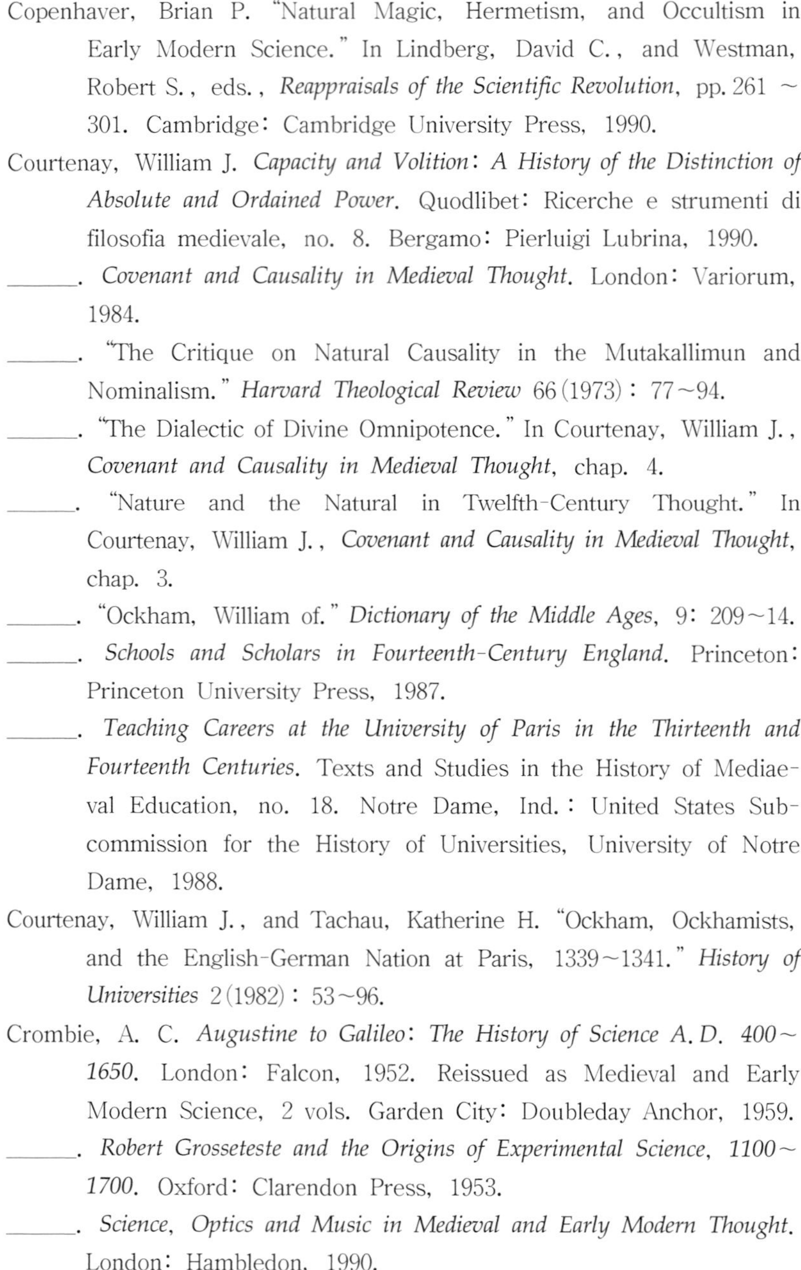

Copenhaver, Brian P. "Natural Magic, Hermetism, and Occultism in Early Modern Science." In Lindberg, David C., and Westman, Robert S., eds., *Reappraisals of the Scientific Revolution*, pp. 261 ~ 301. Cambridge: Cambridge University Press, 1990.

Courtenay, William J. *Capacity and Volition: A History of the Distinction of Absolute and Ordained Power.* Quodlibet: Ricerche e strumenti di filosofia medievale, no. 8. Bergamo: Pierluigi Lubrina, 1990.

———. *Covenant and Causality in Medieval Thought.* London: Variorum, 1984.

———. "The Critique on Natural Causality in the Mutakallimun and Nominalism." *Harvard Theological Review* 66(1973): 77~94.

———. "The Dialectic of Divine Omnipotence." In Courtenay, William J., *Covenant and Causality in Medieval Thought*, chap. 4.

———. "Nature and the Natural in Twelfth-Century Thought." In Courtenay, William J., *Covenant and Causality in Medieval Thought*, chap. 3.

———. "Ockham, William of." *Dictionary of the Middle Ages*, 9: 209~14.

———. *Schools and Scholars in Fourteenth-Century England.* Princeton: Princeton University Press, 1987.

———. *Teaching Careers at the University of Paris in the Thirteenth and Fourteenth Centuries.* Texts and Studies in the History of Mediaeval Education, no. 18. Notre Dame, Ind.: United States Subcommission for the History of Universities, University of Notre Dame, 1988.

Courtenay, William J., and Tachau, Katherine H. "Ockham, Ockhamists, and the English-German Nation at Paris, 1339~1341." *History of Universities* 2(1982): 53~96.

Crombie, A. C. *Augustine to Galileo: The History of Science A.D. 400~1650.* London: Falcon, 1952. Reissued as Medieval and Early Modern Science, 2 vols. Garden City: Doubleday Anchor, 1959.

———. *Robert Grosseteste and the Origins of Experimental Science, 1100~1700.* Oxford: Clarendon Press, 1953.

———. *Science, Optics and Music in Medieval and Early Modern Thought.* London: Hambledon, 1990.

Crosby, H. Lamar, Jr., ed. and trans. *Thomas Bradwardine, His "Tractatus de Proportionibus"; Its Significance for the Development of Mathematical Physics*. Madison: University of Wisconsin Press, 1961.

Crowe, Michael J. *Theories of the World from Antiquity to the Copernican Revolution*. New York: Dover, 1990.

Cowley, Theodore. *Roger Bacon: The Problem of the Soul in His Philosophical Commentaries*. Dublin: James Duffy, 1950.

Cumont, Franz. *Astrology and Religion among the Greeks and Romans*. New York: Putnam's Sons, 1912.

Curley, Michael J., trans. *Physiologus*. Austin, Tex: University of Texas Press, 1979.

Curry, Patrick, ed. *Astrology, Science and Society: Historical Essays*. Woodbridge, Suffolk: Boydell, 1987.

Dales, Richard C. *The Intellectual Life of Western Europe in the Middle Ages*. Washington, D. C.: University Press of America, 1980.

______. "Marius 'On the Elements' and the Twelfth-Century Science of Matter." *Viator* 3(1972): 191~218.

______. *Medieval Discussions of the Eternity of the World*. Leiden: Brill, 1990.

______. "Time and Eternity in the Thirteenth Century." *Journal of the History of Ideas* 49(1988): 27~45.

d'Alverny, Marie-Thérèse. "Translations and Translators." In Benson, Robert L., and Constable, Giles, eds., *Renaissance and Renewal in the Twelfth Century*, pp. 421~62. Cambridge, Mass.: Harvard University Press, 1982.

Dear, Peter. "Jesuit Mathematical Science and the Reconstitution of Experience in the Early 17th Century." *Studies in History and Philosophy of Science* 18(1987): 133~75.

Debus, Allen G. *The Chemical Philosophy: Paracelsian Science and Medicine in the Sixteenth and Seventeenth Centuries*, 2 vols. New York: Science History Publications, 1977.

______. *Man and Nature in the Renaissance*. Cambridge: Cambridge University Press, 1978.

De Lacy, Phillip. "Galen's Platonism." *American Journal of Philology* 93 (1972): 27~39.

Demaitre, Luke E. *Doctor Bernard de Gordon: Professor and Practitioner.* Toronto: Pontifical Institute of Mediaeval Studies, 1980.

Demaitre, Luke E., and Travill, Anthony A. "Human Embryology and Development in the Works of Albertus Magnus." In Weisheipl, James A., ed., *Albertus Magnus and the Sciences: Commemorative Essays 1980*, pp. 405~40. Toronto: Pontifical Institute of Mediaeval Studies, 1980.

de Santillana, Giorgio. *The Origins of Scientific Thought: From Anaximander to Proclus, 600 B.C. to A.D. 500.* Chicago: University of Chicago Press, 1961.

de Vaux, Carra. "Astronomy and Mathematics." In Arnold, Thomas, and Guillaume, Alfred, eds., *The Legacy of Islam.* pp. 376~97. London: Oxford University Press, 1931.

Dicks, D. R. *Early Greek Astronomy to Aristotle.* Ithaca: Cornell University Press, 1970.

______. "Eratosthenes." *Dictionary of Scientific Biography*, 4: 388~93.

Dictionary of Scientific Biography, 16 vols. New York: Scribner's, 1970~80.

Dijksterhuis, E. J. *Archimedes*, trans. C. Dikshoorn. Copenhagen: Munksgaard, 1956.

______. *The Mechanization of the World Picture*, trans. C. Dikshoorn. Oxford: Clarendon Press, 1961.

Diogenes Laertius. *Lives of Eminent Philosophers*, trans. R. D. Hicks, 2 vols. London: Heinemann, 1925.

Dodge, Bayard. *Muslim Education in Medieval Times.* Washington, D. C.: The Middle East Institute, 1962.

Dols, Michael W., trans. *Medieval Islamic Medicine: Ibn Riḍwān's Treatise "On the Prevention of Bodily Ills in Egypt"*, with and Arabic text edited by Adil S. Gamal. Berkeley and Los Angeles: University of California Press, 1984.

______. "The Origins of the Islamic Hospital: Myth and Reality." *Bulletin of the History of Medicine* 61 (1987): 367~90.

Doriff, elliot N. "The Jewish Tradition." In Numbers, ronald L., and

Amundsen, Darrel W., eds., *Caring and Curing: Health and Medicine in the Western Religious Traditions*, pp. 5~39. New York: Macmillan, 1986.

Drake, Stillman. "The Uniform Motion Equivalent of a Uniformly Accelerated Motion from Rest." *Isis* 63 (1972): 28~38.

Dreyer, J. L. E. *History of the Planetary Systems from Thales to Kepler*. Cambridge: Cambridge University Press, 1906. Reissued as *A History of Astronomy from Thales to Kepler*, ed. W. H. Stahl. New York: Dover, 1953.

Dronke, Peter, ed. *A History of Twelfth-Century Western Philosophy*. Cambridge: Cambridge University Press, 1988.

______. "Thierry of Chartres." In Dronke, Peter, ed., *Twelfth-Century Western Philosophy*, pp. 358~85.

Duhem, Pierre. *Etudes sur Léonard de Vinci*, 3 vols. Paris: Hermann, 1906~13.

______, ed. *Un fragment inédit de l'Opus tertium de Roger Bacon, Précédé d'une étude sur ce fragment*. Quaracchi: Collegium S. Bonaventurae, 1909.

______. *Medieval cosmology: Theories of Infinity, Place, Time, Void, and the Plurality of World*, ed. and trans. Roger Arew. Chicago: University of Chicago Press, 1985.

______. *Les origines de la statique*, 2 vols. Paris: Hermann, 1905~6.

______. *Le système du monde*, 10 vols. Paris: Hermann, 1913~59.

______. *To Save the Phenomena: An Essay on the Idea of Physical Theory from Plato to Galileo*, trans. Edmund Doland and Chaninah Maschler. Chicago: University of Chicago Press, 1969. Originally published in French in 1908.

Düring, Ingemar. "The Impact of Aristotle's Scientific Ideas in the Middle Ages." *Archiv für Geschichte der Philosophie* 50 (1968): 115 ~33.

Easton, Stewart C. *Roger Bacon and His Search for a Universal Science*. Oxford: Basil Blackwell, 1952.

Eastwood, Bruce S. *Astronomy and Optics from Pliny to Descartes*. London: Variorum, 1989.

______. "Kepler as Historian of Science: Precursors of Copernican

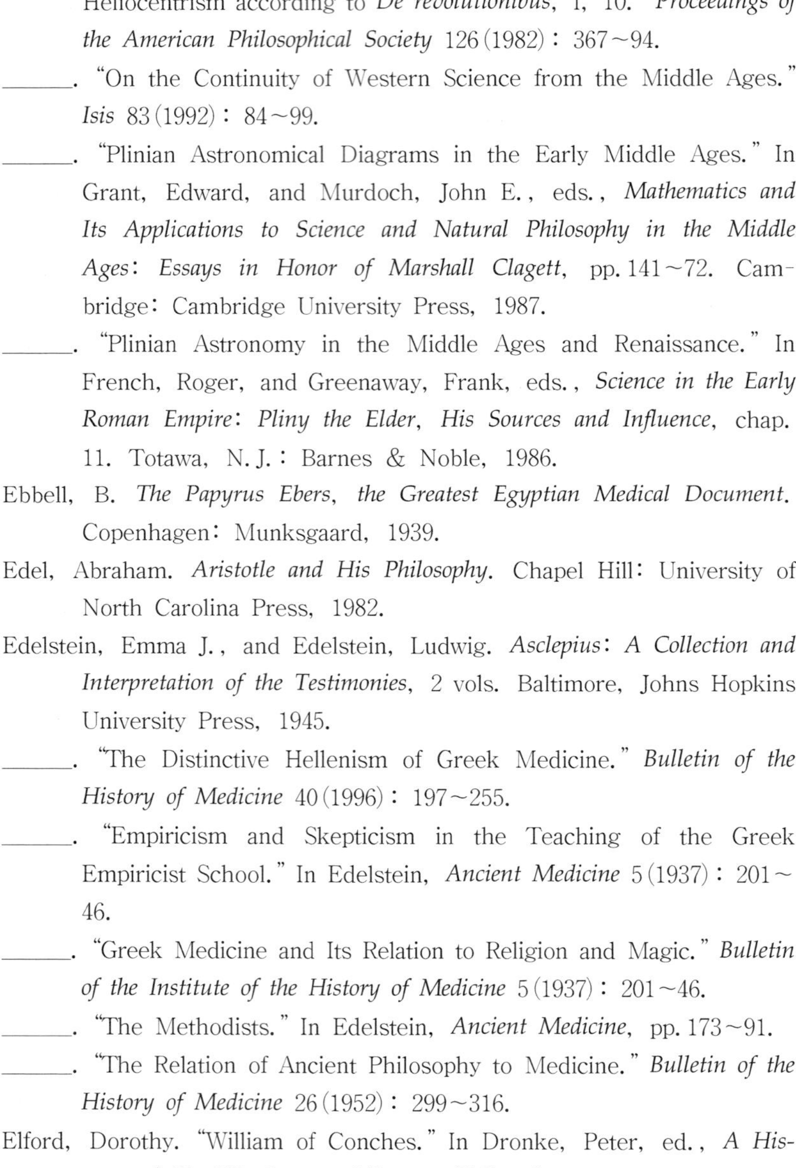

Heliocentrism according to *De revolutionibus*, I, 10." *Proceedings of the American Philosophical Society* 126(1982): 367~94.

______. "On the Continuity of Western Science from the Middle Ages." *Isis* 83(1992): 84~99.

______. "Plinian Astronomical Diagrams in the Early Middle Ages." In Grant, Edward, and Murdoch, John E., eds., *Mathematics and Its Applications to Science and Natural Philosophy in the Middle Ages: Essays in Honor of Marshall Clagett*, pp. 141~72. Cambridge: Cambridge University Press, 1987.

______. "Plinian Astronomy in the Middle Ages and Renaissance." In French, Roger, and Greenaway, Frank, eds., *Science in the Early Roman Empire: Pliny the Elder, His Sources and Influence*, chap. 11. Totawa, N.J.: Barnes & Noble, 1986.

Ebbell, B. *The Papyrus Ebers, the Greatest Egyptian Medical Document.* Copenhagen: Munksgaard, 1939.

Edel, Abraham. *Aristotle and His Philosophy.* Chapel Hill: University of North Carolina Press, 1982.

Edelstein, Emma J., and Edelstein, Ludwig. *Asclepius: A Collection and Interpretation of the Testimonies*, 2 vols. Baltimore, Johns Hopkins University Press, 1945.

______. "The Distinctive Hellenism of Greek Medicine." *Bulletin of the History of Medicine* 40(1996): 197~255.

______. "Empiricism and Skepticism in the Teaching of the Greek Empiricist School." In Edelstein, *Ancient Medicine* 5(1937): 201~46.

______. "Greek Medicine and Its Relation to Religion and Magic." *Bulletin of the Institute of the History of Medicine* 5(1937): 201~46.

______. "The Methodists." In Edelstein, *Ancient Medicine*, pp. 173~91.

______. "The Relation of Ancient Philosophy to Medicine." *Bulletin of the History of Medicine* 26(1952): 299~316.

Elford, Dorothy. "William of Conches." In Dronke, Peter, ed., *A History of Twelfth-Century Western Philosophy*, pp. 308~27. Cambridge: Cambridge University Press, 1988.

Emerton, Norma E. *The Scientific Reinterpretation of Form.* Ithaca: Cornell

University Press, 1984.

Epp, Ronald H., ed. *Recovering the Stoics*. Supplement to *The Southern Journal of Philosophy*, vol. 23. Memphis: Department of Philosophy, Memphis State University, 1985.

Euclid. *The Elements*, trans. Thomas Heath, 3 vols. Cambridge: Cambridge University Press, 1908.

Evans, Gillian R. *Anselm and a New Generation*. Oxford: Clarendon Press, 1980.

______. "The Influence of Quadrivium Studies in the Eleventh-and Twelfth-Century Schools." *Journal of Medieval History* 1(1975): 151~64.

______. *Old Arts and New Theology: The Beginnings of Theology as an Academic Discipline*. Oxford: Clarendon Press, 1980.

______. *The Thought of Gregory the Great*. Cambridge: Cambridge University Press, 1986.

Fakhry, Majid. *A History of Islamic Philosophy*. New York: Columbia University Press, 1970.

Farrington, Benjamin. *Greek Science*, rev. ed. Harmondsworth: Penguin, 1961.

Feingold, Mordechai. *The Mathematicians' Apprenticeship: Science, Universities and Society in England, 1560~1640*. Cambridge: Cambridge University Press, 1984.

Ferguson, Wallace K. *The Renaissance in Historical Thought*. Boston: Houghton Mifflin, 1948.

Ferruolo, Stephen C. *The Origins of the University: The Schools of Paris and Their Critics, 1100~1215*. Stanford: Stanford University Press, 1985.

Fichtenau, Heinrich. *The Carolingian Empire*, trans. Peter Munz. Oxford: Basil Blackwell, 1957.

La filosofia della natura nel medioevo: Atti del Terzo Congresso Internazionale di Filosofia Medioevale, 31 August-5 September 1964. Milan: Società Editrice Vita e Pensiero, 1966.

Finley, M. I. *The World of Odysseus*, rev. ed. New York: Viking Press, 1965.

Finucane, Ronald C. *Miracles and Pilgrims: Popular Beliefs in Medieval England.* Totowa, N.J.: Rowman and Littlefield, 1977.

Flint, Valerie I. J. *The Rise of Magic in Early Medieval Europe.* Princeton: Princeton University Press, 1991.

Fontaine, Jacques. *Isidore de Séville et la culture classique dans l'Espagne wisigothique*, 2d ed., 3 vols. Paris: Etudes Augustiniennes, 1983.

Frankfort, H.; Frankfort, H. A.; Wilson, John A.; and Jacobsen, Thorkild. *Before Philosophy: The Intellectual Adventure of Ancient Man.* Baltimore: Penguin, 1951.

Fraser, P. M. *Ptolemaic Alexandria*, 3 vols. Oxford: Clarendon Press, 1972.

Frede, Michael. "The Method of the So-Called Methodical School of Medicine." In Barnes, Jonathan; Brunschwig, Jacques; Burnyeat, Myles; and Schofield, Malcolm, eds., *Science and Speculation: Studies in Hellenistic Theory and Practice*, pp. 1~23. Cambridge: Cambridge University Press, 1982.

French, Roger, and Greenaway, Frank, eds. *Science in the Early Roman Empire: Pliny the Elder, His Sources and Influence.* Totawa, N.J.: Barnes & Noble, 1986.

Frend, W. H. C. *The Rise of the Monophysite Movement: Chapters in the History of the Church in the Fifth and Sixth Centuries.* Cambridge: Cambridge University Press, 1972.

Funkenstein, Amos. *Theology and the Scientific Imagination from the Middle Ages to the Seventeenth Century.* Princeton: Princeton University Press, 1986.

Furley, David. *Cosmic Problems: Essays on Greek and Roman Philosophy of Nature.* Cambridge: Cambridge University Press, 1989.

______. *The Greek Cosmologists*, vol. 1: *The Formation of the Atomic Theory and Its Earliest Critics.* Cambridge: Cambridge University Press, 1987.

______. *Two Studies in the Greek Atomists.* Princeton: Princeton University Press, 1967.

Gabriel, Astrik L. "Universities." *Dictionary of the Middle Ages*, 12: 282~300.

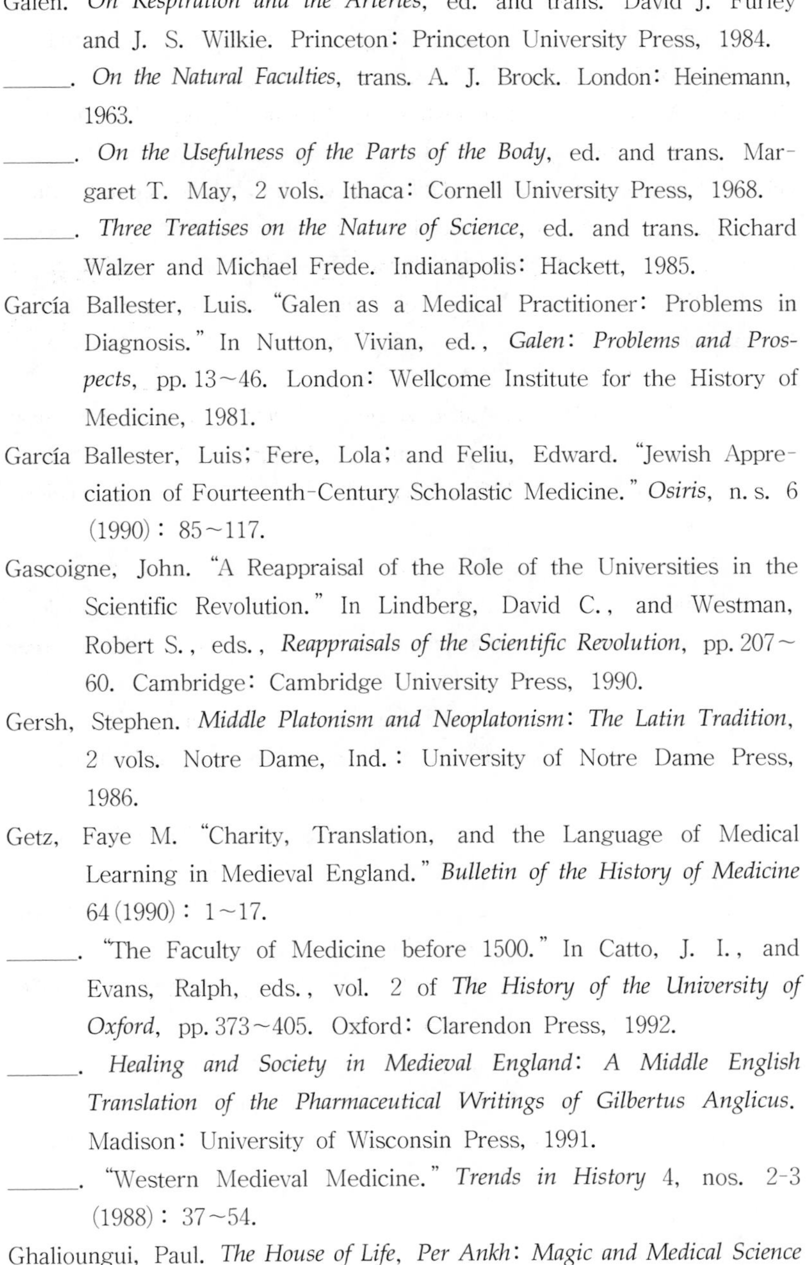

Galen. *On Respiration and the Arteries*, ed. and trans. David J. Furley and J. S. Wilkie. Princeton: Princeton University Press, 1984.

______. *On the Natural Faculties*, trans. A. J. Brock. London: Heinemann, 1963.

______. *On the Usefulness of the Parts of the Body*, ed. and trans. Margaret T. May, 2 vols. Ithaca: Cornell University Press, 1968.

______. *Three Treatises on the Nature of Science*, ed. and trans. Richard Walzer and Michael Frede. Indianapolis: Hackett, 1985.

García Ballester, Luis. "Galen as a Medical Practitioner: Problems in Diagnosis." In Nutton, Vivian, ed., *Galen: Problems and Prospects*, pp. 13~46. London: Wellcome Institute for the History of Medicine, 1981.

García Ballester, Luis; Fere, Lola; and Feliu, Edward. "Jewish Appreciation of Fourteenth-Century Scholastic Medicine." *Osiris*, n. s. 6 (1990): 85~117.

Gascoigne, John. "A Reappraisal of the Role of the Universities in the Scientific Revolution." In Lindberg, David C., and Westman, Robert S., eds., *Reappraisals of the Scientific Revolution*, pp. 207~60. Cambridge: Cambridge University Press, 1990.

Gersh, Stephen. *Middle Platonism and Neoplatonism: The Latin Tradition*, 2 vols. Notre Dame, Ind.: University of Notre Dame Press, 1986.

Getz, Faye M. "Charity, Translation, and the Language of Medical Learning in Medieval England." *Bulletin of the History of Medicine* 64 (1990): 1~17.

______. "The Faculty of Medicine before 1500." In Catto, J. I., and Evans, Ralph, eds., vol. 2 of *The History of the University of Oxford*, pp. 373~405. Oxford: Clarendon Press, 1992.

______. *Healing and Society in Medieval England: A Middle English Translation of the Pharmaceutical Writings of Gilbertus Anglicus*. Madison: University of Wisconsin Press, 1991.

______. "Western Medieval Medicine." *Trends in History* 4, nos. 2-3 (1988): 37~54.

Ghalioungui, Paul. *The House of Life, Per Ankh: Magic and Medical Science in Ancient Egypt*, 2d ed. Amsterdam: B. M. Israel, 1973.

______. *The Physicians of Pharaonic Egypt*. Cairo: Al-Ahram Center for Scientific Translations, 1983.

Gillings, R. J. "The Mathematics of Ancient Egypt." *Dictionary of Scientific Biography*, 15: 681~705.

Gilson, Etienne. *The Christian Philosophy of St. Thomas Aquinas*, trans. L. K. Shook. New York: Random House, 1956.

Gimpel, Jean. *The Medieval Machine: The Industrial Revolution of the Middle Ages*. New York: Holt, Rinehart and Winston, 1976.

Gingerich, Owen. "Islamic Astronomy." *Scientific American* 254, no. 4 (April 1986): 74~83.

Goldstein, Bernard R. *The Arabic Version of Ptolemy's "Planetary Hypotheses."* Transactions of the American Philosophical Society, n. s., vol. 57, pt. 4. Philadelphia: American Philosophical Society, 1967.

______. *Theory and Observation in Ancient and Medieval Astronomy*. London: Variorum, 1985.

Goldstein, Bernard R., and Bowen, Alan C. "A New View of Early Greek Astronomy." *Isis* 74(1983): 330~40.

Goldstein, Bernard R., and Swerdlow, Noel. "Planetary Distances and Sizes in an Anonymous Arabic Treatise Preserved in Bodleian MS March 621." *Centaurus* 15(1970): 135~70.

Goody, Jack. *The Domestication of the Savage Mind*. Cambridge: Cambridge University Press, 1977.

Goody, Jack, and Watt, Ian. "The Consequences of Literacy." *Comparative Studies in Society and History* 5(1962~63): 304~45.

Gottfried, Robert S. *Doctors and Medicine in Medieval England 1340~1530*. Princeton: Princeton University Press, 1986.

Gotthelf, Allan, and Lennox, James G., eds. *Philosophical Issues in Aristotle's Biology*. Cambridge: Cambridge University Press, 1987.

Gottschalk, H. B. "Strato of Lampsacus." *Dictionary of Scientific Biography*, 13: 91~95.

Grant, Edward. "Aristotelianism and the Longevity of the Medieval World View." *History of Science* 16(1978): 93~106.

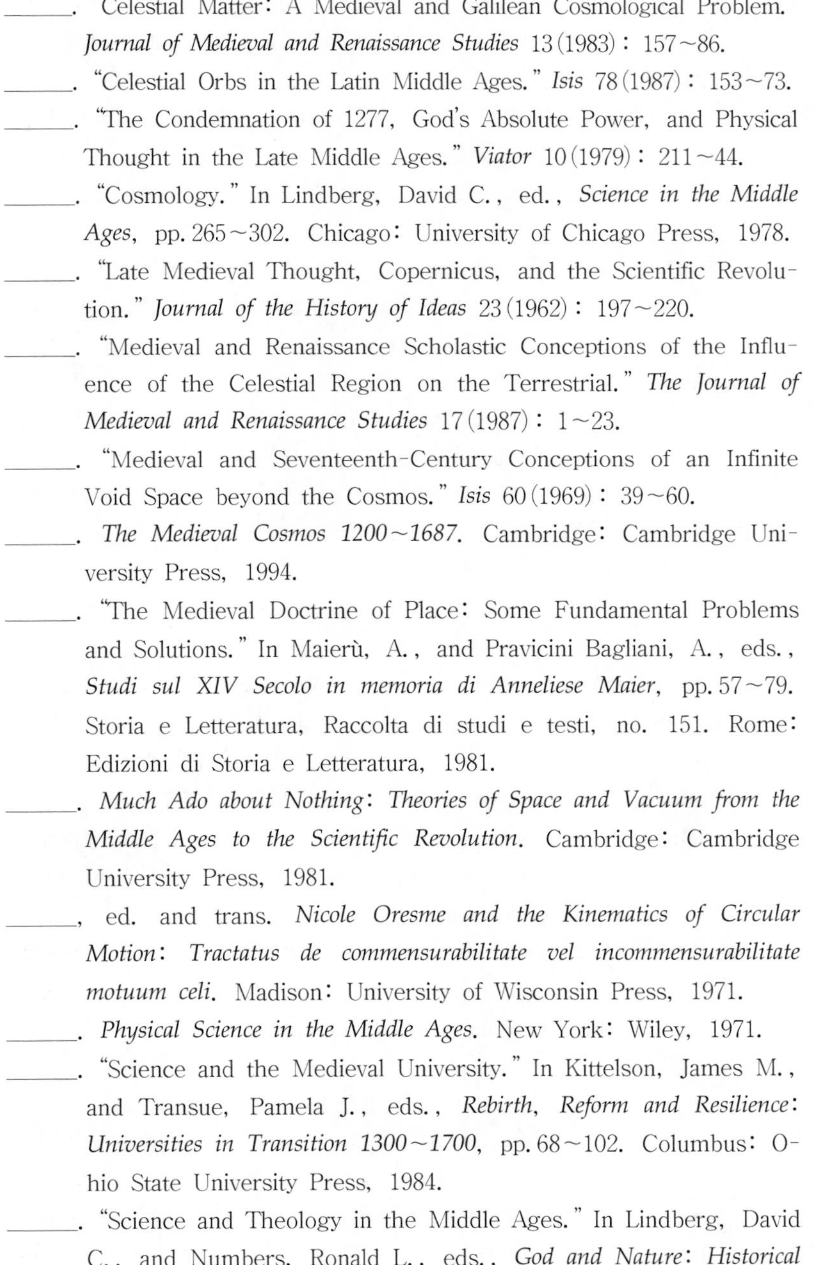

______. "Celestial Matter: A Medieval and Galilean Cosmological Problem." *Journal of Medieval and Renaissance Studies* 13(1983): 157~86.

______. "Celestial Orbs in the Latin Middle Ages." *Isis* 78(1987): 153~73.

______. "The Condemnation of 1277, God's Absolute Power, and Physical Thought in the Late Middle Ages." *Viator* 10(1979): 211~44.

______. "Cosmology." In Lindberg, David C., ed., *Science in the Middle Ages*, pp. 265~302. Chicago: University of Chicago Press, 1978.

______. "Late Medieval Thought, Copernicus, and the Scientific Revolution." *Journal of the History of Ideas* 23(1962): 197~220.

______. "Medieval and Renaissance Scholastic Conceptions of the Influence of the Celestial Region on the Terrestrial." *The Journal of Medieval and Renaissance Studies* 17(1987): 1~23.

______. "Medieval and Seventeenth-Century Conceptions of an Infinite Void Space beyond the Cosmos." *Isis* 60(1969): 39~60.

______. *The Medieval Cosmos 1200~1687*. Cambridge: Cambridge University Press, 1994.

______. "The Medieval Doctrine of Place: Some Fundamental Problems and Solutions." In Maierù, A., and Pravicini Bagliani, A., eds., *Studi sul XIV Secolo in memoria di Anneliese Maier*, pp. 57~79. Storia e Letteratura, Raccolta di studi e testi, no. 151. Rome: Edizioni di Storia e Letteratura, 1981.

______. *Much Ado about Nothing: Theories of Space and Vacuum from the Middle Ages to the Scientific Revolution*. Cambridge: Cambridge University Press, 1981.

______, ed. and trans. *Nicole Oresme and the Kinematics of Circular Motion: Tractatus de commensurabilitate vel incommensurabilitate motuum celi*. Madison: University of Wisconsin Press, 1971.

______. *Physical Science in the Middle Ages*. New York: Wiley, 1971.

______. "Science and the Medieval University." In Kittelson, James M., and Transue, Pamela J., eds., *Rebirth, Reform and Resilience: Universities in Transition 1300~1700*, pp. 68~102. Columbus: Ohio State University Press, 1984.

______. "Science and Theology in the Middle Ages." In Lindberg, David C., and Numbers, Ronald L., eds., *God and Nature: Historical*

Essays on the Encounter between Christianity and Science, pp. 49~75. Berkeley and Los Angeles: University of California Press, 1986.

______, ed. *A Source Book in Medieval Science.* Cambridge, Mass: Harvard University Press, 1974.

______. *Studies in Medieval Science and Natural Philosophy.* London: Variorum, 1981.

Grant, Edward, and Murdoch, John E., eds. *Mathematics and Its Applications to Science and Natural Philosophy in the Middle Ages: Essays in Honor of Marshall Clagett.* Cambridge: Cambridge University Press, 1987.

Grant, Robert M. *Miracle and Natural Law in Graeco-Roman and Early Christian Thought.* Amsterdam: North-Holland, 1952.

Grayeff, Felix. *Aristotle and His School.* London: Duckworth, 1974.

Green, Monica H. "Women's Medical Practice and Medical Care in Medieval Europe." *Signs* 14(1989): 434~73.

Gregory, Tullio. *Anima mundi: La filosofia di Guglielmo di Conches e la scuola di Chartres.* Florence: G. C. Sansoni, 1955.

______. "La nouvelle idée de nature et de savoir scientifique au XIIe siècle." In Murdoch, John E., and Sylla, Edith D., eds., *The Cultural Context of Medieval Learning*, pp. 193~212. Boston Studies in the Philosophy of Science, 27. Dordrecht: Reidel, 1975.

______. "The Platonic Inheritance." In Dronke, Peter, ed., *A History of Twelfth-Century Western Philosophy*, pp. 54~80. Cambridge: Cambridge University Press, 1988.

Grendler, Paul F. *Schooling in Renaissance Italy: Literacy and Learning, 1300~1600.* Baltimore: Johns Hopkins University Press, 1989.

Grene, Marjorie. *A Portrait of Aristotle.* Chicago: University of Chicago Press, 1963.

Griffin, Jasper. *Homer.* Oxford: Oxford University Press, 1980.

Hackett, M. B. "The University as a Corporate Body." In Catto, J. L., ed., *The Early Oxford Schools*, vol. 1 of *The History of the University of Oxford*, general ed. T. H. Aston, pp. 37~95. Oxford: Clarendon Press, 1984.

Hadot, Ilsetraut, ed. *Simplicius: sa vie, son oeuvre, sa survie.* Actes du Colloque international de Paris, 28 Sept.-1 Oct. 1985. Berlin: Walter de Gruyter, 1987.

Hahm, David E. *The Origins of Stoic Cosmology.* Columbus: Ohio State University Press, 1977.

Hall, A. Rupert. "Merton Revisited or Science and Society in the Seventeenth Century." *History of Science* 2(1963): 1~16.

______. "On the Historical Singularity of the Scientific Revolution of the Seventeenth Century." In Elliott, J. H., and Koenigsberger, H. G., eds., *The Diversity of History: Essays in Honour of sir Herbert Butterfield*, pp. 199~221. London: Routledge & Kegan Paul, 1970.

______. *The Revolution in science 1500~1750.* London: Longman, 1983.

______. *The Scientific Revolution 1500~1800.* London: Longmans, Green, 1954.

Halleux, Robert. "Alchemy." *Dictionary of the Middle Ages*, 1: 134~40.

______. *Lex textes alchimiques.* Typologie des sources du moyen âge occidental, no. 32. Turnhout: Brepols, 1979.

Hamilton, Edith. *Mythology.* Boston: Little, Brown, 1942.

Hansen, Bert. *Nicole Oresme and the Marvels of Nature: A Study of his "De causis mirabilium" with Critical Edition, Translation, and Commentary.* Toronto: Pontifical Institute of Mediaeval Studies, 1985.

Hare, R. M. *Plato.* Oxford: Oxford University Press, 1982.

Hargreave, David. "Reconstructing the Planetary Motions of the Eudoxean System." *Scripta Mathematica* 28(1970): 335~45.

Häring, Nikolaus. "Chartres and Paris Revisited." In O'Donnell, J. Reginald, ed., *Essays in Honour of Anton Charles Pegis*, pp. 268~329. Toronto: Pontifical Institute of Mediaeval Studies, 1974.

______. "The Creation and Creator of the World according to Thierry of Chartres and Clarenbaldus of Arras." *Archives d'histoire doctrinale et littéraire du moyen âge* 22(1955): 137~216.

Harley, J. B., and Woodward, David, eds. *The History of Cartography*, vol. 1: *Cartography in Prehistoric, Ancient, and Medieval Europe and the Mediterranean.* Chicago: University of Chicago Press,

1987.

Harris, John R. "Medicine." In Harris, John R., ed., *The Legacy of Egypt*, 2d ed., pp. 112~37. Oxford: Clarendon Press, 1971.

Hartner, Willy. "Al-Battānī." *Dictionary of Scientific Biography*, 1: 507~16.

Haskins, Charles Homer. "The De arte venandi cum avibus of Frederick II." *English Historical Review* 36(1921): 334~55. Reprinted in Haskins, *Studies in the History of Mediaeval Science*, pp. 299~326.

______. *The Renaissance of the Twelfth Century*. Cambridge, Mass.: Harvard University Press, 1927.

______. *The Rise of Universities*. Providence: Brown University Press, 1923.

______. "Science at the Court of the Emperor Frederick II." *American Historical Review* 27(1922): 669~94. Reprinted in Haskins, *Studies in the History of Mediaeval Science*, pp. 242~71.

______. *Studies in the History of Mediaeval Science*. Cambridge, Mass.: Harvard University Press, 1924.

Heath, Thomas L. *Aristarchus of Samos, The Ancient Copernicus: A History of Greek Astronomy to Aristarchus*. Oxford: Clarendon Press, 1921.

Helton, Tinsley, ed. *The Renaissance: A Reconsideration of the Theories and Interpretations of the Age*. Madison: University of Wisconsin Press, 1961.

Hesiod. *The Poems of Hesiod*, trans. R. M. Frazer. Norman: University of Oklahoma Press, 1983.

______. *Theogony and Works and Days*, trans., with introduction and notes, by M. L. West. Oxford: Oxford University Press, 1988.

Hildebrandt, M. M. *The External School in Carolingian Society*. Leiden: Brill, 1991.

Hillgarth, J. N. "Isidore of Seville, St." *Dictionary of the Middle Ages*, 6: 563~66.

Hippocrates, with and English Translation, trans. W. H. S. Jones, E. T. Withington, and Paul Potter, 6 vols. London: Heinemann, 1923~88.

Hissette, Roland. *Enquête sur les 219 articles condamunés à Paris le 7 mars*

1277. Philosophes médiévaux, no. 22. Louvain: Publications universitaires, 1977.

Hitti, Philip K. *History of the Arabs from the Earliest Times to the Present*, 7th ed. London: Macmillan, 1961.

Holmyard, E. J. *Alchemy*. Harmondsworth: Penguin, 1957.

Hopkins, Jasper. *A Companion to the Study of St. Anselm*. Minneapolis: University of Minnesota Press, 1972.

Hoskin, Michael, and Molland, A. G. "Swineshead on Falling Bodies: An Example of Fourteenth-Century Physics." *British Journal for the History of Science* 3(1966): 150~82.

Hugh of St. Victor. *The Didascalicon of Hugh of St. Victor: A Medieval Guide to the Arts*, ed. and trans. Jerome Taylor. New York: Columbia University Press, 1961.

Hyman, Arthur. "Aristotle's 'First Matter' and Avicenna's and Averroes' 'Corporeal Form'." In *Harry Austryn Wolfson Jubilee Volume*, 1: 385~406. Jerusalem: American Academy for Jewish Research, 1965.

Imbault-Huart, Marie-José. *La médecine au moyen âge à travers les mauscrits de la Bibliothèque Nationale*. Paris: Editions de la Porte Verte, 1983.

Iskandar, Albert Z. "Ḥunayn the Translator; Ḥunayn the Physician." *Dictionary of Scientific Biography*, 15: 234~39.

Jackson, Ralph. *Doctors and Diseases in the Roman Empire*. Norman, Oklahoma: University of Oklahoma Press, 1988.

Jacob, Margaret C. *The Cultural Meaning of the Scientific Revolution*. New York: Knopf, 1988.

Jaki, Stanley. *Uneasy Genius: The Life and Work of Pierre Duhem*. The Hague: Nijhoff, 1984.

Jolivet, Jean. "The Arabic Inheritance." In Dronke, Peter, ed., *A History of Twelfth Century Western Philosophy*, pp. 113~48. Cambridge: Cambridge University Press, 1988.

Jones, Charles W. "Bede." *Dictionary of the Middle Ages*, 2: 153~56.

Jones, Peter M. *Medieval Medical Miniatures*. London: The British Library in association with the Wellcome Institute for the History of

Medicine, 1984.

Kahn, Charles H. *Anaximander and the Origins of Greek Cosmology.* New York: Columbia University Press, 1960.

Kaiser, Christopher. *Creation and the History of Science.* Grand Rapids: Eerdmans, 1991.

Kari-niazov, T. N. "Ulugh Beg." *Dictionary of Scientific Biography,* 13: 535~37.

Kealey, Edward J. "England's Earliest Women Doctors." *Journal of the History of medicine* 40(1985): 473~77.

______. *Medieval Medicus: A Social History of Anglo-Norman Medicine.* Baltimore: Johns Hopkins University Press, 1981.

Kennedy, E. S. "The Arabic Heritage in the Exact Sciences." *Al- Abhath: A Quarterly Journal for Arab Studies* 23(1970): 327~44.

______. "The Exact Sciences." In *The Cambridge History of Iran,* vol. 4: *The Period from the Arab Invasion to the Saljuqs,* ed. R. N. Frye, pp. 378~95. Cambridge: Cambridge University Press, 1975.

______. "The History of Trigonometry: An Overview." In *Historical Topics for the Mathematics Classroom.* Washington, D.C.: National Council of Teachers of Mathematics, 1969. Reprinted in Kennedy, E. S., et al., *Studies in the Islamic Exact Science,* pp. 3~29.

Kennedy, E. S., with colleagues and former students. *Studies in the Islamic Exact Sciences.* Beirut: American University of Beirut, 1983.

Kibre, Pearl. "'Astronomia' or 'Astrologia Ypocratis'." In Hilfstein, Erna; Czartoryski, Pawel; and Grande, Frank D., eds., *Science and History: Studies in Honor of Edward Rosen,* pp. 133~56. Studia Copernicana, no. 16. Wrocław: Ossolineum, 1978.

______. "The Quadrivium in the Thirteenth Century Universities (with Special Reference to Paris)." In *Arts libéraux et philosophie au moyen âge: Actes du quatrième congrès international de philosophie médiévale, Université de Montréal, 27 août-2 septembre 1967,* pp. 175~91. Montreal: Institut d'études médiévales, 1969.

______. *Scholarly Privileges in the Middle Ages.* Cambridge, Mass.: Mediaeval Academy of America, 1962.

______. *Studies in Medieval Science: Alchemy, Astrology, Mathematics and Medicine*. London: Hambledon Press, 1984.

Kibre, Pearl, and Siraisi, Nancy G. "The Institutional Setting: The Universities." In Lindberg, David C., ed., *Science in the Middle Ages*, pp. 120~44. Chicago: University of Chicago Press, 1978.

Kieckhefer, Richard. *Magic in the Middle Ages*. Cambridge: Cambridge University Press, 1990.

King, David A. *Islamic Astronomical Instruments*. London: Variorum, 1987.

______. *Islamic Mathematical Astronomy*. London: Variorum, 1986.

Kirk, G. S., and Raven, J. E. *The Presocratic Philosophers: A Critical History with a Selection of Texts*. Cambridge: Cambridge University Press, 1960.

Knorr, Wilbur. "Archimedes and the Pseudo-Euclidean Catoptrics: Early Stages in the Ancient Geometric Theory of Mirrors." *Archives internationales d'histoire des sciences* 35(1985): 28~105.

______. *The Evolution of the Euclidean Elements: A Study of the Theory of Incommensurable Magnitudes and Its Significance for Early Greek Geometry*. Dordrecht: D. Reidel, 1975.

______. "John of Tynemouth alias John of London: Emerging Portrait of a Singular Medieval Mathematician." *British Journal for the History of Science* 23(1990): 293~330.

Knowles, David. *The Evolution of Medieval Thought*. New York: Vintage, 1964.

Kogan, Barry S. *Averroes and the Metaphysics of Causation*. Albany: State University of New York Press, 1985.

Kovach, Francis J., and Shahan, Robert W., eds. *Albert the Great: Commemorative Essays*. Norman: University of Oklahoma Press, 1980.

Koyré, Alexandre. *The Astronomical Revolution: Copernicus, Kepler, Borelli*, trans. R. E. W. Maddison. Paris: Hermann, 1973.

______. *From the Closed World to the Infinite Universe*. Baltimore: Johns Hopkins University Press, 1957.

______. *Galileo Studies*, trans. John Mepham. Atlantic Highlands, N.J.:

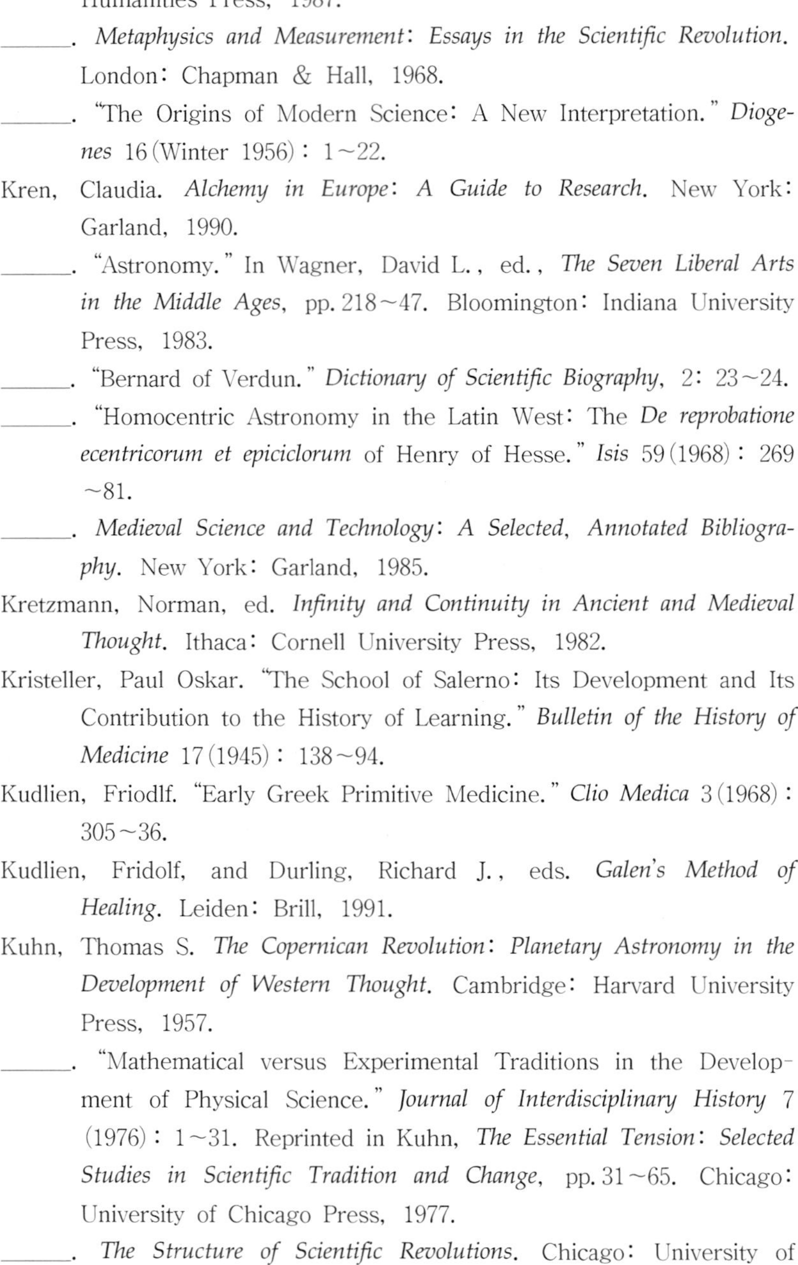

Humanities Press, 1987.

______. *Metaphysics and Measurement: Essays in the Scientific Revolution.* London: Chapman & Hall, 1968.

______. "The Origins of Modern Science: A New Interpretation." *Diogenes* 16(Winter 1956): 1~22.

Kren, Claudia. *Alchemy in Europe: A Guide to Research.* New York: Garland, 1990.

______. "Astronomy." In Wagner, David L., ed., *The Seven Liberal Arts in the Middle Ages*, pp. 218~47. Bloomington: Indiana University Press, 1983.

______. "Bernard of Verdun." *Dictionary of Scientific Biography*, 2: 23~24.

______. "Homocentric Astronomy in the Latin West: The *De reprobatione ecentricorum et epiciclorum* of Henry of Hesse." *Isis* 59(1968): 269~81.

______. *Medieval Science and Technology: A Selected, Annotated Bibliography.* New York: Garland, 1985.

Kretzmann, Norman, ed. *Infinity and Continuity in Ancient and Medieval Thought.* Ithaca: Cornell University Press, 1982.

Kristeller, Paul Oskar. "The School of Salerno: Its Development and Its Contribution to the History of Learning." *Bulletin of the History of Medicine* 17(1945): 138~94.

Kudlien, Friodlf. "Early Greek Primitive Medicine." *Clio Medica* 3(1968): 305~36.

Kudlien, Fridolf, and Durling, Richard J., eds. *Galen's Method of Healing.* Leiden: Brill, 1991.

Kuhn, Thomas S. *The Copernican Revolution: Planetary Astronomy in the Development of Western Thought.* Cambridge: Harvard University Press, 1957.

______. "Mathematical versus Experimental Traditions in the Development of Physical Science." *Journal of Interdisciplinary History* 7(1976): 1~31. Reprinted in Kuhn, *The Essential Tension: Selected Studies in Scientific Tradition and Change*, pp. 31~65. Chicago: University of Chicago Press, 1977.

______. *The Structure of Scientific Revolutions.* Chicago: University of

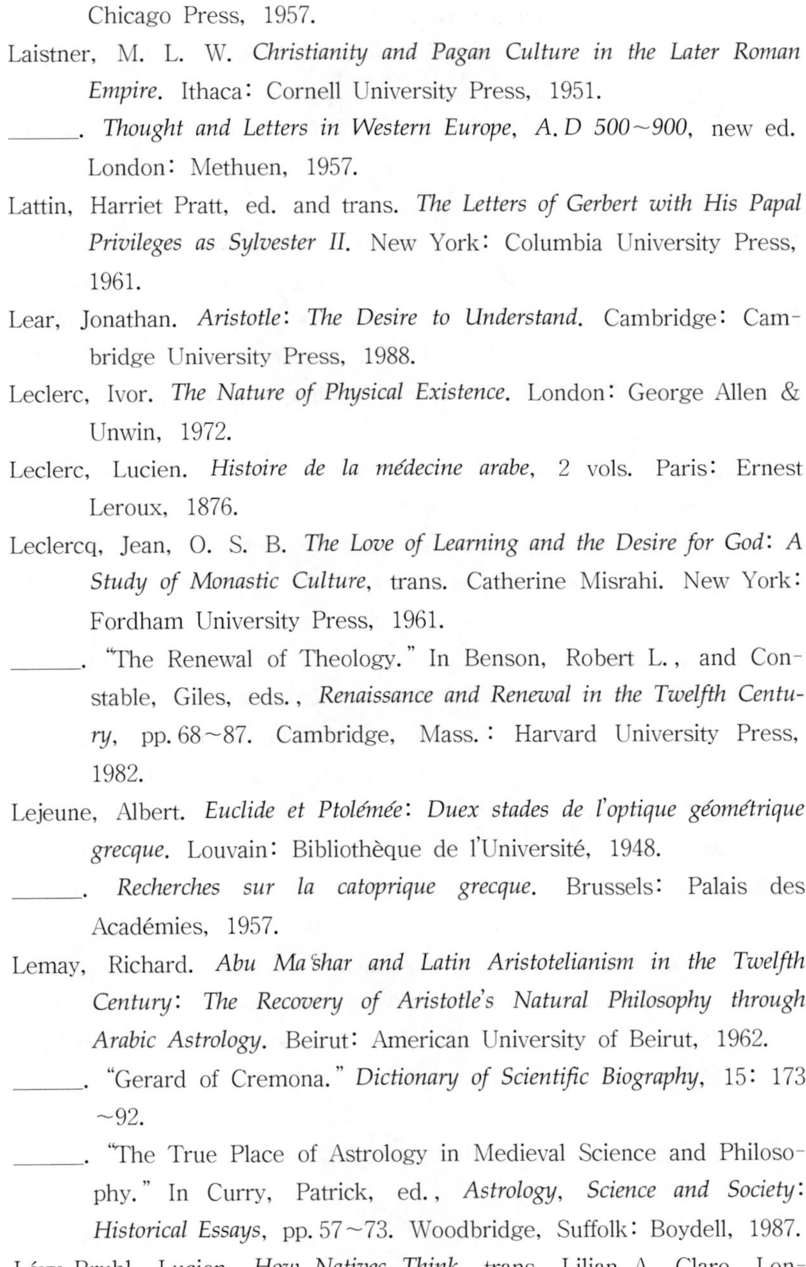

Chicago Press, 1957.

Laistner, M. L. W. *Christianity and Pagan Culture in the Later Roman Empire.* Ithaca: Cornell University Press, 1951.

______. *Thought and Letters in Western Europe, A.D 500~900,* new ed. London: Methuen, 1957.

Lattin, Harriet Pratt, ed. and trans. *The Letters of Gerbert with His Papal Privileges as Sylvester II.* New York: Columbia University Press, 1961.

Lear, Jonathan. *Aristotle: The Desire to Understand.* Cambridge: Cambridge University Press, 1988.

Leclerc, Ivor. *The Nature of Physical Existence.* London: George Allen & Unwin, 1972.

Leclerc, Lucien. *Histoire de la médecine arabe,* 2 vols. Paris: Ernest Leroux, 1876.

Leclercq, Jean, O. S. B. *The Love of Learning and the Desire for God: A Study of Monastic Culture,* trans. Catherine Misrahi. New York: Fordham University Press, 1961.

______. "The Renewal of Theology." In Benson, Robert L., and Constable, Giles, eds., *Renaissance and Renewal in the Twelfth Century,* pp. 68~87. Cambridge, Mass.: Harvard University Press, 1982.

Lejeune, Albert. *Euclide et Ptolémée: Duex stades de l'optique géométrique grecque.* Louvain: Bibliothèque de l'Université, 1948.

______. *Recherches sur la catoprique grecque.* Brussels: Palais des Académies, 1957.

Lemay, Richard. *Abu Ma'shar and Latin Aristotelianism in the Twelfth Century: The Recovery of Aristotle's Natural Philosophy through Arabic Astrology.* Beirut: American University of Beirut, 1962.

______. "Gerard of Cremona." *Dictionary of Scientific Biography,* 15: 173~92.

______. "The True Place of Astrology in Medieval Science and Philosophy." In Curry, Patrick, ed., *Astrology, Science and Society: Historical Essays,* pp. 57~73. Woodbridge, Suffolk: Boydell, 1987.

Lévy-Bruhl, Lucien. *How Natives Think,* trans. Lilian A. Clare. London: George Allen & Unwin, 1926.

Lewis, Bernard, ed. *Islam and the Arab World: Faith, People, Culture.* New York: Knopf, 1976.

Lewis, C. S. *The Discarded Image: An Introduction to medieval and Renaissance Literature.* Cambridge: Cambridge University Press, 1964.

Lewis, Christopher. *The Merton Tradition and kinematics in Late Sixteenth and Early Seventeenth Century Italy.* Padua: Antenore, 1980.

Liebeschütz, H. "Boethius and the Legacy of Antiquity." In Armstrong, A. H, ed., *The Cambridge History of Later Greek and Early Medieval Philosophy*, pp. 538~64. Cambridge: Cambridge University Press, 1970.

Lindberg, David C. "Alhazen's Theory of Vision and Its Reception in the West." *Isis* 58(1967): 321~41.

______. "Conceptions of the Scientific Revolution from Bacon to Butterfield: A Preliminary Sketch." In Lindberg and Westman, *Reappraisals of the Scientific Revolution*, pp. 1~26.

______. "Continuity and Discontinuity in the History of Optics: Kepler and the Medieval Tradition." *History and Technology* 4(1987): 423~40.

______. "The Genesis of Kepler's Theory of Light: Light Metaphysics from Plotinus to Kepler." *Osiris* n. s., 2(1986): 5~42.

______, ed. and trans. *John Pecham and the Science of Optics: "Perspectiva communis," edited with an Introduction, English Translation, and Critical Notes.* Madison: University of Wisconsin Press, 1970.

______. "Laying the Foundations of Geometrical Optics: Maurolico, Kepler, and the Medieval Tradition." In Lindberg, David C., and Cantor, Geoffrey, *The Discourse of Light from the Middle Ages to the Enlightenment*, pp. 1~65. Los Angeles: William Andrews Clark Memorial Library, 1985.

______. "On the Applicability of Mathematics to Nature: Roger Bacon and His Predecessors." *British Journal for the History of Science* 15 (1982): 3~25.

______. "Optics, Western European." *Dictionary of the Middle Ages*, 9: 247~53.

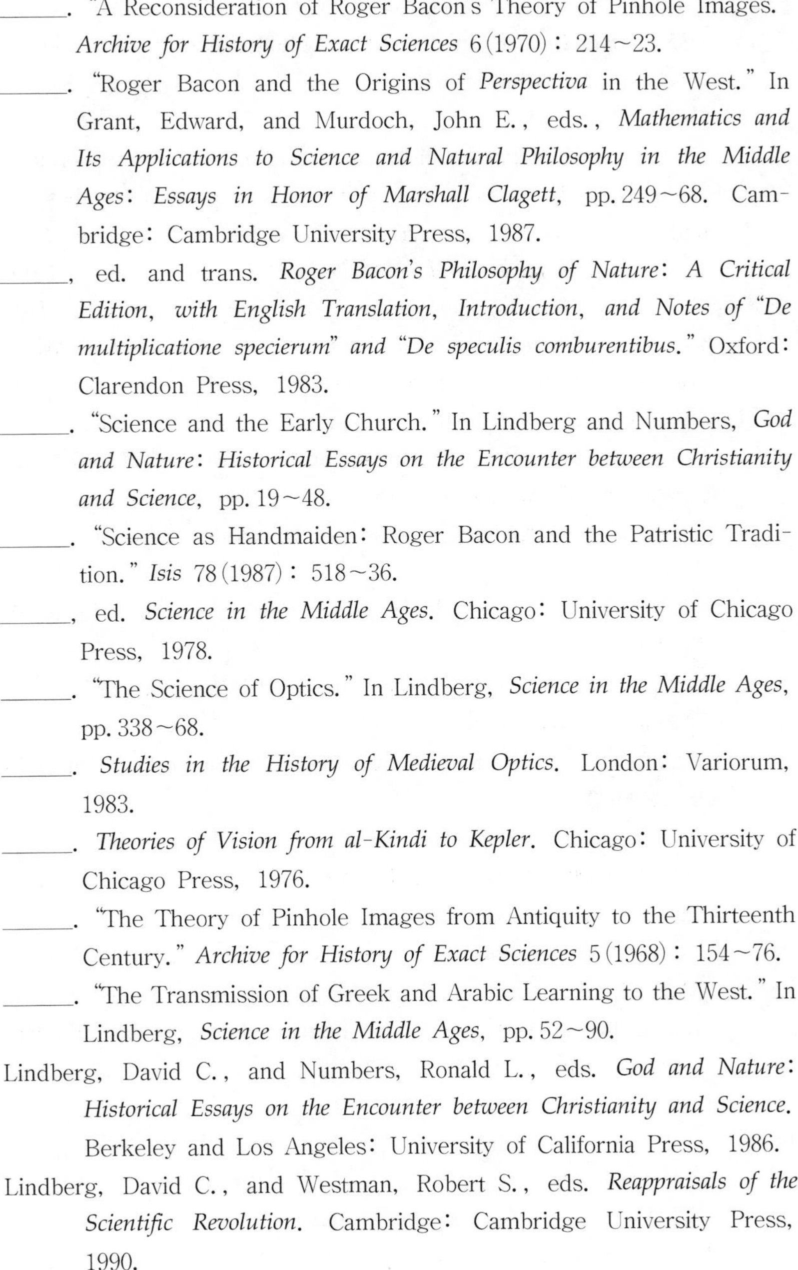

______. "A Reconsideration of Roger Bacon's Theory of Pinhole Images." *Archive for History of Exact Sciences* 6(1970): 214~23.

______. "Roger Bacon and the Origins of *Perspectiva* in the West." In Grant, Edward, and Murdoch, John E., eds., *Mathematics and Its Applications to Science and Natural Philosophy in the Middle Ages: Essays in Honor of Marshall Clagett*, pp. 249~68. Cambridge: Cambridge University Press, 1987.

______, ed. and trans. *Roger Bacon's Philosophy of Nature: A Critical Edition, with English Translation, Introduction, and Notes of "De multiplicatione specierum" and "De speculis comburentibus."* Oxford: Clarendon Press, 1983.

______. "Science and the Early Church." In Lindberg and Numbers, *God and Nature: Historical Essays on the Encounter between Christianity and Science*, pp. 19~48.

______. "Science as Handmaiden: Roger Bacon and the Patristic Tradition." *Isis* 78(1987): 518~36.

______, ed. *Science in the Middle Ages*. Chicago: University of Chicago Press, 1978.

______. "The Science of Optics." In Lindberg, *Science in the Middle Ages*, pp. 338~68.

______. *Studies in the History of Medieval Optics*. London: Variorum, 1983.

______. *Theories of Vision from al-Kindi to Kepler*. Chicago: University of Chicago Press, 1976.

______. "The Theory of Pinhole Images from Antiquity to the Thirteenth Century." *Archive for History of Exact Sciences* 5(1968): 154~76.

______. "The Transmission of Greek and Arabic Learning to the West." In Lindberg, *Science in the Middle Ages*, pp. 52~90.

Lindberg, David C., and Numbers, Ronald L., eds. *God and Nature: Historical Essays on the Encounter between Christianity and Science*. Berkeley and Los Angeles: University of California Press, 1986.

Lindberg, David C., and Westman, Robert S., eds. *Reappraisals of the Scientific Revolution*. Cambridge: Cambridge University Press, 1990.

Lindgren, Uta. *Gerbert von Aurillac und das Quadrivium: Untersuchungen zur Bildung im Zeitalter der Ottonen.* Sudhoffs Archiv: Zeitschrift für Wissenschaftsgeschichte, Beiheft 18. Wiesbaden: Franz Steiner, 1976.

Lipton, Joshua D. "The Rational Evaluation of Astrology in the Period of Arabo-Latin Translation, ca. 1126~1187 A.D." Ph.D. dissertation, University of California at Los Angeles, 1978.

Little, A. G., ed. *Roger Bacon Essays.* Oxford: Clarendon Press, 1914.

Livesey, Steven J. *Theology and Science in the Fourteenth Century: Three Questions on the Unity and Subalternation of the Sciences from John of Reading's Commentary on the Sentences.* Studien und Texte zur Geistesgeschichte des Mittelalters, vol. 25. Leiden: Brill, 1989.

Lloyd, G. E. R. *Aristotle: The Growth and Structure of His Thought.* Cambridge: Cambridge University Press, 1968.

______. *Demystifying Mentalities.* Cambridge: Cambridge University Press, 1990.

______. *Early Greek Science: Thales to Aristotle.* London: Chatto & Windus, 1970.

______, ed. *Hippocratic Writings.* Harmondsworth: Penguin, 1978.

______. *Magic, Reason and Experience: Studies in the Origins and Development of Greek Science.* Cambridge: Cambridge University Press, 1979.

______. *The Revolutions of Wisdom: Studies in the Claims and Practice of Ancient Greek Science.* Berkeley and Los Angeles: University of California Press, 1987.

______. "Saving the Appearances." *Classical Quarterly* 28(1978): 202~22.

Locher, A. "The Structure of Pliny the Elder's Natural History." In French, Roger, and Greenaway, Frank, eds., *Science in the Early Roman Empire*, pp. 20~29. Totawa, N.J.: Barnes & Noble, 1986.

Long, A. A. "Astrology: Arguments Pro and Contra." In Barnes, Jonathan; Brunschwig, Jacques; Burnyeat, Myles; and Schofield, Malcolm, eds., *Science and Speculation: Studies in Hellenistic Theory and Practice*, pp. 165~92. Cambridge: Cambridge University Press, 1982.

______. *Hellenistic Philosophy: Stoics, Epicureans, Sceptics*, 2d ed. London: Duckworth, 1974.

______. "The Stoics on World-Conflagration and Everlasting Recurrence." In Epp, Ronald H., ed., *Recovering the Stoics*, pp. 13~37. Supplement to *The Southern Journal of Philosophy*, vol. 23. Memphis: Department of Philosophy, Memphis State University, 1985.

Long, A. A., and Sedley, D. N. *The Hellenistic Philosophers*, 2 vols. Cambridge: Cambridge University Press, 1987.

Longrigg, James. "Anatomy in Alexandria in the Third Century B.C." *British Journal for the History of Science* 21(1988): 455~88.

______. "Erasistratus." *Dictionary of Scientific Biography*, 4: 382~86.

______. "Presocratic Philosophy and Hippocratic Medicine." *History of Science* 27(1989): 1~39.

______. "Superlative Achievement and Comparative Neglect: Alexandrian Medical Science and Modern Historical Research." *History of Science* 19(1981): 155~200.

Lones, Thomas E. *Aristotle's Researches in Natural Science*. London: West, Newman, 1912.

Lucretius. *De rerum natura*, trans. W. H. D. Rouse and M. F. Smith, rev. 2d ed. London: Heinemann, 1982.

Luscombe, David E. *Peter Abelard*. London: Historical Association, 1979.

______. "Peter Abelard." In Dronke, Peter, ed., *A History of Twelfth-Century Western Philosophy*, pp. 279~307. Cambridge: Cambridge University press, 1988.

Lutz, Cora E. *Schoolmasters of the Tenth Century*. Hamden, Conn.: Archon, 1977.

Lynch, John Patrick. *Aristotle's School: A Study of a Greek Educational Institution*. Berkeley and Los Angeles: University of California Press, 1972.

Lytle, Guy Fitch. "The Careers of Oxford Students in the Later Middle Ages." In Kittelson, James M., and Transue, Pamela J., eds., *Rebirth, Reform and Resilience: Universities in Transition 1300~1700*,

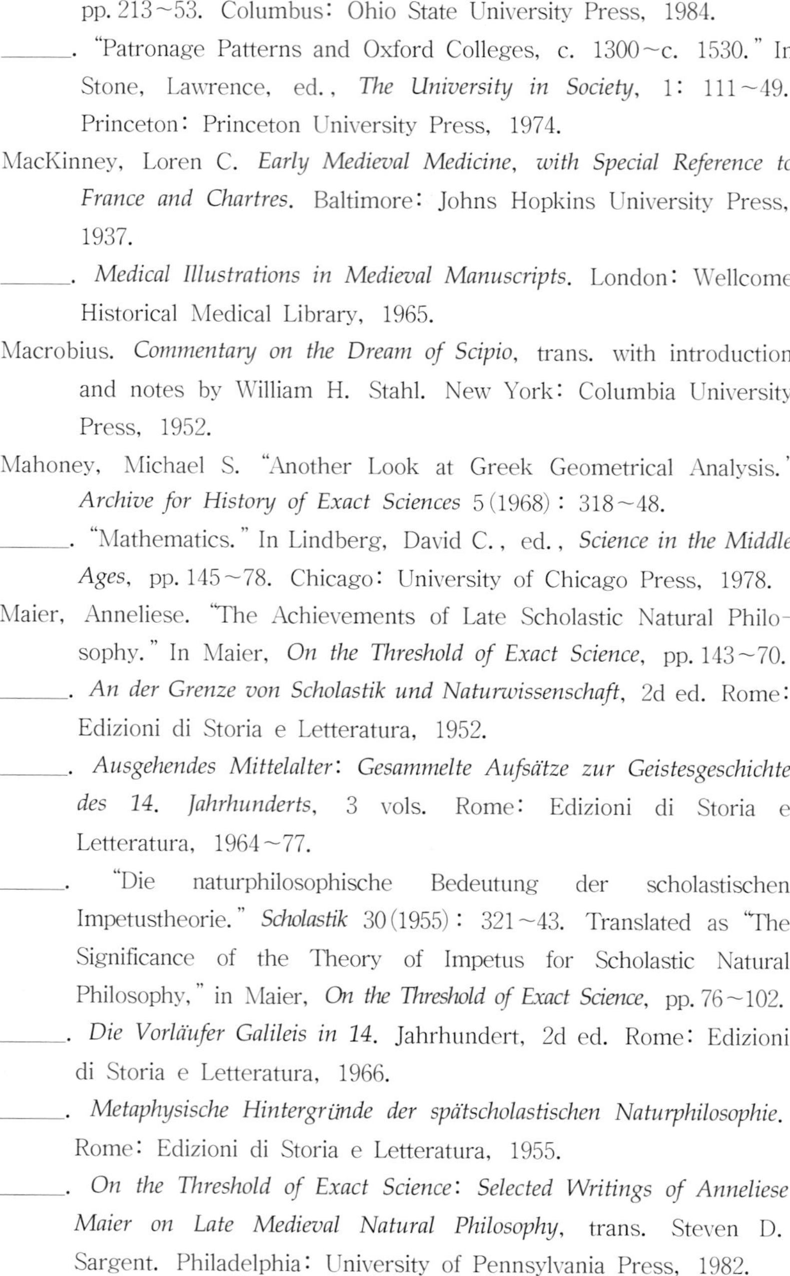

pp. 213~53. Columbus: Ohio State University Press, 1984.

______. "Patronage Patterns and Oxford Colleges, c. 1300~c. 1530." In Stone, Lawrence, ed., *The University in Society*, 1: 111~49. Princeton: Princeton University Press, 1974.

MacKinney, Loren C. *Early Medieval Medicine, with Special Reference to France and Chartres*. Baltimore: Johns Hopkins University Press, 1937.

______. *Medical Illustrations in Medieval Manuscripts*. London: Wellcome Historical Medical Library, 1965.

Macrobius. *Commentary on the Dream of Scipio*, trans. with introduction and notes by William H. Stahl. New York: Columbia University Press, 1952.

Mahoney, Michael S. "Another Look at Greek Geometrical Analysis." *Archive for History of Exact Sciences* 5(1968): 318~48.

______. "Mathematics." In Lindberg, David C., ed., *Science in the Middle Ages*, pp. 145~78. Chicago: University of Chicago Press, 1978.

Maier, Anneliese. "The Achievements of Late Scholastic Natural Philosophy." In Maier, *On the Threshold of Exact Science*, pp. 143~70.

______. *An der Grenze von Scholastik und Naturwissenschaft*, 2d ed. Rome: Edizioni di Storia e Letteratura, 1952.

______. *Ausgehendes Mittelalter: Gesammelte Aufsätze zur Geistesgeschichte des 14. Jahrhunderts*, 3 vols. Rome: Edizioni di Storia e Letteratura, 1964~77.

______. "Die naturphilosophische Bedeutung der scholastischen Impetustheorie." *Scholastik* 30(1955): 321~43. Translated as "The Significance of the Theory of Impetus for Scholastic Natural Philosophy," in Maier, *On the Threshold of Exact Science*, pp. 76~102.

______. *Die Vorläufer Galileis in 14.* Jahrhundert, 2d ed. Rome: Edizioni di Storia e Letteratura, 1966.

______. *Metaphysische Hintergründe der spätscholastischen Naturphilosophie*. Rome: Edizioni di Storia e Letteratura, 1955.

______. *On the Threshold of Exact Science: Selected Writings of Anneliese Maier on Late Medieval Natural Philosophy*, trans. Steven D. Sargent. Philadelphia: University of Pennsylvania Press, 1982.

______. "The Theory of the Elements and the Problem of their Participation in Compounds." In Maier, *On the Threshold of Exact Science*, pp. 124~42.

______. *Zwischen Philosophie und Mechanik.* Rome: Edizioni di Storia e Letteratura, 1958.

Maierù, A., and Paravicini Bagliani, A., eds. *Studi sul XIV secolo in memora di Anneliese Maier.* Storia e Letteratura, Raccolta di studi e testi, no. 151. Rome: Edizioni di Storia e Letteratura, 1981.

Majno, Guido. *The Healing Hand: Man and Wound in the Ancient World.* Cambridge, Mass.: Harvard University Press, 1975.

Makdisi, George. *The Rise of Colleges: Institutions of Learning in Islam and the West.* Edinburgh: Edinburgh University Press, 1981.

Malinowski, Bronislaw. *Myth in Primitive Psychology.* New York: W. W. Norton, 1926.

Marenbon, John. *Early Medieval Philosophy (480~1150): An Introduction.* London: Routledge & Kegan Paul, 1983.

______. *From the Circle of Alcuin to the School of Auxerre: Logic, Theology and Philosophy in the Early Middle Ages.* Cambridge: Cambridge University Press, 1981.

Marrou, H. I. *A History of Education in Antiquity*, trans. George Lamb. New York: Sheed and Ward, 1956.

Martin, R. N. D. "The Genesis of a mediaeval Historian: Pierre Duhem and the Origins of Statics." *Annals of Science* 33(1976): 119~29.

McCluskey, Stephen C. "Gregory of Tours, Monastic Timekeeping, and Early Christian Attitudes to Astronomy." *Isis* 81(1990): 9~22.

McColley, Grant. "The Theory of the Diurnal Rotation of the Earth." *Isis* 26(1937): 392~402.

McDiarmid, J. B. "Theophrastus." *Dictionary of Scientific Biography*, 13: 328~34.

McEvoy, James. *The Philosophy of Robert Grosseteste.* Oxford: Clarendon Press, 1982.

McInerny, Ralph. *St. Thomas Aquinas.* Notre Dame, Ind.: University of Notre Dame Press, 1982.

McKitterick, Rosamond. *The Carolingians and the Written Word.* Cambridge: Cambridge University Press, 1989.

McMullin, Ernan, ed. *The Concept of Matter in Greek and Medieval Philosophy.* Notre Dame, Ind.: University of Notre Dame Press, 1963.

______. "Conceptions of Science in the Scientific Revolution." In Lindberg, David C., and Westman, Robert S., eds., *Reappraisals of the Scientific Revolution*, pp. 27~86. Cambridge: Cambridge University Press, 1990.

______. "Medieval and Modern Science: Continuity or Discontinuity?" *International Philosophical Quarterly* 5(1965): 103~29.

McVaugh, Michael. "Arnald of Villanova and Bradwardine's Law." *Isis* 58 (1967): 56~64.

______, ed. *Arnald de Villanova, Opera medica omnia*, vol. 2: *Aphorismi de gradibus.* Granada: Seminarium historiae medicae Granatensis, 1975.

______. "Constantine the African." *Dictionary of Scientific Biography*, 3: 393~95.

______. "The Experimenta of Arnald of Villanova." *Journal of Medieval and Renaissance Studies* 1(1971): 107~18.

______. "The Nature and Limits of Medical Certitude." *Osiris*, n. s. 6 (1990): 62~84.

______. "Theriac at Montpellier." *Sudhoffs Archiv: Zeitschrift für Wissenschaftsgeschichte* 56(1972): 113~44.

______. "Medicine, History of." *Dictionary of the Middle Ages*, 8: 247~54.

______. "Quantified Medical Theory and Practice at Fourteenth-Century Montpellier." *Bulletin of the History of Medicine* 43(1969): 397~413.

Melling, David J. *Understanding Plato.* Oxford: Oxford University Press, 1987.

Merton, Robert K. *Science, Technology and Society in Seventeenth Century England.* Originally published in *Osiris* 4(1938): 360~632. Reissued, with a new introduction, New York: Harper and Row, 1970.

Meyerhof, Max. "Science and medicine." In Arnold, Thomas, and

Guillaume, Alfred, eds., *The Legacy of Islam*, pp. 311~55. London: Oxford University Press, 1931.

______. *Studies in Medieval Arabic Medicine: Theory and Practice*, ed. Penelope Johnstone. London: Variorum, 1984.

Millas-Vallicrosa, J. M. "Translations of Oriental Scientific Works." In Métraux, Guy S., and Crouzet, François, eds., *The Evolution of Science*, pp. 128~67. New York: Mentor, 1963.

Miller, Timothy S. *The Birth of the Hospital in the Byzantime Empire*. Baltimore: Johns Hopkins University Press, 1985.

______. "The Knights of Saint John and the Hospitals of the Latin West." *Speculum* 53(1978): 709~33.

Minio-Paluello, Lorenzo. "Boethius, Anicius Manlius Severinus." *Dictionary of Scientific Biography*, 2: 228~36.

______. "Michael Scot." *Dictionary of scientific Biography*, 9: 361~65.

______. "Moerbeke, William of." *Dictionary of Scientific Biography*, 9: 434~40.

Mohr, Richard D. *The Platonic Cosmology*. Leiden: Brill, 1985.

Moline, Jon. *Plato's Theory of Understanding*. Madison: University of Wisconsin Press, 1981.

Molland, A. G. "Aristotelian Holism and Medieval Mathematical Physics." In Caroti Stefano, ed., *Studies in Medieval Natural Philosophy*, pp. 227~35. Florence: Olschki, 1989.

______. "Continuity and Measure in Medieval Natural Philosophy." *Miscellanea Mediaevalia* 16(1983): 132~44.

______. "An Examination of Bradwardine's Geometry." *Archive for History of Exact Sciences* 19(1978): 113~75.

______. "The Geometrical Background to the 'Merton School'." *British Journal for the History of Science* 4(1968~69): 108~25.

______. "Nicole Oresme and Scientific Progress." *Miscellanea Mediaevalia* 9(1974): 206~20.

Moody, Ernest A. "Galileo and Avempace: The Dynamics of the Leaning Tower Experiment." *Journal of the History of Ideas* 12(1951): 163~93, 375~422.

Moody, Ernest A. and Clagett, Marshall, eds. and trans. *The Medieval*

Science of Weights. Madison: University of Wisconsin Press, 1960.

Morris, Colin. *The Discovery of the Individual, 1050~1200*. New York: Harper and Row, 1972.

Multhauf, Robert P. *The Origins of Chemistry*. New York: Franklin Watts, 1967.

Murdoch, John E. *Album of Science: Antiquity and the Middle Ages*. New York: Scribner's, 1984.

______. "The Development of a Critical Temper: New Approaches and Modes of Analysis in Fourteenth-Century Philosophy, Science, and Theology." *Medieval and Renaissance Studies* 7(1978): 51~79.

______. "From Social into Intellectual Factors: An Aspect of the Unitary Character of Late Medieval Learning." In Murdoch and Sylla, eds., *The Cultural Context of Medieval Learning*, pp. 271~348.

______. "*Mathesis in Philosophiam scholasticam introducta*: The Rise and Development of the Application of Mathematics in Fourteenth Century Philosophy and Theology." In *Arts libéraux et philosophie au moyen âge: Actes du quatrième congrès international de philosophie médiévale, Université de Montréal, 27 août-2 septembre 1967*, pp. 215~54. Montreal: Institut d'études médiévales, 1969.

______. "Philosophy and the Enterprise of Science in the Later Middle Ages." In Elkana, Yehuda, ed., *The Interaction between Science and Philosophy*, pp. 51~74. Atlantic Highlands, N. J.: Humanities Press, 1974.

Murdoch, John E., and Sylla, Edith D. "Anneliese Maier and the History of Medieval Science." In Maierù, A., and Paravicini Bagliani, A., eds., *Studi sul XIV secolo in memora di Anneliese Maier*, pp. 7~13. Storia e letteratura: Raccolta di studi e testi, no. 151. Rome: Edizioni Storia e Letteratura, 1981.

______, eds. *The Cultural Context of Medieval Learning*. Boston Studies in the Philosophy of Science, no. 216. Dordrecht: D. Reidel, 1975.

______. "The Science of Motion." In Lindberg, David C., ed., *Science in the Middle Ages*, pp. 206~64. Chicago: University of Chicago Press, 1978.

______. "Swineshead, Richard." *Dictionary of Scientific Biography*, 13: 184

~213.

Murray, Alexander. *Reason and society in the Middle Ages.* Oxford: Clarendon Press, 1978.

Nakosteen, Mehdi. *History of Islamic Origins of Western Education, A.D. 800~1359, with an Introduction to Medieval Muslim Education.* Boulder: University of Colorado Press, 1964.

Nasr, Seyyed Hossein. *An Introduction to Islamic Cosmological Doctrines.* Cambridge, Mass.: Belknap Press of Harvard University Press, 1964.

______. *Science and Civilization in Islam.* Cambridge, Mass.: Harvard University Press, 1968.

Neugebauer, Otto. "Apollonius' Planetary Theory." *Communications on Pure and Applied Mathematics* 8(1955): 641~48.

______. *Astronomy and History: Selected Essays.* New York: Springer, 1983.

______. *The Exact Sciences in Antiquity.* Princeton: Princeton University Press, 1952.

______. *A History of Ancient Mathematical Astronomy,* 3pts. New York: Springer, 1975.

______. "On the Allegedly Heliocentric Theory of Venus by Heraclides Ponticus." *American Journal of Philology* 93(1972): 600~601.

______. "On the 'Hippopede' of Eudoxus." *Scripta Mathematica* 19(1953): 225~29.

Neugebauer, Otto, and Sachs, A., eds. *Mathematical Cuneiform Texts. American Oriental Series,* vol. 29. New Haven: American Oriental Society, 1945.

Newman, William R. "The Genesis of the Summa perfectonis." *Archives internationale d'histoire des sciences* 35(1985): 240~302.

______. *The "Summa perfectionis" of Pseudo-Geber: A Critical Edition, Translation and Study.* Leiden: Brill, 1991.

______. "Technology and Chemical Debate in the Late Middle Ages." *Isis* 80(1989): 423~45.

North, J. D. "The Alphonsine Tables in England." In North, J. D., *Stars, Minds and Fate,* pp. 327~59.

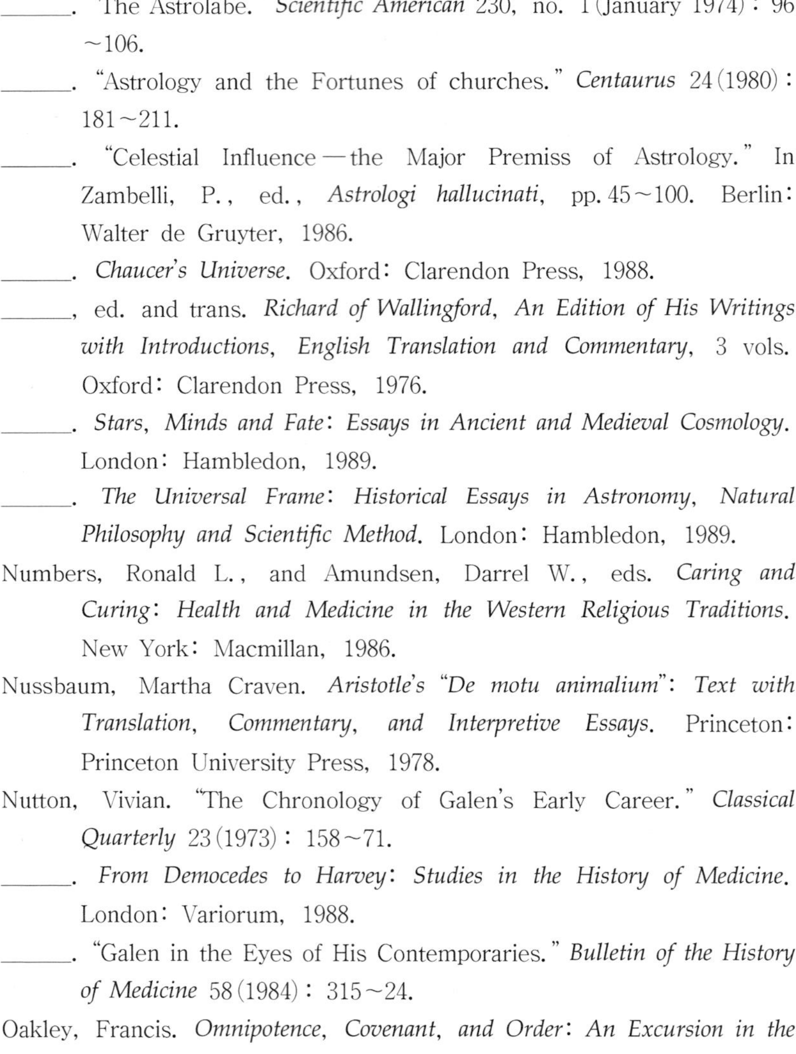

______. "The Astrolabe." *Scientific American* 230, no. 1 (January 1974): 96~106.

______. "Astrology and the Fortunes of churches." *Centaurus* 24 (1980): 181~211.

______. "Celestial Influence — the Major Premiss of Astrology." In Zambelli, P., ed., *Astrologi hallucinati*, pp. 45~100. Berlin: Walter de Gruyter, 1986.

______. *Chaucer's Universe.* Oxford: Clarendon Press, 1988.

______, ed. and trans. *Richard of Wallingford, An Edition of His Writings with Introductions, English Translation and Commentary*, 3 vols. Oxford: Clarendon Press, 1976.

______. *Stars, Minds and Fate: Essays in Ancient and Medieval Cosmology.* London: Hambledon, 1989.

______. *The Universal Frame: Historical Essays in Astronomy, Natural Philosophy and Scientific Method.* London: Hambledon, 1989.

Numbers, Ronald L., and Amundsen, Darrel W., eds. *Caring and Curing: Health and Medicine in the Western Religious Traditions.* New York: Macmillan, 1986.

Nussbaum, Martha Craven. *Aristotle's "De motu animalium": Text with Translation, Commentary, and Interpretive Essays.* Princeton: Princeton University Press, 1978.

Nutton, Vivian. "The Chronology of Galen's Early Career." *Classical Quarterly* 23 (1973): 158~71.

______. *From Democedes to Harvey: Studies in the History of Medicine.* London: Variorum, 1988.

______. "Galen in the Eyes of His Contemporaries." *Bulletin of the History of Medicine* 58 (1984): 315~24.

Oakley, Francis. *Omnipotence, Covenant, and Order: An Excursion in the History of Ideas from Abelard to Leibniz.* Ithaca: Cornell University Press, 1984.

O'Donnell, James J. *Cassiodorus.* Berkeley and Los Angeles: University of California Press, 1979.

Oggins, Robin S. "Albertus Magnus on Falcons and Hawks." In Weisheipl, James A., ed., *Albertus Magnus and the Sciences:*

Commemorative Essays 1980, pp. 441~62. Toronto: Ponitifical Institute of Mediaeval Studies, 1980.

E'Leary, De Lacy. *How Greek Science Passed to the Arabs*. London: Routledge & Kegan Paul, 1949.

Olson, Richard. *Science Deified and Science Defied: The Historical Significance of Science in Western Culture from the Bronze Age to the Beginnings of the Modern Era ca. 3500 B. C. to ca. A. D. 1640*. Berkeley and Los Angeles: University of California Press, 1982.

O'Meara, Dominic J. *Pythagoras Revived: Mathematics and Philosophy in Late Antiquity*. Oxford: Clarendon Press, 1989.

O'Meara, John J. *Eriugena*. Oxford: Clarendon Press, 1988.

Oresme, Nicole. *"De proportionibus porpotionum" and "Ad pauca respicientes,"* ed. and trans. Edward Grant. Madison: University of Wisconsin Press, 1966.

______. *Le livre du ciel et du monde*, ed. and trans. A. D. Menut and A. J. Denomy. Madison: University of Wisconsin Press, 1968.

Orme, Nicholas. *English Schools of the Middle Ages*. London: Methuen, 1973.

Overfield, James H. "University Studies and the Clergy in Pre-Reformation Germany." In Kittelson, James M., and Transue, Pamela J., eds., *Rebirth, Reform and Resilience: Universities in Transition 1300~1700*, pp. 254~92. Columbus: Ohio State University Press, 1984.

Owen, G. E. L. *Logic, Science and Dialectic: Collected Papers in Greek Philosophy*, ed. Martha Nussbaum. Ithaca: Cornell University Press, 1986.

Parent, J. M. *La doctrine de la création dans l'école de Chartres*. Paris: J. Vrin, 1938.

Park, Katharine, "Albert's Influence on Medieval Psychology." In Weisheipl. James A., ed., *Albertus Magnus and the Sciences: Commemorative Essays 1980*, pp. 501~35. Toronto: Pontifical Institute of Mediaeval Studies, 1980.

______. *Doctors and Medicine in Early Renaissance Florence*. Princeton: Princeton University Press, 1985.

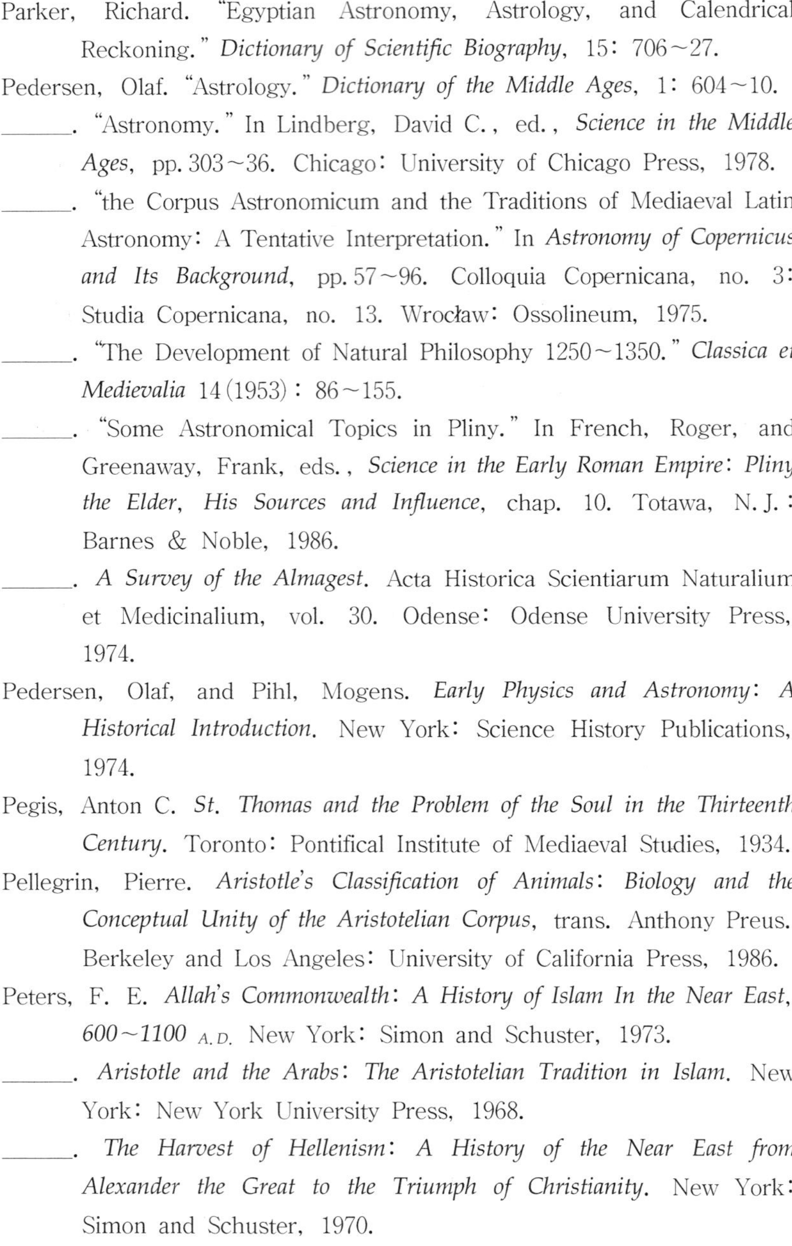

Parker, Richard. "Egyptian Astronomy, Astrology, and Calendrical Reckoning." *Dictionary of Scientific Biography*, 15: 706~27.

Pedersen, Olaf. "Astrology." *Dictionary of the Middle Ages*, 1: 604~10.

______. "Astronomy." In Lindberg, David C., ed., *Science in the Middle Ages*, pp. 303~36. Chicago: University of Chicago Press, 1978.

______. "the Corpus Astronomicum and the Traditions of Mediaeval Latin Astronomy: A Tentative Interpretation." In *Astronomy of Copernicus and Its Background*, pp. 57~96. Colloquia Copernicana, no. 3: Studia Copernicana, no. 13. Wrocław: Ossolineum, 1975.

______. "The Development of Natural Philosophy 1250~1350." *Classica et Medievalia* 14(1953): 86~155.

______. "Some Astronomical Topics in Pliny." In French, Roger, and Greenaway, Frank, eds., *Science in the Early Roman Empire: Pliny the Elder, His Sources and Influence*, chap. 10. Totawa, N. J.: Barnes & Noble, 1986.

______. *A Survey of the Almagest*. Acta Historica Scientiarum Naturalium et Medicinalium, vol. 30. Odense: Odense University Press, 1974.

Pedersen, Olaf, and Pihl, Mogens. *Early Physics and Astronomy: A Historical Introduction*. New York: Science History Publications, 1974.

Pegis, Anton C. *St. Thomas and the Problem of the Soul in the Thirteenth Century*. Toronto: Pontifical Institute of Mediaeval Studies, 1934.

Pellegrin, Pierre. *Aristotle's Classification of Animals: Biology and the Conceptual Unity of the Aristotelian Corpus*, trans. Anthony Preus. Berkeley and Los Angeles: University of California Press, 1986.

Peters, F. E. *Allah's Commonwealth: A History of Islam In the Near East, 600~1100* A.D. New York: Simon and Schuster, 1973.

______. *Aristotle and the Arabs: The Aristotelian Tradition in Islam*. New York: New York University Press, 1968.

______. *The Harvest of Hellenism: A History of the Near East from Alexander the Great to the Triumph of Christianity*. New York: Simon and Schuster, 1970.

Phillips, E. D. *Greek Medicine*. London: Thames and Hudson, 1973.

Philoponus, John. *Against Aristotle on the Eternity of the World*, trans. Christian Wildberg. Ithaca: Cornell University Press, 1987.

Pingree, David. "Abū Ma'shar al-Balkhī." *Dictionary of Scientific Biography*, 1: 32~39.

______. "Hellenophillia versus the History of Science." Manuscript of a paper delivered at Harvard University, 14 November 1990.

The Planispheric Astrolabe. Greenwich: National Maritime Museum, 1976.

Plato, *Plato, with an English Translation*, 10 vols. London: Loeb, 1914~29.

______. *Plato's Cosmology: The "Timaeus" of Plato*, trans. with commentary by Francis M. Cornford. London: Routledge & Kegan Paul, 1957.

______. *Plato's Theory of Knowledge: The "Theatetus" and the "Sophist" of Plato*, trans. with commentary by Francis M. Cornford. London: Routledge & Kegan Paul, 1935.

______. *The "Republic" of Plato*, trans. Francis M. Cornford. Oxford: Oxford University Press, 1941.

Pliny the Elder. *Natural History*, trans. H. Rackham, 10 vols. London: Heinemann, 1938~62.

Pliny the Younger. *Letters*, with an English translation by William Melmoth, revised by W. M. L. Hutchinson, 2 vols. London: Heinemann, 1961.

Powell, Barry. *Homer and the Origin of the Greek Alphabet*. Cambridge: Cambridge University Press, 1991.

Preus, Anthony. *Science and Philosophy in Aristotle's Biological Works*. Hildesheim: Georg Olms, 1975.

Ptolemy, Claudius. *L'Optique de Claude Ptolémée*, ed. and trans. Albert Lejeune. Leiden: Brill, 1989.

______. *Ptolemy's Almagest*, ed. and trans. G. J. Toomer. New York: Springer, 1984.

______. *Tetrabiblos*, ed. and trans. F. E. Robbins. London: Heinemann, 1948.

Quinn, John Francis. *The Historical Constitution of St. Bonaventure's Philosophy*. Toronto: Pontifical Institute of Mediaeval Studies, 1973.

Rahman, Fazlur. *Islam*, 2d ed. Chicago: University of Chicago Press, 1979.

Randall, John Herman, Jr. *The School of Padua and the Emergence of Modern Science*. Padua: Antenore, 1961.

Ralph, Philip Lee. *The Renaissance in Perspective*. New York: St. Martin's Press, 1973.

Rashdall, Hastings. *The Universities of Europe in the Middle Ages*, ed. F. M. Powicke and A. B. Emden, 3 vols. Oxford: Clarendon Press, 1936.

Rather, L. J. "The 'Six Things Non-Natural': A Note on the Origins and Fate of a Doctrine and a Phrase." *Clio Medica* 3(1968): 337~47.

Rawson, Elizabeth. *Intellectual Life in the Late Roman Republic*. Baltimore: Johns Hopkins University Press, 1985.

Reeds, Karen. "Albert on the Natural Philosophy of Plant Life." In Weisheipl, James A., ed., *Albertus Magnus and the Sciences: Commemorative Essays 1980*, pp. 341~54. Tronto: Pontifical Institute of Mediaeval Studies, 1980.

Reymond, Arnold. *History of the Sciences in Greco-Roman Antiquity*, trans. Ruth Gheury de Bray. London: Methuen, 1927.

Reynolds, Terry S. *Stronger than a Hundred Men: A History of the Vertical Water Wheel*. Baltimore: Johns Hopkins University Press, 1983.

Riché, Pierre. *Education and Culture in the Barbarian West, Sixth through Eighth Centuries*, trans. John J. Contreni. Columbia, S.C.: University of south Carolina Press, 1976.

Riddle, John M. "Dioscorides." In Cranz, F. Edward, and Kristeller, Paul O., eds., *Catalogus translationum et commentariorum: Mediaeval and Renaissance Latin Translations and Commentaries. Annotated Lists and Guides*, vol. 6, pp. 1~143. Washington, D. C.: Catholic University of America Press, 1980.

______. *Dioscorides on Pharmacy and Medicine*. Austin: University of Texas Press, 1985.

______. "Theory and Practice in Medieval Medicine." *Viator* 5(1974): 157~70.

Rosen, Edward. "Renaissance Science as Seen by Burckhardt and His

Successors." In Helton, Tinsley, ed. *The Renaissance: A Reconsideration of the Theories and Interpretations of the Age*, pp. 77~103. Madison: University of Wisconsin Press, 1961.

Rosenfeld, B. A., and Grigorian, A. T. "Thābit ibn Qurra." *Dictionary of Scientific Biography*, 13: 288~95.

Rosenthal, Franz. "The Physician in Medieval Muslim Society." *Bulletin of the History of Medicine* 52(1978): 475~91.

Ross, W. D. *Aristotle: A Complete Exposition of His Works and Thought*, 5th ed. Cleveland: Meridian, 1959.

Rothschuh, Karl E. *History of Physiology*, trans. Guenter B. Risse. Huntington, N.Y.: Krieger, 1973.

Russell, Bertrand. *A History of Western Philosophy*, 2d ed. London: George Allen & Unwin, 1961.

Russell, Jeffrey B. *Inventing the Flat Earth: Columbus and Modern Historians*. Westport, Conn.: Praeger, 1991.

Sabra, A. I. "The Andalusian Revolt against Ptolemaic Astronomy: Averroes and al-Biṭrūjī." In Mendelsohn, Everett, ed., *Transformation and Tradition in the Sciences: Essays in Honor of I. Bernard Cohen*, pp. 133~53. Cambridge: Cambridge University Press, 1984.

______. "The Appropriation and Subsequent Naturalization of Greek Science in Medieval Islam: A Preliminary Statement." *History of Science* 25(1987): 223~43.

______. "An Eleventh-Century Refutation of Ptolemy's Planetary Theory." In Hilfstein, Erna; Czartoryski, Paweł; and Grande, Frank D., eds., *Science and History: Studies in Honor of Edward Rosen*, pp. 117~31. Studia Copernicana, no. 16. Wrocław: Ossolineum, 1978.

______. "Al-Farghānī." *Dictionary of Scientific Biography*, 4: 541~45.

______. "Form in Ibn al-Haytham's Theory of Vision." *Zeischrift für Geschichte der arabisch-islamischen Wissenschaften* 5(1989): 115~40.

______, ed. and trans. *The Optics of Ibn al-Haytham: Books I-III, On Direct Vision*, 2 vols. London: Warburg Institute, 1989.

______. "Science, Islamic." *Dictionary of the Middle Ages*, 11: 81~88.

______. "The Scientific Enterprise." In Lewis, Bernard, ed., *Islam and the Arab World*, pp. 181~92. New York: Knopf, 1976.

Sacrobosco, John of. *The Sphere of Sacrobosco and Its Commentators*, ed. and trans. Lynn Thorndike. Chicago: University of Chicago Press, 1949.

Sa'di, Lufti M. "A Bio-Bibliographical Study of Hunayn ibn Is-haq al-Ibadi (Johannitius)." *Bulletin of the Institute of the History of Medicine* 2 (1934): 409~46.

Saffron, Morris Harold. *Maurus of Salerno: Twelfth-century "Optimus Physicus" with his Commentary on the Prognostics of Hippocrates.* Transactions of the American Philosophical Society, vol. 62, pt. 1. Philadelphia: American Philosophical Society, 1972.

Saliba, George. "Astrology/Astronomy, Islamic." *Dictionary of the Middle Ages*, 1: 616~24.

______. "The Development of Astronomy, Islamic." *Dictionary of the Middle Ages*, 1: 616~24.

Sambursky, S. *The Physical World of Late Antiquity.* London: Routledge & Kegan Paul, 1962.

______. *The Physical World of the Greeks*, trans. Merton Dagut. London: Routledge & Kegan Paul, 1956.

______. *Physics of the Stoics.* London: Routledge & Kegan Paul, 1959.

Sandbach, F. H. *The Stoics.* London: Chatto & Windus, 1975.

Sarton, George. *Galen of Pergamon.* Lawrence, Kansas: University of Kansas Press, 1954.

______. *Introduction to the History of Science*, 3 vols. Washington, D. C.: Williams and Wilkins, 1927~48.

Sayili, Aydin. *The Observatory in Islam and Its Place in the General History of the Observatory.* Publications of the Turkish Historical Society, Series 7, no. 38. Ankara: Türk Tarih Kurumu Basimevi, 1960.

Scarborough, John. "Classical Antiquity: Medicine and Allied Sciences, An Update." *Trends in History* 4, nos. 2-3 (1988): 5~36.

______, ed. *Folklore and Folk Medicines.* Madison, Wis.: American Institute of the History of Pharmacy, 1987.

______. "Galen Redivivus: An Essay Review." *Journal of the History of*

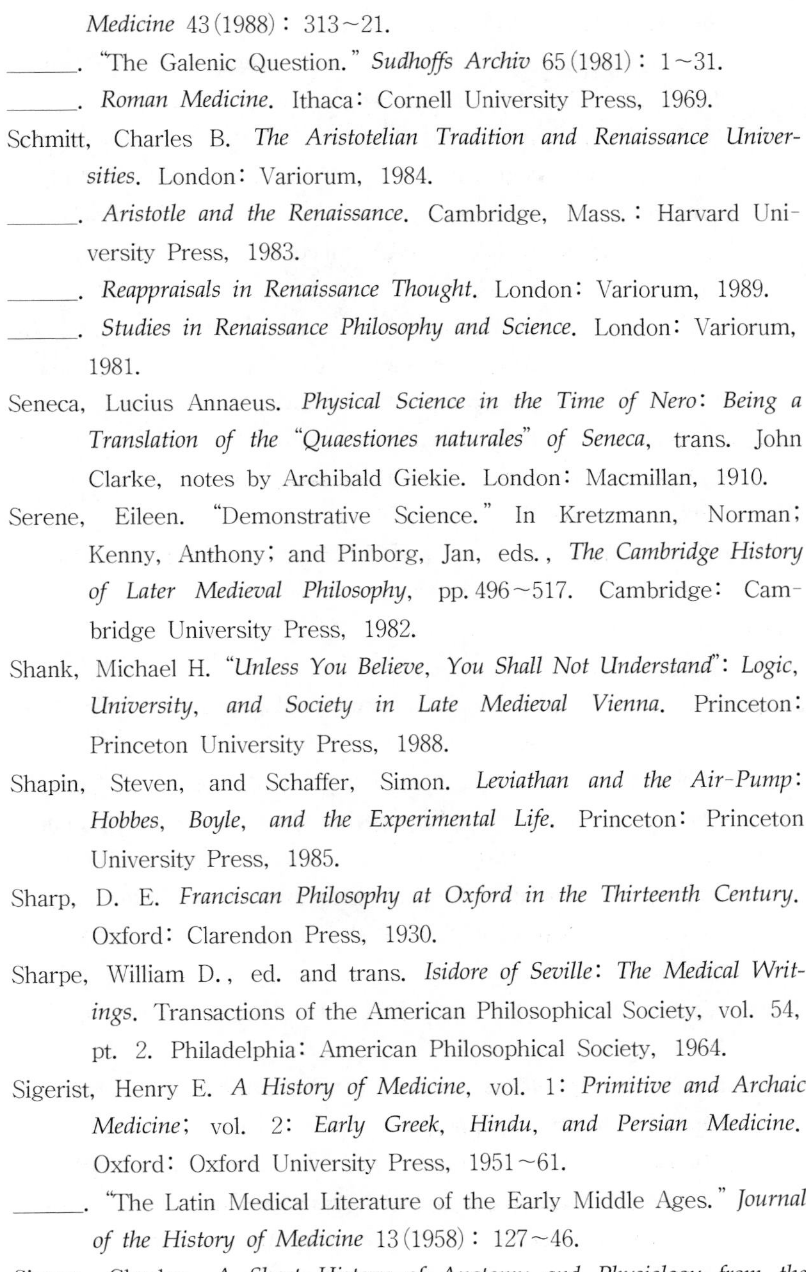

Medicine 43 (1988) : 313~21.

______. "The Galenic Question." *Sudhoffs Archiv* 65 (1981) : 1~31.

______. *Roman Medicine*. Ithaca: Cornell University Press, 1969.

Schmitt, Charles B. *The Aristotelian Tradition and Renaissance Universities*. London: Variorum, 1984.

______. *Aristotle and the Renaissance*. Cambridge, Mass. : Harvard University Press, 1983.

______. *Reappraisals in Renaissance Thought*. London: Variorum, 1989.

______. *Studies in Renaissance Philosophy and Science*. London: Variorum, 1981.

Seneca, Lucius Annaeus. *Physical Science in the Time of Nero: Being a Translation of the "Quaestiones naturales" of Seneca*, trans. John Clarke, notes by Archibald Giekie. London: Macmillan, 1910.

Serene, Eileen. "Demonstrative Science." In Kretzmann, Norman; Kenny, Anthony; and Pinborg, Jan, eds., *The Cambridge History of Later Medieval Philosophy*, pp. 496~517. Cambridge: Cambridge University Press, 1982.

Shank, Michael H. *"Unless You Believe, You Shall Not Understand": Logic, University, and Society in Late Medieval Vienna*. Princeton: Princeton University Press, 1988.

Shapin, Steven, and Schaffer, Simon. *Leviathan and the Air-Pump: Hobbes, Boyle, and the Experimental Life*. Princeton: Princeton University Press, 1985.

Sharp, D. E. *Franciscan Philosophy at Oxford in the Thirteenth Century*. Oxford: Clarendon Press, 1930.

Sharpe, William D., ed. and trans. *Isidore of Seville: The Medical Writings*. Transactions of the American Philosophical Society, vol. 54, pt. 2. Philadelphia: American Philosophical Society, 1964.

Sigerist, Henry E. *A History of Medicine*, vol. 1: *Primitive and Archaic Medicine*; vol. 2: *Early Greek, Hindu, and Persian Medicine*. Oxford: Oxford University Press, 1951~61.

______. "The Latin Medical Literature of the Early Middle Ages." *Journal of the History of Medicine* 13 (1958) : 127~46.

Singer, Charles. *A Short History of Anatomy and Physiology from the*

Greeks to Harvey. New York: Dover, 1957.

Singleton, Charles S., ed. *Art, Science, and History in the Renaissance*. Baltimore: Johns Hopkins University Press, 1968.

Siraisi, Nancy G. *Arts and Sciences at Padua: The Studium of Padua before 1350*. Toronto: Pontifical Institute of Mediaeval Studies, 1973.

______. *Avicenna in Renaissance Italy: The "Canon" and Medical Teaching in Italian Universities after 1500*. Princeton: Princeton University Press, 1987.

______. "Introduction." In William, Daniel, ed., *The Black Death: The Impact of the Fourteenth-Century Plague*, pp. 9~22. Binghamton: Center for Medieval & Early Renaissance Studies, 1982.

______. *Medieval and Early Renaissance Medicine: An Introduction to Knowledge and Practice*. Chicago: University of Chicago Press, 1990.

______. *Taddeo Alderotti and His Pupils: Two Generations of Italian Medical Learning*. Princeton: Princeton University Press, 1981.

Smalley, Beryl. *The Study of the Bible in the Middle Ages*. Oxford: Basil Blackwell, 1952.

Smith, A. Mark. "Getting the Big Picture in Perspectivist Optics." *Isis* 72(1981): 568~89.

______. "Ptolemy's Search for a Law of Refraction: A Case-Study in the Classical Methodology of 'Saving the Appearances' and Its Limitations." *Archive for History of Exact Sciences* 26(1982): 221~40.

______. "Saving the Appearances of the Appearances: The Foundations of Classical Geometrical Optics." *Archive for History of Exact Sciences* 24(1981): 73~100.

Smith, Wesley D. *The Hippocratic Tradition*. Ithaca: Cornell University Press, 1979.

Solmsen, Friedrich. *Aristotle's System of the Physical World: A Comparison with His Predecessors*. Ithaca: Cornell University Press, 1960.

______. *Hesiod and Aeschylus*. Ithaca: Cornell University Press, 1949.

______. *Plato's Theology*. Ithaca: Cornell University Press, 1942.

Sorabji, Richard, ed. *Aristotle Transformed: The Ancient Commentators and Their Influence*. Ithaca: Cornell University Press, 1990.

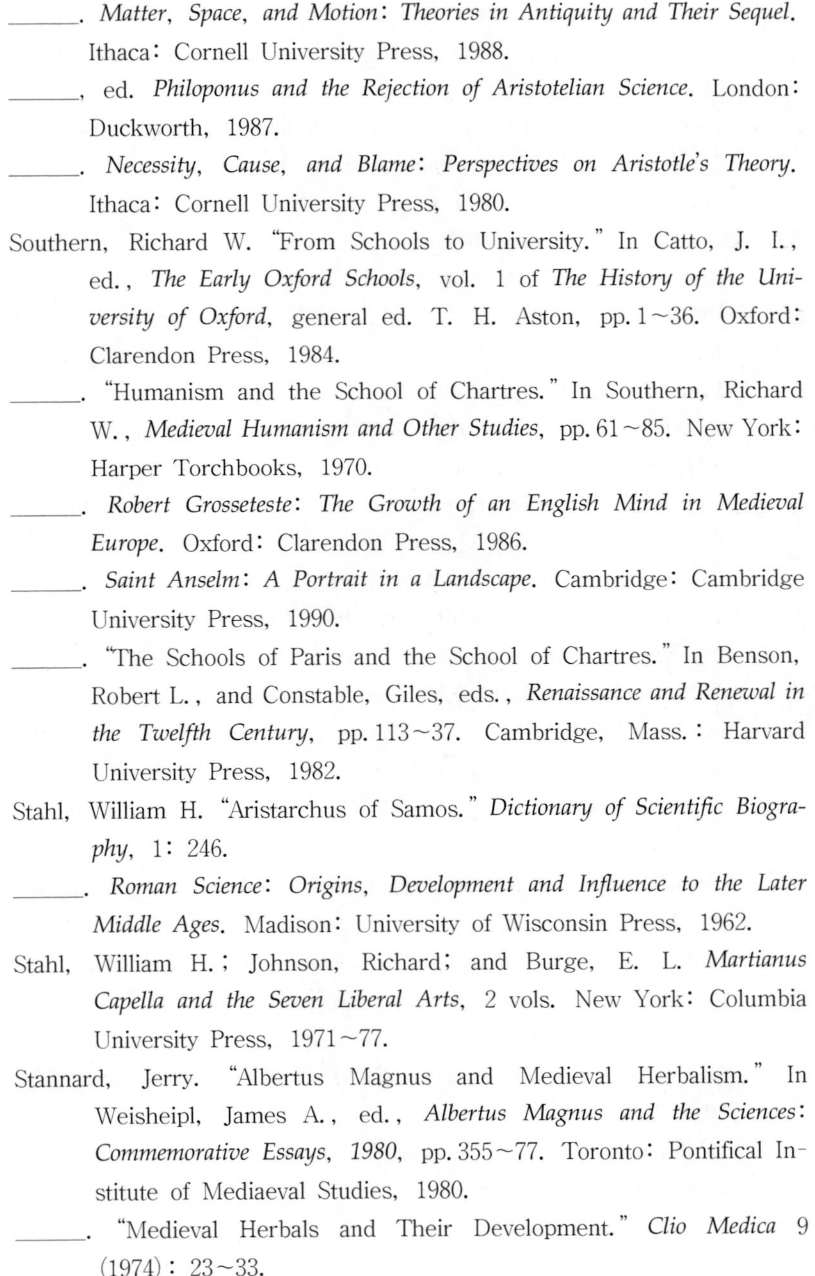

______. *Matter, Space, and Motion: Theories in Antiquity and Their Sequel.* Ithaca: Cornell University Press, 1988.

______, ed. *Philoponus and the Rejection of Aristotelian Science.* London: Duckworth, 1987.

______. *Necessity, Cause, and Blame: Perspectives on Aristotle's Theory.* Ithaca: Cornell University Press, 1980.

Southern, Richard W. "From Schools to University." In Catto, J. I., ed., *The Early Oxford Schools*, vol. 1 of *The History of the University of Oxford*, general ed. T. H. Aston, pp. 1~36. Oxford: Clarendon Press, 1984.

______. "Humanism and the School of Chartres." In Southern, Richard W., *Medieval Humanism and Other Studies*, pp. 61~85. New York: Harper Torchbooks, 1970.

______. *Robert Grosseteste: The Growth of an English Mind in Medieval Europe.* Oxford: Clarendon Press, 1986.

______. *Saint Anselm: A Portrait in a Landscape.* Cambridge: Cambridge University Press, 1990.

______. "The Schools of Paris and the School of Chartres." In Benson, Robert L., and Constable, Giles, eds., *Renaissance and Renewal in the Twelfth Century*, pp. 113~37. Cambridge, Mass.: Harvard University Press, 1982.

Stahl, William H. "Aristarchus of Samos." *Dictionary of Scientific Biography*, 1: 246.

______. *Roman Science: Origins, Development and Influence to the Later Middle Ages.* Madison: University of Wisconsin Press, 1962.

Stahl, William H.; Johnson, Richard; and Burge, E. L. *Martianus Capella and the Seven Liberal Arts*, 2 vols. New York: Columbia University Press, 1971~77.

Stannard, Jerry. "Albertus Magnus and Medieval Herbalism." In Weisheipl, James A., ed., *Albertus Magnus and the Sciences: Commemorative Essays, 1980*, pp. 355~77. Toronto: Pontifical Institute of Mediaeval Studies, 1980.

______. "Medieval Herbals and Their Development." *Clio Medica* 9 (1974): 23~33.

______. "Natural History." In Lindberg, David C., ed., *Science in the Middle Ages*, pp. 429~60. Chicago: University of Chicago Press, 1978.

Steneck, Nicholas H. *Science and Creation in the Middle Ages: Henry of Langenstein (d. 1397) on Genesis*. Notre Dame, Ind.: University of Notre Dame Press, 1976.

Stevens, Wesley M. *Bede's Scientific Achievement*. Jarrow upon Tyne: Parish of Jarrow, 1986.

Stock, Brian. *The Implications of Literacy: Written Language and Models of Interpretation in the Eleventh and Twelfth centuries*. Princeton: Princeton University Press, 1983.

______. *Myth and Science in the Twelfth Century: A Study of Bernard Sivester*. Princeton: Princeton University Press, 1972.

______. "Science, Technology, and Economic Progress." In Lindberg, David C., ed., *Science in the Middle Ages*, pp. 1~51. Chicago: University of Chicago Press, 1978.

Swerdlow, Noel M., and Neugebauer, Otto. *Mathematical Astronomy in Copernicus's De Revolutionibus*, 2 pts. New York: Springer, 1984.

Sylla, Edith Dudley. "Compounding Ratios: Bradwardine, Oresme, and the First Edition of Newton's Principia." In Mendelsohn, Everett, ed., *Transformation and Tradition in the Sciences: Essays in Honor of I. Bernard Cohen*, pp. 11~43. Cambridge: Cambridge University Press, 1984.

______. "Galileo and the Oxford Calculatores: Analytical Languages and the Mean-Speed Theorem for Accelerated Motion." In Wallace, William A., ed., *Reinterpreting Galileo*, pp. 53~108. Washington, D.C.: Catholic University of America Press, 1986.

______. "Medieval Concepts of the Latitude of Forms: The Oxford Calculators." *Archives d'histoire doctrinale et littéraire du moyen âge* 40 (1973): 225~83.

______. "Medieval Quantifications of Qualities: The 'Merton School'." *Archive for History of Exact Sciences* 8 (1971): 9~39.

______. "Science for Undergraduates in Medieval Universities." In Long, Pamela O., ed., *Science and Technology in Medieval Society*, pp.

171~86. Annals of the New York Academy of Sciences, vol. 441. New York: New York Academy of Sciences, 1985.

Symonds, John Addington. *Renaissance in Italy*, pt. I: *The Age of the Despots*; pt. II: *The Revival of Learning*. New York: Henry Holt, 1888.

Tachau, Katherine H. *Vision and Certitude in the Age of Ockham: Optics, Epistemology and the Foundations of Semantics, 1250~1345*. Leiden: Brill, 1988.

Talbot, Charles H. "Medicine." In Lindberg, David C., ed., *Science in the Middle Ages*, pp. 391~428. Chicago: University of Chicago Press, 1978.

______. *Medicine in Medieval England*. London: Oldbourne, 1967.

Taylor, F. Sherwood. *The Alchemists*. New York: Henry Schuman, 1949.

Temkin, Owsei. *The Double Face of Janus and Other Essays in the History of Medicine*. Baltimore: Johns Hopkins University Press, 1977.

______. *Galenism: Rise and Decline of a Medical Philosophy*. Ithaca: Cornell University Press, 1973.

______. "Greek Medicine as Science and Craft." *Isis* 44(1953): 213~25.

______. "On Galen's Pneumatology." *Gesnerus* 8(1951): 180~89.

Tester, Jim. *A History of Western Astrology*. Woodbridge, Suffolk: Boydell, 1987.

Thomas Aquinas. *Faith, Reason and Theology: Questions I~IV of His Commentary on the De Trinitate of Boethius*, trans. Armand Maurer. Toronto: Pontifical Institute of Mediaeval Studies, 1987.

______. *Summa Theologiae* (Blackfriars Edition), vol. 10: *Cosmogony*, ed. and trans. William A. Wallace. New York: McGraw-Hill, 1967.

Thomas Aquinas, Siger of Brabant, and Bonaventure. *On the Eternity of The World*, trans. Cyril Vollert, Lottie H. Kendzierski, and Paul M. Byrne. Mediaeval Philosophical Texts in Translation, no. 16. Milwaukee: Marquette University Press, 1964.

Thorndike, Lynn. *A History of Magic and Experimental Science*, 8 vols. New York: Columbia University Press, 1923.

______. *Michael Scot*. London: Nelson, 1965.

______. *Science and Thought in the Fifteenth Century*. New York: Columbia University press, 1929.

______. *University Records and Life in the Middle Ages.* New York: Columbia University Press, 1944.

Toomer, G. J. "Heraclides Ponticus." *Dictionary of Scientific Biography,* 15: 202~5.

______. "Hipparchus." *Dictionary of Scientific Biography,* 15: 205~24.

______. "Mathematics and Astronomy." In Harris J. R., ed., *The Legacy of Egypt,* 2d ed., pp. 27~54. Oxford: Clarendon Press, 1971.

______. "Ptolemy." *Dictionary of Scientific Biography,* 11: 186~206.

______. "A Survey of the Toledan Tables." *Osiris* 15(1968): 1~174.

Toulmin, Stephen, and Goodfield, June. *The Fabric of the Heavens: The Development of Astronomy and Dynamics.* New York: Harper, 1961.

Ullmann, Manfred. "Al-Kīmiyā^c." *The Encyclopaedia of Islam,* new ed., vol. 5, fasc. 79-80, pp. 110~15.

______. *Islamic Medicine,* trans. Jean Watt. Edinburgh: Edinburgh University Press, 1978.

Unguru, Sabetai. "History of Ancient Mathematics: Some Reflections on the State of the Art." *Isis* 70(1979): 555~65.

______. "On the Need to Rewrite the History of Greek Mathematics." *Archive for History of Exact Sciences* 15(1975): 67~114.

van der Waerden, B. L. "Mathematics and Astronomy in Mesopotamia." *Dictionary of Scientific Biography,* 15: 667~80.

______. *Science Awakening: Egyptian, Babylonian and Greek Mathematics,* trans. Arnold Dresden. New York: John Wiley, 1963.

van der Waerden, B. L., with Huber, Peter. *Science Awakening II: The Birth of Astronomy.* Leyden: Noordhoff, 1974.

Van Helden, Albert. *The Invention of the Telescope.* Transactions of the American Philosophical Society, vol. 67, pt. 4. Philadelphia: American Philosophical Society, 1977.

______. *Measuring the Universe: Cosmic Dimensions from Aristarchus to Halley.* Chicago: University of Chicago Press, 1985.

Vansina, Jan. *The Children of Woot: A History of the Kuba Peoples.* Madison: University of Wisconsin Press, 1978.

______. *Oral Tradition as History*. Madison: University of Wisconsin Press, 1985.

Van Steenberghen, Fernand. *Aristotle in the West*, trans. Leonard Johnston. Louvain: Nauwelaerts, 1955.

______. *Les oeuvres et la doctrine de Siger de Brabant*. Paris: Palais des Académies, 1938.

______. *The Philosophical Movement in the Thirteenth Century*. London: Nelson, 1955.

______. *Thomas Aquinas and Radical Aristotelianism*. Washington, D.C.: Catholic University of America Press, 1980.

Verbeke, G. "Simplicius." *Dictionary of Scientific Biography*, 12: 440~43.

______. "Themistius." *Dictionary of Scientific Biography*, 13: 307~9.

Veyne, Paul, *Did the Greeks Believe in Their Myths*? Trans. Paula Wissing. Chicago: University of Chicago Press, 1988.

Vickers, Brian, ed. *Occult and Scientific Mentalities in the Renaissance*. Cambridge: Cambridge University Press, 1984.

Vlastos, Gregory. *Plato's Universe*. Seattle: University of Washington Press, 1975.

Voigts, Linda E. "Anglo-Saxon Plant Remedies and the Anglo-Saxons." *Isis* 70(1979): 250~68.

Voigts, Linda E., and Hudson, Robert P. "'A drynke that men callen dwale to make a man to slepe whyle men kerven hem': A Surgical Anesthetic from Late Medieval England." In Campbell, Sheila, ed., *Health, Disease and Healing in Medieval Culture*. New York: St. Martin's Press, forthcoming.

Voigts, Linda E., and McVaugh, Michael R. *A Latin Technical Phlebotomy and Its Middle English Translation*. Transactions of the American Philosophical Society, vol. 74, pt. 2. Philadelphia: American Philosophical Society, 1984.

von Grunebaum, G. E. *Classical Islam: A History 600~1258*, trans. Katherine Watson. Chicago: Aldine, 1970.

______. *Islam: Essays in the Nature and Growth of a Cultural Tradition*, 2d ed. London: Routledge & Kegan Paul, 1961.

von Staden, Heinrich. "Hairesis and Heresy: The Case of the haireseis iatrikai." In Meyer, Ben F., and Sanders, E. P., eds., *Jewish and Christian Self-Definition*, vol. 3: *Self-Definition in the Graeco-Roman World*, pp. 76~100, 199~206. London: SCM Press, 1982.

______. *Herophilus: The Art of Medicine in Early Alexandria.* Cambridge: Cambridge University Press, 1989.

Vööbus, Arthur. *History of the School of Nisibis.* Corpus scriptorum Christianorum orientalium, vol. 266. Louvain: Secrétariat du corpusSCO, 1965.

Wagner, David L., ed. *The Seven Liberal Arts in the Middle Ages.* Bloomington: Indiana University Press, 1983.

Wallace, William A. "Aristotle in the Middle Ages." *Dictionary of the Middle Ages*, 1: 456~69.

______. *Causality and Scientific Explanation*, 2 vols. Ann Arbor: University of Michigan Press, 1972~1974.

______. *Galileo and His Sources: The Heritage of the Collegio Romano in Galileo's Science.* Princeton: Princeton University press, 1984.

______. "The Philosophical Setting of Medieval Science." In Lindberg, David C., ed., *Science in the Middle Ages*, pp. 91~119. Chicago: University of Chicago Press, 1978.

______. *Prelude to Galileo: Essays on Medieval and Sixteenth-Century Sources of Galileo's Thought.* Boston Studies in the Philosophy of Science, vol. 62. Dordrecht: Reidel, 1981.

______, ed. *Reinterpreting Galileo. Studies in Philosophy and the History of Science*, no. 15. Washington, D.C.: Catholic University of America Press, 1986.

______. "Thomism and Its Opponents." *Dictionary of the Middle Ages*, 12: 38~45.

Walzer, Richard. "Arabic Transmission of Greek Thought to Medieval Europe." *Bulletin of the John Rylands Library* 29(1945~46): 160~83.

Waterlow, Sarah. *Nature, Change, and Agency in Aristotle's "Physics."* Oxford: Clarendon Press, 1982.

Wedel, Theodore Otto. *The Mediaeval Attitude toward Astrology, Particularly in England.* New Haven: Yale University Press, 1920.

Weinberg, Julius. *A Short History of Medieval Philosophy.* Princeton:

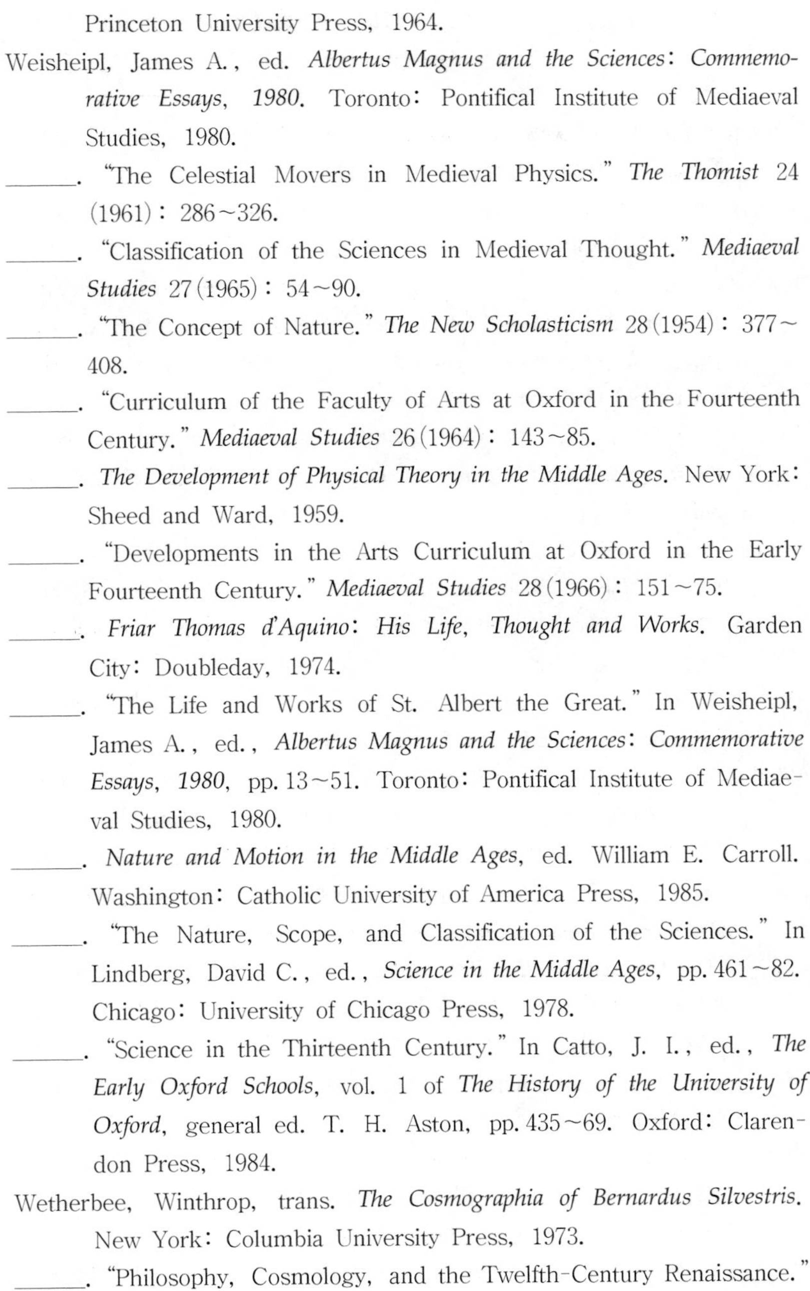

Princeton University Press, 1964.

Weisheipl, James A., ed. *Albertus Magnus and the Sciences: Commemorative Essays, 1980.* Toronto: Pontifical Institute of Mediaeval Studies, 1980.

______. "The Celestial Movers in Medieval Physics." *The Thomist* 24 (1961): 286~326.

______. "Classification of the Sciences in Medieval Thought." *Mediaeval Studies* 27 (1965): 54~90.

______. "The Concept of Nature." *The New Scholasticism* 28 (1954): 377~408.

______. "Curriculum of the Faculty of Arts at Oxford in the Fourteenth Century." *Mediaeval Studies* 26 (1964): 143~85.

______. *The Development of Physical Theory in the Middle Ages.* New York: Sheed and Ward, 1959.

______. "Developments in the Arts Curriculum at Oxford in the Early Fourteenth Century." *Mediaeval Studies* 28 (1966): 151~75.

______. *Friar Thomas d'Aquino: His Life, Thought and Works.* Garden City: Doubleday, 1974.

______. "The Life and Works of St. Albert the Great." In Weisheipl, James A., ed., *Albertus Magnus and the Sciences: Commemorative Essays, 1980*, pp. 13~51. Toronto: Pontifical Institute of Mediaeval Studies, 1980.

______. *Nature and Motion in the Middle Ages*, ed. William E. Carroll. Washington: Catholic University of America Press, 1985.

______. "The Nature, Scope, and Classification of the Sciences." In Lindberg, David C., ed., *Science in the Middle Ages*, pp. 461~82. Chicago: University of Chicago Press, 1978.

______. "Science in the Thirteenth Century." In Catto, J. I., ed., *The Early Oxford Schools*, vol. 1 of *The History of the University of Oxford*, general ed. T. H. Aston, pp. 435~69. Oxford: Clarendon Press, 1984.

Wetherbee, Winthrop, trans. *The Cosmographia of Bernardus Silvestris.* New York: Columbia University Press, 1973.

______. "Philosophy, Cosmology, and the Twelfth-Century Renaissance."

In Dronke, Peter, ed., *A History of Twelfth-Century Western Philosophy*, pp. 21~53. Cambridge: Cambridge University Press, 1988.

White, Lynn, Jr. *Medieval Technology and Social Change*. Oxford: Oxford University Press, 1962.

White, T. H., trans. *The Bestiary: A Book of Beasts*. New York: G. P. Putnam's Sons, 1954.

Whitney, Elspeth. *Paradise Restored: The Mechanical Arts from Antiquity through the Thirteenth Century*. Transactions of the American Philosophical Society, vol. 80, pt. 1. Philadelphia: American Philosophical Society, 1990.

Williman, Daniel, ed. *The Black Death: The Impact of the Fourteenth-Century Plague*. Binghamton: Center for Medieval & Early Renaissance Studies, 1982.

Wilson, Curtis. *William Heytesbury: Medieval Logic and the Rise of Mathematical Physics*. Madison: University of Wisconsin Press, 1960.

Wilson, N. G. *Scholars of Byzantium*. Baltimore: Johns Hopkins University Press, 1983.

Wippel, John F. "The Condemnations of 1270 at Paris." *Journal of Medieval and Renaissance Studies* 7(1977): 169~201.

Witelo. *Witelonis Perspectivae liber primus: Book I of Witelo's "Perspectiva": An English Translation with Introduction and Commentary and Latin Edition of the Mathematical Book of Witelo's "Perspectiva,"* ed. and tras. Sabetai Unguru. Studia Copernicana, no. 15. Wrocław: Ossolineum, 1977.

______. *Witelonis Perspectivae liber quintus: Book V of Witelo's Perspectiva: An English Translation with Introduction and Commentary and Latin Edition of the First Catoptrical Book of Witelo's Perspectiva*, ed. and trans. A. Mak Smith. Studia Copernicana, no. 23. Wrocław: Ossolineum, 1983.

Wolff, Michael. "Philoponus and the Rise of Preclassical Dynamics." In Sorbji, Richard, ed., *Philoponus and the Rejection of Aristotelian Science*, pp. 84~120. London: Duckworth, 1987.

Wolfson, Harry Austryn. *Crescas' Critique of Aristotle: Problems of*

Aristotle's "Physics" in Jewish and Arabic Philosophy. Cambridge, Mass.: Harvard University Press, 1929.

Woodward, David. "Medieval Mappaemundi." In Harley, J. B., and Woodward, David, eds., *The History of Cartography*, vol. 1: *Cartography in Prehistoric, Ancient, and Medieval Europe and the Mediterranean*, pp. 286~370. Chicago: University of Chicago Press, 1987.

Wright, John Kirtland. *The Geographical Lore of the Time of the Crusades: A Study in the History of Medieval Science and Tradition in Western Europe*. New York: American Geographical Society, 1925.

Yates, Frances A. *Giordano Bruno and the Hermetic Tradition*. London: Routledge & Kegan Paul, 1964.

______. "The Hermetic Tradition in Renaissance Science." In Singleton, Charles S., ed., *Art, Science, and History in the Renaissance*, pp. 255~74. Baltimore: Johns Hopkins University Press, 1968.

Zimmermann, Fritz. "Philoponus' Impetus Theory in the Arabic Tradition." In Sorbji, Richard, ed., *Philoponus and the Rejection of Aristotelian Science*, pp. 121~29. London: Duckworth, 1987.

Zinner, Ernst. "Die Tafeln von Toledo." *Osiris* 1(1936): 747~74.

찾아보기

(용 어)

ㄱ

ㄴ

ㄷ

ㄹ

ㅁ

ㅅ

ㅇ

ㅋ

ㅌ

ㅍ

ㅎ

서 명

기타

찾아보기

(인 명)

ㄱ

ㄴ

ㅂ

ㅅ

ㅇ

ㅈ～ㅋ

ㅎ

데이비드 C. 린드버그(David Charles Lindberg)

1935년에 미니애폴리스에서 태어나 1965년에 인디애나대학에서 중세과학사로 박사학위를 취득했으며, 그후 미시간대학을 거쳐 위스콘신대학에서 정년퇴직할 때까지 '과학사학과' 교수로 활동했다. 현재 위스콘신대학의 힐데일 명예교수(*Hildale Emeritus Professor*)로 재직하고 있다. *Theories of Vision from al-Kindi to Kepler*(1976)에서 이번에 번역된 《서양과학의 기원들》에 이르는 많은 책을 썼고, *Science in the Middle Ages*(University of Chicago Press, 1978), *God and Nature: Historical Essays on the Encounter between Christianity and Science*(University of California Press, 1986), *Reappraisals of the Scientific Revolution*(Cambridge University Press, 1990) 등을 편집했으며, '케임브리지 과학사 시리즈'(총 8권, 2003~)의 편집책임자로 활동했다. 1999년에는 과학사 분야의 노벨상인 '사튼 메달'을 받았다.

이종흡

1957년 생으로 고려대 사학과에서 박사학위를 받았다. 현재 경남대 사학과 교수. 서양 근대의 형성을 지성사/과학사의 관점에서 조명하는 것이 주관심사이며, 대표 출판물로는 《마술 과학 인문학: 유럽 지적 담론의 지형》(저서, 1999)과 《학문의 진보》(번역주해서, 2002) 등이 있다.